本书案例彩图

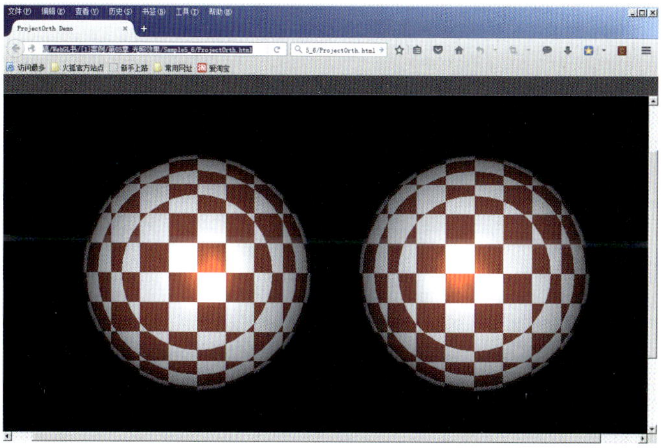

▲ 彩图 1　第 5 章光照效果

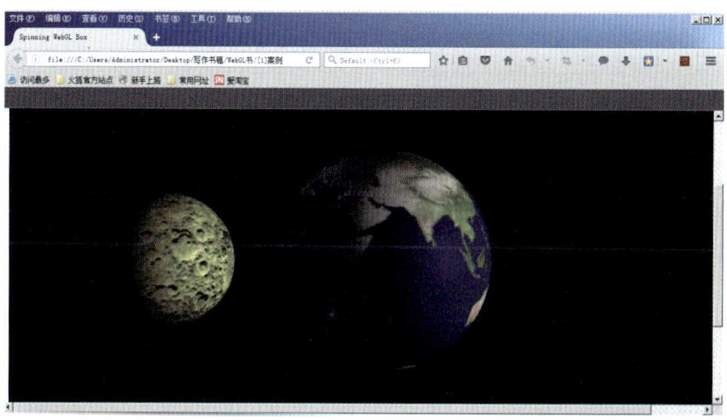

▲ 彩图 2　第 6 章多重纹理地月系

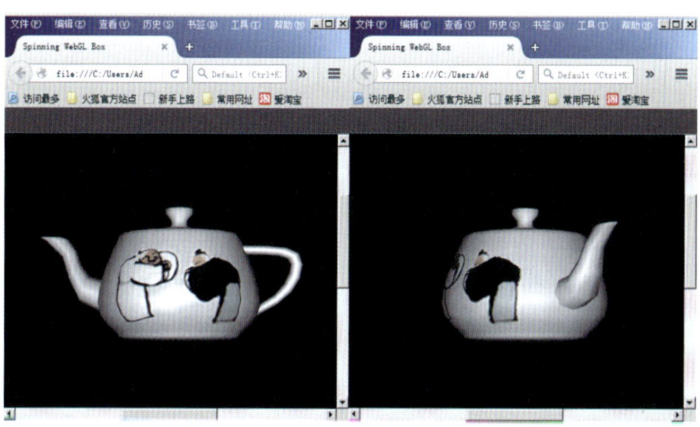

▲ 彩图 3　第 7 章 obj 模型的加载

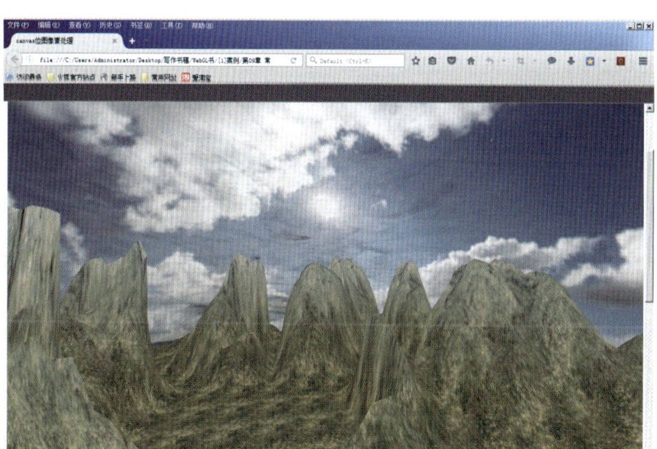

▲ 彩图 4　第 9 章灰度图地形

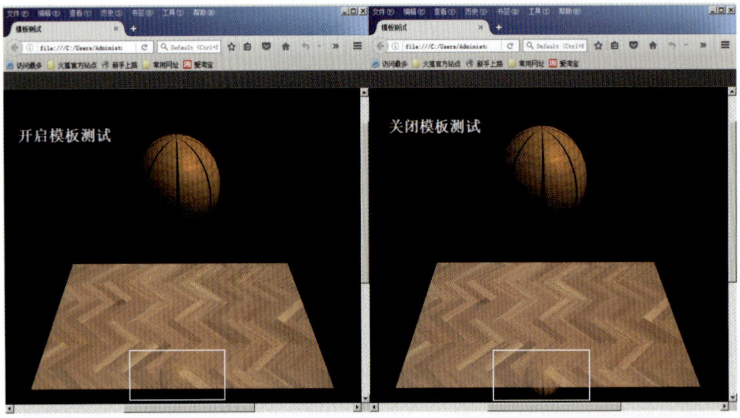

▲ 彩图 5　第 10 章模板测试

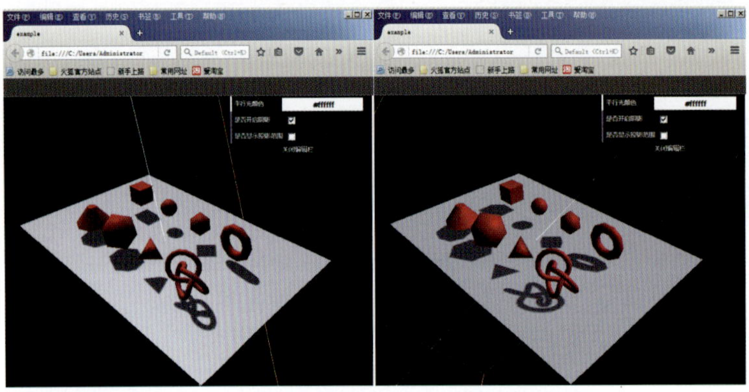

▲ 彩图 6　第 11 章 Three.js 的阴影

▲ 彩图 7　第 11 章法向量贴图

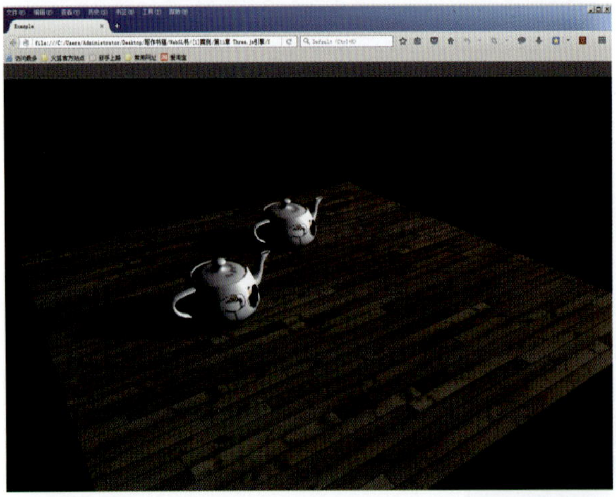

▲ 彩图 8　第 11 章光照贴图

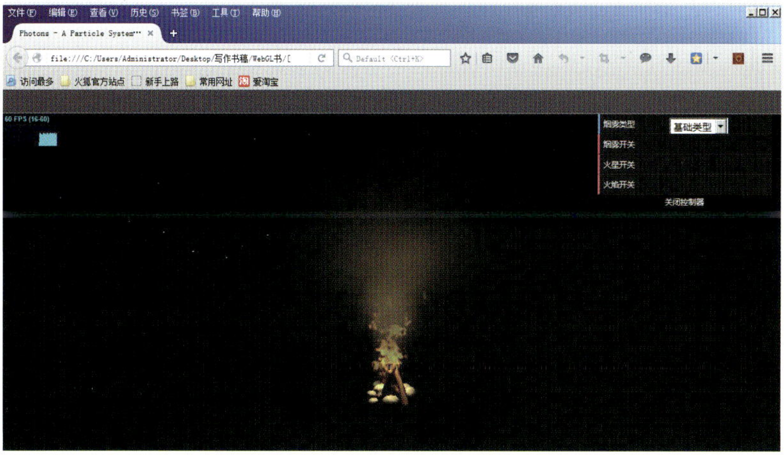

▲ 彩图 9　第 11 章粒子系统

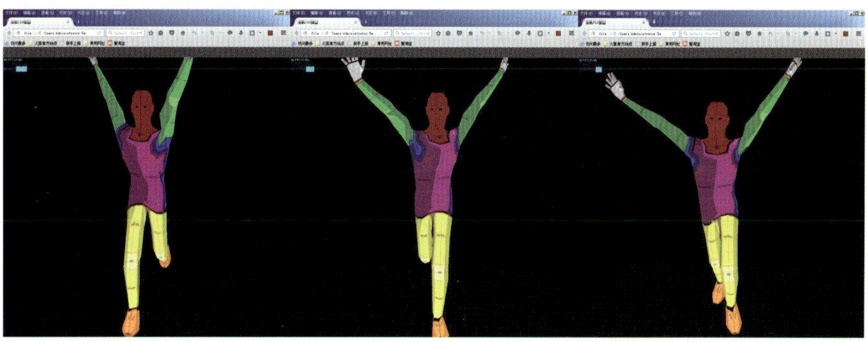

▲ 彩图 10　第 11 章 Three.js 中的骨骼动画

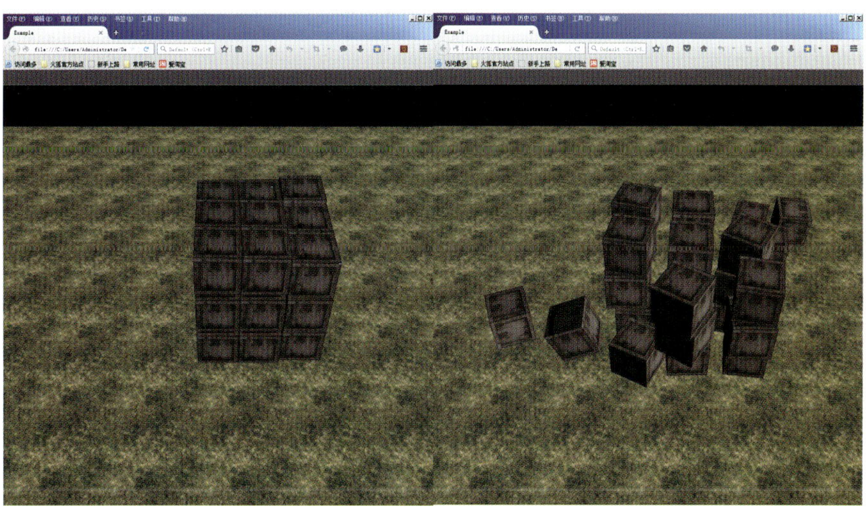

▲ 彩图 11　第 13 章 Ammo 基础碰撞

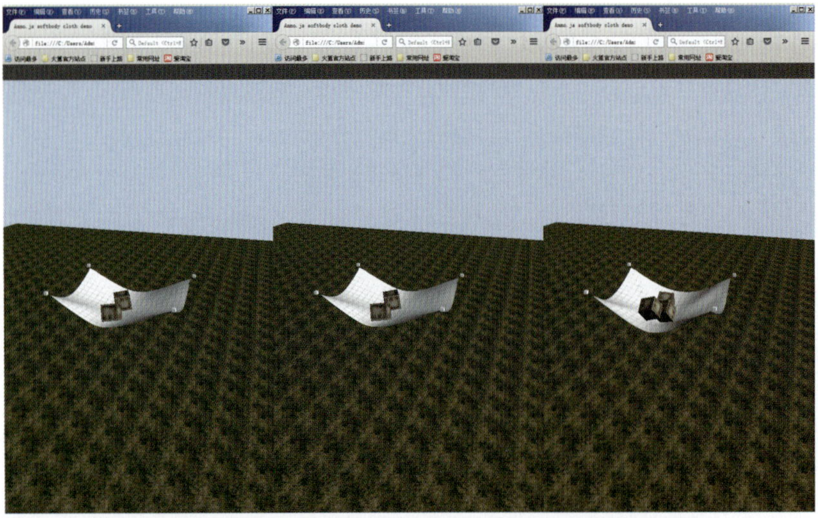

▲ 彩图 12　第 13 章 Ammo 软体

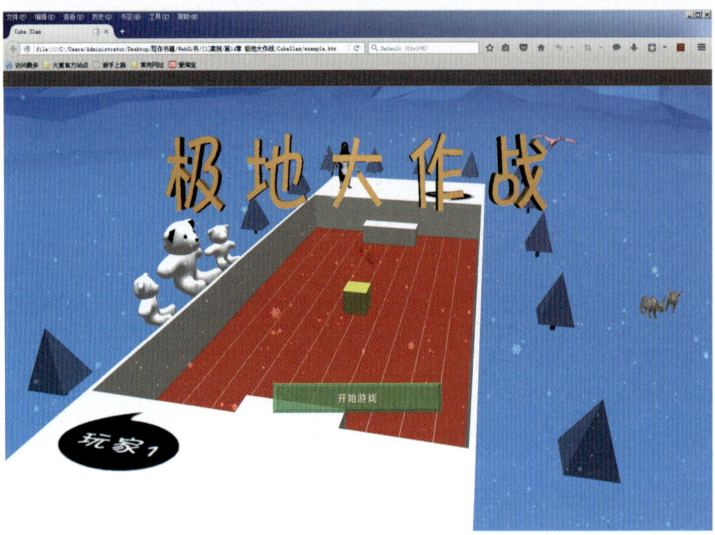

▲ 彩图 13　第 14 章 休闲类游戏—
极地大作战 1

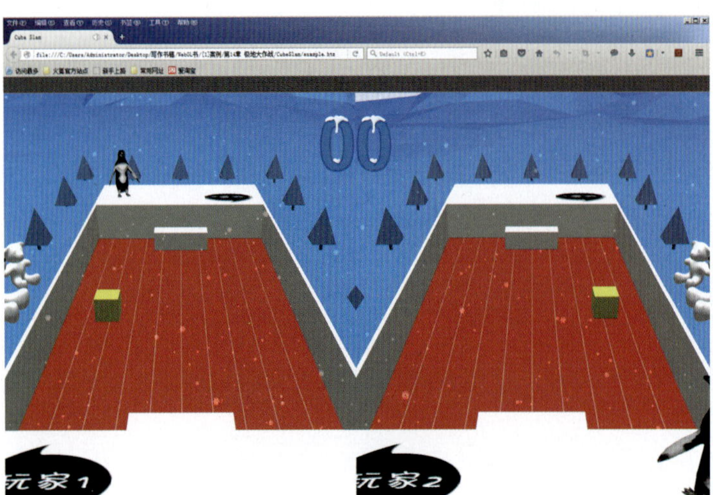

▲ 彩图 14　第 14 章 休闲类游戏—
极地大作战 2

H5和WebGL 3D开发实战详解

吴亚峰　于复兴　索依娜◎编著

人 民 邮 电 出 版 社
北 京

图书在版编目（CIP）数据

H5和WebGL 3D开发实战详解 / 吴亚峰，于复兴，索依娜编著. -- 北京 : 人民邮电出版社，2017.2
ISBN 978-7-115-44101-0

Ⅰ. ①H… Ⅱ. ①吴… ②于… ③索… Ⅲ. ①超文本标记语言－程序设计②网页制作工具－程序设计 Ⅳ. ①TP312.8②TP393.092

中国版本图书馆CIP数据核字(2017)第000099号

内 容 提 要

本书共分为14章，由浅入深地进行讲解，主要内容包括：开发基础部分，介绍了初识WebGL，实现WebGL可编程渲染管线着色器的着色语言，投影及各种变换；光照效果部分，介绍了WebGL中光照的基本原理与实现、点法向量与面法向量的区别以及光照的每顶点计算与每片元计算的差别；纹理映射部分，介绍了纹理映射的基本原理与使用，同时还介绍了不同的纹理拉伸与采样方式、多重过程纹理技术以及压缩纹理；3D模型加载部分，介绍了如何使用自定义的加载工具类直接加载使用3ds Max创建的3D立体物体；混合与雾部分，主要介绍了混合以及雾的基本原理与使用；标志板、天空盒部分，主要介绍了一些常见的3D开发技巧，包括标志板、天空盒与天空穹、镜像技术等；Three.js引擎部分，主要介绍了对WebGL封装比较好的Three.js引擎，包括创建场景、摄像机、基本形状物体、加载模型，以及一些较高级的内容；Egret 3D游戏引擎应用开发部分，介绍Egret 3D在3D游戏开发中的功能；Ammo物理引擎部分，介绍Ammo物理引擎的刚体、软体等创建与使用；综合案例—《极地大作战》部分，通过一个具体的游戏向读者较为全面地介绍了游戏项目的开发流程以及运用各种技术解决具体问题的思路，案例中综合运用了前面章节中讲解的知识，让读者尽快进入实战角色。

◆ 编　　著　吴亚峰　于复兴　索依娜
责任编辑　张　涛
责任印制　焦志炜

◆ 人民邮电出版社出版发行　北京市丰台区成寿寺路11号
邮编 100164　电子邮件 315@ptpress.com.cn
网址 http://www.ptpress.com.cn
固安县铭成印刷有限公司印刷

◆ 开本：787×1092 1/16　彩插：2
印张：23.75　2017年2月第1版
字数：622千字　2024年7月河北第3次印刷

定价：69.00元

读者服务热线：(010)81055410　印装质量热线：(010)81055316
反盗版热线：(010)81055315
广告经营许可证：京东市监广登字20170147号

前　　言

为什么要写这样的一本书

随着各大浏览器都先后支持 WebGL 以及 HTML5 的兴起，越来越多的开发者与公司开始将目光转向 WebGL 的开发。页游市场的火热发展也催生了很多在 HTML5 方面做得优秀的引擎，像白鹭的 Egret 3D、LayaBox 的 LayaAir 引擎等在这块蓝海上已经抢占了先机。市场的火热与教育领域的空白形成鲜明对比。在国内专门系统介绍 WebGL 开发的书籍和资料很少，使得很多初学者都无从下手。根据这种情况，作者结合多年从事游戏应用开发的经验编写了这本书。

了解 WebGL 的技术人员应该知道，WebGL 通过统一标准的跨平台的 OpenGL ES 接口实现、用于在浏览器中绘制和显示三维计算机图形的技术。该技术的优势在于同一个程序能够通过浏览器运行在多种设备上，解决了程序在各个平台的兼容与适配问题。

HTML5 和微信等平台的兴起，又降低了项目推广的难度。越来越多的读者希望深入学习 WebGL 技术，通过使用 JavaScript 语言来开发 HTML5 与 WebGL 3D 应用，就能在页面中呈现出炫酷的 3D 画面，这给开发人员留出了充分的发挥空间。

本书特点

1. 内容丰富，由浅入深

本着"起点低，终点高"的原则，本书内容覆盖了从最基础的 HTML 5 相关知识到学习 WebGL 3D 应用开发必知必会的基础知识，再到基于 Three.js 引擎实现各种高级特效。同时还详细介绍了如何结合 3D 物理引擎 Bullet 的 JavaScript 版本——Ammo 进行游戏开发。为了让读者不但能掌握好基础的知识，还能学习到一些实际游戏项目开发的经验，本书最后还给出了一个结合前面章节所介绍内容开发的具体游戏案例供读者学习参考。

这样的内容组织使得初入网页 3D 开发的读者可以一步一步成长为 WebGL 的开发达人，符合绝大部分想学习游戏应用开发的学生、程序开发人员以及相关技术人员的需求。

2. 结构清晰，讲解到位

本书中配合每个需要讲解的知识点都给出了丰富的插图与完整的案例，使得初学者易于上手，使有一定基础的读者便于深入。书中所有的案例均是根据作者多年的开发心得设计的，结构清晰明朗，便于读者学习。同时书中还给出了很多作者多年来积累的编程技巧与心得，具有很高的参考价值。

3. 提供全套书中案例项目

为了便于学习，读者可以从网站 www.toppr.net 获取本书的配套资源包。资源包包含书中所有案例的完整源代码，最大限度地帮助读者快速掌握开发技术。

4. 既可用于自学，也可作为课堂教材

在组织和安排本书内容时，既考虑到了读者自学的需要，也考虑到了高等院校相关专业教学的需要。书中每章最后都安排了习题，便于教师安排学生课下练习。最后一章的大案例可以方便地作为课程设计的内容。

内容导读

本书共分为 14 章，按照由浅入深的原则安排内容。其中第 1 章主要介绍了 HTML5 开发基础知识，主要目标人群为没有前端开发经验的读者；第 2～7 章介绍了 WebGL 3D 开发中必知必会的基础知识；第 8～10 章介绍了 WebGL 3D 开发中的一些高级知识；第 11～12 章介绍了对 WebGL 封装比较好的引擎 Three.js 与 Egret 3D；第 13 章介绍了 3D 物理引擎 Bullet 的 JavaScript 版本——Ammo；第 14 章给出了一个完整的 3D 游戏案例。

章　名	主 要 内 容
HTML5 开发基础——进入 WebGL 世界的第一道坎	主要介绍了 HTML 的起源、发展历程，包括 HTML5 的基础开发，标签的使用、常见标签的开发、属性的使用以及样式表的开发
初识 WebGL	主要介绍了 WebGL 的一些基本知识，主要包括着色器与渲染管线，还通过一个完整的案例开发向读者展示了一个 WebGL 程序是如何开发的
千里之行，始于足下——着色语言	对于实现 WebGL 可编程渲染管线着色器的着色语言进行了系统介绍，为后面各方面的深入学习打下基础
必知必会的开发技术——投影及各种变换	介绍了 3D 开发中投影、各种变换的原理与实现，同时还介绍了几种不同的绘制方式
让场景更加逼真——光照效果	介绍了 WebGL 中光照的基本原理与实现、点法向量与面法向量的区别，以及光照的每顶点计算与每片元计算的差别
更加炫酷的 3D 效果——纹理映射	介绍了纹理映射的基本原理与使用，同时还介绍了不同的纹理拉伸与采样方式、多重过程纹理技术及压缩纹理
更逼真的游戏场景——3D 模型加载	介绍了如何使用自定义的加载工具类直接加载使用 3ds Max 创建的 3D 立体物体
独特的场景渲染技术——混合与雾	主要介绍了混合及雾的基本原理与使用
常见的 3D 开发技巧——标志板、天空盒等	主要介绍了一些常见的 3D 开发技巧，包括标志板、天空盒与天空穹、镜像技术等
渲染出更加炫酷的 3D 场景——几种剪裁测试	主要介绍了 WebGL 中经常使用的几种剪裁与测试，包括剪裁测试、模板测试以及任意剪裁平面等
Three.js 引擎介绍及应用	主要介绍了对 WebGL 封装比较好的 Three.js 引擎，包括创建场景、摄像机、基本形状物体、加载模型等，以及一些较高级的内容
Egret 3D 游戏引擎应用开发	Egret 3D 引擎是一款对 WebGL 封装比较好的 3D 游戏引擎，其功能在 3D 游戏开发中支持得比较全面，本章也基本介绍了这些功能
Ammo 物理引擎介绍	主要介绍了 Ammo 物理引擎，其是 Bullet 物理引擎的 JavaScript 版本，方法基本相同，包括了刚体、软体等的创建与使用
综合案例——《极地大作战》	通过一个具体的游戏案例向读者较为全面地介绍了游戏项目的开发流程以及运用各种技术解决具体问题的思路。案例中综合运用了前面章节中的知识

本书内容丰富，从基础知识到高级特效以及 Ammo 物理引擎；从简单的应用程序到完整的游戏案例，适合不同需求、不同水平层次的各类读者阅读。

❑ 具有一定 OpenGL/OpenGL ES 基础的编程人员

WebGL 与 OpenGL/OpenGL ES 十分相似，且 WebGL 通过统一标准的跨平台的 OpenGL ES 接口实现，免去了开发人员学习不同接口的麻烦。本书可帮助此类读者迅速熟悉 WebGL 的开发。

❑ 有一定 HTML5 基础并且希望学习 WebGL 技术的读者

传统 HTML 5 的开发人员在网页开发中已有了相当丰富的经验，但部分人员希望在网页开发中加入炫酷的 3D 场景却为不能掌握 WebGL 技术而苦恼。此类读者通过对本书的学习，并结合自己的开发经验能够更快地提高 3D 开发水平。

❑ 具有少量 HTML5 经验与图形学知识的开发人员

此类开发人员具有一定的编程基础，但缺乏 WebGL 方面的开发经验，在实际的项目开发中往往感到吃力。本书中既对项目开发中所需要的 HTML5 开发基础进行了详细介绍，又结合笔者的开发经验对 WebGL 的整体开发框架和技巧进行细致讲解。读者通过本书的学习可快速掌握相关开发技巧，了解详细的开发流程，进一步提升自己的编程开发能力。

❑ 致力于学习 WebGL 的计算机及相关专业的学生

此类读者在学校学习的知识偏重基础，实际操作与开发能力较弱。本书既有基础知识介绍又有完整大案例。读者可以在学习基础知识的同时，结合案例进行分析，学习过程更为高效，也便于教师将本书选为授课教材。

本书作者

吴亚峰，毕业于北京邮电大学，后留学澳大利亚卧龙岗大学取得硕士学位。1998 年开始从事 Java 应用的开发，有十多年的 Java 开发与培训经验。主要的研究方向为 OpenGL ES、手机游戏、Java EE 以及搜索引擎。同时为手机游戏、Java EE 独立软件开发工程师，现任职于华北理工大学，兼任华北理工大学“以升大学生创新实验中心”移动及互联网软件工作室负责人。十多年来不但指导学生多次制作手游作品获得多项竞赛大奖，还为数十家著名企业培养了上千名高级软件开发人员。曾编写过《OpenGL ES 3.0 游戏开发（上、下卷）》《Unity 4 3D 开发实战详解》《Unity 游戏案例开发大全》《Android 应用案例开发大全》（第一版、第二版和第三版）、《Android 游戏开发大全》（第一版、第二版和第三版）等多本畅销技术书籍。2008 年初开始关注 Android 平台下的 3D 应用开发，并开发出一系列优秀的 Android 应用程序与 3D 游戏。本次负责全书统稿及第 7～14 章内容的编写。

于复兴，北京科技大学硕士，从业于计算机软件领域十年，在软件开发和计算机教学方面有着丰富的经验。工作期间曾主持科研项目“PSP 流量可视化检测系统研究与实现”，主持了省市级项目多项，同时为多家单位设计开发了管理信息系统，并在各种科技刊物上发表多篇相关论文。2012 年开始关注 HTML5 平台下的应用开发，参与开发了多款手机游戏应用。本次负责部分案例的开发及第 4～6 章的编写。

索依娜，毕业于燕山大学，现任职于华北理工大学。2003 年开始从事计算机领域教学及软件开发工作，曾参与编写《Android 核心技术与实例详解》《Android 平板电脑开发实战详解和典型案例》等多本技术书籍。近几年曾主持市级科研项目一项，发表论文 8 篇，拥有软件著作权多项，发明及实用新型专利多项。同时多次指导学生参加国家级、省级计算机设计大赛并获奖。本次负责本书部分案例的开发及第 1～3 章的编写。

本书在编写过程中得到了华北理工大学“以升大学生创新实验中心”移动及互联网软件工作室的大力支持，同时王琛、刘亚飞、夏新园、宋润坤以及作者的家人为本书的编写提供了很多帮助，在此表示衷心感谢！

由于作者的水平和学识有限，且书中涉及的知识较多，难免有错误、疏漏之处，敬请广大读者批评指正，并多提宝贵意见。本书答疑 QQ 群为 277435906，编辑联系和投稿邮箱为 zhangtao@ptpress.com.cn。

作 者

目　录

第1章 HTML5开发基础——进入WebGL世界的第一道坎

本书是介绍WebGL技术的一本书，但是在进入WebGL世界之前我们需要迈过HTML门槛，因为这是通向WebGL的必经通道。如果连最基本的HTML开发也做不了，那么开发WebGL就是一件遥不可及的事情。

那么到底何为HTML呢？HTML（HyperText Markup Language，超文本标记语言）诞生于20世纪90年代初，其为标准通用标记语言下的一个应用。其中“超文本”是指页面内可以包含图片、链接、程序等非文字元素。其结构由“头”与“主体”两部分组成。大家先来看一下HTML的发展背景。

1.1 HTML的发展简史

1.1.1 HTML的由来

作为一个组织或者个人在万维网上放置开始点的页面称为主页，主页中通常包括指向其他相关页面的超级链接。所谓超级链接，就是一种统一资源定位器（URL）指针，通过激活它，可使浏览器方便地获取新的网页。这也是HTML获得广泛应用的最重要的原因之一。

在逻辑上将视为一个整体的一系列页面的有机集合称为网站。超文本标记语言（HTML）是为“网页创建和其他可在网页浏览器中看到的信息”设计的一种标记语言。网页的本质就是超文本标记语言，通过结合使用其他的Web技术（如：脚本语言、公共网关接口等），创造出功能强大的网页。

1.1.2 HTML的历史

现在业界常常习惯于用数字来描述HTML的版本（如HTML5），但是最初的时候并没有HTML1，而是由IETF团队于1993年发布的一个草案，并不是成形的标准。两年之后，在1995年HTML有了第二版，即HTML2.0，当时是作为RFC 1866发布的。

有了以上的两个历史版本，HTML的发展可谓突飞猛进。1997年，HTML3.2成为W3C的推荐标准。之后在1998年和1999年，作为升级版本的4.0和4.01也相继成为W3C的推荐标准。HTML5的第一份正式草案已于2008年1月22日公布，仍需要继续完善。表1-1所示为具体时间线。

表1-1 W3C HTML规范和时间线

规　范	时　间　线
HTML 3.2	1997年1月14日
HTML 4.0	1998年5月24日
HTML 4.01	1999年12月24日
HTML 5（草案）	2008年1月22日
HTML 5（正式推荐标准）	2014年10月28日

> **说明**　上面简述了一下 HTML 的发展历史，其诞生至今已过 20 多年，限于篇幅这里只是简单介绍一下，在很多专门介绍 HTML 的书或者网站上都会有详细的介绍，本书的重点并不是这些，所以简单一带而过。

1.2 HTML5 概述

HTML5 不仅仅是 HTML 规范的最新版本，它还是一系列用来制作现代丰富 Web 内容的相关技术的总称。其中最重要的三项技术是 HTML5 核心规范、CSS（Cascading Style Sheets，层叠样式表）和 JavaScript。

HTML5 核心规范定义了用以标记内容的元素，并明确其含义。CSS 可用于控制标记过的内容呈现在用户面前的外貌。JavaScript 则可以用来操纵 HTML 文档的内容以及响应用户的操作，此外要想使用 HTML5 新增元素的一些为编程目的设计的特性，也需要用到 JavaScript。

> **提示**　看不懂上面所说的内容不要紧，在下面几节中将较为详细地介绍 HTML 元素、CSS 和 JavaScript。

1.2.1 HTML5 的新标准

为了应对漫长的标准化过程以及标准落后于常见用法的情况，HTML5 及其相关技术是作为一系列小标准制定的，其中一些标准的内容只有几页，涉及的只是一个高度细化的方面。当然，也会有一些标准的内容有几百页，包含了相关功能的几乎所有方面。

这样做有利也有弊，好处是可以加快标准制定步伐；主要的弊端在于难以全面掌握制定中的各个标准的情况以及这些标准之间的关系，技术规范的质量也有所下降。有些标准中存在着一些歧义，致使浏览器中的实现出现了不一致的情况。

最大的不足之处要算没有一条可用来评估 HTML5 达标情况的基准线。W3C 公布过一个正式的 HTML5 徽标，如图 1-1 所示，但是它并不代表对 HTML5 标准及相关技术的全面支持。

▲图 1-1　W3C 的正式 HTML5 徽标

1.2.2 HTML5 引入的新特性

“我们想做的事情已经不再是通过浏览器观看视频或收听音频，或者在一部手机上运行浏览器。我们希望通过不同的设备，在任何地方都能够共享照片、网上购物、阅读新闻，以及查找信息。虽然大多数用户对 HTML5 和开放 Web 平台并不熟悉，但是它们正在不断改进用户体验”。这是 2014 年 10 月 28 日 W3C 的 HTML 工作组正式发布 HTML5 的正式推荐标准（W3C Recommendation）时万维网联盟创始人蒂姆・伯纳斯・李（Tim Berners-Lee）所说的一段话，这意味着新的标准带来的改变是巨大的，我们来看一下 HTML 5 引入的新特性。

- HTML5 的一大改进就是支持在浏览器中直接播放视频和音频文件。这是 W3C 对插件风靡现象的一种反应。原生多媒体支持再结合其他 HTML 特性可望大有作为。
- HTML5 最大的变化之一是添加了“canvas”元素，这是对插件风靡现象的另一反应，它提供了一个绘图平面，开发人员可以用它来完成一些绘制。使用“canvas”就必须用到 JavaScript。
- HTML5 引入了一些用来分开元素的含义和内容呈现方式的特性和规则。这是 HTML5 中的一个重要概念，它反映出制作和使用 HTML 内容的方式的多样性。同时也给开发者带来一些负担，这是因为开发者需要先标记内容然后再定义其呈现方式。

1.2.3 HTML5 现状

HTML5 正式推荐标准虽然已经推出，但其标准还仍在继续被改动，虽然其中有一些调整，但是变化不大。这意味着本书现在所讲的内容与今后新出的标准有出入，但是标准正式出炉还需要等好些年，最终版本与现在的版本差别应该不会很大。

浏览器支持与否是决定 HTML5 命运的一项至关重要的因素。各浏览器越快统一对标准的支持，HTML5 标准落到实处也就越快。从图 1-2 中可以看出在 2012 年时全球浏览器市场分布，那些支持 HTML5 的浏览器的用户量节节攀升，不支持的浏览器的用户量却在逐步萎缩。

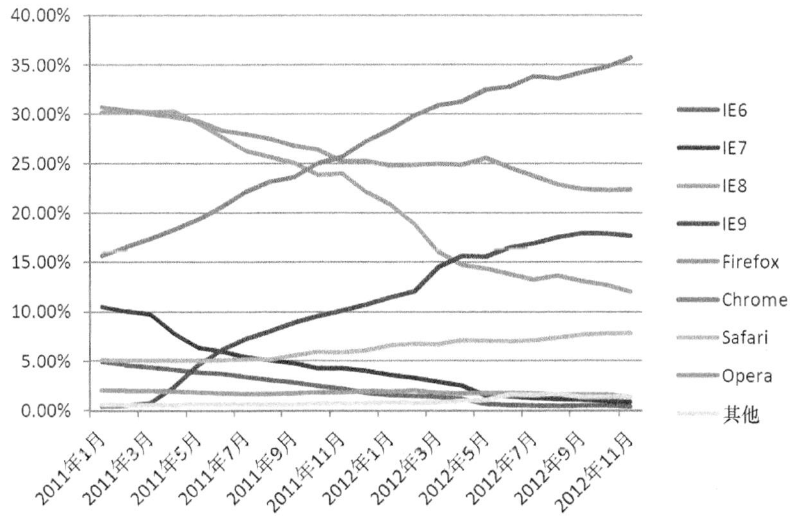

▲图 1-2 2011–2012 年全球浏览器市场分布

最流行的那些浏览器基本都已实现了许多 HTML 特性。本书示例演示效果时所用浏览器是谷歌的 Chrome 或者 Mozilla 的 Firefox。从国际上看，通过对比各独立内核浏览器（IE、Firefox、Chrome、Safari、Opera）发现，各大浏览器对标准的支持都有显著的提高。

移动平台上主流的浏览器（iOS Safari 6.0、Android Browser 4.1、Opera Mobile 12.1、Chrome for Android 18.0、Firefox for Android 15.0）目前对标准的支持度均高于 60%，其中表现居首的是 Chrome for Android，而支持度相对较低的 Android Browser 的支持度也在 60%以上，如图 1-3 所示。

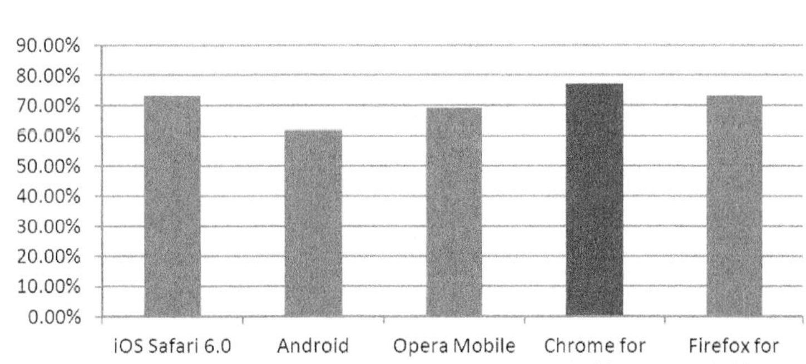

▲图 1-3 移动浏览器对 HTML5 的支持

上述内容虽然不是很详细，但是介绍了 HTML 的基本知识。由于本书的重点不在这方面，限于篇幅，只能简要介绍。若有读者想详细了解这些内容，可以找一些专门讲解 HTML 的资料或者网站查阅。

1.3 初识 HTML5

如果想要掌握 WebGL，那么开发人员还需要了解一些 HTML 的内容，这是 WebGL 的基础，因为 WebGL 是在网页里展示的，那么其必然是基于 HTML 开发的。所以先来给大家介绍一下 HTML 的基本内容。

HTML 是一种标记语言，其标记以应用于文档内容（例如文本）的元素为其存在形式。现在 HTML 的标准为 HTML5，在下面介绍各种 HTML5 的标签时，我们会按照其作用去划分，增加读者阅读的条理性。在讲解到一些比较重要的标签时都会有相应的小案例供大家理解。

1.3.1　HTML5 标签简介

HTML5 中的一大变化是基本信念方面的：将元素的语义与元素对其内容呈现结果的影响分开。从原理上讲这的确合乎情理。HTML 元素负责确定文档内容的结构和含义，内容的呈现则由应用于元素上的 CSS 样式控制。

元素由三部分组成，其中有两部分称为标签：开始标签和结束标签。夹在两个标签之间的是元素的内容，两个标签与它们之间的内容构成了一个元素。从本节开始我们就来介绍各个标签的作用，并结合案例来介绍用法与注意事项。

1.3.2　基础标签

在介绍标签时，我们知道标签由开始标签与结束标签组成。例如<html>为开始标签，</html>为结束标签。在标签之间写的是元素的内容部分。开始标签中有时会有一些属性，这些属性声明了标签的个体属性。下面如果有需要特别注意的局部属性时，我们都会标注出来。

与局部属性相对应的就是全局属性，这部分内容在下面小节中会有详细的介绍，每段都会有详细的代码与注释供读者参考。接下来我们先来看标签中的基础标签都有哪些，在表 1-2～表 1-10 中我们列出了这些标签及其作用与一些标签中的局部属性。

表 1-2　　基础标签及作用

标　签	描　述	标　签	描　述
<!DOCTYPE>	定义文档类型	<html>	定义 HTML 文档
<title>	定义文档的标题	<body>	定义文档的主体
<h1>-<h6>	定义文本标题	<p>	定义段落
 	定义简单的折行，即换行	<hr>	定义水平线
<!--…-->	定义注释	</…>	结束标签

表 1-2 所示为基础标签的描述。接下来我们将这些标签全部应用到一个案例中，本案例中只是展示了这些标签的基本应用。其中还有一些标签有其特有的属性，在这里并没有具体列出来，但是这些属性的应用相当简单，读者可以自行查阅资料更改这些代码进行试验。

代码位置：见随书源代码/第 1 章目录下的 HTML5/Sample1_1.html。

```
<!DOCTYPE html>
<html><head><title>这里为标题，基础标签案例</title></head>
<body>
此处为主体部分
```

```
5     <h1>这里为文本标题 1</h1>
6     <h2>这里为文本标题 2</h2>
7     <h3>这里为文本标题 3</h3>
8     <h4>这里为文本标题 4</h4>
9     <h5>这里为文本标题 5</h5>
10    <h6>这里为文本标题 6</h6>
11    <p>这里为段落，本例主要为向读者展示先前介绍的标签的用法，这些标签为基本标签
12    <hr></br>这里演示在段落中的换行<hr></br>这里接着上面的段落。</p><!--此处为 html 文档注释
13    本案例介绍了基础标签的一些内容-->
14    此处主体结束
15    </body></html>
```

- 第 1、2 行为指示浏览器关于页面使用哪个 HTML 版本进行编写的指令，并声明了标题。其中<!DOCTYPE html>声明必须是 html 文档的第一行。
- 第 5～10 行为文本标题示例，类似文档中的分级标题，看图 1-4 所示的效果图，理解会更加深刻。
- 第 3～15 行为 html 文档的主体部分，其中向大家展示了标题<h1>～<h6>、段落标签<p>、换行标签与下划线标签
和<hr>的基本用法。

下面我们来看一下案例效果。本案例以及本书中的案例都是在谷歌的 Chrome 浏览器或者 Firefox 浏览器上运行的，读者也可以自行选择合适浏览器运行案例，选择时需要注意浏览器是否支持 HTML5 特性。图 1-4 所示为本案例的效果。

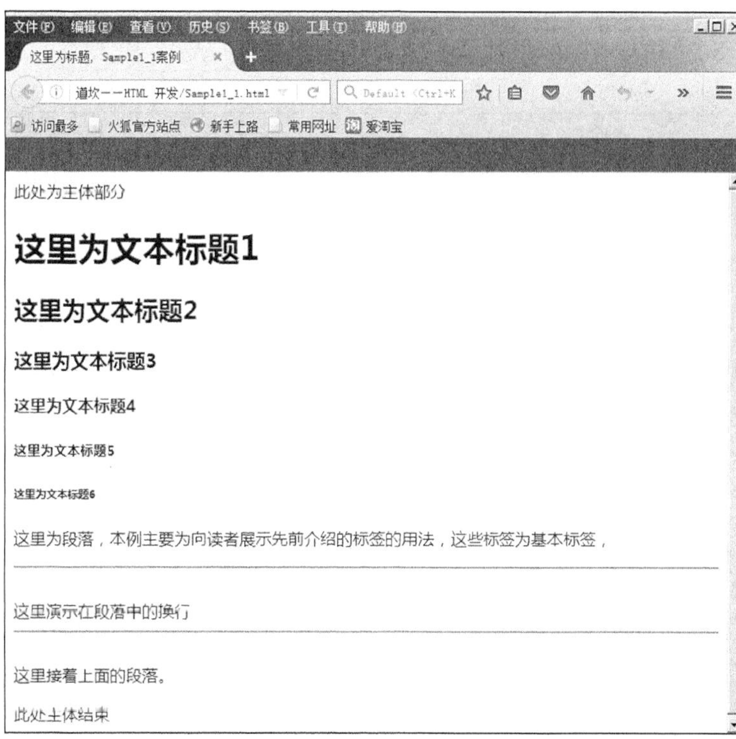

▲图 1-4　Sample1_1 案例效果示例图

1.3.3　格式标签

对基础标签有了基本认识后，那么剩下的标签在用法上与其并无太多差异，只是在功能上有所不同。下面我们来看一下格式标签及其作用，如表 1-3 所示，表中列出了格式标签都有哪些并给出了对它们的描述。

表 1-3　　　　　　　　　　　　格式标签及作用

标　签	描　述	标　签	描　述
<abbr>	定义缩写	<address>	定义文档作者联系信息
<b>	定义粗体文本	<bdi>	定义文本的文本方向
<bdo>	定义文字方向	<biq>	定义大号文本
<blockquote>	定义长的引用	<center>	定义居中文本
<cite>	定义引用	<code>	定义计算机代码文本
<del>	定义被删除文本	<dfn>	定义定义项目
<em>	定义强调文本	<i>	定义斜体文本
<ins>	定义被插入文本	<kbd>	定义键盘文本
<mark>	定义有记号的文本	<meter>	定义预定义范围内的文本
<pre>	定义预格式文本	<progress>	定义任何类型的任务进度
<q>	定义短的引用	<rt>	定义 ruby 注释的解释
<ruby>	定义 ruby 的注释	<s>	定义加删除线的文本
<samp>	定义计算机代码样本	<small>	定义小号文本
<strike>	定义加删除线文本	<sup>	定义上标文本
<sub>	定义下标文本	<time>	定义日期
<tt>	定义打字机文本	<u>	定义下划线文本
<var>	定义文本的变量部分	<wbr>	规定换行
<font>		定义文本的字体、尺寸和颜色	
<rp>		定义若浏览器不支持<ruby>元素时显示的内容	
<strong>		定义语气更加强烈的强调文本	

上面列出的这些格式标签在平时用到得比较多，所以会用一个小案例对每个标签的用法进行介绍。但是这些案例仅仅是向读者展示了这些标签最基本的用法，这里还没有讲到属性，所以只得介绍最简单的部分，大家现在只需将每个标签的基本作用记住即可。

接下来我们先来看一下格式标签里一些比较简单的标签的用法，由于每个标签的例子都比较简短，在主体部分每个都是几行或者一两行代码，所以下面的案例是将几个标签合在一起写的一个简单案例，读者在阅读时注意区分即可。

代码位置：见随书中源代码/第 1 章目录下的 HTML5/Sample1_2.html。

```
<!DOCTYPE HTML>
<!--本案例演示了格式标签的一部分标签使用的小案例，剩下一部分会在下面给出-->
<html><body>
这里演示的为缩写示例：The <abbr title="People's Republic of China">PRC</abbr>
was founded in 1949.
<p>这里演示加粗文本示例 <b>此处加粗</b>.</p>
<!--根据 HTML5 规范，粗体为最后的选择，没有其他标签适用时才会
选择，应先从标题、被强调文本、标记文本等标签中选择-->
<ul>
<!--此处为 bdi 标签，设置一段文本使其脱离父元素的文本方向设置-->
  <li>User <bdi>hrefs</bdi>: 60 points</li>
  <li>User <bdi>jdoe</bdi>: 80 points</li>
  <li>User <bdi>tom</bdi>: 90 points</li>
</ul>
<p>接下来示例的为<bdo>标签，其中可以通过定义 dir 属性来覆盖默认文本方向</p>
<bdo dir="rtl"><!--dir 的值有 rtl 右向左与 ltr 左向右两种值-->
现在展示的是从右向左的文本方向
</bdo><br/>
```

```
19    <!--下面几个标签一般还会搭配着 id、class 等一些属性使用，这些属性在下面会有介绍-->
20    <big>这里演示<big>标签示例</big><br/>
21    <em>这里演示<em>标签示例</em><br/>
22    <i>这里演示倾斜标签<i>示例</i><br/>
23    <small>这里演示<small>标签</small><br/>
24    此处将演示下标标签用法
25    <sub>subscript</sub><br/>
26    此处将演示上标标签用法
27    <sup>superscript</sup><br/>
28    </body></html>
```

- 第 4、5 行为缩写标签的用法示例，在网页上将鼠标悬停到缩写部分会显示出其全称。
- 第 6～8 行为加粗文本示例，一般在用这个标签先我们应该先将 6 个标题标签、强调标签、标记标签与<strong>标签中选择，以上标签不适用的情况下最后才会使用<b>标签。
- 第 10～14 行为<bdi>标签示例，其中的<ul>与<li>标签是无序列表与定义列表项目标签，我们会在后面进行介绍。在发布用户评论或其他我们无法完全控制的内容时，该标签很有用。
- 第 15～18 行为设置文本方向的标签，其中的 dir 属性与<bdi>标签中的 dir 属性一样，都有 ltr 与 rtl 两种值，但<bdi>标签的默认值为 auto，该标签没有此值。
- 第 19～28 行示例的几个标签用法与之前介绍的类似，一般使用它们的时候都会搭配着一些属性，这样才会有多样的效果，由于还没有讲到属性，所以这里只是提了一下用法。

看完了一些标签的使用方法，我们还需要看一下效果图，毕竟用文字表达不如用图像表达得直观，更容易使人接受与记住。图 1-5 所示为上述程序的效果图。

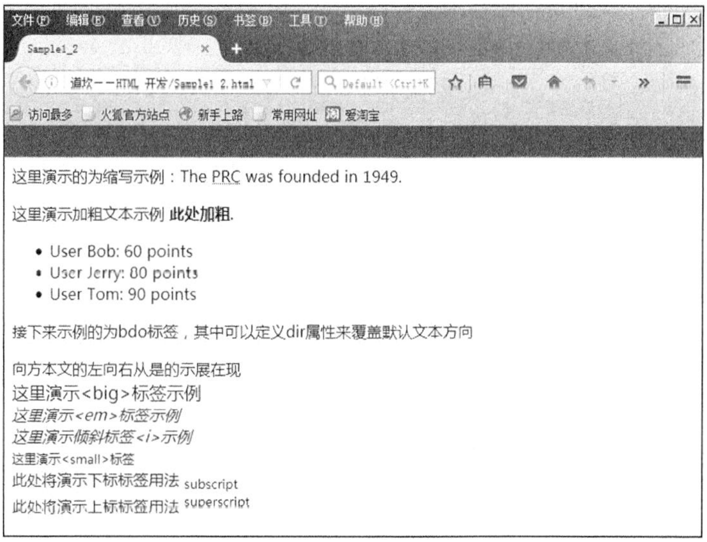

▲图 1-5 Sample1_2 案例效果示例图

对于上述标签，从外观上就能够区分清楚是什么标签，也便于读者的理解记忆。下面我们来看看另外一些格式标签的效果图与应用，本部分除了介绍标签之外，我们也介绍了一些标签相应的属性，图 1-6 所示为表 1-3 中剩余的一些标签的使用效果图。

对于图 1-5 与图 1-6 中所示文本样式，如果只是想要样式，可以用 CSS 做出更好的与更多的效果，在下面的小节中我们也会介绍这方面的知识。接下来我们来看一下 Sample1_3 案例的开发过程，本案例中使用的也是格式类中的一部分标签。

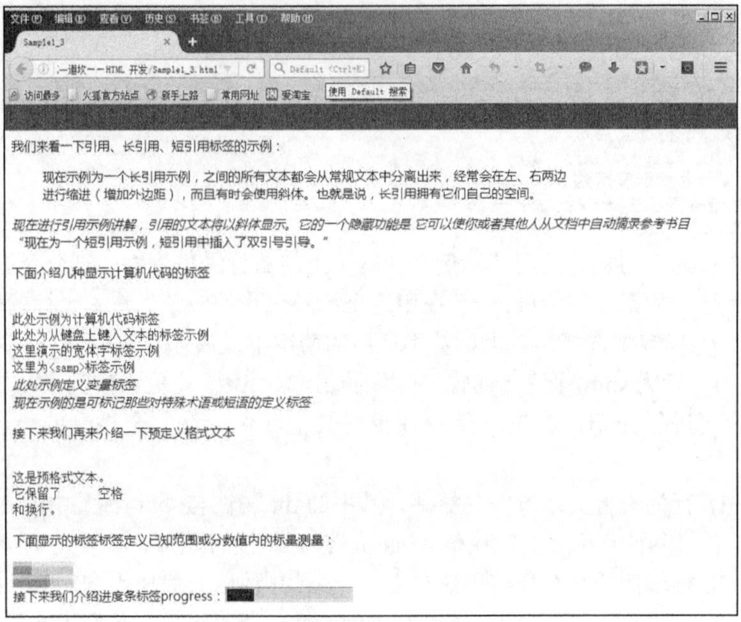

▲图 1-6　Sample1_3 案例效果示例图

代码位置：见随书中源代码/第 1 章目录下的 HTML5/Sample1_3.html。

```
<html><body>
我们来看一下引用、长引用、短引用标签的示例：
<blockquote>
现在示例为一个长引用示例，之间的所有文本都会从常规文本中分离出来，经常会在左、右两边<br/>
进行缩进（增加外边距），而且有时会使用斜体。也就是说，长引用拥有它们自己的空间。
</blockquote>
<!--<cite> 标签通常表示它所包含的文本对某个参考文献的引用，把指向其他文档的引用分离出来，
尤其是分离那些传统媒体中的文档，如书籍、期刊，等等。如果引用的这些文档有联机版本，
还应该把引用包括在一个 <a> 标签中，从而把一个超链接指向该联机版本。-->
<cite>
现在进行引用示例讲解，引用的文本将以斜体显示。它的一个隐藏功能是
它可以使你或者其他人从文档中自动摘录参考书目
</cite><br/>
<!--长引用与短引用可以用 cite 属性定义出引用的来源-->
<q>现在为一个短引用示例，短引用中插入了双引号引导。</q>
<!--短引用与长引用是一样的，它们是在显示上有所不同。如果需要从文本中
分离出比较长的内容用长引用就好。-->
<p>下面介绍几种显示计算机代码的标签</p><br/>
<code>此处示例为计算机代码标签</code><br />
<!—熟悉编程的读者都知道计算机代码与文本的格式是不同的，这样方便了读者寻找计算机代码片段-->
<kbd>此处为从键盘上键入文本的标签示例</kbd><br />
<!--该标签用来表示文本是从键盘上键入的。浏览器通常用等宽字体来显示该标签中包含的文本。-->
<tt>这里演示的宽体字标签示例</tt><br />
<samp>这里为<samp>标签示例</samp><br />
<!--该标签并不经常使用。只有在要从正常的上下文中将某些短字符序列提取出来，
对它们加以强调的极少情况下，
才使用这个标签。-->
<var>此处示例定义变量标签</var><br />
<!--本标签是计算机文档中应用的另一个小窍门，这个标签经常与 <code> 和 <pre> 标签一起使用，
用来显示计算机编程代码范例及类似方面的特定元素。-->
<dfn>现在示例的是可标记那些对特殊术语或短语的定义标签</dfn></br>
<!--尽量少用本标签为妙。作为一种通用样式，尤其在技术文档中，应该将它们与普通文本分开，这样
读者可以更好地理解文章当前的主题，而从那以后就不要再对这个术语进行任何标记了。-->
<p>接下来我们再来介绍一下预定义格式文本</p>
<pre><!--该标签很适合显示计算机代码，所以本标签经常与<code>标签一起使用。
其中的 width 属性定义了每行最大字符数，一般为 40、80、132。-->
这是预格式文本。
它保留了　　　　空格
和换行。
</pre>
```

```
41      <!--需要注意的是制表符（tab）在 <pre> 标签定义的块当中可以起到应有的作用，每个制表符占据
42       8 个字符的位置。但是我们不推荐使用它，因为在不同的浏览器中，Tab 的实现各不相同。在用
43      <pre> 标签格式化的文档段中使用空格，可以确保文本处于正确的水平位置。-->
44      <p>下面显示的标签定义已知范围或分数值内的标量测量：</p>
45      <meter value="3" min="0" max="10">3/10</meter><br>
46      <meter value="0.6">60%</meter><br/>
47      <!--该标签一般用于查询磁盘用量、结果的相关性，不应用于指示进度（在进度条中）。标记进度条，
48      应使用 <progress> 标签。Internet Explorer 不支持<meter>标签。-->
49      接下来我们介绍进度条标签 progress：<progress value="22" max="100">
50      </progress><!--该标签中的 max 属性表示任务一共需要完成多少工作，value 表示已经完成了多少任
务。-->
51      <!--Internet Explorer 10, Firefox, Opera, Chrome 以及 Safari 6 支持<progress>标签。
-->
52      </body></html>
```

- 第 1～17 行为引用与长短引用的示例，本质上长引用与短引用是一样的，它们只是在显示形式上有所不同。而引用标签中的内容一般以斜体显示，如果引用的文档有联机版本，还应该有一个链接标签<a>，从而把超链接指向该文本。
- 第 18～30 行为一些用于显示计算机代码的标签示例。有时我们在网上想找一些代码时会发现如果代码与文本是一种格式，那么看起来是相当麻烦的，并且代码的格式一般来说是与其他文本有所不同的，这几个标签的在表现形式上能够区分出来。
- 第 34～43 行为<pre>标签示例，该标签保留了空格与换行，所以经常与<code>标签一起使用。但是需要注意的是在定义计算机源代码，比如 HTML 源代码时，请使用符号实体来表示特殊字符，比如“<”代表“<”，“>”代表“>”，“&”代表“&”。
- 第 44～52 行为<meter>与<progress>标签示例，这两种标签显示的都是进度条类型，但是它们还是有一些区别的。需要标记进度条时应该使用<progress>标签，<meter>中有一些属性我们将在下面介绍。

上面介绍<pre>标签时我们说到了符号实体，在 HTML 中不能使用小于号（<）和大于号（>），这是因为浏览器会误认为它们是标签。如果希望正确地显示预留字符，我们必须在 HTML 源代码中使用符号实体（Character Entities）。表 1-4 列出了部分符号实体。

表 1-4 符号实体及对应编号

显示结果	描述	实体名称	实体编号
	空格		
<	小于号	<	<
>	大于号	>	>
&	和号	&	&
"	引号	"	"
'	撇号	&qpos;（IE 不支持）	'
¢	分	¢	¢
£	镑	£	&#163,
€	欧元	€	€
§	小节	§	§
©	版权	©	©
®	注册商标	®	®
™	商标	™	™
×	乘号	×	×
÷	除号	÷	÷

需要注意的是，实体名称对大小写敏感，HTML 中的常用字符实体是不间断空格（ ）。浏览器总是会截短 HTML 页面中的空格。如果在文本中写 10 个空格，在显示该页面之前，浏览器会删除它们中的 9 个。如需在页面中增加空格的数量，需要使用“ ”符号实体。

除了符号实体，我们还在上个程序中的<meter>标签中看到了几种属性，但是当时并没有介绍，在接下来的表 1-5 中我们将看到该标签中的属性介绍。

表 1-5　　<meter>标签属性列表

属　性	值	描　述
form	form_id	本元素所属的一个或多个表单
high	number	规定被视为高的值的范围
low	number	规定被视作低的值的范围
max	number	规定范围的最大值
min	number	规定范围的最小值
optimum	number	规定度量的优化值
value	number	（必需），规定度量的当前值

需要注意的是，在 form 属性的值 id 中规定此值必须为同一文档中<form>元素的属性值。high 属性必须小于 max 属性值，且必须大于 low 和 min 属性值。low 属性必须大于 min 属性值，且必须小于 high 和 max 属性值。

1.3.4　表单标签

通过 Sample1_2 与 Sample1_3 两个例子，我们掌握了大部分格式标签的基本用法，那么我们接下来介绍剩下的标签用法与一部分表单标签。我们首先来看一下本部分程序的效果图，如图 1-7 所示。

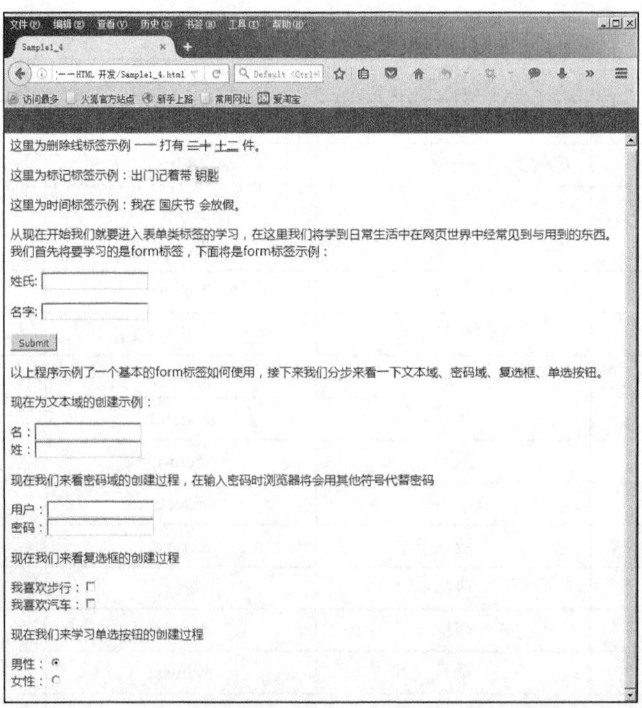

▲图 1-7　Sample1_4 格式标签案例与表单标签效果示例图

看完效果图以后我们不难发现，这些标签同之前讲的标签在外观表示形式方面有所差别，这样便于大家的理解记忆。通过接下来的学习，我们将学会如何在网页中制作出基础表单与多种多样的特效形式。

代码位置：见随书中源代码/第 1 章目录下的 HTML5/Sample1_4.html。

```
1    <html><body>
2    <p>这里为删除线标签示例——有 <del>二十</del> <ins>十二</ins> 件。</p>
3    <!--大多数浏览器会改写为删除文本和下划线文本，一些老式的浏览器会
4          把删除文本和下划线文本显示为普通文本-->
5    <p>这里为标记标签示例：出门记着带 <mark>钥匙</mark></p><!--此标签为 HTML5 新加的标签-->
6    <p>这里为时间标签示例：我在 <time datetime="2016-10-01">国庆节</time> 会放假。</p>
7    <!--本标签定义公历的时间（24 小时制）或日期，时间和时区偏移是可选的-->
8    <p>从现在开始我们就要进入表单类标签的学习，在这里我们将学到日常生活中在网页世界中
9         经常见到与用到的东西。<br/>
10   我们首先将要学习的是 form 标签，下面将是 form 标签示例：</p>
11   <form action="/example/html/form_action.asp" method="get">
12     <p>姓氏：<input type="text" name="姓氏" /></p>
13     <p>名字：<input type="text" name="名字" /></p>
14     <input type="submit" value="Submit" />
15   </form><!--由于本部分涉及服务器方面的知识，但是这里只是在介绍关于 HTML 的基础内容，所以
16   便不叙述服务器方面知识，想了解此方面内容的读者应当找一些专业讲解此方面内容的书籍资料来学习。-->
17   <p>以上程序示例了一个基本的 form 标签如何使用，接下来我们分步来看一下文本域、密码域、复选框、单
18        选按钮。</p>
19   <form><p>现在为文本域的创建示例：</p>
20   名：<input type="text" name="名"><br />
21   姓：<input type="text" name="姓">
22   </form><!--同上面程序一样，input 标签的 type 属性为 text 时即为文本域-->
23   <form><p>现在我们来看密码域的创建过程，在输入密码时浏览器将会用其他符号代替密码</p>
24   用户：<input type="text" name="用户"><br />
25   密码：<input type="password" name="密码">
26   </form><!--与文本域类似，将 input 标签的 type 属性改为 password 即为建立了一个密码域-->
27   <form><p>现在我们来看复选框的创建过程</p>
28   我喜欢步行：<input type="checkbox" name="步行"><br />
29   我喜欢汽车：<input type="checkbox" name="汽车">
30   </form><!–将 input 标签的 type 属性改为 checkbox 即创建了复选框-->
31   <form><p>现在我们来学习单选按钮的创建过程</p>
32   男性：<input type="radio" checked="checked" name="Sex" value="male" /><br />
33   女性：<input type="radio" name="Sex" value="female" />
34   </form><!--当用户单击一个单选按钮时，该按钮会变为选中状态，其他所有按钮会变为非选中状态-->
35   </body></html>
```

- 第 1～7 行为剩余的几个格式标签示例，<del>标签经常会与<ins>标签一起使用，用在改正错误上面。标记标签为 HTML5 中新增加的一项标签，用于强调。最后一个<time>标签的两个属性 datatime 用于规定日期时间，pubdata 用于指示文档的发布时间。
- 第 8～16 行为第一个<form>表单示例，一般情况下<form>经常与<input>标签结合使用，因为会经常用到输入文本信息。由于篇幅问题，就没有介绍涉及到的服务器方面的知识，想了解此方面知识的读者可以自行查阅资料。
- 第 17～35 行为<form>标签与<input>标签结合使用的几个简单示例，更改<input>标签中的 type 属性可以创建不同类型表单。下面我们会介绍<input>与<form>两个标签的其他属性。

上述程序演示了表单的一部分标签，使读者对表单有了初步的印象，接下来我们先来看一下表单标签都有什么样的标签。表 1-6 列出了表单标签中的标签及其描述，学会了表 1-6 所列这些标签，我们便能够在网页中做出各种类型的表单了。

表 1-6　　表单类标签及其描述

标　签	描　述	标　签	描　述
<optqroup>	定义选择列表中相关选项的组合	<input>	定义输入控件
<output>	定义输出的一些类型	<keyqen>	定义生成密钥
<form>	定义供用户输入的 HTML 表单	<textarea>	定义多行的文本输入控件

续表

标　签	描　述	标　签	描　述
<leqend>	定义<fieldset>元素的标题	<button>	定义按钮
<fieldset>	定义围绕表单中元素的边框	<select>	定义选择列表（下拉列表）
<label>	定义<input>元素的标注	<datalist>	定义下拉列表
<option>	定义选择列表中的选项		

看了上一个程序中表单标签的基本用法后，再结合表 1-6 所列出的标签，读者应该有更深刻的体会。下面我们将对剩下的标签用法进行介绍。由于本部分的标签都会有几个属性，在程序只介绍一下用到的属性，以后我们会对剩下的属性进行介绍。

现在大家首先来看一下表单标签剩下的那些未介绍的标签的开发过程，图 1-8 所示为通过表单标签做出来后的基础版的效果图。因为本案例需要对多个标签进行介绍，所以在视觉上便会显得有些杂乱，读者在阅读时应该将每个标签与图对应着看，效果会更好。

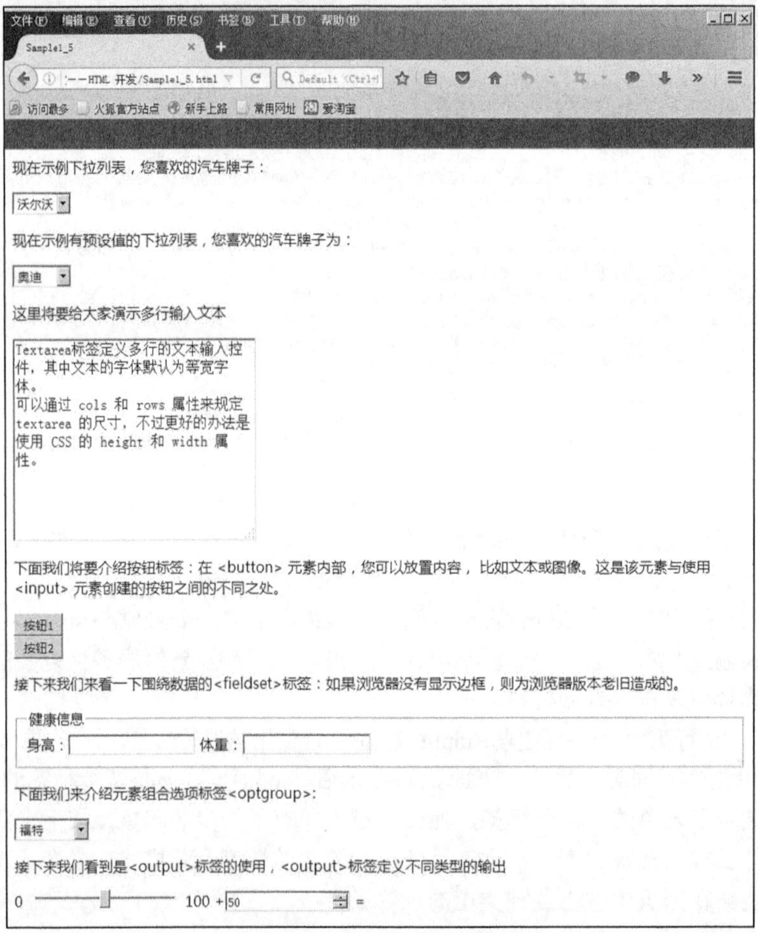

▲图 1-8　Sample1_5 效果示例图

看完了效果图后我们不难发现，上面所介绍的是我们在实际中常用的一些控件，相信读者在心中肯定跃跃欲试，想要掌握这些控件的实现技术。现在我们就来介绍这些控件的开发过程，其实原理与上面介绍过的标签开发无异，开发起来并不困难。

代码位置：见随书中源代码/第 1 章目录下的 HTML5/Sample1_5.html。

```
1    <html><body>
2    <p>现在示例下拉列表，您喜欢的汽车牌子：
3    <form><select name="汽车">
4    <option value="沃尔沃">沃尔沃</option>
5    <option value="奔驰">奔驰</option>
6    <option value="菲亚特">菲亚特</option>
7    <option value="奥迪">奥迪</option>
8    </select></form></p>
9    <p>现在示例有预设值的下拉列表，您喜欢的汽车牌子为：
10   <form><select name="汽车">
11   <option value="沃尔沃">沃尔沃</option>
12   <option value="奔驰">奔驰</option>
13   <option value="菲亚特">菲亚特</option>
14   <option value="奥迪" selected="selected">奥迪</option>
15   </select></form></p>
16   <!--上面为大家演示了两种下拉列表，第一种没有预设值，
17   第二种多了一个 selected 属性即设定预设值-->
18   <p>这里将要给大家演示多行输入文本</p>
19   <textarea rows="10" cols="30">
20   Textarea 标签定义多行的文本输入控件，其中文本的字体默认为等宽字体。
21   可以通过 cols 和 rows 属性来规定 textarea 的尺寸，不过更好的办法是
22   使用 CSS 的 height 和 width 属性。</textarea>
23   <!--在文本输入区内的文本行间，用 "%OD%OA" （回车/换行）进行分隔。
24   可以通过 wrap 属性设置文本输入区内的换行模式-->
25   <p>下面我们将要介绍按钮标签：在 button 元素内部，您可以放置内容，
26   比如文本或图像。这是该元素与使用<input>元素创建的按钮之间的不同之处</p>
27   <button type="button">按钮 1</button>
28   <form><input type="button" value="按钮 2" /></form>
29   <!--需要注意的是请始终为按钮规定 type 属性。Internet Explorer 的默认类型是 "button",
30   而其他浏览器中（包括 W3C 规范）的默认值是 "submit"-->
31   <!--如果在 HTML 表单中使用<button>元素，不同的浏览器会提交不同的值。Internet Explorer
32   将提交 <button> 与 <button/> 之间的文本，而其他浏览器将提交 value 属性的内容。
33   请在 HTML 表单中使用 <input> 元素来创建按钮-->
34   <p>接下来我们来看一下围绕数据的<fieldset>标签：如果
35   浏览器没有显示边框，则为浏览器版本老旧造成的</p>
36   <form><fieldset><legend>健康信息</legend>
37       身高：<input type="text" />
38       体重：<input type="text" />
39     </fieldset></form><!--<legend>标签定义<fieldset>标签的标题-->
40     <!--当一组表单元素放到 <fieldset> 标签内时，浏览器会以特殊
41     方式来显示它们，该标签没有必需或者唯一的属性-->
42   <p>下面我们来介绍元素组合选项标签<optgroup>:</p>
43   <select><optgroup label="美国产的车">
44       <option value="ford">福特</option>
45       <option value="chevrolet">雪佛兰</option>
46     </optgroup><optgroup label="德国产的车">
47       <option value="mercedes">奔驰</option>
48       <option value="audi">奥迪</option>
49     </optgroup></select><!--<option>标签定义下拉列表中一个项目，
50   没有结束标签，常与 select 一起使用。<optgroup> 元素用于组合选项。当您使用一个长的
51   选项列表时，对相关的选项进行组合会使处理更加容易-->
52     <p>接下来我们看到是<output>标签的使用，<output>标签定义不同类型的输出</p>
53     <form oninput="x.value=parseInt(a.value)+parseInt(b.value)">0
54   <input type="range" id="a" value="50">100
55   +<input type="number" id="b" value="50">
56   =<output name="x" for="a b"></output><!--需要注意的是在 IE 浏览器中不支持这个标签-->
57   </form></body></html>
```

- 第 1～17 行为选择列表标签示例。其分为了两种，在第二种的<option>标签中的加上了 selected 属性，即预设值，在网页上初始显示的是预设值。<option>标签经常是与<select>标签一起使用的，它定义了下拉列表中的一个项目。

- 第 18～33 行为多行文本标签<textarea>与按钮标签的使用示例，其中多行文本的文本默认字体为等宽字体。对于按钮的实现方式，示例中写了两种，<button>标签提供了更为强大的功能和更丰富的内容，但是禁止使用的元素是图像映射。

- 第 34～51 行为<fieldset>标签与组合选项标签<optgroup>的示例。<fieldset>标签的使用方法比较简单，并且显示也很特殊，读者容易接受。使用组合选项标签时只要注意选项标签的分类，

也是十分简单的。

- 第 52～57 行中我们看到的不只是<output>如何输出，我们也学到了<input>标签 type 属性的另外两个属性值。

至此为止表单标签基本讲解完毕，但是只有这些还是远远不够的，因为这些标签中还有许多元素没有讲解，这些标签只有在各种属性的配合使用下才会有更好的效果，那么下面我们就来看一下这些标签的属性及其用法，如表 1-7 所示。

表 1-7　<form>标签的属性值及其描述

属　性	值	描　述
accept-charset	charset_list	规定服务器可处理的表单数据字符集
action	URL	当提交表单时向何处发送表单数据
autocomplete	on/off	规定是否用表单的自动完成功能
enctype	下面会有介绍	规定在发送表单数据之前如何对其编码
method	get/post	规定用于发送 form-data 的 HTTP 方法
name	form_name	规定表单的名称
novalidata	novalidata	如果使用该属性，则提交表单时不进行验证
target	_blank/_self/_parent/_top/framename	规定在何处打开 action URL

说明　表 1-7 介绍了<form>标签在 HTML 5 中的属性，但是这部分都得结合服务器使用。由于篇幅问题我们并没有讲述服务器的知识，有兴趣的读者可以自己查阅这方面的资料，结合着本节介绍的属性来实践。属性是在开始标签中使用的，上面的每个例子中都有标签属性的使用。

表 1-7 中，我们在介绍<enctype>标签时没有介绍其值，现在我们来看一下。application/x-www-form-urlencoded：在发送前编码所有字符，为该属性默认值，multipart/form-data：在使用包含文件上传控件的表单时必须使用该值，text/plain：编码时空格转换为“+”号，不对特殊字符编码。

通过前面的案例学习过程我们发现，<input>标签及其属性的用法极其繁多，并且那只是使用了一个 type 属性所带来的效果。接下来我们来看一下<input>标签的其余属性，如表 1-8 所示。

表 1-8　<input>标签的属性值及其描述

属　性	值	描　述
accept	mime_type	规定通过文件上传来提交的文件类型
alt	text	定义图像输入的替代文本
autocomplete	on/off	规定是否使用输入字段的自动完成功能
autofocus	autofocus	规定输入字段在页面加载时是否获得焦点
checked	checked	规定<input>元素首次加载时应当被选中
disabled	disabled	当<input>元素加载时禁用此元素
form	formname	规定输入字段所属的一个或多个表单
formation	URL	覆盖表单的 action 属性
formenctype	下面有介绍	覆盖表单的 enctype 属性
formmethod	get/post	覆盖表单的 method 属性
formnovalidata	formnovalidata	覆盖表单的 novalidata 属性

续表

属　　性	值	描　　述
formtarget	同表单的 target 属性值	覆盖表单的 target 属性
height	pixel/%	定义<input>字段的高度
list	datalist-id	引用包含输入字段的预定义选项的 datalist
max	number/data	规定输入字段的最大值
maxlength	number	规定输入字段中的字符的最大长度
min	number/data	规定输入字段的最小值
multiple	multiple	如果使用该属性则允许使用一个以上的值
name	field_name	定义<input>元素的名称
pattern	regexp_pattern	规定输入字段的值的模式或格式
placeholder	text	规定帮助用户填写输入字段的提示
readonly	readonly	规定输入字段为只读
required	required	指示输入字段的值是必需的
size	number_of_char	规定输入字段的宽度
src	URL	定义以提交按钮形式显示的图像的 URL
step	number	规定输入字的合法数字间隔
type	之前的示例中已包含全部的值	规定<input>元素的类型
value	value	规定<input>元素的值
width	pixel/%	规定<input>字段的宽度

表 1-8 所示的这些属性即为<input>元素的属性，其中包含了 HTML5 中新增的许多属性，接下来我们便来看一下这些属性的应用效果。图 1-9 为<input>元素属性应用案例效果，由于之前已经讲述了 type 属性，所以在这里便没有再叙述这部分知识。

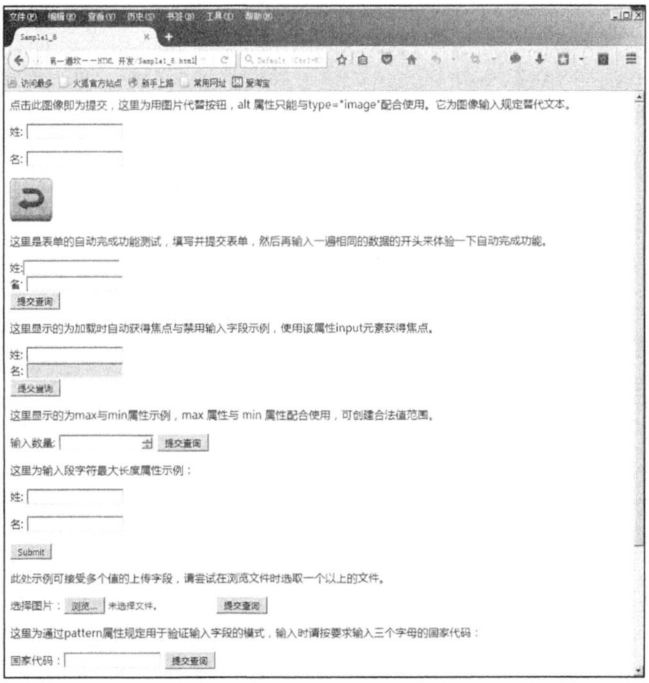

▲图 1-9　Sample1_6 案例效果图

看完了案例生成的效果图，我们就来看一下案例的开发过程。如前面案例开发过程所示，本案例的大部分标签与属性的使用方法大家应该已经掌握了，我们现在来具体学一下<input>元素的局部属性的应用，其与大部分属性的应用是相同的，读者学起来会很快。

代码位置：见随书中源代码/第 1 章目录下的 HTML5/Sample1_6.html。

```
<html><body>
<p>单击此图像即为提交，这里为用图片代替按钮，alt 属性只能与 type="image"配合使用
它为图像输入规定替代文本</p><form>
  <p>姓: <input type="text" name="姓" /></p>
  <p>名: <input type="text" name="名" /></p>
  <input type="image" src="back.png" alt="Submit" width="64" height="64"/></form>
<!--即使 alt 属性不是必需的属性，但是当输入类型为 image 时，仍然应该设置该属性。如果
不使用该属性，就有可能对文本浏览器或非可视的浏览器造成使用障碍。除了 Safari，所有
主流的浏览器都支持 "alt" 属性。height 属性只适用于 <input type="image">，它规定 image
input 的高度。其属性 pixel 以像素为单位，%以百分比为单位-->
<p>这里是表单的自动完成功能测试，填写并提交表单，然后再输入一遍相同的数据的开头来体
验一下自动完成功能</p><form autocomplete="on">
姓:<input type="text" name="姓" /><br />
名: <input type="text" name="名" /><br />
<input type="submit" /></form><p></p>
<!--自动完成允许浏览器预测对字段的输入。当用户在字段开始键入时，浏览器基于之前键入过的值，
应该显示出在字段中填写的选项。autocomplete 属性适用于 <form>，以及下面的 <input> 类型：
text, search, url, telephone, email, password, datepickers, range 以及 color-->
<p>这里显示的为加载时自动获得焦点与禁用输入字段示例，使用该属性 input 元素获得焦点</p>
<form>
  姓: <input type="text" name="姓" autofocus><br>
  名: <input type="text" name="名" disabled="disabled"><br>
  <input type="submit"></form>
<!--被禁用的 input 元素既不可用，也不可单击。可以设置 disabled 属性，直到满足某些其他的
条件为止（比如选择了一个复选框等等）。然后，就需要通过 JavaScript 来删除 disabled 值，
将 input 元素的值切换为可用-->
<p>这里显示的为 max 与 min 属性示例，max 属性与 min 属性配合使用，
可创建合法值范围</p><form>
输入数量: <input type="number" name="输入数量" min="0" max="10" />
<input type="submit" /></form>
<!--max 和 min 属性适用于以下 <input> 类型：number, range, date, datetime, datetime-local,
 month, time 以及 week。-->
<p>这里为输入段字符最大长度属性示例：</p><form>
  <p>姓: <input type="text" name="姓" maxlength="85" /></p>
  <p>名: <input type="text" name="名" maxlength="55" /></p>
  <input type="submit" value="Submit" />
  <!--maxlength 属性规定输入字段的最大长度，以字符个数计。
maxlength 属性与 <input type="text"> 或 <input type="password"> 配合使用-->
</form><p>此处示例可接受多个值的上传字段，请尝试在浏览文件时选取一个以上的文件。
</p><form>选择图片：<input type="file" name="img" multiple="multiple" />
<input type="submit" /></form>
<p>这里为通过 pattern 属性规定用于验证输入字段的模式，输入时请按要求输入 3 个字母的国家代码：
</p><form>国家代码：<input type="text" name="country_code" pattern="[A-z]{3}"
title="三个字母的国家代码" />
<input type="submit" /></form>
<!--模式指的是正则表达式，pattern 属性适用于以下 <input> 类型：text, search,
url, telephone, email 以及 password 。pattern 属性规定用于验证输入字段的模式。-->
<p>接下来我们演示的是输入字段预期值属性，提供可描述输入字段预期值的提示信息，
该提示会在输入字段为空时显示，并会在字段获得焦点时消失。</p><form>
<input type="search" name="user_search" placeholder="输入字段预期值" />
<input type="submit" /></form>
<!--placeholder 属性适用于以下的 <input> 类型：text, search, url,  password 等。-->
<p>接下来我们演示的为 required 与 size 属性，required 属性规定必需在提交之前填写输入字段。
如果不填写任何内容，则会有提示出现。</p><form>
姓名: <input type="text" name="usr_name" required="required" size="35"/>
<input type="submit" value="提交" /></form>
<!--required 属性适用于以下 <input> 类型：text, search, url, telephone, email,
```

```
58      password, date pickers, number, checkbox, radio 以及 file。-->
59    </body></html>
```

- 第 2～10 行为 image 属性应用案例。在使用该属性时需要注意的是图片的存放位置，只需将图片与 HTML 文件放到同一个文件夹下即可。如果还有上层文件，在路径上加上上层文件即可。通过 alt 属性可以为用户在由于某些原因无法查看图像时提供备选的信息。
- 第 11～26 行为自动完成与获得焦点属性应用。在平时浏览网页时我们输入要登录账号的开头字母或数字便会出提示，这便是因为开启了 autocomplete 属性。有 autofoucs 属性时我们会发现，网页打开后焦点自动回到该 input 元素上。
- 第 27～41 行为 max 与 maxlength 属性的应用，应用这几个属性时只需规定好相应的数值即可。结合使用 max 与 min 属性可以规定好一段范围，maxlength 一般用在有字数限制的文本输入<input>元素。
- 第 42～59 行为验证输入字段属性、字段预期值属性与 required 属性的应用，这些在我们日常上网时都会遇到。使用验证输入字段与 required 属性，在不满足条件时都会弹出提示通过使用字段预期值，在初始加载进界面后会显示预期设置的值。

到这里为止我们便将表单标签的基础内容学习完毕。本小节的内容有些繁杂，知识点零碎，但每点都比较容易接受。

1.3.5 图像、链接、列表标签

下面我们来看一下图像类、链接类与列表类的标签介绍。表 1-9 所示为图像链接列表标签及其描述，我们先来总体学习一下这些标签。

表 1-9 图像链接列表标签及其描述

标　签	描　述	标　签	描　述
<img>	定义图像	<area>	定义图像地图内部的区域
<map>	定义图像映射	<command>	定义命令按钮
<figcaption>	定义<figure>元素的标题	<a>	定义超链接
<link>	定义文档与外部资源的关系	<nav>	定义导航链接
<ul>	定义无序列表	<ol>	定义有序列表
<li>	定义列表的项目	<dl>	定义定义列表
<dt>	定义定义列表中的项目	<dd>	定义定义列表中项目的描述
<menu>	定义命令的菜单/列表	<figure>	定义媒介内容的分组，以及它们的标题
<menuitem>	定义用户可以从弹出菜单调用的命令/菜单项目	<canvas>	定义图形，在 1.6 节中我们会专门讲这部分的内容

看完这些标签的类型与描述后，接下来我们先来看一下运用这些标签做出来的网页效果。通过对这些标签效果的观察，我们再来深究一下它们的具体用法。图 1-10 为图像链接列表标签应用实例图。图中有一个图片加载失败，这是因为我们故意写错路径名进而显示 alt 属性。

因为篇幅问题本部分标签分成了两部分，我们刚才所看到的效果图为其中的第一部分标签案例的示意图，本部分标签为图像标签与一部分列表标签的示例。表 1-9 列出的<canvas>标签由于是本书的重点内容，所以我们将其放到了 1.6 节细致地讲述。我们先来看一下 Sample1_7 的案例开发过程。

▲图 1-10　Sample1_7 案例效果图

代码位置：见随书中源代码/第 1 章目录下的 HTML5/Sample1_7.html。

```
<html><head><title>Sampel1_7</title></head><body>
<p>这里我们演示 img 标签及其属性的用法，本标签创建的是被引用图像的占位空间</p>
<img src="pic/H5.jpg"  alt="W3C 的正式 HTML5 徽标" height="128" width="128" />
<img src="pic/H523.jpg"  alt="W3C 的正式 HTML5 徽标" height="128" width="128" />
<!--src 和 alt 为该标签的必需属性，在 HTML 中 img 标签没有结束标签，
第二个 img 标签为演示如果图像不能显示则显示 alt 属性-->
<p>接下来我们来演示的为设置背景图片，如果图片小于页面那么图片会重复</p>
<body background="pic/background1.png">
<p>接下来我们演示的是设置图像的对齐方式：</p>
<h2>未设置对齐方式的图像：</h2>
<p>图像 <img src ="pic/back.png"> 在文本中</p>
<h2>已设置对齐方式的图像：</h2>
<p>图像 <img src="pic/back.png" align="bottom"> 在文本中的对齐方式为 bottom</p>
<p>图像 <img src ="pic/back.png" align="middle"> 在文本中的对齐方式为 middle</p>
<p>图像 <img src ="pic/back.png" align="top"> 在文本中的对齐方式为 top</p>
<!--其中 bottom 对齐方式是默认的对齐方式-->
<p>现在我们把图像作为链接来使用：
<a href="Sampel1_6.html">
<img border="0" src="pic/back.png" /></a></p>
<p>现在我们演示的为创建带有可供单击区域的图像地图，其中每个区域都是一个超链接，
请单击图像上的星球，把它们放大。</p>
<img src="pic/xingqiu.jpg" border="0" usemap="#planetmap" alt="星球" />
<map name="planetmap" id="planetmap">
<area shape="circle" coords="180,139,14" href ="pic/jinxing.png"
      target ="_blank" alt="金星" />
<area shape="circle" coords="129,161,10" href ="pic/shuixing.png"
      target ="_blank" alt="水星" />
<area shape="rect" coords="0,0,110,260" href ="pic/sun.jpg"
      target =" blank" alt="太阳" /></map>
<!--area 标签定义图像映射中的区域，总会嵌套在 map 中，shape 属性定义了区域形状，coords
为区域的坐标值一般的 4 个坐标值为定义的矩形的左上角与右下角的坐标值 x、y 三个值为圆形
的原点坐标与半径，多边形 poly 的坐标为 x1,y1,x2,y2,…,xn,yn-->
<!--img 元素中的 "usemap" 属性引用 map 元素中的 "id" 或 "name" 属性（根据浏览器），
所以我们同时向 map 元素添加了 "id" 和 "name" 属性。在以上几个例子中涉及 href 属性时
我们给出的是路径位置，这里也可以给 URL。设置 target 的属性值为 blank 表示在新链接中打开-->
```

```
36      <p>接下来我们来演示一下无序列表的使用，首先我们看到的是不同类型的无序列表：</p>
37      <h4>Disc 项目符号列表：</h4>
38      <ul type="disc">
39       <li>苹果</li><li>香蕉</li><li>柠檬</li><li>橘子</li>
40      </ul><h4>Circle 项目符号列表：</h4>
41      <ul type="circle">
42       <li>苹果</li><li>香蕉</li><li>柠檬</li><li>橘子</li>
43      </ul><h4>Square 项目符号列表：</h4>
44      <ul type="square">
45       <li>苹果</li><li>香蕉</li><li>柠檬</li><li>橘子</li></ul>
46      <p>下面我们将看到嵌套类型的无序列表：</p>
47      <h4>一个嵌套列表：</h4><ul>
48        <li>咖啡</li><li>茶
49          <ul><li>红茶</li><li>绿茶</li></ul>
50        </li><li>牛奶</li></ul>
51        <!--标签<li>定义列表项目，常和无序列表标签<ul>与有序列表标签<ol>一起使用-->
52      </body></html>
```

- 第 2～6 行为<img>标签的示例，在 HTML 中<img>标签没有结束标签，src 与 alt 属性为必须属性。src 用于指示出图片的路径，alt 是提示属性，有的浏览器不支持<img>标签或者路径错误时便不显示图片，这时 alt 的内容便会显示出来，案例中我们示例了在路径错误时显示 alt 信息的用法。
- 第 7～16 行为设置背景图片与设置图像对齐方式示例。设置背景图片时，如果图片小于页面则默认设置为重复贴图。在下面的案例中我们会介绍背景图片的一些放置位置以及重复方式的用法。其对齐方式，读者可以自行观察示例。
- 第 17～35 行中我们介绍了如何将图片或者图片的局部部分作为链接使用。其中<area>标签配合其 shape、coords 属性指定了局部区域的形状与位置，具体的用法已经在注释中给出。target 属性用于设置打开链接的方式。
- 第 36～52 行为一部分列表标签的应用示例，在这里我们示例了不同类型的无序列表的应用案例。标签<li>定义了列表项目，常与列表标签一起使用。列表中也可以嵌套列表，在案例中我们也进行了介绍，一般的列表类型都为我们上面所介绍的几种。

看完前一部分的标签的开发过程后我们来学习剩下一部分的标签的开发。对于本案例中我们用到的几个链接，统一规定 Sample1_4.html 为主页，跳转主页时都跳转到此页上。另外我们统一将图片放到了 pic 目录下，读者练习时注意一下这些问题。

接下来我们来看一下案例的开发过程。如果在运行的过程中加载不出来图片，应该是在设置路径上出现了一些问题，读者应该仔细确认图片的位置，然后根据图片所在的位置更改 URL 之后再进行试验。

代码位置：见随书中源代码/第 1 章目录下的 HTML5/Sample1_8.html。

```
<html><head><title>Sample1_8</title></head><body>
<p>接下来我们来看一下有序列表的使用，我们看到的是不同类型的有序列表：</p>
<h4>数字列表：</h4>
<ol><li>苹果</li><li>香蕉</li><li>柠檬</li><li>橘子</li></ol>
<h4>字母列表：</h4>
<ol type="A">
 <li>苹果</li><li>香蕉</li><li>柠檬</li><li>橘子</li></ol>
<h4>小写字母列表：</h4>
<ol type="a">
 <li>苹果</li><li>香蕉</li><li>柠檬</li><li>橘子</li></ol>
<h4>罗马字母列表：</h4>
<ol type="I">
 <li>苹果</li><li>香蕉</li><li>柠檬</li><li>橘子</li></ol>
<h4>小写罗马字母列表：</h4>
<ol type="i">
 <li>苹果</li><li>香蕉</li><li>柠檬</li><li>橘子</li>
</ol><!--有序列表的类型默认为阿拉伯数字，其余的还有大写字母、小写字母、罗马字母等。-->
<p>接下来我们来看一下定义定义列表标签<dl>的用法：</p>
<h2>一个定义列表：</h2>
```

```
20      <dl>
21          <dt>计算机</dt>
22          <dd>用来计算的仪器 ……</dd>
23          <dt>显示器</dt>
24          <dd>以视觉方式显示信息的装置 ……</dd>
25      </dl>
26      <!--<dl> 标签用于结合 <dt>（定义列表中的项目）和 <dd>（描述列表中的项目）-->
27      <!--<menu>与<command>两个标签在各大主流浏览器中都不支持，<menuitem>只有 Firefox 浏览器
28              支持，所以在这里不再介绍这三个标签。-->
29      <p>现在我们来看一下超链接标签<a>的用法：</p>
30      <a href="http://www.baidu.com">Baidu</a>
31      <!--<a>用于从一张页面链接到另一张页面，在用于样式表时，<link> 标签得到了几乎
32      所有浏览器的支持。但是几乎没有浏览器支持该标签其他方面的用途，所以在此便不再介绍<link>标签-->
33      <p>现在我们来看一下 HTML5 标准中新增的标签<nav>的用法，本例中我们暂定 Sample1_4 为主页：</p>
34      <nav><a href="Sampel1_4.html">主页</a>
35      <a href="Sampel1_3.html">前一页</a>
36      <a href="Sampel1_5.html">后一页</a></nav>
37      <!--<nav> 标签定义导航链接的部分，Internet Explorer 8 以及之前的版本不支持本标签，其余的
        主流浏览器都是支持本标签的。-->
38      <p>接下来我们来看一下在同一页面内的跳转：<br/>
39      <a href="#C4">查看 章节 4。</a></p>
40      <h2>章节 1</h2>
41      <p>这里是章节内容</p>
42      <h2>章节 2</h2>
43      <p>这里是章节内容</p>
44      <h2>章节 3</h2>
45      <p>这里是章节内容</p>
46      <h2><a name="C4">章节 4</a></h2>
47      <p>这里是章节内容</p>
48      //…这里省略了部分代码，读者可以自行查阅中的源代码。
49      <p>被锁在框架中了吗？</p>
50      <a href="Sampel1_4.html" target="_top">请单击这里！</a>
51      <!--将 target 属性设置为"_top"这个目标使得文档载入包含这个超链接的窗口，用"_top"目标将会
        清除所有被包含的框架并将文档载入整个浏览器窗口。-->
52      </body></html>
```

- 第 2～17 行为有序列表的标签应用，在上一个案例中我们介绍了无序列表标签的使用，有序列表与无序列表的区别就表现在显示时一个有顺序的排列，一个没有顺序排列。想要按顺序排列，一般就是列表项目前面加上表明顺序的数字字母等，就是有序列表的不同种类。
- 第 18～26 行示例了定义列表标签<dl>的用法，其经常会与<dt>（定义列表中的项目标签）、<dd>（描述列表中的项目标签）一起使用来定义列表，读者看着示例学习即可。
- 第 27～38 行演示了链接标签的用法，在 HTML5 中新增的<nav>标签定义导航链接的部分。我们平时在浏览网页时不会单纯在一个页面中浏览，肯定会单击链接之类的切换页面，其中的上一页、下一页、主页等链接便是由此标签定义的。
- 第 39～54 行示例的内容为在同一页面下跳转。除了在不同页面之间切换，有时我们浏览一个网页到最下面部分时想回到顶部，如果没有"回到顶部"这个按钮，我们只能拖拉滚动条来实现这一功能。这里的示例便是在同一页面的某处添加信息，本页中如有需要跳转到该部分，单击链接即可。

到此为止已完成对图像、链接、列表标签开发的讲解。本部分标签不多，但是每个标签的属性都不少，读者在学习这部分知识时应将注意力放到各属性上。幸运的是，不少的属性与前面标签中的属性的作用是一样的，读者学起来上手不会太慢的。

1.3.6　表格、元信息等标签

到本章为止我们已介绍完需要学的主要部分的标签，接下来便来介绍一下其他标签。这部分的表格标签与元信息我们会详细介绍，剩下部分的标签因为用到次数较少便不再赘述其开发过程。表 1-10 所示为表格、元信息等标签及其描述。

表 1-10 表格、元信息等标签及其描述

标　签	描　述	标　签	描　述
<param>	定义对象的参数	<table>	定义表格
<object>	定义嵌入对象	<caption>	定义表格标题
<embed>	为外部应用程序定义容器	<th>	定义表格中的表头单元格
<script>	定义客户端脚本	<tr>	定义表格中的行
<video>	定义视频	<td>	定义表格中的单元
<source>	定义媒介源	<thead>	定义表格中的表头内容
<audio>	定义声音内容	<tbody>	定义表格中的主体内容
<head>	定义关于文档的信息	<tfoot>	定义表格中的表注内容
<meta>	定义关于 HTML 文档的元信息	<colgroup>	定义表格中供格式化的列组
<base>	定义页面中所有链接的默认地址或默认目标	<col>	定义表格中一个或多个列的属性值
<noscript>	定义针对不支持客户端脚本的用户的代替内容	<track>	定义用在媒体播放器中的文本轨道

表格标签<table>定义了 HTML 表格，简单的表格由 table 及一个或多个 tr、th 或 td 元素组成。复杂点的 HTML 表格可能会包括 caption、col、colgroup、thead、tfoot 以及 tbody 元素。那么我们现在便来看一下第一个表格类程序，图 1-11 所示为表格标签的案例效果图。

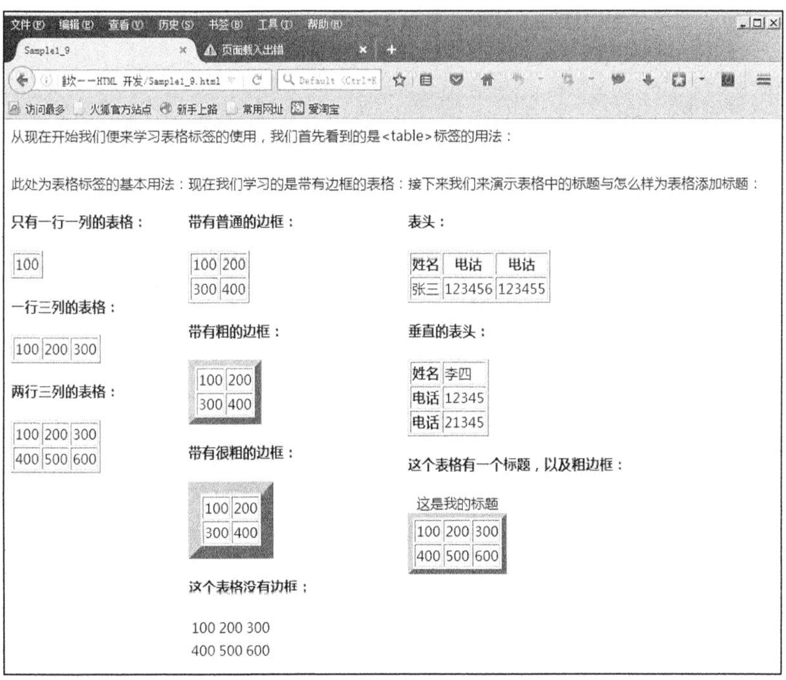

▲图 1-11　Sample1_9 案例效果图

本案例是我们本章节的第一个表格类案例，通过案例运行效果图与标签介绍我们便可以想到通过使用本部分介绍的表格标签案例能够创造出各种样式的且在日常生活中需要的类型的表格，那么现在就来看一下案例 Sample1_9 的开发过程。

代码位置：见书中源代码/第 1 章目录下的 HTML5/Sample1_9.html。

```
<html><head><title>Sample1_9</title></head><body>
```

```
2   <p>从现在开始我们便来学习表格标签的使用，我们首先看到的是<table>标签的用法：</p>
3   <h4>只有一行一列的表格：</h4>
4   <table border="1"><tr>
5     <td>100</td>
6   </tr></table>
7   <h4>一行三列的表格：</h4>
8   <table border="1"><tr>
9     <td>100</td><td>200</td><td>300</td>
10  </tr></table>
11  <h4>两行三列的表格：</h4>
12  <table border="1">
13    <tr><td>100</td><td>200</td><td>300</td></tr>
14    <tr><td>400</td><td>500</td><td>600</td></tr></table>
15  <!--每个表格由<table>标签开始，表格行由<tr>标签开始，每个数据由<td>标签开始。-->
16  <p>现在我们学习的是带有边框的表格：</p>
17  <h4>带有普通的边框：</h4>
18  <table border="1"><tr>
19    <td>100</td><td>200</td></tr>
20    <tr><td>300</td><td>400</td></tr></table>
21  <h4>带有粗的边框：</h4>
22  <table border="8"><tr>
23    <td>100</td><td>200</td></tr>
24    <tr><td>300</td><td>400</td></tr></table>
25  <h4>带有很粗的边框：</h4>
26  <table border="15">
27    <tr><td>100</td><td>200</td></tr>
28    <tr><td>300</td><td>400</td></tr></table>
29  <h4>这个表格没有边框：</h4>
30  <table><tr>
31    <td>100</td><td>200</td><td>300</td></tr>
32    <tr><td>400</td><td>500</td><td>600</td>
33  </tr></table>
34  <!--上面演示的全为边框示例，其中没边框时可以不加 border 属性，也可以使其值为 0。
35  border 属性用于设置边框的宽度。-->
36  <p>接下来我们来演示表格中的标题与怎么样为表格添加标题：</p>
37  <h4>表头：</h4>
38  <table border="1">
39    <tr><th>姓名</th><th>电话</th><th>电话</th></tr>
40    <tr><td>张三</td><td>123456</td><td>123455</td>
41  </tr></table>
42  <h4>垂直的表头：</h4>
43  <table border="1"><tr><th>姓名</th><td>李四</td>
44  </tr><tr><th>电话</th><td>12345</td>
45  </tr><tr><th>电话</th><td>21345</td></tr></table>
46  <h4>这个表格有一个标题，以及粗边框：</h4>
47  <table border="6">
48  <caption>这是我的标题</caption><tr>
49    <td>100</td><td>200</td><td>300</td></tr>
50    <tr><td>400</td><td>500</td><td>600</td></tr></table>
51  <!--表格的属性，行用<tr>表示，<td>表示列，<th>相当于表头，<table>表示表格，
52  这几个标签构成表单最基本的样子。<th>为表格中的表头，<caption>为表格的标题。-->
53  </body></html>
```

- 第 2～15 行演示了基础的表格标签的使用方法。我们都知道表格中有行与列，所以在 HTML 中它们都有相应的标签，<tr>标签定义表格的一行，<td>标签定义表格每行中的一项数据，在一般情况下<table>会经常与<tr>、<td>一起使用的。

- 第 16～35 行为表格的边框效果示例，表格标签中的 border 属性用于设置边框的宽度属性，不设置这个属性时默认为 0。在设置边框宽度时应该本着合适的原则，一般情况下我们设置 border 值为 1 或者不设置就行。

- 第 36～53 行为表格标题的示例。表格标签中<th>属性定义表格中的表头，设计表格时即为第一行内容，所以<th>为表格内部的内容。而 caption 属性用于设置表格的标题，其位置是在表格的外部，通过本部分案例的运行可以看到这些区别。

由于篇幅问题，所以将本小节的标签分为了 3 部分介绍。这 3 部分其实可以组合成为一个程序，但是这样做代码过长，有点不利于读者学习，所以我们将其分为了 3 部分。上面的示例为第

一部分的示例，接下来我们来看一下第二部分的案例运行效果图，如图 1-12 所示。

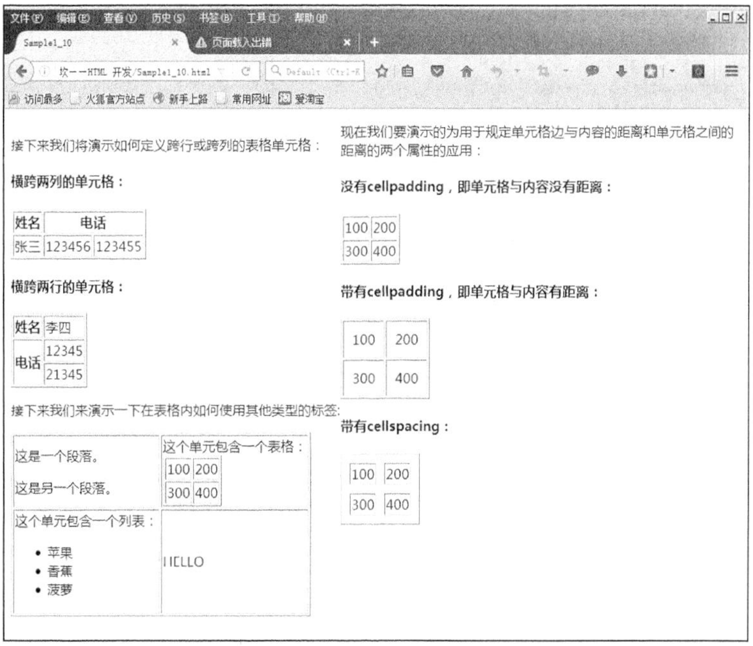

▲图 1-12 Sample1_10 案例效果图

本部分案例主要讲述了表格的各种边框的显示形式与表格的嵌套形式。这些形式在 CSS 中也可以设置，编程时要具体分析什么情况下用到哪种形式，有时层叠样式表比本节演示的要简单，有时不如本节演示的简单，我们来看一下具体的案例开发。

代码位置：见随书中源代码/第 1 章目录下的 HTML5/Sample1_10.html。

```
<html><head><title>Sample1_10</title></head><body>
<p>接下来我们将演示如何定义跨行或跨列的表格单元格：</p>
<h4>横跨两列的单元格：</h4>
<table border="1"><tr>
  <th>姓名</th><th colspan="2">电话</th></tr>
  <tr><td>张三</td><td>123456</td><td>123455</td></tr></table>
<h4>横跨两行的单元格：</h4>
<table border="1"><tr>
  <th>姓名</th><td>李四</td></tr>
  <tr><th rowspan="2">电话</th><td>12345</td></tr>
  <tr><td>21345</td></tr></table>
<!--colspan 属性规定表头单元格可横跨的列数，rowspan 属性规定表头单元格可横跨的行数。-->
<p>接下来我们来演示一下在表格内如何使用其他类型的标签</p>
<table border="1"><tr><td>
   <p>这是一个段落。</p><p>这是另一个段落。</p>
  </td><td>这个单元包含一个表格：
   <table border="1"><tr>
     <td>100</td><td>200</td></tr>
     <tr><td>300</td><td>400</td>
   </tr></table></td>
</tr><tr>
  <td>这个单元包含一个列表：
   <ul><li>苹果</li><li>香蕉</li><li>菠萝</li>
   </ul></td><td>HELLO</td>
</tr></table>
<!--从本部分可以看出，如果想在表格内部嵌套一些其他标签则直接在<td>标签内部继续添加标签即可。-->
<p>现在我们要演示的为用于规定单元格边与内容的距离和单元格之间的距离的两个属性的应用：</p>
<h4>没有 cellpadding，即单元格与内容没有距离：</h4>
<table border="1"><tr>
  <td>100</td><td>200</td></tr>
  <tr><td>300</td><td>400</td></tr></table>
```

```
32    <h4>带有 cellpadding，即单元格与内容有距离：</h4>
33    <table border="1" cellpadding="10"><tr>
34      <td>100</td><td>200</td></tr>
35      <tr><td>300</td><td>400</td></tr></table>
36    <!--cellpadding 属性规定单元边沿与其内容之间的空白。-->
37    <h4>带有 cellspacing：</h4>
38    <table border="1" cellspacing="10"><tr>
39      <td>100</td><td>200</td></tr>
40      <tr><td>300</td><td>400</td></tr></table>
41    <!--cellspacing 属性规定的是单元之间的空间。从实用角度出发，
42    最好不要规定 cellpadding，而是使用 CSS 来添加内边距。-->
43    </body></html>
```

- 第 2～12 行演示如何定义跨行或者跨列的表格，colspan 属性规定的是可以横跨的列数，rowspan 为可以横跨的行数属性，这两个属性应用在表头属性中，因为我们平时制定表格时只有表格的表头需要合并。
- 第 13～26 演示的为在表格内部如何应用其他类型的标签，这里的思想其实就是嵌套。上面的案例中我们在表格中嵌套了段落、表格、列表，这里只是一个示例，还可以嵌套其他很多标签，我们在这里不多介绍了。
- 第 27～43 行演示的为用于规定单元格边与内容的距离和单元格之间的距离的两个属性的应用，cellpadding 与 cellspacing 的区别我们在案例中进行了解释。需要注意的是在真正开发中我们最好不要用这两个属性，使用 CSS 样式表会更简便。

到这里为止只有剩下为数不多的几个标签没有介绍了，其中还包括一些今后在 WebGL 开发中不常用的一些标签，所以在此我们不再赘述了。那么我们先来看一下图 1-13 所示的剩下的一些标签的案例运行效果图。

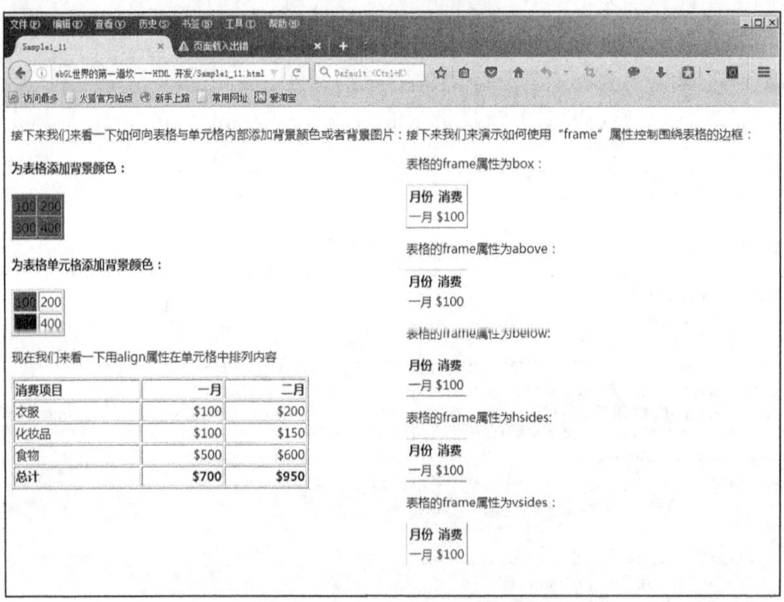

▲图 1-13　Sample1_11 案例效果图

看了这部分标签案例的示意图不难发现其与上一个案例的内容其实是相近的，所以学习本部分标签的同时，也是在温习表格标签的格式与样式的内容。做过 Excel 表格的读者都知道表格的排版其实也挺麻烦的，在我们之前与将要介绍的案例中会包含用得最多的一些格式，我们现在来看一下案例的开发过程。

代码位置：见随书中源代码/第 1 章目录下的 HTML5/Sample1_11.html。

```
<html><head><title>Sample1_11</title></head><body>
```

```
2     <p>接下来我们来看一下如何向表格与单元格内部添加背景颜色或者背景图片：</p>
3     <h4>为表格添加背景颜色：</h4>
4     <table border="1" bgcolor="red">
5     <tr><td>100</td><td>200</td></tr>
6      <tr><td>300</td><td>400</td></tr></table>
7     <h4>为表格单元格添加背景颜色：</h4>
8     <table border="1"><tr>
9       <td bgcolor="red">100</td><td>200</td></tr>
10      <tr><td bgcolor="blue">300</td><td>400</td></tr></table>
11    <p>现在我们来看一下用 align 属性在单元格中排列内容</p>
12    <table width="400" border="1"><tr>
13      <th align="left">消费项目</th>
14      <th align="right">一月</th>
15      <th align="right">二月</th></tr>
16      <tr><td align="left">衣服</td>
17      <td align="right">$100</td>
18      <td align="right">$200</td></tr>
19      <tr><td align="left">化妆品</td>
20      <td align="right">$100</td>
21      <td align="right">$150</td></tr>
22      <tr><td align="left">食物</td>
23      <td align="right">$500</td>
24      <td align="right">$600</td></tr>
25      <tr><th align="left">总计</th>
26      <th align="right">$700</th>
27      <th align="right">$950</th></tr></table>
28     <!  align 属性规定单元格内容的水平对齐方式。其值除了 left、right 之外还有 center（居中对齐）、
29     justify（对行进行伸展，这样每行都可以有相等的长度）、char（将内容对准指定字符）。-->
30     <p>接下来我们来演示如何使用“frame”属性控制围绕表格的边框：</p>
31    <p>表格的 frame 属性为 border：</p>
32    <table frame="border"><tr>
33        <th>月份</th><th>消费</th></tr>
34        <tr><td>一月</td><td>$100</td></tr></table>
35    <p>表格的 frame 属性为 above：</p>
36    <table frame="above"><tr>
37        <th>月份</th><th>消费</th></tr>
38        <tr><td>一月</td><td>$100</td></tr></table>
39    <p>表格的 frame 属性为 below:</p>
40    <table frame="below"><tr>
41        <th>月份</th><th>消费</th></tr>
42        <tr><td>一月</td><td>$100</td></tr></table>
43    <p>表格的 frame 属性为 hsides:</p>
44    <table frame="hsides"><tr>
45        <th>月份</th><th>消费</th></tr>
46        <tr><td>一月</td><td>$100</td></tr></table>
47    <p>表格的 frame 属性为 vsides：</p>
48    <table frame="vsides"><tr>
49        <th>月份</th><th>消费</th></tr>
50        <tr><td>一月</td><td>$100</td></tr></table>
51    <!--frame 属性无法在 Internet Explorer 中正确地显示。除了以上示意的五个值之外，还有 void
52    （不显示外边框）、lhs（显示左边的外侧边框）、rhs（显示右边的外侧边框）。不过
53    从实用角度出发，最好不要规定 frame，而是使用 CSS 来添加边框样式。-->
54    </body></html>
```

- 第 2～10 行示例如何向表格内部添加背景颜色或者背景图片，这些操作的实质是一样的，我们这里只介绍了背景颜色的添加，图片的添加过程与之前其他示例中添加图片的步骤是一致的。只需要将程序中的 bgcolor 改掉，再增加图片的位置即可。
- 第 11～29 行为 align 属性的介绍，该属性定义了单元格中的内容的排列。其值除了 left、right 之外，还有 center、justify、char，分别表示居中、对行进行伸展、内容对准指定字符。
- 第 30～54 行展示的是 frame 属性的应用，这个属性控制围绕表格的边框。读者在学习这个属性时需要将每个属性值对应的效果记清楚，因为这个属性的值可选的有很多，这里只列了其中一部分，读者还可以全部试一下，我们在注释中已经列出其他值。

到此为止我们便介绍完了 HTML 中的标签，因为本书的主体部分并不是 HTML，所以我们只是介绍了这些标签的部分属性，但是这些足以应付在今后开发 WebGL 时遇到的问题。我们只是

介绍了其中的基础用法，所以今后的开发中还应该多学习此方面的更多知识。

1.3.7　HTML5 中的全局属性

在上面介绍标签时我们就不止一遍地说过局部属性与全局属性（见表 1-11），在介绍标签时我们已经介绍过一部分比较重要的局部属性了，剩下的一些不常用的局部属性我们便不再介绍。现在我们便来讲述一下 HTML 中的全局属性。

表 1-11　　HTML 全局属性

属　性	描　述	属　性	描　述
contenteditable	规定元素内容是否可以编辑	accesskey	规定激活元素的快捷键
dir	规定元素中内容的文本方向	draggable	规定元素是否可拖动
hidden	规定元素不再相关	id	规定元素的唯一 id
data-*	用于存储页面或应用程序的私有定制数据	contextmenu	规定元素的上下文菜单。上下文菜单在用户单击元素时显示
lang	规定元素内容的语言	spellcheck	规定是否对元素进行拼写和语法检查
style	规定元素的行内 CSS 样式	tabindex	规定元素的 Tab 键次序
title	规定有关元素的额外信息	translate	规定是否应该翻译元素内容
class	规定元素的一个或多个类名（引用样式表中的类）	dropzone	规定在拖动被拖动数据时是否进行复制、移动或链接

全局属性适用于 HTML 中的各种标签，因为在平时开发的时候会经常用到这些属性，所以我们在本小节中将其集中起来，然后对每个属性进行详细的介绍；其中有一两个没介绍，是因为主流浏览器并未支持该属性。现在我们先来看一下图 1-14 所示的部分全局属性示例图。

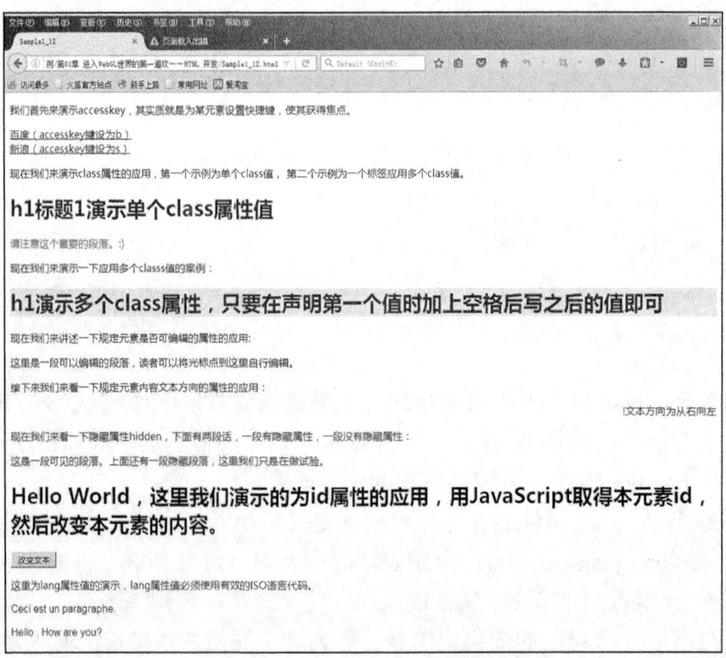

▲图 1-14　Sample1_12 案例效果图

本例中我们演示了全局属性中的一部分，因为这些属性可以在支持全局属性的标签中使用，基本为全部的标签，所以我们这里只是示例了其中几种标签的全局变量的使用。在应用时读者也可以使用别的标签进行试验。下面我们来看一下程序的开发过程。

代码位置：见书中源代码/第 1 章目录下的 HTML5/Sample1_12.html。

```
1  <!DOCTYPE html>
2  <html><head><title>Sample1_12</title>
3  <script type="text/javascript">
4  function change_header(){
5  document.getElementById("myHeader").innerHTML="Nice day!";}</script>
6  <style type="text/css">
7  h1.intro {color:blue;}
8  p.important {color:red;}</style>
9  <!--此处为样式表内容，在后面会有介绍，这里不详细介绍。-->
10 <style type="text/css">
11 h1.intro1{color:blue;}
12 .important1{background-color:yellow;}</style></head>
13 <body>
14 <p>我们首先来演示 accesskey，其实质就是为某元素设置快捷键，使其获得焦点。</p>
15 <a href="http://www.baidu.com" accesskey="b">百度（accesskey 键设为 b）</a><br />
16 <a href="http://www.sina.com" accesskey="s">新浪（accesskey 键设为 s）</a>
17 <!--请使用“Alt+accesskey”或者“Shift+Alt+accesskey”来访问带有指定快捷键的元素，一般
18 本属性是用在<a>、<area>、button>、<input>、<label>、<legend>等标签中。-->
19 <p>现在我们来演示 class 属性的应用，第一个示例为单个 class 值，
20 第二个示例为一个标签应用多个 class 值</p>
21 <h1 class="intro">h1 标题 1 演示单个 class 属性值</h1>
22 <p class="important">请注意这个重要的段落。:)</p>
23 <p>现在我们来演示一下应用多个 classs 值的案例：</p>
24 <h1 class="intro1 important1">h1 演示多个 class 属性，只要在声明第一个值时加上空
25 格后写之后的值即可</h1>
26 <!--class 属性大多数时候用于指向样式表中的类（class）。不过，也可以利用它通过
27 JavaScript 来改变带有指定 class 的 HTML 元素。-->
28 <p>现在我们来讲述一下规定元素是否可编辑的属性的应用:</p>
29 <p contenteditable="true">这里是一段可以编辑的段落，读者可以将光标点到这里自行编辑。</p>
30 <!--需要注意的是元素中如果未设置 contenteditable 时，本元素会继承其父类元素。-->
31 <p>接下来我们来看一下规定元素内容文本方向的属性的应用：</p>
32 <p dir="rtl">文本方向为从右向左!</p>
33 <!--dir 属性在以下标签中无效：<base>、<br>、<frame>、<frameset>、<hr>、<iframe>、
34  <param> 以及 <script>。dir 有 rtl 与 ltr 两个值，分别为右到左与左到右。-->
35 <p>现在我们来看一下隐藏属性 hidden，下面有两段话，一段有隐藏属性，一段没有隐藏属性：</p>
36 <p hidden="hidden">这是一段隐藏的段落。</p>
37 <p>这是一段可见的段落。上面还有一段隐藏段落，这里我们只是在做实验。</p>
38 <!--hidden 属性也可用于防止用户查看元素，直到匹配某些条件（比如选择了某个复选框）。
39 然后，JavaScript 可以删除 hidden 属性，以使此元素可见。-->
40 <h1 id="myHeader">Hello World，这里我们演示的为 id 属性的应用，用 JavaScript 取得本
41 元素 id 然后改变本元素的内容。</h1>
42 <button onclick="change_header()">改变文本</button>
43 <!--id 属性规定 HTML 元素的唯一 id，id 属性可用作链接锚（Link Anchor），
44 通过 JavaScript（HTML DOM）或通过 CSS 为带有指定 id 的元素改变或添加样式。-->
45 <p>这里为 lang 属性值的演示，lang 属性值必须使用有效的 ISO 语言代码。</p>
46 <p lang="fr">Ceci est un paragraphe.</p>
47 <p lang="en">Hello , How are you?</p>
48 <!--本属性是为让浏览器调整其表达元素内容的方式，可以使网页只显示某种特定语言。-->
49 </body></html>
```

- 第 3～12 行为开发的需要调用的 JavaScript 脚本与样式表。在后面会介绍其基本用法，这里我们便不再多讲。其中脚本方法中的 getElementById()方法为我们之后常用的方法，其目的是为了获得某个元素的 id 以便进行某些操作。
- 第 14～27 行为 accesskey 与 class 属性的用法示例。accesskey 属性就是为元素设置快捷键，具体用法已在注释中给出，我们这里不再介绍。class 属性大多数时候用于指向样式表中的类，在前面样式表中我们规定了相应的 class 样式，可以通过 JavaScript 改变 class 值实现一些功能。
- 第 28～49 行为 contenteditable、dir、hidden、lang 属性的用法示例，这几个属性都比较简单，所以我们将其放到了一个案例中，读者可以自己看案例代码学习。需要注意的为 hidden 隐藏属性，我们可以学到通过程序在某些条件下改为可视的这些小技巧。

上面的案例介绍了全局属性中的一部分，下面我们来介绍剩下的一部分属性。在开发本部分内

容时我们或多或少都会用到样式表与开发一些 JavaScript 的脚本，读者在看这些部分时不需要着急，因为在下面的章节中我们会讲到 CSS。至于 JavaScript，以后的章节中我们会介绍到这些内容。

图 1-15 为剩下的属性的代码运行效果。看完了图后我们便发现本部分案例内容并不多，但是这部分内容中的脚本方法有点繁杂，我们开发时不进行重点讲述，因为会在下面的章节中专门介绍这些内容。读者看到这部分时先跳过这里，主要看属性的开发。

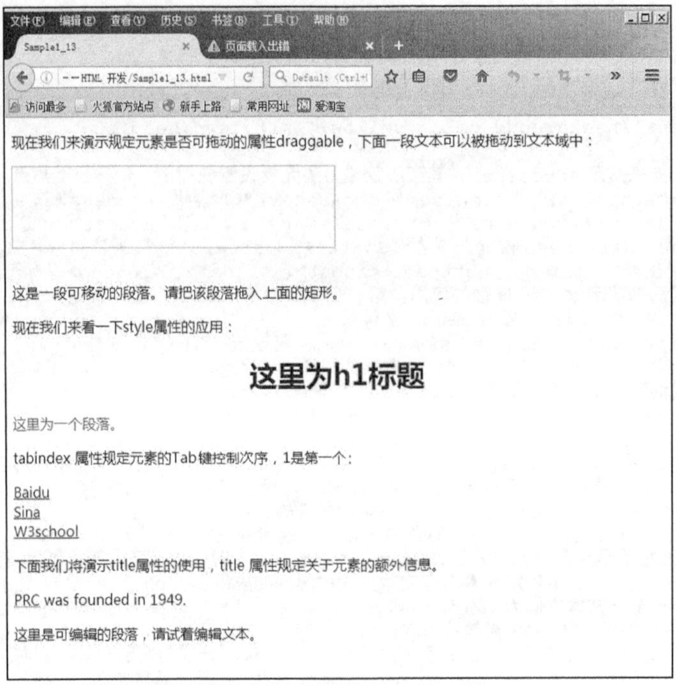

▲图 1-15　Sample1_13 案例效果图

代码位置：见随书中源代码/第 1 章目录下的 HTML5/Sample1_13.html。

```
<!DOCTYPE html>
<html><head><title>Sample1_13</title></head>
<style type="text/css">
#div1 {width:350px;height:70px;padding:10px;border:1px solid #aaaaaa;}
</style><script type="text/javascript">
function allowDrop(ev){
ev.preventDefault();}
function drag(ev){
ev.dataTransfer.setData("Text",ev.target.id);}
function drop(ev){
var data=ev.dataTransfer.getData("Text");
ev.target.appendChild(document.getElementById(data));
ev.preventDefault();}</script>
<body>
 <p>现在我们演示元素是否可拖动的属性 draggable，下面一段文本可以被拖动到文本域中：</p>
<div id="div1" ondrop="drop(event)" ondragover="allowDrop(event)"></div><br />
<p id="drag1" draggable="true" ondragstart="drag(event)">
这是一段可移动的段落。请把该段落拖入上面的矩形。</p>
<!--在 head 部分我们定义了 div 的样式，这里不进行解释，下一节中会有专门的层叠样式表的讲述。
ondrop、ondragover、ondragstart 为标签中的事件属性，表示元素被拖动时运行的脚本、当元素在
有效拖放目标上正在被拖动时运行的脚本、在拖动操作开端运行的脚本。这些事件属性表示当触发
这些事件时，会调用相应的 JavaScript 脚本方法，这些方法在 head 部分中已经写好。-->
<p>现在我们来看一下 style 属性的应用：</p>
<h1 style="color:blue;text-align:center">这里为 h1 标题</h1>
<p style="color:red">这里为一个段落</p>
<!--style 属性规定元素的行内样式（Inline Style），style 属性将覆盖任何全局的样式设定。-->
<p>tabindex 属性规定元素的 Tab 键控制次序，1 是第一个：</p>
<a href="http://www.baidu.com" tabindex="2">Baidu</a><br />
```

```
29    <a href="http://www.sina.com" tabindex="1">Sina</a><br />
30    <a href="http://www.***.com.cn/" tabindex="3">W3school</a>
31    <!--请尝试使用键盘上的 "Tab" 键在链接之间进行导航。-->
32    <p>下面我们将演示 title 属性的使用，title 属性规定关于元素的额外信息。</p>
33    <abbr title="People's Republic of China">PRC</abbr> was founded in 1949.
34    <!--通常会在鼠标移到元素上时显示一段工具提示文本，title 属性常与 form
35    以及 <a> 元素一同使用，以提供关于输入格式和链接目标的信息。同时它也是 abbr 和
36    <acronym> 元素的必需属性。-->
37    <p contenteditable="true" spellcheck="true">这里是可编辑的段落，请试着编辑文本。</p>
38    <!--spellcheck 属性规定是否对元素进行拼写和语法检查。-->
39    </body></html>
```

- 第 3～13 行为本部分案例的样式表设置与需要的 JavaScript 脚本。我们需要介绍一下脚本的方法是如何调用的。在下面 body 的标签中我们用到了 onload、ondrop 等事件，它们的含义在注释中已经给出，在这些事件发生时会调用相应的方法。
- 第 15～31 行为是否可拖动属性、style 属性与 tabindex 属性的应用示例。事件中调用的方法，我们这里不再介绍，style 属性与样式表类似，我们在下节中进行介绍、tabindex 属性规定了 Tab 键的控制顺序，在程序里我们设置好值，应用中按 Tab 键即可。
- 第 32～39 行为 title 属性的应用示例，它与 title 标签不同。上面示例中我们将简写的内容作为 title 值，通常会在鼠标移到元素上时显示一段工具提示文本，title 属性常与<form>以及<a>元素一同使用，以提供关于输入格式和链接目标的信息。

到此为止我们便介绍完 HTML 中的全局属性了，其实我们可以开发出界面精美的网页了，但是还有很多功能实现不了，因为我们还没有介绍事件，我们通过事件的发生来调用自行开发的脚本便可以做出自己想要的效果了。

1.3.8 HTML5 中的事件

HTML 4 中增加了使事件在浏览器中触发动作的能力，比如用户单击元素时启动 JavaScript，页面加载完毕后需要执行哪段代码，元素失去焦点时运行哪段脚本，鼠标单击或者移动时运行什么脚本等等。在 HTML5 中又新加了不少新的事件，我们来看一下这些事件。

表 1-12 所示为部分事件及其描述。接下来我们先看一下这些事件的案例开发效果图，如图 1-16 所示。因为本部分案例是在某些事件发生时才会触发的，所以效果图中不能显现出所有事件的运行效果，读者应该自己去验证这些事件。

表 1-12　　HTML5 中的事件

事　件	描　述	事　件	描　述
onafterprint	文档打印后运行的脚本	onbeforeprint	文档打印前运行的脚本
onload	页面加载介绍后运行的脚本	onresize	当浏览器窗口被调整大小时触发
onunload	一旦页面已下载时触发	onblur	元素失去焦点时运行的脚本
onchange	在元素值被改变时运行的脚本	onfocus	当元素失去焦点时运行的脚本
onselect	当元素中文本被选中后触发	onsubmit	在提交表单时触发
onkeydown	在用户按下按键时触发	onkeypress	在用户敲击按钮时触发
onkeyup	在用户释放按键时触发	onclick	元素上发生鼠标单击时触发
ondblclick	元素上发生鼠标双击时触发	onmousedown	当在元素上按下鼠标按钮时触发
onmousemove	当鼠标指针移动到元素上时触发	onmouseup	当在元素上释放鼠标按钮时触发
onmouseout	当鼠标指针移出元素时触发	onmouseover	当鼠标指针移动到元素上时触发

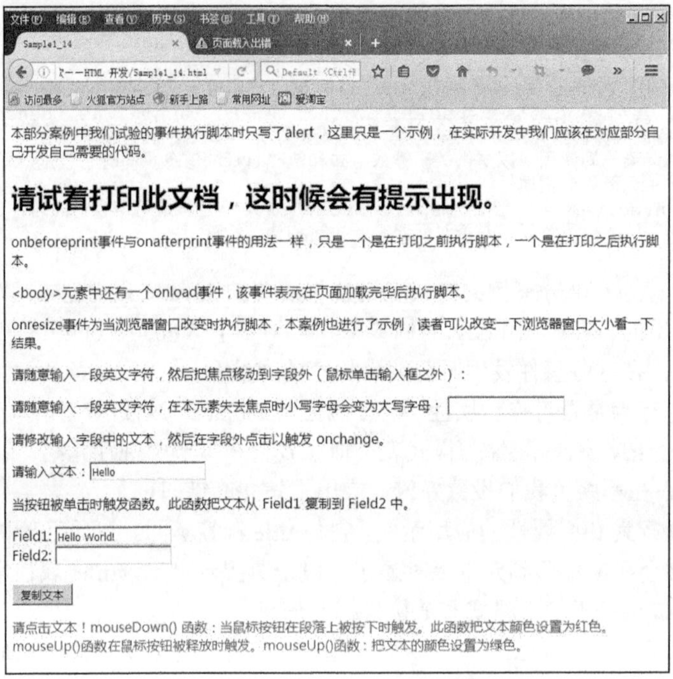

▲图 1-16　Sample1_14 案例效果图

我们这里只示例一小部分事件，意在向读者介绍事件的基本用法，读者在日后的开发中肯定会遇到其他事件或者应用到其他事件。这里的举例仅为冰山一角，大家还需要自行查阅一些资料了解事件属性。接下来我们来看一下图 1-16 所示的案例开发过程。

代码位置：见随书中源代码/第 1 章目录下的 HTML5/Sample1_14.html。

```
<!DOCTYPE html>
<html><head><title>Sample1_14</title>
<script>
function printmsg(){                                    //文档打印之后执行的脚本方法
alert("此文档现在正在打印！");}
function load(){                                        //页面加载完成后需要执行的脚本方法
alert("页面已加载！");}
function showMsg(){                                     //浏览器窗口尺寸改变时执行的脚本方法
alert("您已改变浏览器窗口的尺寸！");}
function upperCase(){                                   //元素失去焦点时执行的脚本方法
var x=document.getElementById("fname").value;
document.getElementById("fname").value=x.toUpperCase();}
function checkField(val){                                  //在元素值改变时执行的脚本
alert("输入值已更改。新值是：" + val);}
function copyText(){                                        //单击鼠标时执行的脚本
document.getElementById("field2").value=document.getElementById("field1").value;}
function mouseDown(){                                      //鼠标按下时执行的脚本
document.getElementById("p1").style.color="red";}
function mouseUp(){                                        //鼠标抬起时执行的脚本
document.getElementById("p1").style.color="green";}
</script></head>
<body onafterprint="printmsg()" onload="load()" onresize="showMsg()">
<p>本部分案例中我们试验的事件执行脚本时只写了 alert，这里只是一个示例，
在实际开发中我们应该在对应部分开发自己需要的代码。</p>
<h1>请试着打印此文档，这时候会有提示出现。</h1>
<p>onbeforeprint 事件与 onafterprint 事件的用法一样，只是一个是在打印之
前执行脚本，一个是在打印之后执行脚本。</p>
<!--Internet Explorer 和 Firefox 支持 onafterprint 属性。在 IE 中，
onafterprint 事件在打印对话框出现之前而不是之后发生。-->
<p><body>元素中还有一个 onload 事件，该事件表示在页面加载完毕后执行脚本。</p>
<p>onresize 事件表示当浏览器窗口改变时执行脚本，本案例也进行了示例，
读者可以改变一下浏览器窗口大小看一下结果。</p>
<p>请随意输入一段英文字符，然后把焦点移动到字段外（鼠标单击输入框之外）：</p>
```

```
34    请随意输入一段英文字符，在本元素失去焦点时小写字母会变为大写字母：
35    <input type="text" name="fname" id="fname" onblur="upperCase()">
36    <p>请修改输入字段中的文本，然后在字段外单击以触发 onchange。</p>
37    请输入文本：<input type="text" name="txt" value="Hello"
38          onchange="checkField(this.value)">
39    <p>当按钮被单击时触发函数。此函数把文本从 Field1 复制到 Field2 中。</p>
40    Field1: <input type="text" id="field1" value="Hello World!"></br>
41    Field2: <input type="text" id="field2"><br><br>
42    <button onclick="copyText()">复制文本</button>
43    <p id="p1" onmousedown="mouseDown()" onmouseup="mouseUp()">
44    请单击文本！mouseDown()函数当鼠标按钮在段落上被按下时触发。此函数把文本
45    颜色设置为红色。mouseUp() 函数在鼠标按钮被释放时触发。mouseUp()函数把文本
46    的颜色设置为绿色。</p>
47    </body></html>
```

- 第 3～21 行为事件触发时需要执行的 JavaScript 脚本。本部分的脚本方法只有 alert 一句话，丝毫没有技术含量，因为这里只是单纯地告诉读者事件运行时执行这段代码，读者在开发时应根据需要进行开发。
- 第 22～32 行为 body 元素的一部分示例。在 body 元素的起始标签中我们声明了 onafterprint、onload、onresize 三个事件，这三个事件何时触发我们在注释中已经介绍，我们在前面声明的脚本方法在相应的事件发生时执行。
- 第 33～47 行为 onblur、onclick、onmousedown、onmouseup 几个事件的应用示例。除失去焦点时执行的脚本事件，剩下的几个事件都与鼠标有关系，但是这只是其中一小部分，还有很多关于鼠标的事件我们未介绍，应用这些事件我们可以完成很多事情。

到此为止，我们便介绍完毕 HTML 事件了。因为篇幅有限，所以很多事件没有列出来，也没有进行示例用法解释，读者若是需要了解这方面的内容，可以在网上查找相关资料。学习事件部分并不困难，它的精髓在 JavaScript 脚本的开发过程中，我们在后面的章节会介绍。

1.4 初识 CSS

CSS 层叠样式表用来规定 HTML 文档的呈现形式外观和格式编排。本节我们会向读者简要介绍 CSS，因为此部分不是我们开发的重点。我们会讲到如何创建和应用 CSS 样式等，为我们将来的开发打下基础。把样式添加到 HTML 中是为了解决内容与表现分离的问题。

HTML 标签原本被设计用于定义文档内容。同时文档布局由浏览器来完成，而不使用任何的格式化标签。由于 HTML 标签与属性不断地被添加到 HTML 的规范中，创建文档内容清晰地独立于文档表现层的站点变得越来越困难，所以 W3C 在 HTML 4.0 之外创造出样式。

1.4.1 CSS 简介

样式表定义如何显示 HTML 元素，样式通常保存在外部的“.css”文件中。通过仅仅编辑一个简单的 CSS 文档，外部样式表使你有能力同时改变站点中所有页面的布局和外观。由于允许同时控制多重页面的样式和布局，CSS 可以称得上 Web 设计领域的一个突破。

我们作为开发者可以为每个元素定义好样式，并将其应用到不同的页面中。也可以进行全局的布置，只需要简单地改变样式然后在网站中的所有元素均会自动地更新。像这样的工作方式大大减少了我们的开发时间，提高了效率。

```
h1 {color:red; font-size:14px;}。
```

上述代码为 CSS 的基本定义，并且代码中定义了多种样式信息。可以在单个的 HTML 元素、HTML 页的头元素、或一个外部的 CSS 文件中规定样式。甚至可以在同一个 HTML 文档内部引用多个外部样式表。

注意

一般而言，所有的样式会根据下面的规则层叠于一个新的虚拟样式表中，其中数字 4 拥有最高的优先权：

（1）浏览器缺省设置；

（2）外部样式表；

（3）内部样式表（位于 <head> 标签内部）；

（4）内联样式（在 HTML 元素内部）。

因此，内联样式（在 HTML 元素内部）拥有最高的优先权，这意味着它将优先于以下的样式声明：<head>标签中的样式声明，外部样式表中的样式声明，或者浏览器中的样式声明（默认值）。

1.4.2 CSS 基础语法

CSS 规则由两个主要的部分构成：选择器，以及一条或多条声明。选择器通常为需要改变样式的 HTML 元素，每条声明由一个属性与一个值构成，如果有多个属性即多条声明就用分号分隔开。声明中的属性为我们需要改变的样式属性，在下面的小节中我们会重点讲述。

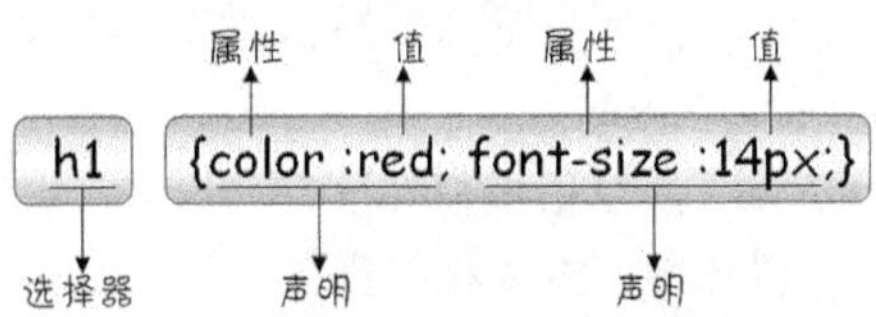

▲图 1-17 CSS 样式表声明简介

声明样式时需要用大括号（花括号）包围声明，图 1-17 便为声明一条 CSS 样式表的格式，本图代码为上一小节我们介绍的那行代码。以此为例我们来看一下，选择器部分为<h1>元素，后面花括号中为两条声明，分别包含着各自需要的属性与值。

如果要定义不止一个声明，则需要用分号将每个声明分开。最后一条规则是不需要加分号的，因为分号在英语中是一个分隔符号，不是结束符号。然而，有经验的人都会在每条声明的末尾加上分号，这么做的好处是，当你从现有的规则中增减声明时，会尽可能地减少出错的可能性。

大多数样式表中不止一条声明，所以在编辑时适时使用空格会使得样式表更容易编辑。是否包含空格不会影响 CSS 在浏览器中的工作效果，但是加上空格后不论是我们自己还是其他看代码的人都会比较容易地理解代码结构。

```
h1,h2,h3,h4,h5,h6 { color: green;}
```

上面一行代码演示的为选择器的分组，在开发过程中我们常会遇到多个选择器需要的样式是一样的，此时我们便会运用上面的代码而不是为每个选择器写一遍代码。用逗号将选择器分开，这样这些选择器便会共享同样的声明。

在 CSS 中子元素继承父元素的属性，但是它并不总按照此方式工作。我们来看一下下面一行代码，根据我们说的继承原则来看那么站点的<body>元素将使用 Verdana 字体。通过继承规则，所有的子元素都会继承父元素（body）的属性，理论上是这么回事。

```
body {font-family: Verdana, sans-serif;}
```

但是在那个浏览器大战的血腥年代里，这种情况就未必会发生，那时候对标准的支持并不是企业的优先选择。比方说，Netscape 4 就不支持继承，它不仅忽略继承，而且也忽略应用于 <body> 元素的规则。IE/Windows 直到 IE 6 还存在相关的问题，在表格内的字体样式会被忽略。

那么此时我们该怎么办呢？幸运的是，你可以通过使用我们称为“Be Kind to Netscape 4”的冗余法则来处理旧式浏览器无法理解继承的问题。4.0 浏览器无法理解继承，不过它们可以理解组选择器。这么做虽然会浪费一些用户的带宽，但是如果需要对 Netscape 4 用户进行支持，就不得不这么做。

```
body  {font-family: Verdana, sans-serif;}
p, td, ul, ol, li, dl, dt, dd  {font-family: Verdana, sans-serif;}
```

类似上面的代码，如果我们希望父元素中的某些元素不继承父类的属性，这时我们也可以像上述代码一样在声明完<body>元素的样式以后，单独地声明一下与父类元素不同的元素的样式，这样也就巧妙地避开了所有的子元素都继承父元素。

1.4.3 如何插入样式表

当读到一个样式表时，浏览器会根据它来格式化 HTML 文档。插入样式表的方法有 3 种：外部样式表、内部样式表、内联样式。

当样式需要应用于很多页面时，外部样式表为首选。在使用外部样式表的情况下，你可以通过改变一个文件来改变整个站点的外观。每个页面使用 <link> 标签链接到样式表。<link> 标签在（文档的）头部。下面一句代码就是如何引入外部样式表示例。

```
<head><link rel="stylesheet" type="text/css" href="mystyle.css" /></head>
```

浏览器会从文件 mystyle.css 中读到样式声明，并根据它来格式文档。外部样式表可以在任何文本编辑器中进行编辑。文件不能包含任何的 html 标签。样式表应该以“.css”扩展名进行保存。下面是一个样式表文件的例子。

```
hr {color: sienna;}
p {margin-left: 20px;}
body {background-image: url("images/back40.gif");}
```

上述内容为一个简单的外部样式表文件，该文件以“.css”为扩展名。在写这部分文件时需要注意，不要在属性值与单位之间留有空格。例如使用“margin-left: 20 px”而不是“margin-left: 20px”，它仅在 IE 6 中有效，但是在 Mozilla/Firefox 或 Netscape 中却无法正常工作。

有时候单独的某个界面需要特殊的样式，这时候使用外部样式表便不再方便，我们会用其他的方法代替外部样式表，那就是内部样式表。内部样式表中使用<style>标签在文档头部定义内部样式表，其用法与其余标签并无多大差别，我们来看一下下面的这个例子。

```
<html><head>
<style type="text/css">
h1 {color: red}
p {color: blue}
</style></head>
<body><h1>header 1</h1>
<p>A paragraph.</p>
</body></html>
```

说明 本段代码单纯示例了<style>标签的用法。在 style 中，可以规定在浏览器中如何呈现 HTML 文档。type 属性是必需的，用于定义 style 元素的内容。唯一可能的值是“text/css”。<style>元素位于 head 部分中。

除了上述两种插入样式表的方法外，还有一种内联样式。由于要将表现和内容混杂在一起，内联样式会损失掉样式表的许多优势，请慎用这种方法。要使用内联样式，你需要在相关的标签内使用样式 style 属性。style 属性可以包含任何 CSS 属性。

```
<p style="color: sienna; margin-left: 20px">
This is a paragraph</p>
```

本例展示如何改变段落的颜色和左外边距，在段落标签中使用了 style 属性。我们来看一下这样使用 style 属性，比起前两种方法来说，如果将其用于需要的样式比较多的页面时会相当麻烦，这样便失去了样式表的优势所在。

1.4.4 使用 CSS 样式

本小节我们会就 CSS 具体的某些样式，比如背景、文本、字体、链接等等来详细讲解其用法，会有翔实的代码与运行效果图来帮助我们理解这些样式。本小节介绍的都是 CSS 的基础样式，由于篇幅限制，还有许多 CSS 的高级应用我们并没有讲述，有兴趣的读者可以自己查找资料学习。

1. CSS 背景应用

CSS 允许应用纯色作为背景，也允许使用背景图像创建相当复杂的效果。CSS 在这方面的能力远远在 HTML 之上。本节我们在介绍应用各种背景案例时，也会将 CSS 背景的属性介绍给大家，读者在学习的同时也应注意一些这方面内容。

图 1-18 所示为 CSS 背景属性应用。本案例中的背景图片放置在中间，而且当滚动条被拖动时背景图片不会改变位置。本部分内容中，除了书中讲述的部分外，读者还需注意代码内容，段落标签与注释中的很多内容说明了该属性的注意事项，现在我们来看一下案例的开发过程。

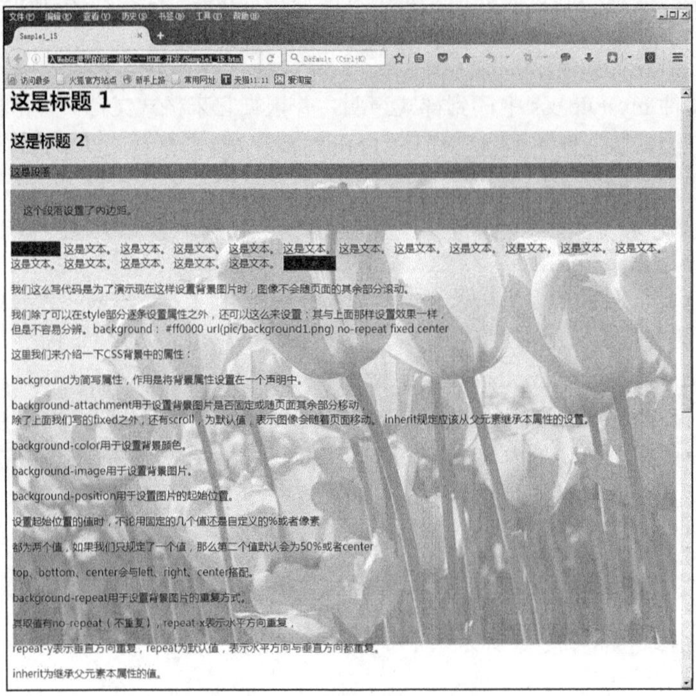

▲图 1-18　Sample1 15 案例效果图

代码位置：见随书中源代码/第 1 章目录下的 HTML5/Sample1_15.html。

```
<!DOCTYPE html>
<html><head><title>Sample1_15</title>
<style type="text/css">
body {background-image:url(pic/background1.png);
background-repeat: no-repeat;
background-attachment:fixed;
background-position:center;}
<!--背景图片的重复方式我们设置的为不重复方式。X 为在水平方向上重复，
不加-X 或者 Y 时为水平方向与垂直方向上都重复。no-repeat 为不重复，只显示一张图片。
将 attachment 属性设置为 fixed 才能保证 position 属性在 Firfox 与 Opera 中正常工作。
设置位置时，除了规定的几个值之外，我们还可以自定义%与像素值，用两个百分数
代替 center 即可。-->
h1 {background-color: #00ff00}
h2 {background-color: transparent}
p.no1{background-color: rgb(250,0,255)}
p.no2 {background-color: gray; padding: 20px;}
span.highlight{
background-color:blue}
<!--background-color 后面跟一个颜色值为设置背景颜色，因为本例设置了背
景图片，所以就没有设置背景颜色。若想设置主体的背景颜色，直接将
background-image 改为 color 即可。若想在具体的某些元素中应用背景，那么直接在
```

```
22    Othstep (float edgeo,float edgel.genType x)里设置背景颜色
23    的方式，背景图片的设置与其类似，便不再演示。-->
24    </style></head>
25    <body>
26    <h1>这是标题 1</h1><h2>这是标题 2</h2>
27    <p class="no1">这是段落</p>
28    <p class="no2">这个段落设置了内边距。</p>
29    <p><span class="highlight">这是文本。</span> 这是文本。 这是文本。 这是文本。
30     这是文本。 这是文本。 这是文本。 这是文本。 这是文本。 这是文本。 这是文本。
31     这是文本。 这是文本。 这是文本。 这是文本。 这是文本。 这是文本。
32     <span class="highlight">这是文本。</span></p>
33    <p>我们这么写代码是为了演示现在这样设置背景图片时，图像不会随页面的其余部分滚动。</p>
34    <p>我们除了可以在 style 部分逐条设置属性之外，还可以这样：其与上面那样设置效果一样，</br>
35    但是不容易分辨。background:  #ff0000 url(pic/background1.png) no-repeat fixed center
      </p>
36    <p>这里我们来介绍一下 CSS 背景中的属性：</p>
37    <p>background 为简写属性，作用是将背景属性设置在一个声明中。</p>
38    <p>background-attachment 用于设置背景图片是否固定或随页面其余部分移动，</br>
39    除了上面我们写的 fixed 之外，还有 scroll，为默认值，表示图像会随着页面移动。
40    inherit 规定应该从父元素继承本属性的设置。</p>
41    <p>background-color 用于设置背景颜色，</p>
42    <p>background-image 用于设置背景图片，</p>
43    <p>background-position 用于设置图片的起始位置，</p>
44    <p>设置起始位置的值时，不论用固定的几个值还是自定义的%或者像素，</p>
45    <p>都为两个值，如果我们只规定了一个值，那么第二个值默认会为 50%或者。center</p>
46    <p>top、bottom、center 会与 left、right、center 搭配。</p>
47    <p>background-repeat 用于设置背景图片的重复方式。</p>
48    <p>其值有 no-repeat（不重复），repeat-x 为水平方向重复。</p>
49    <p>repeat-y 为垂直方向重复，repeat 为默认值，表示水平方向与垂直方向都重复。</p>
50    <p>inherit 为继承父元素本属性的值。</p>
51    <p>图像不会随页面的其余部分滚动。</p>
52    …//此处省略一些同类代码，读者可以自行查阅中的源代码。
53    </body></html>
```

- 第 4～12 行为设置背景图片的各个属性的样式表。在一般开发中如果我们不设置重复方式时，默认重复方式为纵向与横向重复。如果不设置 background-attachment 属性，那么在一些浏览器中 position 无法工作。
- 第 13～24 行为给页面中的文本标签设置的样式表。一般情况下背景图片与背景颜色是可以互相顶替的，由于现在的页面越来越精美，所以图片的应用越来越多，但是背景颜色也是不可或缺的一部分，在日后的开发中读者应该根据需求选择。
- 第 35～40 行为前面设置的样式表在相应的一些文本标签的应用示例。此部分中我们设置了 class 值，读者可以根据相应的 class 值来对应自己的样式表，学习样式表的开发。CSS 部分代码主要在上面的部分，<body>中的标签应用我们在之前已经讲过。
- 第 41～53 行主要讲述了设置位置的方法。一般在 HTML 开发中涉及到位置的应用时都会有用像素设置或者用百分数设置，两种方式都可以，用百分数设置可以使位置的改变更加形象。

CSS 背景应用基础属性的讲解到这里已经结束。虽然案例十分简单，但是页面的背景是我们可以看到的一大部分，结合本节所学用一些巧妙的技巧我们可以开发出很多精美的页面。读者学到这些基本内容后应该勤加练习，才能掌握开发精美界面的技巧。

2. CSS 文本应用

我们在日常浏览网页时不难发现，页面中的大部分内容就是各种文本，所以文本的排版应用在 HTML 开发中占有很重要的地位。比起在每段文本标签中都加入文本的样式，用统一的样式表来设置这些文本会更加简便。

图 1-19 为 CSS 文本案例应用效果图，CSS 文本属性可定义文本的外观。通过文本属性，可以改变文本的颜色、字符间距，对齐文本，装饰文本，对文本进行缩进，等等。本案例中这些属性全部被应用了，现在我们来看一下开发过程。

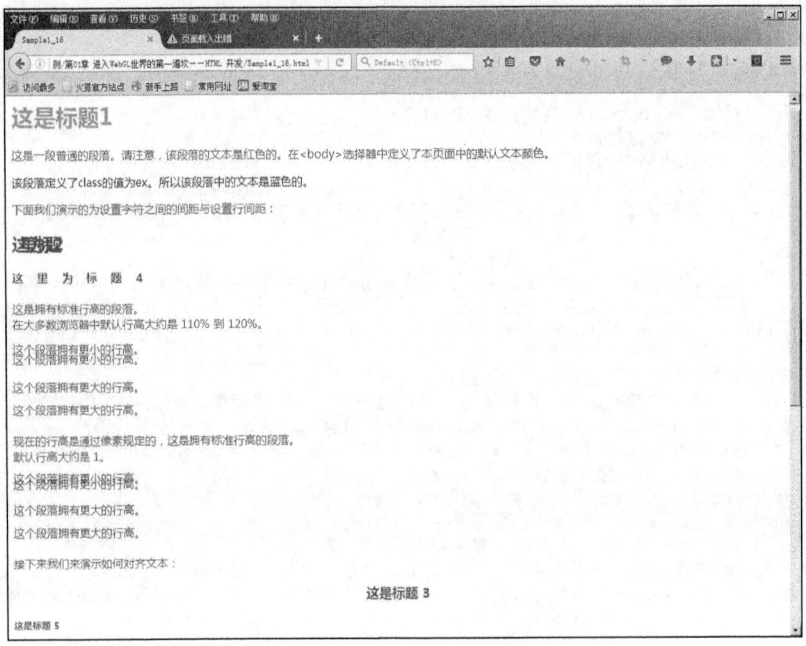

▲图 1-19 Sample1_16 案例效果图

代码位置：见随书中源代码/第 1 章目录下的 HTML5/Sample1_16.html。

```
<!DOCTYPE html>
<html><head><title>Sample1_16</title>
<style type="text/css">
body {color:red}
h1 {color:#00ff00}
p.ex {color:rgb(0,0,255)}
h2 {letter-spacing: -0.5em}
h4 {letter-spacing: 20px}
p.small {line-height: 90%}
p.big {line-height: 200%}
p.small1{line-height: 0.5}
p.big1{line-height: 2}
h3 {text-align: center}
h5 {text-align: left}
h6 {text-align: right}
p.a{text-decoration: overline}
p.b{text-decoration: line-through}
p.c{text-decoration: underline}
p.d{text-decoration: blink}
p.e{text-indent: 1cm}
p.s{word-spacing: 90px;}
p.t{word-spacing: -0.5em;}
</style></head>
<body>
<h1>这是标题 1</h1>
<p>这是一段普通的段落。请注意，该段落的文本是红色的。在 <body>
选择器中定义了本页面中的默认文本颜色。</p>
<p class="ex">该段落定义了 class 的值为 ex。所以该段落中的文本是蓝色的。</p>
<p>下面我们演示的为设置字符之间的间距与设置行间距: </p>
<h2>这里为标题 2</h2><h4>这里为标题 4</h4>
<p>这是拥有标准行高的段落。</br>
在大多数浏览器中默认行高大约是 110% 到 120%。</br></p>
<p class="small">这个段落拥有更小的行高。</br>这个段落拥有更小的行高。</p>
<p class="big">这个段落拥有更大的行高。</br>这个段落拥有更大的行高。</p>
<p>现在的行高是通过像素规定的，这是拥有标准行高的段落。</br>默认行高大约是 1。</p>
<p class="small1">这个段落拥有更小的行高。</br>这个段落拥有更小的行高。</p>
<p class="big1">这个段落拥有更大的行高。</br>这个段落拥有更大的行高。</p>
<p>接下来我们来演示如何对齐文本: </p>
<h3>这是标题 3</h3><h5>这是标题 5</h5><h6>这是标题 6</h6>
```

```
40    <p class="a">这里的文本修饰是 overline</p>
41    <p class="b">这里的文本修饰是 line-through</p>
42    <p class="c">这里的文本修饰是 underline</p>
43    <p class="d">这里的文本修饰是 blink</p>
44    <p class="e">现在我们来看缩进文本，这里就是缩进文本示例。</p>
45    <p class="e">现在我们来看缩进文本，这里就是缩进文本示例。</p>
46    <p class="e">现在我们来看缩进文本，这里就是缩进文本示例。</p>
47    <p class="e">现在我们来看缩进文本，这里就是缩进文本示例。</p>
48    <p class="e">现在我们来看缩进文本，这里就是缩进文本示例。</p>
49    <p class="e">现在我们来看缩进文本，这里就是缩进文本示例。</p>
50    <p class="s">This is some text.</p><p class="t">This is some text.</p>
51    </body></html>
```

- 第 4～23 行为本例文本标签的样式表设置，样式表中各个属性的作用和用法在其相应的文本标签的内容与注释中都有介绍，本部分使用样式表的方式依然是沿用了上个案例中通过设置 class 属性来设置样式的方式。
- 第 25～35 行为对上面的样式表进行应用。由于<body>中设置的文本颜色为红色，所以本案例主体中的文本颜色都为红色，除非有特殊设置，即有的样式表用声明 class 值的方法改变了自己的样式。
- 第 36～51 行为行高属性、文本修饰、缩进文本属性的应用，设置行高时有两种方式，已经在案例中给出。对于文本修饰，读者对照着段落标签声明的 class 值去学习即可。最后我们还示例了增加字与字之间的间距，应用时注意为字与字之间添加空格。

页面中的文本是 HTML 开发中多变的一部分，我们在开发时需要为每部分文本设置不同的文本样式，所以本部分介绍的属性读者应该熟练地掌握，并且勤加练习。在练习的时候，读者可以自行更改不同的值以达到学以致用的目的。

3. CSS 字体应用

上一小节我们介绍了如何设置页面中的文本的样式表，本节我们来细化这个问题。设置好文本的样式后，我们来设置一下组成文本的字体的样式，CSS 字体属性定义文本的字体系列、大小、加粗、风格（如斜体）和变形（如小型大写字母）。

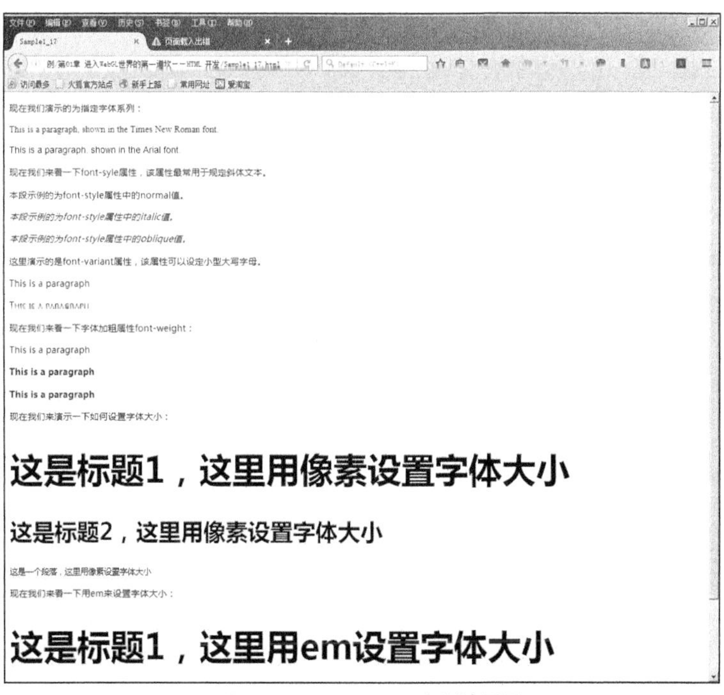

▲图 1-20　Sample1_17 案例效果图

图 1-20 为 CSS 字体案例应用效果图。在平时工作中我们会经常接触 Word 文档，在文档里面我们会经常设置字体的大小、类型、颜色、加粗、倾斜等，这就是我们现在所讲述的问题——如何开发 CSS 字体，现在我们来看一下开发代码。

代码位置：见随书中源代码/第 1 章目录下的 HTML5/Sample1_17.html。

```
1	<!DOCTYPE html><html><head><title>Sample1_17</title>
2	<style type="text/css">
3	p.serif{font-family:"Times New Roman",Georgia,Serif}
4	p.sansserif{font-family:Arial,Verdana,Sans-serif}
5	p.normal {font-style:normal}
6	p.italic {font-style:italic}
7	p.oblique {font-style:oblique}
8	p.varnormal {font-variant: normal}
9	p.varsmall {font-variant: small-caps}
10	p.wenormal {font-weight: normal}
11	p.wethick {font-weight: bold}
12	p.wethicker {font-weight: 900}
13	h1.px {font-size:60px;}
14	h2.px {font-size:40px;}
15	p.px {font-size:14px;}
16	h1.em {font-size:3.75em;}h2.em {font-size:2.5em;}
17	p.em {font-size:0.875em;}</style></head>
18	<body>
19	<p>现在我们演示的为指定字体系列：</p>
20	<p class="serif">This is a paragraph, shown in the Times New Roman font.</p>
21	<p class="sansserif">This is a paragraph, shown in the Arial font.</p>
22	<!--我们建议在所有 font-family 规则中都提供一个通用字体系列。这样就提供了一条
23	后路，在用户代理无法提供与规则匹配的特定字体时，就可以选择一个候选字体。需要
24	注意的是，只有当字体名中有一个或多个空格（比如 Times New Roman），或者如果字体名包括
25	# 或 $ 之类的符号，才需要在 font-family 声明中加引号。-->
26	<p>现在我们来看一下 font-syle 属性，该属性最常用于规定斜体文本。</p>
27	<p class="normal">本段示例的为 font-style 属性中的 normal 值。</p>
28	<p class="italic">本段示例的为 font-style 属性中的 italic 值。</p>
29	<p class="oblique">本段示例的为 font-style 属性中的 oblique 值。</p>
30	<!--font-style 的值为上面演示的三个，斜体（italic）是一种简单的字体风格，
31	对每个字母的结构有一些小改动，来反映变化的外观。与此不同，倾斜（oblique）
32	文本则是正常竖直文本的一个倾斜版本。在浏览器中我们看到的两者没有差别。-->
33	<p>这里演示的是 font-variant 属性，该属性可以设定小型大写字母。</p>
34	<p class="varnormal">This is a paragraph</p>
35	<p class="varsmall">This is a paragraph</p>
36	<p>现在我们来看一下字体加粗属性 font-weight：</p>
37	<p class="wenormal">This is a paragraph</p>
38	<p class="wethick">This is a paragraph</p>
39	<p class="wethicker">This is a paragraph</p>
40	<!--数字 100 ~ 900 为字体指定了 9 级加粗度，100 对应最细的字体变形，900 对应
41	最粗的字体变形。数字 400 等价于 normal，而 700 等价于 bold。-->
42	<p>现在我们来演示一下如何设置字体大小：</p>
43	<h1 class="px">这是标题 1，这里用像素设置字体大小</h1>
44	<h2 class="px">这是标题 2，这里用像素设置字体大小</h2>
45	<p class="px">这是一个段落，这里用像素设置字体大小</p>
46	<!--有能力管理文本的大小在 Web 设计领域很重要。但是，不应当通过调整文
47	本大小使段落看上去像标题，或者使标题看上去像段落。请始终使用正确的 HTML
48	标题，比如使用 <h1> ~ <h6> 来标记标题，使用 <p> 来标记段落。如果没有规
49	定字体大小，普通文本（比如段落）的默认大小是 16 像素-->
50	<p>现在我们来看一下用 em 来设置字体大小：</p>
51	<h1 class="em">这是标题 1，这里用 em 设置字体大小</h1>
52	<h2 class="em">这是标题 2，这里用 em 设置字体大小</h2>
53	<p class="em">这是一个段落，这里用 em 设置字体大小</p>
54	<!--16px=1em，px 表示像素的意思。除了 IE 之外，其余浏览器均可支持用像素
55	调整字体大小，但是为了在 IE 上也能调整并且根据 W3C 的推荐，最好使用 em 尺寸单位。-->
56	</body></html>
```

- 第 2～18 行为样式表的声明。在 CSS 中，有两种不同类型的字体系列名称：通用字体系列——拥有相似外观的字体系统组合和特定字体系列——具体的字体系列。除了各种特定的字体系列外，CSS 定义了 5 种通用字体系列：Serif、Sans-serif、Monospace、Cursive、Fantasy 字体。
- 第 19～32 行演示了如何指定字体与规定斜体文本。如果用户代理上没有安装指定字体，

就只能使用用户代理的默认字体来显示本元素。除此之外我们可以选择一个候选字体，本案例就是这么操作的。斜体文本的区别我们在注释中已经介绍清楚，这里便不再介绍了。

- 第 33～56 行为字体的加粗与设置文本的字体大小示例。HTML 中的文本粗度有 9 级，分别是 100～900,100 为最细粗度，900 为最粗粗度，400 等价于 font-weight 值中的 normal，700 等价于 bold。设置文本字体大小时，W3C 推荐使用 em 尺寸单位，因为有些浏览器不支持像素大小。

CSS 字体样式表的本质就是通过 font-family、size、stretch、style、variant、weight 这些属性来设置文本的系列、尺寸、拉伸、字体风格、小型大写字体或者正常字体显示文本、字体粗细。通过对字体属性的一系列设置，并与文本样式表配合，进而实现制作精美界面的目的。

4. CSS 链接与表格应用

本小节为 CSS 部分的最后一小节，本部分我们将要讲述 CSS 链接与表格的属性应用。由于篇幅限制，这里省略了列表属性的应用，尽管不是描述性的文本的任何内容都可以被认为是列表，但是 CSS 中列表样式不太丰富而且应用比较简单，所以便没有对其进行介绍。

▲图 1-21　Sample1_18 案例效果图

图 1-21 为 CSS 链接和表格案例应用效果图。介绍链接属性之前我们来介绍一下链接的 4 种状态：link、visited、hover、active，分别代表未访问的链接、用户已经访问过的链接、鼠标直接位于链接上方、正在被单击的链接现在我们来看一下开发过程。

代码位置：见随书中源代码/第 1 章目录下的 HTML5/Sample1_18.html。

```
<!DOCTYPE html>
<html><head><title>Sample1_18</title>
<style type="text/css">
a:link {color:#FF0000;}<!--未被访问的链接-->
a:visited {color:#00FF00;}<!--已被访问的链接-->
a:hover {color:#FF00FF;}<!--鼠标指针移动到链接上-->
a:active {color:#0000FF;}<!--正在被单击的链接-->
a.one:link {color:#ff0000;}
a.one:visited {color:#0000ff;}
a.one:hover {font-size:150%;}
a.two:link {color:#ff0000;}
a.two:visited {color:#0000ff;}
a.two:hover {font-family:'微软雅黑';}
#customers{
  font-family:"Trebuchet MS", Arial, Helvetica, sans-serif;
  width:100%;border-collapse:collapse;}
```

```
17    #customers td, #customers th{
18      font-size:1em;border:1px solid #98bf21;
19      padding:3px 7px 2px 7px;}
20    #customers th {
21      font-size:1.1em;text-align:left;padding-top:5px;
22      padding-bottom:4px;background-color:#A7C942;color:#ffffff;}
23    #customers tr.alt td {
24      color:#000000;background-color:#EAF2D3;}
25    </style></head>
26    <body>
27    <p><b><a href="Sample1_1.html" target="_blank">
28    这是一个链接</a></b></p>
29    <!--为了使定义生效，a:hover 必须位于 a:link 和 a:visited 之后，
30    a:active 必须位于 a:hover 之后。-->
31    <p>对于链接，除了设置 color 之外，我们还可以设置背景颜色，
32    就是在样式表中将 color 换为 background-color 即可。</p>
33    <p>除了改变链接的颜色外，我们还可以改变链接字体、尺寸等，
34    这些实现起来并不困难，我们用到的方法全是之前我们所讲过的：</p>
35    <p><b><a class="one" href="Sampel1_1.html" target="_blank">
36    这个链接可以改变字体尺寸</a></b></p>
37    <p><b><a class="two" href="Sampel1_1.html" target="_blank">
38    这个链接可以改变字体</a></b></p>
39    <p>现在我们来介绍一下表格的样式表，我们首先做一个精美的表格。</p>
40    <table id="customers"><tr>
41    <th>Company</th><th>Contact</th><th>Country</th></tr>
42    <tr><td>Apple</td><td>Steven Jobs</td><td>USA</td></tr>
43    <tr class="alt"><td>Baidu</td><td>Li YanHong</td><td>China</td></tr>
44    <tr><td>Google</td><td>Larry Page</td><td>USA</td></tr>
45    <tr class="alt"><td>Lenovo</td><td>Liu Chuanzhi</td><td>China</td></tr>
46    <tr><td>Microsoft</td><td>Bill Gates</td><td>USA</td></tr>
47    <tr class="alt"><td>Nokia</td><td>Stephen Elop</td><td>Finland</td></tr></table>
48    </body></html>
```

- 第 4～24 行声明了样式表。需要注意的是，在设置连接部分时为了使定义生效，a:hover 必须位于 a:link 和 a:visited 之后，a:active 必须位于 a:hover 之后。读者需要自己体验一下 4 种链接方式有何区别。
- 第 27～38 行为设置链接标签属性示例。我们在将鼠标移动到链接部分时会发现链接的字体大小、粗细、字体、颜色都会有不同的变化，这就是不同的链接属性起到的作用。读者对应内容提示自行试验一下便会明白。
- 第 39～48 行用于制作一个表格。通过声明表格的样式表，我们在主体部分只是构建了一个表格，但是计算机通过样式表做出来的是一个全新的表格。这个表格的样式表属性用法比较全面，而且会被经常使用，所以在此我们便介绍了一下。

案例中我们只开发了一个表格，没有应用全部的表格属性，剩余的部分我们在之前讲述表格标签时介绍过，但是应用到 CSS 时会有点差别。若有读者想了解这方面的知识，那么可以上网查询 CSS 表格应用属性，里面会有比较详细的介绍。

到此为止我们便将 CSS 层叠样式表介绍完毕，短短十几页的篇幅肯定不能将 CSS 的全部内容介绍完毕，但是我们尽力将最常用与精髓部分介绍了。在应用时，除了学习的知识之外，读者应该自己多多查阅一些资料，勤加练习多改一些内容，这样会学得更加充实。

1.5 初识 JavaScript

JavaScript 是面向 Web 的编程语言。绝大多数现代网站都是采用 JavaScript 建立的，并且所有的现代 Web 浏览器——基于桌面系统、游戏机、平板电脑和智能手机的浏览器，均包含了 JavaScript 解释器。这使得 JavaScript 能够称得上史上使用最广泛的编程语言。

“JavaScript”这个名字经常被误解。除了语法看起来和 Java 类似之外，JavaScript 与 Java 是完全不同的两种编程语言。JavaScript 早已超出了其“脚本语言”本身的范畴，而成为一种集健壮

性、高效性和通用性于一身的编程语言。

1.5.1 JavaScript 的名字和版本

JavaScript 是由 Web 发展初期的网景（Netscape）公司创建，“JavaScript”是 Sun Microsystem 公司（Oracle）的注册商标，用来特指网景（Mozilla）对这门语言的实现。网景将这门语言作为标准提交给了 ECMA（欧洲计算机制造协会），由于商标上的冲突，这门语言的标准版本被改为“ECMAScript”。

当我们提到这门语言本身时，通常所指的语言版本是 ECMAScript 3 和 ECMAScript 5。有时会看到 JavaScript 的版本号，这些是 Mozilla 的版本号：版本 1.5 基本上就是 ECMAScript 3，JavaScript 解释器也有版本号，现在为 3.0。

1.5.2 准备使用 JavaScript

本章节中关注的是 Web 编程所需的核心——JavaScript 特性。我们不会将全部的 JavaScript 内容讲述清楚，因为若是想完成这些工作，本书的厚度是完全不够的。如果读者想要深入学习这方面的知识，可以在网上选购几本这方面的书去阅读，以提升自己的能力。

在 HTML 文档中定义脚本时有几种方法可供选择，既可以定义内嵌脚本（即脚本是 HTML 文档的一部分，用<script>标签即能实现），也可以定义外部脚本（脚本包含在另一个文件中，通过一个 URL 引用）。这两种方法都用到了<script>元素。

```
<!DOCTYPE HTML>
<html><head><title>Example</title></head>
<body><script type="text/javascript">
document.writeln("Hello");</script>                    //输出语句
</body></html>
```

本段小脚本的作用是在文档中加入单词 Hello。<script>元素位于文档中其他内容之后，这样在脚本执行之前浏览器就已经对其他元素进行了解析。读者可以自行将本段代码输入到 HTML 文件中，在网页中运行查看效果。

上述代码为一个简单的 JavaScript 案例应用，并且定义了 HTML 文档内嵌脚本。在本书 WebGL 的开发中，我们除了在一些 HTML 文件中定义 stat 方法外，剩下的都是使用的外部脚本，通过 URL 来调用。但是在本小节介绍基础 JavaScript 时我们会用内嵌脚本方式示例。

1.5.3 使用语句

JavaScript 的基本元素是语句。一条语句代表着一条命令，通常以分号结尾。实际上分号也可以不用，不过加上分号可让代码更易阅读，并且可以在一行书写几条语句。下面我们来看一下基本的使用输出语句与定义一些函数的案例。

代码位置：见随书中源代码/第 1 章目录下的 HTML5/Sample1_19.html。

```
<!DOCTYPE html>
<html><head><title>Sample1_19</title>
</head><body>
<style type="text/javascript">
      document.writeln("输出一句话。");                //输出语句
      document.writeln("输出另一句话。");
      function myFun(){                              //定义一个函数，用于输出一句话
            document.writeln("调用方法输出一句话。);};
      myFun();                                       //调用定义的函数
      function mayFun1(name,weather){                //定义一个带有参数的函数
            document.writeln("Hello"+name+".");
            document.writeln("It is"+weather+"today.");};
      myFun1("Tom","Sunny");                         //调用带有参数的函数
      function myFun2(name){                         //定义一个带有返回结果的函数
```

```
            return("Hello"+name+".");}
        document.writeln(myFun2("Tom"));
</script></body></html>
```

说明　上面代码内嵌的脚本中示例了如何使用语句。JavaScript 的基本元素是语句。有时候我们可以将几条语句包含在一个函数中，浏览器只有遇到一条调用该函数的语句时才会执行它。函数所含语句被包围在一对大括号之间，成为代码块。

在前面讲述过 HTML 事件，一般情况下大家在日后的开发中会结合着某些事件来调用 JavaScript 函数。另外需要注意的是在调用有参数的函数时，参数个数可以比定义的要少，此时少的参数值便会默认为 undefined。如果多出参数时，那么多出的会被忽略。

熟悉 Java 开发的读者知道，在 Java 开发中大家可以定义函数名相同但是参数个数不同的函数，但是在 JavaScript 中是万万不可的。如果有两个相同名字的函数但参数个数不同时，那么第二个定义将会取代第一个。

1.5.4　使用变量和类型

定义变量要使用关键字 var，在定义变量的同时还可以像在一条单独的语句中那样为其赋值。在函数中定义的变量称为局部变量，只能在该函数范围内使用。直接在<script>元素中定义的变量称为全局变量，可以在任何地方——包括在其他脚本中使用。

代码位置：见随书中源代码/第 1 章目录下的 HTML5/Sample1_20.html。

```
<!DOCTYPE html>
<html><head><title>Sample1_20</title>
</head><body>
<script type="text/javascript">
      var myglobalvar="apple";                              //定义了全局变量
      function myFun(){                                     //声明了一个方法
            var mylocalvar="sunny";                         //定义了局部变量
 return("Hello"+name+".Today is"+mylocalvar+".");};
      document.writeln(myFun("Tom"));
      document.writeln("I like"+myglobalvar+".");
      var string1="This is a string.";      //使用 JavaScript 的基本类型——字符串变量
      var string2="This is a string.";
      var bool1=true;                       //JavaScript 的基本类型——布尔变量
      var bool2=false;
      var daysinweek=7;                     //使用 JavaScript 的基本类型——数值变量
      var pi=3.14;                          //JavaScript 中整数、浮点数都用 var 来声明
      var hexvalue=0xFFFF;                  //十六进制数
      var mydata=new Object();              //创建对象
      mydata.name="Tom";                    //为对象属性赋值
      mydata.weather="sunny";
      document.writeln("Hello"+mydata.name+".");
      document.writeln("Today is "+ mydata.weather+".");
      var mydata1={                                         //使用对象字面变量
            name:"Tom",                                     //为对象属性赋值
            weather:"Sunny"};
      document.writeln("Hello"+mydata1.name+".");           //使用对象属性
      document.writeln("Today is"+mydata1.weather+".");
      var mydata2={                                         //为对象添加方法
            name:"Tom",                                     //为对象属性赋值
            weather:"Sunny",
            printMessages: function(){                      //给对象属性声明一个方法
                  document.writeln("Hello"+mydata2.name+".");
                  document.writeln("Today is "+ mydata2.weather+".");}};
      mydata2.printMessages();                              //读取和修改对象属性值
      var mydata3={
            name:"Tom";                                     //为对象属性赋值
            weather:"Sunny";};
      mydata3.name="Jerry";                                 //修改对象属性值
      mydata3["weather"]="raining";
```

```
40          document.writeln("Hello"+mydata3.name+".");          //读取对象属性值
41          document.writeln("Today is "+ mydata3.weather+".");
42      </script></body></html>
```

- 第 5～10 行为使用局部变量与全局变量示例。JavaScript 是一种弱类型语言，但这不代表它没有类型，而是指不用明确声明变量的类型以及可随心所欲地用同一变量表示不同类型的值。
- 第 11～17 行为声明各种基本类型示例。字符串可以用夹在一对双括号或单引号之间的一串字符表示。布尔类型有两个值：true 和 false。整数和浮点数都用 number 类型表示。定义数值变量时不必言明所用的是哪种数值，只需写清楚值即可。
- 第 18～41 行示例了创建对象的一些代码。JavaScript 支持对象概念，有多种方法可以用来创建对象，可以用对象字面量的方式定义一个对象及其属性，也可以在声明完对象后添加属性。在创建好对象后，大家还可以对对象的属性值进行修改。

使用对象的时候还可以用枚举对象属性。要枚举对象属性可以用 for...in 语句，for...in 循环代码块中的语句会对对象的每一个属性执行一次。在每一次迭代过程中，所需要处理的属性名会被赋值给变量。大家来看一下下面这个简短的例子：

```
<!DOCTYPE HTML>
<html><head><title>Example</title></head>
<body><script type="text/javascript">
      var mydata={                                              //声明一个对象
            name:"Tom",                                         //为对象的属性赋值
            weather:"Sunny",
            printMessages:function(){                           //为对象添加方法
            document.writeln("Hello"+mydata.name+".");          //读取对象的属性值
            document.writeln("Today is "+ mydata.weather+".");}};
      for(var prop in mydata){                                  //枚举对象的属性值
            document.writeln("Name" + prop + "Value:" + mydata[prop]);}
</script></body></html>
```

大家来看一下这段代码的运行效果图，如图 1-22 所示。从中可以看到，作为方法定义的那个函数也被枚举出来了。JavaScript 在处理函数方面非常灵活，方法本身也被视为对象的属性，这就是其结果。除了枚举对象属性，还有增删属性等。

```
NamenameValue:Tom NameweatherValue:Sunny NameprintMessagesValue:function (){ document.writeln("Hello"+mydata.name+".");
document.writeln("Today is "+ mydata.weather+".");}
```

▲图 1-22　案例运行效果图

在大家日后的开发中会经常用到对话，不论是内嵌的 JavaScript 脚本中创建的对象，还是在外部定义的脚本中通过 URL 引用 JavaScript 脚本，大家可以通过创建对象引用来操作一系列功能，这些在后面的开发中读者可以多留心观察。

1.5.5　JavaScript 运算符

有编程经验的读者都明白，不论是什么语言都会经常用到运算符，JavaScript 当然也不会例外。幸运的是 JavaScript 运算符与一般编程语言中的运算符没有多大的差别，所以这里来简单地介绍一下，不再详细地根据案例来介绍了，表 1-13 所示为 JavaScript 运算符及其描述。

表 1-13　　JavaScript 运算符

运 算 符	描 述	运 算 符	描 述
+	加法运算符	−	减法运算符
*	乘法运算符	/	除法运算符
%	求模，保留整数	++	累加运算
——	递减	=	赋值运算

续表

运 算 符	描 述	运 算 符	描 述
+=	x+=y 等价于 x=x+y	-=	x-=y 等价于 x=x-y
*=	x*=y 等价于 x=x*y	/=	x/=y 等价于 x=x/y
%=	x%=y 等价于 x=x%y		

通过浏览表 1-13 大家不难发现，这些运算符在读者们入门学习任何一门编程语言的教材中都会有详尽的介绍，所以这里便不再赘述了。表 1-13 描述中的 x、y 均为假设已经声明好的变量，旨在帮助读者理解运算符。

1.5.6　使用数组

JavaScript 数组的工作方式与大多数编程语言中的数组类似，但是大家一般在枚举数组时都会用“{}”，在 JavaScript 中声明数组使用“[]”而不是用花括号。下面来看一下如何用 JavaScript 创建数组与使用数组对象。

代码位置：见随书中源代码/第 1 章目录下的 HTML5/Sample1_21.html。

```
1    <!DOCTYPE HTML>
2    <html><head><title>Sample1_21</title></head>
3    <body><script type="text/javascript">
4          var myarray=new Array();                          //创建与填充数组
5          myarray[0]=100;                                   //为数组赋值
6          myarray[1]="Tom";
7          myarray[2]=true;
8          var myarray1=[100,"Tom",true];                    //使用数组字面量创建数组
9          var myarray2=[100,"Tom",true];                    //读取指定索引位置的数组元素值
10         document.writeln("Index 0" + myarray2[0]);
11         var myarray3=[100,"Tom",true];                    //修改数组内容
12         myarray3[0]="Tuesday";
13         document.writeln("Index 0" + myarray3[0]);
14         var myarray4=[100,"Tom",true];                  //枚举数组内容
15         for(var i=0;i<myarray4.length;i++){             //myarray4.length 为数组的长度
16               document.writeln("Index 0" + myarray4[0]);}
17   </script></body></html>
```

- 第 4～7 行为调用 new Array()创建一个新的数组示例。这是一个空数组，它被赋给变量 myarray，后面的语句给数组中的几个索引位置设置了值。
- 第 8～16 行为数组的基本应用示例，包括了通过数组字面量创建数组，读取指定索引位置的数组元素值，通过索引值来改变数组内容，遍历数组元素内容。我们在学习基础的编程语言时都已经学到这些基本的操作，这里的用法与之相差不大。

在此例中需要注意两点，第一点为创建数组的时候不需要声明数组中元素的个数，JavaScript 数组会自动调整大小以便容纳所有元素。第二点为不必声明数组所含数据的类型，JavaScript 数组可以混合包含各种类型的数据。

有编程经验的读者知道，除了上面所讲的数组基础用法外，还会有一些数组方法，下面我们便来看一下表 1-14 所列出的常用数组方法。由于篇幅有限，所以对这些方法的应用不再进行过多介绍了，读者可以对照着说明自行实践。

表 1-14　常用数组方法

方 法	说 明	返 回
concat(<otherArray>)	将数组和参数所指数组的内容合并为一个新数组。可指定多个数组	数组
join(<separator>)	将所有数组元素连接为一个字符串。各元素内容用参数指定的字符分隔	字符串
pop()	把数组当作栈使用，删除并返回数组的最后一个元素	对象

续表

方　法	说　明	返　回
push(<item>)	把数组当作栈使用，将指定的数据添加到数组中	void
reverse()	就地反转数组元素的次序	数组
shift()	类似 pop，但操作的是数组的第一个元素	对象
slice(<start>,<end>)	返回一个子数组	数组
sort()	就地对数组元素排序	数组
unshift(<item>)	类似 push，但新元素被插到数组的开头位置	void

讲完数组，JavaScript 的基础内容基本介绍完了。与 Java 类似，JavaScript 中也有处理错误的机制。这里的处理错误也是用 try…catch 语句，如果有错误发生时，那么 try 子句中语句的执行将立即停止，控制权转移到 catch 子句中。发生的错误由一个 Error 对象描述，它会被传递给 catch 子句。

1.5.7 创建自己的 JavaScript 对象

在 JavaScript 中我们不但可以使用系统提供的对象，还可以创建自己的对象，其把相当于 Java 中类的声明和对象的创建合二为一了。创建对象时对象不止有一个属性，所以属性与属性之间用逗号分隔，其余的声明规则与 Java 类似，便不赘述了。其简略语法如下：

```
<引用名>={<属性名>:<属性值>,{<属性名>:<属性值>…}}
```

在 JavaScript 中，对象实际上可以看作数组，因此对象的成员不仅可以用“<引用>.<属性>”的方式来访问，而且还可以用“<引用>[<属性>]”使用数组一样的使用。如果希望对象可以重用，也可以像 Java 那样先声明类再“new”对象，其语法如下：

```
function<类名>([构造函数参数列表]) {
    this.<属性名 1>=<构造函数参数>;
    …
    this.<属性名 n>=<构造函数参数>;
}
```

实际上一个所谓类的声明就是一个函数的声明，只是在函数中多了“this.<属性名>”，这既是属性的声明，同时又进行了初始化。大家都知道一个类不但可以有属性，还可以有方法，给类添加方法的语法如下：

```
function<类名>([构造函数参数列表]){
    this.<方法名 1>=<函数名 1>;//函数可以是在任意地方声明的函数
    …
    this.<方法名 n>=<函数名 n>;
}
```

实际上方法的声明就是把已经写好的函数分配给一个属性而已。前面说过对象实际上可以看作一个数组，所以可以对对象的属性进行遍历，在 JavaScript 中可以方便地利用下面形式的 for 语句对指定对象的所有属性进行遍历：

```
for(var<变量>in<对象引用>){
    //语句序列
}
```

对对象操作的基本方法就这么多，在创建对象时是用操作符“new”，释放（删除）对象时用“delete”操作符。由于 JavaScript 是弱类型语言，在下一小节中会看到无论声明什么类型的变量都是 var 字符。有时需要判断变量的类型，这就要使用“typeof”操作符，如表 1-15 所示。

表 1-15　　typeof 操作符的应用

(typeof “aa”)== “string”	(typeof 20)== “number”	(typeof ma)== “object”
(typeof nothing)== “undefined”	(typeof true)== “boolean”	

“typeof”操作返回的是一个字符串。从表 1-15 看到，typeof 返回了一个 undefined。在 JavaScript 中，不但布尔类变量 true/false 可以参与逻辑计算，undefined 和 null 都可以当作逻辑 false 使用。JavaScript 支持原型，通过使用原型可以向已有的对象类型注射新的方法、属性。

代码位置：见随书中源代码/第 1 章目录下的 HTML5/Sample1_22.html。

```
1    <!DOCTYPE html>
2    <html><head><title>Sample1_22</title>
3    </head><body>
4    <script type="text/javascript">
5          tom={name:"Tom",age:21};                                   //创建自己的对象
6          document.write("Name:"+tom.name+"<br>");                   //读取对象的属性值
7          document.write("Age:"+tom.age+"<br>");
8          //对象可以看作数组，用数组形式访问对象，下面的例子我们便演示了如何用数组形式访问对象
9          tom={name:"Tom",age:21};
10          document.write("Name:"+tom["name"]+"<br>");               //用数组形式访问对象
11           document.write("Age:"+tom["age"]+"<br>");
12                //对象的重用，可以像 Java 那样先声明类再“new”对象
13                function Student(sno,sname,sage,sclass){             //声明 Student 类
14                this.sno=sno;                                        //为 Student 类添加属性
15                this.sname=sname;                                    //为属性添加属性值
16                this.sage=sage;
17                this.sclass=sclass;}
18                tom=new Student("10001","Tom",21,"97002");           //创建 Student 对象
19                document.write(tom.sname+"<br>");
20                //给类添加方法，即为类中的属性添加一个方法
21                function Student1(sno,sname,sage,sclass){            //声明 Student1
22                  this.sno=sno;                             //将 Student 类声明中传入的参数赋值给属性
23                  this.sname=sname;                         //为 sname 属性赋值
24                  this.sage=sage;                           //为 sage 属性赋值
25                  this.sclass=sclass;                       //为 sclass 属性赋值
26                  this.toString=toString;}                  //把 toString 方法挂接到 Student
27         function toString(){                               //声明 toString 方法
28                  var result="";                            //声明一个空白字符串
29                  result+="学号: "+this.sno+"<br>";                  //为字符串添加学号内容
30                  result+="姓名: "+this.sname+"<br>";                //为字符串添加姓名内容
31                  result+="年龄: "+this.sage+"<br>";                 //为字符串添加年龄内容
32                  result+="班级: "+this.sclass+"<br>";               //为字符串添加班级内容
33                  return result;}                                    //将最终所得字符串返回
34               tom=new Student1("10001","Tom",21,"97002");          //创建 Student1 对象
35                  document.write(tom.toString());
36           tom={name:"Tom",age:21,no:10001};                        //对对象的属性进行遍历
37               for(var i in tom){                                   //对对象属性用循环进行遍历
38                   document.write(i+":"+tom[i]+"<br>");}
39           function toWyfString(){                        //用原型给已有对象注射新方法、新属性
40                     var ss=this.wyfTime+this.toGMTString();   //得到系统时间
41                     return ss;}                               //将字符串返回
42               function toGMTString(){
43                     return "HaHa!!!";
44               }//通过使用原型可以向已有的对象类型注射新的方法、属性
45          //对对象的功能进行扩展，同时也能覆盖原有的方法。
46         Date.prototype.wyfTime="WYF: ";                              //对对象属性进行扩展
47         Date.prototype.toWyfString = toWyfString;                    //覆盖原有的方法
48         d=new Date();
49         document.write(d.toWyfString()+"<br>");
50         document.write(d.toGMTString()+"<br>");
51         Date.prototype.toGMTString = toGMTString;                    //覆盖原有的方法
52         document.write(d.toGMTString()+"<br>");
53    </script></body></html>
```

- 第 5～19 行为创建我们自己的对象与对象的重用的代码，这一部分的内容与 Java 没有太大的差异。在创建自己的对象时相当于将类的声明和对象的创建合二为一了。对象的声明实际上就是一个函数的声明，只不过在函数体中多了“this.<属性名>”。

- 第 20～38 行为为类添加方法与对对象属性进行遍历的代码。实际上添加方法就是把已经写好的函数分配给一个属性而已。对对象属性进行遍历时用 var 变量 in 对象引用的方式进行遍历即可。本例中是将每个属性输出了一遍。

- 第 39～53 行为通过使用原型给已有对象注射新方法、新属性的代码。示例中对对象的属性进行了扩展，之后用我们自己写的方法通过原型覆盖了已有类中的原有方法。之后通过前后对比向读者展示了如何用原型对对对象功能进行扩展。

上面代码为本小节中所讲述的内容的应用。前面已经讲述了创建对象与数组，本节讲述的是如何开发我们自己的类，以及声明自己的对象，和对象的一些用法，这些内容与 Java 有些类似，有 Java 开发经验的读者对此肯定不会陌生。

1.5.8 常用的 JavaScript 工具

有很多工具可用来简化 JavaScript 编程工作。我们在调试程序时必不可少的一个环节便是调错，由于开发 JavaScript 不像开发其他语言有强大的编译环境，所以调错时便不是很方便。幸运的是，现在的浏览器中都会有内置的调试器，图 1-23 为火狐浏览器的 Firbug 插件。

其实用其他浏览器中的调试器也是可以的，笔者在开发时便习惯使用谷歌浏览器的内置调试器，可以解决大部分问题。但是有时有一些特别困难的错误解决不了，Firebug 的强大能力便能体现出来，它可以设置断点、探查错误和逐句执行脚本。

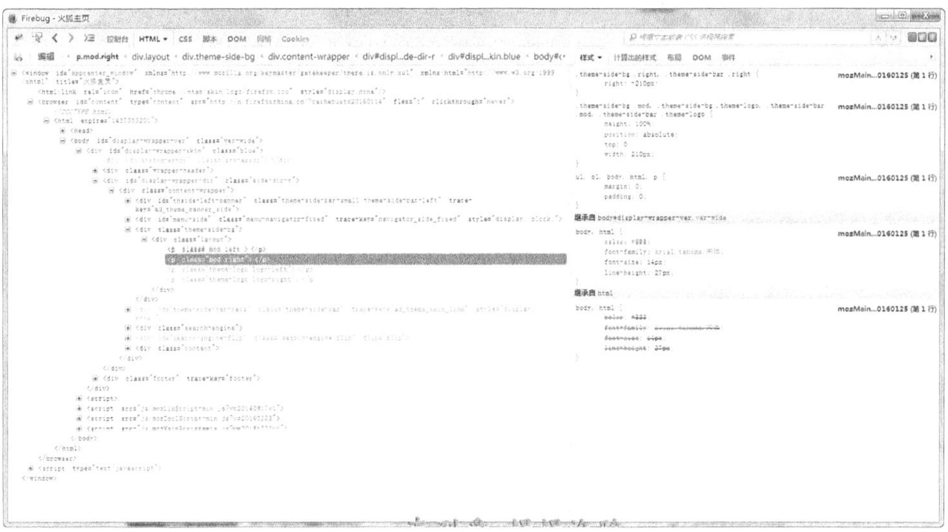

▲图 1-23 Firebug 插件调试图

使用 JavaScript 最简便的方式是使用某种 JavaScript 工具包或库。这种工具包多如牛毛，其中非常流行的，且开发非常活跃、具有许多很有用的特性的是 jQuery，它与配套程序库 jQuery UI 都非常流行。有了它，JavaScript 开发工作要变得轻松许多。

到此为止我们便将 JavaScript 部分的基础内容介绍完毕了。还是用一句之前说过的话，本部分内容不可能用这么几页的篇幅就能够介绍全面的，但是 WebGL 的开发又不可缺少这些基础，所以本节的目的就是简要介绍这些内容。

1.6 HTML5 Canvas 概述

HTML5 Canvas 是屏幕上的一个由 JavaScript 控制的即时模式位图区域。即时模式是指在画布上呈现像素的方式。HTML Canvas 通过 JavaScript 调用 Canvas API，在每一帧中完全重绘屏幕上的位图。作为开发人员需要做的就是在每一帧渲染之前设置屏幕的内容显示。

1.6.1　文档对象模型（DOM）和 Canvas

文档对象模型代表了在 HTML 页面上的所有对象，它中立于语言中和平台。它允许页面的内容和样式被 Web 浏览器渲染之后再次更新。用户可以通过 JavaScript 访问 DOM。现在文档对象模型已经成为 JavaScript、DHTML 和 CSS 开发最重要的一部分。

画布元素本身可以通过 DOM，在 Web 浏览器中经由 Canvas 2D 环境访问。但是，在 Canvas 中创建的单个图形元素是不能通过 DOM 访问的。正如本章前面讲到的，画布工作在即时模式，它并不保存自己的对象，只是说明在单个帧里绘制什么。

- 在使用 Canvas 之前大家先需要了解两个 DOM 对象，其中一个对象为 document，它包含所有在 HTML 页面上的 HTML 标签。
- 另一个对象 window 是 DOM 的最高一级，需要对这个对象进行检测来确保开始使用 Canvas 应用程序之前，已经加载了所有的资源和代码。

1.6.2　JavaScript 与 Canvas

用 JavaScript 来创建 Canvas 应用程序，程序能在现有的任何 Web 浏览器中运行。在使用 JavaScript 为 Canvas 编程时会产生一个问题：创建的页面中，哪里为 JavaScript 程序的起点？有两种解决方式：一种为放在<head>标签中，另一种为放在<body>标签中。

- 将起点放在<head>元素中意味着整个 HTML 页面要加载完 JavaScript 才能配合 HTML 运行，在运行该程序前就必须检查 HTML 页面是否已经加载完毕。
- 将起点放在<body>元素内的好处是确保了 JavaScript 运行时整个页面已经加载完毕，但由于在运行 Canvas 程序前需要使用 JavaScript 测试页面是否加载，所以两种方法各有利弊。本书用的是第二种，读者可以选择自己喜欢的方式进行编程。

1.6.3　HTML5 Canvas 版"Hello World"

现在来看开发学习 Canvas 之路上的第一个案例，即 Canvas 版的"Hello World"。本小节中将从开发程序的第一步开始，一步步地将程序开发的过程呈现给大家，让没有开发经验的读者对开发程序有一个笼统的概念。

在上一小节中讲到 JavaScript 与 Canvas 的关系，在开发本部分内容时 HTML 文件中难免会嵌入 JavaScript 脚本，所以我们第一步来看一下为了开发 Canvas，如何将 JavaScript 程序中的方法封装起来，留下一个 JavaScript 程序的入口。

1．封装 JavaScript 代码

Canvas 应用程序与在浏览器中运行的其他应用有所不同。由于 Canvas 只在屏幕上特定的区域执行并显示结果，可以说它的功能是独占的，因此不太会受到页面上其他内容的影响，反之亦然。读者如果想在同一个页面上放置多个 Canvas 应用，那么在定义时必须将对应代码分开。

为避免出现这个问题，可以将变量和函数都封装在另一个函数中。JavaScript 函数本身就是对象，JavaScript 对象既可以有属性，也可以有方法。将一个函数放到另一个函数中，读者可以使第二个函数只在第一个函数的局部作用域中。

```
function eventWindowLoaded(){canvasApp();}  //JavaScript 程序在 Canvas 中的入口函数
function canvasApp(){                                   //入口函数需要调用的函数
      drawScreen();                                     //绘制场景函数
      …
      function drawScreen(){…                           //绘制函数，本程序中的重点
}}
```

上述代码讲解了如何将 JavaScript 代码封装起来，封装好的方法只留下 eventWindowLoaded()

方法。除此之外，在下一小节中还将绘制不同图形的方法放到外部文件中，在<head>标签部分加载这些文件，待到需要绘制时直接调用相应的方法即可。

2. 将 Canvas 添加到 HTML 页面中

在 HTML 的<body>标签中添加一个<canvas>标签时，可以参考下面的代码。大家都知道在 HTML 中，属性被设置在相应的标签中，<canvas>标签有 3 个主要属性：id、width、height，分别代表 JavaScript 代码中用来指示特定<canvas>标签的名字、画布的宽度与高度。

```
<canvas id="canvasOne" width="500" height="300">
若看到这些文字，说明浏览器不支持 WebGL!</canvas>
```

在开始标签和结束标签中可以添加文本，一旦浏览器执行 HTML 页面时不支持 Canvas，就会显示这些文字。以本章节的 Canvas 应用程序为例，这里使用的是“若看到这些文字，说明浏览器不支持 WebGL”。事实上此处可以随意放置文字。

接下来用 DOM 引用 HTML 中定义的<canvas>标签。document 对象加载后可以引用 HTML 页面的任何元素。这里需要一个 Canvas 对象的引用，这样就能够知道当 JavaScript 调用 Canvas API 时其结果在哪里显示。

```
var  theCanvas=document.getElementById("canvasOne");
```

首先定义一个名为 theCanvas 的新变量，用来保存 Canvas 对象的引用。接下来，通过调用 document 的 getElementById()函数得到 canvasOne 的引用。canvasOne 是在 HTML 页面中为创建的<canvas>标签定义的名字。

3. 检测浏览器是否支持 Canvas

现在已经得到了 HTML 页面上定义的<canvas>元素的引用，下面就需要检测它是否包含环境。Canvas 环境是指支持 Canvas 的浏览器定义的绘图界面。简单地说，如果环境不存在，那么画布也不会存在。有多种方式可以对此进行验证。

这里使用的是 modernizr.js 库，Modernizr 是一个易用并且轻量级的库，可以检测各种 Web 技术的支持情况。Modernizr 创建一组静态的布尔值，可以检测是否支持 Canvas。在程序中已经包含了 modernizr.js，读者不用再自行下载了。

```
1    <script src="modernizr.js"></script>
2    function canvasSupport(){
3          return Modernizr.canvas;}
```

上面代码第一行是将外部 JS 文件导入到 HTML 文件中，下面的代码用于检测是否支持 Canvas，将 canvasSupport()函数进行修改，这里将要使用 modernizr.js 方法，因此它提供了测试 Web 浏览器是否支持 Canvas 的最佳途径。

4. 获得 2D 环境

```
var context =theCanvas.getContext("2d");
```

最后需要得到 2D 环境的引用才能操作 Canvas。HTML5 Canvas 被设计为可以与多个环境工作，包含一个建议的 3D 环境。不过这里只用到了 2D 环境。通过 getContex()方法取得 context，然后在之后的绘制函数中大家便可以用 context 来设置各个属性了。

5. 绘制函数

现在便可以创建实际的 Canvas API 代码了。在 Canvas 上运行的各种操作都要通过 context 对象，因为它引用了 HTML 页面上的对象。大家在案例中所看见的“屏幕”就是定义的画布的绘图区域。首先做的事情为清空绘图区域。

```
context.fillStyle="#ffffaa";
context.fillRect(0,0,500,300);
```

上面的两行代码用于在屏幕上绘制出一个与画布大小相同的黄色方块。fillStyle()设置了颜色，fillRect()创建了一个矩形，并把它放到了屏幕上。在清空完绘图区域以后大家来看一下是如何开发绘制函数 drawScreen()的。

```
function drawScreen(){
```

```
2    context.fillStyle="#ffffaa";                  //背景
3    context.fillRect(0,0,500,300);                //创建一个矩形
4    context.fillStyle="#000000";                  //文字
5    context.font="20px Sans-Serif";               //设置文字的大小和字号
6    context.textBaseline="top";                   //设置文字的垂直对齐方式
7    context.fillText("Hello World!",195,80);      //将测试文本显示到屏幕上
8    var helloWorldImage=new Image();              //添加 2D 图像
9    helloWorldImage.onload=function(){
10       context.drawImage(helloWorldImage,155,110);}
11   helloWorldImage.src="pic/helloworld.png";
12   context.strokeStyle="#000000";                //设置边框
13   context.strokeRect(5,5,490,290);
14   }
```

- 第 2～7 行设置了背景颜色与形状，之后声明了文字的颜色、大小和字号，并设置了文字的垂直对齐方式。最后将测试文本显示到屏幕上。
- 第 8～13 行为添加图形的代码，为了将图像显示到画布上需要创建一个 Image()对象的实例，并且将 Image.src 属性设为将要加载的图像的名字。在显示图像之前，需要等待图像加载完毕。设置 Image 对象的 onload 函数可以为 Imageload 时间创建一个回调函数。

上面几小节已经将本例中的重点代码详尽地介绍了一遍，所以在这里就不再将全部代码写一遍了，读者可以查阅中的第 1 章的 Sample1_23 案例进行学习。下面来看一下第一个 Canvas 程序的运行效果，如图 1-24 所示。

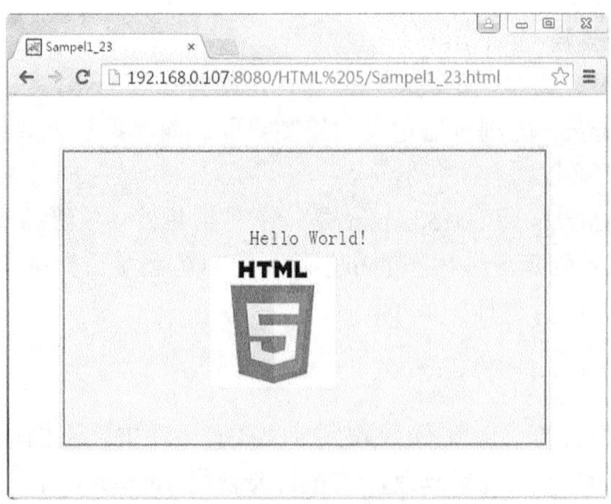

▲图 1-24　案例 Sample1_23 效果图

因为这里是在编写书，所以才写出了最终版本。但是读者在第一次开发时肯定会遇到一些问题，所以还会有调试程序的步骤。但是不可能将可能的错误全部罗列到这里，读者在开发中遇到问题时可以用前面提到的浏览器自带调试器或者 Firebug 进行调试。

学完 Canvas 版本的“Hello World”的开发全过程后，大家来进一步深入地学习一下 Canvas 提供的一些绘制基本图形的 API。这些将会在下一节中展开介绍，看完这些内容后读者就可以开发一些 2D 的应用了，这里提供的为系统的 API，读者只要认真学习都可以掌握。

1.6.4　Canvas 上的基础图形

在做完第一个 Canvas 程序后大家对它有了一个基本认识，HTML5 Canvas 的使用是以强大的绘图、着色和基本二维形状变换为基础的。然而，可供选择的内建形状相对有限，程序员可以通过一组称作路径的线段来绘制出想要的形状。

现在大家来学习一下新的内容，在 Canvas 上绘制一些基本图形。这些图形的绘制基本上都会有相应的 API，本案例中不同的图形被分到不同 JavaScript 文件中，相应的 API 都在里边有所体

现，读者阅读时结合着注释便能够轻松学会。现在大家来看一下这部分的开发过程。

代码位置：见随书中源代码/第 1 章目录下的 HTML5/Sampel1_24/Sample1_24.html。

```
1     <!DOCTYPE HTML>
2     <html><head><title>Sample1_24</title>
3     <script src="js/modernizr.js"></script>        //导入 js 文件夹下的 modernizr.js 文件
4     <script src="js/arc.js"></script>              //导入 js 文件夹下的 arc.js 文件
5     <script src="js/bezier.js"></script>           //导入 js 文件夹下的 bezier.js 文件
6     <script src="js/line.js"></script>             //导入 js 文件夹下的 line.js 文件
7     <script src="js/linejoin.js"></script>         //导入 js 文件夹下的 linejoin.js 文件
8     <script src="js/rect.js"></script>             //导入 js 文件夹下的 rect.js 文件
9     <script type="text/javascript">                //前面部分导入的为外部 JavaScript 文
                                                     //件，这里为内嵌 JavaScript 文件
10    var context;
11    function eventWindowLoaded(){canvasApp();}     //封装加载 JavaScript 的方法
12    function canvasSupport(){                      //检测浏览器版本是否支持 canvas
13          return Modernizr.canvas;}
14    function canvasApp(){                          //实际上的 JavaScript 的入口方法
15          if(!canvasSupport()){return;}else{
16                var theCanvas = document.getElementById("canvas");
17                context=theCanvas.getContext("2d");}
18                drawScreen();    //绘制场景，不同的图形有不同的绘制方法，这里省略了其余的方法
19                function drawScreen(){             //绘制 2D 图形的方法
20                //画布背景色为白色不利于辨识，填充一个有颜色的区域便于标示
21                context.fillStyle="#aaaaaa";               //设置背景样式
22                context.fillRect(0,0,500,500);             //创建一个矩形
23                context.fillStyle='#000000';               //文字
24                context.font='20px _sans';                 //文字的大小和字号
25                context.textBaseline='top';                //设置文本垂直对齐方式
26                context.fillText("Canvas!",0,0);}}         //将测试文本显示到屏幕上
27    </script></head>
28    <body onload="eventWindowLoaded();">
29    <div style="position: absolute; top: 50px;left:50px;">
30    <canvas id="canvas" width="500" height="500">
31    若看到这些文字，说明浏览器不支持 WebGL!</canvas></div>
32    </body></html>
```

- 第 2～8 行引入了各图形的 JavaScript 文件，每个图形的绘制方法都封装在了不同的文件中，这里只在绘制时调用不同的绘制方法即可，读者在测试本案例时只需将 drawScreen()方法替换掉便能测试不同图形的绘制了。
- 第 9～26 行为内嵌的 JavaScript 脚本，这部分是 Canvas 程序的入口，其中得到了 Canvas 的 id，通过 context 来设置一些属性。并且将绘图区域清屏并设置了一个与画布等大的矩形，用于显示出来 Canvas 画布。
- 第 28～32 行为创建 Canvas 的过程，具体作用在前面几小节中都分别介绍了，onload 在页面加载完毕后调用 JavaScript 脚本，Canvas 设置好其 3 个属性。

在程序中调用 drawScreen()方法时需要注意的是在程序开头导入的几个 JavaScript 文件，这几个文件包含着绘制圆、直线、曲线的一些图形的 API，读者可以自行查阅这些代码进行学习，其中的解释和注意事项在注释中都有详细介绍，这里便不再赘述。

HTML5 Canvas 的知识便介绍完毕，但是读者千万别以为就已经掌握了 Canvas。Canvas 是 HTML5 新增的元素，其可以干的事情有很多，本章只是介绍了一下 2D 环境下的绘制图形，以后的章节才会介绍真正的 Canvas 的应用。

1.7 本章小结

到此为止便结束了 HTML 之旅，但是 HTML 的内容是远不止这么几十页能够介绍完的。本章中介绍到了 HTML5 标签、CSS、JavaScript、Canvas，这些内容每项都可以单独出版一本书，这里只是讲述了之后开发中需要的部分。

在日后的开发中，除了本章介绍的这点基础理论知识外，读者肯定还会需要更多知识来填补自己的不足，所以只阅读这么一小部分是远远不够的，这里也仅是 WebGL 的起步而已，接下来我们便来进入 WebGL 的世界。

1.8 习题

1．请简要叙述 HTML 的发展简史。

2．试举出几个 HTML5 引入的新特性。

3．插入样式表的方法有哪几种？分别写出其具体步骤。

4．使用 Canvas 在网页中对自定义图片进行绘制。

5．使用标签在网页中创建一个表格，并对其样式进行设置。

第 2 章　初识 WebGL

本书前面章节介绍的都是 HTML 5 的开发技术，相信读者已经对 HTML 5 中的开发有了一定的认识。本章将向读者简要介绍最近在移动端大放异彩的 WebGL，掌握了这部分内容后，读者可以在更广阔的领域开发自己的 3D 项目。

2.1 WebGL 概述

WebGL 是一种 3D 绘图标准，这种绘图技术标准允许把 JavaScript 和 OpenGL ES 2.0 结合在一起，通过增加 OpenGL ES 2.0 的一个 JavaScript 绑定，WebGL 可以为 HTML 5 Canvas 提供硬件 3D 加速渲染，这样 Web 开发人员就可以借助系统显卡在浏览器里更流畅地展示 3D 场景和模型了，还能创建复杂的导航和数据视觉化。

WebGL 标准已出现在 Mozilla Firefox、Apple Safari 及开发者预览版 Google Chrome 等浏览器中，这项技术支持 Web 开发人员借助系统显示芯片在浏览器中展示各种 3D 模型和场景。随着 HTML 5 的兴起，WebGL 的前景不可限量。

2.1.1 WebGL 简介

WebGL 和 3D 图形规范 OpenGL、通用计算规范 OpenCL 一样来自 Khronos Group 组织，同样免费开放。WebGL 标准工作组的成员包括 AMD、爱立信、谷歌、Mozilla、英伟达以及 Opera 等，这些成员会与 Khronos 公司通力合作，创建一种多平台环境可用的 WebGL 标准。

WebGL 完美地解决了现有的 Web 交互式三维动画的 3 个问题。

- 其通过 HTML 脚本本身实现 Web 交互式三维动画的制作，无须任何特定浏览器插件的支持。
- 其利用底层图形硬件的加速功能进行 3D 图形渲染，效率很高。
- 其通过统一的、标准的、跨平台的 OpenGL ES 接口实现，免去了开发人员多次学习不同编程接口的麻烦。

> **说明**　同样可以用于网页 3D 渲染的技术还有 Adobe Flash Player 11、微软 Silverlight 3.0 等，但其都是私有的、不透明的。因此，笔者认为采用开放、免费策略的 WebGL 在当下这个开放的时代将更有发展前途。

WebGL 目前有两个版本的标准，具体情况如下：

- WebGL 1.0，其中提供的是 JavaScript 与 OpenGL ES 2.0 的绑定，目前除了微软的 IE，大部分浏览器都能很好地支持。
- WebGL 2.0，其中提供的是 JavaScript 与 OpenGL ES 3.0 的绑定，目前还在草案阶段，支持的浏览器几乎没有，但其是未来的大方向。

> **说明**　从上述内容中可以看出，目前主流版本的 WebGL 还是使用 OpenGL ES 2.0 绑定的，因此本章也是基于 OpenGL ES 2.0 来介绍 WebGL。好在 OpenGL ES 2.0 与 OpenGL ES 3.0 是兼容的，大部分知识可以直接使用，只是着色语言的一些语法细节有变化，读者不用担心。

随着 HTML 5 的兴起，大量优秀的网页作品涌现出来。作为 HTML5 的官方 Web 3D 解决方案，WebGL 立刻受到无数开发人员的追捧。由于其以网页的形式进行展示，所以可以不受平台的限制，这也省去了在各种平台进行移植的步骤。

微信平台兼容性的快速提升，进一步降低 WebGL 的推广成本。微信平台中，只需要单击项目所在链接即可运行，操作步骤十分简便。同时，也省去了传统游戏开发中需要安装客户端的麻烦，同时保证了项目代码不被泄露。相信在不久的将来，WebGL 将会凸显出更大的优势和能力。

2.1.2　WebGL 效果展示

上一小节中介绍了 WebGL 的基本知识，相信读者已经对其有了一定的了解。随着 HTML 5 标准的不断完善，为 HTML 5 Canvas 提供硬件 3D 加速渲染的 WebGL 已经被越来越多的开发人员所接受。市面上采用 WebGL 制作的网络游戏如雨后春笋般涌现出来。下面的几幅图（见图 2-1～图 2-4）就是笔者看到的一些使用 WebGL 技术制作的精美网页截图。

▲图 2-1　模拟水

▲图 2-2　教我飞游戏

▲图 2-3　划船游戏

▲图 2-4　落叶动画

从图 2-1～图 2-4 中可以看出，使用 WebGL 技术渲染出的 3D 场景与直接使用 OpenGL ES 技术在移动设备上开发出的场景效果是基本一致的。读者通过对前面章节的学习，再结合本章的内容便可在 Web 端开发出与移动端一样绚丽流畅的 3D 场景。

2.2　初识 WebGL 应用

上一节简单介绍了 3D 绘图标准 WebGL，相信读者已经对 WebGL 的发展历程和作用有了一定的了解。前文中的介绍偏重基础，读者无法深入学习具体编程技巧。为了使读者能够保持学习热情，在实践中提升编程能力，本章将给出一个 WebGL 的基础案例，并对相关的运行步骤进行详细介绍。

2.2.1 WebGL 应用案例部署运行步骤简介

由于 WebGL 应用程序是以浏览器为平台进行工作的，因此一般情况下开发完毕后都需要将应用部署到 Web 服务器上以供浏览器访问。因此在具体开发各个案例之前，本小节先简要介绍一下如何在 Tomcat 上部署 WebGL 应用，具体步骤如下。

（1）首先登录 Tomcat 的官方网站下载 Tomcat 的压缩包，如“apache-tomcat-6.0.14.zip”，然后解压缩到本地磁盘。解压完成后，对环境变量中的 JAVA_HOME 进行配置。

（2）找到解压后 apache-tomcat-6.0.14 目录下 bin 子目录中的 startup.bat 文件。双击此文件启动 Tomcat 服务器，如图 2-5 所示。

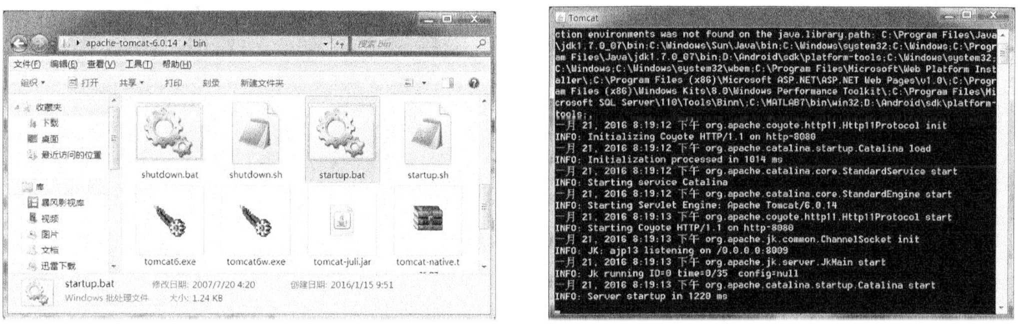

▲图 2-5　打开 Tomcat 服务器

> **提示**　Tomcat 的配置难度较小。由于本文篇幅有限，对于 Tomcat 的配置过程不再赘述。不熟悉的读者可以参考其他的书籍或资料，配置非常方便。

（3）将开发完毕的 WebGL 案例文件夹（如 Sample2_1）复制到解压后的 apache-tomcat-6.0.14 目录下的 webapps 子目录中，如图 2-6 所示。

▲图 2-6　WebGL 案例位置

（4）查找并记录本机的 IP 地址，然后打开 Firefox 等可以支持 WebGL 的浏览器，在地址栏中输入指定网址，按下回车键即可。例如运行案例 Sample2_1 时输入的网址为：

http://10.16.189.15:8080/Sample2_1/Sample2_1.html。

> **说明**　读者只需找到“:8080”前的 IP 地址并替换为自己机器的 IP 地址，即可在自己的电脑上成功运行本案例。

> **提示**　笔者运行本章案例时使用的都是 Tomcat 服务器，读者也可以选择其他的 Web 服务器。同时笔者运行本章案例时使用的是 Firefox 浏览器，读者也可以使用其他支持 WebGL 的浏览器（如 UC 浏览器、淘宝浏览器等）。

2.2.2　初识 WebGL 应用程序

前一小节中简单地介绍了 WebGL 应用案例的运行步骤，在后面的介绍中，读者可以参考给出的案例进行高效学习。接下来本文将通过一个旋转三角形的案例向读者介绍如何开发第一个 3D 场景。具体运行效果如图 2-7、图 2-8 所示。

▲图 2-7　初始状态效果图

▲图 2-8　绕 y 轴旋转大约 120°的效果图

前面介绍了本案例的运行效果图，有兴趣的读者可在自己的设备上运行本案例。下面将通过本案例的详细代码讲解具体开发步骤。

（1）在开发与本案例直接相关的类之前，首先需要介绍在网络端读取着色器（Shader）脚本的工具类。此类中读取着色器的方法主要分为几个步骤：发送一个打开指定 URL 的请求、接收文本并进行切分、新建着色器对象并加载。具体代码如下：

代码位置：见随书中源代码/第 2 章/Sample2_1/js 目录下的 LoadShaderUtil.js 文件。

```
1   function shaderObject(typeIn,textIn){                      //声明 shaderObject 类
2     this.type=typeIn;                                        //初始化 type 成员变量
3     this.text=textIn;                                        //初始化 text 成员变量
4   }
5   function processLoadShader(req,index){                     //处理着色器脚本内容的回调函数
6     if (req.readyState == 4){                                //数据接收完成
7     var shaderStr = req.responseText;                        //获取响应文本
8     var shaderStrA=shaderStr.split("<#BREAK_BN#>");          //用分隔符进行切分
9     //用切分后的文本新建顶点着色器
10    var vertexShader=new shaderObject("vertex",shaderStrA[0]);
11    //用切分后的文本新建片元着色器
12    var fragmentShader=new shaderObject("fragment",shaderStrA[1]);
13    //加载顶点着色器和片元着色器并创建着色器程序
14    shaderProgArray[index]=loadShaderSerial(gl,vertexShader, fragmentShader);
15    }
16  }
17  function loadShaderFile(url,index){                        //从服务器加载着色器脚本的函数
18    var req = new XMLHttpRequest();                          //创建 XMLHttpRequest 对象
19    //设置响应回调函数并调用 processLoadShader 处理响应
20    req.onreadystatechange = function () { processLoadShader(req,index) };
21    req.open("GET", url, true);                              //用 GET 方式打开指定 URL
22    req.responseType = "text";                               //设置响应类型
23    req.send(null);                                          //发送 HTTP 请求
24  }
```

- 第 1～4 行声明了着色器类 shaderObject，其中有 type 和 text 两个成员变量，分别为着色器的类型和着色器中的内容文本。着色器的类型又分为两种，“vertex”表示顶点着色器，“fragment”表示片元着色器。

❑ 第 5～16 行为处理着色器脚本内容的回调函数。程序将接收到的文本进行切分后新建着色器对象并创建着色器程序，并存入单独的数组中以供使用。

❑ 第 17～24 行为从指定地址读取着色器脚本并进行加载的函数。

（2）上文中已经将从网络端读取着色器的工具类介绍完毕，接下来介绍的是用于初始化 WebGL Canvas 的 JavaScript 脚本文件——GLUtil.js。首先给出的是其中的 initWebGLCanvas 方法，具体代码如下。

代码位置：见本书随书中源代码/第 2 章/Sample2_1/js 目录下的 GLUtil.js 文件。

```
function initWebGLCanvas(canvasName){ //初始化 WebGL Canvas 的方法
  var canvas = document.getElementById(canvasName);          //获取 Canvas 对象
  var names = ["webgl", "experimental-webgl", "webkit-3d", "moz-webgl"];
  var context = null;                                        //声明上下文变量
  for (var ii = 0; ii < names.length; ++ii){                 //遍历可能的上下文名称
      try{
         context = canvas.getContext(names[ii], null);       //获取 GL 上下文
      }catch(e) {}
      if (context){break;}                            //若成功获取 GL 上下文则终止循环
    }
    return context;                                   //返回 GL 上下文对象
 }
```

> **说明** 在进行 WebGL 的渲染之前，必须进行 Canvas 的初始化工作。本方法中首先通过 Canvas 的名字找到对应的 Canvas。遍历所有可能的上下文名称进行获取 GL 上下文的操作，找到后即返回上下文对象。

（3）初始化 WebGL Canvas 的方法已经介绍完毕。一般较为复杂的项目中，为了实现更加炫酷的渲染效果，需要多套着色器。为了使管理更加便捷，GLUtil.js 中还开发了对着色器进行管理的方法。具体代码如下。

代码位置：见本书随书中源代码/第 2 章/Sample2_1/js 目录下的 GLUtil.js 文件。

```
function loadSingleShader(ctx, shaderScript){                //加载单个着色器的方法
  if (shaderScript.type == "vertex")                         //若为顶点着色器
      var shaderType = ctx.VERTEX_SHADER;                    //顶点着色器类型
  else if (shaderScript.type == "fragment")                  //若为片元着色器
      var shaderType = ctx.FRAGMENT_SHADER;                  //片元着色器类型
  else {                                                     //否则打印错误信息
      log("*** Error: shader script of undefined type '"+shaderScript.type+"'");
      return null;
  }
  var shader = ctx.createShader(shaderType);                 //根据类型创建着色器程序
  ctx.shaderSource(shader, shaderScript.text);               //加载着色器脚本
  ctx.compileShader(shader);                                 //编译着色器
  var compiled = ctx.getShaderParameter(shader, ctx.COMPILE_STATUS);
                                                             //检查编译状态
      if (!compiled && !ctx.isContextLost()){                //若编译出错
            var error = ctx.getShaderInfoLog(shader);        //获取错误信息
            log("*** Error compiling shader '"+shaderId+"':"+error);
                                                             //打印错误信息
            ctx.deleteShader(shader);                        //删除着色器程序
            return null;                                     //返回空
      }
      return shader;                                         //返回着色器程序
}
function loadShaderSerial(gl, vshader, fshader){      //加载链接顶点、片元着色器的方法
      var vertexShader = loadSingleShader(gl, vshader);      //加载顶点着色器
      var fragmentShader = loadSingleShader(gl, fshader);    //加载片元着色器
      var program = gl.createProgram();                      //创建着色器程序
      gl.attachShader (program, vertexShader);         //将顶点着色器添加到着色器程序中
      gl.attachShader (program, fragmentShader);       //将片元着色器添加到着色器程序中
      gl.linkProgram(program);                         //链接着色器程序
      var linked = gl.getProgramParameter(program, gl.LINK_STATUS);
                                                       //检查链接是否成功
```

```
30          if (!linked && !gl.isContextLost()){                        //若链接不成功
31                var error = gl.getProgramInfoLog (program);           //获取错误信息
32                log("Error in program linking:"+error);              //打印错误信息
33                gl.deleteProgram(program);                           //删除着色器程序
34                gl.deleteProgram(fragmentShader);                    //删除片元着色器
35                gl.deleteProgram(vertexShader);                      //删除顶点着色器
36                return null;                                         //返回空
37          }
38          return program;                                            //返回着色器程序
39          gl.useProgram(program);                                    //指明使用的着色器编号
40          gl.enable(gl.DEPTH_TEST);                                  //打开深度检测
41    }
```

❑ 第 1～21 行为加载单个着色器的 loadSingleShader 方法。向此方法中传入着色器的类型，程序会新建一个同类型的着色器并加载着色器脚本。加载完成后，程序会对着色器进行编译。如果编译出错则打印错误信息。

❑ 第 22～39 行为对一套着色器进行加载和链接操作的 loadShaderSerial 方法。向此方法传入顶点着色器和片元着色器后，程序会分别加载顶点着色器和片元着色器并链接着色器程序。因为链接操作过程中可能出现错误，所以此方法中还进行了对链接的检查。如果链接不成功则删除着色器及程序。如果链接成功则返回着色器程序。

（4）上文已经详细介绍了对着色器进行操作和管理的工具类和初始化上下文的相关方法，接下来将介绍经常被使用的 MatrixState 工具类。此类的作用是对各种变换矩阵进行管理。在执行各种变换时，本类对矩阵进行计算。其具体代码如下。

代码位置：见本书随书中源代码/第 2 章/Sample2_1/js 目录下的 MatrixState.js 文件。

```
1     function MatrixState(){
2           this.mProjMatrix = new Array(16);                   //投影矩阵
3              this.mVMatrix = new Array(16);                   //摄像机矩阵
4              this.currMatrix=new Array(16);                   //基本变换矩阵
5              this.mStack=new Array(100);                      //矩阵栈
6              this.setInitStack=function(){                    //初始化矩阵的方法
7                 this.currMatrix=new Array(16);                //创建用于存储矩阵元素的数组
8                 setIdentityM(this.currMatrix,0);              //将元素填充为单位阵的元素值
9           }
10          this.pushMatrix=function(){                         //保护变换矩阵，当前矩阵入栈
11                this.mStack.push(this.currMatrix.slice(0));
12           }
13          this.popMatrix=function(){                          //恢复变换矩阵，当前矩阵出栈
14                this.currMatrix=this.mStack.pop();
15          }
16          this.translate=function(x,y,z){                     //平移变换
17                translateM(this.currMatrix, 0, x, y, z);      //将平移变换记录进矩阵
18          }
19          this.rotate=function(angle,x,y,z)       {           //旋转变换
20                rotateM(this.currMatrix,0,angle,x,y,z);       //将旋转变换记录进矩阵
21          }
22          …//此处省略了部分方法，读者可参见随书中的源代码
23    }
```

❑ 第 2～5 行为对投影矩阵、摄像机矩阵、基本变换矩阵进行声明的相关代码。另外新建了一个栈用来存储基本变换矩阵，在绘制时进行进栈和出栈的操作。

❑ 第 6～21 行为初始化矩阵、保护变换矩阵、恢复变换矩阵、以及进行平移旋转变换的相关代码。保护变换矩阵的方法的实质是对当前变换矩阵执行入栈操作。恢复变换矩阵的方法的实质是对矩阵栈执行出栈操作，删除栈顶的矩阵。

提示　此类中还有关于对投影矩阵、摄像机矩阵及变换矩阵操作的相关方法。由于本书的篇幅有限，不再赘述，有兴趣的读者可自行查阅随书中的源代码。

（5）上文中已经将项目开发中常用的几个工具类全部介绍完毕。接下来将介绍与本案例直接相关的三角形绘制脚本 Triangle.js。此脚本中包含三角形顶点坐标信息和顶点颜色信息，在绘制时

将这些信息传入渲染管线中。具体代码如下。

代码位置：见本书随书中源代码/第 2 章/Sample2_1/js 目录下的 Triangle.js 文件。

```
1    function Triangle(                                          //声明绘制用物体对象所属类
2      gl,                                                       //GL 上下文
3      programIn                                                 //着色器程序 id
4    ){
5      this.vertexData= [3.0,0.0,0.0,  0.0,0.0,0.0,  0.0,3.0,0.0];
                                                                 //三角形顶点的 x、y、z 坐标
6      this.vcount=this.vertexData.length/3;                     //得到顶点数量
7      this.vertexBuffer=gl.createBuffer();                      //创建顶点坐标数据缓冲
8      gl.bindBuffer(gl.ARRAY_BUFFER,this.vertexBuffer);         //绑定顶点坐标数据缓冲
9      //将顶点坐标数据送入缓冲
10     gl.bufferData(gl.ARRAY_BUFFER,new Float32Array(this.vertexData),gl.STATIC_ DRAW);
11     this.colorsData=[1.0,1.0,1.0,1.0,  0.0,0.0,1.0,1.0,  0.0,1.0,0.0,1.0];
                                                                 //初始化顶点颜色数据
12     this.colorBuffer=gl.createBuffer();                       //创建颜色数据缓冲
13     gl.bindBuffer(gl.ARRAY_BUFFER,this.colorBuffer);          //绑定颜色数据缓冲
14     //将颜色数据送入缓冲
15     gl.bufferData(gl.ARRAY_BUFFER,new Float32Array(this.colorsData),gl.STATIC_ DRAW);
16     this.program=programIn;                                   //初始化着色器程序 id
17     this.drawSelf=function(ms) {                              //绘制三角形的方法
18         gl.useProgram(this.program);                          //指定使用某套着色器程序
19         //获取总变换矩阵引用 id
20         var uMVPMatrixHandle=gl.getUniformLocation(this.program, "uMVPMatrix");
21         //将总变换矩阵送入渲染管线
22         gl.uniformMatrix4fv(uMVPMatrixHandle,false,new Float32Array(ms.getFinal
           Matrix()));
23         //启用顶点坐标数据数组
24         gl.enableVertexAttribArray(gl.getAttribLocation(this.program, "aPosition"));
25         gl.bindBuffer(gl.ARRAY_BUFFER, this.vertexBuffer);  //绑定顶点坐标数据缓冲
26         //给管线指定顶点坐标数据
27         gl.vertexAttribPointer(gl.getAttribLocation(this.program,"aPosition"),
           3,gl. FLOAT,false,0, 0);
28         //启用顶点坐标数据数组
29         gl.enableVertexAttribArray(gl.getAttribLocation(this.program, "aColor"));
30         gl.bindBuffer(gl.ARRAY_BUFFER, this.colorBuffer);   //绑定颜色数据缓冲
31         //给管线指定颜色数据
32         gl.vertexAttribPointer(gl.getAttribLocation(this.program,"aColor"), 4,gl.
           FLOAT,false,0, 0);
33         gl.drawArrays(gl.TRIANGLES, 0, this.vcount);        //用顶点法绘制物体
34   }}
```

- 第 5 行为初始化三角形坐标的代码。数组中每 3 个数为一组，分别代表顶点的 x、y、z 坐标。
- 第 6～10 行为创建并绑定顶点坐标数据缓冲的相关代码。在绑定完成之后，将顶点坐标数据送入缓冲中，为之后的绘制做好准备。
- 第 11 行为初始化顶点颜色数据的相关代码。数组与顶点坐标数组不同，每 4 个数为一组，分别代表每个顶点的 RGBA 数据。
- 第 17～34 行为绘制三角形的相关代码。主要将总变换矩阵和顶点、颜色数据传给渲染管线。

（6）上文中已经详细介绍了三角形类的相关代码。可能读者看到绘制三角形方法中的 uMVPMatrix、aPosition 等变量会感到疑惑，实际上这些变量是着色器中定义的相关变量。接下来将会对本案例中着色器的相关代码进行简要介绍。

代码位置：见本书随书中源代码/第 2 章/Sample2_1/shader 目录下的 shader.bns 文件。

```
uniform mat4 uMVPMatrix;                              //总变换矩阵
attribute vec3 aPosition;                             //顶点位置
attribute vec4 aColor;                                //顶点颜色
varying  vec4 vColor;                                 //用于传递给片元着色器的变量
void main(){
   gl_Position = uMVPMatrix * vec4(aPosition,1);
                                                   //根据总变换矩阵计算此次绘制的顶点的位置
   vColor = aColor;                                   //将接收的颜色传递给片元着色器
}
```

```
9      <#BREAK_BN#>
10     precision mediump float;                               //设置默认精度
11     varying  vec4 vColor;                                  //接收从顶点着色器传过来的参数
12     void main(){
13        gl_FragColor = vColor;                              //给此片元颜色值
14     }
```

- 第 1～8 行为顶点着色器的相关代码。顶点着色器的主要作用为执行顶点变换、纹理坐标变换等关于顶点的相关操作。此顶点着色器只计算了绘制点的位置，并将接收到的颜色数据传入片元着色器。
- 第 9 行为分隔符，在初始化着色器时会以<#BREAK_BN#>作为标志区分顶点着色器和片元着色器，然后分别进行加载。
- 第 10～14 行为片元着色器的相关代码。片元着色器的作用为执行纹理的访问、颜色的汇总和添加雾效等操作。此片元着色器的作用为将接收到的颜色数据作为此顶点的颜色。

提示　本案例中以<#BREAK_BN#>作为标志区分顶点着色器和片元着色器。如果用户想要用自定义的字符串进行分割，需要将此文件中的<#BREAK_BN#>替换，并找到 LoadShaderUtil.js 文件进行同样的操作。

说明　可能有些读者看到此处对着色器的知识还是一无所知。其实读者不必担心，后面的章节中会对着色语言以及着色器的逻辑和作用进行详细的讲解。读者只需要对以上代码有基本的认识即可。

（7）至此所有的基础开发工作都已经结束，接下来将详细介绍对 3D 场景进行呈现的网页相关代码。此网页中代码的主要作用为初始化上下文及相关参数，为绘制工作做好准备。并且使用 setInterval()函数对绘制方法进行定时调用。具体代码如下。

代码位置：见本书随书中源代码/第 2 章/Sample2_1 目录下的 Sample2_1.html 文件。

```
<html>
      <head>
      <meta http-equiv="Content-Type" content="text/html; charset=utf-8" />
        <title>Triangle</title> <!--标题-->
      <script type="text/javascript" src="js/Matrix.js"></script>
      …//此处省略了导入其他 JavaScript 脚本文件的代码，读者可自行查阅随书
      <script>
          var gl;                                              //GLES 上下文
          var ms=new MatrixState();                            //变换矩阵管理类对象
          var ooTri;                                           //要绘制的三角形
          var shaderProgArray=new Array();                     //着色器程序列表，集中管理
          function start(){                                    //初始化的方法
              gl = initWebGLCanvas("bncanvas");                //获取 GL 上下文
              if (!gl){                                        //若获取 GL 上下文失败
                  alert("创建 GLES 上下文失败!");                 //显示错误提示信息
                  return;
              }
              var canvas = document.getElementById('bncanvas'); //获取 3D Canvas
              gl.viewport(0, 0, canvas.width, canvas.height);    //设置视口大小
              gl.clearColor(0.0,0.0,0.0,1.0);                     //设置屏幕背景色 RGBA
              ms.setInitStack();                                  //初始化变换矩阵
              ms.setCamera(0,0,-5,0,0,0,0,1,0);                   //设置摄像机
              ms.setProjectFrustum(-1.5,1.5,-1,1,1,100);  //设置投影参数
              gl.enable(gl.DEPTH_TEST);                           //开启深度检测
              loadShaderFile("shader/shader.bns",0);              //加载着色器程序
              if(shaderProgArray[0]){                             //如果着色器已加载完毕
                    ooTri=new Triangle(gl,shaderProgArray[0]); //创建三角形绘制对象
              }else{
                         //休息 10ms 后再创建三角形绘制对象
                    setTimeout(function(){ooTri=new Triangle(gl,shaderProgArray
                    [0]);},10);
```

```
31                  }
32                  currentAngle = 0;                              //初始化旋转角度
33                  incAngle = 0.5;                                //初始化角度步进值
34                  setInterval("drawFrame();",1);                 //定时绘制画面
35              }
36              //绘制一帧画面的方法
37              function drawFrame(){
38                  if(!ooTri){                                   //如果三角形没有加载成功
39                          alert("加载未完成！");                  //提示信息
40                          return;
41                  }
42                  //清除着色缓冲与深度缓冲
43                  gl.clear(gl.COLOR_BUFFER_BIT | gl.DEPTH_BUFFER_BIT);
44                  ms.pushMatrix();                              //保护现场
45                  ms.rotate(currentAngle,0,1,0);                //执行旋转
46                  ooTri.drawSelf(ms);                           //绘制物体
47                  ms.popMatrix();                               //恢复现场
48                  currentAngle += incAngle;                     //修改旋转角度
49                  if (currentAngle > 360){currentAngle -= 360; }//保证角度范围不超过360°
50              }
51          </script>
52      </head>
53      <body onload="start();">
54          <canvas height="800" width="1200" id="bncanvas">
55              若看到这些文字，说明浏览器不支持WebGL！
56          </canvas>
57      </body>
58      </html>
```

- 第 1～7 行为设置常用的一些标签的代码，设置了本页面的名称、内容类型以及编码格式等。另外，第 5 行为引入外部脚本文件的代码，在此处将本案例需要的脚本文件都进行引入操作。
- 第 8～11 行为声明多个全局变量的相关代码。其中包括 GLES 上下文、变换矩阵管理者、三角形的绘制者、着色器程序列表。这些变量在后面的程序中会被多次使用。
- 第 12～35 行为对绘制工作进行初始化的相关代码。其中首先获取上下文。如果获取上下文失败，则显示错误信息。接下来设置视口大小、屏幕背景色、摄像机、投影参数等绘制需要的基本信息。最后进行着色器的加载并以定时回调的方式进行绘制。
- 第 36～50 行为绘制每一帧的方法。在进行绘制之前要先检查三角形的绘制者是否新建完成。若没有加载完成要弹出错误信息。接下来清除着色缓冲和深度缓冲。前面的工作完成后进行三角形的绘制。

（8）需要介绍的是项目中的 Matrix.js 文件。此文件是笔者针对项目而开发的一个工具文件。此文件已经进行了加密操作，所以此处不再进行深入介绍。MatrixState 类中对矩阵进行操作的各种方法就是基于此文件进行开发的。

2.3 着色器与渲染管线

前面一节已经通过一个三角形的案例为读者介绍了如何使用 WebGL 进行 3D 场景的开发，相信读者已经对开发步骤有了初步的了解。但是要想真正地掌握 WebGL，必须要了解着色器和渲染管线的相关知识，本节将向读者详细介绍这方面的内容。

2.3.1 WebGL 的渲染管线

渲染管线有时也被称为渲染流水线，一般是由显示芯片（GPU）内部处理图形信号的并行处理单元组成。这些并行处理单元两两之间是相互独立的，在不同型号的硬件上独立处理单元的数量也有很大的差异。一般越高端的硬件，其中独立处理单元的数量也就越多。

WebGL 中的渲染管线实质上指的是一系列的绘制过程。向程序中输入待渲染 3D 物体的相

关描述信息数据，经过渲染管线处理后，输出的是一帧我们想要的图像。WebGL 中的渲染管线如图 2-9 所示。

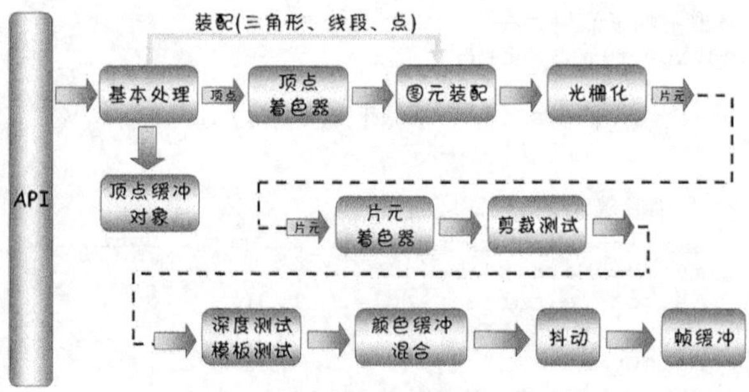

▲图 2-9　WebGL 渲染管线

1. 基本处理

该阶段设定 3D 空间中物体的顶点坐标、顶点对应的颜色、顶点的纹理坐标等属性，并且指定绘制方式，如点绘制、线段绘制或者三角形绘制等。

2. 顶点缓冲对象

这部分在程序中是可选的，对于某些在整个场景中顶点的基本数据不变的情况，可以在初始化阶段将顶点数据经过基本处理后送入顶点缓冲对象，在绘制每一帧我们想要的图像时就省去了顶点数据 I/O 的麻烦，直接从顶点缓冲对象中获得顶点数据即可。相比每次绘制时单独将顶点数据送入 GPU 的方式，可以一定程度上节省 GPU 的 I/O 带宽，提高渲染效率。

3. 顶点着色器

顶点着色器是一个可编程的处理单元，功能为执行顶点的变换、光照、材质的应用与计算等与顶点相关的相关操作，其每顶点执行一次。其工作过程为首先将原始的顶点几何信息及其他属性传送到顶点着色器中，经过自己开发的顶点着色器处理后产生纹理坐标、颜色、点位置等后继流程需要的各项顶点属性信息，然后将其传递给图元装配阶段。

开发人员可以在开发过程中，根据自己的实际需求自行开发顶点变换、光照等功能，大大增加了程序的灵活性。但凡事有利皆有弊，增加灵活性的同时也增加了开发的难度。WebGL 中顶点着色器的工作原理如图 2-10 所示。

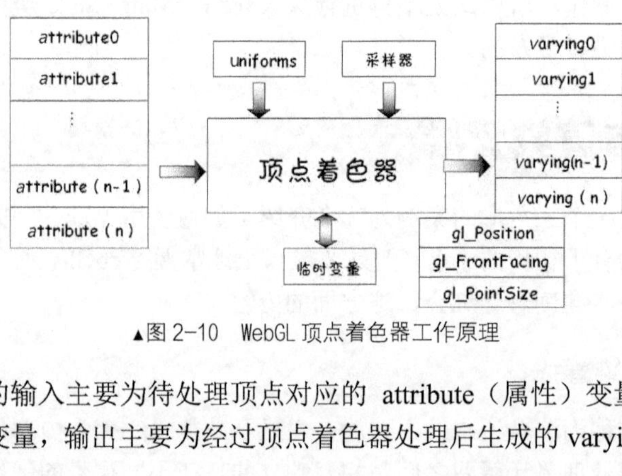

▲图 2-10　WebGL 顶点着色器工作原理

- 顶点着色器的输入主要为待处理顶点对应的 attribute（属性）变量、uniform（一致）变量、采样器以及临时变量，输出主要为经过顶点着色器处理后生成的 varying（易变）变量及一些内建输出变量。
- attribute 变量指的是 3D 物体中每个顶点各自不同的信息所属的变量，一般顶点的位置、颜色、法向量等每个顶点各自不同的信息都是以 attribute 变量的方式传入顶点着色器的。

- uniform 变量指的是对于同一组顶点组成的单个 3D 物体中所有顶点都相同的量，一般为场景中当前的光源位置、当前的摄像机位置、投影系列矩阵等。
- varying 变量（易变变量）是从顶点着色器计算产生并传递到片元着色器的数据变量。顶点着色器可以使用易变变量来传递需要插值到片元的颜色、法向量、纹理坐标等任意值。
- 内建输出变量 gl_Position、gl_FrontFacing 和 gl_PointSize 等。gl_Position 是经过变换矩阵变换、投影后顶点的最终位置，gl_FrontFacing 指的是片元所在面的朝向，gl_PointSize 指的是点的大小。

需要特别注意的是，易变变量在顶点着色器赋值后并不是直接将赋的值送入到后继的片元着色器中，而是在光栅化阶段由管线根据片元所属图元各个顶点对应的顶点着色器对此易变变量的赋值情况及片元与各顶点的位置关系插值产生，图 2-11 说明了这个问题。

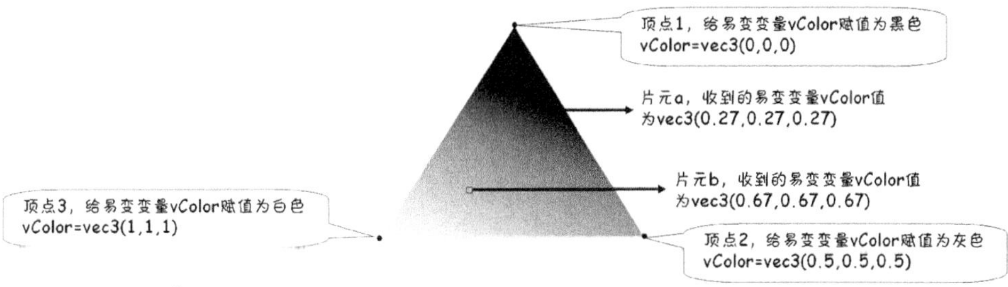

▲图 2-11　易变变量的工作原理

> **说明**　有一些数学知识的读者可能会想到一个问题，对每个片元进行一次插值计算将会非常耗费时间，严重影响性能。幸运的是，WebGL 的设计者也考虑到了这个问题，这些插值操作都是由 GPU 中的专用硬件实现的，因此速度很快，不影响性能。

4. 图元装配

这个阶段主要有两个任务，一个是图元组装，另一个是图元处理。所谓图元组装是指顶点数据根据设置的绘制方式被结合成完整的图元。例如，点绘制方式下每个图元仅需要一个单独的顶点，此方式下每个顶点为一个图元；线段绘制方式每个图元则需要两个顶点，此方式下每两个顶点构成一个图元；三角形绘制方式下需要 3 个顶点构成一个图元。

图元处理最重要的工作是剪裁，其任务是消除位于半空间（Half-space）之外的部分几何图元，这个半空间是由一个剪裁平面所定义的。例如，点剪裁就是简单地接受或者拒绝顶点，线段或多边形剪裁可能需要增加额外的顶点，具体取决于直线或多边形与剪裁平面之间的位置关系，如图 2-12 所示。

> **说明**　图 2-12 给出了一个三角形图元（图中为点划线绘制）被 4 个剪裁平面剪裁的情况。4 个剪裁平面分别为：上面、左侧面、右侧面、后面。
>
> 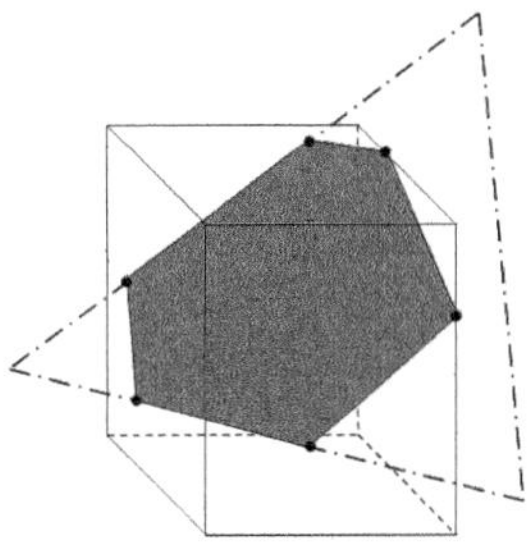
>
> ▲图 2-12　剪裁三角形 3 个顶点生成 6 个新的顶点

之所以要进行剪裁是因为随着观察位置、角度的不同，并不总能看到（这里可以简单地理解为显示到设备屏幕上）特定 3D 物体某个图元的全部。例如，当观察一个正四面体并离某个三角形面很近时，可能只能看到此面的一部分，这时在屏幕上显示的就不再是三角形了，而是经过裁剪后形成的多边形，如图 2-13 所示。

▲图 2-13　从不同角度、距离观察正四面体

剪裁时，若图元完全位于视景体以及自定义剪裁平面的内部，则将图元传递到后面的步骤进行处理；如果其完全位于视景体或者自定义剪裁平面的外部，则丢弃该图元；如果其有一部分位于内部，另一部分位于外部，则需要剪裁该图元。

> **提示**　关于视景体剪裁的问题，会在后文介绍投影的部分进行详细的介绍，这里读者简单了解即可。

5. 光栅化

虽然虚拟 3D 世界中的几何信息是三维的，但由于目前用于显示的设备都是二维的，因此在真正执行光栅化工作之前，首先需要将虚拟 3D 世界中的物体投影到视平面上。需要注意的是，由于观察位置的不同，同一个 3D 场景中的物体投影到视平面可能会产生不同的效果，如图 2-14 所示。

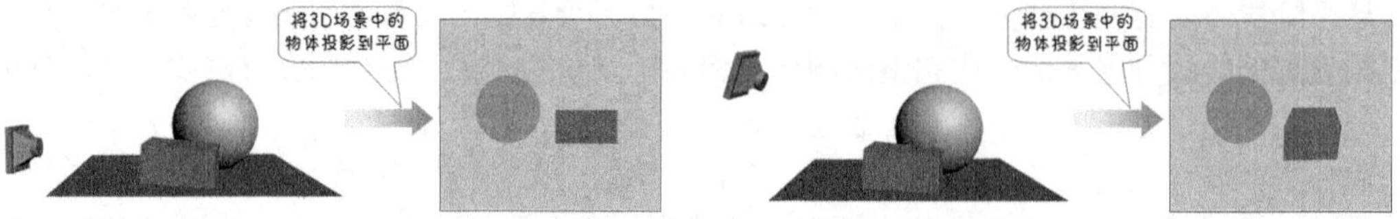

▲图 2-14　光栅化阶段投影到视口

另外，由于虚拟 3D 世界当中物体的几何信息一般采用连续的数学量来表示，因此投影的平面结果也是用连续数学量表示的。但目前的显示设备屏幕都是离散化的（由一个一个的像素组成），因此还需要将投影的结果离散化。将其分解为一个一个离散化的小单元，这些小单元一般称之为片元，具体效果如图 2-15 所示。

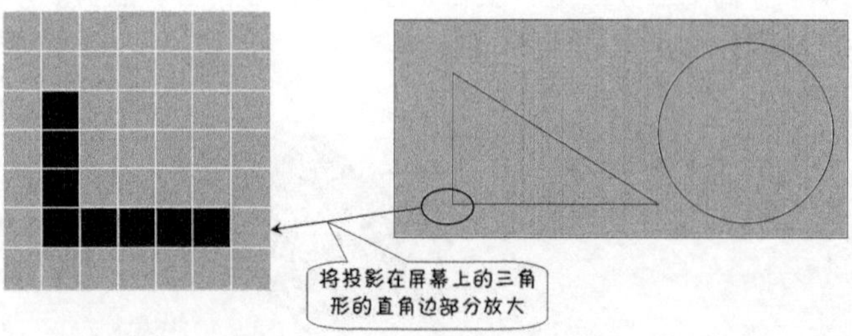

▲图 2-15　投影后图元离散化

其实每个片元都对应于帧缓冲中的一个像素，之所以不直接称之为像素，是因为 3D 空间中

的物体是可以相互遮挡的。而一个 3D 场景最终显示到屏幕上虽然是一个整体，但对每个 3D 物体的每个图元是独立处理的。这就可能出现这样的情况，系统先处理的是位于离观察点较远的图元，其光栅化成为了一组片元，暂时送入帧缓冲的对应位置。

但后面继续处理离观察点较近的图元时也光栅化出了一组片元，两组片元中有对应到帧缓冲中同一个位置的，这时距离近的片元将覆盖距离远的片元（如何覆盖的检测是在深度检测阶段完成）。因此某片元就不一定能成为最终屏幕上的像素，称之为像素就不准确了，可以将其理解为候选像素。

提示

每个片元包含其对应的顶点坐标、顶点颜色、顶点纹理坐标以及顶点的深度等信息，这些信息是系统根据投影前此片元对应的 3D 空间中的位置及与此片元相关的图元的各顶点信息进行插值计算而生成的。

6. 片元着色器

片元着色器是用于处理片元值及其相关数据的可编程单元，其可以执行纹理的采样、颜色的汇总、计算雾颜色等操作，每片元执行一次。片元着色器的主要功能为通过重复执行（每片元一次），将 3D 物体中的图元光栅化后产生的每个片元的颜色等属性计算出来送入后继阶段，如剪裁测试、深度测试及模板测试等。

WebGL 中的片元着色器与顶点着色器类似，需要完全由开发人员用着色器语言编程完成。这在提高了灵活性的同时，也增加了开发的难度。其基本工作原理如图 2-16 所示。

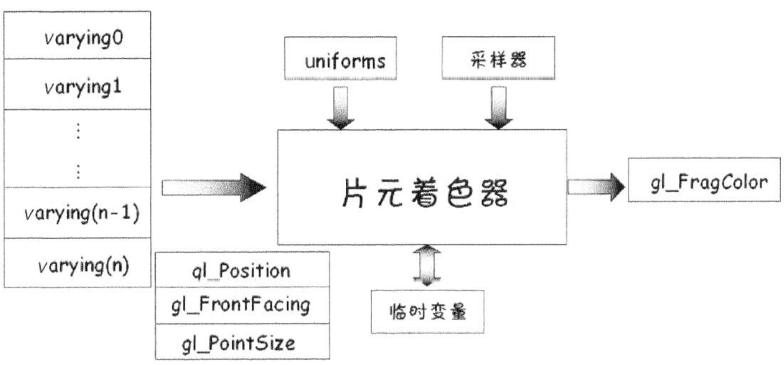

▲图 2-16 片元着色器工作原理

- varying0～n 指的是从顶点着色器传递到片元着色器的易变变量，如前面所介绍，它们由系统在顶点着色器后的光栅化阶段自动插值产生。其个数是不确定的，取决于具体的需要。
- gl_FragColor：内建变量，指的是片元的最终颜色。一般在片元着色器的最后都需要对 gl_FragColor 进行赋值。

提示

经过对光栅化、顶点着色器与片元着色器的介绍，可以看出顶点着色器每顶点执行一次，而片元着色器每片元执行一次，片元着色器的执行次数明显大于顶点着色器的执行次数。因此在开发中，应尽量减少片元着色器的运算量，可以将一些复杂运算尽量放在顶点着色器中执行。

7. 剪裁测试

如果程序中启用了剪裁测试，程序会检查每个片元在帧缓冲中对应的位置。若对应位置在剪裁窗口中，则将此片元送入下一阶段，否则丢弃此片元。

8. 深度测试和模板测试

- 深度测试是指将输入片元的深度值与帧缓冲区中存储的对应位置片元的深度值进行比较，若输入片元的深度值小，则将输入片元送入下一阶段准备覆盖帧缓冲中的原片元或与帧缓冲中的原片元混合，否则丢弃输入片元。
- 模板测试的主要功能为将绘制区域限定在一定的范围内，一般用在制作湖面倒影、镜像等场合，后面的章节会详细介绍。

9. 颜色缓冲混合

若程序中开启了 Alpha 混合，则根据混合因子将上一阶段送来的片元与帧缓冲中对应位置的片元进行 Alpha 混合；否则送入的片元将覆盖帧缓冲中对应位置的片元。

10. 抖动

抖动是一种简单的操作，其允许只使用少量的颜色模拟出更宽的颜色显示范围，从而使颜色视觉效果更加地丰富。例如，可以使用白色以及黑色模拟出一种过渡的灰色。

但使用抖动也是有其固有缺点的，那就是会损失一部分分辨率，因此对于现在主流的原生颜色就很丰富的显示设备，一般是不需要启用抖动的。

> **提示**　当下的一些系统中虽然在 API 方面支持开启抖动，但这仅仅是为了 API 的兼容，其可能根本不会去进行事实上的抖动操作。

11. 帧缓冲

WebGL 中的物体绘制并不是直接在屏幕上进行的，而是预先在帧缓冲区中进行绘制，每绘制完一帧再将绘制的结果交换到屏幕上。因此，在每次绘制新的一帧时都需要清除缓冲区中的相关数据，否则有可能产生不正确的绘制效果。

同时需要了解的是为了应对不同方面的需要，帧缓冲是由一套组件组成的，主要包括颜色缓冲、深度缓冲以及模板缓冲，各组件的具体用途如下所列。

- 颜色缓冲用于存储每个片元的颜色值，每个颜色值包括 RGBA（红、绿、蓝、透明度）4 个色彩通道，应用程序运行时，在屏幕上看到的就是颜色缓冲中的内容。
- 深度缓冲用来存储每个片元的深度值，所谓深度值是指以特定的内部格式表示的从片元处到观察点（摄像机）的距离。在启用深度测试的情况下，新片元想进入帧缓冲时需要将自己的深度值与帧缓冲中对应位置片元的深度值进行比较，若结果为小于，才有可能进入缓冲，否则被丢弃。
- 模板缓冲用来存储每个片元的模板值，供模板测试使用。模板测试是几种测试中最为灵活和复杂的一种，后面将有专门的章节进行介绍。

> **提示**　本小节只是对渲染管线中的每一个模块进行了简单的介绍，在本书中的后继章节会对更具体的情况进行更为详细的讨论，这里读者只要在概念上有整体的把握即可。

2.3.2 WebGL 中立体物体的构建

前面小节向读者介绍了 WebGL 的渲染管线，同时也给出了一个非常简单的旋转三角形案例。但到目前为止，读者可能还是不太清楚虚拟 3D 世界中的立体物体是如何搭建出来的。其实这与现实世界搭建建筑物并没有本质区别，请读者考察图 2-17 和图 2-18 所示的中国国家大剧院远景和近景的照片。

从两幅照片中可以对比出，现实世界的某些建筑物远看是平滑的曲面，其实近看是由一个一个的小平面组成的。3D 虚拟世界中也是如此，任何立体物体都是由多个小平面搭建而成的。这些小平面切分得越小，越细致，搭建出来的物体就越平滑。

▲图 2-17 国家大剧院远景

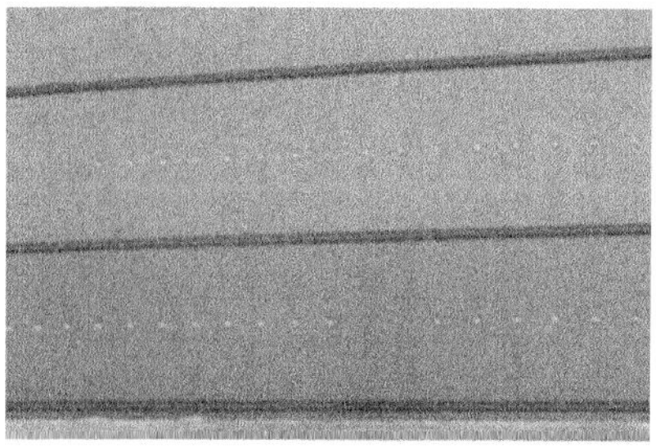

▲图 2-18 国家大剧院近景

当然 WebGL 的虚拟世界与现实世界还是有区别的，现实世界中可以用任意形状的多边形来搭建建筑物，例如图 2-17 中的国家大剧院就是用四边形搭建的，而 WebGL 中仅仅允许采用三角形来搭建物体。其实这从构造能力上来说并没有区别，因为任何多边形都可以拆分为多个三角形，只需开发时稍微注意一下即可。

图 2-19 更加具体地说明了在 WebGL 中如何采用三角形来构建立体物体。

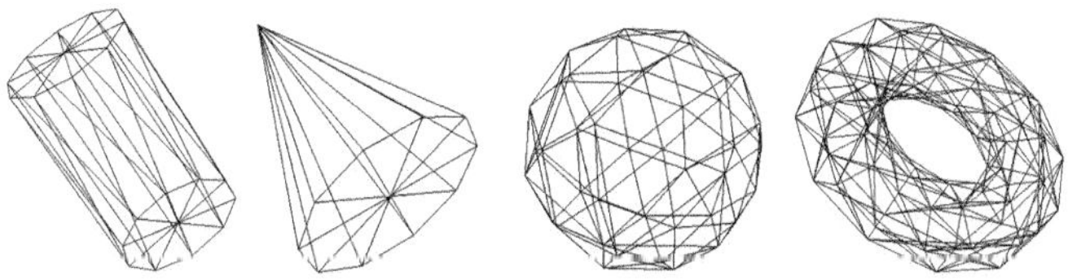

▲图 2-19 用三角形搭建立体物体

说明 从图 2-19 中可以看出用三角形可以搭建出任意形状的立体物体，这里仅仅是给出了几个简单的例子，本书的后继章节中还会给出很多其他形状的立体物体。

了解了 WebGL 中立体物体的搭建方式后，下面就需要了解 WebGL 中的坐标系统了。WebGL 中采用的是三维笛卡尔坐标系，如图 2-20 所示。

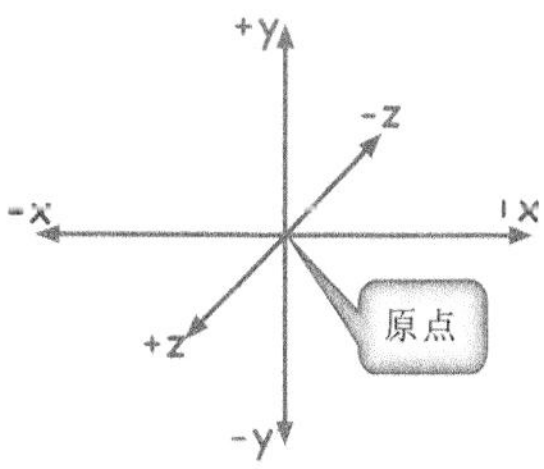

▲图 2-20 WebGL 中的坐标系

从图 2-20 中可以看出，WebGL 中采用的是左手标架坐标系。一般来说，初始情况下 y 轴平行于屏幕的竖边，x 轴平行于屏幕的横边，z 轴垂直于屏幕平面。

提示 空间解析几何中有两种坐标系标架：左手标架和右手标架。本书非讨论空间解析几何的专门书籍，不对标架的问题进行详述，读者可以参考空间解析几何的相关书籍或资料。

2.4 本章小结

通过对本章内容的学习，读者应该对 WebGL 的基本情况已经有了大概的了解。并且本章对市面上基于 WebGL 开发的应用和游戏进行了介绍，使读者感受到其画面的精美和渲染能力的强大，为读者以后自行开发出炫酷的应用和游戏打下了坚实的基础。

2.5 习题

1．请简述 WebGL 渲染管线中各部分的作用。
2．空间解析几何中两种坐标系标架分别被称为什么？并指出两者之间的区别。
3．帧缓冲中主要包括哪三种缓冲，并简述每种缓冲的具体用途。
4．请对案例 Sample2_1 进行修改，使其运行时呈现一个纯红色立方体。
5．图元处理最重要的工作是什么？并对其进行概述。

第3章　着色语言

当下市面上存在着很多画面相当精美的 WebGL 项目，炫酷的特效和唯美的渲染常常让人惊叹不已。其实在真正的项目开发中，很多效果都是在着色器中使用着色语言进行编辑而实现的。因此，着色语言在 WebGL 项目开发中具有不可撼动的地位。

WebGL 中调用了 OpenGL ES 2.0 的 API，并使用 GLSL（OpenGL Shading Language）来编写片段程序并执行于 GPU 的着色器上，来完成对对象的渲染。所以在演示其他相关技术之前，本章将对这种着色语言的语法和编程注意事项进行详细介绍。

> **提示**　本章的内容与设备搭载的操作系统完全没有关系。当前市面上十分流行的 Android、iOS、Windows Phone 几种平台上，在着色语言开发方面是完全通用的。在一种平台上开发成功后，可在其他平台直接使用，省去了开发时的移植问题。

3.1 着色语言概述

着色语言是一种高级的图形编程语言，其源自应用广泛的 C 语言，同时具有 RenderMan 以及其他着色语言的一些优良特性，易于被开发人员掌握，被称为图形编程领域中的最重要的新型开发技术。

与传统通用编程语言有很大不同的是，其提供了更加丰富的原生类型，如向量、矩阵等。这些新特性的加入使得着色语言在处理 3D 图形方面更加高效。简单来说，着色语言主要包括以下特性。

- 着色语言是一种高级的过程语言（注意，不是面向对象）。
- 对顶点着色器、片元着色器使用的是同样的语言，不进行区分。
- 基于 C/C++的语法及流程控制。
- 完美支持向量与矩阵的各种操作。
- 通过类型限定符来管理输入与输出。
- 拥有大量的内置函数来提供丰富的功能。

总之，着色语言是一种易于实现、功能强大、便于使用、完美支持硬件灵活性，并且可以高度并行处理、性能优良的高级图形编程语言。其可以帮助开发人员在不浪费大量时间的情况下，轻松地为用户带来更完美的视觉体验，开发出更加酷炫的 3D 场景与特效。

对于 3D 游戏开发人员来说，掌握这门语言尤为重要。本章的后继内容将从多个方面介绍着色语言的基本知识，使得读者初步了解着色语言，为以后深入学习打下坚实的基础。

3.2 着色语言基础

着色语言虽然是基于 C/C++语法的语言，但是其与 C/C++之间还是很多区别的。其中包括：着色语言不支持双精度浮点型（Double）、字节型（Byte）、短整型（Short）、长整型（Long），并且取消了 C 中的联合体（Union）及枚举类型（Enum）等特性。

3.2.1 数据类型简介

着色语言与很多语言相似，其中支持多种原生数据类型以及构建数据类型。比如着色语言对浮点型（Float）、布尔型（Bool）、整型（Int）、矩阵型（Matrix）以及向量型（Vec2、Vec3 等）等都能很好地支持。在数据类型方面，着色语言可以支持标量、向量、采样器、结构体和数组等。本章将对这些数据类型的基本使用方法进行系统介绍。

1. 标量

标量与向量相比，只有大小没有方向，所以也被称为“无向量”。标量使用的范畴比较多，包括质量、密度、时间和温度等等。在使用标量进行运算时，只需要遵循简单的代数法则即可。着色语言中支持的标量有 bool 型、int 型和 float 型，基本用法如下。

❑ 布尔型——bool。

布尔型用来声明一个单独的布尔数。着色语言中布尔型只有 true 和 false 两种取值。一般情况下，布尔类型的值由关系运算和逻辑运算产生。与 C 语言不同，在着色语言的流程控制中只能将布尔类型的值作为表达式。基本用法如下所示。

```
bool b;                          //声明一个布尔型的变量
```

❑ 整型——int。

整型的作用为声明一个单独的整数。整数的取值可正可负，也可为 0。着色语言中的整型较为特殊的是其保证最少支持 16 位精度。实际开发时要注意不要超出正常的范围进行运算，否则很有可能产生溢出问题，造成不可预测的错误。

着色语言中的整数也可以像在 C 语言中那样，不仅可以用十进制表示，有时为了使表达更加便捷，还可以使用八进制或者十六进制等不同的进制来表示，基本用法如下所示。

```
int a = 7;                    //用十进制表示的整型
int b = 034;                  //以 0 开头的字面常量为八进制，代表十进制的 28
int c = 0x3C;                 //以 0x 开头的字面常量为十六进制，代表十六进制的 57
```

❑ 浮点数——float。

着色语言中的浮点型用来声明一个单独的浮点数。由于着色语言并不没有像 C/C++那样提供多种不同精度的浮点数，所以在代码中浮点数的赋值部分只要给出具体的值即可。系统会将所有浮点数都视为 float 型进行处理，无需再使用后缀来说明精度。

```
float f;                      //声明一个 float 型的变量
float g = 3.0;                //在声明变量的同时为变量赋初值
float h, i;                   //同时声明多个变量
float j, k = 3.12, l;         //声明多个变量时，可以为其中某些变量赋初值
```

2. 向量

着色语言中，向量可以看作是由同样类型的标量组成的数据类型。其中标量的基本类型也分为 bool、int 及 float 3 种。每个向量由 2 个、3 个或 4 个相同的标量组成，具体情况如表 3-1 所示。

表 3-1 各向量类型及说明

向量类型	说明	向量类型	说明
vec2	包含 2 个浮点数的向量	ivec4	包含 4 个整数的向量
vec3	包含 3 个浮点数的向量	bvec2	包含 2 个布尔数的向量
vec4	包含 4 个浮点数的向量	bvec3	包含 3 个布尔数的向量
ivec2	包含 2 个整数的向量	bvec4	包含 4 个布尔数的向量
ivec3	包含 3 个整数的向量		

声明向量类型变量的基本语法如下。

```
vec2 v2;                    //声明一个包含 2 个浮点数的向量
ivec3 v3;                   //声明一个包含 3 个整数的向量
bvec4 v4;                   //声明一个包含 4 个布尔数的向量
```

向量在着色器代码的开发中占有不可撼动的地位。通过向量，可以很方便地对颜色、位置、纹理坐标等由多个分量组成的量进行操作。有时需要对其中的某一个分量进行操作，通过向量也可以完美地解决此问题。基本语法为“<向量名>、<分量名>”。主要用法如下。

- 用一个向量表示颜色信息时，可以使用 r、g、b、a 4 个分量名，其分别代表红、绿、蓝、透明度 4 个色彩通道。对某个分量进行操作时，只需要用上述语法指明向量的分量再操作即可。具体用法如下。

```
aColor.r = 0.5;             //给向量 aColor 的红色通道分量赋值
aColor.g = 0.7;             //给向量 aColor 的绿色通道分量赋值
```

提示 如果进行操作的向量为四维的，则可以使用的分量名为：r、g、b、a；如果向量为三维的，则可以使用的分量名为：r、g、b。如果向量为二维的，则仅可以使用 r、g 两个分量。

- 如果用向量来表示某物体的位置坐标时，可以使用此向量的 x、y、z、w 等 4 个分量名，其分别代表 x 轴、y 轴、z 轴分量及 W 值。若要对其进行赋值，则用“=”连接分量和数值即可，具体用法如下。

```
aPosition.x = 57.1;         //给向量 aPosition 的 x 轴分量赋值
aPosition.z = 32.8;         //给向量 aPosition 的 z 轴分量赋值
```

提示 若向量是四维的，则可以使用的分量名为：x、y、z、w；若向量为三维的，则可以使用的分量名为 x、y、z；若为二维的，则可以使用 x、y。另外，一般只有在使用四维齐次坐标的情况下才会同时使用到 x、y、z、w 这 4 个分量。有兴趣的读者可自行查阅资料，这里不再赘述。

- 将一个向量看作纹理坐标时，可以使用 s、t、p、q 等 4 个分量名，其分别代表纹理坐标的不同分量。若向量是四维的，则可以使用的分量名为：s、t、p、q。若向量为三维的，则可以使用的分量名为 s、t、p。若为二维的，则可以使用 s、t。其具体用法如下。

```
aTexCoor.s = 0.24;          //给向量 aTexCoor 的 s 分量赋值
aTexCoor.t = 0.71;          //给向量 aTexCoor 的 t 分量赋值
```

访问向量中的各个分量时，不但可以采用“.”加上不同的分量名的方法，还可以将向量看作一个数组，指明向量名称并指明对应下标作为后缀来进行访问。具体用法如下。

```
aColor[0]=0.6;              //给向量 aColor 的红色通道分量赋值
aPosition[2]=48.3;          //给向量 aPosition 的 z 轴分量赋值
aTexCoor[1]=0.34;           //给向量 aTexCoor 的 t 分量赋值
```

提示 看到这里，可能很多读者之前没有接触过纹理坐标，对纹理坐标的 s、t 分量等表示的实际意义不是很了解。其实读者不必担心，本书之后章节会对纹理坐标进行详细的介绍。

接触过 C 语言的读者都知道，在 C 语言中开发者可以根据需要自行构建结构体。但是如果用构建结构体的方式来进行向量的计算，在程序运行时 CPU 会将每个分量依次顺序计算，效率很低。但是着色器中的向量则大大不同，其由硬件直接支持，多个分量并行计算，效率大大提高。

3. 矩阵

3D 场景的开发过程中，每个物体都要经过移位、旋转、缩放等变换。这些变换在实质上是矩阵的运算。因此在 3D 场景的开发中，对矩阵的操作会很频繁。为了使对矩阵的使用更加便捷，着色语言中提供了对矩阵类型的支持，免去了构建矩阵的过程。

矩阵按尺寸分为 2×2 矩阵、3×3 矩阵以及 4×4 矩阵，具体情况如表 3-2 所示。

表 3-2　　矩阵的类型及说明

矩 阵 类 型	说　明
mat2	2×2 的浮点数矩阵
mat3	3×3 的浮点数矩阵
mat4	4×4 的浮点数矩阵

矩阵类型的基本用法如下。

```
mat2 m2;                                      //声明一个 mat2 类型的矩阵
mat3 m3;                                      //声明一个 mat3 类型的矩阵
mat4 m4;                                      //声明一个 mat4 类型的矩阵
```

着色语言的矩阵类型是由多个向量按照列顺序进行组织的。在对矩阵进行访问时，可以将矩阵视为列向量的数组。例如：matrix 为一个 mat4 类型的矩阵，matrix[2]代表该矩阵的第 3 列，其为一个 vec4；matrix[2][2]指的是第 3 列的向量的第 3 个分量。

从数学上讲，每个矩阵都可以看作向量的两种组合：可以将矩阵看作由多个行向量组成或看作由多个列向量组成。虽然功能相同，但在进行计算时是有很大区别的，因此了解着色语言的选择方式是非常重要的。有兴趣的读者可以参阅线性代数的资料。

4. 采样器

采样器是着色语言中的一种特殊的基本数据类型，其专门用来进行纹理采样的相关操作。片元着色器中，采样函数需要通过采样器变量来访问纹理单元。一般情况下，一个采样器变量代表一幅或一套纹理贴图，其具体情况如表 3-3 所示。

表 3-3　　采样器基本类型及说明

采样器类型	说　明	采样器类型	说　明
sampler2D	用于访问二维纹理	samplerCube	用于访问立方贴图纹理
sampler3D	用于访问三维纹理		

需要注意的是，与前面介绍的几类变量不同，采样器变量不能在着色器中初始化。一般情况下采样器变量都用 uniform 限定符来修饰，从宿主语言接收传递进着色器的值。

5. 结构体

为了给开发人员提供更多的开发空间，着色语言中还提供了类似于 C 语言中的用户自定义结构体。同样也是使用 struct 关键字进行声明。基本用法如下所示。

```
struct info{                          //对名称为 info 的结构体进行声明
        vec3 color;                   //代表颜色的向量
        vec3 position;                //代表位置的向量
        vec2 textureCoor;             //纹理坐标的向量
}
```

自定义结构体声明完成后，如果开发人员需要使用此结构体，需要像使用内建数据类型那样直接声明即可。具体用法如下面代码所示。

```
info CubeInfo;                                    //声明了一个 info 类型的变量 CubeInfo
```

> **提示** 在着色语言中，结构体的其他用法与 C 语言中的结构体相同，对此不了解的读者可以自行查阅 C 语言相关资料中的结构体部分。本书由于篇幅有限，不再赘述。

6. 数组

相信很大一部分读者从前文对向量的介绍中可以感觉到，着色语言是支持数组的。着色语言允许开发人员声明任何类型的数组。用来对数组进行声明的方法主要有两种，具体代码如下。

（1）声明数组的同时指定数组的大小：

```
vec3 position[20];                    //声明了一个包含 20 个 vec3 的数组，索引从 0 开始
```

（2）在声明数组时，也可以不指定数组的大小，但是必须符合下列两种情况之一。

- 引用数组之前，要再次对数组进行声明，并指定数组的大小。具体代码如下所示。

```
vec3 color[];                         //声明了一个大小不定的 vec3 型数组
vec3 color[3];                        //再次声明该数组，并且指定大小
```

- 代码中访问数组的下标都是编译时常量，这时编译器会自动创建适当大小的数组，使得数组尺寸足够存储编译器获得的最大索引值对应的元素，代码如下。

```
1    vec3 position[];                     //声明了一个大小不定的 vec3 型数组
2    position[4] = vec3(4.0);             //position 需要为一个大小为 5 的数组
3    position[16] = vec3(3.0);            //position 需要为一个大小为 17 的数组
```

> **提示** 上述代码中，第 2 行为对数组中第 5 个元素进行赋值的代码。第 3 行为对数组中第 17 个元素进行赋值的代码。如果后面没有更大的下标出现，则编译器将会自动创建尺寸为 17 的数组。这种分配方法可以提高硬件的使用效率。

7. 空类型

空类型使用 void 表示，其仅用来声明没有任何返回值的函数。例如在顶点着色器以及片元着色器中必须存在的 main 函数就是一个返回值为空类型的函数，代码如下所示。

```
void main()                                //声明一个空返回值类型的 main 方法
{  //函数的具体操作省略  }
```

3.2.2 数据类型的基本使用

前面的小节中详细介绍了着色语言中的各个数据类型，相信读者已经基本掌握了这些数据类型的基本知识。本小节将为读者简单地介绍这些数据类型的声明、初始化以及作用域的问题。

1. 声明、作用域及初始化

变量的声明及作用域与 C++语法中的类似，可以在任何需要的位置声明变量，同时其作用域也与 C++类似，分为局部变量与全局变量。请读者考察如下代码片段。

```
1    int a,b;                                  //声明了全局变量 a 及 b
2    vec3 aPosition=vec3(1.0,2.0,3.3);         //声明了全局变量 aPosition 并赋初值
3    void myFunction(){
4        int c=14;                             //声明了局部变量 c 并赋初值
5        a=4;                                  //给全局变量 a 赋值
6        b=a+c;                                //给全局变量 b 赋值
7    }
```

- 第 1 行声明了全局变量 a、b，其作用域为整个着色器。
- 第 4 行声明了局部变量 c，其作用域为自其声明开始到 myFunction 函数结束。

着色器中变量的命名很自由，仅要求变量名称由字母、数字与下划线组成，且必须以字母或者下划线开头。但开发人员在开发程序时，有一个良好的命名习惯将大大提高代码的可维护性。因此，笔者建议在着色语言中，变量应该按照下面的规则进行命名。

- 由于系统中有很多内建变量都是以“gl_”作为开头，因此用户自定义的变量不允许使用“gl_”作为开头，从而将自定义变量和内建变量区分出来。

- 用户为自己的函数或变量取名时尽量采用有意义的拼写，除了一些局部变量外不要采用 a、b、c 这样的名称。若一个单词不足以描述变量的用途，可以用多个单词组合，除第一个单词全小写外，其他每个单词的第一个字母大写。

实际开发中对着色语言变量进行初始化时有一些灵活的技巧，开发人员掌握这些技巧后能够使代码更加清晰、简洁。下面的代码片段说明了这个问题。

```
1    float a=56.3;                   //声明了浮点变量 a 并赋初值
2    float b=23.4;                   //声明了浮点变量 b 并赋初值
3    vec2 va=vec2(6.3,4.5);          //声明了二维向量 va 并赋初值
4    vec2 vb=vec2(a,b);              //声明了二维向量 vb 并赋初值
5    vec3 vc=vec3(vb,95.5);          //声明了三维向量 vc 并赋初值
6    vec4 vd=vec4(va,vb);            //声明了四维向量 vd 并赋初值
7    vec4 ve=vec4(3.2);              //声明了四维向量 ve 并赋初值,相当于 vec4(3.2,3.2,3.2,3.2)
```

提示　从上述代码中可以看出，初始化时向量的各个分量既可以使用字面常量，也可以使用变量，还可以从其他向量直接获取。同时，若向量各分量的值相同，还可以采用如第 7 行代码所示的简化语法。实际开发中，读者可以根据具体情况灵活选用。

上文中对着色语言中对变量进行初始化时的技巧进行了介绍。实际上在着色语言中，对矩阵的初始化也有一些灵活的技巧。具体内容如下所示。

```
1    float a=6.3;                                            //声明了浮点变量 a 并赋初值
2    float b=11.4;                                           //声明了浮点变量 b 并赋初值
3    float c=12.5;                                           //声明了浮点变量 c 并赋初值
4    vec3 va=vec3(2.3,2.5,3.8);
5    vec3 vb=vec3(a,b,c);
6    vec3 vc=vec3(vb.x,va.y,14.4);
7    mat3 ma=mat3(1.0,2.0,3.0,4.0,5.0,6.0,7.0,8.0,c);  //用 9 个字面常量初始化 3×3 的矩阵
8    mat3 mb=mat3(va,vb,vc);                          //用 3 个向量初始化 3×3 的矩阵
9    mat3 mc=mat3(va,vb,1.0,2.0,3.0);                 //给出多个向量和字面常量初始化 3×3 的矩阵
10   mat3 md=mat3(2.0) ;                              //给出 1 个字面常量初始化 3×3 的矩阵
```

说明　初始化时矩阵的各个元素可以使用字面常量和变量，还可以从其他向量中直接获取。如果矩阵只有对角线上有值且相同，还可以采用如第 10 行代码所示的简化语法进行初始化。实际开发中，读者可以根据具体情况灵活选用。

2. 变量初始化的规则

着色语言中的变量初始化规则基本承袭自 C 语言，所以 C 语言中的大部分语法规则在着色语言开发中同样适用。但是也有一些不同，基本规则如下所列。

- 常用初始化方式：变量可以在声明的时候就进行初始化。

```
int a=5,b=6,c;              //声明了 int 型的变量 a、b 与 c，同时为 a 与 b 变量赋初值
```

- 用 const 限定符修饰的变量必须在声明的时候进行初始化。

```
const float k=3.0;          //在声明的时候初始化
```

- 属性变量、一致变量以及易变变量在声明的时候一定不能进行初始化。

```
attribute float angleSpan;                  //不可对属性变量进行初始化
uniform int k;                              //不可对一致变量进行初始化
varying vec3 position;                      //不可对易变变量进行初始化
```

提示　看到这里，可能有些读者会对属性变量、一致变量和易变变量比较陌生。其实读者不必担心，本书后面的篇幅中有对其的详细介绍，这里简单了解语法规则即可。

3.2.3　运算符

前面两个小节为读者详细介绍了使用着色语言进行开发时使用的各种数据类型及其用法，本小节将介绍如何实现对各种数据进行操作，这在开发中是十分重要的。

与大多数编程语言类似，常见的运算符都可以在着色语言中使用。下面按照优先级顺序列出了着色语言中可以使用的运算符，如表 3-4 所示。

表 3-4 运算符列表（按照优先级顺序排列）

运算符	说明	运算符	说明
[ ]	用于索引	.	用于成员选择与混合
++ --	自加 1 与自减 1 后缀	++ --	自加 1 与自减 1 前缀
- !	一元非及逻辑非	* /	乘法与除法
+ -	加法与减法	< > <= >=	关系运算符
== !=	等于以及不等于	&&	逻辑与
^^	逻辑异或	||	逻辑或
?:	选择	= += -= *= /=	赋值运算符

说明 表 3-4 中各个运算符的优先级是按照先从左到右，再从上到下的顺序进行排列的。读者在进行实际开发时一定要注意运算符的优先级，否则会出现难以预料的错误。

看完上面的介绍，相信读者对运算符的优先级有了基本的认识。为了使读者对运算符的了解更加深刻，下面将对在开发中经常使用的运算符进行详细介绍。

1. 索引

从表 3-4 中可以发现，着色语言中的索引表示方法与 C 语言中是完全相同的，用“[]”来表示，其中的数字代表索引值。并且在着色语言中，索引的起始下标也为 0。

索引经常用在对数组、向量或者矩阵的操作中。通过索引进行操作，开发者可以很方便地获取数组、向量或者矩阵中存在的元素，具体的使用方法如下面的代码片段所示。

```
float array[10];                      //声明一个长度为 10 的 float 型数组
array[2]=1.0;                         //通过索引找到下标为 2 的数，并且给其赋值为 1.0
vec3 position=vec3(2.3,5.0,0.2);      //声明一个 vec3 类型的向量，并且进行初始化
float temp=position[1]; //通过索引对 position 向量进行操作，拿到其第二个值 5.0 并赋给 temp
mat4 matrix=mat4(1.0);  //声明一个 mat4 类型的矩阵，并进行初始化
vec4 tempV=matrix[1];   //通过索引在matrix矩阵中找到向量(0.0,1.0,0.0,0.0)并赋值给tempV
```

2. 混合选择

通过运算符“.”可以进行混合选择操作，在运算符“.”之后列出一个向量中需要的各个分量的名称，就可以选择并重新排列这些分量。下面的代码片段说明了这个问题。

```
    vec4 color= vec4(0.7,0.1,0.5,1.0);      //声明一个 vec4 类型的向量 color
    vec3 temp=color.agb;                    //相当于拿到一个向量(1.0,0.1,0.5)赋值给 temp
    vec4 tempL=color.aabb;              //相当于拿到一个向量(1.0,1.0,0.5,0.5)赋值给 tempL
    vec3 tempLL;                        //声明了一个三维向量 tempLL
    tempLL.grb=color.aab;               //对向量 tempLL 的 3 个分量赋值
```

- 一次混合最多只能列出 4 个分量名称，且一次出现的各部分的分量名称必须是来自同一名称组。3 个名称组分别为：xyzw、rgba、stpq。如“color.xa”就是错误的，因为分量名称没有来自同一个组。
- 各分量的名称在进行混合时可以改变顺序以进行重新排列。
- 以赋值表达式中的“=”为界，其左侧称为 L 值（要写入的表达式），右侧称为 R 值（所读取的表达式）。进行混合时，R 值可以使用一个向量的各个分量任意地组合或重复，而 L 值不能有重复分量，但可以改变分量顺序。

3. 算术运算符

自加以及自减运算符“++”与“--”执行的操作与 C 语言中相同，既可以用于整数，也可以

用于浮点数。若在向量以及矩阵中使用，则向量或矩阵的每个元素都会执行加 1 或者减 1 的操作。

对标量而言，加减乘除运算与 C 语言中的基本没有区别。但若是对矩阵运算，则进行的是线性代数中的相关运算。如在矩阵上使用乘法时，执行的不再是简单的算术运算，而是线性代数的乘法。下面的代码片段说明了这些特殊的情况。

```
vec3 va=vec3(0.5,0.5,0.5);            //声明了一个 vec3 向量 va
vec3 vb=vec3(2.0,1.0,4.0);            //声明了一个 vec3 向量 vb
vec3 vc=va*vb;                        //两个向量执行按分量的乘法，加减与之类似
mat3 ma=mat3(1,2,3,4,5,6,7,8,9);      //声明了一个 mat3 矩阵 ma
mat3 mb=mat3(9,8,7,6,5,4,3,2,1);      //声明了一个 mat3 矩阵 mb
vec3 vd=va*ma;                        //执行向量与矩阵的乘法，满足线性代数的定义
mat3 mc=ma*mb;                        //执行矩阵乘法，满足线性代数的定义
```

- 向量用算术运算符运算时，执行的是各分量的算术运算。如将两个向量用“+”相加，实际执行的是向量的各分量相加得到一个新的向量。
- 关于向量与矩阵以及矩阵与矩阵的乘法，都是执行的满足线性代数定义的运算。

4. 其他运算符

- 关系运算符（<、>、<=、>=）只能用在浮点数或整数标量的操作中，通过关系运算符的运算将产生一个布尔型的值。
- 等于运算符（==、!=）可以用在除数组以外任何类型数据的操作中，在等于操作中将对左右两个操作数的每一个分量分别进行比较，然后得出一个布尔型的值，说明左右两个操作数是否完全相等。
- 逻辑运算符包括与（&&）、或（||）、非（!）以及异或（^^）4 种操作类型，这些操作只可以用在类型为布尔标量的表达式中，不可以用在矩阵中。
- 选择运算符（?:）可以用在除数组之外的任何类型中。要注意的是第 2 个以及第 3 个表达式必须是相同的类型。首先计算第一个逻辑表达式得到一个布尔类型的值，若为 true 则只计算第 2 个表达式，否则只计算第 3 个表达式。
- 使用赋值运算符“=”进行操作时，符号两边的操作数必须类型相同。这一点与 C/C++以及 Java 等语言中的规范不同，着色语言的赋值没有自动类型转换或提升功能。例如“float a=1;”就是错的，因为左侧的 a 为浮点型，而 1 为整型。

3.2.4　类型转换

着色语言没有提供类型的自动提升功能，并且对类型的匹配要求十分严格。例如前面介绍过的，赋值表达式中的两个操作数类型必须完全相同。调用函数时的形参以及实参的类型也必须相同。所以读者在进行学习和开发时要注意类型问题。

虽然着色语言中对数据类型有很高的要求，但是其也没有提供数据类型的强制转换功能。所以开发者只能通过使用构造函数来完成类型转换，下面的代码片段说明了这个问题。

```
float f=1.0;          //声明一个浮点数 f 并赋值
bool b=bool(f);       //将浮点数转换成布尔类型，该构造函数将非 0 的数字转为 true，将 0 转为 false
float f1=float(b);    //将布尔值转变为浮点数，将 true 转换为 1.0，将 false 转换为 0.0
```

虽然这样的类型转换设计相比其他高级语言来说不是很方便，但是却可以避免某些类型转换带来的性能、复杂性缺陷，简化了硬件实现，可以说是利大于弊的。由于着色语言中并不存在类型转换功能，因此一些 Java 中熟悉的写法在着色语言中就是错误的。如：

```
float f0=1;                           //声明一个浮点数并赋值
```

> **说明**　在着色语言中如此声明浮点数，会产生编译错误。这也是一个着色器编程的初学者常犯的错误。读者要多注意进行赋值操作的操作数是否类型完全一致。

3.2.5 限定符

与其他编程语言一样，着色器中对变量也有很多可选的限定符。这些限定符中的大部分只能用来修饰全局变量，常用的限定符及作用如表 3-5 所示。

表 3-5　　4 种限定符及说明

限　定　符	说　　明
attribute	一般用于每个顶点都各不相同的量，如顶点位置、颜色等
uniform	一般用于对同一组顶点组成的单个 3D 物体中所有顶点都相同的量，如当前的光源位置
varying	用于从顶点着色器传递到片元着色器的量
const	用于声明常量

下面给出了使用上述 4 种限定符的代码片段。

```
uniform mat4 uMVPMatrix;            //声明一个用 uniform 修饰的 mat4 类型的矩阵
attribute vec3 aPosition;           //声明一个用 attribute 修饰的 vec3 类型的向量
varying vec4 aaColor;               //声明一个用 varying 修饰的 vec4 类型的向量
const int lightsCount = 4;          //声明一个用 const 修饰的 int 类型的常量
```

限定符在使用时应该放在变量类型之前，且使用 attribute、uniform 以及 varying 限定符修饰的变量必须为全局变量。同时要注意的是，着色语言中没有默认限定符的概念，因此如果有需要，必须为全局变量明确指定需要的限定符。

下面对几种限定符进行更为详细的介绍，具体内容如下所列。

1. attribute 限定符

attribute 限定符顾名思义为属性限定符，其修饰的变量用来接收渲染管线传递进顶点着色器的当前待处理顶点的各种属性值。对于这些属性值，每个顶点各自拥有独立的副本，用于描述顶点的各项特征，如顶点坐标、法向量、颜色、纹理坐标等。

用 attribute 限定符修饰的变量，其值是由宿主程序批量传入渲染管线的，管线进行基本处理后再传递给顶点着色器。数据中有多少个顶点，管线就调用多少次顶点着色器，每次将一个顶点的各种属性数据传递给顶点着色器中对应的 attribute 变量。

从上面的介绍中可以看出，attribute 限定符只能用于顶点着色器中，不能在片元着色器中使用。且 attribute 限定符只能用来修饰浮点数标量、浮点数向量以及矩阵变量，不能用来修饰其他类型的变量。下面的代码片段给出了在顶点着色器中正确使用 attribute 限定符的情况。

```
attribute vec3 aPosition;                       //顶点位置
attribute vec3 aNormal;                         //顶点法向量
```

> **提示**　若需要渲染的 3D 物体中有很多顶点，顶点着色器就需要被执行很多次，耗费时间很长。由于顶点着色器每次执行仅处理一个顶点的相关数据，可见顶点着色器的多次执行之间并没有逻辑依赖。因此，当今主流的 GPU 中都配置了多套顶点着色器的硬件，数量从几套到几百套不等。通过顶点着色器的并发执行，将大大提高渲染速度。

前面已经提过，对于用 attribute 限定符修饰的变量，其值是由宿主程序批量传入渲染管线的。相关代码如下。

```
this.vertexData= [3.0,0.0,0.0,0.0,0.0,0.0,3.0,0.0];        //初始化顶点坐标数据
this.vertexBuffer=gl.createBuffer();                        //创建顶点坐标数据缓冲
gl.bindBuffer(gl.ARRAY_BUFFER,this.vertexBuffer);           //绑定顶点坐标数据缓冲
//将顶点坐标数据送入缓冲
gl.bufferData(gl.ARRAY_BUFFER,new Float32Array(this.vertexData),gl.STATIC_DRAW);
//启用顶点坐标数据数组
```

```
7     gl.enableVertexAttribArray(gl.getAttribLocation(this.program, "aPosition"));
8     //给管线指定顶点坐标数据
9     gl.vertexAttribPointer(
10    gl.getAttribLocation(this.program,"aPosition"),          //获得 aPosition 的位置
11    3,                                                        //每组数据中的分量个数
12    gl.FLOAT,false,0,0);
```

- 第 1 行为初始化顶点坐标数据的代码。vertexData 数组中的数据每 3 个为一组，分别为顶点的 x、y、z 坐标。此数组中的数据没有特殊性，读者可加以更改。
- 第 2～3 行为创建和绑定顶点坐标数据缓冲的相关代码，为上传数据做好了准备。
- 第 4～7 行为将顶点坐标数据送入缓冲中并启用的代码。gl.bufferData()为将数据传入 Buffer 对象中的方法。
- 第 8～12 行通过使用 gl.vertexAttribPointer()方法，为管线指定了顶点坐标的数据。此方法参数较多，较为复杂。第一个参数为变量 aPosition 在着色器中的地址，通常用 gl.getAttribLocation 方法来进行查询。

> **提示** 从上述代码中可以看出，主要的工作分为 3 步：创建缓冲、绑定缓冲、将数据传入缓冲中。上述代码片段中的工作往往不是在一个方法中完成的，具体位置情况可以参考上一章 Sample2_1 中的 Triangle 类。

2. uniform 限定符

uniform 为一致变量限定符，一致变量指的是对于同一组顶点组成的单个 3D 物体中所有顶点都相同的量。uniform 变量可以用在顶点着色器或片元着色器中，其支持用来修饰所有的基本数据类型。与属性变量类似，一致变量的值也是从宿主程序传入的。

下面的代码片段给出了在顶点或片元着色器中正确使用 uniform 限定符的情况。

```
uniform mat4 uMVPMatrix;                        //总变换矩阵
uniform mat4 uMMatrix;                          //变换矩阵
uniform vec3 uLightLocation;                    //光源位置
uniform vec3 uCamera;                           //摄像机位置
```

将一致变量的值从宿主程序传入渲染管线的相关代码如下。

```
//获取总变换矩阵引用 id
var uMVPMatrixHandle=gl.getUniformLocation(this.program, "uMVPMatrix");
//将总变换矩阵送入渲染管线
gl.uniformMatrix4fv(uMVPMatrixHandle,false,new Float32Array(ms.getFinalMatrix()));
```

> **说明** 从上述代码中可以看出，将一致变量的值送入渲染管线比较简单，主要包括两个步骤：获取着色器程序中一致变量的引用并调用 uniformMatrix4fv 方法将变量的值送入渲染管线。

需要注意的是，随着一致变量类型的不同，将值传入渲染管线的方法也有所不同，这些方法的名称都以 gl.uniform 开头，常用的如下所列。

- uniformNf/uniformNfv 方法，将 N 个浮点数传入管线，以备管线传递给由 N 个浮点数组成的一致变量，N 的取值为 1、2、3 或 4。
- uniformNi/uniformNiv 方法，将 N 个整数传入管线，以备管线传递给由 N 个整数组成的一致变量，N 的取值为 1、2、3 或 4。
- uniformMatrixNfv 方法，将 N×N 的矩阵传入管线，以备管线传递给 N×N 矩阵类型的一致变量，N 的取值为 2、3 或 4。

3. varying 限定符

要想将顶点着色器中的信息传入到片元着色器中，则必须使用 varying 限定符。用 varying 限定符修饰的全局变量又称为易变变量，易变变量可以看成是顶点着色器以及片元着色器之间的动

态接口，方便顶点着色器与片元着色器之间信息的传递。

图 3-1 给出了易变变量的工作原理。

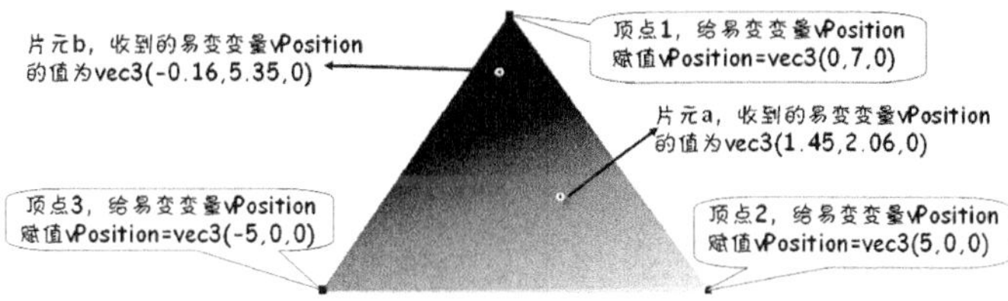

▲图 3-1　易变变量工作原理

从图 3-1 中可以看出，首先顶点着色器在每个顶点中都对易变变量 vPosition 进行了赋值。接着在片元着色器中接收易变变量 vPosition 的值时得到的并不是某个顶点赋的特定值，而是根据片元所在的位置及图元中各个顶点的位置进行插值计算产生的值。

图 3-1 中顶点 1、2、3 的 vPosition 值分别为 vec3(0,7,0)、vec3(5,0,0)、vec3(-5,0,0)，则插值后片元 a 的 vPosition 值为 vec3(1.45,2.06,0)，这个值是根据 3 个顶点对应的着色器给 vPosition 赋的值、3 个顶点的位置及此片元的位置由管线插值计算得到的。

从上述介绍中可以看出，光栅化后产生了多少个片元，就会插值计算出多少套易变变量。同时，渲染管线就会调用多少次片元着色器。可以看出，一般情况下对一个 3D 物体的渲染中，片元着色器执行的次数会大大超过顶点着色器。因此 GPU 硬件中配置的片元着色器硬件数量往往多于顶点着色器硬件数量，通过这些硬件单元的并行执行，提高渲染速度。

提示　从上述介绍中可以看出，这就是为什么 GPU 在图形处理性能上远远超过同时代、同档次 CPU 的原因，CPU 中没有这么多的并行硬件处理单元。

在顶点着色器中声明 varying 易变变量的格式如下。

```
varying vec4 ambient;                    //环境光易变变量
varying vec4 diffuse;                    //散射光易变变量
varying vec4 specular;                   //镜面反射光易变变量
```

提示　对于顶点着色器而言，一般是既声明易变变量，又对易变变量进行赋值以传递给片元着色器。而片元着色器中声明易变变量用于接收顶点着色器传过来的值即可，是不可以对易变变量赋值的。本书中所有的案例皆是如此，读者可以慢慢体会。

4. const 限定符

用 const 限定符修饰的变量其值是不可以变的，也就是常量，又称为编译时常量。编译时常量在声明的时候必须进行初始化，同时这些常量在着色器外部是完全不可见的。下面的代码片段给出了如何在着色器中通过 const 限定符声明常量。

```
const int tempx=1;
```

提示　用 const 限定符修饰的变量，编译器在编译时是不需要向其分配任何运行资源的，恰当采用可以一定程度上提高设备的运行效率，节约资源。

3.2.6 流程控制

前面已经介绍了着色语言中的数据类型、对数据类型的操作以及限定符的使用，而在实际开发中，这是远远不够的。还需要进行流程控制才能写出具有完整功能的程序，本小节将介绍着色语言中流程控制相关的内容。

着色语言中提供了 3 种流程控制方式，分别由 if-else 条件语句、while(do-while)循环语句与 for 循环语句实现。下面就简单介绍 3 种流程控制方式的使用，具体情况如下所列。

1. if-else 条件语句

该流程控制方式的基本语法有两种，如下所列。

- if(<表达式>) {语句序列}。

下面的代码片段说明了这种流程控制方式的使用。

```
int tempx=1;
if(tempx==0){
        //执行处理逻辑
}
```

- if(<表达式>) {返回为 true 时执行的语句序列}　else {返回为 false 时执行的语句序列}。

下面的代码片段说明了这种流程控制方式的使用。

```
int tempx=1;
if(tempx==0){
        //执行处理逻辑
}else{
        //执行处理逻辑
}
```

提示 需要注意的是，虽然很像 C 语言，但“<表达式>”的返回值必须为布尔类型的标量，而不能像 C 语言中那样随意地使用浮点数或整数。

2. while/do-while 循环

开发中经常需要在满足某些条件时重复执行特定的代码，此时就可以使用 while 或 do-while 循环，具体情况如下所列。

- while 循环。

while 循环语句的基本语法为：while(<条件表达式>){语句序列}。

下面的代码片段说明了 while 循环的使用。

```
int tempx=1;
while(tempx>=0)
{
        //执行处理逻辑
}
```

说明 while 循环适用于不知道代码需要被重复执行多少次，但却有明确的终止条件的循环流程。只要条件表达式判断为 true，后面的语句序列就将重复执行，直到条件表达式为 false 为止。对于 while 循环而言，如果第一次判断条件表达式就返回 false，则循环一次都不执行。

- do-while 循环。

do-while 循环语句的基本语法为：do{语句序列} while(<条件表达式>)。

下面的代码片段说明了 do-while 循环的使用。

```
int tempx=1;
do{
        //执行处理逻辑
}while(tempx<=0);
```

说明 do-while 循环与 while 循环基本相同，其先执行语句序列再判断条件表达式，直到表达式返回为 false。这样的话 do 后面的语句序列将至少执行一次，这是其与 while 循环最大的不同。

3. for 循环

若明确知道循环的执行次数，则应该使用 for 循环，for 循环语句的基本语法为：

```
for(初始化表达式;条件表达式;更新语句列表) {语句序列}
```

- 初始化表达式用来声明并初始化一个或者多个相同类型的变量，一般用以控制循环的次数。
- 条件表达式则只能有一个，且条件表达式的返回值必须为布尔类型。若不写条件表达式，则相当于永远为 true。
- 更新语句列表在每次循环之后才执行，一般用于改变循环控制变量的值。这里可以写多个语句，也可以不写语句，写多个语句时语句间用“,”隔开。

下面的代码片段说明了 for 循环的具体使用。

```
for(int i=0;i<13;i++){
    //执行处理逻辑
}
```

> **说明** for 循环首先初始化循环控制变量，然后计算条件表达式，若返回为 true 则执行循环体一次。执行完循环体后执行更新语句列表，然后再判断条件表达式是否为 true，若为 true 则再次执行以上流程，若为 false 则结束循环。

4. break 与 continue 循环控制

与 C 语言类似，在循环体中，同样可以使用 break 与 continue 跳出循环，具体情况如下所列。

- break 语句在循环控制中用于中断循环，如果在循环体中执行了 break 语句，则循环中断并退出。要注意的是，在使用了多层嵌套的循环中，使用 break 语句跳出的是离其最近的一层循环。
- continue 语句在循环控制中用于跳过本次进入下一次循环，如果在循环体中执行了 continue 语句，则本次循环结束，转而执行条件表达式，若条件表达式为 true 则继续执行下一次循环。

> **提示** 要特别注意的是，着色语言中没有包含 C/C++中常用的 switch 语句，需要时可以使用 if-else 语句的嵌套来实现。

3.2.7 函数的声明与使用

与 C 语言中相同，着色语言中也可以开发自定义的函数，基本语法如下。

```
<返回类型> 函数名称 ([<参数序列>]){ /*函数体*/}
```

从上述语法中可以看出，声明函数时要包含 4 个组成部分，分别是“返回类型”“函数名称”“参数序列”“函数体”。

- 根据需要返回类型可以是前面介绍的除采样器之外的任何类型。
- 函数名称要满足着色语言的命名规定，可以包含字母、数字、下划线，其中起始字符不能为数字，可以为字母或下划线。
- 参数序列放在一对圆括号中，若没有则为空。
- 函数体包含在一对花括号中，包含完成函数功能所需要的语句。

另外，参数序列中的参数除了可以指定类型外，还可以指定用途。具体方法为用参数用途修饰符进行修饰，常用的参数用途修饰符如下所列。

- “in”修饰符，用其修饰的参数为输入参数，仅供函数接收外界传入的值。若某个参数没有明确给出用途修饰符，则等同于使用了“in”修饰符。
- “out”修饰符，用其修饰的参数为输出参数，在函数体中对输出参数赋值可以将值传递到调用其的外界变量中。对于输出参数，要注意的是在调用时不可以使用字面常量。

- "inout"修饰符，用其修饰的参数为输入输出参数，具有输入与输出两种参数的功能。

> **提示**　从上述用途修饰符的讲解中可以看出，着色语言中函数返回信息的渠道除了返回值外，还有输出参数，在需要的时候恰当使用可以增加开发的灵活性。

3.2.8　片元着色器中浮点变量精度的指定

片元着色器中使用浮点相关类型的变量时与顶点着色器中有所不同，在顶点着色器中直接声明使用即可，而在片元着色器中必须指定精度，若不指定精度可能会引起编译错误。指定精度的方法如下面的代码片段所示。

```
lowp float color;                       //指定名称为 color 的 float 型变量的精度为 lowp
varying mediump vec2 Coord;             //指定名称为 Coord 的 vec2 型变量的精度为 mediump
highp mat4 m;                           //指定名称为 m 的 mat4 型变量的精度为 highp
```

精度共有 3 种选择：lowp、mediump 及 highp。这 3 种选择分别代表低、中、高 3 种精度等级，在不同硬件中的实现可能会有所不同。一般情况下，使用 mediump 即可。另外，还可以看出所谓浮点相关类型不仅包括标量类型 float，还包括与之对应的向量类型 vec2、vec3、vec4，以及与之对应的矩阵类型 mat2、mat3、mat4。

如果在开发中对同一个片元着色器的浮点相关类型的变量都选用同一种精度，则可以指定整个着色器中浮点相关类型的默认精度，具体语法如下。

```
precision <精度> <类型>;
```

- 精度可以选择 lowp、mediump 及 highp 3 者之一。
- 类型一般为 float，这不仅表示为浮点标量类型 float 指定了精度，还表示对浮点类型相关的向量、矩阵也指定了默认精度。因此一般开发中经常将片元着色器的第一句写为"precision mediump float;"，本书中的大部分案例都是如此。

> **提示**　类型不但可以是 float，还可以是 int 或任何的采样器类型。由于整型相关类型和采样器类型并不一定要求指定精度，因此用得不多。

3.2.9　程序的基本结构

前面几个小节介绍了着色语言很多方面独立的基本知识，本小节将介绍着色器程序的基本结构。一个着色器程序一般由三大部分组成，主要包括：全局变量声明、自定义函数、main 函数。下面的代码片段给出了一个完整的顶点着色器程序。

```
1     uniform mat4 uMVPMatrix;                    //总变换矩阵
2     attribute vec3 aPosition;                   //顶点位置
3     attribute vec2 aTexCoor;                    //顶点纹理坐标
4     varying vec2 vTextureCoord;                 //用于传递给片元着色器的变量
5     void positionShift(){                       //根据总变换矩阵计算此次绘制此顶点位置的方法
6            gl_Position = uMVPMatrix * vec4(aPosition,1);
7     }
8     void main(){                                //主函数
9            positionShift();                     //根据总变换矩阵计算此次绘制的顶点的位置
10           vTextureCoord = aTexCoor;            //将接收的纹理坐标传递给片元着色器
11    }
```

- 第 1～4 行为全局变量的声明，根据具体情况的不同可能会增加或减少。
- 第 5～8 行为自定义的函数，根据需要这一部分可能没有，也可能有很多不同的函数。
- 第 7 行中的 gl_Position 是顶点着色器中的内建变量，这部分内容将在下一节进行详细的介绍。
- 第 9～13 行为主函数 main，这是每个着色器程序里面都必须有的部分。

提示：与很多高级语言不同，着色器程序中要求被调用的函数必须在调用之前声明。就如上述代码中首先在第 5 行声明了 positionShift 函数，然后才能在第 9 行进行调用。这也是初学者易犯的一个错误，读者在开发中要多留心。

3.3 特殊的内建变量

着色器代码的开发中会用到很多变量，其中大部分可能是由开发人员根据需求自定义的，但着色器中也提供了一些用来满足特定需求的内建变量。这些内建变量不需要声明即可使用，一般用来实现渲染管线固定功能部分与自定义顶点或片元着色器之间的信息交互。

内建变量根据信息传递的方向可以分为两类：输入与输出变量。输入变量负责将渲染管线中固定功能部分产生的信息传递进着色器，输出变量负责将着色器产生的信息传递给渲染管线中固定功能部分。

3.3.1 顶点着色器中的内建变量

顶点着色器的内建变量主要是 gl_Position、gl_PointSize 等输出变量。为了使用渲染管线中的图元装备和光栅化等后续固定功能进行下一步的处理，开发者需要在顶点着色器中根据实际需要为这些内建变量赋值。

为了使读者对顶点着色器中的内建变量有更加深入的了解，下面将对着色器中经常使用到的几个内建变量进行详细介绍。具体如下所列。

- gl_Position。

应用程序应该向顶点着色器传入原始的顶点位置数据。这些数据在顶点着色器中经过平移、旋转、缩放等变化后生成新的顶点位置。通过将新的顶点位置赋值给顶点着色器中的 gl_Position，将数据传递到渲染管线，从而进行后续处理。

gl_Position 的类型是 vec4，向其中传入的顶点位置数据也必须与其类型完全一致。在实际的项目开发过程中，几乎在所有的顶点着色器中都必须对 gl_Position 写入适当的值，否则后继阶段的处理结果将是不确定的。

- gl_PointSize。

gl_PointSize 中的数值代表一个点占有的像素个数。顶点着色器可以完成对点大小的计算并赋值给 gl_PointSize，以传递给渲染管线，其默认值为 1。gl_PointSize 的值一般只有在采用了点绘制方式之后才有意义，后面的章节中会有详细的介绍。

3.3.2 片元着色器中的内建变量

片元着色器中的内建变量在开发中也经常会被使用到，其分为输入变量和输出变量两种。本小节将对这两种不同的内建变量分别进行详细介绍。

1. 内建输入变量

片元着色器中的内建输入变量主要有 gl_FragCoord 以及 gl_FrontFacing。这两个内建变量都是只读的，由渲染管线中片元着色器之前的阶段生成，其具体含义如下。

- gl_FragCoord。

如图 3-2 所示，内建变量 gl_FragCoord 中含有当前片元相对于窗口位置的坐标值 x、y、z 与 1/w。其中 x 与 y 分别为片元相对于窗口的二维坐标。如果窗口的大小为 800×480（单位为像素），那么 x 的取值范围为 0～800，y 的取值范围为 0～480，z 部分为该片元的深度值。

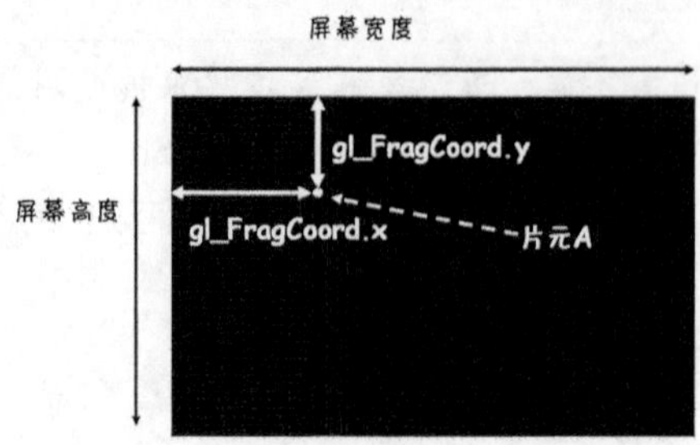

▲图 3-2 gl_FragCoord 包含的窗口坐标信息

> **提示** 通过使用该内建变量可以很方便地开发出某些与窗口位置相关的特效，例如仅绘制窗口中某一指定区域中的内容等。

- gl_FrontFacing。

gl_FrontFacing 是一个布尔型的内建变量。通过其值可判断正在处理的片元是否属于在光栅化阶段生成此片元的对应图元的正面。若属于正面，则 gl_FrontFacing 的值为 true，反之为 false。其一般用于开发双面光照功能相关的应用程序中。

> **提示** 像点、线段等没有正反面之分的图元，其生成的片元都会被默认为是正面的。对于三角形图元来说，其正反面取决于程序对卷绕的设置及图元中顶点的具体卷绕情况。关于卷绕问题，后面的章节中会有详细介绍，读者简单了解即可。

2. 内建输出变量

片元着色器中经常使用的内建输出变量主要有 gl_FragColor 和 gl_FragData。开发程序时需要在片元着色器中根据具体情况给这两个内建变量赋值。下面将介绍这两个内建变量的具体情况。

- gl_FragColor。

gl_FragColor 为一个 vec4 类型的内建变量，其四个分量分别代表某个片元的 RGBA 值。开发者可在片元着色器中向其写入计算完成的片元颜色值，将其送入渲染管线进行后继处理。

- gl_FragData。

gl_FragData 内建变量本身是一个 vec4 类型的数组，注意在对其进行操作时要给出下标，如“gl_FragData[0]”。通过其写入的信息将供渲染管线中的后继过程使用。

> **提示** 实际开发中，应该根据具体情况仅选用上述两个内建变量中的一个进行操作。若执行了 discard 操作（后面章节介绍），则两个内建变量都不需要写入值了。就笔者的开发经验而言，大部分情况下都是给 gl_FragColor 内建变量赋值。

3.4 着色语言的内置函数

与其他高级语言类似，为了使开发过程更加便捷，着色语言向开发者提供了很多内置函数。由于在着色语言的开发中向量的分量个数不确定，所以这些函数大部分被重载。一般可以用来接收和返回 float、vec2、vec3 以及 vec4 类型的值。

为了提高执行效率，这些内置函数通常是以最优方式来实现，部分函数甚至由硬件直接支持。大多数内置函数在顶点着色器和片元着色器中都可以使用，但也有少数内置函数仅适用于一种着色器。内置函数按照设计目的可以分为 3 个类别。

- 提供独特硬件功能的访问接口，如纹理采样系列的函数，这些函数是用户自己无法开发的。着色语言通过提供特定内置函数对这些硬件功能进行封装，建立了用户调用这些硬件功能的接口。

- 简单的数学函数，如 abs（求模）、floor（取整）等。这些函数非常简单，但开发人员对硬件的了解较少，效率较低。内置函数是厂商根据硬件的特点用最高效的方式实现的，调用内置函数来完成这些简单的操作，这样可以提高开发效率和执行效率。
- 一些复杂的函数，如三角函数等，用户可以自己编写，但是编写过程特别烦琐，要用到很多高等数学的知识。不但开发烦琐，效率也会很低下。而当下的主流硬件往往都有进行这些计算的指令，因此对这些操作也提供了高效的内置函数。

3.4.1 角度转换与三角函数

角度转换与三角函数同时适用于顶点着色器与片元着色器，并且每个角度转换与三角函数都有 4 种重载变体，具体情况如表 3-6 所示。

表 3-6 角度转换与三角函数

内置函数签名	说　明
genType radians (genType degrees)	此函数的功能为将角度转换为弧度，即返回值 result=(π/180)×degrees，degrees 参数表示需要转换的角度
genType degrees (genType radians)	此函数的功能为将弧度转换为角度，即返回值 result=(180/π)×radians，radians 参数表示需要转换的弧度
genType sin (genType angle)	此函数为标准的正弦函数，其返回值范围是[−1，1]，radians 为正弦函数的参数，以弧度为单位
genType cos (genType angle)	此函数为标准的余弦函数，其返回值范围是[−1，1]，radians 为余弦函数的参数，以弧度为单位
genType tan (genType angle)	此函数为标准的正切函数，radians 为正切函数的参数，以弧度为单位
genType asin (genType x)	此函数为标准的反正弦函数，其返回值范围是[−π/2，π/2]，x 为反正弦函数的参数，其取值范围是[−1，1]，如果 x 的绝对值大于 1，那么结果不确定
genType acos (genType x)	此函数为标准的反余弦函数，其返回值范围是[0，π]，x 为反余弦函数的参数，其取值范围是[−1，1]，如果 x 的绝对值大于 1，那么结果不确定
genType atan (genType y, genType x)	此函数为标准的反正切函数，其返回值范围是[−π，π]，x 与 y 为反正切函数的参数，而实际传入反正切函数的是 y/x 的值，其中通过 x 与 y 的符号用来确定角度所在的象限。如果 x 与 y 的值全为零，那么返回值不确定
genType atan (genType y_over_x)	此函数为反正切函数，其返回值范围是[−π/2，π/2]，y_over_x 为反正切函数的参数，不存在范围限制

由于 sin（正弦函数）与 cos（余弦函数）是周期性平滑变化的函数（如图 3-3 所示），因此除了可以作为三角函数之外，还有很多使用方式。例如，可以用来模拟水波纹效果，只需要选择其中的一个函数，然后进行周期性变换即可，后面的章节会有这方面的案例。

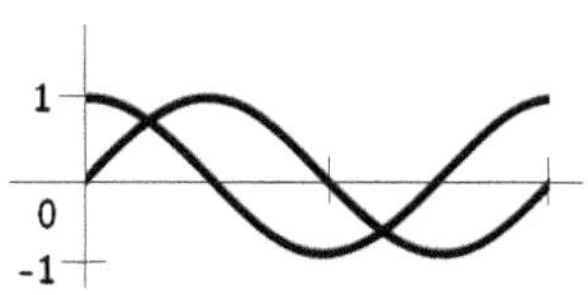

▲图 3-3 正弦与余弦函数

3.4.2　指数函数

前一小节介绍了角度转换与三角函数，接下来在本小节中将介绍指数函数。指数函数同时适用于顶点着色器与片元着色器，具体情况如表 3-7 所示。

表 3-7　　　　　　　　　　　　指数函数

内置函数签名	说　明
genType pow (genType x, genType y)	此函数返回 x 的 y 次方，即 x^y，x 与 y 分别为本函数的两个参数，其中 x 为指数函数的底数，y 为指数函数的指数。如果 x 值小于 0，那么返回值不确定。如果 x 值等于零，并且 y 值小于等于 0，那么返回值不确定
genType exp (genType x)	此函数返回 e（数学常数，值近似等于 2.718281828）的 x 次方，即 e^x，x 为本函数的参数，代表指数
genType log (genType x)	此函数返回以 e 为底的 x 的对数，即 $\log_e(x)$。也就是说，如果返回值为 y，那么也满足方程 $x=e^y$。x 为本函数的参数。如果 x 值小于等于 0，那么返回值不确定
genType exp2 (genType x)	此函数返回 2 的 x 次方，即 2^x。x 为本函数的参数，不存在范围限制
genType log2 (genType x)	此函数返回以 2 为底的 x 的对数，即 $\log_2(x)$。也就是说，如果返回值为 y，那么也满足方程 $x=2^y$。x 为本函数的参数。如果 x 值小于等于 0，那么返回值不确定
genType sqrt (genType x)	此函数返回 x 的平方根，即 $\sqrt{x}$， x 为本函数的参数，如果 x 值小于 0，那么结果不确定
genType inversesqrt (genType x)	此函数返回 x 正平方根的倒数，即 $\frac{1}{\sqrt{x}}$， x 为本函数的参数。如果 x 值小于等于 0，那么结果不确定

说明　表 3-7 中 genType 代表的数据类型有 float、vec2、vec3 以及 vec4。有关数据类型的详细内容，请读者参考本章 3.2.1 小节。

3.4.3　常见函数

介绍完指数函数后，接下来本小节主要介绍着色语言中的常见函数。这些函数可同时用于顶点着色器与片元着色器，具体情况如表 3-8 所示。

表 3-8　　　　　　　　　　　　常见函数

内置函数签名	说　明
genType abs (genType x)	此函数的功能为求绝对值。x 为本函数的参数，如果 x≥0，那么返回值为 x，如果 x<0，那么返回值为−x
genType sign (genType x)	此函数的功能是与 0 进行比较，进而返回相应的值。x 为本函数的参数；如果 x>0，则返回 1.0；如果 x=0，则返回 0；如果 x<0，则返回−1.0
genType floor (genType x)	此函数的功能为返回小于或者等于 x 的最大的整数值， x 为本函数的参数，不存在取值范围限制
genType ceil (genType x)	此函数的功能为返回大于或者等于 x 的最小的整数值， x 为本函数的参数，不存在取值范围限制
genType fract (genType x)	此函数的功能为返回 x- floor (x)的值， x 为本函数的参数，不存在取值范围限制
genType mod (genType x, float y)	此函数的功能是进行取模运算，相当于 Java 语言中的“x%y”。对于 x 中的各组成元素，使用浮点数 y，最后返回 x-y×floor(x/y)
genType mod (genType x, genType y)	此函数的功能是进行取模运算，相当于 Java 语言中的“x%y”。对于 x 中的各组成元素，使用 y 中的对应组成元素，最后返回 x-y×floor(x/y)

续表

内置函数签名	说　明
genType min (genType x, genType y) genType min (genType x, float y)	此函数的功能是获得最小值。x 与 y 为本函数的两个参数，如果 x 与 y 中的组成元素满足 y<x，则返回 y，否则返回 x
genType max (genType x, genType y) genType max (genType x, float y)	此函数的功能是获得最大值。x 与 y 为本函数的两个参数，如果 x 与 y 中的组成元素满足 y<x，则返回 x，否则返回 y
genType clamp (genType x,genType minVal, genType maxVal) genType clamp (genType x,float minVal,float maxVal)	此函数主要返回 min (max (x, minVal), maxVal)， x、minVal 与 maxVal 为本函数的 3 个参数，如果 minVal>maxVal，则返回值不确定
genType mix (genType x,genType y,genType a) genType mix (genType x,genType y,float a)	此函数的主要功能为使用因子 a 对 x 与 y 执行线性混合，即返回 x×(1−a)+y×a
genType step (genType edge, genType x) genType step (float edge, genType x)	此函数通过 x 与 edge 比较返回相应的值。edge 与 x 为本函数的两个参数，不存在范围限制。如果 x<edge，则返回 0.0，否则返回 1.0
genType smoothstep (genType edge0, genType edge1,genType x) genType smoothstep (float edge0,float edge1,genType x)	此函数的功能是通过 x 与 edge0、edge1 进行比较返回相应的值， edge0、edge1 与 x 为本函数的 3 个参数，不存在范围限制。如果 x<=edge0，则返回 0；如果 x>=edge1，则返回 1.0，当 edge0<x<edge1 时，本函数则返回 0 与 1 之间平滑的 Hermite 插值。关于 Hermite 插值，有兴趣的读者可以查阅相关的数学资料，本书篇幅有限，不再赘述

了解了各几何函数的基本情况后，下面再对一些几何函数进行更为详细的介绍。

- dot 函数。

此函数的功能是返回两个向量 x 与 y 的点积。两个向量点积的符号，与两个向量的夹角是直接相关的。夹角大于零并且小于 90°，则点积所得结果大于零；夹角等于 90°，则点积所得结果为 0；夹角大于 90°，则点积小于 0；具体情况如图 3-4 所示。

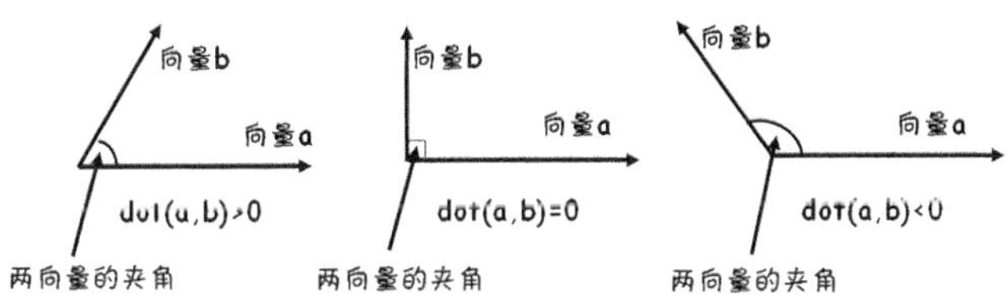

▲图 3-4　向量点积

- cross 函数。

此函数的功能是返回两个向量 x 与 y 的叉积，两个向量叉积的绝对值即为这两个向量所在四边形的面积，效果如图 3-5 所示。

- reflect 函数。

此函数的功能是根据传入的入射向量 I 以及表面法向量 N，返回反射方向向量，如图 3-6 所示。

- refract 函数。

此函数的功能是根据传入的入射向量 I、表面法向量 N 以及折射系数 eta，返回折射向量，如图 3-7 所示。此函数的具体计算方法如下面的代码片段所示。

```
k= 1.0 - eta * eta *(1.0 - dot(N, I) * dot(N, I))         //计算判断系数 k
if (k < 0.0){
      return genType(0.0);                                 //若符合全反射则无折射向量
}else{
      return eta * I - (eta *dot(N, I) + sqrt(k)) * N;}    //若不符合全反射根据斯涅尔定律计算折射向量
```

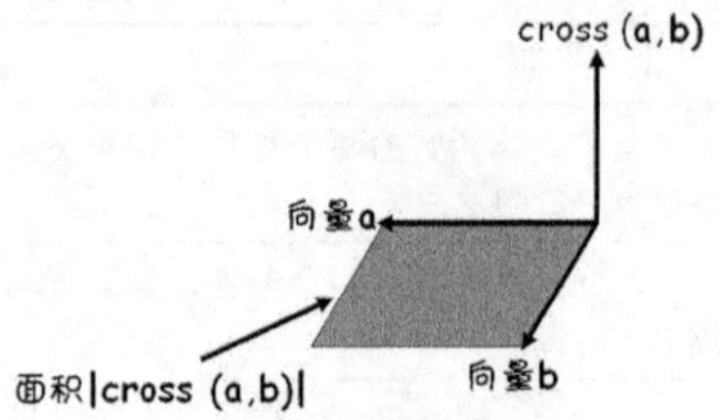

▲图 3-5　向量叉积

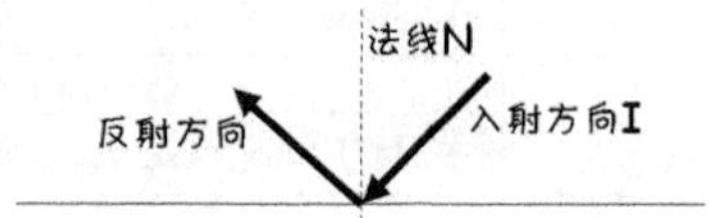

▲图 3-6　向量反射

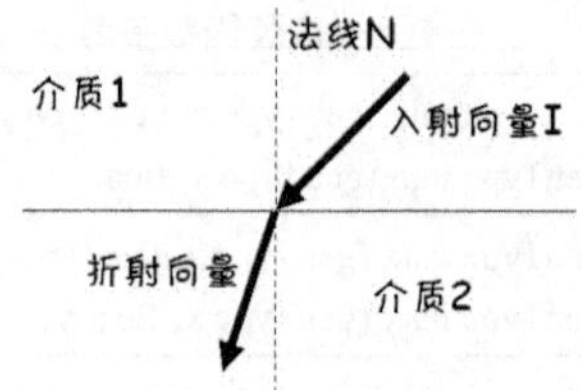

▲图 3-7　折射效果

3.4.4　纹理采样函数

纹理采样函数用来根据指定的纹理坐标从采样器对应的纹理中进行采样，返回值类型都是 vec4，代表采样得到的颜色值。大部分纹理采样函数既可以用于顶点着色器，也可以用于片元着色器，但有个别的仅适用于片元着色器，具体情况如表 3-9 所示。

表 3-9　　纹理采样函数

内置函数签名	说　明
vec4 texture2D (sampler2D sampler,vec2 coord, [float bias]) vec4 texture2DProj (sampler2D sampler,vec3 coord, [float bias]) vec4 texture2DProj (sampler2D sampler,vec4 coord, [float bias]) vec4 texture2DLod (sampler2D sampler,vec2 coord, float lod) vec4 texture2DProjLod (sampler2D sampler,vec3 coord, float lod) vec4 texture2DProjLod (sampler2D sampler,vec4 coord, float lod)	此系列函数的功能为使用二维纹理坐标 coord 在由 sampler 参数指定的 2D 纹理中执行纹理采样。对于带有 Proj 后缀的函数，会将纹理坐标（coord.s,coord.t）除以 coord 的最后一个部分（coord.q）。对于类型为 vec4 的 coord，忽略其第三部分（coord.p）
vec4 textureCube (samplerCube sampler, vec3 coord) vec4 textureCube (samplerCube sampler,vec3 coord, float bias) vec4 textureCubeLod (samplerCube sampler,vec3 coord, float lod)	此函数的功能为使用纹理坐标 coord 在由 sampler 参数指定的立方图纹理中执行纹理采样。此函数中的 coord 不再是直接的纹理坐标，而是一个表示方向的向量，通过此向量首先确定要采样的面，再确定面里面的纹理坐标

表 3-9 中的一些内容还需要进行更为详细的一些讨论，具体如下所列。

1. bias 参数

含有 bias 参数的纹理采样函数只能在片元着色器中调用，且此参数仅对 sampler 为 mipmap 类型的纹理时才有意义。

- 若提供了 bias 参数，且 sampler 对应的纹理为 mipmap 类型，则 bias 参数会用来参与计算细节级别，产生细节级别后再到对应细节级别的 mipmap 纹理中执行采样。
- 若没有提供 bias 参数，且 sampler 对应的纹理为 mipmap 类型时，将由系统自动计算细节级别，产生细节级别后再到对应细节级别的 mipmap 纹理中执行采样。
- 若 sampler 对应的纹理不是 mipmap 类型时，直接采用原始纹理进行采样。

2. lod 后缀系列

带有“lod”后缀的纹理采样函数仅适用于顶点着色器，其中的 lod（Level of Detail 的缩写）参数将直接用来作为进行 mipmap 纹理采样时的细节级别。因此，此系列函数也仅对 sampler 为 mipmap 类型的纹理才有意义。

提示：本小节仅仅是介绍了纹理采样函数的基本知识，纹理采样的相关知识很庞杂，在后继章节中将陆续进行详细的介绍。

3.5 本章小结

本章对着色器开发所用到的着色语言进行了简要介绍。主要介绍了着色语言的数据类型、相关语法以及内建函数等。通过本章的学习，读者应该对着色语言有基本的认识，为学习后面章节中的炫酷 3D 特效制作打下坚实基础。

3.6 习题

1．请简述着色语言的多种特性。

2．如何指定片元着色器中浮点数的精度？

3．一般着色器程序包括哪三部分？

4．通过哪个内建变量可判断正在处理的片元是否处于在光栅化阶段生成此片元对应图元的正面？

5．请简述着色语言中 break 和 continue 关键字之间的区别。

第 4 章　必知必会的 3D 开发知识——投影及各种变换

3D 应用程序开发中，一项很重要的工作就是对场景中的物体进行各种投影与变换。WebGL 在变换方面采取了开放模式，其 API 中不再提供完成各种变换的方法，变换所用的矩阵都由开发人员直接提供给渲染管线。

因此，基于 WebGL 进行投影与变换的开发时，可能需要了解更多的数学知识。这样虽然增加了开发的难度，但大大提高了开发的灵活性，本章将对投影与变换相关的数学知识及具体的实现方法进行详细介绍。

4.1 矩阵数学计算工具脚本 Matrix

本书案例中每一个 js 文件夹下都有一个 Matrix.js 脚本，其中包含了笔者开发的用于矩阵数学计算的多个工具方法，通过调用其中的方法可以得到用于实现平移、旋转、缩放、投影及摄像机观察等方面的矩阵，表 4-1 中列出了其中的一些常用方法。

表 4-1　　Matrix 中的方法列表

方法描述	方法解释
setIdentityM(sm, smOffset)	参数 sm 为用于存放变换矩阵元素的数组，smOffset 为矩阵首元素在数组中的偏移量，实际使用时应该传入 0，该方法的功能为在指定的数组中填充单位矩阵各个元素的值
translateM(m, mOffset, x, y, z)	参数 m 为用于存放变换矩阵元素的数组，mOffset 为矩阵首元素在数组中的偏移量，x、y、z 为相应坐标轴方向平移量，该方法的功能为将平移变换记录进矩阵
rotateM(m, mOffset, a, x, y, z)	参数 m 为用于存放变换矩阵元素的数组，mOffset 为矩阵首元素在数组中的偏移量，a 为旋转的角度，x、y、z 为旋转轴向量的 3 个分量，该方法的功能为将旋转变换记录进矩阵
scaleM(m, mOffset, x, y, z)	参数 m 为用于存放变换矩阵元素的数组，mOffset 为矩阵首元素在数组中的偏移量，x、y、z 相应坐标轴方向的缩放比，该方法的功能为将缩放变换记录进矩阵
frustumM(m, mOffset, left, right, bottom, top, near, far)	参数 m 为用于存放变换矩阵元素的数组，mOffset 为矩阵首元素在数组中的偏移量，left、right、bottom、top、near、far 为进行透视投影时的相关 6 个参数（这些参数的含义在后面的章节会进行详细介绍），该方法的功能为根据 6 个参数值得到对应的透视投影矩阵各个元素的值
orthoM(m, mOffset, left, right, bottom, top, near, far)	参数 m 为用于存放变换矩阵元素的数组，mOffset 为矩阵首元素在数组中的偏移量，left、right、bottom、top、near、far 为进行平行投影时的相关 6 个参数（这些参数的含义在后面的章节会进行详细介绍），该方法的功能为根据 6 个参数值得到对应的平行投影矩阵各个元素的值
setLookAtM(m, mOffset, eyeX, eyeY, eyeZ, centerX, centerY, centerZ, upX, upY, upZ)	参数 m 为用于存放变换矩阵元素的数组，mOffset 为矩阵首元素在数组中的偏移量，eyeX、eyeY、eyeZ、centerX、centerY、centerZ、upX、upY、upZ 为摄像机相关 9 个参数（这些参数的含义在后面的章节会进行详细介绍），该方法的功能为根据 9 个参数值得到对应的摄像机观察矩阵各个元素的值

续表

方 法 描 述	方 法 解 释
multiplyMM (result, resultOffset, mlIn, lhsOffset, mrIn, rhsOffset)	参数 result 为用于存放结果矩阵元素的数组，参数 resultOffset 为结果矩阵首元素在数组中的偏移量，参数 mlIn 为用于存放左乘矩阵元素的数组，参数 lhsOffset 为左乘矩阵首元素在数组中的偏移量，参数 mrIn 为用于存放右乘矩阵元素的数组，参数 rhsOffset 为右乘矩阵首元素在数组中的偏移量。该方法的功能为将左乘矩阵以及右乘矩阵相乘，得到结果矩阵

提示　表 4-1 中的功能方法在本书实际案例中一般不会直接使用，而是通过 MatrixState 封装类进行调用，这里读者对这些矩阵计算功能方法有基本的了解即可。

4.2 摄像机的设置

从日常生活的经验中可以很容易地了解到，随着摄像机位置、姿态的不同，就算是对同一个场景进行拍摄，得到的画面也是迥然不同的。因此摄像机的位置、姿态在 WebGL 应用程序的开发中就显得非常重要，故在介绍两种投影与变换之前，首先需要介绍一下摄像机的设置方法。

摄像机的设置主要需要给出 3 个方面的信息，包括摄像机的位置 location、观察的方向 direction 以及 up 方向，这 3 个位置或者方向，每个位置或方向都是由 x、y、z 三个坐标组成，所以这 9 个坐标就构成了设置摄像机的 9 个参数，具体情况如图 4-1 所示。

- 关于摄像机的位置，是很容易理解的，用其在 3D 空间中的坐标来表示。
- 摄像机观察的方向可以理解为摄像机镜头的指向，用一个观察目标点来表示（通过摄像机位置与观察目标点可以确定一个向量，此向量即代表了摄像机观察的方向）。
- 摄像机的 up 方向可以理解为摄像机顶端的指向，用一个向量来表示。

通过摄像机拍摄场景与人眼观察现实世界很类似，因此通过人眼对现实世界观察的切身感受可以帮助读者理解摄像机的各个参数。我们人眼的视线相当于摄像机的 direction，头顶的朝向就相当于摄像机的 up 向量，如图 4-2 所示。

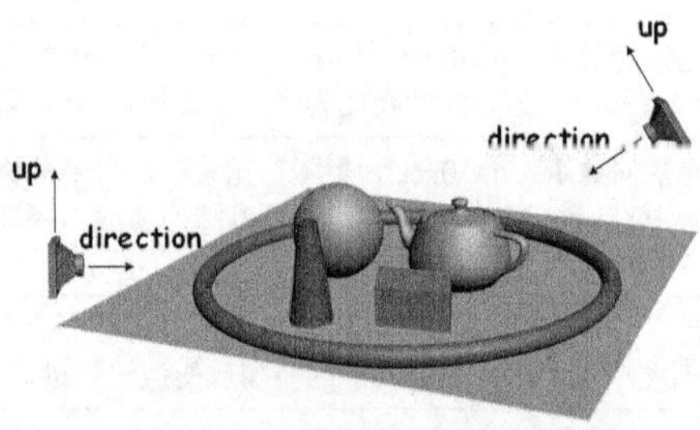

▲图 4-1　摄像机观察物体

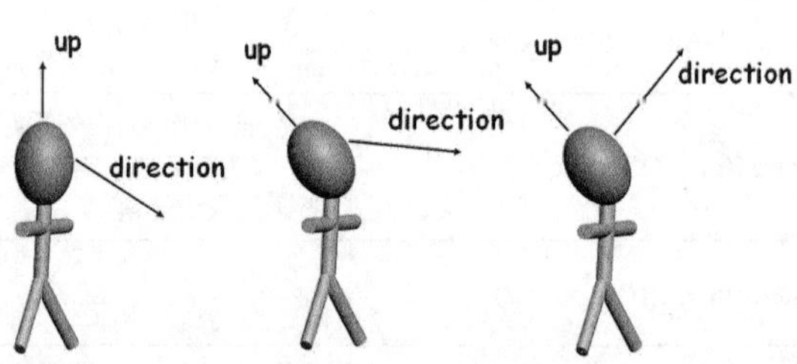

▲图 4-2　人眼观察物体

从图 4-2 中可以看出，摄像机的位置、朝向、up 方向可以有很多不同的组合。例如，同样的位置可以有不同的朝向、不同的 up 方向；不同的位置也可以具有相同的朝向、相同的 up 方向等。现实生活中观察世界时也会有各种观察方式，这与所给的组合基本上一致。

提示　从前面一小节的介绍中可以看出，矩阵相关的计算，笔者都封装进了 Matrix.js 中。为了程序开发的方便，本书的案例中进一步提供了一个工具类 MatrixState，其通过调用 Matrix.js 中的功能方法完成各种基本变换、投影、摄像机观察等，可以进一步简化开发。

MatrixState类通过调用Matrix.js中的setLookAtM方法来完成对摄像机的设置，基本代码如下。

```
setLookAtM(
      this.mVMatrix,                  //存储生成矩阵元素的数组
      0,                              //填充起始偏移量
      cx,cy,cz,                       //摄像机位置的x、y、z坐标
      tx,ty,tz,                       //观察目标点x、y、z坐标
      upx,upy,upz                     //up向量在x、y、z轴上的分量
);
```

说明　从上述代码中可以看出，setLookAtM方法的功能为根据接收的9个摄像机相关参数产生摄像机的观察矩阵，并将矩阵的元素填充到指定的数组中。之所以产生矩阵是因为渲染管线的需要，这点在前面已经提到。

4.3 两种投影方式

通过前面章节的学习，读者应该已经了解到，在图元装配之后的光栅化阶段前，首先需要把虚拟3D世界中的物体投影到二维平面上。WebGL中常用的投影模式有两种，分别为正交投影与透视投影，本节将对这两种投影方式进行详细介绍。

4.3.1　正交投影

WebGL中，根据应用程序中提供的投影矩阵，管线会确定一个可视空间区域，称为视景体。视景体是由6个平面确定的，这6个平面分别为：上平面（up）、下平面（down）、左平面（left）、右平面（right）、远平面（far）、近平面（near）。

场景中处于视景体内的物体会被投影到近平面上（视景体外面的物体将被裁剪掉，所以设置合理的投影方式对开发而言相当重要），然后再将近平面上投影出的内容映射到屏幕上的视口中。对于正交投影而言，视景体及近平面的情况如图4-3所示。

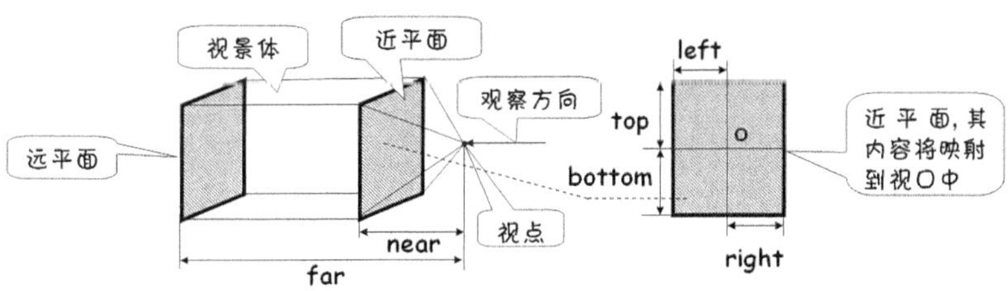

▲图4-3　正交投影示意图

说明　视点为摄像机的位置；离视点较近，垂直于观察方向向量的平面为近平面；离视点较远，垂直于观察方向向量的平面为远平面。与观察向量平行，从上、下、左、右4个方向约束视景体范围的4个平面分别为上、下、左、右平面，这4个平面与视景体中心轴线的距离分别为top、bottom 、left、right。

从图4-3中可以看出，由于正交投影是平行投影的一种，其投影线（物体的顶点与近平面上投影点的连线）是平行的。故其视景体为长方体，投影到近平面上的图形不会产生真实世界中“近大远小”的效果，图4-4更清楚地说明了这个问题。

本书案例中是在MatrixState.js中通过调用Matrix.js脚本中的orthoM方法完成对正交投影的设置，在MatrixState.js将正交投影的设置封装成一个方法，在以后的开发中直接通过MatrixState引用调用相应的方法即可，其基本代码如下。

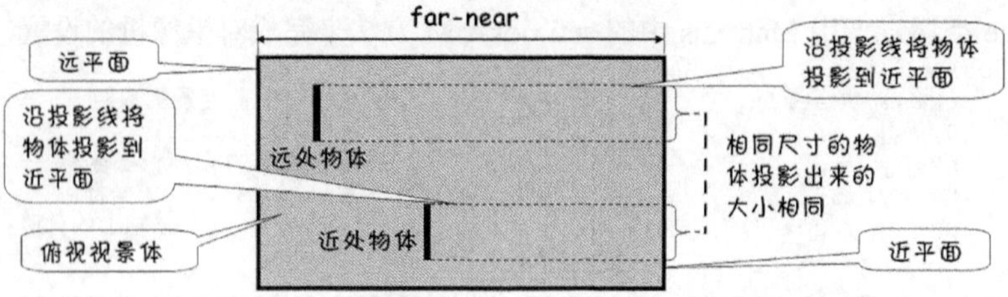

▲图 4-4　正交投影不产生“近大远小”效果的原理图

```
orthoM(
      this.mProjMatrix,                    //存储生成矩阵元素的数组
      0,                                   //填充起始偏移量
      left, right,                         //near 面的 left、right
      bottom, top,                         //near 面的 bottom、top
      near, far                            //near 面、far 面与视点的距离
);
```

- ❑ orthoM 方法的功能为根据接收的 6 个正交投影相关参数产生正交投影矩阵，并将矩阵的元素填充到指定的数组中。这个方法在 MatrixState 中已经封装好，调用时只需给出 6 个参数即可，设置合理的投影方式可以使开发变得简便。
- ❑ 参数 left、right 为近平面左、右侧边对应的 x 坐标，top、bottom 为近平面上下侧边对应的 y 坐标，分别用来确定左平面、右平面、上平面、下平面的位置。参数 near、far 分别为视景体近平面与远平面距视点的距离。

前面提到过，场景中的物体投影到近平面后，最终会映射到显示屏上的视口中。视口也就是显示屏上指定的矩形区域，通过如下代码进行设置。

```
gl.viewport(x, y, width, height);                //设置视口
```

上述代码中参数 x、y 为视口矩形左下侧点在视口用屏幕坐标系内的坐标，width、height 为视口的宽度与高度，具体情况如图 4-5 所示。要注意的是视口用屏幕坐标系的原点并不在屏幕的左上角，而是位于屏幕的左下角。同时，此坐标系中 x 轴向右，y 轴向上。

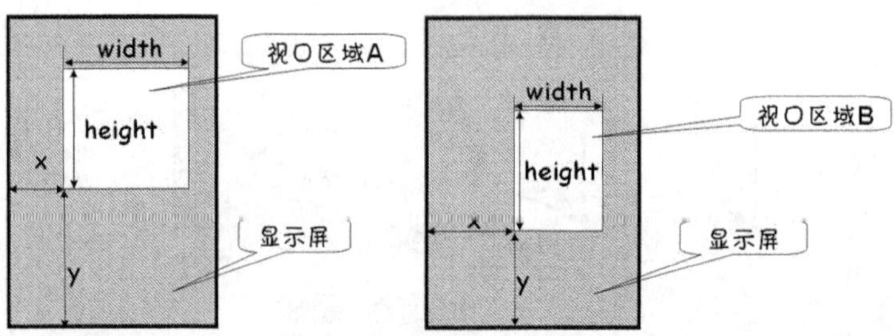

▲图 4-5　视口的示意图

在 WebGL 中，可视空间中的物体的显示均由 HTML5 中提供的<canvas>来实现，前文中已经详细介绍了<canvas>，在此便不再赘述。在程序中获得了<canvas>上下文后，我们需要设置在哪块区域绘制 WebGL，这就是视口（viewport）。

> **提示**　从近平面到视口的映射是由渲染管线自动完成的。一般情况下，应该保证近平面的宽高比与视口的宽高比相同，也就是满足“(left+right)/(top+bottom) = = width/height”，否则显示在屏幕上的图像会拉伸变形。

前面介绍了正交投影的基本知识，下面将给出一个使用了正交投影的小案例——Sample4_1，本案例的场景是由一组距离观察点越来越远的相同尺寸的六角星构成。由于采用的投影方式为正交投影，因此最终显示在屏幕上的每个六角星尺寸都相同。其运行效果如图 4-6 所示。

▲图 4-6 案例 Sample4_1 的运行效果图

了解了本案例的运行效果后，下面就可以进行代码的开发了。本案例中示例的为正交投影的应用，读者在学习本案例的同时，应该与下一节中介绍的透视投影案例相对比着进行学习，或者自行改动参数以体会各部分参数代表什么含义，具体步骤如下。

（1）我们先来开发本案例的入口程序 ProjectOrth.html。本部分主要介绍了触控部分，这里介绍完后，在之后的案例中我们便省略了这部分的内容，这部分仅为在 PC 端浏览器中的触控代码，移动端代码在前面小节中已经进行过介绍。

代码位置：见随书中源代码/第 4 章/Sample4_1 目录下的 ProjectOrth.html。

```
1      …//这里省略了一些引入外部文件的代码与 HTML 文件的基础设置
2            var gl;                                          //GLES 上下文
3            var ms=new MatrixState();                        //变换矩阵管理类对象
4            var ooTri=new Array(6);                          //要绘制的 3D 物体
5            var shaderProgArray=new Array();                 //着色器程序列表,集中管理
6            var currentYAngle=0;                             //绕 y 轴旋转角度
7            var currentXAngle=0;                             //绕 x 轴旋转角度
8            var incAngle=0.5;                                //旋转角度步长值
9            var lastClickX,lastClickY;                       //上次触控点 x、y 坐标
10           var ismoved=false;                               //是否移动标志位
11           document.onmousedown=function(event){            //鼠标按下的监听
12           var x=event.clientX;                             //获得鼠标的 x 坐标值
13           var y=event.clientY;                             //获得鼠标的 y 坐标值
14           //如果鼠标在<canvas>内开始移动
15           var rect= (event.target||event.srcElement).getBoundingClientRect();
16           if(rect.left<=x&&x<rect.right&&rect.top<=y&&y<rect.bottom){
17               ismoved=true;                                //鼠标移动时标志位置 true
18               lastClickX=x;                                //记录 x 坐标
19               lastClickY=y;}};                             //记录 y 坐标
20           document.onmouseup=function(event){ismoved=false;}; //鼠标抬起的监听
21           document.onmousemove = function(event){          //鼠标移动时的监听
22           var x=event.clientX,y=event.clientY;             //记录鼠标的 x、y 坐标
23           if(ismoved){                                     //判断鼠标是否移动
24           //根据鼠标 x 坐标移动差值计算物体绕 y 轴旋转角度
25           currentYAngle=currentYAngle+(x-lastClickX)*incAngle;
26           //根据鼠标 y 坐标移动差值计算物体绕 x 轴旋转角度
27           currentXAngle=currentXAngle+(y-lastClickY)*incAngle;}
28           lastClickX=x;lastClickY=y;};//记录上一次的 xy 坐标
29     …//此处省略了 start()方法与绘制方法，这些会在下面介绍
```

❑ 第 2～13 行声明了一些全局变量与类的对象，这些变量基本都是关于触控实现的变量。声明的类的对象，在下文中会用其进行一些操作的，例如声明了 gl 上下文之后，我们在下面创建六角形时会需要用 gl 进行获取数据或将数据送到着色器中的操作。

❑ 第 14～28 行为触控具体实现的方法。在鼠标单击时会先将鼠标的 x、y 坐标记录下来，之后会判断鼠标是否移动，如果移动的话再将鼠标移动后的终点的 x、y 坐标记录下来，经过计算得到相应的差值，使差值与一定的角度对应起来，在绘制时将旋转角度传过去便能实现转动。

（2）看完触控的实现后，我们来看一下真正的程序入口方法 start 与绘制两个方法的开发过程。这部分代码与之前的三角形案例中的代码的开发思路是一样的，都是在界面加载完毕后调用 start 方法，准备工作完成后定时调用绘制方法进行绘制，现在我们来看一下具体的开发过程。

代码位置：见随书中源代码/第 4 章/Sample4_1 目录下的 ProjectOrth.html。

```
1     function start(){//初始化的方法
2     …//省略了判断 gl 上下文是否成功的代码
3         gl.viewport(0, 0, canvas.width, canvas.height);     //设置视口
4         gl.clearColor(0.0,0.0,0.0,1.0);                     //设置屏幕背景色 RGBA
5         ms.setInitStack();                                  //初始化变换矩阵
6         ms.setCamera(0,0,-5,0,0,0,0,1,0);                   //设置摄像机
7         ms.setProjectOrtho(-1.5,1.5,-1,1,1,100);            //设置投影参数
8         gl.enable(gl.DEPTH_TEST);                           //开启深度检测
9         loadShaderFile("shader/shader.bns",0);              //加载着色器程序
10        if(shaderProgArray[0]){                             //如果着色器已加载完毕
11        for(i=0;i<6;i++){
12            ooTri[i]=new SixPointedStar(gl,shaderProgArray[0],-0.3*i);
                                                              //创建六角形绘制对象
13            }}else{
14            setTimeout(function(){                          //休息 60ms 后再执行
15            for(i=0;i<6;i++){
16                ooTri[i]=new SixPointedStar(gl,shaderProgArray[0],-0.3*i);
                  //创建六角形绘制对象
17            }},60); }
18        setInterval("drawFrame();",20);}                    //20ms 后执行 drawFrame()
19    function drawFrame(){                                   //主绘制方法
20        if(!ooTri[5]){
21            alert("加载未完成！");                           //提示信息
22                return;}
23        gl.clear(gl.COLOR_BUFFER_BIT | gl.DEPTH_BUFFER_BIT);  //清除着色缓冲与深度缓冲
24        ms.pushMatrix();                                    //保护现场
25        ms.translate(0,0,0);                                //执行平移
26        ms.rotate(currentYAngle,0,1,0);                     //执行绕 y 轴旋转
27        ms.rotate(currentXAngle,1,0,0);                     //执行绕 x 轴旋转
28        for(var j=0;j<6;j++){
29            ooTri[j].drawSelf(ms);}                         //绘制物体
30        ms.popMatrix();}                                    //恢复现场
31    …//这里省略了 html 文件的一些标签，有兴趣的读者可以自行查阅中的源代码
```

- 第 1～18 行为本例的入口方法代码，其中设置了视口大小，设置了屏幕背景颜色，初始化了变换矩阵，设置了摄像机位置，并且本节介绍的设置投影参数也是在这里声明的，开启了深度检测并加载了着色器创建了需要绘制的对象。
- 第 19～31 行为主绘制方法，在进行绘制之前需要检查绘制对象是否创建完成，如果没有完成会弹出窗口告诉读者加载未完成，如果加载完成了便进行绘制。绘制每帧时首先需要清除颜色缓冲与深度缓冲，之后根据绘制物体所在的位置进行变换，最后才是绘制物体。

注意　观察上面的绘制方法不难发现绘制方法其实是有一套自己的流程，在绘制前清除缓冲，然后根据绘制物体的位置及自身的姿态进行相应的平移、旋转、缩放变换，而后进行绘制。并且在绘制每一个物体时都会有保护现场和恢复现场，如果有多个物体需要绘制时，这样的优势便会显现出来。

（3）接下来我们再来看一个工具类——MatrixState 的开发。这个工具类在我们之后的每个案例中都会用到，其本质就是将 Matrix 脚本中的一些内容封装到了一个类中，使用时我们只需要调用相应的方法与给出自己设定的参数便可以方便地使用。

代码位置：见随书中源代码/第 4 章/Sample4_1/js 目录下的 MatrixState.js。

```
function MatrixState(){
    this.mProjMatrix = new Array(16);          //投影矩阵
    this.mVMatrix = new Array(16);             //摄像机矩阵
    this.currMatrix=new Array(16);             //基本变换矩阵
    this.mStack=new Array(100);                //矩阵栈
    this.setInitStack=function(){              //初始化矩阵的方法
    this.currMatrix=new Array(16);             //创建用于存储矩阵元素的数组
    setIdentityM(this.currMatrix,0);}          //将元素填充为单位阵的元素值
    this.pushMatrix=function(){                //保护变换矩阵，当前矩阵入栈
```

```
10            this.mStack.push(this.currMatrix.slice(0));}
11            this.popMatrix=function(){              //恢复变换矩阵，当前矩阵出栈
12            this.currMatrix=this.mStack.pop();}
13            this.translate=function(x,y,z) {        //执行平移变换，设置沿 x、y、z 轴移动
14            translateM(this.currMatrix, 0, x, y, z); }      //将平移变换记录进矩阵
15            this.rotate=function(angle,x,y,z){      //执行旋转变换，设置绕 x、y、z 轴移动
16            rotateM(this.currMatrix,0,angle,x,y,z); }       //将旋转变换记录进矩阵
17            this.scale=function(x,y,z){             //执行缩放变换，设置绕 x、y、z 轴移动
18            scaleM(this.currMatrix,0,x,y,z)}        //将缩放变换记录进矩阵
19            this.setCamera=function                 //设置摄像机
20                 (cx,cy,cz,                         //摄像机位置 x、y、z
21                 tx, ty, tz,                        //摄像机目标点 x、y、z
22                 upx,upy,upz){                      //摄像机 UP 向量 X、Y、Z 分量
23              setLookAtM(
24                   this.mVMatrix,0,
25                   cx,cy,cz,                            //摄像机位置
26                   tx,ty,tz,                            //观察点位置
27                   upx,upy,upz                          //up 向量
28              );}
29            this.setProjectFrustum=function(            //设置透视投影参数
30            left,right,bottom,top,near,far){      //near 面的 left、right、bottom、top
31            frustumM(this.mProjMatrix, 0, left, right, bottom, top, near, far); }
32            this.setProjectOrtho=function(              //设置正交投影参数
33            left,right,bottom,top,near,far){      //near 面的 left、right、bottom、top
34            orthoM(this.mProjMatrix, 0, left, right, bottom, top, near, far);}
35            this.getFinalMatrix=function(){             //获取具体物体的总变换矩阵
36            var mMVPMatrix=new Array(16);
37              multiplyMM(mMVPMatrix, 0, this.mVMatrix, 0, this.currMatrix, 0);
38                 multiplyMM(mMVPMatrix, 0, this.mProjMatrix, 0, mMVPMatrix, 0);
39                 return mMVPMatrix;}
40              this.getMMatrix=function(){               //获取具体物体的变换矩阵
41                 return this.currMatrix;}}
```

- 第 2～12 行声明了投影矩阵、摄像机矩阵、基本变换矩阵，并且封装了初始化矩阵的方法，保护变换矩阵与恢复变换矩阵。其中保护与恢复变换矩阵在绘制时会用到，在上一小节中我们介绍绘制物体时说过每个物体绘制时都会执行这两个方法。
- 第 13～28 行封装好了平移变换、旋转变换、缩放变换的方法，绘制物体时我们经常会根据模型的大小位置来使用这几个方法，使其有合适的位置和姿态。设置摄像机的方法在前面讲解摄像机时提到过，在调用时只需要给出摄像机 9 个参数即可。
- 第 29～41 行为设置透视投影参数与设置正交投影参数的代码，本节中讲述的正交投影便是调用这里的方法，读者在学完这两节之后便会明白两者的区别。除此之外还封装好了如何获取具体物体的总变换矩阵与获取具体物体的变换矩阵。

> **提示**
>
> MatrixState.js 类是本书中非常重要的一个类，几乎本书中所有的案例都要使用到，本章后继的章节将不断对此类进行完善。之所以要开发此类是因为，若将对矩阵的很多操作散落在各类的代码中有很多缺点，如不易管理、代码不能有效重用等，读者在后面的进一步学习中会逐渐感觉到这些。

这里省略了六角形类的开发，因为这部分代码与之前讲述的第一个例子中创建三角形类是一样的，这两者的区别只是在于顶点的位置、数量与颜色的不同，所以这里没有过多介绍。读者应该自行查阅中这部分源代码进行学习。

4.3.2 透视投影

现实世界中人眼观察物体时会有“近大远小”的效果，因此仅使用正交投影是远远不够的，这时可以采用透视投影。透视投影的投影线是不平行的，它们相交于视点。通过透视投影，可以产生现实世界中“近大远小”的效果，透视投影中，视景体为锥台形区域，如图 4-7 所示。

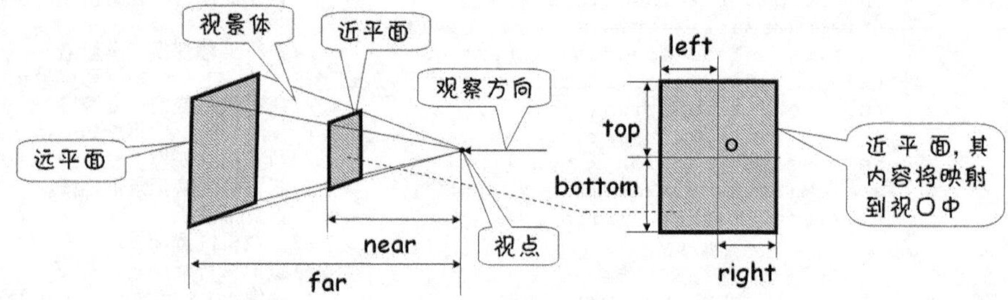

▲图 4-7　透视投影示意图

> **说明**　离视点较近，垂直于观察方向的平面为近平面；近平面左侧距中心的距离为 left，右侧为 right，上侧为 top，下侧为 bottom。由观察点与近平面左上、左下、右上、右下 4 个的点连线与远平面的交点可以确定上、下、左、右 4 个斜面，这 4 个斜面及远近平面确定了视景体的范围。

从图 4-7 中可以看出，透视投影的投影线互不平行，都相交于视点。因此同样尺寸的物体，近处的投影出来大，远处的投影出来小，从而产生了现实世界中“近大远小”的效果，图 4-8 更清楚地说明了这个问题。

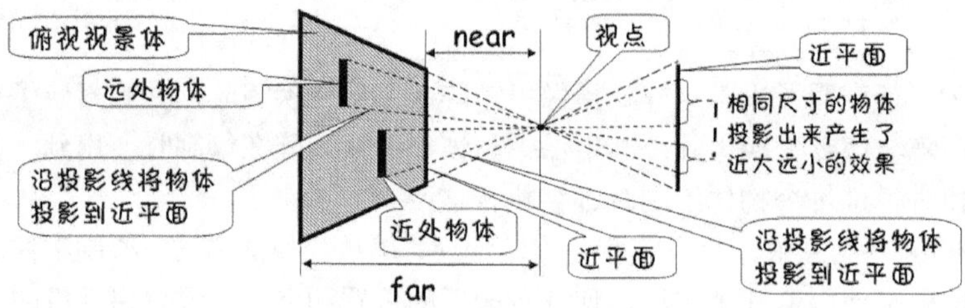

▲图 4-8　透视投影产生“近大远小”效果的原理图

本书案例中是在 MatrixState.js 中通过调用 Matrix 脚本中的 frustumM 方法完成对透视投影的设置。在上一小节的介绍中已经给出了 MatrixState.js 的代码，其中 frustumM 便为设置透视投影的方法，以后在设置透视投影时调用此方法即可，基本代码如下。

```
frustumM (
    mProjMatrix,                        //存储生成矩阵元素的数组
    0,                                  //填充起始偏移量
    left, right,                        //near 面的 left、right
    bottom, top,                        //near 面的 bottom、top
    near, far                           //near 面、far 面与视点的距离
);
```

> **说明**　从上述代码中可以看出，frustumM 方法的功能为根据接收的 6 个透视投影相关参数产生透视投影矩阵，并将矩阵的元素依次填充到指定的数组中，在 MatrixState.js 封装好了方法，只需将 left、right、bottom、top、near、far 六个参数传入即可。

前面介绍了透视投影的基本知识，下面将给出一个使用了透视投影的小案例——Sample4_2。本例的效果由几个尺寸相同的六角形叠加而成，每个六角形之间有一定间距，通过转动视角我们可以看出透视投影的效果，其运行效果如图 4-9 所示。

▲图 4-9 案例 Sample4_2 的运行效果图

> **提示** 与 Sample4_1 相同，本案例的场景是由一组距离观察点越来越远的相同尺寸的六角形构成。由于采用的投影方式为透视投影，因此最终显示在屏幕上的多个六角形呈现近大远小的效果。而在正交投影中，几个六角形的大小是相同的。

了解了本案例的运行效果后，下面就可以进行代码的开发了。由于本案例中大部分内容与上一小节相同，所以这里不将全部代码列出来，只会将其中重要的部分拿出来讲一下，所以我们将设置透视投影与设置参数，其具体步骤如下。

（1）在 ProjectFrustum.html 中首先将上个案例中设置投影的那段代码改掉。上节代码那一部分为设置正交投影，本节我们将其改为 ms.setProjectFrustum，用于设置透视投影。两句代码只是在方法上不同，设置完毕后观察运行效果。

代码位置：见随书中源代码/第 4 章/Sample4_2 目录下的 ProjectFrustum.html。

```
1    function start(){
2    …//省略一部分代码，读者可以自行查看中的完整代码
3        ms.setCamera(0,0, 5,0,0,0,0,1,0);                    //设置摄像机
4        ms.setProjectFrustum(-1.5,1.5,-1,1,1,100);           //设置投影参数
5        gl.enable(gl.DEPTH_TEST);                            //开启深度检测
6    …//省略一部分，代码读者可以自行查看中的完整代码
7    }
```

> **提示** 第 4 行是将 Sample4_1 中设置正交投影的语句替换成了设置透视投影的语句，其他的基本没有变化。要注意的是，与前面的案例相同，也要保持近平面与视口的宽高比一致，否则最终显示到屏幕上的物体会拉伸变形。

（2）在 ProjectFrustum.html 的创建六角形数组里的各个六角形对象时，还适当地调整了各个六角形的位置与六角形的大小。调整六角形大小，是在 SixPointedStar.js 类中调整其顶点位置，从而使每个六角形的大小都是一样的。

代码位置：见随书中源代码/第 4 章/Sample4_2 目录下的 ProjectFrustum.html。

```
1    function start(){
2    …//省略一部分代码，读者可以自行查看中的完整代码
3        loadShaderFile("shader/shader.bns",0);               //加载着色器程序
4        if(shaderProgArray[0]){                              //如果着色器已加载完毕
5            for(i=0;i<6;i++){
6                ooTri[i]=new SixPointedStar(gl,shaderProgArray[0],-0.6*i);}}
                 //创建三角形绘制对象
7    …//省略一部分代码，读者可以自行查看中的完整代码
8    }
```

> **提示** 第 4 行在创建各个六角形对象时，将最后一个参数由之前的-0.3 换成了-1.0，使每个六角形离视点更远，这使得近大远小的效果更加明显。另外要注意只有位于视景体内部的物体才能看见，因将物体摆放得太近（位于近平面与视点之间）而看不见是初学者常犯的错误之一，读者要多加注意。

4.4 各种变换

上一小节的六角形的案例中已经用到了物体的平移及旋转，但没有进行详细的介绍。本节将对 3 种基本变换（包括平移、旋转、缩放）的相关理论知识及具体开发进行介绍。同时也会进一步完善贯穿本书、几乎所有案例都需要使用的 MatrixState.js，为其增加实现各种变换的方法。

4.4.1 基本变换的相关数学知识

基本变换都是通过将表示点坐标的向量与特定的变换矩阵相乘完成的。进行基于矩阵的变换时，三维空间中点的位置需要表示成齐次坐标形式。所谓齐次坐标形式也就是在 x、y、z 3 个坐标值后面增加第四个量 w，未变换时 w 值一般为 1，如 P= $(P_x,P_y,P_z,1)^T$。

P 与一个特定的变换矩阵 M 相乘即可以完成一次基本变换，得到变换后点 Q 的齐次坐标向量，如 Q Q$(Q_x, Q_y, Q_z, 1)^T$，具体情况如下所列。

$$\begin{pmatrix} Q_x \\ Q_y \\ Q_z \\ 1 \end{pmatrix} = \begin{pmatrix} m_{11} & m_{12} & m_{13} & m_{14} \\ m_{21} & m_{22} & m_{23} & m_{24} \\ m_{31} & m_{32} & m_{33} & m_{34} \\ 0 & 0 & 0 & 1 \end{pmatrix} \times \begin{pmatrix} P_x \\ P_y \\ P_z \\ 1 \end{pmatrix}$$

，或简写为：Q=MP。

说明　上述线性代数表达式中最左侧为变换后 Q 点的齐次坐标，中间的为 4×4 的变换矩阵，右侧为变换前 P 点的齐次坐标。

当矩阵 M 中的元素取适当的值时，等式 Q=MP 就会有其特殊的几何意义。例如，可以将三维空间中的点 P 平移、旋转或缩放到点 Q。这些变换的具体信息就存放在矩阵 M 中，因此通常称矩阵 M 为变换矩阵。当需要连续执行一系列的变换时，依次将变换矩阵乘以表示点位置的齐次坐标向量即可。

提示　数学上，向量表示可以有两种选择：行向量与列向量。这两种方式没有本质区别，选取哪种都可以，WebGL 中使用的是列向量。列向量和矩阵相乘实现变换时，只能在列向量前面乘以矩阵，而行向量则反之，否则乘法没有意义，读者开发时要注意这一点。

4.4.2 平移变换

前面的小节已经介绍过，WebGL 中的基本变换都是通过变换矩阵完成的，平移变换自然也是如此，其变换矩阵的基本格式如下。

$$M = \begin{pmatrix} 1 & 0 & 0 & m_x \\ 0 & 1 & 0 & m_y \\ 0 & 0 & 1 & m_z \\ 0 & 0 & 0 & 1 \end{pmatrix}$$

上述矩阵中的 m_x、m_y、m_z 分别表示平移变换中沿 x、y、z 轴方向的位移。通过简单的线性代数计算即可验证，矩阵 M 乘以变换前 P 点的齐次坐标后确实得到了相当于将 P 点沿 x、y、z 轴平移 m_x、m_y、m_z 的结果，具体情况如下。

$$MP=\begin{pmatrix}1&0&0&m_x\\0&1&0&m_y\\0&0&1&m_z\\0&0&0&1\end{pmatrix}\begin{pmatrix}P_x\\P_y\\P_z\\1\end{pmatrix}=\begin{pmatrix}P_x+m_x\\P_y+m_y\\P_z+m_z\\1\end{pmatrix}，即\begin{pmatrix}Q_x\\Q_y\\Q_z\\1\end{pmatrix}=\begin{pmatrix}P_x+m_x\\P_y+m_y\\P_z+m_z\\1\end{pmatrix}。$$

了解了平移变换矩阵的基本情况后，下面给出一个使用了平移变换的简单案例——Sample4_3，案例中有一个 cube.js 用于创建立方体，程序中用该引用绘制两遍立方体，在绘制时直接调用 translate 方法将其平移即可，其运行效果如图 4-10 所示。

▲图 4-10　案例 Sample4_3 的运行效果图

（1）了解了本案例的运行效果后，下面就可以进行代码的开发了。首先需要开发的是用于创建立方体的 cube.js，由于它与上面创建三角形与六角形的方法类似，只是在顶点坐标与顶点颜色上存在差异，所以这里不再赘述了，读者可查阅中的源代码进行学习。

（2）在完成了创建立方体的 Cube.js 的开发后，就来开发本案例的主程序部分 Sample4_3 .html。在上一个案例中我们介绍了触控部分，以后不再对每一个案例中的触控部分进行介绍了，因为代码上是重复的。现在我们来看一下具体的开发过程。

代码位置：见随书中源代码/第 4 章/Sample4_3 目录下的 Sample4_3.html。

```
function start(){//初始化的方法
…//省略了判断 gl 上下文是否成功的代码
    gl.viewport(0, 0, canvas.width, canvas.height);        //设置视口
    gl.clearColor(0.0,0.0,0.0,1.0);                        //设置屏幕背景色 RGBA
    ms.setInitStack();                                     //初始化变换矩阵
    ms.setCamera(0,0,-5,0,0,0,0,1,0);                      //设置摄像机
    ms.setProjectOrtho(-1.5,1.5,-1,1,1,100);               //设置投影参数
    gl.enable(gl.DEPTH_TEST);                              //开启深度检测
    loadShaderFile("shader/shader.bns",0);                 //加载着色器程序
    if(shaderProgArray[0]){                                //如果着色器已加载完毕
        ooTri=new Cube(gl,shaderProgArray[0]);             //创建绘制 3D 物体
    }else{
        setTimeout(function(){
            ooTri=new Cube(gl,shaderProgArray[0]);     //创建绘制 3D 物体
        },60);}                                        //休息 10ms 后再执行
    setInterval("drawFrame();",20);}                   //20ms 后执行 drawframe()
function drawFrame(){                                  //主绘制方法
    if(!ooTri){
        alert("加载未完成！");return;}                 //提示信息
    gl.clear(gl.COLOR_BUFFER_BIT | gl.DEPTH_BUFFER_BIT); //清除着色缓冲与深度缓冲
    ms.pushMatrix();                                     //保护现场
    ms.translate(-0.5,0,0);                              //执行平移
    ms.rotate(currentYAngle,0,1,0);                      //执行绕 y 轴旋转
    ms.rotate(currentXAngle,1,0,0);                      //执行绕 x 轴旋转
    ooTri.drawSelf(ms);                                  //绘制物体
    ms.popMatrix();                                      //恢复现场
```

```
27        ms.pushMatrix();                                        //保护现场
28        ms.translate(0.5,0,0);                                  //执行平移
29        ms.rotate(currentYAngle,0,1,0);                         //执行绕 y 轴旋转
30        ms.rotate(currentXAngle,1,0,0);                         //执行绕 x 轴旋转
31        ooTri.drawSelf(ms);                                     //绘制物体
32        ms.popMatrix();      }                                  //恢复现场
33    …//这里省略了 HTML 文件的一些标签，有兴趣的读者可以自行查阅源代码
```

- 第 1～16 行为初始化的方法，这段里设置了视口大小、设置了屏幕背景色、初始化了变换矩阵、设置了摄像机与投影参数，之后在着色器加载完毕时创建需要绘制的 3D 物体，执行完这些后就定时调用绘制方法进行绘制。
- 第 17～33 行为主绘制方法，该方法中，在绘制之前会检测绘制对象是否加载完毕，如果没有加载完毕则本次不绘制，加载完成后绘制每帧时都会先清除颜色与深度缓冲，之后才会根据需要的位置与姿态进行相应的动作。

（3）上一小节介绍了 MatrixState.js，那时已经讲述了本类中的全部内容，包括平移、旋转与缩放，所以这里便不再赘述。MatrixState 在今后的开发中非常重要，其中封装了很多常用的方法，读者在每次用到此类时应该自行查阅代码进行细致学习。

> **提示**　开发中，使用此类时要首先调用 setInitStack 方法对当前变换矩阵进行初始化，否则可能会造成程序不能正常执行。如本案例中，在 Sample4_3.html 中的 start 方法中便进行了 ms.setInitStack 的初始化变换矩阵的方法。

4.4.3　旋转变换

介绍旋转变换的矩阵格式前，首先需要了解一下绕坐标轴或任意轴旋转的一些规定。WebGL 中，旋转角度的正负可以用右手螺旋定则来确定，具体情况如图 4-11 所示。右手螺旋定则是指：右手握住旋转轴，使大姆指指向旋转轴的正方向，4 指环绕的方向即为旋转的正方向，也就是旋转角度为正值。

$$M=\begin{pmatrix}\cos\theta+(1-\cos\theta)u_x^2 & (1-\cos\theta)u_yu_x-\sin\theta u_z & (1-\cos\theta)u_zu_x+\sin\theta u_y & 0\\(1-\cos\theta)u_xu_y+\sin\theta u_z & \cos\theta+(1-\cos\theta)u_y^2 & (1-\cos\theta)u_zu_y-\sin\theta u_x & 0\\(1-\cos\theta)u_xu_z-\sin\theta u_y & (1-\cos\theta)u_yu_z+\sin\theta u_x & \cos\theta+(1-\cos\theta)u_z^2 & 0\\0 & 0 & 0 & 1\end{pmatrix}$$

上述矩阵 M 表示将指定的点 P 绕轴向量 u 旋转θ度，其中的 u_x、u_y、u_z 表示 u 向量在 x、y、z 轴上的分量。由于本书不是专门讨论图形学相关数学的书籍，而旋转的计算比较复杂，这里就不进行验证计算了，有兴趣的读者可以参考其他资料进行计算验证。

了解了旋转变换矩阵的基本情况后，下面给出一个使用了旋转变换的简单案例——Sample4_4，其运行效果如图 4-12 所示。

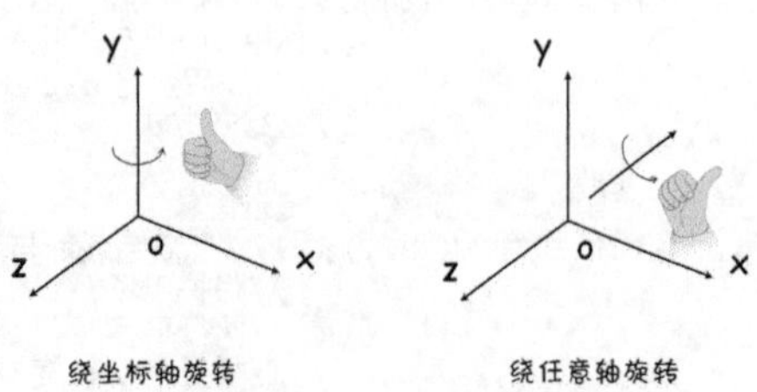

▲图 4-11　旋转正方向的确定

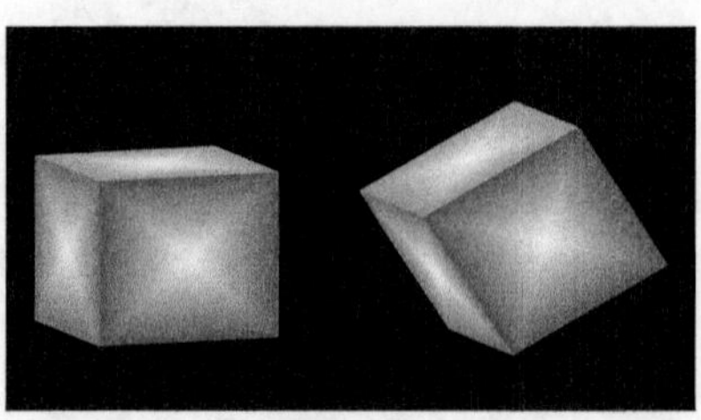

▲图 4-12　案例 Sample4_4 的运行效果图

了解了本案例的运行效果后，下面就可以进行代码的开发了。由于实际上本案例仅仅是将案

例 Sample4_3 复制了一份并进行了修改，因此这里仅给出修改的步骤，即仅仅给出了绘制方法中添加的旋转部分，具体开发过程如下所列。

（1）首先需要修改的是 Sample4_4.html 中的 drawFrame 方法。本案例中与上案例的代码基本一致，只有在绘制时多多少少有些出入。前面已经提到，MatrixState 已经将这些方法封装好了，所以应用时便变得异常简单，这里仅显示应用的过程。

代码位置：见随书中源代码/第 4 章/Sample4_4 目录下的 Sample4_4.html。

```
function drawFrame()
…//这里省略了部分代码，读者可以查阅中的源代码进行阅读
      ms.pushMatrix();                                        //保护现场
      ms.translate(-0.6,0,0);                                 //执行平移
      ms.rotate(currentYAngle,0,1,0);                         //执行绕 y 轴旋转
      ms.rotate(currentXAngle,1,0,0);                         //执行绕 x 轴旋转
      ooTri.drawSelf(ms);                                     //绘制物体
      ms.popMatrix();                                         //恢复现场
      ms.pushMatrix();                                        //保护现场
      ms.translate(0.6,0,0)      ;                            //执行平移
      ms.rotate(currentYAngle,0,1,0);                         //执行绕 y 轴旋转
      ms.rotate(currentXAngle,1,0,0);                         //执行绕 x 轴旋转
      ms.rotate(30,0,0,1);                                    //执行绕 z 轴旋转
      ooTri.drawSelf(ms);                                     //绘制物体
      ms.popMatrix();                                         //恢复现场
}
```

提示 此方法中主要是修改了绘制变换后立方体的代码，将原先的平移变换后增加了绕 z 轴旋转 30°的旋转变换。实际的效果就是两种变换的叠加，先平移再旋转，因此图 4-12 中在原立方体的右侧出现了平移、旋转变换后的另一个立方体。

（2）完成了 Sample4_4.html 的修改后，接着需要学习 MatrixState。前面虽然给出其全部代码，但是这里讲述的为旋转，所以读者应该重点关注一下这部分的代码，即封装好 MatrixState 类中的旋转方法，以后使用时会更加得心应手。

代码位置：见随书中源代码/第 4 章/Sample4_4/js 目录下的 MatrixState.js。

```
this.rotate=function(angle,x,y,z){                  //执行旋转变换，设置绕 x、y、z 轴移动
      rotateM(this.currMatrix,0,angle,x,y,z);       //将旋转变换记录进矩阵
}
```

- 参数 angle 为需要旋转的角度，参数 x、y、z 为旋转轴对应向量的 x、y、z 分量。例如，4 个参数的值为 30、0、0、1；表示绕 z 轴旋转 30°；4 个参数的值为 45、0.57735、0.57735、0.57735，表示绕与向量[0.57735,0.57735,0.57735]方向相同的轴旋转 45°。
- 此方法与前面小节中的 translate 方法类似，是通过调用 Matrix 脚本中的 rotateM 方法实现的。具体功能为将指定旋转变换对应的变换矩阵乘以当前的变换矩阵，再将最终结果矩阵存储到当前变换矩阵中。

4.4.4 缩放变换

前面已经介绍过，WebGL 中的基本变换都是通过变换矩阵完成的，缩放变换自然也是如此，其变换矩阵的基本格式如下。

$$M=\begin{pmatrix} s_x & 0 & 0 & 0 \\ 0 & s_y & 0 & 0 \\ 0 & 0 & s_z & 0 \\ 0 & 0 & 0 & 1 \end{pmatrix}$$

上述矩阵中的 s_x、s_y、s_z 分别表示缩放变换中的沿 x、y、z 轴方向的缩放率。通过简单的线性

代数计算即可验证，矩阵 M 乘以变换前 P 点的齐次坐标后确实得到了相当于将 P 点坐标沿 x、y、z 轴方向缩放 s_x、s_y、s_z 倍的结果，具体情况如下。

$$MP=\begin{pmatrix} s_x & 0 & 0 & 0 \\ 0 & s_y & 0 & 0 \\ 0 & 0 & s_z & 0 \\ 0 & 0 & 0 & 1 \end{pmatrix}\begin{pmatrix} P_x \\ P_y \\ P_z \\ 1 \end{pmatrix}=\begin{pmatrix} s_xP_x \\ s_yP_y \\ s_zP_z \\ 1 \end{pmatrix}，即\begin{pmatrix} Q_x \\ Q_y \\ Q_z \\ 1 \end{pmatrix}=\begin{pmatrix} s_xP_x \\ s_yP_y \\ s_zP_z \\ 1 \end{pmatrix}。$$

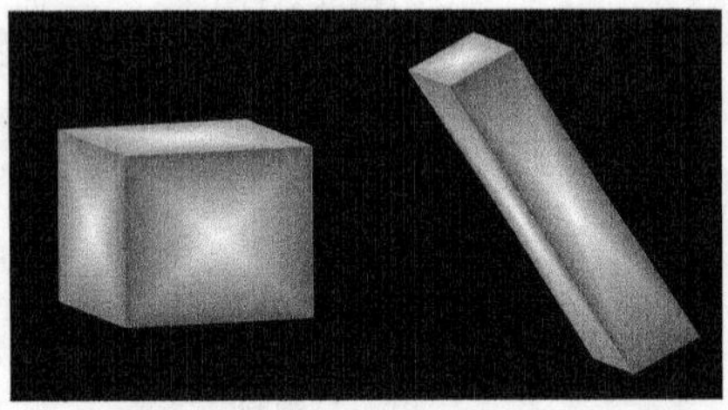

▲图 4-13　案例 Sample4_5 的运行效果图

了解了缩放变换矩阵的基本情况后，下面给出一个使用了缩放变换的简单案例——Sample4_5，本案例与上面两个例子是类似的，只是在前两个的基础上再加缩放。对第二个立方体进行平移、旋转之后，又进行了缩放，其运行效果如图 4-13 所示。

了解了本案例的运行效果后，下面就可以进行代码的开发了。由于实际上本案例仅仅是将案例 Sample4_4 复制了一份并进行了修改，因此这里仅给出修改的步骤，即只给出平移、旋转后添加的缩放的代码，具体开发如下所列。

（1）首先需要修改的是 Sample4_5.html 中 drawFrame 方法，这部分其实与前面两个案例中的 drawFrame 方法内容相同，只是在上一个的基础上加上一段缩放方法的代码，具体代码如下。

代码位置：见随书中源代码/第 4 章/Sample4_5 目录下的 Sample4_5.html。

```
function drawFrame()
…//这里省略了部分代码，读者可以查阅源代码进行阅读
    ms.pushMatrix();                                  //保护现场
    ms.translate(-0.6,0,0);                           //执行平移
    ms.rotate(currentYAngle,0,1,0);                   //执行绕 y 轴旋转
    ms.rotate(currentXAngle,1,0,0);                   //执行绕 x 轴旋转
    ooTri.drawSelf(ms);                               //绘制物体
    ms.popMatrix();                                   //恢复现场
    ms.pushMatrix();                                  //保护现场
    ms.translate(0.6,0,0)       ;                     //执行平移
    ms.rotate(currentYAngle,0,1,0);                   //执行绕 y 轴旋转
    ms.rotate(currentXAngle,1,0,0);                   //执行绕 x 轴旋转
    ms.rotate(30,0,0,1);                              //执行绕 z 轴旋转
    ms.scale(0.4,2,0.6);                              //执行缩放
    ooTri.drawSelf(ms);                               //绘制物体
    ms.popMatrix();                                   //恢复现场
}
```

提示　此方法中主要是在原先的旋转变换后增加了沿 x、y、z 轴方向分别缩放 0.4 倍、2 倍、0.6 倍的缩放变换。实际的效果就是 3 种变换的叠加。因此图 4-13 中在原立方体的右侧出现了平移、旋转、缩放变换后的另一个立方体，此时实际已经变成长方体了。

（2）完成了 Sample4_5.html 修改后，接着需要对 MatrixState 类中的缩放方法进行学习。其增加实现缩放变换的 scale 方法，封装成只剩下 3 个参数的方法，x、y、z 三个参数分别表示了在 x、y、z 三个坐标轴上进行缩放的比例，具体代码如下。

代码位置：见随书中源代码/第 4 章/Sample4_5/js 目录下的 MatrixState.js。

```
this.scale=function(x,y,z){                 //执行缩放变换，设置绕 x、y、z 轴移动
    scaleM(this.currMatrix,0,x,y,z)         //将缩放变换记录进矩阵
}
```

> **提示** 与前面小节中的 translate、rotate 方法类似，该方法是通过调用 Matrix 脚本中的 scaleM 方法实现的。具体功能为将指定缩放变换对应的缩放变换矩阵乘以当前变换矩阵，再将最终结果矩阵存储到当前变换矩阵中。

4.4.5 基本变换的实质

前面几个小节分别介绍了 3 种基本变换的实现方法，给读者的感觉应该是通过矩阵直接实现了对物体的变换。但在 WebGL 中这并不完全准确，在非常简单的情况下若仅仅这样来理解可能没有问题，但在多个物体的组合变换中可能就会产生问题了。

这是因为变换实际上并不是直接针对物体的，而是针对坐标系进行的。WebGL 中变换的实现机制可以理解为首先通过矩阵对坐标系进行变换，然后根据传入渲染管线的原始顶点坐标在最终变换结果坐标系中的位置来进行绘制，图 4-14 基于案例 Sample4_5 的场景说明了这个问题。

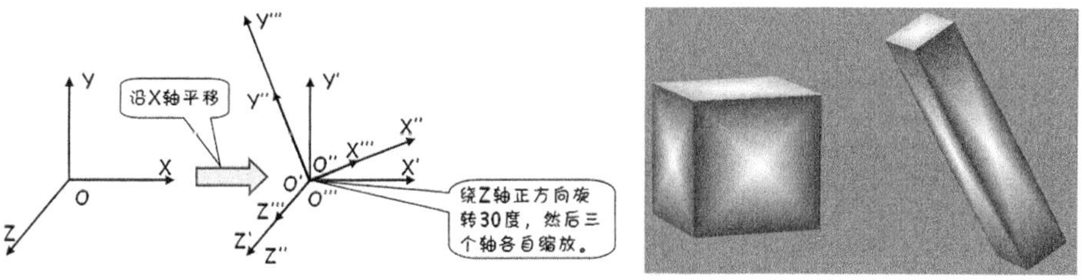

▲图 4-14 基本变换的实质

从图 4-14 中可以看出：

- 左侧的是原始坐标系，原始坐标系首先向右沿 x 轴进行了平移（得到上标为“'”的坐标系），然后绕 z 轴旋转了 30°（得到上标为“"”的坐标系），接着沿 x、y、z 轴分别按不同的倍数缩放得到了最终的结果坐标系（上标为“'''”）。
- 最后渲染管线按照物体的原始顶点坐标值在最终结果坐标系里的位置进行绘制，这就得到了场景中右侧变换过的立方体。此时看起来已经变为斜着的长方体了，但对于绘制坐标系而言其还是立方体，只是由于坐标系变化了才产生这种效果。

由于场景中可能有很多物体，这些物体都需要经过一系列变换后进行绘制，其中有些变换对于几个物体是共用的。这种情况下如果对每个物体都重新从原始坐标系开始进行变换就很烦琐，而且会进行一些不必要的重复计算。因此，系统中最好有保存变换矩阵状态的功能，即 pushMatrix 与 popMatrix。

考察这样的绘制需求，一共绘制 3 个立方体，第一个沿 x 轴平移距离 D 后绘制，第二个在第一个的正上方距离 D'的位置绘制，第三个在第一个的下方距离 D"的位置绘制。实现方式有很多种，比较典型的两种如表 4-2 所示。

表 4-2 两种不同的实现方法

操作序号	第一种方法	第二种方法
1	生成无变换原始坐标系	生成无变换原始坐标系
2	将坐标系沿 x 轴平移距离 D	将坐标系沿 x 轴平移距离 D
3	绘制第一个立方体	绘制第一个立方体
4	将坐标系沿 y 轴平移距离 D'	pushMatrix 保护现场
5	绘制第二个立方体	将坐标系沿 y 轴平移距离 D'

续表

操作序号	第一种方法	第二种方法
6	生成无变换原始坐标系	绘制第二个立方体
7	将坐标系沿 x 轴平移距离 D	popMatrix 恢复现场
8	将坐标系沿 y 轴平移距离 D"	将坐标系沿 y 轴平移距离 D"
9	绘制第三个立方体	绘制第三个立方体

通过对表 4-2 中两种不同的实现方式进行比较可以看出，虽然步骤一样多，但左侧的方式进行变换的次数多一些，右侧的通过恰当的存储（保护现场）与取出（恢复现场）变换矩阵状态减少了变换次数，提高了效率。

提示　其实有了保护与恢复现场的功能后不但可以提高效率，而且在很多情况下可以将复杂问题简单化，例如在构建一个物体比较多的场景时，如果没有保护与恢复现场，那么在添加物体时计算量将变的十分巨大，在后面的学习中读者会慢慢体会到。

下面应该进一步解释一下上述各种变换所用 4×4 变换矩阵中各个列向量的含义，具体情况如下。

- 前 3 列的前 3 个元素是方向向量，表示变换目标坐标系 x、y、z 轴的方向。在平移与旋转变换中 3 个方向向量的长度为 1，为规格化向量；在缩放变换中 3 个方向向量的长度分别为沿 3 个轴方向缩放的比例值。
- 在正常的平移、缩放、旋转变换中，这 3 个向量相互之间总成 90 度角。这种情况如果用数学术语来描述就称为“正交”。如果 3 个方向向量的长度都为 1，就称之为标准正交。
- 第 4 个列的列向量中包含的是变换目标坐标系原点的齐次坐标，也就是目标坐标系原点的 x、y、z 坐标值以及 1。

提示　了解了上述每一个变换矩阵中列向量的含义后，再去回看平移、旋转、缩放 3 种基本变换矩阵时就更容易理解了。同时读者也应该具有了自行根据需要构造特殊 4×4 变换矩阵的能力。

4.5 所有变换的完整流程

通过本书前面章节一些简单案例的学习，读者应该已经发现，最终传入渲染管线的是由摄像机矩阵、投影矩阵、基本变换总矩阵相乘而得到的总变换矩阵。在顶点着色器程序中，着色器将接收到的原始顶点位置与传入的总变换矩阵相乘，得到顶点最终的绘制位置，其基本代码如下。

```
gl_Position = uMVPMatrix * vec4(aPosition,1);
```

说明　上述代码中 uMVPMatrix 为传入渲染管线的总变换矩阵，aPosition 为需要计算最终位置的顶点的原始位置，vec4 为包含了 4 个浮点数的向量，gl_Position 为最终的顶点绘制位置，这一句代码在前面所有的 3D 案例中几乎都出现过。

到这里读者可能会有一个疑问：“传入的原始顶点位置 aPosition 中已经包含 x、y、z 三个坐标分量了，为什么与总变换矩阵相乘时还需要加上一个分量 1，变成四维坐标呢？”这个技术在图形学中被称为齐次坐标表示，所谓齐次坐标表示就是用 N+1 维坐标表示 N 维坐标。

齐次坐标还分为规范化的和非规范化的，规范化的四维齐次坐标在 x、y、z 分量后增加的那个分量的值必须为 1，这也就是上述代码中增加的分量 1。这个增加的分量一般称为 W 分量，后面介绍执行透视除法的相关知识时还会用到。

> **提示** 采用齐次坐标是由于很多在 N 维空间中难以解决的问题在 N+1 维空间中会变得比较简单。如规范化齐次坐标表示提供了用矩阵把空间中的一个点集从一个坐标系变换到另一个坐标系的简便途径，是 WebGL 中空间变换的基石。

对于简单的开发需求而言，了解到这里也就基本满足需要了。但是若需要进行更灵活、更深入的应用开发，还需要对上述 3 类矩阵（摄像机矩阵、投影矩阵、基本变换总矩阵）对应变换的作用进行更深层次的了解。

首先需要了解的是几种不同的空间，主要包括：物体空间、世界空间、摄像机空间、剪裁空间、标准设备空间、实际窗口空间等 6 种。

❑ 物体空间。

对于物体空间，比较容易理解，就是需要绘制的 3D 物体所在的原始坐标系代表的空间。例如在进行设计时，物体的几何中心是摆放到坐标系原点的，这个坐标系代表的就是物体空间。

❑ 世界空间。

对于世界空间，也不难理解，就是物体在最终 3D 场景中的摆放位置对应的坐标所属的坐标系代表的空间。比如，要在[10,3,5]位置摆放一个球，在[20,0,15]位置摆放一个圆锥，这里面[10,3,5]、[20,0,15]两组坐标所属的坐标系代表的就是世界空间。

❑ 摄像机空间。

物体经摄像机观察后，进入摄像机空间。对摄像机空间的理解稍微复杂一些，其指的是以观察场景的摄像机为原点的一个特定坐标系代表的空间。在这个坐标系中，摄像机位于原点，视线沿 z 轴负方向，y 轴方向与摄像机 UP 向量方向一致，基本情况如图 4-15 所示。

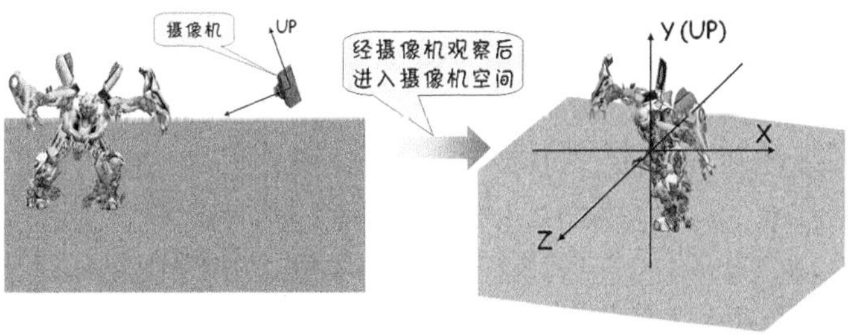

▲图 4-15 摄像机空间

要注意的是，在摄像机空间中，摄像机永远位于原点，视线一直沿 z 轴负方向，y 轴一直沿摄像机 UP 向量方向。但是相对于世界坐标系，摄像机坐标系可能是歪的或斜的，如图 4-16 所示。

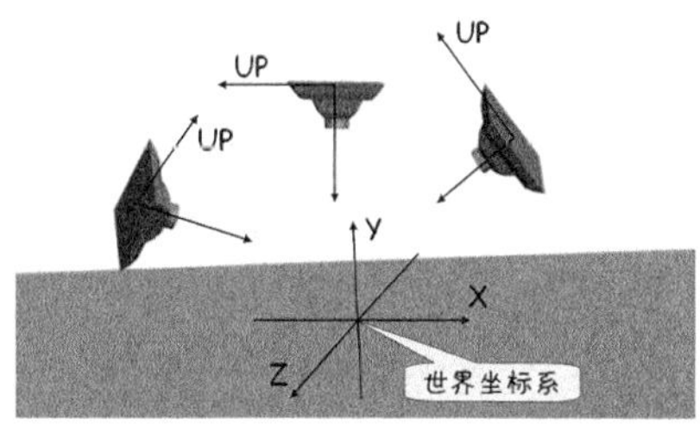

▲图 4-16 摄像机相对于世界坐标系可以是各种姿态的

也就是说摄像机空间代表的是以摄像机本身为中心的一种坐标系，就像人眼观察世界时若将头歪过来看，感觉是物体斜了，其实物体在世界坐标系中是正的，只是经过眼睛观察后进入了眼睛（摄像机）坐标系，在这个坐标系里是歪的而已。

❑ 剪裁空间。

通过前面投影相关知识的学习应该已经了解到，只有在视景体里面的物体才能够最终被用户观察到。也就是说并不是摄像机空间中所有的物体都能最终被观察到，只有在摄像机空间中位于视景体内的物体才能最终被观察到。因此，将摄像机空间中视景体内的部分独立出来经过处理后就成为了剪裁空间。

- 标准设备空间。

对剪裁空间执行透视除法后得到的就是标准设备空间。对于 WebGL 而言，标准设备空间 3 个轴的坐标范围都是-1.0～1.0。关于透视除法的问题后面会介绍，这里读者简单了解即可。

- 实际窗口空间。

对于实际窗口空间，也很容易理解，其一般代表的是设备屏幕上的一块矩形区域，其坐标以像素为单位，也就是前面章节介绍过的视口对应的空间。

> **提示**　到这里为止，各个空间自身的含义已经基本介绍完了，下面将进一步介绍从一个空间到另一个空间的变换是如何实现的。

从对上述各个空间的介绍中可以看出，要绘制出屏幕上绚丽多姿的 3D 场景，就需要将每个物体从自己所属的物体空间依次经世界空间、摄像机空间、剪裁空间、标准设备空间进行变换，最终到达实际窗口空间。

这个过程中从一个空间到另一个空间的变换就是通过乘以各种变换矩阵以及进行一些必要的计算来完成的，具体过程如图 4-17 所示。

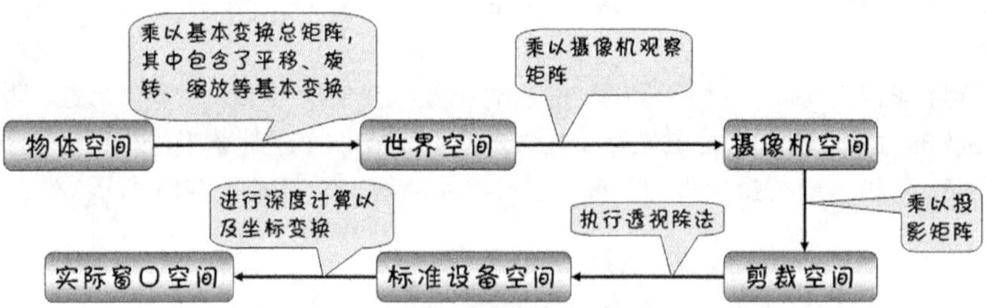

▲图 4-17　空间变换的流程

从图 4-17 中可以看出从一个空间到另一个空间的变换是如何实现的，具体情况如下：

- 从物体空间到世界空间的变换是通过乘以基本变换总矩阵来实现的，这比较容易理解。基本变换总矩阵就是将前面 4.4 节介绍过的用于实现各种基本变换（缩放、平移、旋转）的矩阵根据变换需要依次相乘而得到的结果矩阵。
- 从世界空间到摄像机空间的变换是通过乘以摄像机观察矩阵来实现的，其实现起来也很简单，没有很大的技术难度。
- 从摄像机空间到剪裁空间的变换是通过乘以投影矩阵来完成的，根据需求的不同可以选用正交投影或透视投影的相关变换矩阵。乘以投影矩阵后，任何一个点的坐标[x,y,z,w]中的 x、y、z 分量都将在-w～w 内。

> **提示**　本节最开始提到的“在顶点着色器程序中，着色器将接收到的原始顶点位置与传入的总变换矩阵相乘，得到顶点最终的绘制位置”，里面的最终位置指的就是剪裁空间中的位置，其实还不够“最终”。前面的介绍中采用“最终”是指到达剪裁空间之后的变换就不归开发人员管了，是由管线自动完成的。

- 从剪裁空间到标准设备空间的变换是通过执行透视除法来完成的。所谓透视除法其实很简单，就是将齐次坐标[x,y,z,w]的 4 个分量都除以 w，结果为[x/w,y/w,z/w,1]，本质上就是对齐次坐标进行了规范化。

- ❑ 从标准设备空间到实际窗口空间变换的主要工作是将执行透视除法后的 x、y 坐标分量转换为实际窗口的 x、y 像素坐标。主要的思路是将标准设备空间的 xy 平面对应到视口上，将−1.0～1.0 范围内的 x、y 坐标折算为视口上的像素坐标，这个计算也很容易完成。

上述每一步乘以不同矩阵以及进行相应计算产生的具体效果如图 4-18 所示。

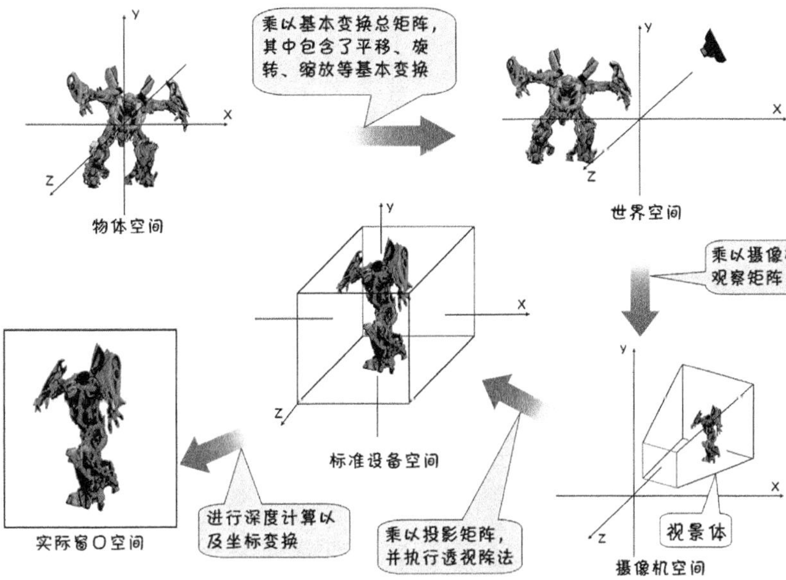

▲图 4-18　每个空间的具体效果

> 提示　通过结合前面具体的介绍与观察图 4-18 可以很好地理解变换到每一种空间后的大致效果，加深对所有变换完整流程的理解。

4.6 绘制方式

细心的读者会发现，本书前面所有的案例中最后绘制物体时都是采用的同一种方式——gl.TRIANGLES。其实 WebGL 中支持的绘制方式还有很多，如 gl.POINTS、gl.LINES 等，本节将对各种绘制方式进行详细介绍。

4.6.1 各种绘制方式概览

WebGL 中支持的绘制方式大致分 3 类，包括点、线段、三角形，每类中包括一种或多种具体的绘制方式，各种具体绘制方式的说明如下所列。

- ❑ gl.POINTS。

此方式是点类下的唯一一个绘制方式，其将传入渲染管线的一系列顶点单独进行绘制，不组装成更高一级的图元（如：线段、三角形等），具体情况如图 4-19 所示。

- ❑ gl.LINES。

此方式是线段类的一种，其将传入渲染管线的一系列顶点按照顺序两两组织成线段进行绘制，具体情况如图 4-20 所示。要注意的是，若顶点个数为奇数，管线会自动忽略最后一个顶点。

- ❑ gl.LINE_STRIP。

此方式也是线段类的一种，其将传入渲染管线的一系列顶点按照顺序依次组织成线段进行绘制，具体情况如图 4-21 所示。

- gl.LINE_LOOP。

此方式还是线段类的一种，其将传入渲染管线的一系列顶点按照顺序依次组织成线段进行绘制。与 gl.LINE_STRIP 方式的区别是，其将最后一个顶点与第一个顶点相连，形成线段环，具体情况如图 4-22 所示。

> **提示**　上述 4 幅图中顶点的编号代表的是顶点送入渲染管线的顺序，后面关于其他绘制方式的示意图中也是如此。

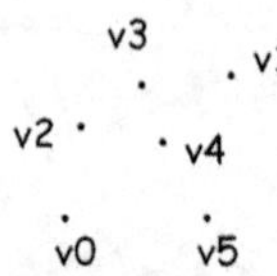

▲图 4-19　gl.POINTS

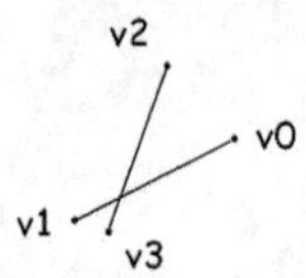

▲图 4-20　gl.LINES

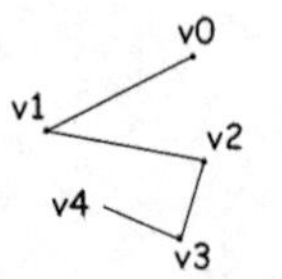

▲图 4-21　gl.LINE_STRIP

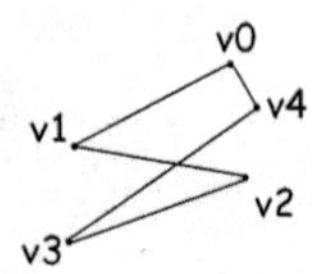

▲图 4-22　gl.LINE_LOOP

- gl.TRIANGLES。

此方式是三角形类之一，其将传入渲染管线的一系列顶点按照顺序每 3 个组织成一个三角形进行绘制，具体情况如图 4-23 所示。从图 4-23 中可以看出，顶点 2、5 以及顶点 1、3 位置是相同的，这是因为左下侧和右上侧的两个三角形有共用顶点。

此绘制方式下，多个三角形有共用顶点时会造成冗余。如果不希望存在冗余，可以用后面介绍的其他绘制方式完成绘制。

- gl.TRIANGLE_STRIP。

此方式也是三角形类之一，其将传入渲染管线的一系列顶点按照顺序依次组织成三角形进行绘制，最后实际形成的是一个三角形条带。若共有 N 个顶点，则将绘制出 N-2 个三角形，具体情况如图 4-24 所示。通过比较可以发现，绘制同样的图形，此方式比 gl.TRIANGLES 方式节省顶点空间。

- gl.TRIANGLE_FAN。

此方式还是三角形类之一，其将传入渲染管线的一系列顶点中的第一个顶点作为中心点，其他顶点作为边缘点绘制出一系列组成扇形的相邻三角形，具体情况如图 4-25 所示。

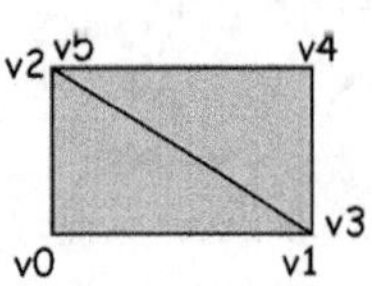

▲图 4-23　gl.TRIANGLES

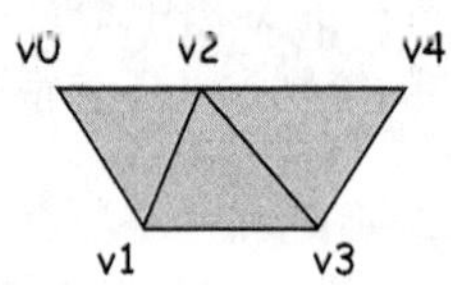

▲图 4-24　gl.TRIANGLE_STRIP

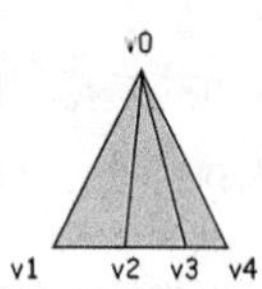

▲图 4-25　gl.TRIANGLE_FAN

4.6.2　点与线段绘制方式

上一小节介绍了各种绘制方式的基本情况，本小节将通过一个简单的案例向读者详细介绍如何在开发中使用点及线段的绘制方式。案例中通过 4 个单选按钮来确定绘制方式，进而进行绘制，其运行效果如图 4-26 所示。

> **提示**　图 4-26 中从左上到右下依次为用 gl.POINTS、gl.LINES、gl.LINE_STRIP 和 gl.LINE_LOOP 绘制方式绘制的效果图。需要注意的是，在不同的浏览器本例的运行效果有些不同，例如在谷歌浏览器中刷新之后焦点会回到第一个按钮，但是在火狐上不支持。

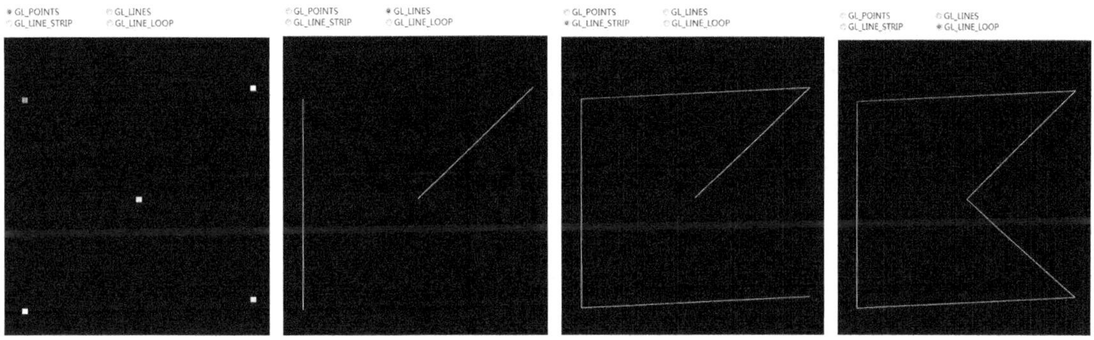

▲图 4-26 案例 Sample4_6 的运行效果图

了解了本案例的运行效果后，就可以进行代码的开发了。由于本案例中大部分类的代码与前面案例中的非常相似，因此不再赘述，需要了解的读者请参考随书中的源代码。下面仅介绍与前面很不同的采用点或线段绘制方式的 PointsOrLines 类，其代码如下。

代码位置：见随书中源代码/第 4 章/Sample4_61js 目录下的 PointsOrLines.js。

```
1    this.drawSelf=function(ms,currentmode){                    //绘制物体的方法
2            gl.useProgram(this.program);                       //指定使用某套着色器程序
3            //获取总变换矩阵引用 id
4            var uMVPMatrixHandle=gl.getUniformLocation(this.program, "uMVPMatrix");
5            //将总变换矩阵送入渲染管线
6            gl.uniformMatrix4fv(uMVPMatrixHandle,false,new Float32Array(ms.get
             FinalMatrix()));
7            //启用顶点坐标数据数组
8            gl.enableVertexAttribArray(gl.getAttribLocation(this.program,
             "aPosition"));
9            gl.bindBuffer(gl.ARRAY_BUFFER, this.vertexBuffer);
             //绑定顶点坐标数据缓冲
10           //给管线指定顶点坐标数据
11           gl.vertexAttribPointer(gl.getAttribLocation(this.program, "aPosition"),
             3,gl.FLOAT,false,0, 0);
12           //启用顶点颜色坐标数据数组
13           gl.enableVertexAttribArray(gl.getAttribLocation(this.program, "aColor"));
14           gl.bindBuffer(gl.ARRAY_BUFFER, this.colorBuffer);
             //绑定顶点坐标数据缓冲
15           //给管线指定顶点坐标数据
16           gl.vertexAttribPointer(gl.getAttribLocation(this.program,"aColor"),
             4,gl.FLOAT,false,0, 0);
17           gl.lineWidth(10);//设置线的宽度
18           switch (currentmode) {            //switch 用的是全等(===)与 case 匹配
19                case '1':                                  // GL_POINTS
20                gl.drawArrays(gl.POINTS, 0, 5);break;
21                case '2':                                  // GL_LINES
22                gl.drawArrays(gl.LINES, 0, 5);break;
23                case '3':                                  // GL_LINE_STRIP
24                gl.drawArrays(gl.LINE_STRIP, 0, 5);break;
25                case '4':                                  // GL_LINE_LOOP
26                gl.drawArrays(gl.LINE_LOOP, 0, 5);break;
27   }}
```

- 第 1～17 行为 PointsOrLines.js 中的绘制物体的方法，首先指定使用着色器，获取总变换矩阵引用 id，将总变换矩阵送入渲染管线中，之后启用顶点坐标数据数组与顶点颜色坐标数据数组，最后给管线指定顶点坐标数据，设置线的宽度。
- 第 18～27 行为根据传入到绘制方法中的被选中 radio 的值设置具体的绘制方式。细心的读者不难发现 case 后面为“1”而不是数字“1”，因为 switch 使用的匹配为全等（===）匹配。如果不想加单引号的话，可以使用 if 语句进行判断。

另外，本案例中用到的顶点与片元着色器与第 4 章 Sample4_1 中的基本一致，主要的变化就是在顶点着色器中加入了如下代码。还有一处不同就是在 Sample4_6.hmtl 中添加了 form 表单，

在第 1 章中已经讲述了其用法，所以这里也不再叙述，读者只需留意一下如何取得 radio 值即可。

```
gl_PointSize=10.0;                          //设置点的尺寸
```

上述代码的功能为设置点绘制方式下点的大小，若没有进行设置，则管线采用默认值 1，如图 4-27 所示。

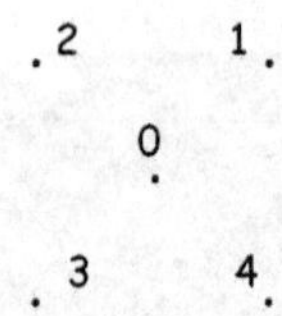

▲图 4-27　顶点的位置与顺序

4.6.3　三角形条带与扇面绘制方式

掌握了点与线段的绘制方式后，本小节将通过一个简单的案例向读者详细介绍如何在开发中使用三角形条带及扇面的绘制方式，其运行效果如图 4-28 所示。图 4-29 所示的为示例中条带各顶点的顺序，图 4-30 为案例中扇面各顶点的顺序。

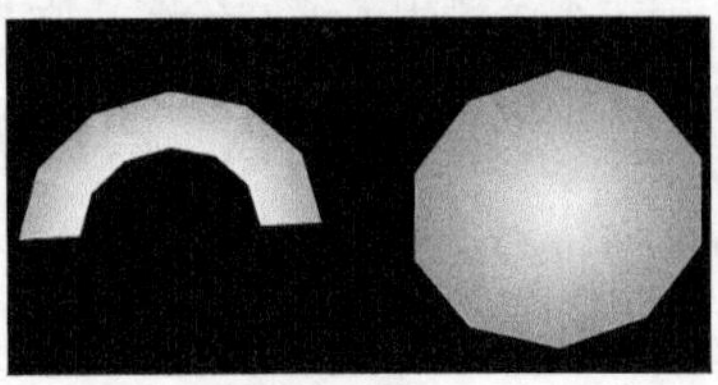

▲图 4-28　案例 Sample4_7 的运行效果图

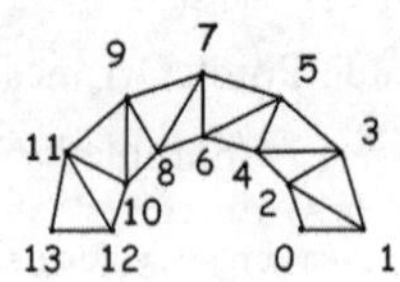

▲图 4-29　条带中各顶点的顺序

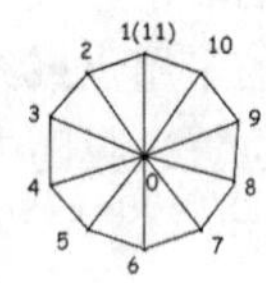

▲图 4-30　扇面中各顶点的顺序

了解了本案例的运行效果后，就可以进行代码的开发了。由于本案例中大部分类的代码与前面案例中的非常相似，因此不再赘述，需要了解的读者请参考随书中的源代码。下面的步骤中仅介绍与前面案例大不相同的使用三角形条带及扇面绘制方式的几个类的开发，具体如下所列。

（1）首先开发的是使用三角形条带（gl.TRIANGLE_STRIP）方式进行绘制的 Belt 类。其实 Belt 实质上与之前讲述的几节中的物体类例如三角形，六角形，立方体无异，它们的本质都是给出其顶点，通过不同的顶点与不同的绘制方式来绘制出不同效果，其具体代码如下。

代码位置：见随书中源代码/第 4 章/Sample4_7/js 目录下的 Belt.js。

```
function Belt(                                           //声明绘制用物体对象所属类
      gl,                                                //GL 上下文
      programIn){                                        //着色器程序 id
            this.vcount=14;                              //设置顶点数量
            var angdegBegin=-90;                         //角度起始值
            var angdegEnd=90;                            //角度终止值
            var angdegSpan=(angdegEnd-angdegBegin)/6;          //角度步长值
            var vertexarray=new Array();                       //声明顶点数组
            var colorarray=new Array();                        //声明颜色坐标数组
            var count=0;
            for(var i=angdegBegin;i<=angdegEnd;i+=angdegSpan){
                  var angrad=i*Math.PI/180;              //将角度转换成弧度
                  vertexarray[count++]=-0.6*0.5*Math.sin(angrad); //当前点 x 坐标
                  vertexarray[count++]=0.6*0.5*Math.cos(angrad); //当前点 y 坐标
                  vertexarray[count++]=0;                       //当前点 z 坐标
                  vertexarray[count++]=-0.5*Math.sin(angrad);   //下一个点 x 坐标
                  vertexarray[count++]=0.5*Math.cos(angrad);    //下一个点 y 坐标
                  vertexarray[count++]=0;}                //下一个点 z 坐标
      this.vertexData=vertexarray;                       //将顶点坐标数组传给 vertexData
      this.vertexBuffer=gl.createBuffer();               //创建顶点坐标数据缓冲
      gl.bindBuffer(gl.ARRAY_BUFFER,this.vertexBuffer);        //绑定顶点坐标数据缓冲
      //将顶点坐标数据送入缓冲
      gl.bufferData(gl.ARRAY_BUFFER,new Float32Array(this.vertexData),
      gl.STATIC_ DRAW);
      count = 0;
         for(var i=0; i<56; i+=8){
            colorarray[count++] = 1;                     //当前点 R 值
            colorarray[count++] = 1;                     //当前点 G 值
            colorarray[count++] = 1;                     //当前点 B 值
            colorarray[count++] = 1.0;                   //当前点 A 值
            colorarray[count++] = 0;                     //下一个点的 R 值
```

```
31                  colorarray[count++] = 1;          //下一个点的 G 值
32                  colorarray[count++] = 1;          //下一个点的 B 值
33                  colorarray[count++] = 1.0;}       //下一个点的 A 值
34          this.colorsData=colorarray;               //将顶点颜色坐标数组传给 colorsData
35          this.colorBuffer=gl.createBuffer();       //创建颜色坐标缓冲
36          gl.bindBuffer(gl.ARRAY_BUFFER,this.colorBuffer);    //绑定颜色数据缓冲
37          //将颜色数据送入缓冲
38          gl.bufferData(gl.ARRAY_BUFFER,new Float32Array(this.colorsData),
            gl.STATIC_ DRAW);
39          this.program=programIn;                          //初始化着色器程序 id
40          this.drawSelf=function(ms){                      //绘制物体的方法
41          gl.useProgram(this.program);                     //指定使用某套着色器程序
42          //获取总变换矩阵引用 id
43          var uMVPMatrixHandle=gl.getUniformLocation(this.program, "uMVPMatrix");
44          //将总变换矩阵送入渲染管线
45          gl.uniformMatrix4fv(uMVPMatrixHandle,false,new Float32Array(ms.getFinal
            Matrix()));
46          gl.enableVertexAttribArray(gl.getAttribLocation(this.program, "aPosition"));
            //启用顶点数组
47          gl.bindBuffer(gl.ARRAY_BUFFER, this.vertexBuffer);   //绑定顶点坐标数据缓冲
48          //给管线指定顶点坐标数据
49          gl.vertexAttribPointer(gl.getAttribLocation(this.program, "aPosition"),3,
            gl.FLOAT,false,0, 0);
50         gl.enableVertexAttribArray(gl.getAttribLocation(this.program, "aColor"));
           //启用顶点数组
51         gl.bindBuffer(gl.ARRAY BUFFER, this.colorBuffer);     //绑定顶点坐标数据缓冲
52         //给管线指定顶点坐标数据
53         gl.vertexAttribPointer(gl.getAttribLocation(this.program,"aColor"), 4,
           gl.FLOAT,false,0, 0);
54         gl.drawArrays(gl.TRIANGLE_STRIP, 0, this.vcount);     //绘制条状物
55    }}
```

- 第 1～23 行为声明绘制用物体对象所属类，设置顶点数量，之后创建顶点坐标数组并为其赋值。其中通过所需要绘制的物体的特有的角度进行赋值，获得了顶点数组后为其创建顶点数据缓冲，再绑定顶点数据缓冲，最后将顶点数据送入缓冲。
- 第 24～39 行为给顶点颜色数组赋值，每个顶点有 RGBA 四个值，赋值后将数组传给 colorsData，然后创建颜色坐标缓冲，再绑定颜色数据缓冲，最后将颜色数据送入缓冲，并初始化着色器程序 id。为顶点与顶点颜色数组赋值的方法与之前案例类似，读者需要自己设计。
- 第 40～55 行为绘制物体的方法，与前面案例中绘制物体的方法无异，首先获取总变换矩阵引用 id，将总变换矩阵送入渲染管线，启用顶点与顶点颜色数组，绑定顶点与颜色坐标数据缓冲，最后为管线指定顶点坐标数据与绘制方式。

（2）完成了采用三角形条带方式进行绘制的 Belt 类的开发后，下面将要开发的是采用三角形扇面方式进行绘制的 Circle 类。与 Belt 类似，Circle 中只有给出的顶点位置、顶点颜色与绘制方式不同，其余都是一样的，其代码如下。

代码位置：见随书中源代码/第 4 章/Sample4_7/js 目录下的 Circle.js。

```
function Circle(                                     //声明绘制用物体对象所属类
      gl,                                            //GL 上下文
      programIn                                      //着色器程序 id
      ){
      var angdegSpan=360/10;                         //设置角度变换的步长值
      var vertexarray=new Array();                   //声明顶点数组
      var colorarray=new Array();                    //声明颜色数组
      var count=0;                                   //坐标数据初始化
      vertexarray[count++] = 0;                      //第一个点的 x 坐标
      vertexarray[count++] = 0;                      //第一个点的 y 坐标
      vertexarray[count++] = 0;                      //第一个点的 z 坐标
      for(var i=0; Math.ceil(i)<=360; i+=angdegSpan) {
            var angrad=i*Math.PI/180;                //当前弧度
            vertexarray[count++]=0.5*Math.sin(angrad);      //当前点 x 坐标
            vertexarray[count++]=0.5*Math.cos(angrad);      //当前点 y 坐标
            vertexarray[count++]=0;}                 //当前点 z 坐标
      this.vertexData=vertexarray;                   //将顶点坐标数组传给 vertexData
```

```
18          this.vcount=12;                                          //得到顶点数量
19          this.vertexBuffer=gl.createBuffer();                     //创建顶点坐标数据缓冲
20          gl.bindBuffer(gl.ARRAY_BUFFER,this.vertexBuffer);        //绑定顶点坐标数据缓冲
21          //将顶点坐标数据送入缓冲
22          gl.bufferData(gl.ARRAY_BUFFER,new Float32Array(this.vertexData),
            gl.STATIC_ DRAW);
23          count = 0;
24          colorarray[count++] = 1;                                 //第一个点 R 值
25          colorarray[count++] = 1;                                 //第一个点 G 值
26          colorarray[count++] = 1;                                 //第一个点 B 值
27          colorarray[count++] = 1.0;                               //第一个点 A 值
28          for(var i=4; i<48; i+=4){
29          colorarray[count++] = 0;                                 //当前点 R 值
30          colorarray[count++] = 1;                                 //当前点 G 值
31          colorarray[count++] = 0;                                 //当前点 B 值
32          colorarray[count++] = 1.0;}                              //当前点 A 值
33          this.colorsData=colorarray;                              //将顶点颜色数组传给 colorsData
34          this.colorBuffer=gl.createBuffer();                      //创建颜色缓冲
35          gl.bindBuffer(gl.ARRAY_BUFFER,this.colorBuffer);         //绑定颜色数据缓冲
36          //将颜色数据送入缓冲
37          gl.bufferData(gl.ARRAY_BUFFER,new Float32Array(this.colorsData),
            gl.STATIC_ DRAW);
38          this.program=programIn;                                  //初始化着色器程序 id
39          this.drawSelf=function(ms)                               //绘制物体的方法
40                gl.useProgram(this.program);                       //指定使用某套着色器程序
41                //获取总变换矩阵引用 id
42                var uMVPMatrixHandle=gl.getUniformLocation(this.program, "uMVPMatrix");
43                //将总变换矩阵送入渲染管线
44                gl.uniformMatrix4fv(uMVPMatrixHandle,false,new Float32Array(ms.get
                  FinalMatrix()));
45                gl.enableVertexAttribArray(gl.getAttribLocation(this.program,
                  "aPosition"));//启用顶点数组
46                gl.bindBuffer(gl.ARRAY_BUFFER, this.vertexBuffer);       //绑定顶点坐
                  标数据缓冲
47                //给管线指定顶点坐标数据
48                gl.vertexAttribPointer(gl.getAttribLocation(this.program,
                  "aPosition"), 3,gl.FLOAT,false,0, 0);
49                gl.enableVertexAttribArray(gl.getAttribLocation(this.program,
                  "aColor"));    //启用顶点数组
50                gl.bindBuffer(gl.ARRAY_BUFFER, this.colorBuffer);
                  //绑定顶点坐标数据缓冲
51                //给管线指定顶点坐标数据
52                gl.vertexAttribPointer(gl.getAttribLocation(this.program,
                  "aColor"), 4,gl.FLOAT,false,0, 0);
53                gl.drawArrays(gl.TRIANGLE_FAN, 0, this.vcount);    //绘制圆
54    }}
```

- 第 1～22 行为声明绘制用物体对象所属类，设置顶点数量，之后创建顶点坐标数组并为其赋值。其中通过所需要绘制的物体的特有的角度进行赋值，获得了顶点数组后为其创建顶点数据缓冲，再绑定顶点数据缓冲，最后将顶点数据送入缓冲。
- 第 23～38 行为给顶点颜色数组赋值，每个顶点有 RGBA 四个值，赋值后将数组传给 colorsData，然后创建颜色坐标缓冲，再绑定颜色数据缓冲，最后将颜色数据送入缓冲，初始化着色器程序 id。为顶点与顶点颜色数组赋值的方法与之前案例类似，读者需要自己设计。
- 第 39～54 行为绘制物体的方法，与前面案例中绘制物体的方法无异，首先获取总变换矩阵引用 id，将总变换矩阵送入渲染管线，启用顶点与顶点颜色数组，绑定顶点与颜色坐标数据缓冲，最后为管线指定顶点坐标数据与绘制方式。

采用三角形条带或扇面方式绘制物体时需要的顶点数量一般会比直接采用三角形方式（gl.TRIANGLES）要求的少，因此在情况允许时应该尽量采用三角形条带或扇面方式。因为渲染管线在执行时对传入管线的每个顶点都将执行一次顶点着色器，需要的顶点越少，绘制同样图形的速度就越快。

读者可能会觉得三角形条带方式虽然效率高，但只适合用来绘制连续三角形构成的物体，对

于非连续三角形构成的物体就没有用武之地了。其实不然，非连续三角形构成的物体一样可以使用三角形条带方式进行绘制，图 4-31 说明了这个问题。

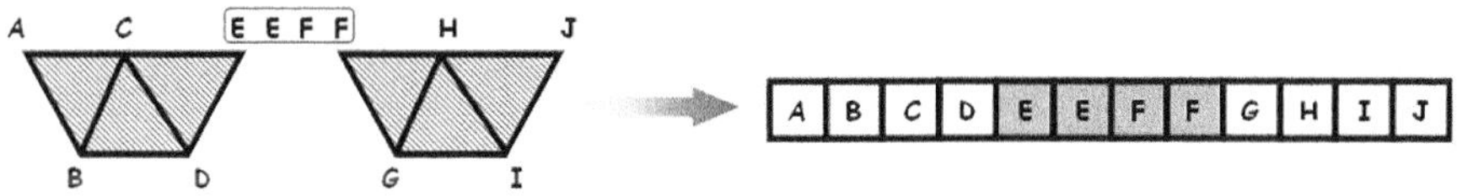

▲图 4-31　用三角形条带方式绘制非连续三角形构成的物体

从图 4-31 中可以看出，使用三角形条带方式绘制非连续三角形构成的物体时，只要将上批三角形的最后一个点和下批三角形的第一个点重复即可。如图 4-31 所示，要绘制 6 个三角形，送入渲染管线的顶点序列为“ABCDEEFFGHIJ”，这比直接使用三角形方式还是节省了不少顶点，有助于渲染效率的提高。

了解了采用三角形条带方式绘制由非连续三角形构成物体的原理后，下面给出案例 Sample4_8，其运行效果如图 4-32 所示。本案例只是将前面的案例 Sample4_7 复制了一份，去掉了里面绘制扇面的代码，修改为采用三角形条带绘制方式的 Belt 类。因此这里仅介绍修改后的 Belt 类，其代码如下。

▲图 4-32　案例 Sample4_8 的运行效果图

代码位置：见随书中源代码/第 4 章/Sample4_8/js 目录下的 Belt.js。

```
function Belt(                                                    //声明绘制用物体对象所属类
        gl,                                                       //GL 上下文
        programIn){                                               //着色器程序 id
            this.vcount=22;                                       //设置顶点数量
            var angdegBegin=0;                                    //角度起始值
            var angdegEnd=90;                                     //角度终止值
            var angdegSpan=(angdegEnd-angdegBegin)/3;             //角度步长值
            var angdegBegin1=180;                                 //第二段起始值
            var angdegEnd1=270;                                   //第二段终止值
            var angdegSpan1=(angdegEnd1-angdegBegin1)/5;          //第二段角度步长值
            var vertexarray=new Array();                          //声明顶点数组
            var colorarray=new Array();                           //声明颜色坐标数组
            var count=0;
            for(var i=angdegBegin;i<=angdegEnd;i+=angdegSpan){
                var angrad=i*Math.PI/180;                         //当前弧度
                vertexarray[count++]=-0.6*0.5*Math.sin(angrad); //当前点的 x 坐标
                vertexarray[count++]=0.6*0.5*Math.cos(angrad);  //当前点的 y 坐标
                vertexarray[count++]=0;                           //当前点的 z 坐标
                vertexarray[count++]=-0.5*Math.sin(angrad);  //下一个点的 x 坐标
                vertexarray[count++]=0.5*Math.cos(angrad);   //下一个点的 y 坐标
                vertexarray[count++]=0;}                     //下一个点的 z 坐标
            vertexarray[count++]=vertexarray[count-4]; //重复第一条带的最后一个顶点
            vertexarray[count++]=vertexarray[count-4];      //最后一个顶点的 y 坐标
            vertexarray[count++]=0;                           //最后一个顶点的 z 坐标
            for(var j=angdegBegin1;j<=angdegEnd1;j+=angdegSpan1){
                var angrad1=j*Math.PI/180;                    //当前弧度
                if(j==angdegBegin1){                          //重复第二条带的第一个顶点
                    vertexarray[count++]=-0.6*0.5*Math.sin(angrad1);
                    //第一个顶点的 x 坐标
                    vertexarray[count++]=0.6*0.5*Math.cos(angrad1);
                    //第一个顶点的 y 坐标
                    vertexarray[count++]=0;}                      //第一个顶点的 z 坐标
                vertexarray[count++]=-0.6*0.5*Math.sin(angrad1);
                //大圆上的点的 x 坐标
                vertexarray[count++]=0.6*0.5*Math.cos(angrad1);
                //大圆上的点的 y 坐标
                vertexarray[count++]=0;                           //大圆上的点的 z 坐标
                vertexarray[count++]=-0.5*Math.sin(angrad1);    //当前点的 x 坐标
                vertexarray[count++]=0.5*Math.cos(angrad1);     //当前点的 y 坐标
                vertexarray[count++]=0;}                          //当前点的 z 坐标
```

```
37          this.vertexData=vertexarray;                      //将顶点坐标数组传给 vertexData
38          this.vertexBuffer=gl.createBuffer();              //创建顶点坐标数据缓冲
39          gl.bindBuffer(gl.ARRAY_BUFFER,this.vertexBuffer);     //绑定顶点坐标数据缓冲
40          //将顶点坐标数据送入缓冲
41          gl.bufferData(gl.ARRAY_BUFFER,new Float32Array(this.vertexData),gl.STATI
C_ DRAW);
42      …//此处省略了绘制方法，读者可以自行查阅源代码进行学习
43      }
```

- 第 1～13 行声明了绘制用物体对象所属类，通过参数得到 gl 上下文与着色器程序 id，设置了顶点数量，根据所绘制的图形确定了绘制顶点时的起始角度与终止角度，给出每次循环角度变换的步长值，声明了顶点数组与顶点颜色数组。
- 第 14～36 行为给这个由三角形条带绘制的不连续的三角形构成的物体的顶点数组赋值的过程，绘制前面的连续部分时，与之前的例子的赋值过程是一样的，然后断开一部分后的第一条带的第一个顶点要与上一条带的最后一个顶点重复。
- 第 37～43 行为在顶点数组赋值完毕后将顶点坐标数组传给 vertexData，之后为顶点坐标数据创建顶点坐标数据缓冲，再绑定顶点坐标数据缓冲，最后将顶点坐标数据送入缓冲。

提示

从上述代码中可以看出，相比于修改前，主要是改变了顶点的位置。物体不再是整体由一批连续三角形组成，而是由两批连续三角形组成。第一批的最后一个顶点和第二批的第一个顶点在顶点序列中重复了，各顶点的位置及顺序如图 4-33 所示。

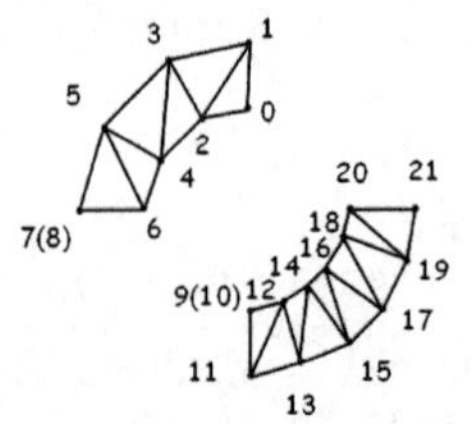

▲图 4-33　Belt 类中各顶点的顺序

4.7 设置合理的视角

使用过照相机的读者都知道，拍摄时根据不同的情况应当选用不同焦距的镜头，这些不同焦距镜头的一大区别就是视角不同。在同样的位置，视角大可以观察到更宽范围内的景物，但投影到照片里的景物较小；视角小可以观察到的景物范围就窄一些，但投影到照片里的景物也就大一些。

同样，在 WebGL 的虚拟世界中，摄像机也有视角大小的问题，具体情况如图 4-34 所示。

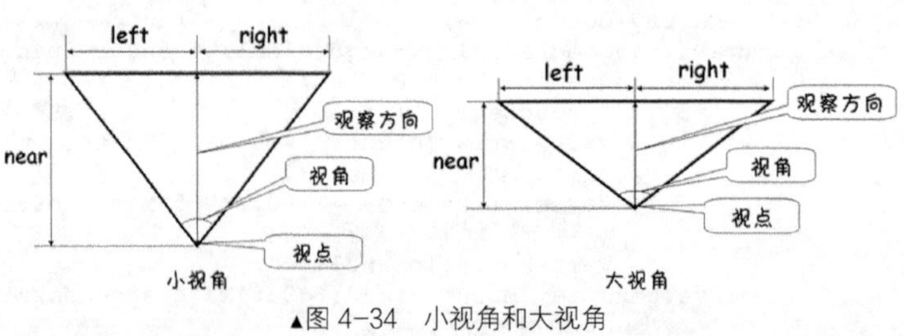

▲图 4-34　小视角和大视角

提示

从图 4-34 中可以看出，WebGL 虚拟世界摄像机的左右视角大小主要是由 left、right 及 near 值决定的。可以想象出上下视角则由 top、bottom 及 near 值决定。这些值（left、right、top、bottom、near）都是生成投影矩阵时需要提供的参数。

视角的大小可以根据公式计算出来，例如水平方向视角的计算公式如下：

$$\alpha=2\mathrm{arctg}(left/near)$$

而垂直方向的视角计算公式为：

$$\alpha=2\mathrm{arctg}(top/near)$$

> **提示** 上述两个计算公式是在左右或上下对称的（即 left 等于 right，top 等于 bottom）情况下推导出的，若左右或上下不对称，则两个半角要分别计算。

同时，还可以从上述介绍中总结出如下规律。

- 在 left、right、top、bottom 值不变的情况下，near 值越小，视角越大，反之则视角越小。
- 在 near 值不变的情况下，left、right、top、bottom 值越大，视角越大，反之则视角越小。

因此，开发中当希望观察到同样范围的场景时就不止一种选择：可以将摄像机离得近一些，同时将视角设置得大一些；也可以将摄像机离得远一些，同时将视角设置得小一些。具体情况如图 4-35 所示。

▲图 4-35 不同视角观察同样范围的场景

经过上面的介绍读者可能会觉得，既然有多种选择，那么随意选择一种能看到全部场景组合的方式即可。事实不完全是这样，因为观察时不但有看不看得到的问题，还有变不变形的问题。视角很大时，所看到变形比较严重。因此要选择合理的组合，使得既能观察到指定范围的场景，又能满足物体不变形的要求。

> **提示** 在某些特定的应用程序中，就是需要出现变形的效果，这时采用那些可以出现合适变形效果的组合即可。

前面介绍了不同视角观察场景的基本原理，下面给出一个用不同视角在不同距离上观察同样范围场景的案例——Sample4_9，其运行效果如图 4-36 所示。左面的图为单击不合理视角按钮所看到的图，图片中立方体明显变形，右图为合理视角所观察的图。

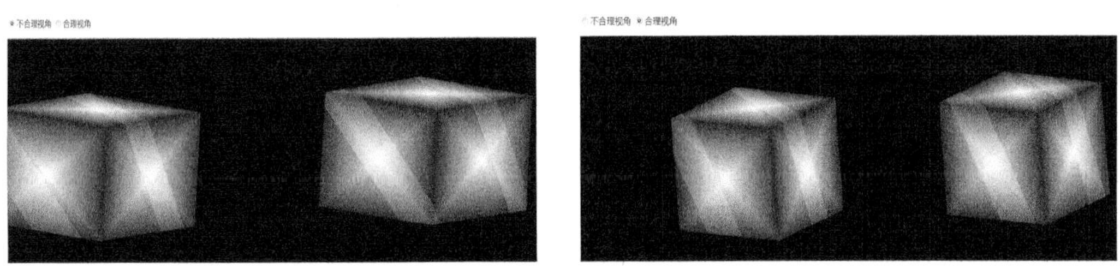

▲图 4-36 案例 Sample4_9 的运行效果图

> **说明** 左侧的效果图是摄像机离得近时采用大视角观察的情况，右侧的是摄像机离得远时采用小视角观察的情况。从左、右两幅图的对比中可以看出，虽然在不同的距离采用不同的视角可以观察到基本相同范围内的场景，但大视角情况下变形较为严重，根本看不出来是两个立方体。

了解了本案例的运行效果后，下面对本案例的具体开发过程进行详细介绍。由于本章代码有很多部分是一脉相承下来的，所以对于类似代码就不再赘述。本节中改动与添加的部分比较多，现在来具体介绍一下开发时所增加或更改的代码内容，步骤如下所列。

（1）首先需要开发的是本案例的主体部分 Sample4_9.html。通过学习前面的内容而看到 HTML 文件往往是案例的入口程序，所以先来讲述这一部分代码也有助于读者的学习，其代码如下。

代码位置：见随书中源代码/第 4 章/Sample4_9 目录下的 Sample4_9.html。

```
1     function start(){                                              //初始化的方法
2          gl = initWebGLCanvas("bncanvas");                         //获取 GL 上下文
3          if (!gl){                                                 //若获取 GL 上下文失败
4             alert("创建 GLES 上下文失败!");                         //显示错误提示信息
5             return;}
6          var canvas = document.getElementById('bncanvas');         //获取 3D Canvas
7          gl.viewport(0, 0, canvas.width, canvas.height);          //设置视口
8          gl.clearColor(0.0,0.0,0.0,1.0);                           //设置屏幕背景色 RGBA
9          ms.setInitStack();                                        //初始化变换矩阵
10         ms.setCamera(-16,8,45,0,0,0,0,1.0,0.0);                   //设置摄像机
11         ms.setProjectOrtho(-1.5,1.5,-1,1,1,100);                  //设置投影参数
12         gl.enable(gl.DEPTH_TEST);                                 //开启深度检测
13         loadShaderFile("shader/shader.bns",0);                    //加载着色器程序
14         if(shaderProgArray[0]){                                   //如果着色器已加载完毕
15               cr=new ColorRect(gl,shaderProgArray[0]);                 //创建绘制 3D 物体
16            }else{setTimeout(function(){
17               cr=new ColorRect(gl,shaderProgArray[0]);                 //创建绘制 3D 物体
18            },60);}                                               //休息 60ms 后再执行
19         setInterval("drawFrame();",20);}                         //绘制方法每隔 20ms 执行一次
20    function drawFrame(){                                         //主绘制方法
21         if(!cr){
22            alert("加载未完成! ");                                 //提示信息
23            return;}
24         var radionum = document.getElementById("userlist").userid;
                                                       //获得 radio 列表
25         for(var i=0;i<radionum.length;i++){         //遍历 radio 列表,取得被选中的 radio
           的 value
26            if(radionum[i].checked){                 //判断 radio 是被选择
27               currentmode = radionum[i].value;}}
28            switch(currentmode){
29               case '1':
30                  ms.setProjectOrtho(-1.5*0.7,1.5*0.7,-1,1,1,100);
                    //设置投影参数，不合理视角
31                  break;
32               case '2':
33                  ms.setProjectOrtho(-1.5,1.5,-1,1,1,100);
                    //设置投影参数，合理视角
34                  break;}
35         gl.clear(gl.COLOR_BUFFER_BIT | gl.DEPTH_BUFFER_BIT);
           //清除着色缓冲与深度缓冲
36         ms.pushMatrix();                                            //保护现场
37         ms.translate(0.8,0,0);                                      //执行平移
38         ms.rotate(currentYAngle,0,1,0);                             //执行绕 y 轴旋转
39         ms.rotate(currentXAngle,1,0,0);                             //执行绕 x 轴旋转
40         drawSelfCube(ms,cr);                                        //绘制物体
41         ms.popMatrix();                                             //恢复现场
42         ms.pushMatrix();                                            //保护现场
43         ms.translate(-0.8,0,0);                                     //执行平移
44         ms.rotate(currentYAngle,0,1,0);                             //执行绕 y 轴旋转
45         ms.rotate(currentXAngle,1,0,0);                             //执行绕 x 轴旋转
46         drawSelfCube(ms,cr);                                        //绘制物体
47         ms.popMatrix();                                             //恢复现场
48    }
```

- 第 1～19 行为初始化程序方法，本部分中获取了 GL 上下文，并在判断若获取上下文失败后则有提示信息。然后获取 canvas，设置视口与背景颜色，初始化变换矩阵，设置摄像机与投影参数，创建需要绘制的物体并加载着色器。
- 第 20～34 行为通过 getElementById 方法来获得 radio 列表，之后遍历 radio 列表，选择被选中的 radio 并获得其 value 值，然后通过获得的 value 值来判断是否设置合理的视角。
- 第 35～48 行为绘制方法中的绘制部分，首先清除颜色缓冲与深度缓冲，每次绘制物体前

都会保护现场，之后再进行平移旋转缩放变换，然后绘制物体，最后恢复现场。

（2）完成了 Sample4_9.html 类的开发后，就可以开发本案例中用于绘制立方体的 Cube 类了，其代码如下。

代码位置：见随书中源代码/第 4 章/Sample4_9/js 目录下的 Cube.js。

```
function drawSelfCube(ms,cr){            //把一个颜色矩形旋转、移位到立方体每个面的位置
        //参数 cr 为颜色矩形对象引用
        ms.pushMatrix();                         //保护现场
        ms.pushMatrix();                         //绘制前小面
        ms.translate(0, 0, 0.25);                //执行平移
        cr.drawSelf(ms);                         //绘制一个面
        ms.popMatrix();                          //恢复现场
…//此处省略了绘制其他 5 个面的代码，方法与上述绘制前小面的基本一致
        ms.popMatrix();                          //恢复现场
}
```

> **提示** 从上述代码中可以看出，本案例中 Cube 类的实现机制与前面介绍各种变换那一节案例中的 Cube 类不同。前面案例中的 Cube 类是通过给出立方体 6 个面中所有三角形的顶点来进行绘制的，而本案例中采用的是将一个颜色矩形平移、旋转到立方体 6 个面的位置，绘制 6 个颜色矩形来搭建立方体。

（3）完成了 Cube 类的开发后，下面需要开发的就是颜色矩形类——ColorRect。由于本部分代码中初始化顶点与着色数据与前面的案例比较类似，因此这里只介绍区别较大的 drawSelf 方法，其代码如下。

代码位置：见随书中源代码/第 4 章/Sample4_9/js 目录下的 ColorRect.js。

```
this.drawSelf=function(ms){                              //绘制物体的方法
    gl.useProgram(this.program);                         //指定使用某套着色器程序
    //获取总变换矩阵引用 id
    var uMVPMatrixHandle=gl.getUniformLocation(this.program, "uMVPMatrix");
    //将总变换矩阵送入渲染管线
    gl.uniformMatrix4fv(uMVPMatrixHandle,false,new Float32Array(ms.getFinal
    Matrix()));
    //获取位置、旋转变换矩阵引用 id
    var muMMatrixHandle = gl.getUniformLocation(this.program, "uMMatrix");
    //将位置、旋转变换矩阵传入 shader 程序
    gl.uniformMatrix4fv(muMMatrixHandle,false,new Float32Array(ms.getMMatrix ()));
    gl.enableVertexAttribArray(gl.getAttribLocation(this.program, "aPosition"));
    //启用顶点坐标数据数组
    gl.bindBuffer(gl.ARRAY_BUFFER, this.vertexBuffer);    //绑定顶点坐标数据缓冲
    //给管线指定顶点坐标数据
    gl.vertexAttribPointer(gl.getAttribLocation(this.program,"aPosition"),
    3,gl.FLOAT,false,0, 0);
    gl.enableVertexAttribArray(gl.getAttribLocation(this.program, "aColor"));
    //启用顶点坐标数据数组
    gl.bindBuffer(gl.ARRAY_BUFFER, this.colorBuffer);     //绑定顶点坐标数据缓冲
    //给管线指定顶点坐标数据
    gl.vertexAttribPointer(gl.getAttribLocation(this.program,"aColor"), 4,
    gl.FLOAT,false,0, 0);
    gl.drawArrays(gl.TRIANGLE_FAN, 0,this.vcount);        //指定绘制方式
}
```

> **提示** 从上述代码中可以看出，此方法与前面案例中的方法的最大区别是不但将最终变换矩阵传入了渲染管线，还将携带平移、旋转信息的变换矩阵传入了渲染管线。这样做的目的是为了在着色器中实现特效效果，详细情况会在后面介绍。

（4）完成了本案例中 JavaScript 代码的开发后，就可以开始开发着色器了。在讲述第一个 3D 程序——三角形时介绍过着色器的基本构造，这里只讲述重要内容，本例是开始学习 WebGL 之后第一个用着色器开发的案例，其代码如下。

代码位置：见随书中源代码/第 4 章/ Sample4_9/assets 目录下的 frag.sh。

```
uniform mat4 uMVPMatrix;                                    //总变换矩阵
uniform mat4 uMMatrix;                                      //变换矩阵
attribute vec3 aPosition;                                   //顶点位置
attribute vec4 aColor;                                      //顶点颜色
varying  vec4 aaColor;                                      //用于传递给片元着色器的变量
varying vec3 aaPosition;                                    //用于传递给片元着色器的顶点位置
void main(){
   gl_Position = uMVPMatrix * vec4(aPosition,1);
   //根据总变换矩阵计算此次绘制的顶点的位置
   aaColor = aColor;                                        //将接收的颜色传递给片元着色器
   aaPosition=(uMMatrix * vec4(aPosition,1)).xyz;           //将顶点位置传递给片元着色器
}
<#BREAK_BN#>
precision mediump float;
varying  vec4 aaColor;                                      //接收从顶点着色器传过来的参数
varying vec3 aaPosition;                                    //接收从顶点着色器传过来的参数
void main(){
   vec4 finalColor=aaColor;                        //将顶点着色器传来的颜色赋给一个临时变量
   mat4 mm=mat4(0.9396926,-0.34202012,0.0,0.0,              //绕 z 轴转 20 度的矩阵
     0.34202012,0.9396926,0.0,0.0,  0.0,0.0,1.0,0.0,  0.0,0.0,0.0,1.0);
   vec4 tPosition=mm*vec4(aaPosition,1);                    //将顶点坐标绕 z 轴转 20°
   if(mod(tPosition.x,0.4)>0.3) {                           //计算 x 方向在不在红光色带范围内
   finalColor=vec4(0.4,0.0,0.0,1.0)+finalColor;}            //若在，给最终颜色加上淡红色
   gl_FragColor = finalColor;                               //给此片元颜色值
}
```

❑　此顶点着色器的大部分代码与前面案例中的相同，主要的区别就是增加了计算变换后的顶点位置，并将其通过易变变量传入片元着色器的功能。变换后顶点的位置是通过从渲染管线传入的变换矩阵（uMMatrix）与顶点位置（aPosition）计算生成的。

❑　片元着色器中接收到顶点着色器中传来的顶点与颜色数据，先将顶点坐标绕 z 轴旋转 20°，然后根据顶点坐标中的 x 坐标判断一个范围，在此范围内设置颜色的红色通道值，使其在最终颜色上显示淡红色。

❑　由于总变换矩阵中携带了摄像机、投影、普通变换的所有信息，因此通过总变换矩阵与顶点位置计算出来的是经过摄像机观察和投影以后已经位于近平面上的位置。变换矩阵中仅携带了平移、旋转、缩放等普通变换的信息，因此变换矩阵计算出来的是顶点变换后在 3D 空间中的位置。

提示　之所以要绕 z 轴旋转 20°是为了得到斜着的红色光带的效果，参见图 4-36。运行本案例后，读者若用手在屏幕上水平滑动，两个立方体会随着手指的滑动绕 y 轴旋转，但立方体上面的红色光带并不随着手指的滑动而改变位置，就像立方体位于远处固定位置条纹灯的照射下一样。

通过本案例，读者一方面应该了解设置合理视角的重要性，另一方面也应该逐渐体会到 WebGL 可编程渲染管线的强大之处，只要灵活运用就可以开发出非常多逼真的特效。本案例中仅用了几行着色器代码就轻松地实现了条纹灯效果，这也恰恰说明了可编程渲染管线的强大。

4.8　卷绕和背面剪裁

前面章节的有些例子中调用“gl.enable(gl.CULL_FACE);”语句打开了背面剪裁，但到目前为止并没有对背面剪裁进行介绍，本节将用所给出的最后一个案例来讲解不同的卷绕方式与背面剪裁之间的关系，现在来看一下卷绕与背面剪裁的基本知识。

4.8.1 基本知识

所谓背面剪裁是指渲染管线在对构成立体物体的三角形图元进行绘制时，仅当摄像机观察点位于三角形正面的情况下才绘制三角形，若观察点位于背面则不进行绘制。打开背面剪裁后在大部分情况下可以提高渲染效率，去除大量不必要的渲染工作，图 4-37 说明了这个问题。

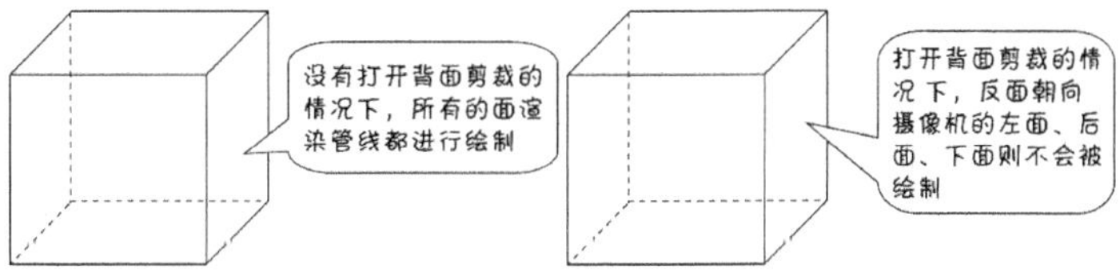

▲图 4-37 是否打开背面剪裁的对比

从图 4-37 中可以看出，打开背面剪裁后正面朝向观察点的前面、上面、右面会被管线绘制，而反面朝向观察点的左面、后面、下面则不会被绘制。对于大部分封闭立体物体而言，这就实现了让管线对被挡住的面不执行绘制，有助于提高渲染速度。

若不打开背面剪裁，管线会对所有的面都进行绘制。被遮挡面上的片元虽然被绘制了，但还是会被遮挡面上的片元所覆盖，最终并不会出现在屏幕上。这导致很多绘制工作都白做了，宝贵的计算资源被浪费，同样情况下应用程序的帧速率（FPS）可能会下降很多。

> **提示** 对于封闭立体物体的渲染，一般情况下应该打开背面剪裁。但如果绘制的是平面物体，希望在正面和反面观察都能看到，就不应该打开背面剪裁了。实际开发中，读者应该根据具体需要来决定。

了解了背面剪裁的功效后，很重要的一点就是如何确定摄像机是位于一个面的正面还是反面。在没有进行特殊设置的情况下，WebGL 中规定当摄像机观察一个三角形面时，若三角形中 3 个顶点的卷绕顺序是逆时针，则摄像机观察其正面，反之摄像机观察其反面，图 4-38 说明了这个问题。

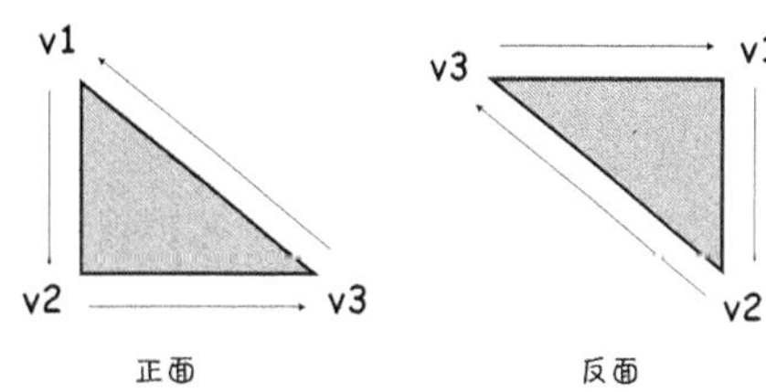

▲图 4-38 通过卷绕顺序确定三角形的正反面

开发人员也可以通过设置告知渲染管线以顺时针卷绕为正面，以逆时针卷绕为反面。下面就将与背面剪裁及卷绕方式有关的语句一一列出，供读者在开发中根据具体情况选用。

- 打开背面剪裁的语句。

```
gl.enable(gl.CULL_FACE);                    //打开背面剪裁
```

- 关闭背面剪裁的语句。

```
gl.disable(gl.CULL_FACE);                   //关闭背面剪裁
```

- 设置逆时针卷绕为正面的语句。

```
gl.frontFace(gl.CCW);                       //这是默认的，因此一般不用明确设置
```

- 设置顺时针卷绕为正面的语句。

```
gl.frontFace(gl.CW);                        //设置顺时针卷绕为正面，非默认，需要时采用
```

4.8.2 一个简单的案例

了解了背面剪裁与卷绕的基本原理后，下面本小节将通过一个简单的案例——Sample4_10 来进一步进行介绍。同前面讲述绘制方式的案例类似，本例是通过两组单选按钮的选择进而达到开启、关闭背面剪裁与卷绕方式的，其运行效果如图 4-39 所示。

▲图 4-39　案例 Sample4_10 的运行效果图

从图 4-39 中可以看出，在关闭背面剪裁的情况下，无论采用逆时针还是顺时针卷绕方式，两个三角形都将被绘制。而打开背面剪裁后，随着卷绕方式的改变，只有在当前卷绕方式下正面面对摄像机的三角形才会被绘制。

提示　此案例中左右两个三角形顶点的卷绕顺序是相反的，读者可以参考后面的代码。

了解了本案例的运行效果后，就可以进行代码的开发了。由于本案例中大部分代码在前面的案例中已经出现过，因此这里只介绍重要的且有明显区别的部分，即三角形顶点的顺序与主界面中两对单选按钮的逻辑，具体如下所列。

（1）首先介绍 TrianglePair（三角形对，代表两个三角形）类中负责初始化顶点坐标与着色数据的代码，与之前的初始化顶点坐标不同，这里两个三角形卷绕方式相反，而之前初始化顶点坐标时卷绕方式是相同的，其代码如下。

代码位置：见随书中源代码/第 4 章/Sample4_10/js 目录下的 TrianglePair.js。

```
1     function TrianglePair(                                //声明绘制用物体对象所属类
2           gl,                                             //GL 上下文
3           programIn){                                     //着色器程序 id
4           this.vertexData=[-8 * 0.125, 10 * 0.125, 0,     //第一个三角形中的第一个顶点
5                 -2 * 0.125, 2 * 0.125, 0,                 //第一个三角形中的第二个顶点
6                 -8 * 0.125, 2 * 0.125, 0,                 //第一个三角形中的第三个顶点
7                 8 * 0.125, 2 * 0.125, 0,                  //第二个三角形中的第一个顶点
8                 8 * 0.125, 10 * 0.125, 0,                 //第二个三角形中的第二个顶点
9                 2 * 0.125, 10 * 0.125, 0 ];               //第二个三角形中的第三个顶点
10          this.vcount=6;                                  //得到顶点数量
11          this.vertexBuffer=gl.createBuffer();            //创建顶点坐标数据缓冲
12          gl.bindBuffer(gl.ARRAY_BUFFER,this.vertexBuffer);     //绑定顶点坐标数据缓冲
13          //将顶点坐标数据送入缓冲
14          gl.bufferData(gl.ARRAY_BUFFER,new Float32Array(this.vertexData),
            gl.STATIC_DRAW);
15          this.colorsData=[1, 1, 1, 1.0,                  //第一个三角形中的第一个顶点的颜色
16                0, 0, 1, 1.0,                             //第一个三角形中的第二个顶点的颜色
17                0, 0, 1, 1.0,                             //第一个三角形中的第三个顶点的颜色
18                1, 1, 1, 1.0,                             //第二个三角形中的第一个顶点的颜色
19                0, 1, 0, 1.0,                             //第二个三角形中的第二个顶点的颜色
20                0, 1, 0, 1.0 ];                           //第二个三角形中的第三个顶点的颜色
21          this.colorBuffer=gl.createBuffer();             //创建颜色缓冲
22          gl.bindBuffer(gl.ARRAY_BUFFER,this.colorBuffer);  //绑定颜色数据缓冲
23          //将颜色数据送入缓冲
24          gl.bufferData(gl.ARRAY_BUFFER,new Float32Array(this.colorsData),
            gl.STATIC_ DRAW);
25          this.program=programIn;                         //初始化着色器程序 id
26    …//省略了绘制方法，读者可以查阅源代码
27    }
```

- 第 4～14 行为初始化两个三角形顶点坐标。两个三角形一共 6 个顶点，所以声明了六个顶点，然后创建了顶点坐标数据缓冲并绑定顶点缓冲，最后将顶点数据送入缓冲。若读者有兴趣将这 6 个顶点勾勒一遍不难发现，这两个三角形的顶点卷绕方式是相反的。
- 第 15～27 为初始化着色数据，有 6 个顶点，所以声明每个顶点的 RGBA 值，然后创建缓冲绑定缓冲，将颜色送入缓冲中，最后初始化着色器程序 id。

（2）接着介绍 Sample4_10.html 中两组单选按钮的逻辑代码，其中的单选按钮代码与之前讲述的类似，所以省略了获得单选按钮值的代码，只讲述通过设置两个标志位来控制是否打开背面剪裁与顺时针和逆时针的卷绕方式，其代码如下。

代码位置：见随书中源代码/第 4 章/Sample4_10 目录下的 Sample4_10.html。

```
1	function drawFrame(){
2	…//省略了一些与之前介绍类似的代码，读者可以查阅源代码进行学习
3	      switch(currentmode){
4	            case '1':setCwOrCcw(false);                //不使用自定义卷绕
5	            break;
6	            case '2':setCwOrCcw(true);                 //使用自定义卷绕
7	            break;}
8	      switch(currentmode1){
9	            case '3':setCullFace(true);                //开启背面剪裁
10	            break;
11	            case '4':setCullFace(false);               //关闭背面剪裁
12	            break;}
13	     if(cullFaceFlag){                                 //判断是否要打开背面剪裁
14	                  gl.enable(gl.CULL_FACE);             //打开背面剪裁
15	            }else{
16	                  gl.disable(gl.CULL_FACE);}           //关闭背面剪裁
17	     if(cwCcwFlag){                                    //判断是否需要打开自定义卷绕
18	                  gl.frontFace(gl.CCW);                //使用自定义卷绕
19	            }else{
20	                  gl.frontFace(gl.CW);}                //不使用自定义卷绕
21	…//省略了绘制物体的代码，读者可以自行查阅源代码进行学习
22	}
```

- 第 3～12 行为根据得到的 radio 值来判断单击的是否使用自定义卷绕与是否开启背面剪裁来为两个标志位赋值。
- 第 13～22 为通过标志位的 true 或 false 来判断是否开启背面剪裁与确定卷绕方式，这段代码便是通过单击两组单选按钮来获得对应动作的逻辑。

4.9 本章小结

本章向读者介绍了很多基于 WebGL 进行 3D 应用开发必知必会的基本知识，主要包括：两种投影方式、3 种基本变换、7 种绘制方式、设置合理的视角以及设置合理的透视参数与背面剪裁。掌握了这些知识后，读者进行 3D 应用程序开发的能力应该得到了进一步的提升，为继续学习后面章节中更高级的内容打下坚实的基础。

4.10 习题

1. 请简述正交投影和透视投影的区别。
2. 一般可将空间分为哪 6 种？视口对应的空间指的是其中的哪种？
3. 请简述空间变换的流程。
4. WebGL 中支持的绘制方式大致分哪几类？并分别对每类的绘制进行概述。
5. 请自行开发一个小案例，运行效果为不断旋转的六边形。

第 5 章　光照效果

通过前面的学习，读者已经可以自行开发出简单的 3D 场景了。但是前文中对物体的渲染使用的是直接给出颜色值的方法，视觉效果并不理想。开发场景时增加光照效果将大大提升画面的真实感，本章将对光照效果的实现进行详细介绍。

5.1 曲面物体的构建

前面的章节中已经介绍了 3D 物体的构建，但是案例中的 3D 物体都是由多个平面拼接而成。对于演示光照效果来讲，曲面物体的效果更好。因此，在详细介绍光照效果的实现之前，本章将向读者简单介绍曲面物体的构建方法。

5.1.1 球体的构建原理

熟悉 3D 开发的读者都知道，任何 3D 物体都是由三角形拼凑而成的。因此，要想构建出一个复杂的曲面物体，首先要找到一种合适的策略将其切分为多个三角形。渲染的过程中，这些三角形相互拼接，将会呈现出对应的曲面物体。

下面将以球体为例介绍曲面物体的切分策略。切分球体最基本的策略为按照一定规则在行和列两个方向上进行切分，得到多个小四边形。然后将得到的每个小四边形切分为两个三角形即可。图 5-1 为基于此策略的球面切分图。

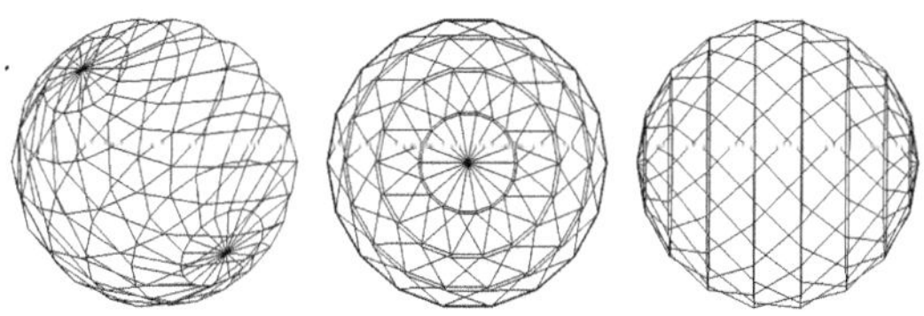

▲图 5-1　球体的切分策略图

在图 5-1 中可以看出，球面首先被按照经度和纬度切分为很多小四边形，而每个四边形又被切分为两个小三角形。按照这种策略进行切分，三角形上每一个顶点都可以用解析几何中的公式计算出来。具体情况如下所示。

$x = R \times \cos\alpha \times \cos\beta$　　　$y = R \times \cos\alpha \times \sin\beta$　　　$z = R \times \sin\alpha$

上述给出的是半径为 R 的球面，在纬度为α、经度为β处顶点坐标的计算公式。通过将球体的中心放在坐标原点很容易将上面的公式推导出来。本书由于篇幅有限，不再进行赘述，有兴趣的读者可自行试验。

对曲面进行切分时，切分得越细，最终的绘制结果就越接近真实情况。图 5-2 为使用不同步长对球体进行切分产生的效果。从图中可以看出，切分时，相邻两条经线和纬线之间的差值越小，切分得到的顶点数越多，球面越平滑。

> **提示**　图 5-2 中从左至右切分的步长依次为 90°、45°、22.5°、11.25°。可以看出切分得越细，曲面越平滑。但如果切分得太细就会造成顶点数量过多，渲染速度大大降低。因此读者要掌握好两者之间的平衡，兼顾速度与效果。

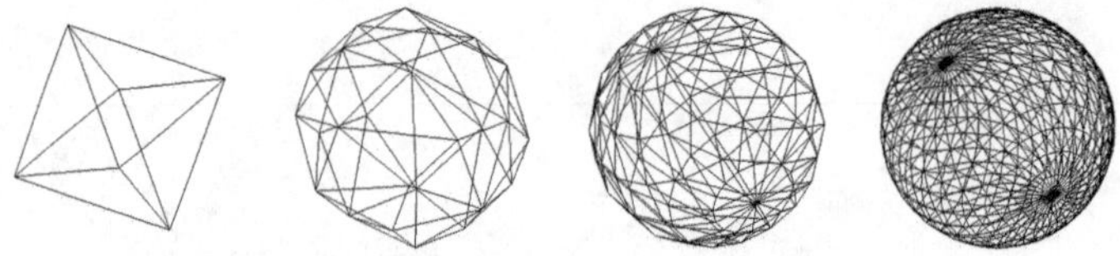

▲图 5-2 使用不同步长切分球体的效果图

5.1.2 案例效果概览

上一小节中已经对如何将球面切分为三角形进行了介绍，本节将使用上一小节中的球体切分策略开发出绘制球体的案例 Sample5_1。介绍本案例的详细代码之前，读者有必要先来了解一下本案例的运行效果，如图 5-3 所示。

▲图 5-3 案例 Sample5_1 运行效果

从图 5-3 中可以看出，本案例并没有通过直接指定单一颜色的方法进行渲染，而是使用了渲染效果更加绚丽的棋盘纹理着色器进行渲染的。棋盘纹理着色器的逻辑很简单，开发难度较小，在开发中时常用到。其原理如图 5-4 所示。

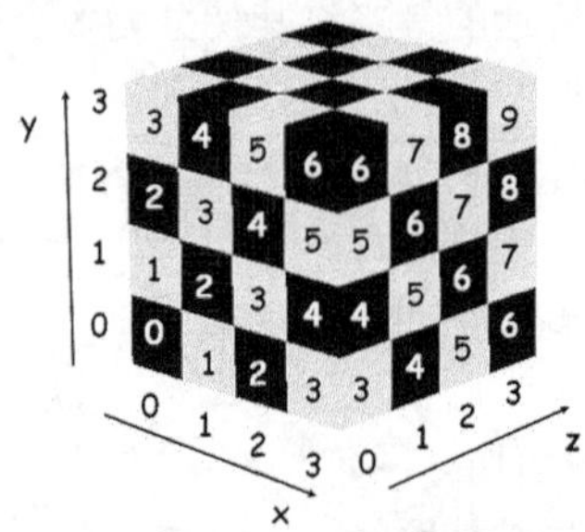

▲图 5-4 棋盘纹理着色器的原理

> **说明** 图 5-4 中的立方体为球的外接立方体。球面上每个顶点都在此外接立方体之内。从图中可以看出，此外接立方体在 x、y、z 轴方向上被切分成了很多同样大小的小方块。

具体的着色策略为，首先计算出当前片元 x、y、z 坐标对应行数、层数和列数，然后将行数、层数、列数相加。如果和为奇数，说明此片元位于图 5-4 中的黑色方块中，则此片元为红色。若和为偶数，则此片元将被渲染为白色。

5.1.3 具体开发步骤

了解了本案例的运行效果和棋盘着色器的基本原理之后，就可以对本项目的代码部分进行详细介绍了。由于本案例中很多类与前面案例中的十分类似，所以在这里只给出具有代表性的相关代码。具体的开发步骤如下所示。

（1）首先需要介绍的是按照球体的切分规则生成球面上的顶点坐标，并将顶点坐标信息和球体半径等着色器中需要的变量传入渲染管线的 Ball 类。此类的代码框架如下所示。

代码位置：见随书中源代码/第 5 章/Sample5_1/js 目录下的 Ball.java。

```
1    function Ball(gl,     programIn,BallR){
2      this.vertexData=new Array();                        //用于储存顶点坐标的数组
3      var r=BallR;                                        //球体的半径
4      this.initVertexData=function(){                     //初始化顶点坐标的方法
5      …//此处省略了初始化顶点坐标方法的代码，将在后面步骤中介绍
6      }
7      this.initVertexData();                              //进行顶点坐标的初始化
8      this.vcount=this.vertexArray.length/3;              //得到顶点数量
9      this.vertexBuffer=gl.createBuffer();                //创建顶点坐标数据缓冲
10     gl.bindBuffer(gl.ARRAY_BUFFER,this.vertexBuffer);           //绑定顶点坐标数据缓冲
11     gl.bufferData(gl.ARRAY_BUFFER,new Float32Array(this.vertexArray),
12                       gl.STATIC_DRAW);                          //将顶点坐标数据送入缓冲
13     this.program=programIn;                                     //初始化着色器程序 id
14     this.drawSelf=function(ms){                                 //绘制物体的方法
15     gl.useProgram(this.program);                                //指定使用某套着色器程序
16     //获取总变换矩阵引用 id
17     var uMVPMatrixHandle=gl.getUniformLocation(this.program, "uMVPMatrix");
18     //将总变换矩阵送入渲染管线
19     gl.uniformMatrix4fv(uMVPMatrixHandle,false,new Float32Array(ms.getFinalMatri
       x ()));
20     //启用顶点坐标数据数组
21     gl.enableVertexAttribArray(gl.getAttribLocation(this.program, "aPosition"));
22     gl.bindBuffer(gl.ARRAY_BUFFER, this.vertexBuffer);          //绑定顶点坐标数据缓冲
23     gl.vertexAttribPointer(gl.getAttribLocation(this.program,"aPosition"),
24                      3,gl.FLOAT,false,0, 0);                    //给管线指定顶点坐标数据
25     var muRHandle = gl.getUniformLocation(this.program, "uR");//获得半径的 id
26     gl.uniform1f(muRHandle,r);                                  //将球体半径送入渲染管线
27     gl.drawArrays(gl.TRIANGLES, 0, this.vcount);                //用顶点法绘制物体
28   }}
```

- 第 2～9 行声明了一些成员变量，其中大部分都与前面很多案例的变量类似。本案例与前面案例最大的区别是增添了代表球体半径的变量 r。当新建本类的对象时，将对球体半径进行设置，在绘制时将其传入渲染管线。
- 第 14～28 行为绘制球体的 drawSelf 方法。本案例中此方法特殊的地方在于增加了着色器中球体半径参数的引用 muRHandle，以及将球体半径传入渲染管线的方法。

（2）完成上一步骤的修改之后，接下来将详细介绍上述类中省略的初始化顶点坐标的 initVertexData 方法。此方法的作用为根据球体半径 r 计算出此切分后的顶点坐标，并将其存储在顶点坐标数组内。其详细代码如下。

代码位置：见随书中源代码/第 5 章/Sample5_1/js 目录下的 Ball.java。

```
this.initVertexData=function(){
  var angleSpan=10;                            //将球进行单位切分的角度
  //竖直方向 angleSpan 度一份
  for(var vAngle = -90; vAngle < 90; vAngle = vAngle + angleSpan){
          // 水平方向 angleSpan 度一份
          for (var hAngle = 0; hAngle <= 360; hAngle = hAngle + angleSpan){
            //计算第一个顶点的 x、y、z 坐标
            var x0 = r * Math.cos(vAngle*Math.PI/180) * Math.cos(hAngle*Math.
            PI/ 180);
            var y0 = r * Math.cos(vAngle*Math.PI/180) * Math.sin(hAngle*Math.P
            I/180);
            var z0 = r * Math.sin(vAngle*Math.PI/180);
            //计算第二个顶点的 x、y、z 坐标
            var x1 = r * Math.cos(vAngle*Math.PI/180) *
              Math.cos((hAngle+angleSpan)*Math.PI/180);
            var y1 = r * Math.cos(vAngle*Math.PI/180) *
              Math.sin((hAngle+angleSpan)*Math.PI/180);
            var z1 = r * Math.sin(vAngle*Math.PI/180);
            //计算第三个顶点的 x、y、z 坐标
            var x2 = r * Math.cos((vAngle+angleSpan) * Math.PI/180)*
```

```
19              Math.cos((hAngle+angleSpan)*Math.PI/180);
20              var y2 = r * Math.cos((vAngle+angleSpan)*Math.PI/180) *
21                Math.sin((hAngle+angleSpan)*Math.PI/180);
22              var z2 = r * Math.sin((vAngle + angleSpan)*Math.PI/180);
23                //计算第四个顶点的 x、y、z 坐标
24              var x3 = r * Math.cos((vAngle+angleSpan)*Math.PI/180) *
25                Math.cos(hAngle*Math.PI/180);
26              var y3 = r * Math.cos((vAngle+angleSpan)*Math.PI/180) *
27                Math.sin(hAngle*Math.PI/180);
28              var z3 = r * Math.sin((vAngle + angleSpan)*Math.PI/180);
29              this.vertexData.push(x1,y1,z1);          //存入第一个三角形的坐标
30              this.vertexData.push(x3,y3,z3);
31              this.vertexData.push(x0,y0,z0);
32              this.vertexData.push(x1,y1,z1);          //存入第二个三角形的坐标
33              this.vertexData.push(x2,y2,z2);
34              this.vertexData.push(x3,y3,z3);
35      }}}
```

❑ 第 2 行中的变量 angleSpan 为对球体进行切分时经度和纬度的步长值。前文中已经证明，此步长值越小，球体被切分得就越细，切分出来的顶点数量就越多。有兴趣的读者可对其值进行修改，效果差别更为直观。

❑ 第 4～28 行为计算顶点坐标的相关代码。首先利用双层 for 循环按照一定角度步长沿经度、纬度进行切分。每循环到一个新角度时，将对应顶点视为小四边形的左上侧点，并求出四边形的剩余 3 个顶点坐标。

❑ 第 29～34 行中为将上一步骤中计算出的顶点坐标添加进数组的相关代码。需要注意的是，存储顶点坐标时需要保证三角形的卷绕顺序，否则可能出现某些奇怪的效果。

（3）通过上面的步骤已经将代码中 JavaScript 部分修改完毕，主要是增加了球体顶点初始化和将球体半径传入渲染管线的部分。接下来就可以对着色器部分相关代码的开发进行详细介绍了，具体代码如下。

代码位置：见随书中源代码/第 5 章/Sample5_1/shader 目录下的 shader.bns。

```
1    uniform mat4 uMVPMatrix;                                  //总变换矩阵
2    attribute vec3 aPosition;                                 //顶点位置
3    varying vec3 vPosition;                                   //用于传递给片元着色器的顶点位置
4    void main(){
5           gl_Position = uMVPMatrix * vec4(aPosition,1);
6           vPosition = aPosition;                             //将原始顶点位置传递给片元着色器
7    }
8    <#BREAK_BN#>
9    precision mediump float;
10   uniform float uR;                                         //接收球体半径
11   varying vec3 vPosition;                                   //接收从顶点着色器过来的顶点位置
12   void main(){
13          vec3 color;                                        //声明一个表示颜色的向量
14          float n = 8.0;                                     //一个坐标分量分的总份数
15          float span = 2.0*uR/n;                             //每一份的长度
16          //每一维在立方体内的行列数
17          int i = int((vPosition.x + uR)/span);
18          int j = int((vPosition.y + uR)/span);
19          int k = int((vPosition.z + uR)/span);
20          //计算点应位于白色块还是黑色块中
21          int whichColor = int(mod(float(i+j+k),2.0));
22          if(whichColor == 1) {                              //奇数时为红色
23                color = vec3(0.678,0.231,0.129);             //红色
24          }else {                                            //偶数时为白色
25                color = vec3(1.0,1.0,1.0);                   //白色
26          }
27          //将计算出的颜色传递给此片元
28          gl_FragColor=vec4(color,1.0);
29   }
```

❑ 第 1～7 行为顶点着色器中的相关代码。此着色器中的大部分代码与前面案例中相同，但是还是有一些细微差别。主要是增加顶点位置通过 varying 变量 vPosition 传递给片元着色器的相

关代码。

❑ 第 9～29 行为片元着色器中的相关代码。此着色器实现了前文中介绍的棋盘着色器的渲染效果。其根据片元所在小方块的行数、层数、列数之和的奇偶性，为该片元选择对应的颜色进行渲染。

5.2 基本光照效果

上一节中已经对球体构建进行了详细介绍，相信读者已经可以自行构建出满意的球体。下面章节将基于此球体对光照部分的知识进行介绍。随着学习的深入，本书中将为此球体逐步添加不同的光照效果。

5.2.1 构建球体的原理

大部分读者都知道，现实生活中照射在物体上的光线与很多因素都有关系。所以，计算光照强度是很困难的事。因此本书中采用的光照模型对其进行了简化，将其分成了 3 个通道，包括环境光、散射光以及镜面光，如图 5-5 所示。

▲图 5-5 光的 3 个通道

实际的开发中，为了使光照效果更加真实，3 个光照通道是分别采用不同的数学模型独立计算的。着色器中通过更改参数可以很方便地控制每种光照通道的强弱，使程序的开发和维护更加简便。下面的小节将对其进行详细介绍。

5.2.2 环境光

环境光（Ambient）指的是从四面八方照射到物体上，全方位 360° 都均匀的光。其代表的是经多次反射，各个方向基本均匀的光。环境光最大的特点是与光源的位置没有任何关系，并且没有方向性。图 5-6 可说明这个问题。

▲图 5-6 环境光的基本情况

从图 5-6 中可以看出，环境光不但入射是均匀的，反射也是各向均匀的。用于计算环境光的数学模型非常简单，具体公式如下。

环境光照射结果 ＝ 材质的反射系数×环境光强度

了解了环境光的基本原理后，下面将通过一个简单的案例 Sample5_2 来介绍环境光效果的开发，案例的运行效果如图 5-7 所示。

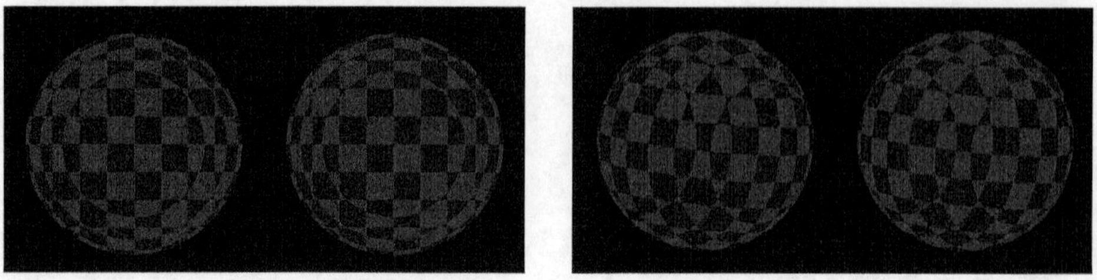

▲图 5-7　案例 Sample5_2 的运行效果图

了解了案例的运行效果后，就可以对本案例的相关代码部分进行介绍了。此案例主要是对上一节中 Sample5_1 的升级，因此这里仅仅给出变化较大且具有代表性的部分。升级时变动较大的代码如下所示。

（1）首先需要进行修改的是 ProjectOrth.html 文件中的 drawFrame 绘制方法。为了更好地体现光照效果，此案例中需要将球体一左一右绘制两次。所以在此方法中应该增加对矩阵的操作以及球体的绘制次数。具体代码如下。

代码位置：见随书中源代码/第 5 章/Sample5_2/js 目录下的 ProjectOrth.html。

```
1     function drawFrame(){
2           if(!ball){
3           alert("加载未完成！");                                          //提示信息
4           return;
5           }
6           //清除着色缓冲与深度缓冲
7           gl.clear(gl.COLOR_BUFFER_BIT | gl.DEPTH_BUFFER_BIT);
8           ms.pushMatrix();                                              //保护现场
9           ms.pushMatrix();                                              //保护现场
10          ms.translate(-0.6,0,0);                                       //执行平移
11          ms.rotate(currentYAngle,0,1,0);                               //执行绕 y 轴旋转
12          ms.rotate(currentXAngle,1,0,0);                               //执行绕 x 轴旋转
13          ball.drawSelf(ms);                                            //绘制球体
14          ms.popMatrix();                                               //恢复现场
15          ms.pushMatrix();                                              //保护现场
16          ms.translate(0.6,0,0);                                        //绘制球体
17          ms.rotate(currentYAngle,0,1,0);                               //执行绕 y 轴旋转
18          ms.rotate(currentXAngle,1,0,0);                               //执行绕 x 轴旋转
19          ball.drawSelf(ms);                                            //绘制物体
20          ms.popMatrix();                                               //恢复现场
21          ms.popMatrix();                                               //恢复现场
22    }
```

- 第 2～7 行为为绘制准备的部分代码。主要包括检测球体是否创建成功以及清除缓冲。
- 第 8～22 行主要为对矩阵进行变换以及保护现场和恢复现场的代码。上一章中已经对矩阵的变换进行了详细介绍，此处不再进行赘述。平移操作完成后进行球体的绘制。

（2）在 ProjectOrth.html 文件中添加了一个成员变量 lightLocationX，用来表示光源位置的 x 轴坐标。同时在此文件中增加<input>标签，其功能为用户调整拖拉条位置时，程序会对 lightLocationX 进行赋值。

> **提示**　由于环境光与光源位置没有任何关系，所以在本案例中调整拖拉条时场景没有任何变化。但在后文的案例中，如果调整拖拉条的位置时，场景的渲染会发生明显的变化。

（3）到此为止已经介绍完了对 JavaScript 部分的修改步骤。接下来就可以开始开发着色器部分的相关代码了。着色器中需要增加的是代表环境光强度的向量。主要代码如下。

代码位置：见随书中源代码/第 5 章/Sample5_2/shader 目录下的 shader.bns。

```
uniform mat4 uMVPMatrix;                                     //总变换矩阵
attribute vec3 aPosition;                                    //顶点位置
```

```
varying vec3 vPosition;                                     //用于传递给片元着色器的顶点位置
varying vec4 vAmbient;                                      //用于传递给片元着色器的环境光分量
void main(){
      //根据总变换矩阵计算此次绘制的顶点的位置
      gl_Position = uMVPMatrix * vec4(aPosition,1);
      vPosition = aPosition;                                //将顶点的位置传给片元着色器
      vAmbient = vec4(0.15,0.15,0.15,1.0);                  //将环境光分量传给片元着色器
}
<#BREAK_BN#>
precision mediump float;
uniform float uR;
varying vec3 vPosition;                                     //接收从顶点着色器传过来的顶点位置
varying vec4 vAmbient;                                      //接收从顶点着色器传过来的环境光分量
void main(){
      vec3 color;
      float n = 8.0;                                        //一个坐标分量分的总份数
      float span = 2.0*uR/n;                                //每一份的长度
      int i = int((vPosition.x + uR)/span);                 //每一维在立方体内的行列数
      int j = int((vPosition.y + uR)/span);
      int k = int((vPosition.z + uR)/span);
      int whichColor = int(mod(float(i+j+k),2.0));          //计算点应位于白色块还是黑色块中
      if(whichColor == 1) {                                 //奇数时为红色
             color = vec3(0.678,0.231,0.129);               //红色
      }else {                                               //偶数时为白色
             color = vec3(1.0,1.0,1.0);                     //白色
      }
      vec4 finalColor=vec4(color,1.0);                      //最终颜色
      gl_FragColor=finalColor*vAmbient;                     //指定此片元的颜色值
}
```

说明 上述着色器与前面案例中的基本相同，主要差别在于，顶点着色器中增加表示环境光的向量 vAmbient，此程序为其赋予相应的值并传给片元着色器。片元着色器中计算出颜色后要与 vAmbient 相乘，结果作为此片元的颜色值。

5.2.3 散射光

上一小节中仅仅使用了环境光进行照射，案例的渲染效果并不好。事实上，仅仅有环境光的场景效果是很差的，因为环境光并不能体现出场景的层次感。为了提升真实感，本节将对散射光（Diffuse）进行介绍，如图 5-8 所示。

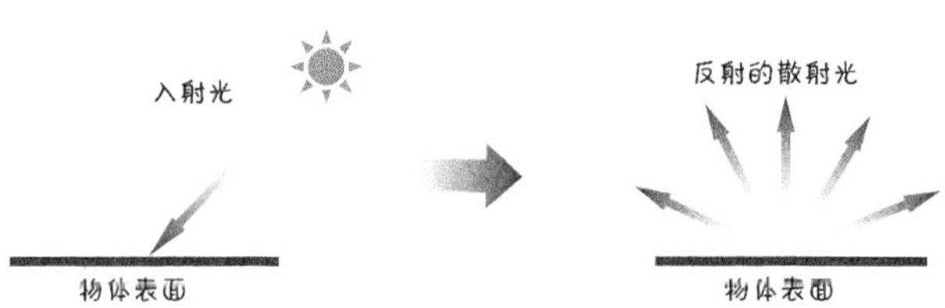

▲图 5-8 散射光基本情况

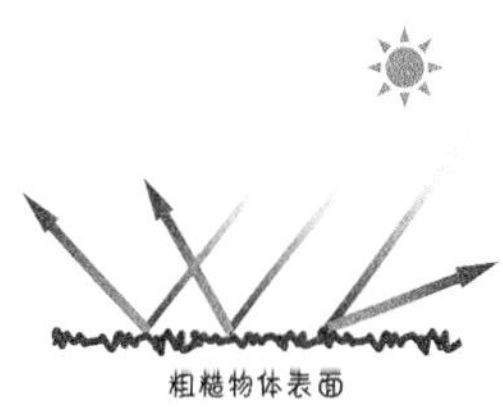

▲图 5-9 光在粗糙的表面上发生漫反射

散射光指的是从物体表面向全方位 360° 均匀反射的光。其具体代表的是现实世界中粗糙的物体表面被光照射时，反射光在各个方向基本均匀（也被称为“漫反射”）的情况，图 5-9 可以很形象地说明这个问题。

虽然反射后的散射光在各个方向是均匀的，但散射光反射的强度与入射光的强度以及入射的角度密切相关。因此当光源的位置发生变化时，散射光的效果会发生明显变化。主要体现为当光垂直地照射到物体表面时比斜照时要亮，其具体计算公式如下。

散射光照射结果=材质的反射系数×散射光强度×max(cos(入射角),0)

实际开发中往往分两步进行计算，此时公式被拆解为如下情况。

散射光最终强度=散射光强度×max(cos(入射角),0)

散射光照射结果=材质的反射系数×散射光最终强度

> **提示**　上面公式中材质的反射系数本质上指的是物体被照射处的颜色，散射光强度指的是散射光中 RGB（红、绿、蓝）3 个色彩通道的强度。

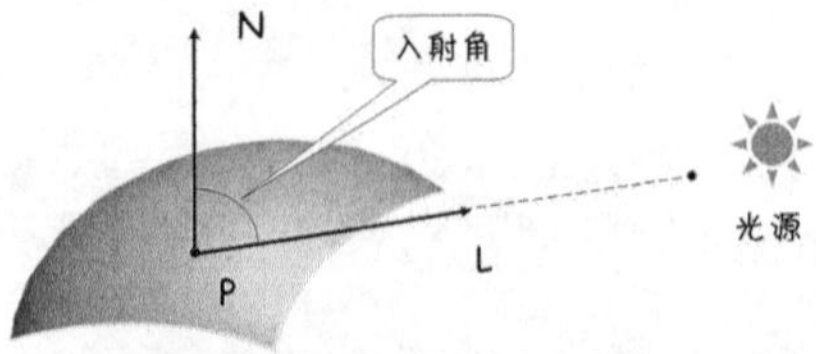

▲图 5-10　散射光的计算

将上面散射光的计算公式和环境光的进行比较，可以发现区别为引入了最后一项“max(cos(入射角),0)”。其含义是入射角越大，反射强度越弱。实际上，余弦值不需要调用三角函数进行计算，只需将入射光向量与法向量规格化，再进行点积即可，如图 5-10 所示。

图 5-10 中的 P 为被照射点，N 代表 P 点的法向量，L 为从 P 点到光源的向量。N 与 L 的夹角即为入射角。向量数学中，两个向量的点积为两个向量夹角的余弦值乘以两个向量的模，而规格化后向量的模为 1。因此将向量规格化，再点积，结果为两个向量夹角的余弦值。

> **提示**　由于本书篇幅有限，关于向量数学的相关问题不进行详细讨论，有兴趣的读者可以参考其他相关数学资料或书籍。

了解了散射光的基本原理后，下面给出一个仅仅使用了散射光进行照射的案例 Sample5_3，其运行效果如图 5-11 所示。

▲图 5-11　案例 Sample5_3 的运行效果图

> **说明**　图 5-11 左侧的图表示光源位于场景右侧进行照射的情况，右侧的图表示光源位于左侧进行照射的情况。从左、右两幅效果图的对比中可以看出，正对光源（入射角小）的位置看起来较亮，而随着入射角的增大，越来越暗，直至入射角大于 90° 后完全不能照亮。

了解了散射光的基本原理及案例的运行效果后，就可以进行案例的开发了。由于实际上本案例仅仅是将案例 Sample5_2 复制了一份并进行了修改，因此这里仅给出修改的主要步骤，具体步骤如下所列。

（1）由于散射光效果与光源的位置密切相关，因此需要将光源的位置传递进着色器以进行光照的计算。为了方便起见，首先增加一个 LightManager.js 文件，存储当前光源位置的相关成员变量以及设置光源位置的方法，具体代码如下。

代码位置：见随书中源代码/第 5 章/Sample5_3/目录下的 LightManager.js。

```
function LightManager(lxIn,lyIn,lzIn){//声明光源的管理类
      this.lx=lxIn;                        //新建光源管理时设置 x 坐标
      this.ly=lyIn;                        //新建光源管理时设置 y 坐标
      this.lz=lzIn;                        //新建光源管理时设置 z 坐标
      this.setLightLocation=setLightLocationF;//设置光源位置的方法
}
```

```
7     function setLightLocationF(lxIn,lyIn,lzIn){
8           this.lx=lxIn;                          //改变光源的 x 坐标
9           this.ly=lyIn;                          //改变光源的 y 坐标
10          this.lz=lzIn;                          //改变光源的 z 坐标
11    }
```

❑ 第 2～4 行中的 lx、ly、lz 分别表示光源位置的 x、y、z 坐标。新建本类的对象时，在构造器中传入光源位置的坐标，程序将把参数的值赋值给成员变量。

❑ 第 7～11 行为改变光源位置的方法。向此方法中传入光源的新位置即可。

（2）接下来就需要对球体的绘制的 Ball 类进行修改了。主要是在初始化数据时增加了对法向量数据的操作，以及将法向量数据传入渲染管线的相关代码，详细代码如下所示。

代码位置：见随书中源代码/第 5 章/Sample5_3/js 目录下的 Ball.js。

```
1     function Ball(gl,programIn,BallR){
2       this.vertexData=new Array();                          //存储顶点坐标的数组
3       var r=BallR;                                          //球体半径
4       this.initVertexData=function(){
5            //此处省略了部分代码，请读者自行查看随书中的源代码
6       }
7       this.initVertexData();                                //初始化顶点坐标的方法
8       this.vcount=this.vertexData.length/3;                 //得到顶点数量
9       this.vertexBuffer=gl.createBuffer();                  //创建顶点坐标数据缓冲
10      gl.bindBuffer(gl.ARRAY_BUFFER,this.vertexBuffer);     //绑定顶点坐标数据缓冲
11      gl.bufferData(gl.ARRAY_BUFFER,new Float32Array(this.vertexData),
12                    gl.STATIC_DRAW);                        //将顶点坐标数据送入缓冲
13      this.normalData=this.vertexData;                      //存储法向量的数组
14      this.normalBuffer=gl.createBuffer();                  //创建顶点法向量数据缓冲
15      gl.bindBuffer(gl.ARRAY_BUFFER,this.normalBuffer);     //绑定顶点法向量缓冲
16      gl.bufferData(gl.ARRAY_BUFFER,new Float32Array(this.normalData),
17                     gl.STATIC_DRAW);                       //将法向量数据送入缓冲
18      this.program=programIn;                               //初始化着色器程序 id
19      this.drawSelf=function(ms){                           //绘制物体的方法
20          //此处省略了部分代码，请读者自行查看随书中的源代码
21          //获得位置、旋转变换矩阵的引用
22          var uMMatrixHandle=gl.getUniformLocation(this.program, "uMMatrix");
23          //将位置、旋转变换矩阵送入渲染管线
24          gl.uniformMatrix4fv(uMMatrixHandle,false,new Float32Array(ms.getMMatrix ()));
25          var uLightLocationHandle=gl.getUniformLocation(this.program,
26                   "uLightLocation");                        //得到光源位置的引用
27          gl.uniform3fv(uLightLocationHandle,new Float32Array
28                  ([lightManager.lx,lightManager.ly,lightManager.lz]));//传入光源位置
29          //启用法向量数据数组
30          gl.enableVertexAttribArray(gl.getAttribLocation(this.program, "aNormal"));
31          gl.bindBuffer(gl.ARRAY_BUFFER, this.normalBuffer);//绑定法向量数据缓冲
32          gl.vertexAttribPointer(gl.getAttribLocation(this.program,"aNormal"),
33                  3,gl.FLOAT,false,0, 0);                    //给管线指定法向量坐标数据
34          var muRHandle = gl.getUniformLocation(this.program, "uR");//得到半径的引用
35          gl.uniform1f(muRHandle,r);                        //将球体半径传入渲染管线
36          gl.drawArrays(gl.TRIANGLES, 0, this.vcount);      //用顶点法绘制物体
37    }}
```

❑ 第 13～17 行为对法向量数据进行初始化的相关代码。与初始化顶点坐标数据的过程完全相同，包括创建并绑定缓冲，并将法向量数据送入缓冲。本案例中球心位于坐标原点，这样可直接将顶点坐标作为顶点法向量使用。

❑ 第 25～28 行为对光源位置数据进行操作的相关代码。首先获得光源位置的引用，然后将光源的管理对象 lightManager 的成员变量 x、y、z 传入渲染管线中进行计算。

❑ 第 29～33 行为在球体的绘制方法中增加将法向量数据传进渲染管线的代码，同时也增加了启用顶点法向量数据的相关代码。

（3）完成上面部分的修改后，接下来就要对 ProjectOrth.html 文件中的 drawFrame 总绘制方法进行修改。主要增加的是对光源位置进行设置的相关代码，具体代码如下。

代码位置：见随书中源代码/第 5 章/Sample5_3/目录下的 ProjectOrth.html。

```
function drawFrame(){
     if(!ball){
          alert("加载未完成! ");//提示信息
          return;
     }
     var lightOffset = document.getElementById("myRange").value;//获得当前拖拉条的值
     lightManager.setLightLocation(lightOffset,0,-4);
     //清除着色缓冲与深度缓冲
     gl.clear(gl.COLOR_BUFFER_BIT | gl.DEPTH_BUFFER_BIT);
     ms.pushMatrix();//保护现场
     …//此处省略了绘制两次球的代码，请读者自行查看随书中的源代码
     ms.popMatrix();//恢复现场
}
```

说明　此方法并没有很大的变化，只是在绘制每帧画面之前，根据拖拉条的位置对光源位置进行设置。当用户改变拖拉条的位置时，绘制的画面就会随光源位置的改变而改变了。

（4）完成了上述的修改后，对 JavaScript 部分的修改基本就完成了。下面需要修改的就是着色器的相关代码了。增加的代码功能为根据光源位置、法向量等信息，计算出散射光的最终强度值。顶点着色器的代码如下。

代码位置：见随书中源代码/第 5 章/Sample5_3/shader 目录下的 shader.bns。

```
1    uniform mat4 uMVPMatrix;                          //总变换矩阵
2    uniform mat4 uMMatrix;                            //变换矩阵（包括平移、旋转、缩放）
3    uniform vec3 uLightLocation;                      //光源位置
4    attribute vec3 aPosition;                         //顶点位置
5    attribute vec3 aNormal;                           //顶点法向量
6    varying vec3 vPosition;                           //用于传递给片元着色器的顶点位置
7    varying vec4 vDiffuse;                            //用于传递给片元着色器的散射光分量
8    void pointLight (                                 //散射光光照计算的方法
9    in vec3 normal,                                   //法向量
10   inout vec4 diffuse,                               //散射光计算结果
11   in vec3 lightLocation,                            //光源位置
12   in vec4 lightDiffuse){                            //散射光强度
13     vec3 normalTarget=aPosition+normal;             //计算变换后的法向量
14     vec3 newNormal=(uMMatrix*vec4(normalTarget,1)).xyz-
15                    (uMMatrix*vec4(aPosition,1)).xyz;
16     newNormal=normalize(newNormal);                 //对法向量规格化
17     //计算从表面点到光源位置的向量 vp
18     vec3 vp= normalize(lightLocation-(uMMatrix*vec4(aPosition,1)).xyz);
19     vp=normalize(vp);                               //规格化 vp
20     //求法向量与 vp 向量的点积与 0 的最大值
21     float nDotViewPosition=max(0.0,dot(newNormal,vp));
22     diffuse=lightDiffuse*nDotViewPosition;          //计算散射光的最终强度
23   }
24   void main(){
25     gl_Position = uMVPMatrix * vec4(aPosition,1);     //计算此次绘制的顶点的位置
26     vec4 diffuseTemp=vec4(0.0,0.0,0.0,0.0);
27     pointLight(normalize(aNormal), diffuseTemp, uLightLocation, vec4(0.8,0.8,
0.8,1.0));
28     vDiffuse=diffuseTemp;                             //将散射光最终强度传给片元着色器
29     vPosition = aPosition;                            //将顶点的位置传给片元着色器
30   }
```

- 第 1～7 行对顶点着色器中使用的全局变量进行了声明。主要是增加了代表光源位置的变量 uLightLocation、代表法向量的 aNormal、以及用于传递给片元着色器的散射光最终强度的 vDiffuse。
- 第 8～23 行为根据前面介绍的公式计算散射光最终强度的 pointLight 方法。最重要的是，在进行计算前要对顶点法向量进行变换，将法向量变换到当前的姿态下。
- 第 24～30 行为顶点着色器的 main 方法。其中首先增加了使用 pointLight 方法计算散射光最终强度的代码。与此同时，其中也增加了将计算出的散射光最终强度值传递给片元着色器的

相关代码。

（5）将顶点着色器的代码部分修改完毕后，就可以开始进行片元着色器部分的开发了。其中增加了代表散射光最终强度的变量 vDiffuse，并且增加了将片元颜色值与散射光最终强度进行加权计算的过程。具体代码如下。

代码位置：见随书中源代码/第 5 章/Sample5_3/shader 目录下的 shader.bns。

```
1    precision mediump float;
2    uniform float uR;                                    //接收球体的半径
3    varying vec3 vPosition;                              //接收从顶点着色器传过来的顶点位置
4    varying vec4 vDiffuse;                               //接收从顶点着色器传过来的散射光分量
5    void main(){
6         vec3 color;
7         …//此处省略了计算片元颜色值的代码，与前面的案例相同
8         vec4 finalColor=vec4(color,1)*vDiffuse;                  //计算颜色
9         gl_FragColor=vec4(finalColor.xyz,1.0);                   //给此片元颜色值
10   }
```

- 第 4 行增加了对易变变量 vDiffuse 的声明。其功能为接收从顶点着色器传递过来的散射光最终强度。
- 第 8 行与前面介绍环境光的案例相似，功能为将上面步骤中计算出来的片元颜色与散射光的最终强度进行加权计算，将结果作为此片元的最终颜色。

5.2.4 镜面光

案例中加入了散射光效果后，场景的真实感大大提高，但是这些并不是光照的全部。通过生活经验可以了解到，当物体的表面非常光滑时会有方向很集中的反射光，这就是镜面光（Specular）。本小节将详细介绍镜面光的计算模型。

与散射光不同，镜面光不仅依赖于入射光与被照射点法向量的夹角，还依赖于观察者的位置。如果从摄像机到被照射点的向量不在反射光方向集中的范围内，观察者将不会看到镜面光，图 5-12 简单地说明了这个问题。

▲图 5-12 镜面光基本情况

镜面光的计算模型比前面的两种光都要复杂一些，具体公式如下。

镜面光照射结果=材质的反射系数×镜面光强度×max(0,(cos(半向量与法向量的夹角))^{粗糙度})

实际开发中往往分两步进行计算，此时公式被拆解为如下情况。

镜面光最终强度=镜面光强度×max(0,(cos(半向量与法向量的夹角))^{粗糙度})

镜面光照射结果=材质的反射系数×镜面光最终强度

> **提示** 材质的反射系数实际指的就是物体被照射处的颜色，镜面光强度指的是镜面光中 RGB（红、绿、蓝）3 个色彩通道的强度。

从上述公式中可以看出，它与散射光的计算公式主要有两点区别。首先是计算余弦值时的参数改为了半向量与法向量的夹角。半向量指的是从被照射点到光源的向量与从被照射点到观察点向量的平均向量。图 5-13 说明了半向量的含义。

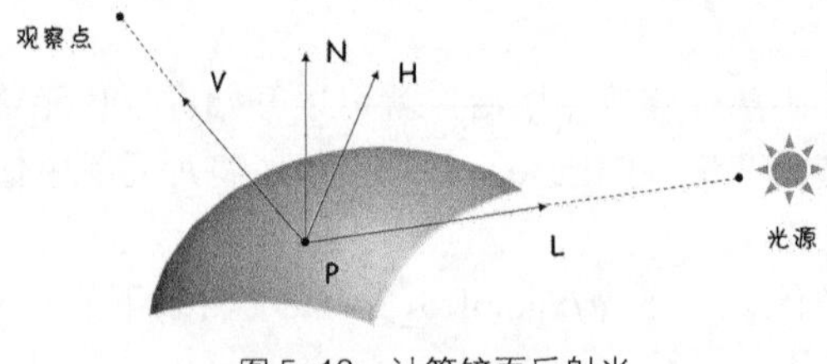

▲图 5-13　计算镜面反射光

> **说明**　图 5-13 中 V 为从被照射点到观察点的向量，N 为被照射点表面的法向量，H 为半向量，L 为从被照射点到光源的向量。

从图 5-13 中可以看出，半向量 H 与 V 和 L 共面，并且 V 与 H 的夹角和 H 与 L 的夹角相等。因此，将规格化后的 V 与 L 求和并再次规格化即可得到半向量 H。最后将规格化后的法向量与半向量进行点积运算，结果为半向量与法向量夹角的余弦值。

除此之外，另一个区别就是还要将求得的余弦值与粗糙度进行乘方运算。这样在进行计算和渲染时可以实现粗糙度越小，镜面光面积越大的效果。这与现实世界也是十分类似的。关于此公式的推导过程，这里不再进行赘述，有兴趣的读者可查阅其他资料。

了解了镜面光的基本原理后，下面给出一个使用镜面光的案例 Sample5_4，其运行效果如图 5-14 所示。

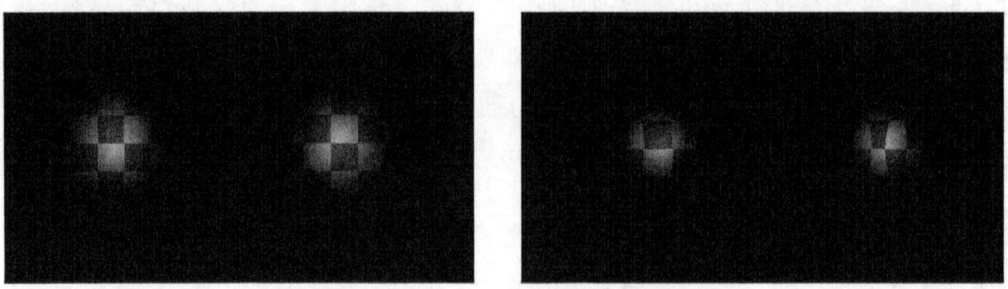

▲图 5-14　案例 Sample5_4 的运行效果图

> **说明**　图 5-14 中左侧为粗糙度值等于 25 的情况，右侧为粗糙度值等于 50 的情况。从左、右两侧运行效果图的对比中可以看出，粗糙度越小，镜面光面积越大，这也符合我们观察现实世界的经验。另外从图中还可以看出，镜面光也是随光源位置的变化而变化的。

了解了镜面光的基本原理及案例的运行效果后，就可以进行案例的开发了。由于实际上本案例仅仅是将案例 Sample5_3 复制了一份并进行了修改，因此这里仅给出修改的主要步骤，具体如下所列。

（1）由于镜面光的计算不仅与光源位置有关，还与摄像机位置有关，故摄像机的位置也需要传入渲染管线。为了实现此目标，首先需要对 MatrixState 类中设置摄像机的方法进行升级并增加相关的成员变量，具体代码如下。

代码位置：见随书中源代码/第 5 章/Sample5_4/js 目录下的 MatrixState.js。

```
this.cameraFB=new Array(3);                          //用来存储摄像机位置的数组
this.setCamera=function(
    cx,cy,cz,                                        //摄像机位置的 X、Y、Z 坐标
    tx,ty,tz,                                        //观察目标点 X、Y、Z 坐标
    upx,upy,upz){                                    //摄像机 UP 向量 X、Y、Z 分量
    setLookAtM(this.mVMatrix,0,cx,cy,cz,tx,ty,tz,upx,upy,upz);//产生摄像机观察矩阵
    this.cameraFB[0]=cx;                                             //存储摄像机 X 坐标
```

```
8          this.cameraFB[1]=cy;                                    //存储摄像机 Y 坐标
9          this.cameraFB[2]=cz;                                    //存储摄像机 Z 坐标
10     }
```

- 第 1 行中增加了用来存储摄像机位置的数组 cameraFB。本案例中对球体进行绘制时，绘制方法会将此数组传入渲染管线中。
- 第 2～10 行为设置摄像机的方法。与前面案例不同的是，产生摄像机观察矩阵之后还将摄像机的 x、y、z 坐标存储到上面声明的 cameraFB 数组中。

（2）接着需要修改的是 Ball 类中的绘制方法，主要是增加了获得摄像机位置一致变量的引用，以及将摄像机位置传送进渲染管线的相关代码，具体内容如下。

代码位置：见随书中源代码/第 5 章/Sample5_4/js 目录下的 Ball.js。

```
1      this.drawSelf=function(ms){//绘制物体的方法
2        //获得摄像机位置的引用
3        var uCameraHandle=gl.getUniformLocation(this.program, "uCamera");
4        gl.uniform3fv(uCameraHandle,new Float32Array([ms.cameraFB[0],
5                  ms.cameraFB[1],ms.cameraFB[2]]));        //将摄像机位置传入渲染管线
6        …//此处省略了部分代码，读者可自行查看随书源代码
7      }
```

- 第 3 行声明了变量 uCameraHandle，并获得摄像机位置的引用，为其赋值。
- 第 4～5 行为将摄像机位置传入渲染管线的相关代码。程序根据得到的摄像机位置的引用 uCameraHandle，将存储摄像机位置的数组 cameraFB 传入渲染管线中。

（3）完成上述部分的修改后，对 JavaScript 部分代码的修改就基本完成了。下面需要修改的就是着色器部分的代码。大部分代码的改动都在顶点着色器中，所以接下来要对顶点着色器部分的代码进行介绍。其详细代码如下。

代码位置：见随书中源代码/第 5 章/Sample5_4/shader 目录下的 shader.bns。

```
uniform mat4 uMVPMatrix;                 //总变换矩阵
uniform mat4 uMMatrix;                   //变换矩阵
uniform vec3 uLightLocation;             //光源位置
uniform vec3 uCamera;                    //摄像机位置
attribute vec3 aPosition;                //顶点位置
attribute vec3 aNormal;                  //法向量
varying vec3 vPosition;                  //用于传递给片元着色器的顶点位置
varying vec4 vSpecular;                  //用于传递给片元着色器的镜面光最终强度
void pointLight(                         //定位光光照计算的方法
in vec3 normal,                          //法向量
inout vec4 specular,                     //镜面反射光分量
in vec3 lightLocation,                   //光源位置
in vec4 lightSpecular                    //镜面光强度
){
  vec3 normalTarget=aPosition+normal;          //计算变换后的法向量
  vec3 newNormal=(uMMatrix*vec4(normalTarget,1)).xyz-
          (uMMatrix*vec4(aPosition,1)).xyz;
  newNormal=normalize(newNormal);              //对法向量规格化
  //计算从表面点到摄像机的向量
  vec3 eye= normalize(uCamera-(uMMatrix*vec4(aPosition,1)).xyz);
  //计算从表面点到光源位置的向量 vp
  vec3 vp= normalize(lightLocation-(uMMatrix*vec4(aPosition,1)).xyz);
  vp=normalize(vp);                                  //格式化 vp
  vec3 halfVector=normalize(vp+eye);                 //求视线与光线的半向量
  float shininess=50.0;                              //粗糙度，越小越光滑
  float nDotViewHalfVector=dot(newNormal,halfVector);      //法线与半向量的点积
  float powerFactor=max(0.0,pow(nDotViewHalfVector,shininess));//镜面反射光强度因子
  spcular=lightSpecular*powerFactor;                         //最终的镜面光强度
}
void main(){
  gl_Position = uMVPMatrix * vec4(aPosition,1);      //计算此次绘制此顶点的位置
  vec4 specularTemp=vec4(0.0,0.0,0.0,0.0);
  //进行镜面光最终强度的计算
  pointLight(normalize(aNormal),specularTemp,uLightLocation,vec4(0.7,0.7,0.7, 1.0));
  vSpecular=specularTemp;                            //将最终镜面光强度传给片元着色器
  vPosition = aPosition;                             //将顶点的位置传给片元着色器
```

```
37 }
```

- 第 1～8 行为顶点着色器中全局变量的声明，主要是增加了摄像机位置一致变量 uCamera、用于传递给片元着色器的镜面光最终强度易变变量 vSpecular。
- 第 9～29 行为根据前面介绍的公式计算镜面光最终强度的 pointLight 方法。
- 第 30～37 行为顶点着色器的 main 方法。其中首先调用 pointLight 方法，计算镜面光的最终强度，并将计算出的镜面光最终强度值传递给片元着色器。

（4）完成了顶点着色器的开发后，就可以进行片元着色器部分的开发了。与前面介绍散射光的案例相比，片元着色器基本没有变化。本案例中片元着色器的具体代码如下所示。

代码位置：见随书中源代码/第 5 章/Sample5_4/shader 目录下的 shader.bns。

```
precision mediump float;
uniform float uR;                          //接收球体半径
varying vec3 vPosition;                    //接收从顶点着色器传过来的顶点位置
varying vec4 vSpecular;                    //接收从顶点着色器传过来的镜面反射光分量
void main(){
  vec3 color;
  …//此处省略了计算片元颜色值的代码，请读者自行查看随书源代码
  vec4 finalColor=vec4(color,1.0)*vSpecular;          //加权计算最终颜色
  gl_FragColor=vec4(finalColor.xyz,1.0);              //确定此片元颜色值
}
```

> **说明** 上述片元着色器的代码与散射光的基本一致，只是将接收散射光最终强度并与片元颜色值加权计算换成了接收镜面光最终强度并与片元颜色值加权计算。

5.2.5 三种光照通道的合成

前面章节中的案例每个仅使用了一种光照通道，所以画面还是不够真实。现实生活中这 3 种光照通道都是同时作用的，因此本节将通过案例 Sample5_5 将环境光、散射光、镜面光的光照效果综合起来，其运行效果如图 5-15 所示。

▲图 5-15 案例 Sample5_5 的运行效果图

了解了案例的运行效果后，下面就可以对案例的开发过程进行介绍了。实际上，本案例仅仅将前三小节中顶点着色器和片元着色器计算光照的相关代码进行了综合，因此这里仅给出综合后的着色器代码。

（1）首先对此案例中的顶点着色器进行介绍。此着色器中分别对环境光、散射光、镜面光的最终强度进行计算。计算完成后，3 种光的最终强度会传给片元着色器，以便进行后面的处理。其详细代码如下所示。

代码位置：见随书中源代码/第 5 章/Sample5_5/shader 目录下的 shader.bns。

```
uniform mat4 uMVPMatrix;                   //总变换矩阵
uniform mat4 uMMatrix;                     //变换矩阵
uniform vec3 uLightLocation;               //光源位置
uniform vec3 uCamera;                      //摄像机位置
attribute vec3 aPosition;                  //顶点位置
attribute vec3 aNormal;                    //法向量
```

```
varying vec3 vPosition;                        //用于传递给片元着色器的顶点位置
varying vec4 vAmbient;                         //用于传递给片元着色器的环境光最终强度
varying vec4 vDiffuse;                         //用于传递给片元着色器的散射光最终强度
varying vec4 vSpecular;                        //用于传递给片元着色器的镜面光最终强度
void pointLight(                               //定位光光照计算的方法
  in vec3 normal,                              //法向量
  inout vec4 ambient,                          //环境光最终强度
  inout vec4 diffuse,                          //散射光最终强度
  inout vec4 specular,                         //镜面光最终强度
  in vec3 lightLocation,                       //光源位置
  in vec4 lightAmbient,                        //环境光强度
  in vec4 lightDiffuse,                        //散射光强度
  in vec4 lightSpecular                        //镜面光强度
){
  ambient=lightAmbient;                        //直接得出环境光的最终强度
  vec3 normalTarget=aPosition+normal;
  vec3 newNormal=(uMMatrix*vec4(normalTarget,1)).xyz-
                  (uMMatrix*vec4(aPosition,1)).xyz;      //计算变换后的法向量
  newNormal=normalize(newNormal);                        //对法向量规格化
  //计算从表面点到摄像机的向量
  vec3 eye= normalize(uCamera-(uMMatrix*vec4(aPosition,1)).xyz);
  //计算从表面点到光源位置的向量 vp
  vec3 vp= normalize(lightLocation-(uMMatrix*vec4(aPosition,1)).xyz);
  vp=normalize(vp);                                      //格式化 vp
  vec3 halfVector=normalize(vp+eye);                     //求视线与光线的半向量
  float shininess=50.0;                                  //粗糙度，越小越光滑
  float nDotViewPosition=max(0.0,dot(newNormal,vp));   //求出点积后与 0 比较取较大值
  diffuse=lightDiffuse*nDotViewPosition;               //计算散射光的最终强度
  float nDotViewHalfVector=dot(newNormal,halfVector);  //法线与半向量的点积
  float powerFactor=max(0.0,pow(nDotViewHalfVector,shininess));//镜面反射光强度因子
  specular=lightSpecular*powerFactor;                  //镜面光的最终强度
}
void main(){
   gl_Position = uMVPMatrix * vec4(aPosition,1);       //计算此次绘制的顶点的位置
   vec4 ambientTemp,diffuseTemp,specularTemp;          //用来接收最终强度的变量
   pointLight(normalize(aNormal),ambientTemp,diffuseTemp,specularTemp,//计算光强度
     uLightLocation,vec4(0.15,0.15,0.15,1.0),vec4(0.8,0.8,0.8,1.0),vec4(0.7, 0.7, 0.7,1.0));
   vAmbient=ambientTemp;                     //将环境光最终强度传给片元着色器
   vDiffuse=diffuseTemp;                     //将散射光最终强度传给片元着色器
   vSpecular=specularTemp;                   //将镜面光最终强度传给片元着色器
   vPosition = aPosition;                    //将顶点的位置传给片元着色器
}
```

提示 上述代码只是将 3 种通道光照的计算都综合到了 pointLight 方法中，并将计算出来的 3 种通道光的最终强度都传递给了片元着色器。其他的代码部分并没有进行修改。

（2）完成了顶点着色器的开发后，就可以开发片元着色器部分了。与前面案例相比，此案例唯一的不同是将 3 个通道光的最终强度与颜色进行加权计算，最后将计算结果作为此片元的最终颜色值。其具体代码如下。

代码位置：见随书中源代码/第 5 章/Sample5_5/shader 目录下的 shader.bns。

```
precision mediump float;
uniform float uR;                              //接收球体半径
varying vec3 vPosition;                        //接收从顶点着色器传过来的顶点位置
varying vec4 vAmbient;                         //接收从顶点着色器传过来的环境光分量
varying vec4 vDiffuse;                         //接收从顶点着色器传过来的散射光分量
varying vec4 vSpecular;                        //接收从顶点着色器传过来的镜面反射光分量
void main(){
   vec3 color;
   …//此处省略了计算片元颜色值的代码，请读者自行查看随书中的源代码
   vec4 finalColor=vec4(color,1.0);
   //综合 3 个通道光的最终强度及片元的颜色计算出最终片元的颜色并传递给管线
   vec4 lightColor=finalColor*vAmbient + finalColor*vDiffuse + finalColor*vSpecular;
```

```
        gl_FragColor=vec4(lightColor.xyz,1.0);    //给此片元颜色值
    }
```

提示　上述代码将原来单独计算的各个光照通道综合在一起计算，产生同时受 3 个通道影响的最终片元颜色值后再将其传递给渲染管线。

前面的案例中都是在着色器程序中直接给出各种光通道的原始强度，如果有需要，读者可将光的各个通道的强度由宿主程序传入着色器一致变量。另外，前面的案例中也仅有一个光源。如果有需要的话，读者可开发出多个光源叠加的效果。

需要注意的是，本节介绍的光照计算模型是比较常用的也是比较简单的一种，其实还有很多其他光照计算模型。这些计算模型更为复杂，效果更为真实。有兴趣的读者可以进一步参考其他技术资料进行学习。

5.3 定位光与定向光

上一节中介绍的光照效果都是基于定位光光源，定位光光源类似于现实生活中的白炽灯灯泡。其固定在某一个位置，发出的光向四周发散。定位光照射的一个明显特点就是，在给定光源位置的情况下，对不同位置的物体产生的光照效果不同。

现实世界中并不是所有的光都是定位光。如照射到地面上的阳光，光线之间可视为平行的，这种光被称为定向光。定向光照射的明显特点是，给定光线方向后，不同位置的物体反映出的光照效果完全一致。两种光的比较如图 5-16 所示。

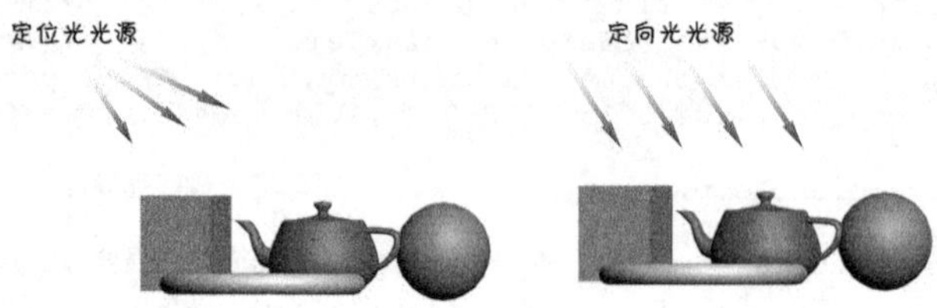

▲图 5-16　定位光和定向光

了解了定位光与定向光的区别之后，就可以进行相关案例的开发了。接下来将通过使用了定向光的案例 Sample5_6 介绍定向光效果的实现过程。介绍相关代码之前，首先了解本案例的运行效果。运行效果如图 5-17 所示。

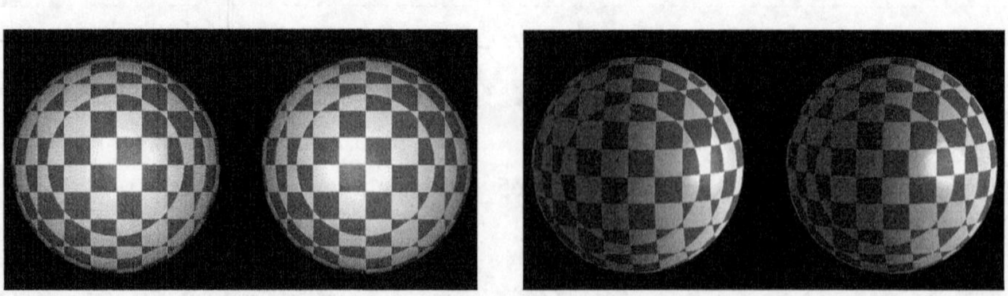
▲图 5-17　案例 Sample5_6 的运行效果图

说明　图 5-17 中左侧的图表示定向光照射球体正面的情况，右侧的图表示定向光从右向左照射的情况。从左右两幅效果图的对比中可以看出，在定向光方向确定的情况下，其对场景中任何位置的物体都产生相同的光照效果。

了解了定向光的基本原理及案例的运行效果后，就可以进行案例的开发了。由于实际上本案例仅仅是将案例 Sample5_5 复制了一份并进行了修改，因此这里只给出修改的主要步骤。具体步骤如下所列。

（1）使用定向光时，需要将光线的方向由 JavaScript 程序传入渲染管线。为了使开发过程更加简便，首先需要对 LightManager 类进行升级，在其中增加设置定向光方向并存入对应数组的相关代码。升级后的代码如下所示。

代码位置：见随书中源代码/第 5 章/Sample5_6/js 目录下的 LightManager.js。

```
1    function LightManager(lxIn,lyIn,lzIn){              //光照的管理类
2       this.lx=lxIn;                                     //定向光的 x 分量
3       this.ly=lyIn;                                     //定向光的 y 分量
4       this.lz=lzIn;                                     //定向光的 z 分量
5       this.setLightDirection=setLightDirectionF;        //改变定向光方向的方法
6    }
7    function setLightDirectionF(lxIn,lyIn,lzIn){         //设置定向光方向的方法
8       this.lx=lxIn;                                     //定向光的 x 分量
9       this.ly=lyIn;                                     //定向光的 y 分量
10      this.lz=lzIn;                                     //定向光的 z 分量
11   }
```

- 第 1～6 行为光照的管理类 LightManager 的相关代码。新建此类对象时，将光照方向的 x、y、z 分量作为参数传入构造器中。
- 第 7～11 行为设置定向光方向的方法。与前面使用定位光的案例不同的是，向此方法传入的不是光源的位置，而是光线的 x、y、z 分量。

（2）对光照的管理类修改完毕后，接下来需要对负责绘制球体的 Ball 类进行修改。应该找到此类的绘制方法，将向渲染管线中传入光源位置的代码替换，改为传入光线的方向。

此类绘制方法的代码如下所示。

代码位置：见随书中源代码/第 5 章/Sample5_6/js 目录下的 Ball.js。

```
1    this.drawSelf=function(ms){//绘制物体的方法
2          //获得着色器中定向光方向一致变量的引用
3          var uLightLocationHandle=gl.getUniformLocation(this.program, "uLightDirection");
4          gl.uniform3fv(uLightLocationHandle,newFloat32Array([lightManager.lx,
5               lightManager.ly,lightManager.lz]));       //将定向光的方向传入渲染管线中
6          …//此处省略了部分代码，请读者自行查看随书中的源代码
7          gl.drawArrays(gl.TRIANGLES, 0, this.vcount);   //用顶点法绘制物体
8    }
```

提示 第 3～5 行为需要添加进绘制方法的代码。在绘制定向光照射下的球体时，着色器程序需要首先得到光线的方向。这几行代码主要是获得着色器中定向光方向一致变量的引用，并将定向光的方向传入渲染管线中。

（3）完成了对 Ball 类的修改后，对 JavaScript 部分代码的修改就基本完成了。下面就可以修改着色器的代码了。由于本案例中的片元着色器与 Sample5_5 中的相同，因此这里仅仅介绍顶点着色器。其具体代码如下。

代码位置：见随书中源代码/第 5 章/Sample5_6/shader 目录下的 shader.bns。

```
uniform mat4 uMVPMatrix;                //总变换矩阵
uniform mat4 uMMatrix;                  //变换矩阵
uniform vec3 uLightDirection;           //光源方向
uniform vec3 uCamera;                   //摄像机位置
attribute vec3 aPosition;               //顶点位置
attribute vec3 aNormal;                 //法向量
varying vec3 vPosition;                 //用于传递给片元着色器的顶点位置
varying vec4 vAmbient;                  //用于传递给片元着色器的环境光最终强度
varying vec4 vDiffuse;                  //用于传递给片元着色器的散射光最终强度
varying vec4 vSpecular;                 //用于传递给片元着色器的镜面光最终强度
void directionalLight(                  //定向光光照计算的方法
  in vec3 normal,                       //法向量
```

```
13      inout vec4 ambient,                         //环境光最终强度
14      inout vec4 diffuse,                         //散射光最终强度
15      inout vec4 specular,                        //镜面光最终强度
16      in vec3 lightDirection,                     //定向光方向
17      in vec4 lightAmbient,                       //环境光强度
18      in vec4 lightDiffuse,                       //散射光强度
19      in vec4 lightSpecular                       //镜面光强度
20    ){
21      ambient=lightAmbient;                       //直接得出环境光的最终强度
22      vec3 normalTarget=aPosition+normal;
23      vec3 newNormal=(uMMatrix*vec4(normalTarget,1)).xyz-
24           (uMMatrix*vec4(aPosition,1)).xyz;              //计算变换后的法向量
25      newNormal=normalize(newNormal);                     //对法向量规格化
26      //计算从表面点到摄像机的向量
27      vec3 eye= normalize(uCamera-(uMMatrix*vec4(aPosition,1)).xyz);
28      vec3 vp= normalize(lightDirection);                //规格化定向光方向向量
29      vec3 halfVector=normalize(vp+eye);                 //求视线与光线的半向量
30      float shininess=50.0;                              //粗糙度，越小越光滑
31      float nDotViewPosition=max(0.0,dot(newNormal,vp));         //将点积与 0 比较取较大值
32      diffuse=lightDiffuse*nDotViewPosition;                      //计算散射光的最终强度
33      float nDotViewHalfVector=dot(newNormal,halfVector);         //法线与半向量的点积
34      float powerFactor=max(0.0,pow(nDotViewHalfVector,shininess));//镜面反射光强度因子
35      specular=lightSpecular*powerFactor;                 //计算镜面光的最终强度
36    }
37    void main(){
38       gl_Position = uMVPMatrix * vec4(aPosition,1); //计算此次绘制此顶点位置
39       vec4 ambientTemp,diffuseTemp,specularTemp;     //用来接收三个通道最终强度的变量
40       directionalLight(normalize(aNormal),ambientTemp,diffuseTemp,specularTemp,
41       uLightDirection,vec4(0.15,0.15,0.15,1.0),vec4(0.8,0.8,0.8,1.0),vec4(0.7,
         0.7, 0.7,1.0));
42       vAmbient=ambientTemp;                         //将环境光最终强度传给片元着色器
43       vDiffuse=diffuseTemp;                         //将散射光最终强度传给片元着色器
44       vSpecular=specularTemp;                       //将镜面光最终强度传给片元着色器
45       vPosition = aPosition;                        //将顶点的位置传给片元着色器
46    }
```

- 第 3 行将定位光光源位置一致变量的声明替换成了定向光方向一致变量的声明。
- 第 11～36 行将原来计算定位光光照的 pointLight 方法替换成了计算定向光光照的 directionalLight 方法。原来表示光源位置的参数被换成了定向光的方向。另外，光的方向向量直接由 uLightDirection 规格化得到。

> **提示**　从上述顶点着色器的代码中可以看出，与定位光相同，定向光也是分环境光、散射光、镜面光 3 个通道进行计算的。

5.4 点法向量和面法向量

本章前面几节的案例都是基于球面开发的，球面属于连续、平滑的曲面，因此面上的每个顶点都有确定的法向量。但现实世界中的物体表面并不都是连续、平滑的，此时对于面上的某些点的法向量计算就不那么直观了，如图 5-18 所示。

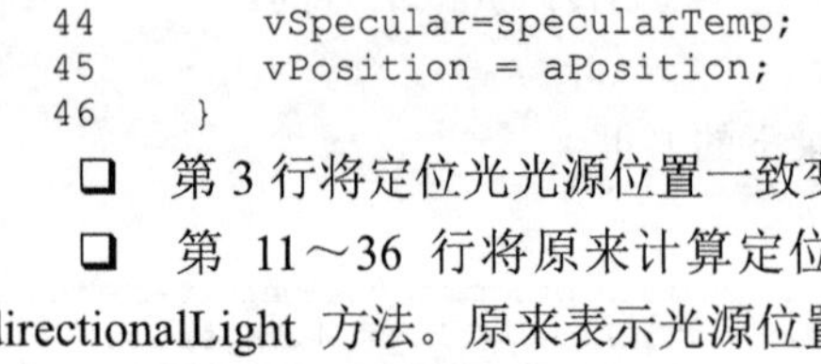

▲图 5-18　两种法向量示意图

从图 5-18 中可以看出，顶点 A 位于长方体左、上、前 3 个面的交界处，此处是不平滑的。这种情况下顶点 A 的法向量有两种处理策略。具体的处理策略如下所列。

- 在顶点 A 的位置放置 3 个不同的顶点，每个顶点看作是仅属于一个面。各个顶点的法向量即为其属于的面的法向量，这种策略就是面法向量的策略。进行实际的项目开发时，棱角分明的物体适合使用这

种策略。

- 顶点 A 的位置仅被认为存在一个顶点，其法向量取其所属的所有面法向量的平均值。这种策略就是点法向量策略。进行实际项目开发时，如果需要将多个平面搭建成平滑曲面，使用这种策略会取得不错的效果。

了解了点法向量和面法向量的基本知识后，下面将通过两个基本相同的绘制立方体的案例（Sample5_7 和 Sample5_8）对这两种策略进行比较。图 5-19 为采用点法向量策略的案例 Sample5_7 的运行效果图，图 5-20 为采用点法向量策略的案例 Sample5_8 的运行效果图。

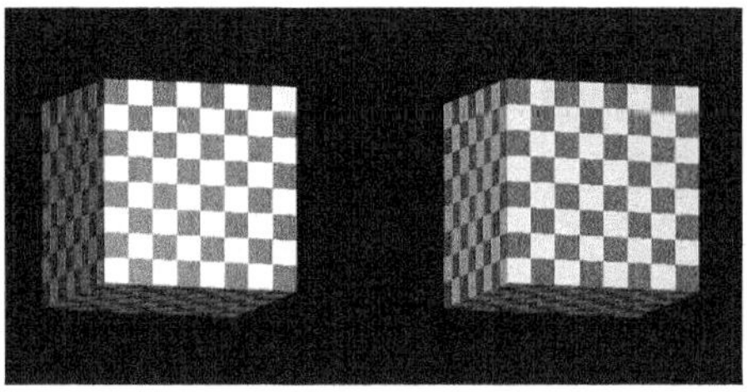

▲图 5-19　案例 Sample5_7 的运行效果图

▲图 5-20　案例 Sample5_8 的运行效果图

说明　从图 5-19 与图 5-20 的比较中可以看出，对于棱角分明的物体适合采用面法向量策略。若采用点法向量策略渲染，真实感就会差很多，实际开发中读者应该根据所绘制物体表面的特点来选用合适的策略。

了解了两个案例的运行效果后，就可以进行案例的开发了。由于这两个案例中大部分的代码与前面案例 Sample5_5 里的完全相同，区别在法向量初始化的部分。所以下面只给出初始化法向量部分的代码。具体内容如下。

（1）首先介绍采用点法向量策略的案例 Sample5_7 中初始化立方体顶点及法向量数据的 initVertexData 方法。此方法将立方体的顶点坐标和法向量按照卷绕顺序存入数组中。此方法的详细代码如下所示。

代码位置：见随书中源代码/第 5 章/Sample5_7/js 目录下的 Cube.js。

```
1    this.initVertexData=function(){
2      this.vertexData.push(r,r,r);                         //前面第一个三角形的顶点坐标
3      this.vertexData.push(-r,r,r);
4      this.vertexData.push(-r,-r,r);
5      this.vertexData.push(r,r,r);                         //前面第二个三角形的顶点坐标
6      this.vertexData.push(-r,-r,r);
7      this.vertexData.push(r,-r,r);
8      …//此处省略其余面的顶点坐标初始化过程，请读者自行查看随书中的源代码
9      this.normalData=new Array(                           //存储法向量的数组
10     0,0,1,  0,0,1,  0,0,1, 0,0,1,  0,0,1,  0,0,1,        //前面 6 个顶点的法向量
11     …//此处省略其余面的法向量初始化过程，请读者自行查看随书中的源代码;
12   }
```

- 第 2～8 行为初始化立方体中顶点坐标的相关代码。将立方体的每个面拆分成两个三角形，然后将三角形的顶点坐标按照卷绕顺序存入数组中。

- 第 9～11 行为初始化立方体中法向量的相关代码。按照顶点坐标的添加顺序，依次找到每个顶点所属面的法向量，将其存入数组中。

（2）接下来介绍采用点法向量策略的案例 Sample5_8。本案例中初始化立方体顶点及法向量数据的方法非常简单。顶点坐标初始化完毕后，直接将顶点坐标作为此点的法向量。具体的代码部分如下所示。

代码位置：见随书中源代码/第 5 章/Sample5_8/js 目录下的 Cube.js。

```
function Cube(gl,programIn,cubeHalfLength){
  this.initVertexData=function(){
  …//此处省略了初始化顶点坐标的代码，请读者自行查阅随书中的源代码
  }
  this.initVertexData();                                  //初始化立方体顶点坐标
  this.vcount=this.vertexData.length/3;                   //得到顶点数量
  this.vertexBuffer=gl.createBuffer();                    //创建顶点坐标数据缓冲
  gl.bindBuffer(gl.ARRAY_BUFFER,this.vertexBuffer);       //绑定顶点坐标数据缓冲
  gl.bufferData(gl.ARRAY_BUFFER,new Float32Array(this.vertexData),
                gl.STATIC_DRAW);                          //将顶点坐标数据送入缓冲
  this.normalData=this.vertexData;                        //将顶点坐标近似为法向量
  this.normalBuffer=gl.createBuffer();                       //创建法向量缓冲
  gl.bindBuffer(gl.ARRAY_BUFFER,this.normalBuffer);          //绑定法向量缓冲
  gl.bufferData(gl.ARRAY_BUFFER,new Float32Array(this.normalData),
                gl.STATIC_DRAW);                          //将法向量坐标数据送入缓冲
  …//此处省略了此类的部分代码，请读者自行查阅随书中的源代码
}
```

提示　由于本案例中，原始情况下将立方体的几何中心放在了坐标原点，因此每个顶点的平均法向量就没有必要进行精确计算了。本案例将顶点的坐标近似作为法向量，但是不是所有情况都可以进行简化？后面的章节会给出需要精确计算的案例。

5.5 光照的每顶点计算与每片元计算

细心的读者会发现，本章前面的案例中光照计算都是在顶点着色器中进行的。这是因为在顶点着色器中对每个顶点进行光照计算后，将最终光照强度传入片元着色器来计算此片元的颜色。这样既能保持运行效率，又能保证光照的效果。

但是这种计算方式是对光照强度进行插值，所以不适合有很高精度要求的情况。本节将介绍另一种光照计算公式，其首先将插值后的法向量数据传入片元着色器，然后在片元着色器中进行计算。这种方式被称为每片元光照，光照效果更细腻。

进行案例开发之前需要首先了解一下本节两个案例（Sample5_9 和 Sample5_10）的运行效果，具体情况如图 5-21 所示。左侧是每片元计算一次光照的案例 Sample5_9 的运行效果，右侧是每顶点计算一次光照的案例 Sample5_10 的运行效果。

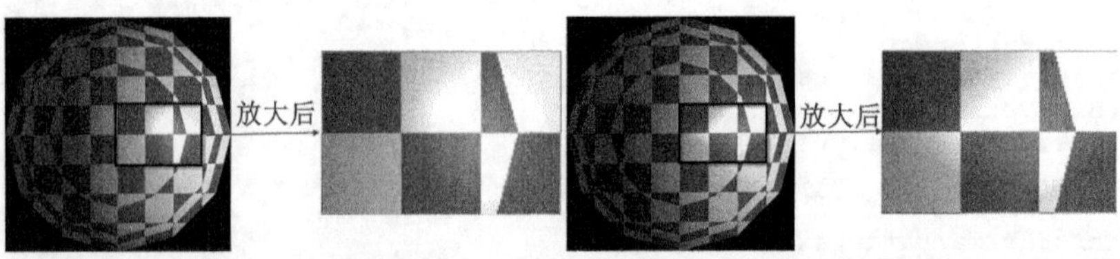

▲图 5-21　案例 Sample5_9 和 Sample5_10 的运行效果对比图

提示　从两幅图的对比中可以看出，每片元执行一次光照使过渡更平滑，没有明显的边缘。另外，仅从图上观察可能区别还不是很明显，笔者建议读者自行运行一下两个案例，将光源设置在不同的位置观察比较，区别会更明显。

了解了两个案例的运行效果后，就可以进行开发了。这两个案例是将案例 Sample5_5 复制并修改了部分代码而成的。其中 Sample5_10 仅修改了 JavaScript 代码中切割球面的角度以及绘制球体的次数，这里不再进行赘述。

而案例 Sample5_9 除了也进行了 Sample5_10 的 JavaScript 代码改动外，还对顶点着色器与片元着色器部分的代码进行了大面积修改。经过修改后，顶点着色器中的相关代码量大大减少，计

算部分被放在片元着色器部分。详细代码如下。

（1）首先介绍 Sample5_9 中修改后的顶点着色器。此着色器中不再进行光照最终强度的计算，只是将从 JavaScript 中接收过来的法向量数据传到片元着色器中。其具体代码如下。

代码位置：见随书中源代码/第 5 章/Sample5_9/shader 目录下的 shader.bns。

```
uniform mat4 uMVPMatrix;                    //总变换矩阵
attribute vec3 aPosition;                   //顶点位置
attribute vec3 aNormal;                     //法向量
varying vec3 vPosition;                     //用于传递给片元着色器的顶点位置
varying vec3 vNormal;                       //用于传递给片元着色器的顶点法向量
void main(){
   //根据总变换矩阵计算此次绘制的顶点的位置
   gl_Position = uMVPMatrix * vec4(aPosition,1);
   vPosition = aPosition;                   //将顶点的位置传给片元着色器
   vNormal = aNormal;                       //将顶点的法向量传给片元着色器
}
```

提示 从上述代码中可以看出，顶点着色器比改动前简单多了，没有了计算光照的大量代码，同时增加了将法向量通过 varying 变量 vNormal 传入片元着色器的代码。

（2）介绍完顶点着色器后，接着就应该介绍改动后的片元着色器了。经过修改的片元着色器负责接收片元着色器传递过来的法向量，并且分别计算 3 种光通道的最终强度，最后进行加权计算。其具体代码如下。

代码位置：见随书中源代码/第 5 章/Sample5_9/shader 目录下的 shader.bns。

```
precision mediump float;                              //给出默认浮点精度
uniform float uR;                                     //球的半径
uniform vec3 uLightLocation;                          //光源位置
uniform mat4 uMMatrix;                                //变换矩阵
uniform vec3 uCamera;                                 //摄像机位置
varying vec3 vPosition;                               //接收从顶点着色器传过来的顶点位置
varying vec3 vNormal;                                 //接收从顶点着色器传过来的法向量
void pointLight(                                      //定位光光照计算的方法
  in vec3 normal,                                     //法向量
  inout vec4 ambient,                                 //环境光最终强度
  inout vec4 diffuse,                                 //散射光最终强度
  inout vec4 specular,                                //镜面光最终强度
  in vec3 lightLocation,                              //光源位置
  in vec4 lightAmbient,                               //环境光强度
  in vec4 lightDiffuse,                               //散射光强度
  in vec4 lightSpecular                               //镜面光强度
){
  ambient=lightAmbient;                               //直接得出环境光的最终强度
  vec3 normalTarget=vPosition+normal;
  vec3 newNormal=(uMMatrix*vec4(normalTarget,1)).xyz-
             (uMMatrix*vec4(vPosition,1)).xyz;             //计算变换后的法向量
  newNormal=normalize(newNormal);                          //对法向量规格化
  //计算从表面点到摄像机的向量
  vec3 eye= normalize(uCamera-(uMMatrix*vec4(vPosition,1)).xyz);
  //计算从表面点到光源位置的向量 vp
  vec3 vp= normalize(lightLocation-(uMMatrix*vec4(vPosition,1)).xyz);
  vp=normalize(vp);//格式化 vp
  vec3 halfVector=normalize(vp+eye);                  //求视线与光线的半向量
  float shininess=50.0;                               //粗糙度，越小越光滑
  float nDotViewPosition=max(0.0,dot(newNormal,vp));      //取点积与 0 比较的较大值
  diffuse=lightDiffuse*nDotViewPosition;                  //计算散射光的最终强度
  float nDotViewHalfVector=dot(newNormal,halfVector);     //法线与半向量的点积
  float powerFactor=max(0.0,pow(nDotViewHalfVector,shininess));//镜面反射光强度因子
  specular=lightSpecular*powerFactor;                    //计算镜面光的最终强度
}
void main(){
   vec3 color;
   float n = 8.0;                                        //一个坐标分量分的总份数
   float span = 2.0*uR/n;                                //每一份的长度
   int i = int((vPosition.x + uR)/span);                 //每一维在立方体内的行列数
```

```
    int j = int((vPosition.y + uR)/span);
    int k = int((vPosition.z + uR)/span);
    int whichColor = int(mod(float(i+j+k),2.0));        //计算点所在方块的颜色
    if(whichColor == 1) {                                //奇数时为红色
       color = vec3(0.678,0.231,0.129);                  //红色
    }else {                                              //偶数时为白色
       color = vec3(1.0,1.0,1.0);                        //白色
    }
    vec4 finalColor=vec4(color,1.0);                     //最终颜色
    vec4 ambient,diffuse,specular;                       //用来接收三个通道最终强度的变量
    pointLight(normalize(vNormal),ambient,diffuse,specular,uLightLocation,
    vec4(0.15,0.15,0.15,1.0),vec4(0.8,0.8,0.8,1.0),vec4(0.7,0.7,0.7,1.0));
    vec4 lightColor=finalColor*ambient + finalColor*diffuse + finalColor*specular;
    //综合三个通道光的最终强度及片元的颜色计算出最终片元的颜色并传递给管线
    gl_FragColor=vec4(lightColor.xyz,1.0);
}
```

提示　读者应该发现，上述片元着色器中的很多代码都是本章前面案例中多次出现过的，只不过前面的案例中都是在顶点着色器中出现，而这里挪到了片元着色器中。因此每片元计算光照与每顶点计算光照的算法并没有本质区别，只是代码执行的位置不同、效果与效率不同而已。实际开发中读者应该权衡速度、效果的要求，选用合适的计算策略。

5.6 本章小结

本章主要向读者介绍了 WebGL 中光照的基本知识，包括三种光通道的原理以及实现过程。另外，本章还介绍了曲面物体的构建方法，为读者提供了创建曲面物体的思路。相信读者掌握了本章所介绍的技术后，开发能力会有较大提升。

5.7 习题

1．请概述球体的构建原理。
2．请对 Sample5_1 中的着色器进行修改，实现其他样式的效果。
3．请调整案例 Sample5_5 中 3 种光的强度，观察画面变化。
4．请概述定向光和定位光的区别。
5．请将案例 Sample5_8 中的正方体替换为球体，观察使用点法向量和面法向量的区别。
6．简述本章介绍的光照模型中，3 种光分别与哪些因素有关。

第 6 章　纹理映射

前面的章节已经介绍了变换、光照等方面的知识，通过运用这些知识我们已经可以渲染出具有一定真实感的场景。但到目前为止场景中物体的颜色是比较单一的，相比于绚丽多彩的现实世界显得有些乏味，因此仅掌握上述技术是远远不够的。

想要绘制出更加真实、酷炫的 3D 物体，就需要用到纹理映射。本章将对纹理映射方面的知识进行详细介绍，主要包括纹理映射的基本原理、3 种不同的拉伸方式、两种不同的采样方式、mipmap 纹理、多重纹理与过程纹理、压缩纹理等内容。

6.1 初识纹理映射

本节将首先向读者介绍纹理映射的基本原理，然后通过一个三角形纹理映射的简单案例来介绍 2D 纹理是如何映射到 3D 场景中的立体物体上的。

6.1.1 基本原理

启用纹理映射功能后，如果想把一幅纹理应用到相应的几何图元，就必须告知渲染系统如何进行纹理映射。告知的方式就是为图元中的顶点指定恰当的纹理坐标，纹理坐标用浮点数来表示，范围一般从 0.0 到 1.0，图 6-1 就给出了纹理映射的基本原理。

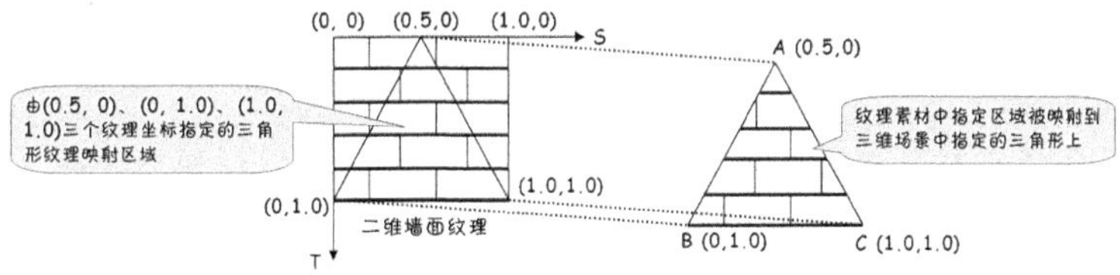

▲图 6-1　纹理映射的基本原理

从图 6-1 中可以看出：

- 纹理坐标系原点在左上侧，向右为 S 轴，向下为 T 轴，两个轴的取值范围都是 0.0～1.0。也就是说其横向、纵向坐标最大值都是 1。若实际图为 512 像素×256 像素，则横边第 512 个像素对应的纹理坐标为 1，竖边第 256 个像素对应的纹理坐标为 1，其他情况依此类推。
- 右侧是一个三角形图元，其 3 个顶点 A、B、C 都被指定了纹理坐标，3 组纹理坐标正好在右侧的纹理图中确定了需要映射的三角形纹理区域。

> **提示**　本书采用的 WebGL 坐标系统中，纹理坐标的原点是纹理图的左上角，但也有一些 3D 系统采用的是以纹理图左下角为原点、S 轴向右、T 轴向上的纹理坐标系统。当应用到本书的案例时对 T 轴的坐标要进行变换，否则可能会显示不正常。变换很简单，采用“$T_{本书}=1.0-T_{左下角为原点}$”的公式即可。

从上述两点可以看出，纹理映射的基本思想就是首先为图元中的每个顶点指定恰当的纹理坐标，然后通过纹理坐标在纹理图中可以确定选中的纹理区域，最后将选中纹理区域中的内容根据纹理坐标映射到指定的图元上。

回忆一下前面章节介绍过的渲染管线，最终用户看到的是显示在屏幕上的像素，而像素是由片元产生的。因此，进行纹理映射的过程实际上就是为右侧三角形图元中的每个片元着色，用于着色的颜色需要从左侧的纹理图中提取，具体过程如下。

- 首先图元中的每个顶点都需要在顶点着色器中通过易变变量将纹理坐标传入片元着色器。
- 经过顶点着色器后渲染管线的固定功能部分会根据情况进行插值计算，产生对应到每个片元的用于记录纹理坐标的易变变量值。
- 最后每个片元在片元着色器中根据其接收到的记录纹理坐标的易变变量值到纹理图中提取出对应位置的颜色即可，提取颜色的过程一般称为纹理采样。

> **提示**　实际开发中建议读者采用宽和高（以像素为单位）都为 2 的 n 次方的纹理图，如：8×8、16×8、32×32、64×64、32×256 等，这在一般情况下有助于提高处理效率。采用不满足 2 的 n 次方尺寸要求的纹理图，在程序运行时会产生问题，请读者在开发中要特别注意这一点。

6.1.2　一个简单的案例

介绍了纹理映射的基本原理后，本小节将给出一个将砖墙纹理映射到 3D 空间中三角形的案例。本案例中采用的原始纹理如图 6-2 所示，案例的具体运行效果如图 6-3 所示。

▲图 6-2　原始纹理

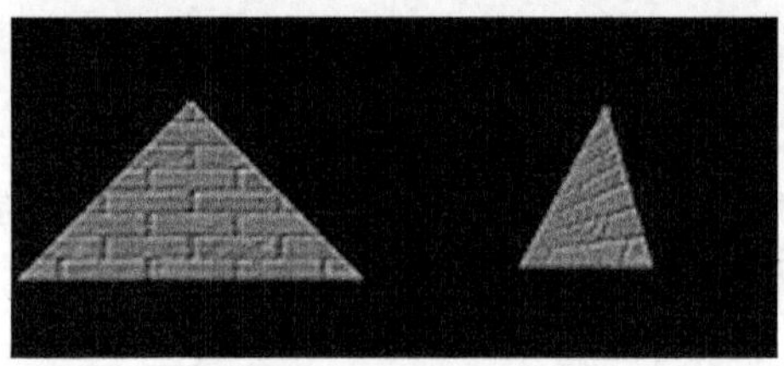

▲图 6-3　案例运行的效果图

> **说明**　图 6-3 中三角形的上面、左下、右下 3 个顶点的纹理坐标分别为（0.5,0）、（0,1）、（1,1），左侧的图是三角形原始姿态的情况，右侧的是三角形旋转一定角度后的情况。

前面已经介绍了本案例的运行效果，接下来将介绍本案例的具体开发步骤。

（1）首先开发的是用于绘制场景的 Sample6_1.html，其中包含了相关 JS 文件的导入和一些必要变量的声明，以及 PC 端的鼠标的监听问题。当然 PC 端的监听并不是本案例监听的全部，后面会有更加详细的介绍，具体代码如下。

代码位置：见随书中源代码/第 6 章/Sample6_1 目录下的 Sample6_1.html。

```
<html>
      <head>
      <meta http-equiv="Content-Type" content="text/html; charset=utf-8" />
      <title>Spinning WebGL Box</title>
      …//此处省略了引入相关 js 文件的代码，请读者自行查看随书的源代码
      <script>
            var tr;                                          //声明三角形对象
            var currentYAngle=0;                             //绕 y 轴旋转角度
            var currentXAngle=0;                             //绕 x 轴旋转角度
            var incAngle=0.5;                                //旋转角度步长值
            var lastClickX,lastClickY;                       //上次触控点 x、y 坐标（PC）
```

```
12              var lastx,lasty;                                //上次触控点 x、y 坐标(移动)
13              var ismoved=false;                              //是否移动标志位
14              document.onmousedown=function(event) {          //鼠标按下时的监听
15                    lastClickX=event.clientX;                 //获取 x 坐标
16                    lastClickY=event.clientY;                 //获取 y 坐标
17                    ismoved=true;                             //设为可移动状态
18              };
19              document.onmousemove = function(event) {        //鼠标移动时的监听
20                    var x=event.clientX,y=event.clientY;      //获取 x、y 坐标
21                    if(ismoved) {
22                          currentYAngle=currentYAngle+(x-lastClickX)*incAngle;
                            //计算当前 y 轴旋转角度
23                          currentXAngle=currentXAngle+(y-lastClickY)*incAngle;
                            //计算当前 x 轴旋转角度
24                    }
25                    lastClickX=x;                             //更新 x 坐标
26                    lastClickY=y;                             //更新 y 坐标
27              };
28              document.onmouseup=function(event){             //鼠标抬起的监听
29                    ismoved=false;                            //设为不可移动状态
30                    lastClickX=event.clientX;                 //更新 x 坐标
31                    lastClickY=event.clientY;                 //更新 y 坐标
32              };
33              …//此处省略的相关方法将在下面详细介绍
34              </script>
35          </head>
36          <body onload="start();">
37              <canvas height="800" width="1200" id="bncanvas">
38              若看到这些文字，说明浏览器不支持 WebGL!
39              </canvas>
40          </body>
41      </html>
```

- 第 3 行声明文件类型。浏览器是通过 Content-Type 这个标记来了解文件类型的，而不是后缀名。说明这是一个 HTML 文件。charset=utf-8：编码方式，用的是 utf-8 编码。
- 第 7～13 行声明了一些必要的变量，包括三角形的对象以及三角形旋转的角度，当然最重要的是在 PC 端和移动端的触控点的坐标。
- 第 14～18 行声明 PC 端的鼠标按下方法，当鼠标按下时分别获取 x 坐标与 y 坐标，并且设置为可移动状态，为下面的鼠标移动做准备。
- 第 19～27 行为 PC 端的鼠标移动监听的方法，鼠标移动时获取 x 与 y 坐标，然后判断是否是可移动状态，若是则计算旋转角度，最后更新 x 与 y 的坐标。
- 第 28～32 行为 PC 端鼠标的抬起的方法，没有复杂的内容，只是设为不可移动状态，并更新 x 与 y 坐标。
- 第 37～40 行为画布的设置。设置了画布的宽度和高度以及画布的 id 值。

（2）开发完 PC 端的鼠标监听后，接着开发的是在移动端浏览器中的触控功能，前面已经提及到了本案例还有其他的监听，因为 WebGL 是通过统一的、标准的、跨平台的 OpenGL ES 接口实现的，所以对 PC 端和移动端均支持，具体代码如下。

代码位置：见随书中源代码/第 6 章/Sample6_1 目录下的 Sample6_1.html。

```
function start(){//初始化的方法
      gl = initWebGLCanvas("bncanvas");                          //获取 GL 上下文
      if (!gl) {                                                 //若获取 GL 上下文失败
            alert("创建 GLES 上下文失败!");                        //显示错误提示信息
            return;
      }
      var canvas = document.getElementById('bncanvas');          //获取 3D Canvas
      canvas.ontouchstart=function(e){                           //单击屏幕时
            var touch = e.touches[0];
            lastx = touch.clientX;                               //获取当前 x 的坐标
            lasty = touch.clientY;                               //获取当前 y 的坐标
      };
```

```
13          canvas.ontouchmove = function(e){                      //在屏幕移动时
14                e.preventDefault();
15                var touch = e.touches[0];
16                var x=touch.clientX;                             //获取当前 x 的坐标
17                var y=touch.clientY;                             //获取当前 y 的坐标
18                currentYAngle=currentYAngle+(x-lastx)*incAngle; //计算当前x轴旋转角度
19                currentXAngle=currentXAngle+(y-lasty)*incAngle; //计算当前y轴旋转角度
20          };
21          canvas.ontouchup = function(e){ };                     //从屏幕抬起时
22          gl.viewport(0, 0, canvas.width, canvas.height);        //设置视口
23          gl.clearColor(0.0,0.0,0.0,1.0);                        //设置屏幕背景色 RGBA
24          ms.setInitStack();                                     //初始化变换矩阵
25          ms.setCamera(0,0,-2,0,0,0,0,1,0);                      //设置摄像机
26          ms.setProjectFrustum(-1.5,1.5,-1,1,1,100);             //设置投影参数
27          gl.enable(gl.DEPTH_TEST);                              //开启深度检测
28          loadShaderFile("shader/shader.bns",0);                 //加载着色器程序
29          if(shaderProgArray[0]) {                               //如果着色器已加载完毕
30                tr=new Triangle(gl,shaderProgArray[0]);          //创建三角形绘制对象
31          }
32          else{
33                setTimeout(function(){
34                        tr=new Triangle(gl,shaderProgArray[0]);},10);
                          //休息 10ms 后再执
35          }
36          loadImageTexture(gl, "pic/wall.png","wall");           //加载纹理图
37          setInterval("drawFrame();",20);                        //每 20ms 调用一次
38    }
```

❑　第 2～6 行为首先获取 GL 上下文，然后对该操作进行判断，若获取 GL 上下文失败则弹出错误信息，不再向下进行。

❑　第 7～21 行为移动端浏览器的触控方法。首先获取画布，然后进行移动端的触控设置，包括单击、移动和抬起，其类似于 PC 端鼠标的操作。

❑　第 22～27 行为首先设置视口和屏幕背景色，接着初始化变化矩阵，然后设置摄像机的九个参数和投影矩阵的参数，最后开启深度检测。

❑　第 28～35 行为首先加载本程序需要的着色器，然后对加载的结果进行判断，若已经加载完毕则直接创建三角形绘制对象，不然则等待 10ms 后再创建一次。

❑　第 36～38 行为调用纹理加载方法加载对应纹理，然后每 20ms 调用一次本程序的绘制方法。

> **提示**　请读者注意，由于当前浏览器并未完全支持 WebGL，当弹出“创建 GLES 上下文失败!”信息时，可刷新重试一二次，若仍弹出错误信息则需要尝试换其他浏览器运行。

（3）PC 端和移动端的相关单击和触控问题都解决后，下面开发的是本案例的具体绘制过程。案例比较简单，因此代码也很简洁，具体代码如下。

代码位置：见随书中源代码/第 6 章/Sample6_1 目录下的 Sample6_1.html。

```
1     function drawFrame(){
2           if(!tr) { alert("加载未完成！"); return; }           //提示信息
3           gl.clear(gl.COLOR_BUFFER_BIT | gl.DEPTH_BUFFER_BIT);
            //清除着色缓冲与深度缓冲
4           ms.pushMatrix();                                     //保护现场
5           ms.scale(0.3,0.3,0.3)                                //进行缩放处理
6           tr.drawSelf(ms,texMap["wall"]);                      //绘制物体
7           ms.popMatrix();                                      //恢复现场
8     }
```

❑　第 2 行为首先判断一下对象是否加载完毕，若未加载完毕则弹出提示信息。

❑　第 3～7 行为绘制物体的具体过程，首先必须清除着色缓冲与深度缓冲，然后保护现场，对要绘制的物体进行缩放处理，接着绘制物体，最后恢复现场。

（4）至此用于绘制场景的 HTML 的开发已经结束，下面开发的是用于渲染的三角形——

Triangle.js，具体代码如下。

代码位置：见随书中源代码/第 6 章/Sample6_1/ js 目录下的 Triangle.js。

```
1     function Triangle(                                              //声明绘制用物体对象所属类
2           gl,                                                       //GL 上下文
3           programIn){                                               //着色器程序 id
4           this.vertexData= [3.0,0.0,0.0, -3.0,0.0,0.0, 0.0,3.0,0.0];
                                                                      //初始化顶点坐标数据
5           this.vcount=this.vertexData.length/3;                     //得到顶点数量
6           this.vertexBuffer=gl.createBuffer();                      //创建顶点坐标数据缓冲
7           gl.bindBuffer(gl.ARRAY_BUFFER,this.vertexBuffer);     //绑定顶点坐标数据缓冲
8           gl.bufferData(gl.ARRAY_BUFFER,
9                 new Float32Array(this.vertexData),gl.STATIC_DRAW);
                  //将顶点坐标数据送入缓冲
10          this.colorsData=[0,1, 1,1, 0.5,0];                        //初始化顶点颜色数据
11          this.colorBuffer=gl.createBuffer();                       //创建顶点纹理坐标数据缓冲
12          gl.bindBuffer(gl.ARRAY_BUFFER,this.colorBuffer);      //绑定颜色数据缓冲
13          gl.bufferData(gl.ARRAY_BUFFER,
14                new Float32Array(this.colorsData),gl.STATIC_DRAW);
                  //将颜色数据送入缓冲
15          this.program=programIn;                                   //初始化着色器程序 id
16          …//此处省略的绘制相关方法将在下面详细介绍
17    }
```

❑ 第 4～9 行为初始化顶点坐标数据。首先指定顶点坐标值，然后创建顶点坐标数据缓冲并绑定顶点坐标数据缓冲，最后将顶点坐标数据送入缓冲。

❑ 第 10～14 行为初始化顶点纹理坐标数据。首先指定纹理坐标值，然后创建顶点纹理坐标数据缓冲并绑定顶点纹理坐标数据缓冲，最后将顶点纹理坐标数据送入缓冲。

❑ 第 15 行为初始化本程序需要的着色器。

（5）完成上面的数据加载后，下面就要将与着色器内容相关的数据传入着色器程序，从而实现着色器的可编程渲染管线功能，具体代码如下。

代码位置：见随书中源代码/第 6 章/Sample6_1/ js 目录下的 Triangle.js。

```
1     this.drawSelf=function(ms,texture) {                            //绘制物体的方法
2           gl.useProgram(this.program);                              //指定使用某套着色器程序
3           ms.translate(0,0,0);                                      //执行平移
4           ms.rotate(currentYAngle,0,1,0);                           //执行绕 y 轴旋转
5           ms.rotate(currentXAngle,1,0,0);                           //执行绕 x 轴旋转
6           var uMVPMatrixHandle=gl.getUniformLocation(
7                    this.program, "uMVPMatrix");                     //获取总变换矩阵引用 id
8           gl.uniformMatrix4fv(uMVPMatrixHandle,
9                   false,new Float32Array(ms.getFinalMatrix()));
                    //将总变换矩阵送入渲染管线
10          gl.enableVertexAttribArray(gl.getAttribLocation(this.program, "aPosition"));
            //启用顶点坐标数据数组
11          gl.bindBuffer(gl.ARRAY_BUFFER, this.vertexBuffer);  //绑定顶点坐标数据缓冲
12          gl.vertexAttribPointer(gl.getAttribLocation(this.program,
13                      "aPosition"),3,gl.FLOAT,false,0, 0);  //给管线指定顶点坐标数据
14          gl.enableVertexAttribArray(gl.getAttribLocation(
15                      this.program, "aTexCoor"));                   //启用顶点纹理坐标数据数组
16          gl.bindBuffer(gl.ARRAY_BUFFER, this.colorBuffer); //绑定顶点纹理坐标数据缓冲
17          gl.vertexAttribPointer(gl.getAttribLocation(this.program,
18                      "aTexCoor"), 2, gl.FLOAT, false, 0, 0);
                         //给管线指定顶点纹理坐标数据
19          gl.activeTexture(gl.TEXTURE0);                            //设置使用的纹理编号—0
20          gl.bindTexture(gl.TEXTURE_2D, texture);                   //绑定纹理
21          gl.uniform1i(gl.getUniformLocation(this.program, "sTexture"), 0);
            //将纹理送入渲染管线
22          gl.drawArrays(gl.TRIANGLES, 0, this.vcount);              //用顶点法绘制物体
23    }
```

❑ 第 2～9 行为指定需要的着色器程序，然后进行平移、旋转操作，接着获取总变换矩阵引用 id，最后将总变换矩阵送入渲染管线。

❑ 第 10～13 行为启用顶点坐标数据数组，然后绑定到顶点坐标数据缓冲，将顶点位置数据

传送进渲染管线。

- 第 14～18 行为启用顶点纹理坐标数据数组，然后绑定到顶点纹理坐标数据缓冲，将顶点纹理坐标数据传送进渲染管线。
- 第 19～22 行为设置纹理。首先设置纹理编号，然后绑定指定的纹理，最后将纹理送入渲染管线，采用三角形的方式进行填充。

（6）看到前面的运行效果图时就可以知道本案例需要用到纹理图的加载，下面开发的是纹理图加载方法，具体代码如下。

代码位置：见随书中源代码/第 6 章/Sample6_1/ js/ util 目录下的 GLUtil.js。

```
1     function loadImageTexture(gl,url,texName) {
2           var texture = gl.createTexture();                     //创建纹理 id
3           var image = new Image();                              //创建图片对象
4           image.onload = function() { doLoadImageTexture(gl, image, texture) }
            //调用实际加载纹理的函数
5           image.src = url;                                      //指定纹理图的 URL
6           texMap[texName]=texture;                              //返回纹理 id
7     }
8     function doLoadImageTexture(gl, image, texture) {
9         gl.bindTexture(gl.TEXTURE_2D, texture);                 //绑定纹理 id
10        gl.texImage2D(gl.TEXTURE_2D, 0, gl.RGBA, gl.RGBA,
11                    gl.UNSIGNED_BYTE, image);                   //加载纹理进显存
12        gl.texParameteri(gl.TEXTURE_2D, gl.TEXTURE_MAG_FILTER, gl.LINEAR);
          //设置 MIN 采样方式
13        gl.texParameteri(gl.TEXTURE_2D, gl.TEXTURE_MIN_FILTER, gl.LINEAR);
          //设置 MAG 采样方式
14        gl.texParameteri(gl.TEXTURE_2D, gl.TEXTURE_WRAP_S, gl.REPEAT);
          //设置 S 轴拉伸方式
15        gl.texParameteri(gl.TEXTURE_2D, gl.TEXTURE_WRAP_T, gl.REPEAT);
          //设置 T 轴拉伸方式
16        gl.bindTexture(gl.TEXTURE_2D, null);                //纹理加载成功后释放纹理图
17    }
```

- 第 2～6 行为加载纹理图。首先从系统获取分配的纹理 id，接着创建图片对象，然后调用实际的加载函数进行纹理的加载，最后返回纹理 id。
- 第 9～16 行为实际加载纹理的函数，首先绑定纹理 id，然后加载纹理进显存并设置纹理的采样方式和拉伸方式，最后加载成功后释放纹理图。

（7）对于与前面案例相似的部分，这里就不再过多介绍了，需要了解的读者可自行查看随书中的源代码。下面开发的是本案例的着色器，具体代码如下。

代码位置：见随书中源代码/第 6 章 Sample6_1/shader 目录下的 shader.bns。

```
1     uniform mat4 uMVPMatrix;                              //总变换矩阵
2     attribute vec3 aPosition;                             //顶点位置
3     attribute vec2 aTexCoor;                              //顶点纹理坐标
4     varying vec2 vTextureCoord;                           //用于传递给片元着色器的变量
5     void main(){
6           gl_Position = uMVPMatrix * vec4(aPosition,1);  //根据总变换矩阵计算顶点位置
7           vTextureCoord = aTexCoor;                       //将纹理坐标传递给片元着色器
8     }
9     <#BREAK_BN#>
10    precision mediump float;
11    varying vec2 vTextureCoord;                           //接收从顶点着色器传过来的参数
12    uniform sampler2D sTexture;                           //纹理内容数据
13    void main(){
14          gl_FragColor = texture2D(sTexture, vTextureCoord);
            //给此片元从纹理中采样出颜色值
15    }
```

- 第 1～8 行为加载纹理图。首先从系统获取分配的纹理 id，接着创建图片对象，然后调用实际的加载函数进行纹理的加载，最后返回纹理 id。
- 第 10～15 行为实际加载纹理的函数，首先绑定纹理 id，然后加载纹理进显存并设置纹理的采样方式和拉伸方式，最后加载成功后释放纹理图。

6.2 纹理拉伸

上一小节加载纹理的方法中，对 S 轴与 T 轴的拉伸方式进行了设置，但没有对拉伸的问题进行详细的介绍。本小节将对纹理的两种不同拉伸方式进行详细的介绍，其中包括重复方式和截取方式。

6.2.1 两种拉伸方式概览

上一小节的案例中，无论是 S 轴还是 T 轴的纹理坐标都是在 0.0～1.0 的范围内，这满足了大多数情况。但在特定的情况下，也可以设置大于 1 的纹理坐标。当纹理坐标大于 1 以后，设置的拉伸方式才会起作用。下面对两种拉伸方式进行单独的介绍，具体内容如下所列。

1. 重复拉伸方式

若设置的拉伸方式为重复，当顶点纹理坐标大于 1 时则实际起作用的纹理坐标为纹理坐标的小数部分。也就是说若纹理坐标为 3.3，则起作用的纹理坐标为 0.3。这种情况下会产生重复的效果，如图 6-4 和图 6-5 所示。

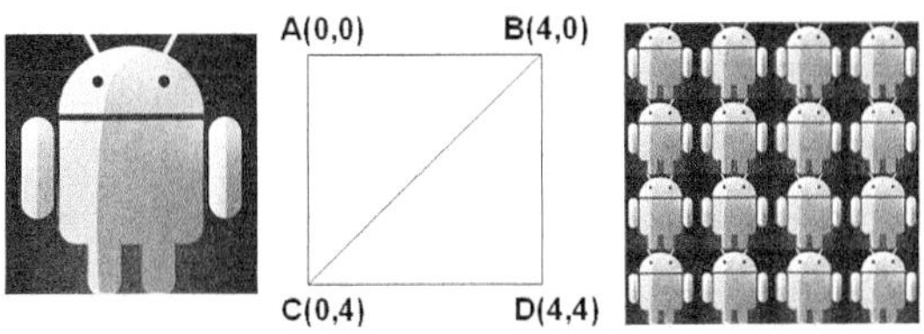

▲图 6-4 重复纹理 1

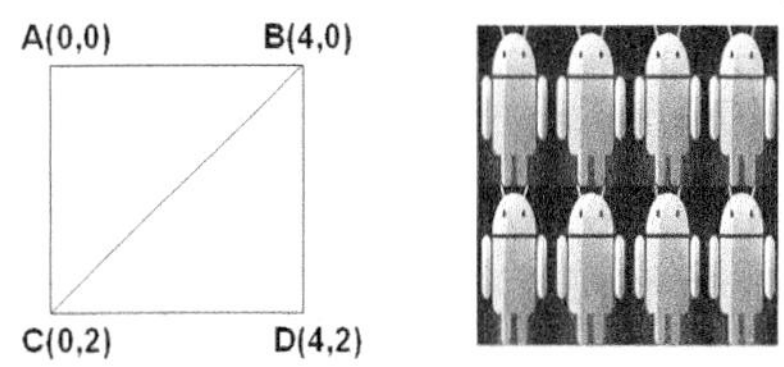

▲图 6-5 重复纹理 2

- 图 6-4 的中间图表示需要进行纹理映射的几何结构，其由 4 个顶点组成，顶点纹理坐标分别为（0,0）、（4,0）、（0,4）、（4,4）。可以看出矩形各片元的纹理坐标范围：S 轴为 0～4，T 轴为 0～4，应该在 S、T 两个轴产生重复 4 次的效果。右侧为纹理映射后的矩形，横向和纵向都产生了 4 次重复的效果。
- 图 6-5 中的情况与图 6-4 类似，只是 4 个顶点的纹理坐标改为了（0,0）、（4,0）、（0,2）、（4,2）。因此矩形中各片元的纹理坐标范围：S 轴方向为 0～4，T 轴方向为 0～2，应该在 S 轴方向重复 4 次，T 轴方向重复 2 次。最后，右侧纹理映射后的情况也是如此。

纹理加载的过程中，设置纹理拉伸方式为重复的代码如下。

```
gl.texParameteri(gl.TEXTURE_2D, gl.TEXTURE_WRAP_S, gl.REPEAT);
//设置 S 轴的拉伸方式为重复
gl.texParameteri(gl.TEXTURE_2D, gl.TEXTURE_WRAP_T, gl.REPEAT);
//设置 T 轴的拉伸方式为重复
```

> **提示** 请读者注意，开发中 S 与 T 两个轴的拉伸方式是独立设置的，但在一般情况下两个轴都会设置同样的选项。

重复拉伸方式在很多大场景地形的纹理贴图中很有作用，如将大块地面重复铺满草皮纹理、将大片水面重复铺满水波纹理等。如果没有重复拉伸方式，则开发人员只能将大块面积切割为一块一块的小面积矩形，对每一块矩形单独设置 0.0～1.0 内的纹理坐标。

这样开发不但烦琐，而且大大增加了顶点的数量，程序运行时的效率也会受到很大的影响。因此开发中要注意灵活运用重复拉伸方式，可以使用重复拉伸方式时就不要去无谓地增加顶点数量了。

2. 截取拉伸方式

截取方式中当纹理坐标的值大于 1 时都看作 1，因此会产生边缘被拉伸的效果，具体情况如图 6-6 所示。

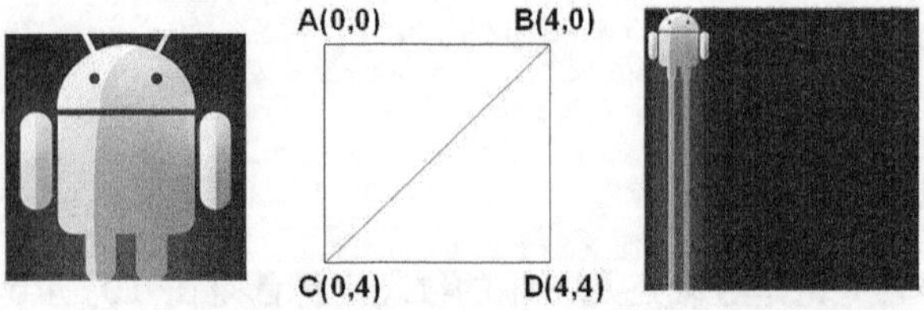

▲图 6-6　截取纹理

从图 6-6 中可以看出，需要纹理映射的矩形中 4 个顶点纹理坐标分别为（0,0）、（4,0）、（0,4）、（4,4），因此矩形中的各片元纹理坐标范围：S 轴方向为 0～4，T 轴方向为 0～4。由于在此种拉伸方式下，大于 1 的纹理坐标都看作 1，因此产生了纹理横向和纵向边缘被拉伸的效果。

纹理加载的过程中，设置纹理拉伸方式为截取的代码如下。

```
gl.texParameteri(gl.TEXTURE_2D, gl.TEXTURE_WRAP_S,
                          gl.CLAMP_TO_EDGE);              //设置 S 轴的拉伸方式为截取
gl.texParameteri(gl.TEXTURE_2D, gl.TEXTURE_WRAP_T,
                          gl.CLAMP_TO_EDGE);              //设置 T 轴的拉伸方式为截取
```

提示　纹理拉伸在 S 与 T 轴方向上是独立的，可以在 S 方向上使用重复，在 T 方向上使用截取，反之亦然，但此种情况并不多见。另外，在实际开发中纹理坐标大于 1 并采用截取方式的情况并不多见，往往仅用于这种需要边缘拉伸的特殊效果时。

6.2.2　不同拉伸方式的案例

介绍完纹理拉伸的基本知识后，下面将通过一个简单的案例说明如何在开发中使用不同的纹理拉伸方式。此案例的功能为用不同的拉伸方式、不同的纹理坐标对一个矩形进行纹理映射，其运行效果如图 6-7～图 6-12 所示。

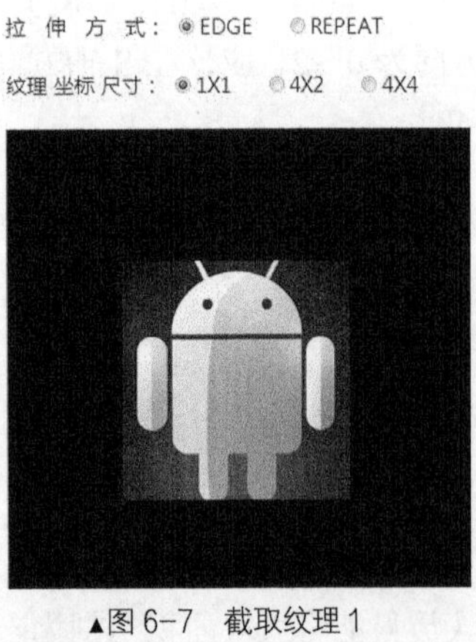

▲图 6-7　截取纹理 1

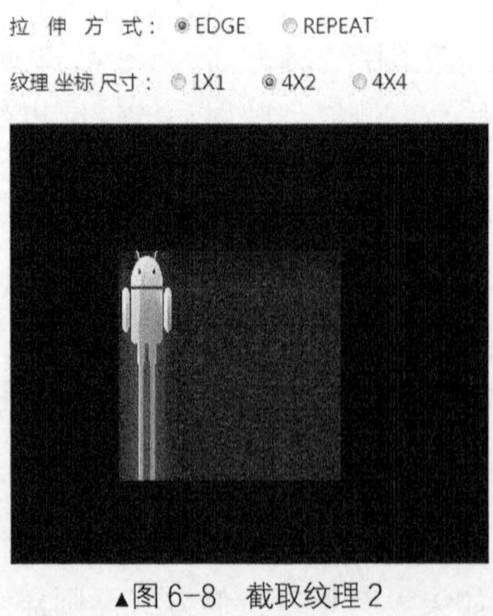

▲图 6-8　截取纹理 2

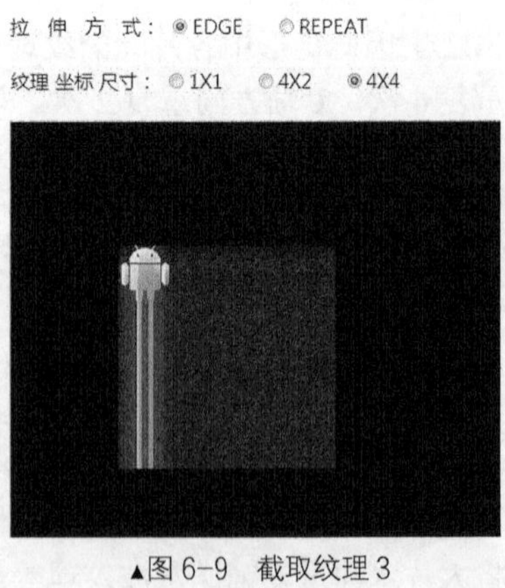

▲图 6-9　截取纹理 3

- 图 6-7、图 6-8、图 6-9 等是程序在截取拉伸方式下的截图，从左至右矩形的纹理坐标最大值分别为（1, 1）、（4, 2）、（4, 4）。从 3 幅图中可以看出，在截取纹理拉伸方式下，纹理坐标中所有大于 1.0 的值均被设置为 1.0 使用，因此纹理边缘被拉伸。
- 图 6-10、图 6-11、图 6-12 等是程序在重复拉伸方式下的截图，从左至右矩形的纹理坐标最大值分别为（1, 1）、（4, 2）、（4, 4）。从 3 幅图中可以看出，在重复纹理拉伸方式下，当纹理坐标大于 1 时，仅取其小数部分使用，因此产生了重复的效果。

▲图 6-10　重复纹理 1

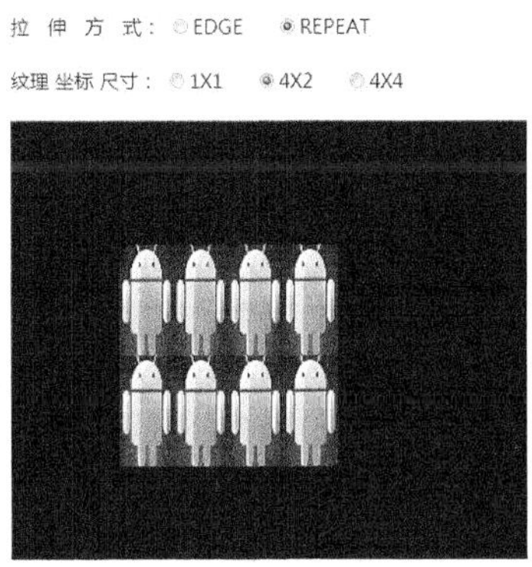

▲图 6-11　重复纹理 2

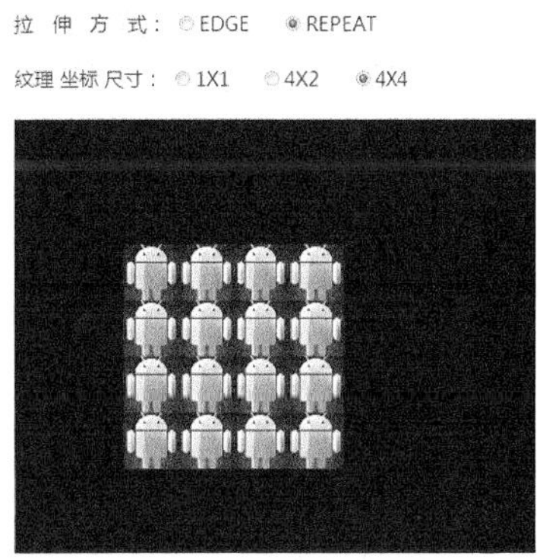

▲图 6-12　重复纹理 3

前面已经介绍了本案例的运行效果，接下来将介绍本案例的具体开发步骤。

（1）首先开发的是绘制场景的 Sample6_2.html，其中与上一小节中案例主要的区别是添加了“拉伸方式”与“纹理坐标尺寸”两组单选按钮。下面开发的就是添加单选按钮的代码，对于其余相似部分，需要了解的读者请自行参考随书中的源代码。

代码位置：见随书中源代码/第 6 章/Sample6_2 目录下的 Sample6_2.html。

```
1    <body onload="start();">
2        拉   伸   方   式: //单选按钮组
3        <input type="radio" name="stretching"  value="EDGE"  onclick="getRadio2
         ()"   //截取方式
4                            checked="checked">EDGE            
5        <input type="radio" name="stretching" value="REPEAT" onclick="getRadio2
         ()">    //重复方式
6                            REPEAT                
7        <br></br>
8        纹理 坐标 尺寸:                                   //单选按钮组
9        <input type="radio" name="size" value="1X1" onclick="getRadio1()"checked
         = "checked">
10                           1X1                       //1X1 尺寸
11       <input type="radio" name="size" value="4X2" onclick="getRadio1()">
12                           4X2                       //4X2 尺寸
13       <input type="radio" name="size" value="4X4" onclick="getRadio1()">
14                           4X4                       //4X4 尺寸
15       <br></br>
16       <canvas height="800" width="1200" id="bncanvas">         //画布的尺寸和 id
17       若看到这些文字，说明浏览器不支持 WebGL!
18       </canvas>
19   </body>
```

- 第 2～6 行为设置拉伸方式单选按钮组的代码。通过这个单选按钮组可以自由地选择纹理的拉伸方式，默认值为截取拉伸方式，默认属性为 checked（默认值在 Chrome 上可以起作用，而在 Firefox 不起作用）。
- 第 8～14 行为设置纹理尺寸单选按钮组的代码。通过这个单选按钮组可以自由地选择纹理的坐标尺寸，默认值为最大坐标（1, 1）尺寸，默认属性为 checked。
- 第 16～18 行为画布的设置。设置了画布的宽度和高度以及画布的 id 值。

> **提示**　对于上面没有详细介绍的部分，读者可自行查看随书中的源代码。

（2）上面仅仅完成了单选按钮组的开发，但按钮监听的功能并未实现，下面将要开发的是单选按钮组的监听，具体代码如下。

代码位置：见随书中源代码/第 6 章/Sample6_2/js/util 目录下的 Onclick.js。

```
1     function getRadio1(){
2             var chkObjs = document.getElementsByName("size");      //拉伸方式按钮的监听
3             for(var i=0;i<chkObjs.length;i++){                     //对本组按钮进行遍历
4                 if(chkObjs[i].checked){                            //判断按钮是否被选中
5                     chk = i;                                       //获取按钮下标
6                   trIndex=chk;                                     //对拉伸方式进行执行
7                   }}}
8     function getRadio2(){
9           var chkObjs = document.getElementsByName("stretching");
            //纹理坐标尺寸按钮的监听
10              for(var i=0;i<chkObjs.length;i++){              //对本组按钮进行遍历
11                    if(chkObjs[i].checked){                   //判断按钮是否被选中
12                            chk = i;                          //获取按钮下标
13                        if(chk==0) {currText=textId;}         //截取拉伸方式
14                        else {currText=textIdD;}              //重复拉伸方式
15              }}}
```

❑　第 2 行使用了 getElementsByName()方法，该方法可以返回带有指定名称的对象的集合，从而对该对象的集合进行操作。

❑　第 3～7 行为对按钮组进行遍历，判断本组中哪个按钮被选中并获取该按钮对应的下标，然后进行纹理坐标尺寸的设置。

❑　第 8～15 行中的方法与上面方法类似，不过这个方法是用来设置拉伸方式的，这里不再赘述。

（3）单选按钮组的监听功能开发完毕后，其功能的实现离不开一些对应的设置，下面将要开发的是与其功能相对应的操作，具体代码如下。

代码位置：见随书中源代码/第 6 章/Sample6_2 目录下的 Sample6_2.html。

```
1     function textload(){
2           textsize[0]=new TextureRect(gl,shaderProgArray[0],1,1);   //1X1 纹理坐标尺寸
3           textsize[1]=new TextureRect(gl,shaderProgArray[0],4,2);   //4X2 纹理坐标尺寸
4           textsize[2]=new TextureRect(gl,shaderProgArray[0],4,4);   //4X4 纹理坐标尺寸
5           trIndex=0;
6     }
7     textId=loadImageTexture(gl, "pic/robot.png",false);             //截取拉伸方式
8     textIdD=loadImageTexture(gl, "pic/robot.png",true);             //重复拉伸方式
9     currText=textId;
```

❑　第 1～6 行为纹理坐标尺寸的设置，这里设置了 3 种纹理坐标尺寸，对应 3 个单选按钮，并且在初次加载时默认的尺寸为最大坐标（1, 1）。

❑　第 7～9 行中的方法与上面方法类似，不过这个方法是用来设置纹理拉伸方式的，这里不再赘述。

> **提示**　本案例中的 TextureRect.js 与上一个案例的 Triangle.js 相比，只改动了少许，并且本案例中的顶点着色器与片元着色器也和上一个案例中的完全相同，因此这里也不再赘述，需要了解的读者可自行查看随书中的源代码。

6.3 纹理采样

上一小节介绍了纹理的两种不同拉伸方式，本节主要介绍两种不同的纹理采样方式：最近点采样与线性采样。通过这一小节的学习，读者应该能够掌握两种不同纹理采样方式的原理，并能够根据具体情况选用恰当的纹理采样方式。

6.3.1 纹理采样简介

前面的章节也简单提到过，所谓纹理采样就是根据片元的纹理坐标到纹理图中提取对应位置颜色的过程。但由于被渲染图元中的片元数量与其对应纹理区域中像素的数量并不一定相同，也就是说图元中的片元与纹理图中的像素并不总是一一对应的。

例如，将较小的纹理图映射到较大的图元或将较大的纹理图映射到较小的图元时，这种情况就会产生。通过纹理坐标并不一定能找到与之完全对应的像素，这时候就需要采用一些策略使得纹理采样可以顺利进行下去。通常采用的策略有最近点采样、线性采样两种，下面的小节将一一进行详细介绍。

6.3.2 最近点采样

最近点采样是最简单的一种采样算法，其速度在各种采样算法中也是最快的，本小节将分基本原理与效果特点两个方面对其进行介绍。

1. 基本原理

最近点采样算法的基本原理如图 6-13 所示。

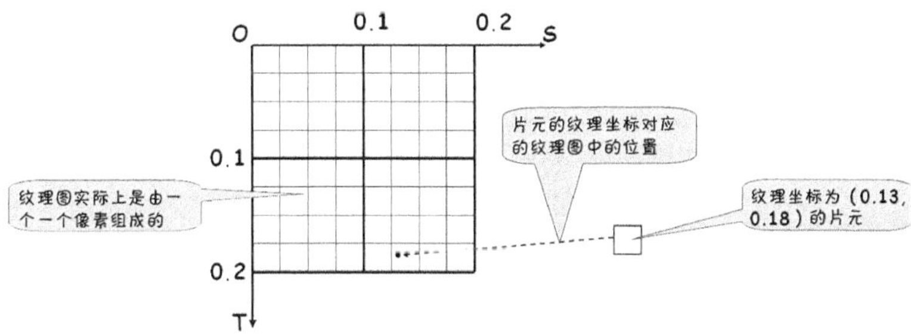

▲图 6-13 最近点采样的原理图

从图 6-13 中可以看出两点：

- ❑ 纹理图的横边和竖边纹理坐标的范围都是 0～1，而纹理图本身是由一个一个离散的像素组成的。若将每个像素看成一个小方块，则每个像素都占一定的纹理坐标范围。图 6-13 中纹理图最左上侧的像素纹理坐标的范围为：S 方向为 0.0～0.025，T 方向为 0.0～0.025。
- ❑ 根据片元的纹理坐标可以很容易地计算出片元对应的纹理坐标点位于纹理图中的哪个像素（小方格）中，最近点采样就直接取此像素的颜色值为采样值。

2. 效果特点

从前面原理的介绍中可以看出，最近点采样很简单，计算量也小。但最近点采样也有一个明显的缺点，那就是若把较小的纹理图映射到较大的图元上时容易产生很明显的锯齿，如图 6-14 所示。

▲图 6-14 最近点采样的特点图

需要注意的是将较大的纹理图映射到较小的图元时，也会有锯齿产生，但由于图元整体较小，视觉上就不那么明显了。

加载纹理时，设置采用最近点采样方式的代码如下。

```
gl.texParameteri(gl.TEXTURE_2D, gl.TEXTURE_MAG_FILTER,
                          gl.NEAREST);                              //设置MAG时为最近点采样
gl.texParameteri(gl.TEXTURE_2D, gl.TEXTURE_MIN_FILTER,
                          gl.NEAREST);                              //设置MIN时为最近点采样
```

提示　关于上述代码中 gl.TEXTURE_MAG_FILTER 和 gl.TEXTURE_MIN_FILTER 的含义将在后继的小节中给出，这里读者简单了解即可。

6.3.3　线性纹理采样

从上一小节的介绍中可以看出，在某些情况下，最近点采样不能满足高视觉效果的要求，这时可以选用更复杂一些的线性纹理采样算法。本小节将对线性纹理采样算法进行介绍，主要包括基本原理及效果特点两方面。

1. 基本原理

线性采样算法的原理如图 6-15 所示。

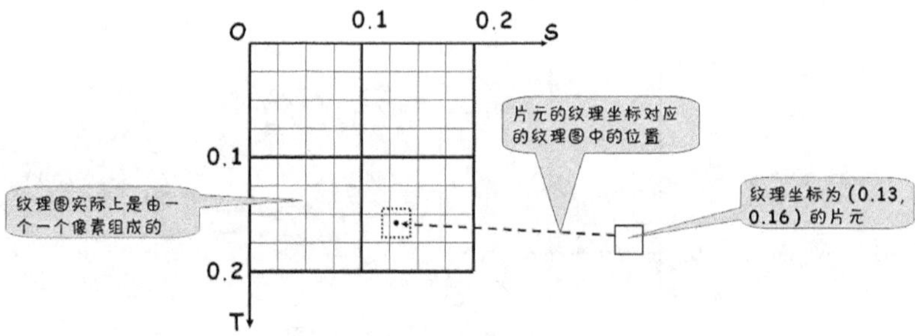

▲图 6-15　线性纹理采样的原理图

线性采样时的结果颜色并不一定仅来自于纹理图中的一个像素，其在采样时会考虑到片元对应的纹理坐标点附近的几个像素。如图 6-15 所示，右侧片元的纹理坐标对应的纹理点在纹理图中的小黑点位置，此时可以认为纹理点位于采样范围的中央。

一般是根据涉及的像素在采样范围内的面积比例加权计算出最终的采样结果，但具体采样时使用的采样范围可能因厂商的不同而有所不同，上述示意图中的采样范围只是对原理的说明。

2. 效果特点

从前面线性采样基本原理的介绍中可以推导出，由于采样时对采样范围内的多个像素进行了加权平均，因此在将较小的纹理图映射到较大的图元上时，将不再会出现有锯齿的现象，而是平滑过渡的，如图 6-16 所示。

▲图 6-16　线性纹理采样的特点图

> **提示** 平滑过渡解决了锯齿的问题，但有时线条边缘会很模糊，因此实际开发中采用哪种采样策略，需要根据具体的需求来确定。

加载纹理时，设置采用线性采样方式的代码如下。

```
gl.texParameteri(gl.TEXTURE_2D, gl.TEXTURE_MAG_FILTER,
                              gl.LINEAR);                          //设置 MAG 时为线性采样
gl.texParameteri(gl.TEXTURE_2D, gl.TEXTURE_MIN_FILTER,
                              gl.LINEAR);                          //设置 MIN 时为线性采样
```

> **提示** 关于上述代码中 gl.TEXTURE_MAG_FILTER 和 gl.TEXTURE_MIN_FILTER 的含义将在后继的小节中给出，这里读者简单了解即可。

6.3.4 MIN 与 MAG 采样

前两个小节介绍了两种不同的纹理采样方式，读者应该已经注意到，无论采用哪种采样方式，都需要对 MIN（gl.TEXTURE_MIN_FILTER）与 MAG（gl.TEXTURE_MAG_FILTER）两种情况分别进行设置。本小节将介绍 MIN 与 MAG 两种纹理采样情况的具体含义，其原理分别如图 6-17 和图 6-18 所示。

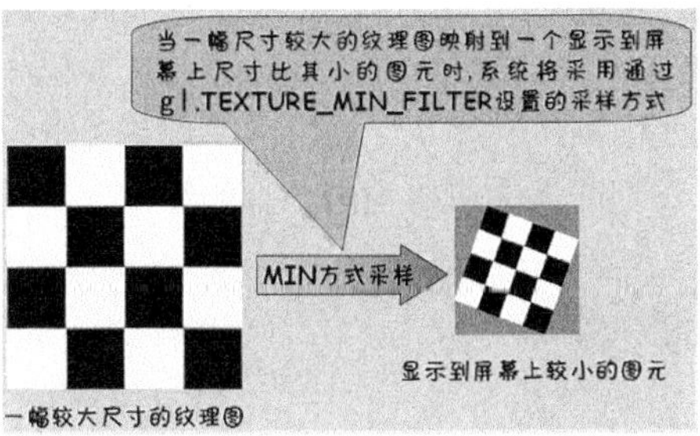

▲图 6-17　MIN 采样

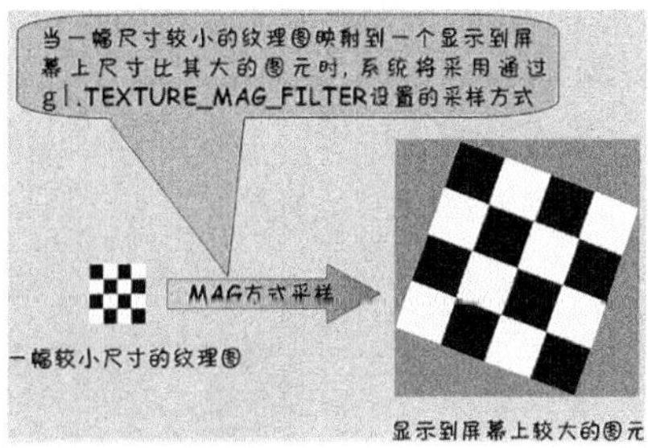

▲图 6-18　MAG 采样

从图 6-17 与图 6-18 中可以看出，当纹理图比需要映射的图元尺寸大时。系统采用 MIN 对应的纹理采样算法设置；而当纹理图比需要映射的图元尺寸小时，系统采用 MAG 对应的纹理采样算法设置。

上述是通俗的说法，更准确的定义应该是：当纹理图中的一个像素对应到待映射图元上的多个片元时，采用 MAG 采样；反之则采用 MIN 采样。

> **提示** 由于最近点采样计算速度快，在 MIN 情况下一般锯齿也不明显，综合效益高；而 MAG 方式下若采用最近点采样则锯齿会很明显，严重影响视觉效果。因此实际开发中一般情况下往往采用将 MIN 情况设置为最近点采样，将 MAG 情况设置为线性采样的组合。

6.3.5 不同纹理采样方式的案例

前面几个小节对纹理采样各方面的知识进行了介绍，本小节将给出一个综合运用了这些知识的案例，其运行效果如图 6-19 所示。

- 本案例中上方较小的纹理矩形是用尺寸比其大的纹理图映射的，用来演示 MIN 情况；下方较大的纹理矩形是用尺寸比其小的纹理图映射的，用来演示 MAG 情况。
- 最上面采样方式的 4 个单选按钮由左至右依次代表 MIN 和 MAG 情况的不同采样方式组合，具体情况为：最近点采样与最近点采样组合（NN）、线性采样与线性采样组合（LL）、最近点采样与线性采样组合（NL）、线性采样与最近点采样组合（LN）。

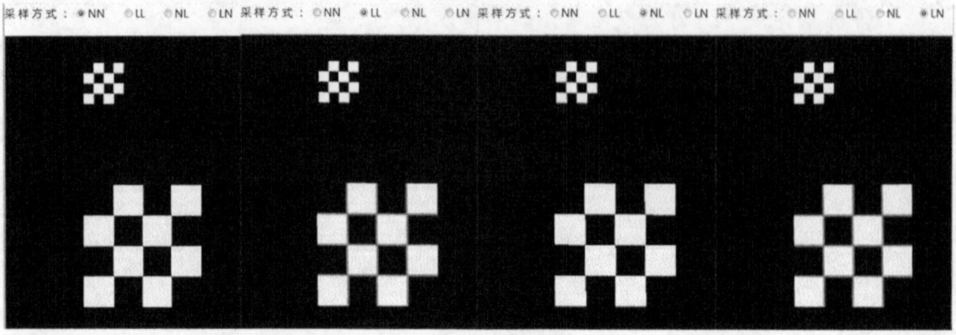

▲图 6-19　运行效果

- 最左侧的运行效果图为较大的与较小的纹理矩形均采用最近点采样方式的运行效果。
- 左起第二幅效果图为较大的与较小的纹理矩形均采用线性采样方式的运行效果。
- 左起第三幅效果图为较小的纹理矩形采用最近点采样方式，较大的纹理矩形采用线性采样方式的运行效果。
- 最右侧的效果图为较小的纹理矩形采用线性采样方式，较大的纹理矩形采用最近点采样方式的运行效果。

由于图片是缩小排版的，可能线条边缘的锯齿或模糊情况并不明显。下面将最近点采样的运行效果图局部进行放大，这样读者就可以很清楚地看到线条边缘的锯齿了，如图 6-20 所示。

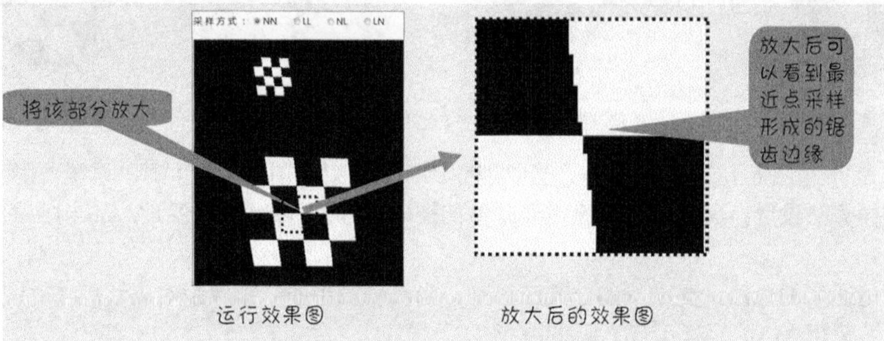

▲图 6-20　采用最近点采样后运行效果图中局部放大后的效果

可以将线性采样的运行效果图也进行局部放大，这时可以很清楚地看到线条的边缘是平滑过渡的，并没有锯齿现象，如图 6-21 所示。

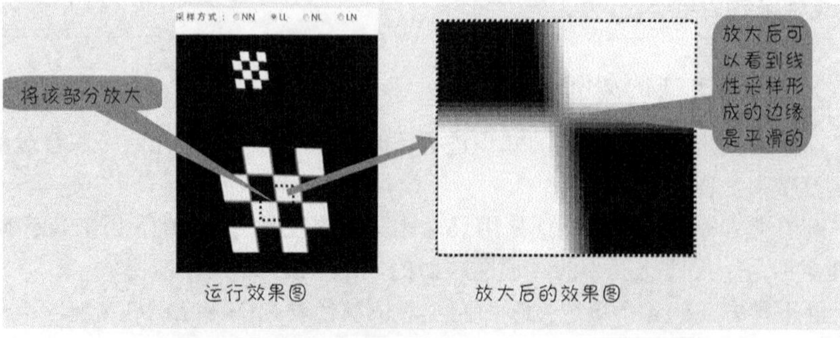

▲图 6-21　采用线性采样后运行效果图中局部放大后的效果

> 提示
>
> 从上述的几幅图中可以看出，在 MAG 情况下，不同的采样方式有非常明显的区别；而在 MIN 情况下，两种采样方式区别不大。因此从提高执行效率的角度出发，在 MIN 情况下一般设置为最近点采样。另外，某些特殊情况下可能不希望边缘模糊，此时 MAG 情况也会采用最近点采样。

介绍完了本案例的运行效果后，下面介绍本案例的具体开发步骤。但由于本案例和上一小节案例相似，因此相似部分这里不再赘述，需要了解的读者可自行查看随书中的源代码，下面仅介绍不同的主要部分，具体代码如下。

代码位置：见随书中源代码/第 6 章/Sample6_3 目录下的 Sample6_3.html。

```
textId32[0]=loadImageTexture(gl, "pic/bw32.png",gl.NEAREST,gl.NEAREST);
//最近点采样方式
textId32[1]=loadImageTexture(gl, "pic/bw32.png",gl.LINEAR,gl.LINEAR);
//线性采样方式
textId32[2]=loadImageTexture(gl, "pic/bw32.png",gl.NEAREST,gl.LINEAR);
//混合的采样方式
textId32[3]=loadImageTexture(gl, "pic/bw32.png",gl.LINEAR,gl.NEAREST);
//混合的采样方式
textId256[0]=loadImageTexture(gl, "pic/bw256.png",gl.NEAREST,gl.NEAREST);
//最近点采样方式
textId256[1]=loadImageTexture(gl, "pic/bw256.png",gl.LINEAR,gl.LINEAR),
//线性采样方式
textId256[2]=loadImageTexture(gl, "pic/bw256.png",gl.NEAREST,gl.LINEAR);
//混合的采样方式
textId256[3]=loadImageTexture(gl, "pic/bw256.png",gl.LINEAR,gl.NEAREST);
//混合的采样方式
currText32=textId32[0];                                      //小像素纹理图默认值
currText256=textId256[0];                                    //大像素纹理图默认值
```

> 说明
>
> 上述代码包含了用于绘制纹理矩形的纹理数组，然后采用不同的采样方式组合初始化了两组共 8 幅不同编号的纹理。前 4 幅纹理都用同一幅 32 像素×32 像素的图片生成，后 4 幅纹理都用同一幅 256 像素×256 像素的图片生成，每组中 4 幅纹理在 MIN 和 MAG 情况下采用了不同的采样方式组合。

> 提示
>
> 该案例中使用的顶点着色器和片元着色器与前面 6.1 节中纹理三角形案例使用的顶点着色器与片源着色器代码完全相同，这里不再赘述，需要了解的读者可以自行查看随书中的源代码。

6.4 mipmap 纹理技术

有经验的开发人员都知道，当需要处理的场景很大时，若不采用一些技术手段，可能会出现远处地形在视觉上更清楚，近处地形更模糊的反真实现象。这主要是由于透视投影中有近大远小的效果，远处的地形投影到屏幕上尺寸比较小，近处的尺寸比较大，而整个场景使用的是同一幅纹理图。

因此对远处的山体而言纹理图被缩小进行映射，自然很清楚；而对于近处的山体，可能纹理图需要被拉大进行映射，自然就发虚。聪明的读者可能会想到，应该对远处的地形采用尺寸较小、分辨率低的纹理，近处的采用尺寸较大、分辨率高的纹理，这其实就是 mipmap 的基本思想。

> 提示
>
> “mipmap”这个术语最早出现于 1983 年，由兰斯·威廉姆斯（Lance Williams）在其论文《Pyramidal Parametrics》中首次提出。mip 表示拉丁语“multum in parvo”，

含义为“一块小地方有很多东西”，map 是“mapping”的缩写，表示纹理映射。

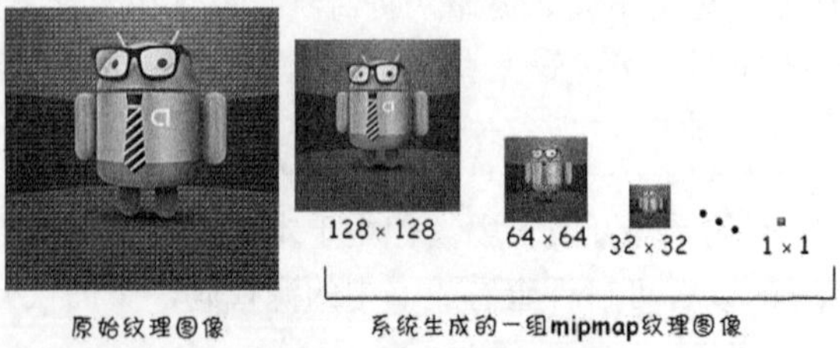

▲图 6-22　mipmap 纹理图像

不过在应用中，若要自己开发根据场景视觉大小自动选择恰当分辨率的纹理进行映射的功能，会非常复杂，幸运的是 mipmap 仅需要在加载纹理时进行一些设置即可，其他的工作是由渲染管线自动完成的。mipmap 的基本工作原理如图 6-22 所示。

从图 6-22 中可以看出，只需要提供一幅原始纹理图，系统会在纹理加载时自动生成一系列由大到小的纹理图。每幅纹理图是前一幅尺寸的 1/2，直至纹理图的尺寸缩小到 1×1。一系列纹理图中的第一幅就是原始纹理图，因此可以计算出，一系列的 mipmap 纹理图占用的空间接近原始纹理图的 2 倍。

一系列的 mipmap 纹理图生成成功后，当应用程序运行时，渲染管线会首先根据情况计算出细节级别，然后根据细节级别决定使用系列中哪一个分辨率的纹理图。开发中将采样方式设置为 mipmap 并自动生成一系列的 mipmap 纹理图的基本代码如下。

```
gl.texParameteri(gl.TEXTURE_2D,                          //设置 MIN 情况为 mipmap 最近点采样
            gl.TEXTURE_MIN_FILTER, gl.LINEAR_MIPMAP_NEAREST);
gl.generateMipmap(gl.TEXTURE_2D);                        //自动生成 mipmap 系列纹理
```

提示　关于 mipmap 技术的具体使用，将会在后继章节中介绍灰度图地形的部分详细介绍，并给出案例，这里读者仅需要了解基本概念、思路即可。

开发中使用 mipmap 纹理并设置采样方式时（确切地说是在“TEXTURE_MIN_FILTER”上设置的，“TEXTURE_MAG_FILTER”上没有），除了可以使用前面介绍过的最近点采样和线性采样，一般需要选用 mipmap 专用的四种纹理采样方式，具体情况如表 6-1 所示。

表 6-1　mipmap 专用的采样方式

采 样 方 式	说　　明
gl.NEAREST_MIPMAP_NEAREST	选择最邻近的 mip 层，层内使用最近点采样
gl.NEAREST_MIPMAP_LINEAR	在 mip 层之间使用线性插值，层内使用最近点采样
gl.INEAR_MIPMAP_NEAREST	选择最邻近的 mip 层，层内使用线性采样
gl.LINEAR_MIPMAP_LINEAR	在 mip 层之间使用线性插值，层内也使用线性采样

6.5 多重纹理与过程纹理

本节将通过一个案例向读者介绍 WebGL 已经支持的两个高级特性：多重纹理与过程纹理，有了这两个特性，场景的真实感会大大提高。本节将首先介绍关于多重纹理与过程纹理的基本知识，然后给出使用多重纹理与过程纹理的案例，具体内容如下。

6.5.1 案例概览

本章前面给出的所有案例中，对同一图元都只采用了一幅纹理图，这在有些情况下就显得不够强大了。本节将给出一个对同一图元采用多幅纹理图的案例，其运行效果如图 6-23 和图 6-24 所示。

▲图 6-23 运行效果图 1

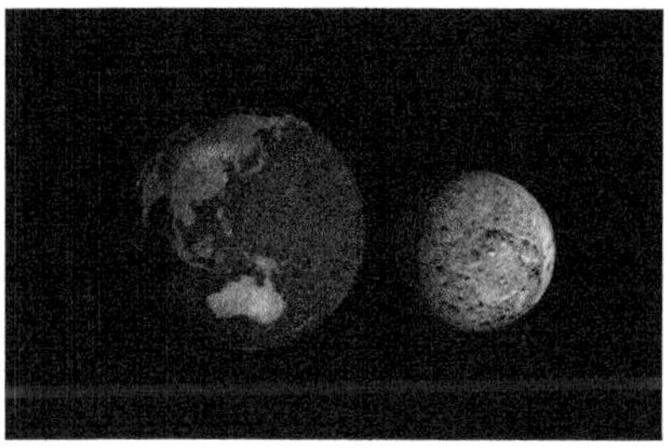

▲图 6-24 运行效果图 2

从图 6-23 和图 6-24 中可以看出，整个案例展示的是地月系在星空中的场景，中间的地球与前面的案例不同，其纹理不是固定的。阳光照耀到的区域使用的是白天的纹理（如图 6-25 所示），阳光没有照耀到的区域使用的是夜晚万家灯火的纹理（如图 6-26 所示），白天和黑夜的边缘是平滑过渡的。

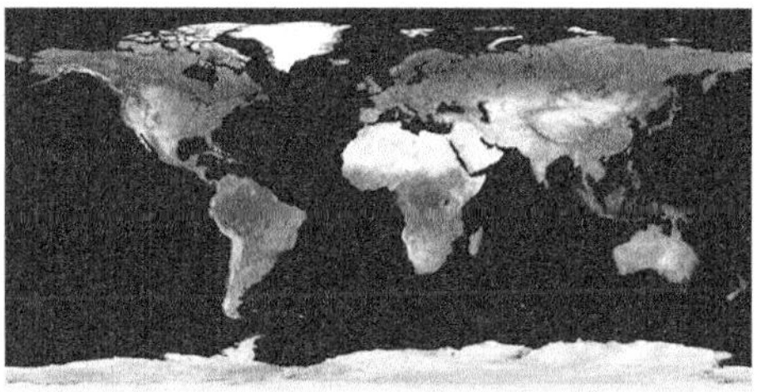

▲图 6-25 白天的地球纹理

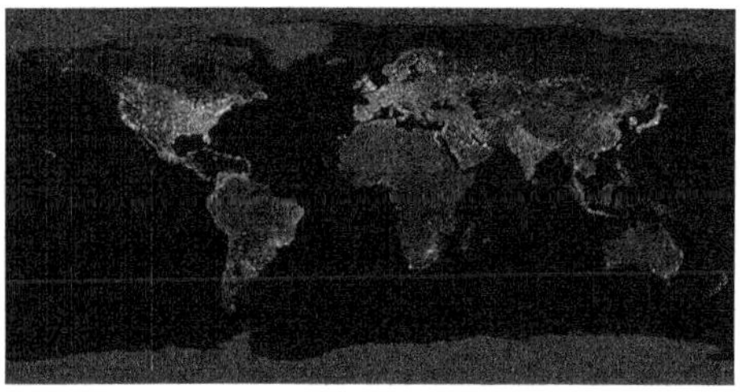

▲图 6-26 黑夜的地球纹理

可以明显地感觉到，此案例的场景真实度比前面案例有了很大的提高。

- 对同一个图元采用多幅纹理图，这种技术称为多重纹理。
- 在多重纹理变化的边界根据某种规则进行平滑过渡，这种技术称为过程纹理。这种平滑过渡在很多情况下都会用到，如本案例中的白天纹理与黑夜纹理的过渡，丘陵地形中根据海拔不同进行的纹理过渡等。

提示

由于单色灰度印刷的原因，效果图可能看起来不是很清楚。这时可以参考本书前面的彩页或使用真机运行观察。同时，本案例中的阳光方向是可以随着手指在屏幕上的左右滑动而变化的。

6.5.2 将 2D 纹理映射到球面上的策略

本章前面给出的纹理映射相关案例都是将 2D 平面纹理映射到 3D 空间中的平面上，而从上一小节的运行效果图中可以看出本节的案例是将 2D 平面纹理映射到了三维的球面上。通过前面一章中光照球体的案例，读者应该已经了解到 WebGL 3D 空间中的球面实际上是由一个一个独立的三角形组成的。

因此本案例中纹理映射的关键点就是如何产生这些小三角形中每个顶点对应的纹理坐标，这就比从平面纹理到平面的映射要复杂一些了。这种映射需要采用一些技术手段，基本思路如图 6-27 所示。

提示

图 6-27 中为了画示意图方便，仅将球面在纬度方向切割成了两份，经度方向切割成了 4 份，实际开发中应该按照同样的思路多分割几份，这样球面就较为平滑了。

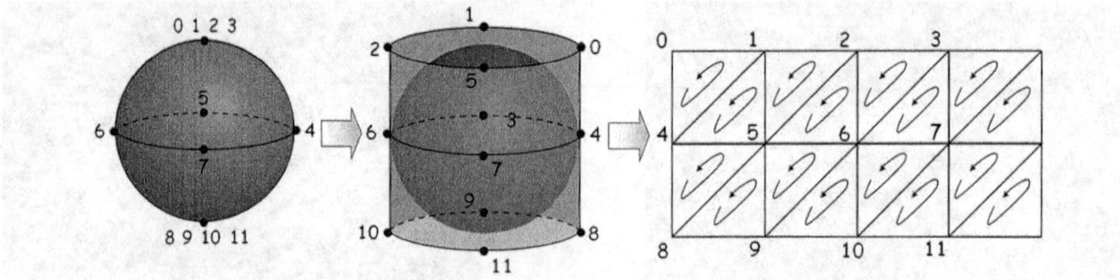

▲图 6-27 三维球面展开过程示意图

从图 6-27 中可以看出，首先对球面进行拓扑变换，将上下两极破开，再像拉橡皮膜一样拉伸，就可以将球面变换为圆柱面。然后对圆柱面进一步进行拓扑变换，将圆柱沿某一条竖直棱切开，并展开成一个矩形。由于球面原来的顶点组成了一个一个的小三角形，因此展开的矩形也由一个一个小三角形组成。

> **说明** 拓扑变换是拓扑几何中的一种变换，拓扑变换前后的两个图形是拓扑全等的。简单来说拓扑变换就是在不产生新顶点以及不改变顶点与顶点之间边的连接情况的前提下，任意地将顶点移动，这时连接这些顶点的边也可能被相应地拉伸、缩短、移位、旋转。

球面被展开成矩形后就很容易与 2D 的矩形纹理图进行匹配了，具体情况如图 6-28 所示。

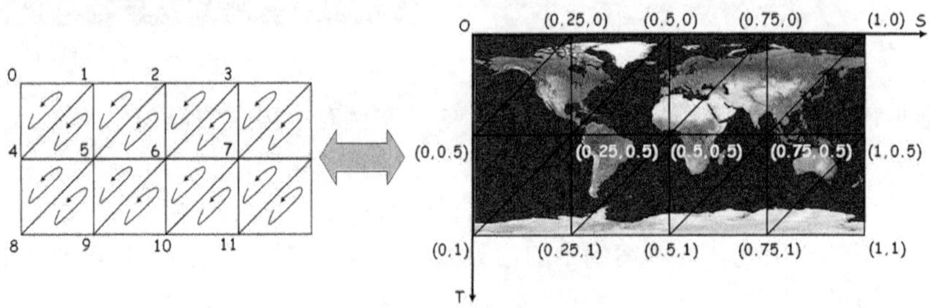

▲图 6-28 三维球面的顶点与 2D 纹理的对应关系图

从图 6-28 中可以看出，根据矩形中每个顶点对应的 S 轴、T 轴的位置可以非常方便地计算出每个顶点的纹理坐标。而矩形里面的顶点都是通过拓扑变换来自于球面上的顶点，与球面上的顶点一一对应，因此球面上每个顶点的纹理坐标就很自然地计算出来了。

球面上每个顶点都有了其对应的纹理坐标后，应用程序运行时就可以在屏幕上渲染出如前面图 6-23 与图 6-24 所示具有逼真视觉效果的地月系场景了。

> **提示** 不但将 2D 纹理映射到球面上可以采用本小节介绍的策略，将 2D 纹理映射到其他形状立体物体的表面时也可以采用这种思维方式。

6.5.3 案例的场景结构

从前面的图 6-23 与图 6-24 中可以看出，本案例展现的是一个地月系的场景。其中地球位于场景中央，月球绕地球公转，地球和月球都有自转。场景中的变换组合使用了基本变换中的平移与旋转变换，细节如下所列。

- 首先，初始情况下地球与月球都是贴好纹理的、球心位于坐标原点的球，如图 6-29 所示。
- 接着在绘制每一帧画面时首先将坐标系绕 y 轴旋转一定的角度（这个角度是一个变量，绘制每一帧时都会有微小的变化，代表地球自转）后绘制地球。

- 然后将坐标系沿 x 轴正方向推移一定的距离 L（模拟地月间距）后，再将坐标系绕 y 轴旋转一定的角度（这个角度是一个变量，绘制每一帧时都会有微小的变化，代表月球的自转）后绘制月球。

通过如上的顺序变换坐标系，绘制地球、月球就会产生所期望的公转、自转效果，具体情况如图 6-30 所示。

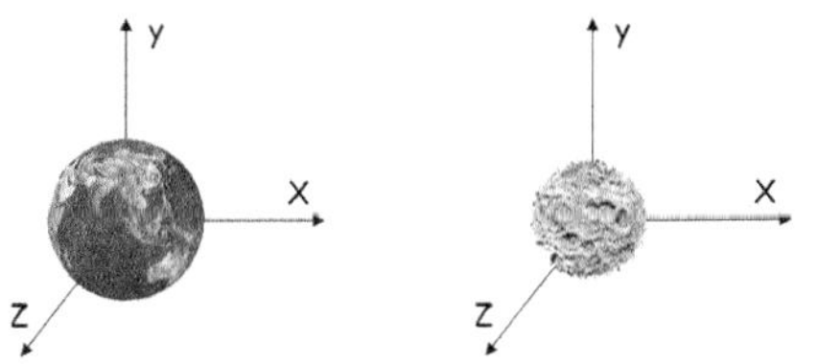

▲图 6-29 原始情况下的地球及月球

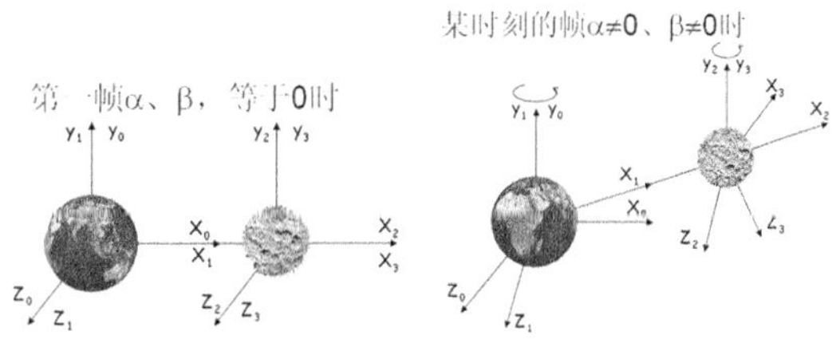

▲图 6-30 每帧画面涉及的变换

说明 0 号坐标系为原始坐标系。1 号坐标系为 0 号坐标系绕 y 轴旋转α度后的坐标系，此时绘制地球。2 号坐标系为将 1 号坐标系沿 x 轴推移距离 L 后的坐标系。3 号坐标系为将 2 号坐标系绕 y 轴旋转β度时的坐标系，此时绘制月球。最终，即可实现地球自转，月球绕地球公转的同时自转。

6.5.4 开发过程

前面已经介绍了本案例的运行效果与基本思路，接下来将介绍本案例的具体开发过程。案例中球型物体的开发并不重要，因为后面会有更简洁的方法，所以这里就不再赘述了，感兴趣的读者可以自行查看随书中的源代码，下面将要介绍的是本案例着色器的开发，具体代码如下。

本案例中的着色器一共有 2 套：月球着色器以及地球着色器，其中地球着色器较为复杂且与月球着色器相似，所以这里只介绍地球着色器的开发（至于月球着色器的开发，需要了解的读者可以自行查看随书中的源代码），具体的开发步骤如下。

（1）首先开发的是地球着色器中的顶点着色器，顶点着色器接收程序中传过来的数据，并对相应数据进行有关计算和处理。本着色器开发的重点和难点就是涉及到了 3 种光线的计算方法，主要功能是实现光照效果，其代码如下。

代码位置：见随书中源代码/第 6 章/Sample6_4/shader 目录下的 shader.bns。

```
uniform mat4 uMVPMatrix;                    //总变换矩阵
uniform mat4 uMMatrix;                      //变换矩阵
uniform vec3 uLightLocation;                //光源位置
uniform vec3 uCamera;                       //摄像机位置
attribute vec3 aPosition;                   //接收从渲染管线传过来的顶点位置
attribute vec3 aNormal;                     //接收从渲染管线传过来的顶点法向量
attribute vec2 aTexCoor;                    //接收从渲染管线传过来的顶点纹理坐标
varying vec4 ambient;                       //用于传递给片元着色器程序的环境光最终强度变量
varying vec4 diffuse;                       //用于传递给片元着色器程序的散射光最终强度变量
varying vec4 specular;                      //用于传递给片元着色器程序的镜面光最终强度变量
varying vec2 vTextureCoord;                 //用于传递给片元着色器程序的纹理坐标
void pointLight(                            //定位光光照计算的方法
       in vec3 normal,                      //法向量
       inout vec4 ambient,                  //环境光最终强度
       inout vec4 diffuse,                  //散射光最终强度
       inout vec4 specular,                 //镜面光最终强度
       in vec3 lightLocation,               //光源位置
       in vec4 lightAmbient,                //环境光强度
       in vec4 lightDiffuse,                //散射光强度
       in vec4 lightSpecular){              //定位光光照计算的方法
             …//该方法在前面章节已详细介绍，这里不再赘述，读者可以自行查看随书中的源代码
```

```
void main(){
      gl_Position = uMVPMatrix * vec4(aPosition,1);
                                           //根据总变换矩阵计算此次绘制的顶点的位置
      vec4 ambientTemp, diffuseTemp, specularTemp;
                                           //存放环境光散射光镜面反射光的临时变量
      pointLight(normalize(aNormal),ambientTemp,diffuseTemp,specularTemp,
      uLightLocation,
                        vec4(0.05,0.05,0.05,1.0),vec4(1.0,1.0,1.0,1.0),vec4
                        (0.3,0.3, 0.3,1.0));
      ambient=ambientTemp;                 //设置环境光最终强度
      diffuse=diffuseTemp;                 //设置散射光最终强度
      specular=specularTemp;               //设置镜面光最终强度
      vTextureCoord = aTexCoor;            //将接收的纹理坐标传递给片元着色器程序
}
```

说明　此着色器与前面章节介绍光照时的综合案例的顶点着色器代码非常类似，功能为给每个顶点计算出环境光、散射光、镜面反射光分量并通过 varying 变量传递给片元着色器。最大的区别就是，增加了将纹理坐标传递给片元着色器的功能。

（2）开发完了用于绘制地球的顶点着色器后，下面接着要开发的是用于绘制地球的具有多重纹理、过程纹理功能的片元着色器，其代码如下。

代码位置：见随书中源代码/第 6 章/Sample6_4/shader 目录下的 shader.bns。

```
1   precision mediump float;                    //设置默认浮点精度
2   uniform sampler2D sTexture;                 //白天纹理的内容数据
3   uniform sampler2D sTextureNight;            //夜晚纹理的内容数据
4   varying vec4 ambient;                       //从顶点着色器程序传递过来的环境光最终强度
5   varying vec4 diffuse;                       //从顶点着色器程序传递过来的散射光最终强度
6   varying vec4 specular;                      //从顶点着色器程序传递过来的镜面光最终强度
7   varying vec2 vTextureCoord;                 //接收从顶点着色器程序传过来的纹理坐标
8   void main(){
9         vec4 finalColor=texture2D(sTexture, vTextureCoord);     //从白天纹理图中采样
10        finalColor = finalColor*ambient+finalColor*specular+finalColor*diffuse;
          //给此片元颜色值
11        vec4 finalColorNight = texture2D(sTextureNight, vTextureCoord);
          //从夜晚纹理图中采样
12        finalColorNight = finalColorNight*vec4(0.5,0.5,0.5,1.0);
          //计算出的该片元夜晚颜色值
13        if(diffuse.x>0.21){                   //当散射光分量大于 0.21 时
14              gl_FragColor=finalColor;        //采用白天纹理采样出的颜色值
15        }
16        else if(diffuse.x<0.05){              //当散射光分量小于 0.05 时
17              gl_FragColor=finalColorNight;   //采用夜间纹理采样出的颜色值
18        }
19        else{             //当散射光分量大于 0.05 小于 0.21 时，为白天和夜间纹理的过渡阶段
20              float t=(diffuse.x-0.05)/0.16;    //计算白天纹理应占纹理过渡阶段的百分比
21              gl_FragColor=t*finalColor+(1.0-t)*finalColorNight;
                                                  //计算白天和黑夜过渡阶段的颜色值
22        }}
```

- 第 2～3 行声明了两个 sampler2D 类型的变量，分别用来接收白天与黑夜的纹理，这是此片元着色器与本章其他案例中片元着色器的一个很大的不同点。
- 第 4～7 行声明了用来接收顶点着色器传过来的纹理坐标、环境光、散射光、镜面反射光分量的 varying 变量。
- 第 9～10 行为首先根据接收的纹理坐标对白天的纹理进行了采样，然后根据接收的环境光、散射光、镜面反射光分量对采样值进行了加权计算，最后得到了片元若为白天时的颜色值。
- 第 11～12 行为首先根据接收的纹理坐标对黑夜的纹理进行了采样，然后对黑夜的纹理亮度进行变化后得到了片元若为黑夜时的颜色值。
- 第 13～22 行为根据此片元散射光的亮度将片元的最终颜色分 3 种情况计算：若散射光亮度大于 0.21，则此片元完全采用白天时的颜色值；若小于 0.05，则此片元完全采用黑夜时的颜色值；若为 0.05～0.21，则根据亮度将白天与黑夜的颜色值进行加权计算产生最终的片元颜色值。

提示　本案例中还有其他一些 JS 文件，如 GLUtil、LoadShaderUtil 等，与前面很多案例中的基本一致。因本书篇幅有限，就不再赘述了，需要了解的读者请参考随书中的源代码。

6.6 压缩纹理的使用

本章前面的案例中使用的纹理图都是通用格式的图片，包括 PNG、JPG 等格式。采用这些格式，通用性好，方便快捷。对于纹理图数量不太多、每张纹理图尺寸不太大的应用程序而言，这就可以满足需求了，也不会有什么问题。

这种方式是把解码后的图片数据送入纹理缓冲的，因此相对数据量比较大。如果一个应用中的纹理图数量很多或尺寸很大时就会占用过多的内存，这一点从下面的计算中可以看出。

512×512 像素的纹理图所占内存=512×512×4/1024=1024KB=1MB

说明　上述表达式计算的是将尺寸为 512×512 像素的纹理图（每个像素占 4 个字节）送入纹理缓冲所占的内存，从计算结果可以看出，这一幅不太大的纹理图就占用了 1MB 的内存。

可以想象，一个大型游戏中可能会有数百幅不同大小的纹理图，如果都采用这种方式，就会造成占用内存过大的问题。为了解决这个问题，WebGL 也做了不少工作，主要采用的技术就是纹理压缩。

说明　所谓纹理压缩是指在游戏应用开发的准备阶段将各种格式的（可以为 PNG、JPG 等）纹理图采用特定的工具转化为特殊的压缩纹理格式，然后在应用程序运行时直接将压缩格式的纹理数据送入纹理缓冲供纹理采样使用。

由于 WebGL 应用一般被设计为在跨平台情况下使用，而不同的平台支持的压缩纹理格式也不尽相同。例如在安卓设备上 ETC 纹理压缩格式较为通用，在苹果的设备上 PVRTC 纹理压缩格式较为通用，而在 PC 端的 Windows 下则是 DXT 纹理压缩格式较为通用。

为了满足不同平台的需要，一般要针对不同的平台提供不同格式的压缩纹理。本节下面的内容将对这三种较为通用的压缩纹理格式进行一一介绍，具体内容如下。

6.6.1 ETC 压缩纹理

ETC 是安卓设备中广泛支持的一类压缩纹理格式，到目前为止主要包括 ETC1 和 ETC2 两个版本。其中 ETC1 压缩格式占用的空间更少，但是不支持透明度色彩通道（仅支持 RGB 色彩通道）；而 ETC2 则可以同时支持 RGBA 四个色彩通道。

提示　由于目前已经广泛使用的是 WebGL 1.0，而 WebGL 1.0 中仅仅支持 ETC1 格式的压缩纹理，但读者不用担心，未来在 WebGL 2.0 中会进一步支持 ETC2 压缩格式，但其还没有正式发布。因此本小节中将仅仅介绍 ETC1 压缩格式的使用。

应用程序中使用 ETC1 压缩纹理之前，开发人员需要首先使用工具将原始纹理图转换为 ETC1 压缩格式。转换工具就在 Android SDK 安装目录的 tools 目录（或 platform-tools 目录）下，名称为“etc1tool.exe”。此转换工具是基于命令行的软件，没有图形用户界面，需要转换时使用如下命令。

```
etc1tool bbt.png --encode
```

上述命令中“bbt.png”为本案例中要转换为 ETC1 压缩格式的图片，其尺寸为 1024×1024，文件本身的大小是 1.67MB。若按照前面的公式计算解码后所需的内存空间是“1024×1024×4/1024/1024=4MB”，而变为 ETC1 格式后只占 512KB 的空间，足足比不采用压缩格式缩减了 7/8 的空间需求。

> **提示**　能够将图片压缩为 ETC1 格式的工具有不少，上述介绍的是 Android SDK 中提供的。读者也可以选用其他工具进行压缩。比如 ARM 提供的 Mali Developer Tools 中的 Mali Texture Compression Tool，需要的话可以从 malideveloper.arm 网站下载。

准备完应用程序中需要使用的压缩纹理后，就可以进行本小节案例 Sample6_5_ETC_PKM 的开发了。本小节的案例是基于本章最前面的案例 Sample6_1 修改而来，绝大部分代码完全相同。有区别的主要就是用于加载纹理的相关方法，具体内容如下。

代码位置：见随书中源代码/第 6 章/Sample6_5_ETC_PKM\js\util 目录下的 BN_ETC1_Util.js。

```
function getExtension(gl, name){                       //用于获取并加载指定名称的 WebGL 扩展
    var vendorPrefixes = ["", "WEBKIT_", "MOZ_"];          //浏览器引擎前缀
    var ext = null;
    for (var i in vendorPrefixes){
      ext = gl.getExtension(vendorPrefixes[i] + name);  //加载指定名称的WebGL扩展
      if (ext) { break; }
    }
    return ext;
}
function fromBytesToShort(buff){                          //将字节数组转为四字节整数
      try{
           var testArray = new Uint8Array(buff);   //获取此数组引用的 ArrayBuffer
           return testArray[0]*256+testArray[1];   //返回四字节整数
      }
      catch(err){
            alert(err.message);                        //弹出错误提示
            var testArray = new Uint8Array(buff);  //获取此数组引用的 ArrayBuffer
            alert("err toint="+testArray[0]+","+testArray[1]); //弹出具体错误信息
      }}
function loadEtc1Texture(gl,url,texName){         //分析数据并加载为纹理的方法
      var texture = gl.createTexture();          //创建纹理 id
      var req = new XMLHttpRequest();            //创建超文本传输请求对象
      req.onreadystatechange = function () { doLoadEtc1Texture(gl,req,texture,
      texName)};
      req.open("GET", url, true);                //打开文件
      req.responseType = "arraybuffer";          //响应实体的类型指定为 ArrayBuffer
      req.send(null);                            //无参数传递
      texMap[texName]=texture;                   //放入纹理管理器
}
function doLoadEtc1Texture(gl,req,texture,texName) {
                                                 //处理 ETC1 压缩纹理 pkm 文件数据的方法
    if (req.readyState == 4){                    //数据接收完毕
        var arrayBuffer = req.response;          //获取响应
        if (arrayBuffer){
                 var ext = getExtension(gl, "WEBGL_compressed_texture_etc1");
                 //加载 WebGL 扩展
                 var ETC_PKM_HEADER_SIZE = 16;             //文件头长度偏移量
                 var dataHeader = arrayBuffer.slice(0, ETC_PKM_HEADER_SIZE);
                 //获取文件头
                 var width=fromBytesToShort(dataHeader.slice(12, 14));
                 //获取纹理宽度
                 var height=fromBytesToShort(dataHeader.slice(14, 16));
                 //获取纹理高度
                 var texData=arrayBuffer.slice(ETC_PKM_HEADER_SIZE);
                 //获取纹理数据
                 gl.bindTexture(gl.TEXTURE_2D, texture);      //绑定纹理
```

```
40                    gl.compressedTexImage2D(gl.TEXTURE_2D,0,
                          //指明一个二维的压缩纹理图像
41                            ext.COMPRESSED_RGB_ETC1_WEBGL,      //将纹理数据加载进显存
42                            width, height, 0, new Uint8Array(texData));
43                        …//该部分在前面章节已详细介绍，读者可以自行查看随书中的源代码
44           }}}
```

- 第 1～9 行为用于获取并加载指定名称的 WebGL 扩展。首先获取浏览器引擎前缀（Vendor Prefix），这些主要是各种浏览器用来试验或测试新出现的 CSS3 属性特征。
- 第 11～14 行为将字节数组转为四字节整数。首先获取数组引用的 ArrayBuffer，然后进行数学计算，最后将四字节整数返回。
- 第 15～19 行是异常捕获。若出现问题则弹出错误提示，然后获取具体错误的信息并将具体的错误信息也弹出来。
- 第 20～28 行为分析数据并加载为纹理的方法。首先创建纹理 id，接着创建超文本传输请求对象，然后调用处理纹理数据的方法，打开纹理指定响应类型，最后将纹理放入纹理管理器。
- 第 30～32 行是在数据接收完毕并且获取了响应之后才能继续执行。
- 第 33～39 行为加载 WebGL 扩展，确定文件头长度偏移量，接着获取文件头、获取纹理宽度、获取纹理高度、获取纹理数据、绑定纹理。
- 第 40～42 行为指明一个二维的压缩纹理图像。其内参数依次为指定活动纹理单元的目标纹理、细节级别数、存储格式、纹理图像的宽度、纹理图像的高度、边框宽度、图像的大小和一个指向压缩图像数据内存的指针。

6.6.2 DXT5

PC 端的 DirectX 中有一种名称为 DXT 的纹理压缩技术，目前这种技术被大部分显卡所支持。DXT 是一种 DirectDraw 接口界面，其以压缩形式存储图形数据，通过该接口界面可以节省大量的系统带宽和内存。即使不直接使用 DXT 表面渲染，也可以通过以 DXT 格式创建纹理的方法来节省存储空间。

> **提示** DTX 纹理压缩的具体标准有 5 种，分别为 DXT1～DXT5。其中每一种纹理压缩格式各有优缺点，感兴趣的读者可以自行查阅资料进一步学习，本小节将介绍能力较为均衡的 DXT5 格式的使用。

应用程序中使用 DXT5 压缩纹理之前，开发人员需要首先使用工具将原始纹理图转换为 DXT5 压缩格式。为了读者使用的方便，笔者提供了用于转换纹理图的脚本程序“zh.bat”，位于中本章目录下的“DXT5 纹理转换”子目录中，需要的读者可以使用。

> **提示** 在使用此脚本程序之前需要下载并安装 Microsoft DirectX SDK（June 2010），在使用时首先把原始纹理图放入“DXT5 纹理转换”文件夹内，然后把“zh.bat”文件中的 PATH 变量值改为我们自己机器上 Microsoft DirectX SDK（June 2010）安装路径中“x86”文件夹的路径，并将转换命令中的图片名“wl.jpg”替换为要转化的原始纹理图名称，保存脚本后直接双击“zh.bat”文件运行即可。

准备完应用程序中需要使用的压缩纹理后，就可以进行本小节案例 Sample6_5_DXT5 的开发了。由于本小节案例与上一小节案例非常类似，因此这里仅仅介绍有明显区别的用于加载 DXT5 压缩纹理的脚本程序“BN_S3TC_DXT5_Util.js”，其具体代码如下。

代码位置：见随书中源代码/第 6 章/Sample6_5_DXT5\js\util 目录下的 BN_S3TC_DXT5_Util.js。

```
1    function textureLevelSizeS3tcDxt5(width, height) {        //根据 DXT5 纹理的宽度和高度计算纹理数据字节数
2        return ((width + 3) >> 2) * ((height + 3) >> 2) * 16;
3    }
4    function doLoadS3tcDxt5Texture(gl,req,texture,texName) {   //处理 pkm 文件数据的方法
5          var DDS_HEADER_LENGTH = 31;                            //DDS 文件头长度
6          var DDS_HEADER_HEIGHT = 3;                             //纹理宽度偏移量
7          var DDS_HEADER_WIDTH = 4;                              //纹理高度偏移量
8          var DDS_HEADER_SIZE = 1;                               //文件头长度偏移量
9          var DDSD_MIPMAPCOUNT = 0x20000;                        //mipmap 纹理数量标志掩码
10         var DDS_HEADER_MIPMAPCOUNT = 7;                        //mipmap 纹理数量偏移量
11         var DDS_HEADER_FLAGS = 2;                              //DDS 文件头标记偏移量
12       if (req.readyState == 4) {
13             var arrayBuffer = req.response;
14             if (arrayBuffer) {
15                     var ext = getExtension(gl,
16                                 "WEBGL_compressed_texture_s3tc");
                                   //获取并加载 WebGL 扩展
17                     var header = new Int32Array(arrayBuffer, 0,
18                                  DDS_HEADER_LENGTH);          //获取 DDS 文件的文件头
19                     var width = header[DDS_HEADER_WIDTH];      //获取纹理宽度
20                     var height = header[DDS_HEADER_HEIGHT];    //获取纹理高度
21                     var levels = 1;                            //声明纹理层次辅助变量
22                     if(header[DDS_HEADER_FLAGS] & DDSD_MIPMAPCOUNT) {
23                       levels = Math.max(1,
24                           header[DDS_HEADER_MIPMAPCOUNT]); //计算出实际的 mipmap 纹理层次数量
25                     }
26                     var dataOffset = header[DDS_HEADER_SIZE] + 4;      //纹理数据的起始偏移量
27                     var dxtData = new Uint8Array(arrayBuffer, dataOffset);
                       //获取纹理数据
28                     gl.bindTexture(gl.TEXTURE_2D, texture);     //绑定纹理
29                     var offset = 0;                         //声明每层纹理的数据字节偏移量
30                     for (var i = 0; i < levels; ++i) { //对每个 mipmap 纹理层进行循环
31                           var levelSize = textureLevelSizeS3tcDxt5(width, height);
                             //计算纹理的数据字节数
32                           var dxtLevel = new Uint8Array(dxtData.buffer,
33                                 dxtData.byteOffset+offset, levelSize);
                                   //获取本层纹理的数据字节序列
34                           gl.compressedTexImage2D(gl.TEXTURE_2D,i,
                             //将纹理数据加载进显存
35                                 ext.COMPRESSED_RGBA_S3TC_DXT5_EXT,width, height,
                                   0, dxtLevel);
36                           width = width >> 1;          //计算下一层纹理的宽度
37                           height = height >> 1;        //计算下一层纹理的高度
38                           offset += levelSize;         //计算新一层纹理的数据字节偏移量
39                     }
40               …//纹理的设置与前面案例中的一样，需要了解的读者可以自行查看随书中的源代码
41         }}}
```

- 第 1～3 行是根据 DXT5 纹理的宽度和高度计算纹理数据字节数的函数 textureLevelSizeS3tcDxt5。
- 第 5～11 行声明并获取了一些 DXT5 格式特有的数据，如文件头长度、纹理宽度偏移量、纹理高度偏移量、文件头长度偏移量以及一些 mipmap 相关的数据。
- 第 12～14 行是在数据接收完毕并且获取了响应之后才能继续执行。
- 第 15～20 行为获取并加载 WEBGL_compressed_texture_s3tc 扩展，以支持 s3tc 类型的压缩纹理，然后获取 DDS 文件的文件头、纹理宽度和高度。
- 第 22～25 行为根据 mipmap 纹理数量偏移量计算出实际的 mipmap 纹理层次数量。
- 第 26～39 行为首先获取纹理数据，然后根据数据取得本层纹理的数据字节序列，进而将纹理数据加载进显存，一直按此方法对每个 mipmap 纹理层进行循环。

> **提示** 从上述代码中可以看出，DXT5 格式的压缩纹理单个文件中可以携带不同 mipmap 纹理层的数据，从这一点来说大大提高了需要 mipmap 纹理时的方便性。

6.6.3 PVRTC

iOS 设备到目前为止都使用了 PowerVR 提供的 GPU。PowerVR 提供的 GPU 支持一种名称为 PVRTC 的纹理压缩格式，其优点是压缩比大，实际运行时同一纹理占用的显存最低可为采用非压缩纹理的 1/60，可以大大节约存储空间。

使用 PVRTC 压缩纹理之前，开发人员需要首先使用工具将原始纹理图转换为 PVRTC 压缩格式。iOS SDK 中包含了一个称为“texturetool”的命令行程序，用户可以通过该程序从非压缩图片生成 PVRTC 格式的压缩纹理。此转换工具是基于命令行的软件，没有图形用户界面，需要转换时使用如下命令：

```
texturetool -m -e PVRTC -f PVR -p Preview.png -o Grid16.pvr Grid16.png
```

> **说明** 上述命令中的各个参数含义为：“-m”表示生成纹理链路，“-e PVRTC”表示使用 PVRTC 压缩格式，“-f PVR”用于指定封装文件格式，“**-p Preview.png**”表示生成用于预览压缩后纹理的 PNG 图像文件，“**-o Grid16.pvr**”用于指定生成的压缩纹理文件名，“**Grid16.png**”为要转换的原始图片名。

准备完应用程序中需要使用的 PVRTC 压缩纹理后，就可以进行本小节案例 Sample6_6_PVRTC 的开发了。由于本小节案例与上一小节案例非常类似，因此这里仅仅介绍有明显区别的用于加载 PVRTC 压缩纹理的脚本程序“BN_Pvrtc_Util.js”，其具体代码如下。

代码位置：见随书中源代码/第 6 章/ Sample6_6_PVRTC\js\util 目录下的 BN_Pvrtc_Util.js。

```
1    function doLoadPvrtcTexture(gl,req,texture,texName,width,height) {
                                                        //处理 PVRTC 文件数据的方法
2        if (req.readyState == 4) {                     //数据接收完毕
3            var arrayBuffer = req.response;            //获取响应
4            if (arrayBuffer) {
5                    var ext = getExtension(gl, "WEBGL_compressed_texture_pvrtc");
                     //加载 WebGL 扩展
6                    gl.bindTexture(gl.TEXTURE_2D, texture);  //绑定纹理
7                    gl.compressedTexImage2D(gl.TEXTURE_2D,0, //将纹理数据加载进显存
8                            ext.COMPRESSED_RGBA_PVRTC_4BPPV1_IMG,
9                            width, height, 0, new Uint8Array(arrayBuffer));
10                   gl.texParameteri(gl.TEXTURE_2D,
11                           gl.TEXTURE_MAG_FILTER, gl.LINEAR);
                             //设置 MAG 采样方式
12                   gl.texParameteri(gl.TEXTURE_2D,
13                           gl.TEXTURE_MIN_FILTER, gl.LINEAR);
                             //设置 MIN 采样方式
14                   gl.texParameteri(gl.TEXTURE_2D,
15                           gl.TEXTURE_WRAP_S, gl.REPEAT);  //设置 S 轴拉伸方式
16                   gl.texParameteri(gl.TEXTURE_2D,
17                           gl.TEXTURE_WRAP_T, gl.REPEAT);  //设置 T 轴拉伸方式
18                   gl.bindTexture(gl.TEXTURE_2D, null);  //纹理加载成功后释放纹理图
19           }}}
```

- 第 2～4 行是在数据接收完毕并且获取了响应之后才能继续执行。
- 第 7～9 行为用于加载一幅 PVRTC 压缩纹理。其内参数依次为指定活动纹理单元的目标纹理、细节级别数、存储格式、纹理图像的宽度、纹理图像的高度、边框宽度、图像的大小和用于存储压缩纹理数据的无符号字节数组。
- 第 10～18 行为设置纹理的采样方式和纹理图 S、T 轴的拉伸方式，最后在纹理加载成功后释放纹理图，减少内存的占用。

6.7 本章小结

本章中主要介绍了 WebGL 中纹理映射各方面的相关知识，包括纹理映射的基本原理、纹理拉伸、纹理采样、mipmap 纹理、多重纹理与过程纹理、压缩纹理等。通过本章的学习，读者应该能够从容应对实际开发中与纹理相关的需求，为后面高级知识的学习打下良好的基础。

6.8 习题

1．请简述两种拉伸方式，并将其进行对比，得出两者的区别。
2．请分别简述最近点采样和线性纹理采样的特点。
3．mipmap 纹理技术的用途及原理是什么？
4．请自行开发一个小案例，使用多重纹理与过程纹理。
5．请分别使用 ETC、DXT5、PVRTC 技术对图片进行压缩。

第 7 章　3D 模型加载

前面章节所有案例中的 3D 模型都是采用直接给出顶点坐标值（如立方体）或基于数学公式用程序生成坐标值（如球体）的方式，这已经可满足一些简单的游戏场景的开发要求了。但如果要建立一些更加复杂、逼真的游戏场景，需要采用的物体的几何形状可能会很复杂，而且不能直接用数学公式描述，如赛车游戏中的车、空战游戏中的战斗机等。

这种情况下一般首先用 3D 建模工具（如 3ds Max、Maya 等）建立物体模型，然后导出成特定格式的模型文件并在应用程序中加载渲染。常用的 3D 模型文件格式有 obj、3ds、fbx 等，本章主要介绍 obj 模型文件的加载。

7.1 obj 模型文件概述

介绍如何用程序加载 obj 模型文件之前，首先需要简单了解一下此类文件的格式及导出方式，本节将对这方面的内容进行简要的介绍。

7.1.1 obj 文件的格式

obj 文件是最简单的一种 3D 模型文件，其本质上就是文本文件，只是具有固定的格式而已。obj 文件中将顶点坐标、三角形面、纹理坐标等信息以固定格式的文本字符串表示，下面给出了一个 obj 文件的片段。

```
# Max2Obj Version 4.0 Mar 10th, 2001
# Author wyf
#
v  -19.990179 -34.931675 -18.201921
v  20.111662 -34.931675 -18.201921
…
v  20.111662 27.748880 21.994425
# 8 vertices
vt  0.000000 0.000000 0.000000
vt  1.000000 0.000000 0.000000
…
vt  1.000000 1.000000 0.000000
# 12 texture vertices
vn  0.000000 0.000000 -1.570796
vn  0.000000 0.000000 -1.570796
…
vn  0.000000 0.000000 1.570796
# 8 vertex normals
g (null)
f 1/10/1 3/12/3 4/11/4
f 4/11/4 2/9/2 1/10/1
…
f 5/4/5 7/3/7 3/1/3
# 12 faces
g
```

从上述 obj 文件片段中可以看出，其内容是以行为基本单位进行组织的，每种不同前缀开头的行有不同的含义，具体情况如下所列。

- “#”号开头的行为注释，在程序加载的过程中可以略过。
- “v”开头的行用于存放顶点坐标，其后面的 3 个数值分别表示一个顶点的 X、Y、Z 坐标。
- “vt”开头的行用于存放顶点纹理坐标，其后面的 3 个数值分别表示纹理坐标的 S、T、P 分量。

> **提示**　S、T 纹理坐标，读者已经非常熟悉了，P 指的是深度纹理坐标，主要用于 3D 纹理的采样。

- “vn”开头的行用于存放顶点法向量，其后面的 3 个数值分别表示一个顶点的法向量在 x 轴、y 轴、z 轴上的分量。
- “g”开头的行表示一组的开始，后面的字符串为此组的名称。所谓组是指由顶点组成的一些面的集合。只包含“g”的行表示一组的结束，与“g”开头的行对应。
- “f”开头的行表示组中的一个面，如果是三角形（由于 WebGL 仅支持三角形，故本书案例中采用的都是三角形）则后面有 3 组用空格分隔的数据，代表三角形的 3 个顶点。每组数据中包含 3 个数值，用“/”分隔，依次表示顶点坐标数据索引、顶点纹理坐标数据索引、顶点法向量数据索引。

> **说明**　例如，有这样的一行“f 200/285/200 196/280/196 195/279/195”，其表示三角形中 3 个顶点的坐标来自 200、196、195 号以“v”开头的行，3 个顶点的纹理坐标来自 285、280、279 号以“vt”开头的行，3 个顶点的法向量来自 200、196、195 号以“vn”开头的行。计算行号时各种不同前缀是独立计算的，例如前面代码的第 5 行为“v”开头的 2 号行。

还有一点读者需要了解的是，obj 文件中一般顶点坐标与面的数据是必须选择的，而法向量与纹理数据是可选的。

7.1.2　用 3ds Max 设计 3D 模型

上一小节中介绍了 obj 文件的基本格式，可以看出虽然 obj 本质上是文本文件，但也不适合直接由人工录入其各方面的内容。很多的 3D 模型设计工具都可以导出 obj 格式的模型文件，笔者采用的是 3ds Max。3ds Max 是一款主流的、非常方便的 3D 建模软件，有着很高的市场占有率。用 3ds Max 设计完 3D 模型后，可以非常方便地导出各种格式的模型文件，当然也包括 obj 文件。

下面简要介绍一下如何用 3ds Max 导出 obj 模型文件，步骤如下所列。

（1）首先启动 3ds Max 软件，并用其设计一个 3D 模型，如图 7-1 所示。

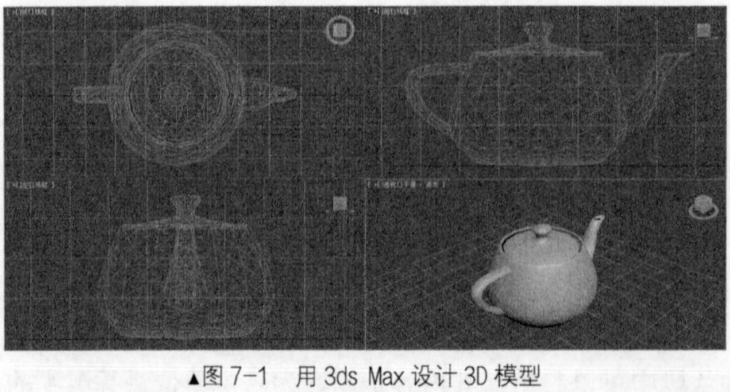

▲图 7-1　用 3ds Max 设计 3D 模型

（2）接着单击软件左上角的主菜单按钮，弹出下拉菜单后，单击“导出”选项。如图 7-2 所示。

（3）单击“导出”选项后，系统将弹出“选择要导出的文件”对话框，输入文件名，并将保存类型设置为“gw:OBJ-Exporter(*.OBJ)”，然后单击“保存”按钮，如图 7-3 所示。

（4）单击“保存”按钮后系统将弹出“OBJ 导出选项”对话框，首先选择“面”为“三角形”，然后选中纹理坐标选项，最后单击“确定”按钮，即可完成 obj 文件的导出，如图 7-4 所示。

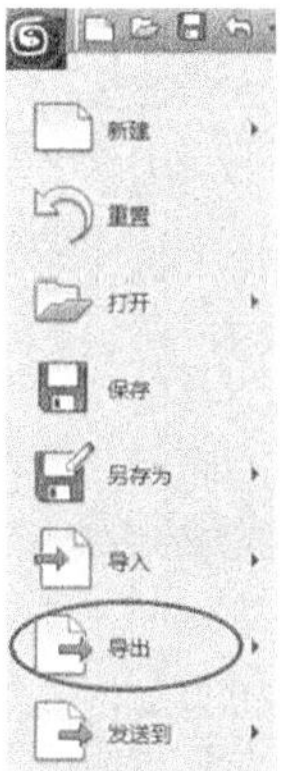

▲图 7-2 选择“导出”选项

▲图 7-3 选择要导出的文件

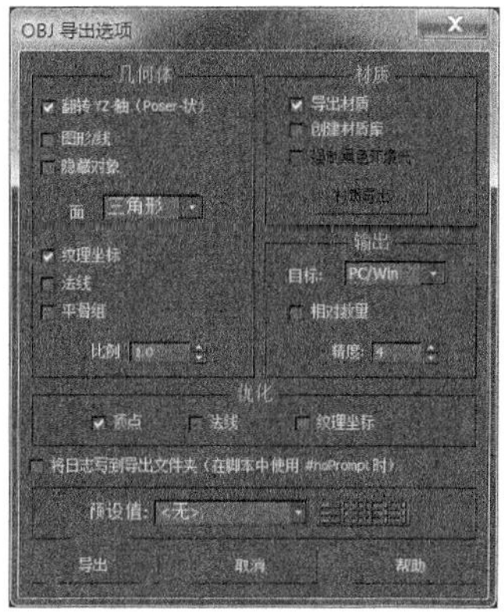

▲图 7-4 对象导出器

> **提示** “面”一定要设置为“三角形”，否则就不适合 WebGL 平台的应用程序使用了。“纹理坐标”选项不一定要被选中，需要根据渲染模型时是否使用纹理映射来决定。

7.2 加载 obj 文件

上一节介绍了如何从 3ds Max 导出 obj 文件，本节将通过几个具体的案例来介绍如何将 obj 文件中的数据加载进应用程序中，并用 WebGL 渲染呈现。

7.2.1 加载仅有顶点坐标与面数据的 obj 文件

本小节将给出一个非常简单的加载 obj 文件的案例 Sample7_1，此案例中加载的 obj 文件仅有顶点坐标与面数据，其运行效果如图 7-5 所示。

▲图 7-5 案例 Sample7_1 的运行效果图

> **说明** 从图 7-5 中可以看出，本案例渲染的是一个茶壶。可以想象，直接用程序自动生成其顶点坐标是非常困难的，因此模型的加载就成为 3D 应用程序开发人员必须掌握的技能。

了解了本案例的运行效果后，下面就可以进行代码的开发了。由于本案例的代码与前面章节中很多案例的大部分代码是相同的，因此这里仅介绍本案例中新增的且具有代表性的部分，具体如下所列。

（1）首先介绍加载后用于渲染物体的 ObjObject.js 文件，其代码如下。

代码位置：见随书中源代码/第 7 章/Sample7_1/js/util 目录下的 ObjObject.js。

```
function ObjObject(                              //加载的用于绘制的 3D 物体
  gl,                                            //GL 上下文
  vertexDataIn,                                  //顶点坐标数组
  programIn                                      //着色器程序对象
){
  this.vertexData=vertexDataIn;                              //接收顶点数据
  this.vcount=this.vertexData.length/3;                      //得到顶点数量
  this.vertexBuffer=gl.createBuffer();                       //创建顶点数据缓冲
  gl.bindBuffer(gl.ARRAY_BUFFER,this.vertexBuffer);          //将顶点数据送入缓冲
  gl.bufferData(gl.ARRAY_BUFFER,new Float32Array(this.vertexData),gl.STATIC_
  DRAW); //绑定数据
  this.program=programIn;                                    //接收着色器程序 id
  …//此处省略了绘制物体的 drawself 方法，读者可自行查看随书中的源代码
}
```

提示　该类非常简单，与前面章节中物体类不同的是，其顶点的位置数据是由构造器参数中传入的，而不是在该类中直接给出或计算出来的。

（2）开发完绘制加载物体的上述代码后，接下来将详细介绍发出读取 obj 文件的请求并对接收的数据进行处理的 LoadBall.js 文件，其代码如下。

代码位置：见随书中源代码/第 7 章/Sample7_1/js 目录下的 LoadBall.js。

```
1     function loadObjFile(url){                               //请求读取 obj 文件的方法
2           var req = new XMLHttpRequest();                    //创建对服务器的请求
3           req.onreadystatechange = function () { processLoadObj(req) };
            //重写 onreadystatechange 事件
4           req.open("GET", url, true);                        //设置请求的类型和 obj 文件的路径
5           req.responseType = "text";                         //设置回应的类型
6           req.send(null);
7     }
8     function createObj(objDataIn){                          //用提取的数据创建绘制对象的方法
9           if(shaderProgArray[0]){                           //如果着色器已经进行编译
10                ooTri=new ObjObject(gl,objDataIn.vertices,shaderProgArray[0]);
                  //创建绘制用的物体
11          }else{                                            //如果着色器还未进行编译
12               setTimeout(function(){createObj(objDataIn);},10);   //10 毫秒之后再次进
                 行调用
13    }}
14    function processLoadObj(req){                     //重写后的 onreadystatechange 事件
15          if (req.readyState == 4) {                  //当接收到服务器传来的数据后
16               var objStr = req.responseText;         //得到 obj 文件的文本数据
17               var dataTemp=fromObjStrToObjectData(objStr);     //对数据进行处理和提取
18               createObj(dataTemp);                   //用提取的数据创建绘制对象
19    }}
```

- 第 1～7 行中参数 url 为要加载的 obj 文件的路径及名称。此方法的主要作用是对请求的类型和 obj 文件的路径进行设置。
- 第 8～13 行为用提取的数据创建绘制对象的方法。需要注意的是，在此过程中需要检查着色器是否已经编译完成。如果没有完成的话，需要延迟一段时间后再进行创建。
- 第 14～19 行为触发后 onreadystatechange 事件后调用的相关方法。当 readyState 的值为 4 时，说明数据接收完成。然后需要调用 fromObjStrToObjectData 方法在接收到的文本中提取相关的顶点和面信息，进行绘制对象的创建。

（3）对服务器的请求部分开发完毕之后，接下来将对提取顶点及面的信息，并对其进行组织的 fromObjStrToObjectData 进行详细介绍，具体代码如下所示。

代码位置：见随书中源代码/第 7 章/Sample7_1/js 目录下的 LoadObjUtil.js。

```
function fromObjStrToObjectData(objStr){
```

```
2          var alv=new Array();                  //原始顶点坐标数组—直接从 obj 文件中加载
3          var alvResult=[];                     //结果顶点坐标数组—按面组织好
4          var lines = objStr.split("\n");       //计算出的法向量坐标
5          for (var lineIndex in lines){         //遍历每一行的内容
6                 var line = lines[lineIndex].replace(/[ \t]+/g, " ").replace
               (/\s\s*$/, "");                  //替换空格
7                 if (line[0] == "#"){                        //此行以"#"开头
8                        continue;                            //直接将此行忽略
9                 }
10                var array = line.split(" ");                //以空格为分隔符进行切分
11                if (array[0] == "v"){                       //如果此行以"v"开头
12                       alv.push(parseFloat(array[1]));//将此顶点的 X 坐标放入顶点数组中
13                       alv.push(parseFloat(array[2]));//将此顶点的 Y 坐标放入顶点数组中
14                       alv.push(parseFloat(array[3]));//将此顶点的 Z 坐标放入顶点数组中
15                }else if (array[0] == "f"){                 //如果此行以"f"开头
16                       if (array.length != 4){              //如果切分后得到的数组长度不为 4
17                              alert("array.length != 4");        //弹出警告
18                              continue;
19                       }
20                       for (var i = 1; i < 4; ++i){       //对切分后的数据进行遍历
21                           var tempArray=array[i].split("/");
                             //以"/"为分割符进行分割
22                           var vIndex=tempArray[0]-1;              //得到顶点索引
23                           alvResult.push(alv[vIndex*3+0]);
                             //将对应顶点的 X 坐标放入数组中
24                           alvResult.push(alv[vIndex*3+1]);
                             //将对应顶点的 Y 坐标放入数组中
25                           alvResult.push(alv[vIndex*3+2]);
                             //将对应顶点的 Z 坐标放入数组中
26       }}}
27       return new ObjectData(alvResult.length/3,alvResult);          //返回提取的数据
28    }
```

- 第 2～14 行为遍历每一行后找到以“v”开头的相关数据，然后将顶点坐标放入 alv 数组中，供后面的步骤中使用。
- 第 15～26 行为找到开头为“f”的顶点索引数据，然后找到相关顶点的坐标数据将其放入 alvResult 数组后返回。

（4）介绍完 Java 代码后就应该介绍着色器了，首先是顶点着色器，其代码如下。

代码位置：见随书中源代码/第 7 章/Sample7_1/shader 目录下的 shader.bns。

```
uniform mat4 uMVPMatrix;                       //总变换矩阵
attribute vec3 aPosition;                      //接收顶点位置的变量
varying vec3 vPosition;                        //将顶点位置传入片元着色器的变量
void main() {
      gl_Position = uMVPMatrix * vec4(aPosition,1);
      //根据总变换矩阵计算此次绘制的顶点的位置
      vPosition=aPosition;                               //将顶点的原始位置传递给片元着色器
}
```

提示 此顶点着色器与一般案例中的基本没有区别，主要是增加了通过易变变量 vPosition 将顶点的位置传递给片元着色器的代码。

（5）接着需要介绍的是片元着色器，其代码如下。

代码位置：见随书中源代码/第 7 章/Sample7_1/shader 目录下的 shader.bns。

```
precision mediump float;                                   //规定计算精度
varying  vec3 vPosition;                                   //顶点位置
void main() {
      vec4 bColor=vec4(0.678,0.231,0.129,1.0);             //砖块的颜色
      vec4 mColor=vec4(0.763,0.657,0.614,1.0);             //间隔的颜色
      float y=vPosition.y;                                 //接收到顶点位置的 y 坐标
      y=mod((y+100.0)*4.0,4.0);                            //对 4 进行取模
      if(y>1.8) {
            gl_FragColor = bColor;                         //给此片元赋予砖块的颜色
      }else {
            gl_FragColor = mColor;                         //给此片元赋予间隔的颜色
```

```
}}
```

提示　上述片元着色器主要是实现了条纹着色的效果（如图 7-5 所示），实现策略为根据片元的 y 坐标所处的位置来决定片元是采用条纹颜色（深红色）还是间隔颜色（淡红色）进行着色。

7.2.2　加载后自动计算面法向量

前面小节案例中加载的茶壶仅采用了条纹着色策略，看起来效果不是很好，立体感不强。这是因为现实世界中的物体都是有光照的，有了光照以后层次感、立体感都会增加很多。因此本小节将给出一个根据加载的顶点及三角形面的数据自动计算法向量并施加光照的案例，其运行效果如图 7-6 所示。

▲图 7-6　案例 Sample7_2 的运行效果图

说明　从图 7-6 中可以看出，添加了光照效果后，茶壶的立体感增加了很多。因此实际开发中只要条件允许，一般都会采用光照效果。

了解了本案例的运行效果后，下面就可以进行案例的开发了。由于实际上本案例仅仅是将上一小节的案例 Sample7_1 复制了一份并进行了修改，因此这里仅给出修改的步骤，具体如下所列。

（1）首先要对定义绘制对象的 ObjObject.js 文件进行修改，添加存储法向量数据、将法向量传入渲染管线的相关代码，具体代码如下所示。

代码位置：见随书中源代码/第 7 章/Sample7_2/js/util 目录下的 ObjObject.js。

```
function ObjObject(                    //加载的用于绘制的 3D 物体
      gl,                              //GL 上下文
      vertexDataIn,                    //顶点坐标数组
      vertexNormalIn,                  //顶点法向量数组
      programIn                        //着色器程序对象
){
      …//此处省略了接收顶点数据并送入缓冲的相关代码，读者可自行查看随书中的源代码
      this.vertexNormal=vertexNormalIn;                    //接收顶点法向量数据
      this.vertexNormalBuffer=gl.createBuffer();           //创建顶点法向量数据缓冲
      gl.bindBuffer(gl.ARRAY_BUFFER,this.vertexNormalBuffer);      //将顶点法向量
      数据送入缓冲
      gl.bufferData(gl.ARRAY_BUFFER,new Float32Array(this.vertexNormal),
      gl.STATIC_DRAW);
      //加载着色器程序
      this.program=programIn;
      this.drawSelf=function(ms){
            …//此处省略了传入变换矩阵、顶点数据等相关代码，读者可自行查看随书中的源代码
            gl.enableVertexAttribArray(gl.getAttribLocation(this.program,
            "aNormal")); //启用法向量数据
            //将顶点法向量数据送入渲染管线
            gl.bindBuffer(gl.ARRAY_BUFFER, this.vertexNormalBuffer);
            gl.vertexAttribPointer(gl.getAttribLocation(this.program, "aNormal"),
             3, gl.FLOAT, false, 0, 0);
  }}
```

> **提示**　之前的案例中只使用了顶点位置的数据，所以在上面的代码中增加了接收顶点法向量数据、创建法向量缓冲、传入渲染管线的代码。通过代码可以发现，此部分与操作顶点位置的方式十分相似。

（2）接下来将对组织数据信息的 fromObjStrToObjectData 进行修改，里面增加计算面法向量的相关代码，具体情况如下所示。

代码位置：见随书中源代码/第 7 章/Sample7_2/js/util 目录下的 LoadObjUtil.js。

```
function fromObjStrToObjectData(objStr){
   var alv=new Array();                          //原始顶点坐标数组—直接从 obj 文件中加载
   var alvResult=[];                             //结果顶点坐标数组—按面组织好
   var alnResult=[];                             //计算出的法向量坐标
   var lines = objStr.split("\n");               //根据换行符进行分割
   for (var lineIndex in lines) {                //遍历每一行的内容
     var line = lines[lineIndex].replace(/[ \t]+/g, " ").replace(/\s\s*$/, "");
     …//此处省略了提取顶点坐标的相关代码，读者可自行查看随书中的源代码
     if (array[0] == "f"){                       //如果当前行以"f"开头
         if (array.length != 4){                 //如果数据长度不为 4
               alert("array.length != 4");  //弹出警告
               continue;
         }
         var tempArray=array[1].split("/");                  //以"/"为分隔符进行分割
         var vIndex=tempArray[0]-1;                          //得到第 1 个顶点索引
         vx0=alv[vIndex*3+0];          vy0=alv[vIndex*3+1];          vz0=alv[vIndex*3+2];      //第 1 个顶点的位置
         alvResult.push(vx0);     alvResult.push(vy0);     alvResult.push (vz0);     //存入此顶点的坐标
         var tempArray=array[2].split("/");                   //以"/"为分隔符进行分割
         var vIndex=tempArray[0]-1;                           //得到第二个顶点索引
         vx1=alv[vIndex*3+0];    vy1=alv[vIndex*3+1];      vz1=alv[vIndex*3+2];     //第 2 个顶点的位置
         alvResult.push(vx1);      alvResult.push(vy1);     alvResult.push(vz1);     //存入此顶点的坐标
         var tempArray=array[3].split("/");                  //以"/"为分隔符进行分割
         var vIndex=tempArray[0]-1;                          //得到第三个顶点索引
         vx2=alv[vIndex*3+0];     vy2=alv[vIndex*3+1];      vz2=alv[vIndex*3+2];     //第 3 个顶点的位置
         alvResult.push(vx2);     alvResult.push(vy2);     alvResult.push(vz2);     //存入此顶点的坐标
         var vxa=vx1-vx0;        var vya=vy1-vy0;          var vza=vz1-vz0;     //第 1、2 顶点间的向量
         var vxb=vx2-vx0;       var vyb=vy2-vy0;           var vzb=vz2-vz0;     //第 1、3 顶点间的向量
         var vNormal=vectorNormal(getCrossProduct(vxa,vya,vza,vxb,vyb,vzb));     //对两个向量进行叉积后规格化
        for(var i=0;i<3;i++){                              //将计算结果存储到法向量数组中
            alnResult.push(vNormal[0]); alnResult.push(vNormal[1]); alnResult.push  (vNormal[2]);
   }}}
   return new ObjectData(alvResult.length/3,alvResult,alnResult);
}
function getCrossProduct( x1, y1, z1, x2, y2, z2){        //对两个向量求叉积的方法
      var array=new Array();                              //用于存放结果的数组
      // 求出两个矢量叉积矢量在 XYz 轴的分量 ABC
      var A=y1*z2-y2*z1;       var B=z1*x2-z2*x1;       var C=x1*y2-x2*y1;     //分别对分量进行计算
      array.push(A,B,C);                                  //将计算结果存储在数组中
      return array;                                       //将数组返回
}
function vectorNormal(vector){                            //对向量进行规格化的方法
      var module=Math.sqrt(vector[0]*vector[0]+vector[1]*vector[1]+vector[2]*vector[2]);        //求向量的模
      return new Array(vector[0]/module,vector[1]/module,vector[2]/module);     //进行规格化
}
```

- 第 4～31 行为计算面法向量的相关代码，其主要的思路为在面信息数据中提取组成三角形面片的 3 个顶点索引，然后根据 3 个顶点的位置求得两个向量。最后对其进行叉积即可得到三角形面片的法向量数据。
- 第 34～40 行为实现对两个向量求叉积的方法。叉积后得到的向量会垂直于这两个向量所确定的平面，对此不太熟悉的读者可以自行查阅相关资料。
- 第 41～44 行为对向量进行规格化的相关方法，主要的思路是首先运用数学公式求出此向量的模，然后将各个分量分别除以此向量的模，结果即为规格化的向量。

7.2.3 加载后自动计算平均法向量

上一小节的案例成功为加载的物体添加了光照效果，但从图 7-6 中读者可能会发现茶壶的表面不是平滑的，而是由很多的小平面组成。这是因为上一小节中采用的是面法向量，而绘制平滑曲面时应该采用点平均法向量。

> **提示** 前面的章节也介绍过，点平均法向量是指当一个顶点属于不止一个平面时，其法向量采用其所属多个平面各自法向量的平均值。采用点平均法向量后，绘制出来的物体表面就平滑了。

本小节将给出一个对加载的物体采用点平均法向量进行光照渲染的案例 Sample7_3，其运行效果如图 7-7 所示。

▲图 7-7　案例 Sample7_3 的运行效果

了解了本案例的运行效果后，下面就可以进行案例的开发了。由于实际上本案例仅仅是将上一小节的案例 Sample7_2 复制了一份并进行了修改，因此这里仅给出修改的步骤，具体如下所列。

> **说明** 从图 7-7 中可以看出，采用了点平均法向量后绘制出来的茶壶又逼真了很多。但读者也不要认为点平均法向量就优于面法向量，关键取决于待绘制物体表面的性质，棱角分明的物体还是需要采用面法向量进行光照渲染的。

（1）为了进一步简化开发过程，首先需要定义一个向量类，里面存储着法向量的 x、y、z 坐标信息，与其他法向量进行比较，判断是否相同的方法，具体代码如下所示。

代码位置：见随书中源代码/第 7 章/Sample7_3/js/util 目录下的 LoadObjUtil.js。

```
function Normal(nxIn,nyIn,nzIn){                    //法向量类
    this.nx=nxIn;                                   //设置法向量的 x 分量
    this.ny=nyIn;                                   //设置法向量的 y 分量
    this.nz=nzIn;                                   //设置法向量的 z 分量
    this.compareNormal=function(normal){            //与其他法向量进行比较的方法
        var DIFF=0.000001;                          //允许的误差
        if((this.nx-normal.nx<DIFF)&&(this.ny-normal.ny<DIFF)&&(this.nz-
        normal.nz<DIFF)){
            return false;                  //如果 3 个分量的差值都在误差范围内返回 false
        }else{
```

```
10                  return true;              //如果 3 个分量的差值不都在误差范围内返回 true
11    }}}
```

提示 第 5～11 行为与其他法向量进行比较的方法。需要注意的是，计算机在进行浮点数的运算时会有一定的误差，所以开发人员在比较两个向量是否相同时需要给出误差的范围。

（2）开发完向量类后，接下来需要开发一个法向量的管理类。其功能为将同一顶点的不同法向量放置在一个数组内，方便后面步骤的计算。其具体代码部分如下所示。

代码位置：见随书中源代码/第 7 章/Sample7_3/js/util 目录下的 LoadObjUtil.js。

```
function SetOfNormal(){                                  //法向量的管理类
  this.array=new Array();                                //声明存放法向量的数组，其长度与顶点数相同
  this.add=function(index,normal){                       //添加法向量的方法
      if(this.array[index]==null){                       //如果代表顶点的数组中没有法向量
        this.array[index]= new Array();                  //新建一个存放法向量的数组
        this.array[index].push(normal);                  //直接将对应的法向量存入
      }else{                                             //如果代表顶点的数组中已经有法向量
        var flag=true;                                   //能否将当前法向量存入数组的标志位
        for(var j=0;j<this.array[index].length;j++){        //遍历对应数组，如果有相同的法向量，则不存入
        if(this.array[index][j].compareNormal(normal)==false){flag=false;}
      }
      if(flag=true){this.array[index].push(normal);}        //如果没有发现相同的，则将其存入
}}}
```

说明 如果不比较大小，直接将所有的法向量直接放入对应数组，在计算平均法向量时计算量会很大，十分影响运行效率。所以在添加法向量时需要对其进行比较，提升程序的运行效率。

（3）接下来将对组织数据信息的 fromObjStrToObjectData 进行修改，里面增加计算平均法向量并将其组织后进行储存的相关代码，具体情况如下所示。

代码位置：见随书中源代码/第 7 章/Sample7_3/js/util 目录下的 LoadObjUtil.js。

```
function fromObjStrToObjectData(objStr){
  …//此处省略声明多个数组的相关代码，读者可自行查看随书中的源代码
  var aln=[];                                          //存放平均法向量的数组
  var alnResult=[];                                    //用于存放按照索引进行组织后的法向量
  var alFaceIndex=[];                                  //存放面索引的数组
  var setOfNormal=new SetOfNormal();                   //新建法向量的管理对象
      var lines = objStr.split("\n");
      for (var lineIndex in lines){
        …//此处省略处理注释和顶点坐标的相关代码，读者可自行查看随书中的源代码
       if (array[0] == "f") {
            var index=new Array(3);                    //3 个顶点索引值的数组
            …//此处省略提取顶点索引的相关代码，读者可自行查看随书中的源代码
            alFaceIndex.push(index[0], index[1], index[2]);  //记录此面的顶点索引
            var vxa=vx1-vx0;      var vya=vy1-vy0;      var vza=vz1-vz0;     //计算 1、2 顶点间的向量
            var vxb=vx2-vx0;      var vyb=vy2-vy0;      var vzb=vz2-vz0;     //计算 1、3 顶点间的向量
            var vNormal= vectorNormal(getCrossProduct(vxa,vya,vza,vxb,vyb,vzb));  //求叉积后规格化
            setOfNormal.add(index[0],vNormal);//将此法向量存入代表第 1 个顶点的数组内
            setOfNormal.add(index[1],vNormal);//将此法向量存入代表第 2 个顶点的数组内
            setOfNormal.add(index[2],vNormal);//将此法向量存入代表第 3 个顶点的数组内
  }}
  for(i=0;i<setOfNormal.array.length;i++){          //对数组内进行遍历
     var avernormal=new Array(0,0,0);               //新建一个代表平均法向量的数组
     if(setOfNormal.array[i]!=null){                //如果当前数组不为空
        for(j=0;j<setOfNormal.array[i].length;j++){             //对内部元素进行遍历
           avernormal[0]+=(setOfNormal.array[i][j]).nx;         //更新法向量和的 x 分量
```

```
                avernormal[1]+=(setOfNormal.array[i][j]).ny;        //更新法向量和的 y 分量
                avernormal[2]+=(setOfNormal.array[i][j]).nz;        //更新法向量和的 z 分量
            }
            avernormal=vectorNormal(avernormal);                    //对法向量和进行规格化
            aln.push(avernormal.nx,avernormal.ny,avernormal.nz);        //将平均法向量存放到 aln 数组内
    }}
    for(i=0;i<alFaceIndex.length;i++){               //对索引数组进行遍历，将对应法向量存入 alnResult 数组中
        alnResult.push(aln[alFaceIndex[i]*3],aln[alFaceIndex[i]*3+1],aln[alFaceIndex[i]*3+2]);
    }
  return new ObjectData(alvResult.length/3,alvResult,alnResult);       //将顶点坐标和平均法向量返回
  }
```

说明　上述代码中在计算出各个面的法向量后不是直接送入结果法向量列表，而是将法向量记录到二维数组中的对应位置中。当所有面的法向量计算结束后，再求出各个顶点的平均法向量，接着送入法向量数据数组中以供创建加载物体对象。

由于本案例中用到的着色器与上一个案例的完全相同，因此这里不再赘述。

7.2.4　加载纹理坐标

上一小节已经给出了对加载后的物体采用点平均法向量加载光照的案例，效果已经很不错。但现实世界中的物体其表面并不一定是纯色的，可能是有花纹的，如白瓷的手绘茶壶。本小节将给出加载时也加载纹理坐标信息的案例 Sample7_4，其运行效果如图 7-8 所示。

▲图 7-8　案例 Sample7_4 的运行效果

说明　从图 9-8 中可以看出，在光照的基础上又增加了纹理映射后，茶壶更漂亮了。另外，由于本书插图是采用黑白印刷的，因此建议读者自行运行本案例进行观察。

了解了本案例的运行效果后，下面就可以进行案例的开发了。由于实际上本案例仅仅是将上一小节的案例 Sample7_3 复制了一份并进行了修改，因此这里仅给出修改的步骤，具体如下所列。

（1）首先对加载后用于渲染物理的 ObjObject.js 文件进行修改，在其中增加了加载纹理坐标数据并送入渲染管线的相关代码，具体内容如下所示。

代码位置：见随书中源代码/第 7 章/Sample7_4/js/util 目录下的 ObjObject.js。

```
    function ObjObject(                                      //加载的用于绘制的 3D 物体
      gl,                                                    //GL 上下文
      vertexDataIn,                                          //顶点坐标数组
      vertexNormalIn,                                        //顶点法向量数组
      vertexTexCoorIn,                                       //顶点纹理坐标数组
      programIn                                              //着色器程序对象
    ){
      …//此处省略了部分代码，与前面案例中的相同
      this.vertexTexCoor=vertexTexCoorIn;                    //接收顶点纹理坐标数据
      this.vertexTexCoorBuffer=gl.createBuffer();            //创建顶点纹理坐标缓冲
      gl.bindBuffer(gl.ARRAY_BUFFER,this.vertexTexCoorBuffer);//绑定顶点纹理坐标缓冲
      gl.bufferData(gl.ARRAY_BUFFER,new Float32Array(this.vertexTexCoor), gl.STATIC_
```

```
        DRAW);
    this.program=programIn;                                    //加载着色器程序
    gl.uniform1i(gl.getUniformLocation(this.program, "sTexture"), 0); //设置纹理
    this.drawSelf=function(ms,texture){
        …//此处省略了部分代码，与前面案例中的相同
        gl.enableVertexAttribArray(gl.getAttribLocation(this.program,
        "aTexCoor")); //启用纹理坐标
        //将顶点纹理坐标数据送入渲染管线
        gl.bindBuffer(gl.ARRAY_BUFFER, this.vertexTexCoorBuffer);
        gl.vertexAttribPointer(gl.getAttribLocation(this.program, "aTexCoor"), 2,
        gl.FLOAT, false, 0, 0);
        gl.bindTexture(gl.TEXTURE_2D, texture);            //绑定纹理
        gl.drawArrays(gl.TRIANGLES, 0, this.vcount);       //用顶点法绘制物体
    }}
```

提示 该类中主要是增加了接收纹理坐标数据，并将其送入缓冲以备渲染管线使用，以及绘制时将纹理坐标送入渲染管线与绑定纹理的相关代码，其他部分与上一案例中的基本相同。需要注意的是，drawSelf 方法中也增加了接收纹理 id 的入口参数 texture，这样在绘制时可以根据需要传入不同的纹理，增加了程序的灵活性。

（2）接下来将对组织数据信息的 fromObjStrToObjectData 方法进行修改，里面增加提取纹理坐标并按照顺序组织后进行储存的相关代码，具体情况如下所示。

代码位置：见随书中源代码/第 7 章/Sample7_4/js/util 目录下的 LoadObjUtil.js。

```
function fromObjStrToObjectData(objStr){
  var alt=[];                                             //原始顶点纹理坐标数组
  var altResult=[];                                       //结果顶点纹理坐标数组—按面组织好
  …//此处省略了部分代码，与前面案例中的相同
  var lines = objStr.split("\n");                         //以换行符为分割符进行分割
  for (var lineIndex in lines) {                          //遍历每一行的内容
      var line = lines[lineIndex].replace(/[ \t]+/g, " ").replace(/\s\s*$/, "");
      …//此处省略了部分代码，与前面案例中的相同
    if (array[0] == "vt"){                                //如果此行以“vt”开头
          alt.push(parseFloat(array[1]));                 //存入 S 轴坐标
          alt.push(1.0-parseFloat(array[2]));             //存入 T 轴坐标
    }else if (array[0] == "f"){                           //如果此行以“f”开头
          var index=new Array(3);                         //三个顶点索引值的数组
          var tempArray=array[1].split("/");              //以“/”为分隔符进行分割
          index[0]=tempArray[0]-1;                        //提取顶点坐标索引
          vx0=alv[index[0]*3+0]; vy0=alv[index[0]*3+1]; vz0=alv[index [0]*3+2];
                                                          //找到对应顶点坐标
           alvResult.push(vx0 ,vy0, vz0);                 //存入对应顶点坐标
           altResult.push(alt[(tempArray[1]-1)*2+0]);     //找到对应顶点的 S 轴纹理
          坐标并存入
           altResult.push(alt[(tempArray[1]-1)*2+1]);     //找到对应顶点的 T 轴纹理
          坐标并存入
           alFaceIndex.push(index[0]);                    //存入顶点索引
            …//此处省略了求其他两个顶点位置坐标和纹理坐标的代码，读者可自行查阅随书中源程序
     }}
  …//此处省略了部分代码，与前面案例中的相同
  return new ObjectData(alvResult.length/3,alvResult,altResult,alnResult);
}
```

- 上述代码中主要是增加了从 obj 文件中加载顶点纹理坐标数据，并将纹理坐标数据存放到数组中供创建加载对象使用的相关代码，其他的部分与前面案例基本相同。
- 在 WebGL 的坐标系统中，纹理坐标的原点是纹理图的左上角，但也有一些 3D 系统采用的是以纹理图左下角为原点、S 轴向右、T 轴向上的纹理坐标系统，obj 文件中纹理坐标就是如此。所以上述代码中使用了“$T_{本书}=1.0-T_{左下角为原点}$”的公式进行了 T 轴纹理坐标转换。

本案例中用到的着色器主要是在上一个案例中着色器的基础上增加了接收纹理坐标、纹理数据以及进行纹理采样的相关代码，其他的部分没有变化。由于接收纹理坐标、纹理数据以及进行纹理采样的代码在第 6 章的案例中已经进行了详细介绍，故这里不再赘述，需要了解的读者请参

考随书中的源代码。

7.2.5　加载顶点法向量

前面的案例都是加载 obj 文件后再根据顶点坐标计算法向量的，这样不仅增加了程序开发的工作量，还会降低运行速度。导出 3D 模型时，在“OBJ 导出选项”中勾选“法线”选项，便可导出带有法向量的 obj 文件，在加载时便可将法向量一起加载。本小节将给出一个加载带有法向量的 obj 文件的案例 Sample7_5。

该案例实际上是将上一小节的案例 Sample7_4 复制一份，并对从 obj 文件读入数据并创建绘制类对象的 fromObjStrToObjectData 方法进行了修改，因此，这里仅给出修改后的 fromObjStrToObjectData 方法，其具体代码如下。

> **提示**　从运行效果角度来说，案例 Sample7_5 与案例 Sample7_4 是相同的，只是 Sample7_5 的法向量数据是从 obj 文件中直接加载，更方便一些。

代码位置：见随书中源代码/第 7 章/Sample7_5/js/util 目录下的 LoadObjUtil.js。

```
1    function fromObjStrToObjectData(objStr){
2        var alv=new Array();                          //原始顶点坐标数组—直接从 obj 文件中加载
3        var alvResult=[];                             //结果顶点坐标数组—按面组织好
4        var alt=new Array();                          //原始纹理坐标数组
5        var altResult=[];                             //纹理坐标结果数组
6        var aln=new Array();                          //原始法向量数组
7        var alnResult=[];                             //法向量结果数组
8        var lines = objStr.split("\n");               //以换行符为分割符进行分割
9        for (var lineIndex in lines) {                //遍历每一行的内容
10       var line = lines[lineIndex].replace(/[ \t]+/g, " ").replace(/\s\s*$/, "");
11       var array = line.split(" ");
12       if (array[0] == "v") {                        //如果此行以“v”开头
13           alv.push(parseFloat(array[1], array[2]), array[3]))); //存入顶点原始坐标
14       }else if (array[0] == "vt") {                         //如果此行以“v”开头
15           alt.push(parseFloat(array[1]));                   //存入顶点 S 轴的纹理坐标
16           alt.push(1.0-parseFloat(array[2]));               //存入顶点 T 轴的纹理坐标
17       }else if (array[0] == "vn") {                         //如果此行以“vn”开头
18           aln.push(parseFloat(array[1]));                   //存入顶点法向量的 x 轴分量
19           aln.push(parseFloat(array[2]));                   //存入顶点法向量的 y 轴分量
20           aln.push(parseFloat(array[3]));                   //存入顶点法向量的 z 轴分量
21       }else if (array[0] == "f"){                           //如果此行以“f”开头
22           for (var i = 1; i < 4; ++i) {                     //对索引内容进行遍历
23               var tempArray=array[i].split("/");            //以“/”为分割符进行分割
24               var vIndex=tempArray[0]-1;                    //提取顶点坐标索引
25               var tIndex=tempArray[1]-1;                    //提取纹理坐标索引
26               var nIndex=tempArray[2]-1;                    //提取法向量索引
27               alvResult.push(alv[vIndex*3+0], alv[vIndex*3+1], alv[vIndex*3+2]);
                 //存入顶点坐标数组
28               altResult.push(alt[tIndex*2+0], alt[tIndex*2+1]);  //存入纹理坐标数组
29               alnResult.push(aln[nIndex*3+0], aln[nIndex*3+1], aln[nIndex*3+2]);
                 //存入法向量数组
30       }}}
31       return new ObjectData(alvResult.length/3,alvResult,altResult,alnResult);
         //返回相关数据
32   }
```

- 第 6～7 行声明了原始法向量数组和法向量结果数组，其中原始法向量数组存放从 obj 文件中读取的原始法向量，法向量结果数组存放的是各个三角形面对应顶点的相应法向量值。
- 第 12～20 行为从 obj 文件中读入顶点数据、纹理数据、法向量数据的相关代码。
- 第 21～31 行为读取 obj 文件中的面数据，并依照其信息将顶点、纹理、法向量等数据依次组织到相应结果列表中，最终返回组织好的数据。

> 提示　由于本案例中用到的着色器与案例 Sample7_4 中的完全相同，因此这里不再赘述。

7.3 本章小结

本章主要介绍了如何利用 3ds Max 软件来导出 obj 模型文件，以及如何在应用程序中加载模型进行渲染。能够加载模型后，读者的开发能力应该有了质的提升，可以开发出任意几何形状的 3D 物体了，这也为后面制作复杂的 3D 场景打下了良好的基础。

7.4 习题

1. 分别写出 obj 文件中“v”“vt”“vn”“f”后面的数据所代表的含义。
2. 使用 3ds Max 制作一个球体的 3D 模型，并在程序中进行渲染。
3. 分别使用面法向量和平均法向量渲染一个较为复杂的 3D 物体，观察其渲染效果。
4. 对比面法向量和平均法向量，简要写出两种方法的不同。
5. 为 3D 模型进行贴图，加载带有纹理坐标的 obj 文件。

第8章 混合与雾

前面的章节介绍了很多 WebGL 开发的基础知识，掌握了这些基础知识后我们已经具备了搭建一些简单场景的能力。本章将在这个基础上更上一层楼，向读者介绍两种独特的场景渲染技术：混合与雾。

8.1 混合技术

到目前为止，本节案例场景中的物体都是不透明的，这在很多情况下已经能够满足需求。但现实世界中还有很多半透明的物体，如果希望在场景中真实再现此类物体，最常用的技术就是混合。本节将详细介绍混合各方面的知识，最后再给出两个使用混合的小案例。

8.1.1 混合的基本知识

顾名思义，混合技术就是将两个片元调和，主要用于将通过各项测试准备进入帧缓冲的片元（源片元）与帧缓冲中的原有片元（目标片元）按照设定的比例加权计算出最终片元的颜色值。也就是说在启用了混合的情况下，新片元将不再是直接覆盖缓冲区中的原片元，具体情况如图 8-1 所示。

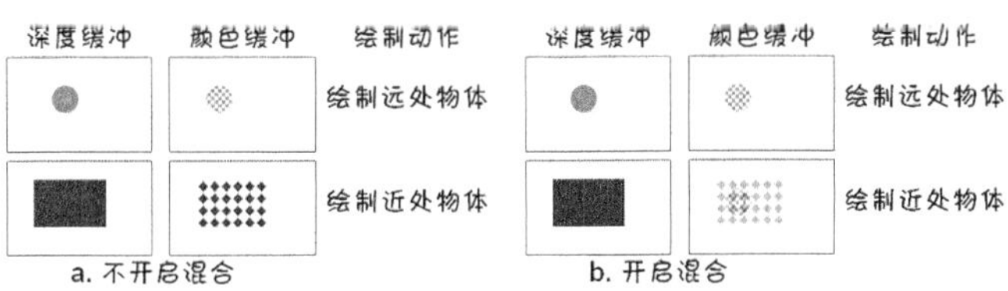

▲图 8-1　通过混合实现半透明的原理

> **说明** 从图 8-1 中可以看出，开启了混合以后，最终看到的场景是近处的物体透出了一些远处物体的内容。当然透过比例的多少取决于参数的设置，后面将详细介绍。另外，图 8-1 的深度缓冲中颜色越深表示深度越小，这是因为从灰度值的角度考虑，值越大颜色越浅。

从前面的介绍中已经知道，混合前需要首先设定加权比例。WebGL 中是通过设置混合因子来指定两个片元的加权比例的，每次都需要给出两个混合因子，具体如下所列。

- 第一个是源因子，其用于确定将进入帧缓冲的片元在最终片元中的比例。
- 第二个是目标因子，其用于确定原帧缓冲中的片元在最终片元中的比例。

由于 WebGL 中的每个颜色值包括 4 个色彩通道，因此两种因子都有 4 个分量值，分别对应一个色彩通道，具体的混合计算细节如下所列。

- 设源因子和目标因子分别为[S_r, S_g, S_b, S_a]和[D_r, D_g, D_b, D_a]，S 表示源因子，D 表示目标因子，r、g、b、a 下标分别表示红、绿、蓝、透明度 4 个色彩通道。
- 设源片元与目标片元的颜色值分别为[Rs, Gs, Bs, As]和[Rd, Gd, Bd, Ad]，R、G、B、A 分别表示红、绿、蓝、透明度 4 个色彩通道，s 下标表示源片元，d 下标表示目标片元。
- 混合后最终片元颜色各个色彩通道的值为[RsSr+RdDr，GsSg+GdDg，BsSb+BdDb，AsSa+AdDa]。

提示　经过加权计算后，最终片元的某些通道值可能会超过 1.0，此时渲染管线会自动执行截取操作，将大于 1.0 的通道值设置为 1.0。

8.1.2　源因子和目标因子

从上一小节的介绍中可以看出，运用混合技术最重要的就是设置合适的混合因子。在其他一些 3D 渲染平台中，混合因子 4 个通道的值可以由开发人员自由设置，如 OpenGL、DirectX 等。

但在 WebGL 中出于简化的考虑，不允许开发人员任意设置混合因子的值，只允许开发人员根据需要从系统预置的因子值（可选的因子值在 WebGL 当中已经作为 WebGL 上下文对象的属性来提供）中选取，常用的混合因子值如表 8-1 所示。

表 8-1　系统提供的源因子和目标因子

常　量　名	RGB 混合因子	A 混合因子
ZERO	[0, 0, 0]	0
ONE	[1, 1, 1]	1
SRC_COLOR	[Rs, Gs, Bs]	As
ONE_MINUS_SRC_COLOR	[1- Rs, 1- Gs, 1- Bs]	1-As
DST_COLOR	[Rd, Gd, Bd]	Ad
ONE_MINUS_DST_COLOR	[1- Rd, 1- Gd, 1- Bd]	1-Ad
SRC_ALPHA	[As, As, As]	As
ONE_MINUS_SRC_ ALPHA	[1- As, 1- As, 1- As]	1-As
DST_ ALPHA	[Ad, Ad, Ad]	Ad
ONE_MINUS_DST_ ALPHA	[1- Ad, 1- Ad, 1- Ad]	1-Ad
SRC_ALPHA_SATURATE	[f, f, f]　f=min(As, 1-Ad)	1
CONSTANT_COLOR	[Rc, Gc, Bc]	Ac
ONE_MINUS_CONSTANT_COLOR	[1- Rc, 1- Gc, 1- Bc]	1-Ac
CONSTANT_ALPHA	[Ac, Ac, Ac]	Ac
ONE_MINUS_CONSTANT_ALPHA	[1- Ac, 1- Ac, 1- Ac]	1- Ac

提示　常量名称中有 SRC 的代表各通道值来自源片元，有 DST 的代表各通道值来自目标片元，另外 SRC_ALPHA_SATURATE 只能用作源因子。

表 8-1 中每行右侧的两个列给出了此行混合因子 RGBA 4 个通道的值，执行混合时，渲染管线将采用这些值依照上一小节给出的计算方法进行计算。读者可以根据混合效果的需求选择不同的源因子与目标因子组合，恰当组合可以产生很好的效果。

下面给出两种常用的组合，具体情况如下所列。

- 源因子为 SRC_ALPHA，目标因子为 ONE_MINUS_SRC_ALPHA，即源因子和目标因子分别为[As, As, As, As]和[1-As, 1-As, 1-As, 1-As]。若源片元是透明的，则根据透明度透过后面的内容；若源片元不透明，则仅能看到源片元。

- 源因子为 SRC_COLOR，目标因子为 ONE_MINUS_SRC_COLOR，即源因子和目标因子分别为[Rs, Gs, Bs, As]和[1- Rs, 1- Gs, 1- Bs, 1-As]。此组合可以实现滤光镜效果，也就是平时透过有色眼镜或玻璃窗观察事物的感觉。

8.1.3 简单混合效果案例

上一小节中介绍了两种常用的混合因子组合，本小节将通过两个简单的案例来说明这两种混合因子组合的使用。首先介绍的是采用滤光镜效果因子组合的案例 Sample8_1，其运行效果如图 8-2 所示。

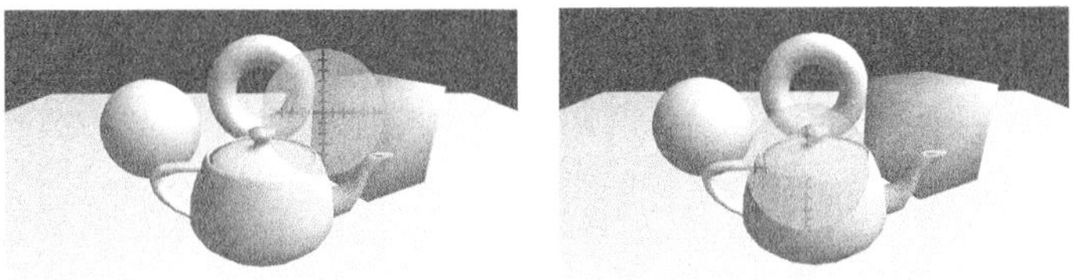

▲图 8-2 案例 Sample8_1 的运行效果图

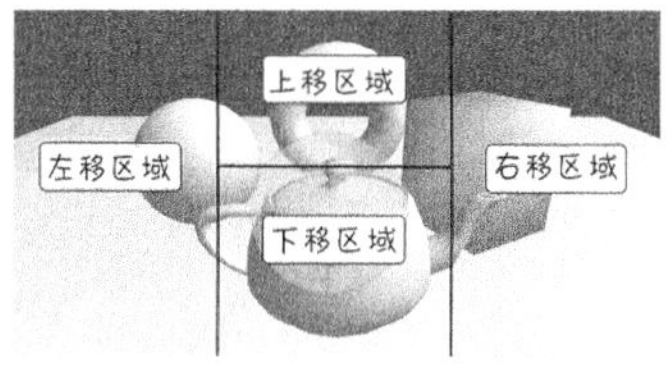

▲图 8-3 触控区域

> **提示** 从图 8-2 中可以看出，场景中有一个可以移动的类似枪瞄镜的圆形，透过圆形可以看到后面的物体。另外，案例运行时手指触摸屏幕的左右两侧，滤光镜圆形会左右移动，手指触摸屏幕中间的上下两侧，滤光镜会上下移动，如图 8-3 所示。

了解了案例的运行效果及操控方式后就可以介绍案例的开发步骤了，具体如下所列。

（1）首先用 3ds Max 生成 5 个基本物体（平面、圆环、茶壶、立方体、圆球），并导出成 obj 文件放入项目的 obj 目录待用。

（2）开发出搭建场景的基本代码，包括加载物体、摆放物体、计算光照等。这些代码与前面章节的许多案例基本思路完全一致，因此这里不再赘述。

（3）开发一个纹理矩形 TextureRect.js 文件，用来呈现滤光镜。此类在前面很多案例中已经出现过，这里也不再赘述。

（4）准备好本案例中需要用到的滤光镜纹理图片（lgq.png），其内容如图 8-4 所示。

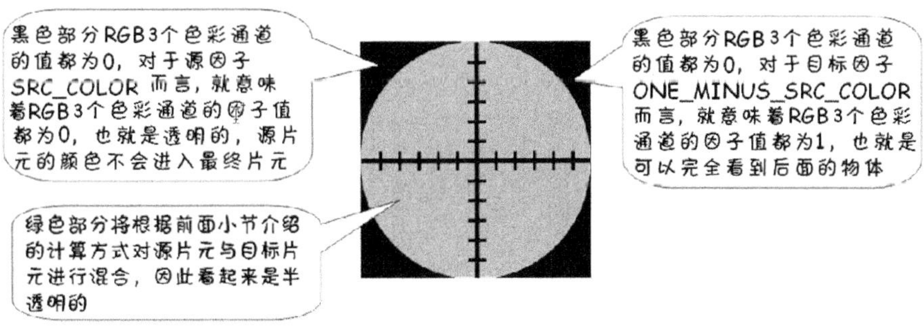

▲图 8-4 本案例的滤光镜纹理图

（5）渲染场景的 Sample8_1.html 文件中的 drawFrame 方法内添加启用混合模式并绘制滤光镜的代码，具体内容如下。

代码位置：见随书中源代码/第 8 章/Sample8_1 目录下的 Sample8_1.html。

```
function drawFrame(){
```

```
2           …//此处省略了绘制场景中物体的代码，读者可自行查看随书中的源代码
3           gl.enable(gl.BLEND);                                          //开启混合
4           gl.blendFunc(gl.SRC_COLOR,gl.ONE_MINUS_SRC_COLOR);            //设置混合因子
5           ms.pushMatrix();                                              //保护现场
6           ms.translate(rex, rey, 25);                                   //移动滤光镜
7           ms.scale(3.0, 3.0, 3.0);                                      //进行缩放
8           tex.drawSelf(ms,earthTex);                                    //绘制滤光镜
9           ms.popMatrix();                                               //恢复现场
10          gl.disable(gl.BLEND);                                         //关闭混合
11      }
```

说明　上述代码中在绘制滤光镜时首先启用了混合，然后设置了前一小节中介绍的滤光镜因子组合，最后绘制了滤光镜纹理矩形并关闭了混合。

想实现半透明的滤光镜效果，不但可以采用滤光镜因子组合，还可以采用上一小节介绍的第一种常见因子组合。下面将案例 Sample8_1 复制，并进行简单修改得到采用第一种常见因子组合的案例 Sample8_1a，其运行效果如图 8-5 所示。

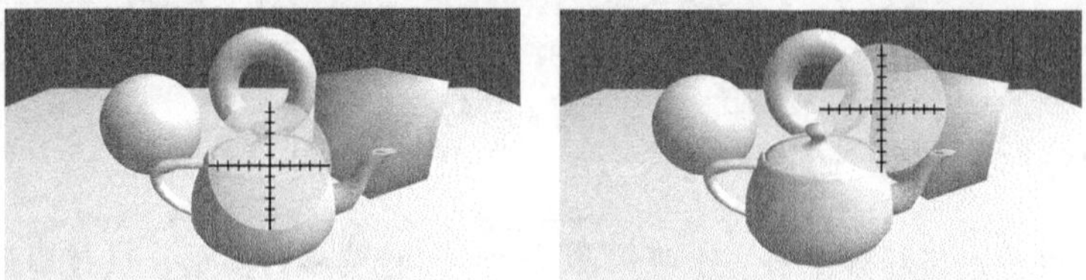

▲图 8-5　Sample8_1a 运行效果

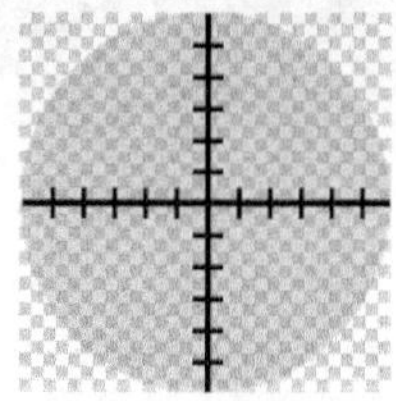

▲图 8-6　修改后的半透明纹理

从图 8-5 中可以看出，采用第一种混合因子组合也可以产生滤光镜的效果。下面简要介绍一下案例中需要修改的部分，具体如下所列。

（1）将原来黑色背景的纹理图改为透明背景，同时将绿色的瞄准镜圆形设置为半透明，改动后的纹理图如图 8-6 所示。

提示　图 8-6 中灰白相间的格子表示透明背景，这种表示方式是约定俗成的。

（2）将 Sample8_1a.html 文件中的混合因子修改为第一种组合，其余部分皆不变，因此这里不再赘述，有兴趣的读者可自行查看随书中的源代码，具体代码如下。

代码位置：见随书中源代码/第 8 章/Sample8_1a 目录下的 Sample8_1a.html。

```
1       function drawFrame(){
2           …//此处省略了绘制场景中物体的代码，读者可自行查看随书中的源代码
3           gl.enable(gl.BLEND);                                          //开启混合
4           gl.blendFunc(gl.SRC_ALPHA,gl.ONE_MINUS_SRC_ALPHA);            //设置混合因子
5           ms.pushMatrix();                                              //保护现场
6           ms.translate(rex, rey, 25);                                   //移动滤光镜
7           ms.scale(3.0, 3.0, 3.0);                                      //进行缩放
8           tex.drawSelf(ms,earthTex);                                    //绘制滤光镜
9           ms.popMatrix();                                               //恢复现场
10          gl.disable(gl.BLEND);                                         //关闭混合
11      }
```

说明　主要是修改了代码的第 4 行中的源因子与目标因子，将原来的 SRC_COLOR 与 ONE_MINUS_SRC_COLOR 修改为 SRC_ALPHA 与 ONE_MINUS_SRC_ALPHA。

本小节仅仅通过案例介绍了两种常用混合因子组合的使用，有兴趣的读者还可以尝试其他的一些组合，可能会产生意想不到的效果。

8.2 地月系云层效果的实现

前面章节曾经介绍过一个地月系场景的案例，本节将使用混合技术对其进行升级（升级后的案例为 Sample8_2），为地月系场景中的地球添加云层。升级后案例的运行效果如图 8-7 所示。

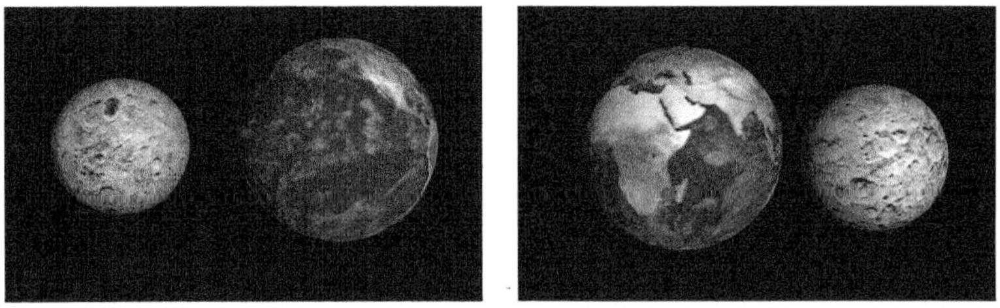

▲图 8-7 案例 Sample8_2 的运行效果图

从图 8-7 中可以看出，添加了云层后的地球更加真实了。下面请读者首先了解一下本案例中云层的纹理图 cloud.jpg，其内容如图 8-8 所示。

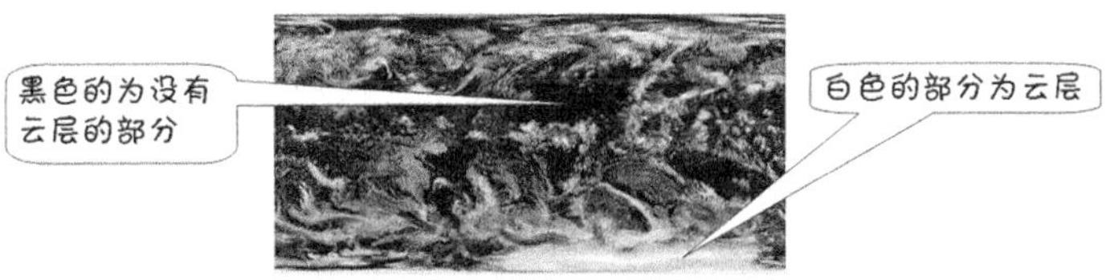

▲图 8-8 云层纹理图片

从图 8-8 中可以看出，此纹理图并不是透明的，因此读者一定以为本案例将采用第二种因子组合。其实不然，由于本书介绍的是功能强大的 WebGL，因此本案例还可以继续采用第一种因子组合，不过需要在片元着色器中根据纹理采样值的灰度设置片元的透明度。

了解了云层纹理图的基本使用策略和案例的运行效果后，就可以进行案例的开发了。由于实际上本案例仅仅是将前面章节的案例复制了一份并在上面进行了修改，因此这里仅给出修改的主要步骤，具体如下所列。

（1）首先在案例的 Ball.js 文件中加入一个新的 drawSelfcloud 方法，此方法实际上是一个绘制纹理球的方法，与绘制地球、月球的方法没太大区别，主要的不同之处是采用了一套特殊的着色器。

> **提示** 由于 drawSelfcloud 方法的代码与月球绘制代码基本相同，故这里不再赘述，需要了解的读者请自行参考随书中的源代码。

（2）接着在 Sample8_2.html 文件中增加创建云层对象和绘制云层的代码，当然云层的绘制是比较独特的，因为它使用了混合技术，具体内容如下。

代码位置：见随书中源代码/第 8 章/Sample8_2 目录下的 Sample8_2.html。

```
var gl;                                              //GLES 上下文
var moon;                                            //月球绘制对象
var ball;                                            //地球绘制对象
var cloud;                                           //云层绘制对象
…//此处省略了部分变量，读者可自行查看随书中的源代码
var cloudTex;                                        //云层纹理图
…//此处省略了部分与修改前一致的代码，需要时请参考书中的源代码
function start(){
```

```
        …//此处省略了部分与修改前一致的代码，需要时请参考书中的源代码
        loadShaderFile("shader/shader.bns",0);                        //地球着色器程序
        loadShaderFile("shader/shader_Moon.bns",1);                   //月球着色器程序
        loadShaderFile("shader/shadercloud.bns",2);                   //云层着色器程序
        currentAngle = 0;                                             //初始化旋转角度
        earthTex=loadImageTexture(gl, "pic/earth.png");               //加载地球纹理图
        earthTex1=loadImageTexture(gl, "pic/earthn.png");             //加载地球纹理图
        cloudTex=loadImageTexture(gl, "pic/cloud.jpg");               //加载云层纹理图
        moonTex=loadImageTexture(gl, "pic/moon.png");                 //加载月球纹理图
        if(shaderProgArray[2]) {                                      //如果着色器已加载完毕
             ball=new Ball(gl,shaderProgArray[0],7);                  //创建地球绘制对象
             moon=new Ball(gl,shaderProgArray[1],4);                  //创建月球绘制对象
             cloud=new Ball(gl,shaderProgArray[2],7.005);             //创建云层绘制对象
        }else{
             setTimeout(function(){
                  moon=new Ball(gl,shaderProgArray[1],4);             //创建月球绘制对象
                  ball=new Ball(gl,shaderProgArray[0],7);             //创建地球绘制对象
                  cloud=new Ball(gl,shaderProgArray[2],7.005);        //创建云层绘制对象
                  },10);                                              //休息 10ms 后再执行
        }
        setInterval("drawFrame();",100);                              //定时绘制画面
   }
   function drawFrame(){
        …//此处省略了部分与修改前一致的代码，需要时请参考书中的源代码
        gl.enable(gl.BLEND);                                          //开启混合
        gl.blendFunc(gl.SRC_ALPHA,gl.ONE_MINUS_SRC_ALPHA);            //设置混合因子
        cloud.drawSelf(ms,cloudTex);                                  //绘制云层
        gl.disable(gl.BLEND);                                         //关闭混合
        …//此处省略了部分与修改前一致的代码，需要时请参考书中的源代码
   }
```

说明 需要特别注意的是，绘制云层时采用的混合因子组合为 SRC_ALPHA、ONE_MINUS_SRC_ALPHA，此组合需要源片元是透明的才有效，因此后面会在片元着色器中通过程序根据片元灰度设置片元透明度。

（3）完成了渲染场景 Sample8_2.html 文件的修改后，就可以开发绘制云层的专用着色器了。首先本应该介绍着色器中的顶点着色器，但由于绘制云层的顶点着色器与绘制月球的基本一致，因此这里不再赘述，有兴趣的读者请参考随书中的源代码。

（4）接着介绍的是与绘制月球的着色器不同的部分，即绘制云层的片元着色器，这与地球的着色器类似，都以散射光为条件进行不同的渲染，其代码如下。

代码位置：见随书中源代码/第 8 章/Sample8_2/shader 目录下的 shadercloud.bns。

```
   precision mediump float;                          //给出默认的浮点精度
   varying vec2 vTextureCoord;                       //接收从顶点着色器传过来的纹理数据
   varying vec4 ambient;                             //从顶点着色器传递过来的环境光最终强度
   varying vec4 diffuse;                             //从顶点着色器传递过来的散射光最终强度
   varying vec4 specular;                            //从顶点着色器传递过来的镜面光最终强度
   uniform sampler2D sTexture;                       //纹理内容数据
   void main(){
         if(diffuse.x<0.05) {
                  vec4 finalColor=texture2D(sTexture, vTextureCoord);
                  //给此片元从纹理中采样出颜色值
                  finalColor.a=(finalColor.r+finalColor.g+finalColor.b)/50.0;
                  //根据颜色值计算透明度
                  finalColor = finalColor*ambient+finalColor*specular+finalColor*
                  diffuse;        //计算光照因素
                gl_FragColor=finalColor;             //获得最终片元
         }else {
              vec4 finalColor = texture2D(sTexture, vTextureCoord);   //给此片元从
              纹理中采样出颜色值
              finalColor.a=(finalColor.r+finalColor.g+finalColor.b)/20.0;
              //根据颜色值计算透明度
              finalColor=finalColor*ambient+finalColor*specular+finalColor*diffuse;
              //计算光照因素
```

```
            gl_FragColor=finalColor;                          //获得最终片元
        }}
```

> 提示
>
> 上述片元着色器代码中最大的特色就是根据采样出的颜色值灰度计算出了此片元的透明度。具体方法为，对从纹理图中采样出颜色值的 R、G、B 通道值求平均，再将平均值进行适当处理作为透明度即可。

8.3 雾

前面章节中给出了不少真实场景的案例，这些案例中的物体无论远近看起来都一样清晰。这样虽然也不错，但并不完全符合现实世界的情况。现实世界中由于有大气、灰尘、雾等的影响，随着距离的加大，物体将越来越不清晰，最终彻底融入背景中。

本节将向读者介绍如何通过 WebGL 实现类似于雾的效果，主要包括雾的原理与优势、雾的简单实现等两部分内容。

8.3.1 雾的原理与优势

本小节所指的雾是一个通用术语，其不仅是用于实现现实世界中的雾，还包括用于实现烟雾和污染等大气效果。使用雾效果可以使距离摄像机较远的物体融入到雾的颜色中。很多流行的 3D 游戏场景中都是用了雾效果，如非常著名的《巫师 3》，其场景效果如图 8-9 所示。

▲图 8-9 《巫师 3》游戏场景截图

> 提示
>
> 在场景中使用雾不但可以提高真实感，特定的情况下还能优化性能。具体是指当物体离摄像机足够远时，雾就足够浓，此时只能看到雾而看不到物体，也就不必对物体的着色进行详细计算了，这样可以大大提高渲染效率。

实现雾效果有很多的数学模型，首先介绍最为简单的线性模型，此模型的计算公式如下。

f = max(min((end- dist)/(end-start),1.0),0.0)

- f 为雾化因子，其取值范围为 0.0～1.0。当雾化因子的值为 0 时表示雾很浓，只看见雾，看不见物体。反之当雾化因子的值为 1 时，表示雾淡得已经看不见了，可以清晰地看到物体。
- dist 为当前要绘制的片元离摄像机的距离。
- end 表示一个特定的距离值，当片元距摄像机的距离超过 end 时，雾化因子为 0。
- start 也表示一个特定的距离值，当片元距摄像机的距离小于 start 时，雾化因子为 1。

根据上述公式计算的雾化因子值与距离值之间的函数关系如图 8-10 所示。

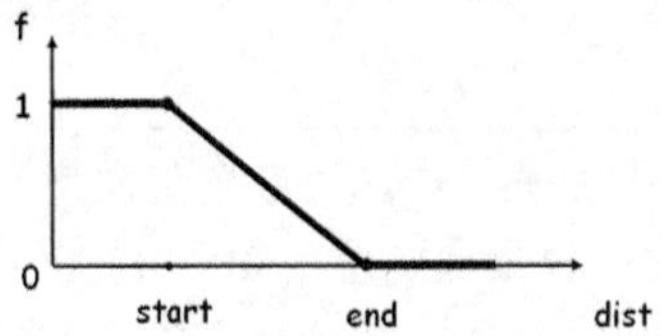

▲图 8-10　雾化因子的线性变化

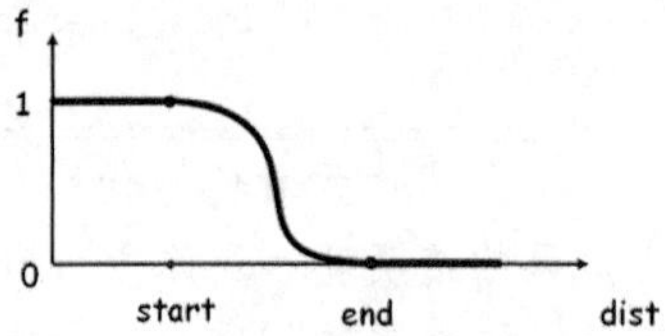

▲图 8-11　雾化因子的非线性变化

从图 8-10 中可以看出，雾化因子在 start 到 end 的范围内是线性变化的。但现实世界中的雾不完全是线性变化的，若希望模拟出更真实的雾，可以采用如下非线性的计算公式。

f=1.0-smoothstep(start,end,dist)

根据上述公式计算的雾化因子值与距离值之间的函数关系如图 8-11 所示，一般情况下采用此公式计算可以取得比线性公式更好的效果。

8.3.2　雾的简单实现

了解了雾的原理与优势后，本小节将通过两个案例来向读者介绍如何在场景中应用雾。第一个案例（Sample8_3）采用的是线性计算模型，其运行效果如图 8-12 所示。

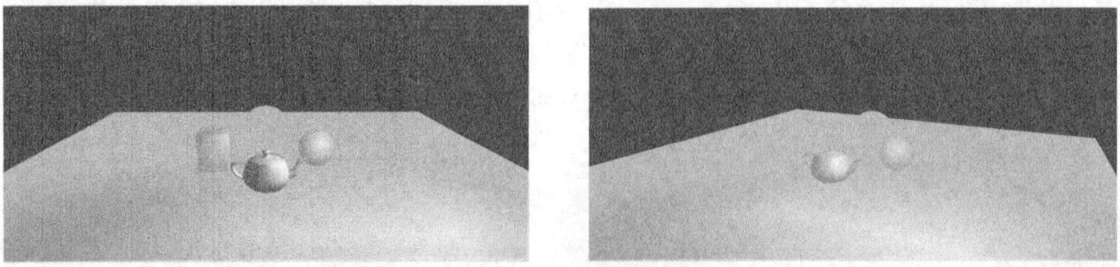

▲图 8-12　案例 Sample8_3 的运行效果

提示　从图 8-12 中可以看出，随着距离的增加物体逐渐融入了雾中。但由于本案例中的雾为黄色，经过灰度印刷后可能效果就不是很明显了，读者可以自行运行本案例进行观察。运行本案例时，若用手指在屏幕上左右滑动，可左右移动摄像机以变换视角观察。

了解了本案例的运行效果后，下面就可以进行具体的开发了。由于实际上本案例仅仅是将案例 Sample8_1 复制了一份，去掉了滤光镜，并适当调整了场景中的物体和摄像机以及修改了着色器，因此这里仅介绍修改后着色器的代码，其他的部分请需要了解的读者参考随书中的代码。

（1）首先介绍着色器中支持线性雾计算模型的顶点着色器部分，本部分与前面的着色器有相似部分，因此省略了小部分内容，其代码如下。

代码位置：见随书中源代码/第 8 章/Sample8_3/shader 目录下的 shader.bns。

```
uniform mat4 uMVPMatrix;                                    //总变换矩阵
uniform mat4 uMMatrix;                                      //变换矩阵
uniform vec3 uLightLocation;                                //光源位置
uniform vec3 uCamera;                                       //摄像机位置
attribute vec3 aPosition;                                   //顶点位置
attribute vec3 aNormal;                                     //顶点法向量
varying vec4 ambient;                       //用于传递给片元着色器的环境光最终强度
varying vec4 diffuse;                       //用于传递给片元着色器的散射光最终强度
varying vec4 specular;                      //用于传递给片元着色器的镜面光最终强度
varying float vFogFactor;                   //雾化因子
…//此处省略了计算光照的 pointLight 方法，读者可自行查看随书中的源代码
float computeFogFactor(){                   //计算雾因子的方法
   float tmpFactor;
```

```
14        float fogDistance = length(uCamera-(uMMatrix*vec4(aPosition,1)).xyz);
          //顶点到摄像机的距离
15        const float end = 450.0;                          //雾结束位置
16        const float start = 350.0;                        //雾开始位置
17        tmpFactor = max(min((end- fogDistance)/(end-start),1.0),0.0);
          //用雾公式计算雾因子
18        return tmpFactor;
19     }
20     void main(){
21        gl_Position = uMVPMatrix * vec4(aPosition,1);          //根据总变换矩阵计算此次
          绘制的顶点的位置
22        pointLight(normalize(aNormal),ambient,diffuse,specular,       //计算光照
23        uLightLocation,vec4(0.4,0.4,0.4,1.0),vec4(0.7,0.7,0.7,1.0),vec4(0.3,0.3,
          0.3,1.0));
24        vFogFactor = computeFogFactor();                              //计算雾因子
25     }
```

说明 上述顶点着色器与原来案例中的大部分代码一致，主要是增加了第 12～19 行的雾化因子计算方法 computeFogFactor，此方法根据上一小节介绍的线性计算模型对应的公式计算雾化因子的值。

（2）介绍完着色器的顶点着色器部分后，下面介绍本着色器的片元着色器部分。这部分与前小节的着色器类似，不同的是这里以雾化因子作为片元颜色分类的标准，其代码如下。

代码位置：见随书中源代码/第 8 章/Sample8_3/shader 目录下的 shader.bns。

```
precision mediump float;                            //给出默认的浮点精度
varying vec4 ambient;                               //从顶点着色器传递过来的环境光最终强度
varying vec4 diffuse;                               //从顶点着色器传递过来的散射光最终强度
varying vec4 specular;                              //从顶点着色器传递过来的镜面光最终强度
varying float vFogFactor;                           //从顶点着色器传递过来的雾化因子
void main(){
    vec4 objectColor=vec4(0.95,0.95,0.95,1.0);                 //物体颜色
    vec4 fogColor = vec4(0.97,0.76,0.03,1.0);                  //雾的颜色
    if(vFogFactor != 0.0) //雾化因子不为 0，首先计算光照对物体颜色的影响，再与雾颜色加权
        objectColor = objectColor*ambient+objectColor*specular+objectColor*
        diffuse;
        gl_FragColor = objectColor*vFogFactor + fogColor*(1.0-vFogFactor);
    }else{        //如果雾化因子为 0，不必计算光照，不必加权，直接使用雾颜色作为片元颜色
       gl_FragColor=fogColor;
    }}
```

提示 上述片元着色器收到雾化因子后，首先判断雾化因子是否为 0，若为 0 则直接应用雾颜色作为最终片元颜色。另外，由于本案例使用的是每顶点光照，因此采用了雾以后没有能将光照计算完全优化掉，若采用的是每片元光照，则可以在雾化因子为 0 时完全不进行光照计算，性能会优化得更多。

完成采用线性雾计算模型的 Sample8_3 以后，只要将其复制一份并修改一下雾化因子的计算方法 computeFogFactor 即可得到采用非线性雾计算模型的案例 Sample8_3a，其运行效果如图 8-13 所示。

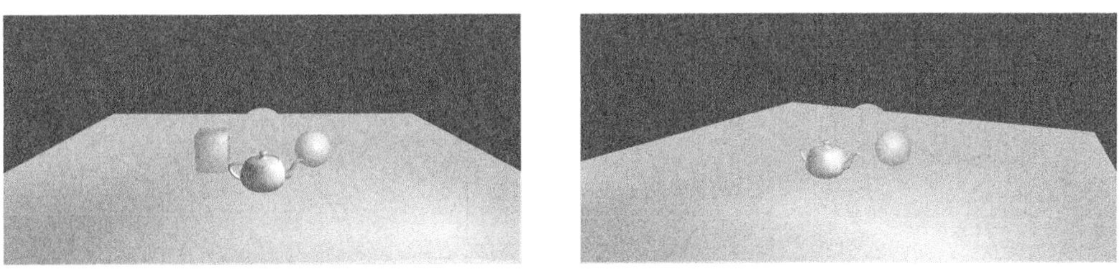

▲图 8-13　案例 Sample8_3a 的运行效果

提示　若细致比对两种不同的雾计算模型运行效果会发现，非线性的模型更加贴近现实世界，但区别不会很大。

了解了本案例的运行效果后，就可以进行具体的开发了。只要修改顶点着色器中的 computeFogFactor 方法即可，修改后 computeFogFactor 方法的代码如下。

代码位置：见随书中源代码/第 8 章/Sample8_3a/shader 目录下的 shader.bns。

```
1    float computeFogFactor(){                                          //计算雾化因子的方法
2       float fogDistance = length(uCamera-(uMMatrix*vec4(aPosition,1)).xyz);
        //顶点到摄像机的距离
3       const float end = 490.0;                                         //雾结束位置
4       const float start = 350.0;                                       //雾开始位置
5       float tmpFactor = 1.0-smoothstep(start,end,fogDistance);         //计算雾化因子
6       return tmpFactor;                                                //返回雾化因子
7    }
```

说明　上述 computeFogFactor 仅仅是将第 5 行的线性计算公式替换为了非线性计算公式，别的基本一致，没有太大变化。

本小节通过两个案例介绍了两种简单的雾计算模型，其实还有很多其他的、更复杂的雾计算模型，如 $f=e^{-(density \times dist)}$ 或 $f= e^{-(density \times dist)^2}$ 等。上述两个公式中的 dist 为待绘制片元到摄像机的距离，density 为雾的浓度，有兴趣的读者也可以自行开发程序进行尝试。

8.4 本章小结

本章主要介绍了 WebGL 中混合与雾的相关知识。通过本章的学习，读者应该可以根据需求开发出各种半透明效果，并可以使用雾效果为场景增加真实感。

8.5 习题

1．如果要实现透明的原片元根据透明度透过后面的内容，选择什么源因子和目标因子比较合适？

2．请读者改变案例 Sample8_1 中的源因子和目标因子，并观察其渲染效果。

3．请读者自行调试案例 Sample8_2。

4．写出雾计算模型的计算公式，并解释其中各个变量的含义。

5．请读者开发出一个带有雾效果的 3D 场景。

6．查阅雾计算模型的相关资料，对书中没有介绍到的模型进行学习和研究。

第9章　常用3D开发技巧

前面的两章介绍了如何搭建各种形状的立体物体，掌握了这些知识读者已经可以搭建出不少较为真实的场景了。但要更真实地模拟现实世界还需要使用到很多其他的技术，本章将介绍一批在实际开发中非常常用的开发技巧，主要包括：标志板、灰度图地形、天空盒、天空穹等。

9.1 标志板

模拟现实世界的场景经常需要放置一些植物，如：树、灌木等。由于这些植物的外形是十分复杂的几何形状，若直接使用三角形进行构建将需要海量的顶点，以现在主流的硬件配置是难以支撑的。因此，构建场景中的植物时需要其他成本更为低廉的技术，本节介绍的标志板技术就是一种非常不错的选择。

9.1.1 案例效果与基本原理

标志板技术的基本原理非常简单，其使用纹理矩形来绘制植物，每棵植物仅需要一个纹理矩形即可描绘，其基本原理如图 9-1 所示。

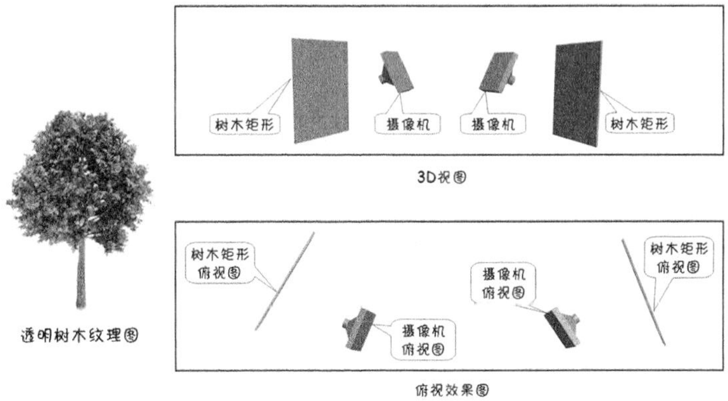

▲图 9-1　标志板原理

从图 9-1 中可以看出，标志板技术的关键点如下：

- 每棵植物用一个纹理矩形进行绘制，纹理矩形上采用内容为植物的透明背景纹理图。绘制纹理矩形时要采用恰当的混合因子，使植物产生正确的遮挡效果。
- 纹理矩形的朝向要根据当前摄像机的位置来动态决定，永远正对摄像机。

> **提示**　由于基于标志板实现的植物实际是旋转的纹理矩形，因此适合用来呈现左右轴对称的植物，对于非左右轴对称的植物可能会给人虚假的感觉。同时也正是由于每

棵植物仅需要一个纹理矩形（若采用 TRIANGLES 绘制方式仅需要 6 个顶点），所以此技术需要的系统资源非常少，效率很高。

由于标志板技术可以以非常低廉的成本呈现出较为真实的植物，因此在很多脍炙人口的游戏中都采用过，如图 9-2 和图 9-3 所示。

▲图 9-2　Driving Zone:Russia

▲图 9-3　变形汽车酷跑

了解了标志板技术的基本原理后，就可以进行本小节案例 Sample9_1 的开发了。开发前首先应该了解一下本案例的运行效果，如图 9-4 和图 9-5 所示。

▲图 9-4　远距离效果图

▲图 9-5　近距离效果图

说明　图 9-4 为远距离效果图，而图 9-5 为近距离效果图。从两幅图的对比中可以看出，使用标志板技术呈现的植物在真实感方面尚能接受。另外，用手指按住屏幕左下角或右下角，摄像机会绕场景旋转；用手指按住屏幕左上角或右上角，摄像机会前进或后退。

9.1.2　开发步骤

了解了本案例的运行效果与基本原理后，接下来在本小节中将介绍案例的具体开发步骤。由于本案例中使用到的部分文件与前面章节很多案例中的基本一致，所以在本小节中不再对这些相似的文件进行重复介绍，仅给出本节案例中有代表性的几个文件，其具体内容如下。

（1）首先介绍表示单棵植物的 SingleTree.js 文件，其实现了植物的绘制并且根据摄像机位置计算了植物面朝向，具体代码如下。

代码位置：见随书中源代码/第 9 章/Sample9_1/js 目录下的 SingleTree.js。

```
function SingleTree (x,z,yAngle,tg) {
        tg=new TreeGroup();                          //获取植物的数组引用
        this.x=x;                                    //该植物的 x 位置
        this.z=z;                                    //该植物的 y 位置
        this.yAngle=yAngle;                          //植物纹理图的旋转角度
        this.tg=tg;
    this.drawSelf=function(ms,texture) {
        ms.pushMatrix();                             //保护现场
        ms.translate(x, 0, z);                       //将植物平移到对应位置
```

```
10            ms.rotate(yAngle, 0, 1, 0);                  //将纹理图旋转对应角度
11            tfd.drawSelf(ms,texture);                    //树的绘制
12            ms.popMatrix();                              //恢复现场
13        }
14        this.calculateBillboardDirection=function(){   //根据摄像机位置计算树木面朝向
15            var xspan=x-cx;           //计算从植物位置到摄像机位置向量的 X 分量
16            var zspan=z-cz;           //计算从植物位置到摄像机位置向量的 Z 分量
17            if(zspan<=0) {            //根据向量的两个分量计算出纹理矩形绕 y 轴旋转的角度
18                yAngle=180/Math.PI *(Math.atan(xspan/zspan));
19            } else{
20                yAngle=180+180/Math.PI *(Math.atan(xspan/zspan));
21            }}}
```

❑ 第 2～6 行为获取一些必要的引用和变量，包括植物的 x 坐标、z 坐标、绕 y 轴的旋转角度以及所属 TreeGroup 的引用。

❑ 第 7～13 行为用来绘制植物的方法，此方法中首先将坐标系平移、旋转到指定的姿态，然后调用呈现植物的纹理矩形对象进行绘制。

❑ 第 14～21 行为计算植物纹理矩形朝向的 calculateBillboardDirection 方法，该方法根据植物的位置及当前摄像机的位置计算出植物纹理矩形需要绕 y 轴旋转的角度。

（2）接着介绍的是表示一组植物的 TreeGroup 文件，其内包含植物的位置以及计算每个植物的朝向和绘制方法，其代码如下。

代码位置：见随书中源代码/第 9 章/Sample9_1/js 目录下的 TreeGroup.js。

```
1     function TreeGroup(gl) {
2         this.treeGroupadd=function(gl) {                       //向数组中添加植物的位置
3             alist.push(new SingleTree(0,0,0,this));           //植物的位置
4             alist.push(new SingleTree(8,0,10,this));          //植物的位置
5             alist.push(new SingleTree(5.7,5.7,0,this));       //植物的位置
6             alist.push(new SingleTree(0,-8,0,this));          //植物的位置
7             alist.push(new SingleTree(-5.7,5.7,0,this));      //植物的位置
8             alist.push(new SingleTree(-8,0,0,this));          //植物的位置
9             alist.push(new SingleTree(-5.7,-5.7,0,this));     //植物的位置
10            alist.push(new SingleTree(0,8,0,this));           //植物的位置
11            alist.push(new SingleTree(5.7,-5.7,0,this));      //植物的位置
12        }
13        this.calculateBillboardDirection=function(){        //计算列表中每个树木的朝向
14            for(var i=0;i<alist.length;i++){                //循环遍历数组中的元素
15                alist[i].calculateBillboardDirection();
                                                              //计算每个植物纹理矩形的朝向
16            }
17        }
18        this.drawSelf=function(ms,texture) {                 //绘制列表中的每个树木
19            for(var i=0;i<alist.length;i++){                //循环遍历数组中的元素
20                alist[i].drawSelf(ms,texture);              //调用 drawSelf 方法绘制植物
21            }}}
```

❑ 第 2～12 行为向数组中添加了多个位于不同位置的 SingleTree 对象，每个 SingleTree 对象代表场景中的一株植物。

❑ 第 13～17 行为计算数组中每株植物对应纹理矩形朝向的 calculateBillboardDirection 方法，其通过遍历植物（SingleTree 对象）数组，调用每个 SingleTree 对象的 calculateBillboardDirection 方法完成计算。

❑ 第 18～21 行为绘制植物数组中所有植物的 drawSelf 方法，其通过遍历植物（SingleTree 对象）数组，调用每个 SingleTree 对象的 drawSelf 方法完成绘制。

> **提示**　Tree 文件其实就是一个普通的纹理矩形，与前面很多案例中的基本一致，这里不再赘述，需要了解的读者请参考随书中的源代码。

（3）最后需要介绍的是绘制整个场景的 Sample9_1.html 文件，它实现了根据触控区域的不同位置对摄像机位置进行不同的变换，还将植物数组内的植物按照离摄像机的距离由远及近排序，

并且在绘制的过程中使用了混合的特效，其代码如下。

代码位置：见随书中源代码/第 9 章/Sample9_1 目录下的 Sample9_1.html。

```
1    …//省略了一些变量的声明，需要了解的读者请参考随书中的源代码
2    function dianji(){
3        document.onmousedown = function(event) {
4            down=true;                                          //按下鼠标
5            mPreviousX=event.pageX;                             //获取触控点 x 坐标
6            mPreviousY=event.pageY;                             //获取触控点 y 坐标
7        }
8        document.onmousemove = function(event) {}               //鼠标移动
9        document.onmouseup = function(event) {                  //抬起鼠标
10           down=false };                                       //将鼠标按下标志置反
11       if(down) {                                              //在鼠标按下时
12           if(mPreviousX<canvas.width/2&&mPreviousY<canvas.height/2)
13               {Offset=Offset-0.5;}                            //摄像机前进
14           else if(mPreviousX>canvas.width/2&&mPreviousY<canvas.height/2)
15               {Offset=Offset+0.5;}                            //摄像机后退
16           else if(mPreviousX<canvas.width/2&&mPreviousY>canvas.height/2)
17               {direction=direction+DEGREE_SPAN;}              //摄像机右转
18           else if(mPreviousX>canvas.width/2&&mPreviousY>canvas.height/2)
19               {direction=direction-DEGREE_SPAN;}              //摄像机左转
20       }
21   }
22   …//省略了手机端的单击和初始化方法，需要了解的读者请参考随书中的源代码
23   function drawFrame(){
24       dianji();                                               //电脑端的触控事件处理方法
25       dianji1();                                              //移动端的触控事件处理方法
26       cx=(Math.sin(direction)*Offset);                        //计算新的摄像机 x 坐标
27       cz=(Math.cos(direction)*Offset);                        //计算新的摄像机 z 坐标
28       tg.calculateBillboardDirection();
29       ms.setCamera(cx,1,cz,0,0,0,0,1,0);                      //设置摄像机的位置
30       if((!tg)||(!tfd)||(!tr)||(!texMap["tree"])){ alert("加载未完成！");
         return; }
31       if(alist.length==0) {tg.treeGroupadd(gl);}              //向数组中添加植物位置
32       alist.sort(function compare(a,b) { //重写的比较两个树木离摄像机距离的方法
33           var xs=a.x-cx;                  //计算从本植物位置到摄像机位置向量的 x 分量
34           var zs=a.z-cz;                  //计算从本植物位置到摄像机位置向量的 z 分量
35           var xo=b.x-cx;                  //计算从另一植物位置到摄像机位置向量的 x 分量
36           var zo=b.z-cz;                  //计算从另一植物位置到摄像机位置向量的 z 分量
37           var disA=Math.sqrt(xs*xs+zs*zs);        //计算当前植物到摄像机的距离
38           var disB=Math.sqrt(xo*xo+zo*zo);        //计算另一株植物到摄像机的距离
39           return ((disA-disB)==0)?0:((disA-disB)>0)?-1:1;   });
             //根据距离大小决定方法返回值
40       gl.clear(gl.COLOR_BUFFER_BIT | gl.DEPTH_BUFFER_BIT);
         //清除着色缓冲与深度缓冲
41       ms.pushMatrix();                                        //保护现场
42       ms.scale(0.3,0.3,0.3)                                   //缩放物体
43       tr.drawSelf(ms,texMap["desert"]);                       //绘制物体
44       ms.popMatrix();                                         //恢复现场
45       gl.enable(gl.BLEND);                                    //开启混合
46       gl.blendFunc(gl.SRC_ALPHA, gl.ONE_MINUS_SRC_ALPHA);         //设置混合因子
47       ms.pushMatrix();                                            //恢复现场
48       ms.translate(0, -0.1, 0);                                   //将物体平移
49       tg.drawSelf(ms,texMap["tree"]);                             //绘制植物
50       ms.popMatrix();                                             //恢复现场
51       gl.disable(gl.BLEND);                                       //关闭混合
52   }
```

- 第 2～21 行为重写的触控事件处理方法，该方法根据触控区域的不同对摄像机位置进行不同的变换，产生新的摄像机位置。
- 第 31～39 行为首先向数组中添加植物位置，然后根据数组中的植物距新摄像机位置的距离将列表中的植物由远及近进行排序。
- 第 40～51 行为本案例主要的绘制方法，首先绘制了表示沙漠的纹理矩形，接着在混合模式下绘制了列表中所有的植物。之所以要采用混合是因为植物是用纹理矩形呈现的，但植物对后面物体的遮挡不应该是整体的矩形，而应该在没有植物内容的位置透出后面的物体。

提示　本案例中用到的着色器与前面案例中的普通纹理映射着色器完全相同，这里不再赘述，需要了解的读者请参考随书中的源代码。

上述案例中每次摄像机位置变化后都需要对列表中的植物按照离摄像机的远近重新排序，这是因为绘制植物时采用了混合。采用混合时想达到部分透明的效果必须先绘制被遮挡的物体，后绘制部分透明的遮挡面，不能再像绘制真正的立体物体那样仅依赖深度检测而不关心绘制顺序了。

若不将需要绘制的植物由远及近进行排序，以随意顺序绘制，在某些情况下就会产生不正确遮挡的视觉效果，如图 9-6 和图 9-7 所示。

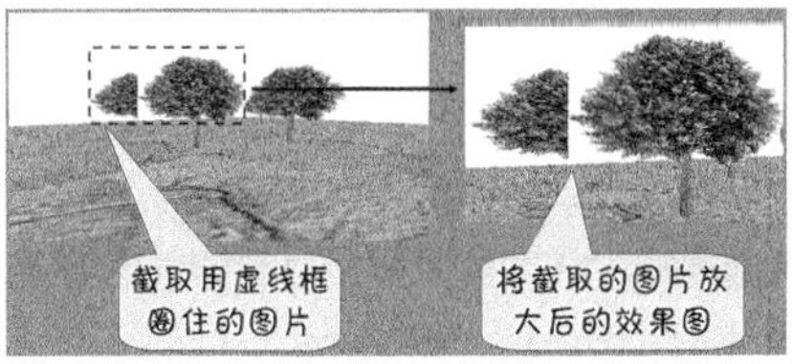

▲图 9-6　未排序的错误效果 1

▲图 9-7　未排序的错误效果 2

产生图 9-6 与图 9-7 中不正确遮挡视觉效果的原因是，离摄像机近的纹理矩形先被绘制了，此纹理矩形中的片元对应的深度缓冲已经记录了较小的深度值。再绘制距离远的植物对应的纹理矩形时，其中与距离近的片元重叠部分的片元深度检测就不会通过，从而被丢弃。

正确的情况下，首先应该绘制远处的植物，此时在深度缓冲中记录的是较大的深度值。再绘制近处的植物时由于深度较浅，深度检测可以顺利通过，近处植物对应纹理矩形中的片元将与原有的片元执行混合。在正确设置了混合因子的情况下，透明的片元处就透出了后面的内容，产生了正确的遮挡效果。

提示　在视觉质量要求很高的场景中，当绘制植物时仅采用标志板就不能完全满足需要了，但全部植物都采用真实的 3D 模型进行绘制，成本又太高。此时可以采用混合的绘制策略，当植物距离摄像机较近时采用真实的 3D 模型执行绘制，当距离摄像机较远时采用标志板执行绘制。

9.2 灰度图地形

模拟现实世界的很多游戏场景中都需要用到地形，而自然界的地形非常复杂，直接由开发人员手工给出构成地形的每个三角形的顶点位置几乎是不可能的。因此 3D 开发领域的历代高手发明了各种各样的地形生成技术，本节将要介绍的灰度图地形就是其中最为简便与常用的之一。

9.2.1 基本原理

灰度图地形生成技术的基本思想是用网格表示地形，同时提供一幅对应尺寸的灰度图。根据灰度图中每个像素的灰度来确定网格中顶点的海拔，黑色像素（RGB 各个色彩通道的值为 0）代表海拔最低的位置，白色像素（RGB 各个色彩通道的值为 255）代表海拔最高的位置，具体情况如图 9-8 所示。

具体开发中可以采用如下的公式来计算某像素顶点的海拔高度：

实际海拔=最低海拔+最大高差×像素值/255.0

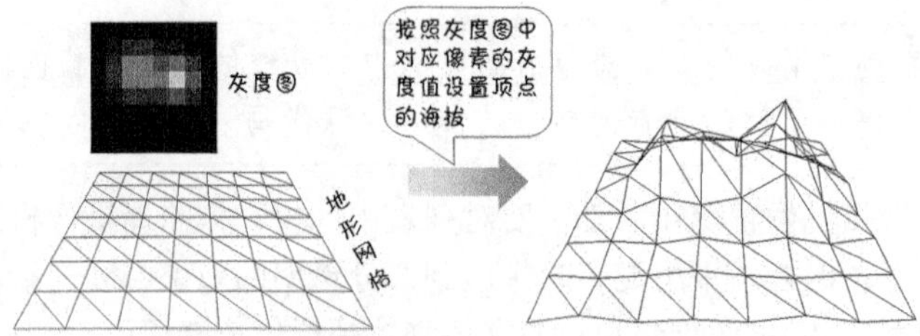

▲图 9-8 灰度图地形技术原理示意图

> **提示** 要注意的是此公式中像素颜色的取值范围为 0～255，而不是着色器中的 0.0～1.0。

基于此技术生成地形时只需要采用绘图工具（如 PhotoShop）用不同的灰度绘制出地形的海拔情况即可，非常简便与高效，图 9-9 就给出了本节案例中采用的一幅地形灰度图。

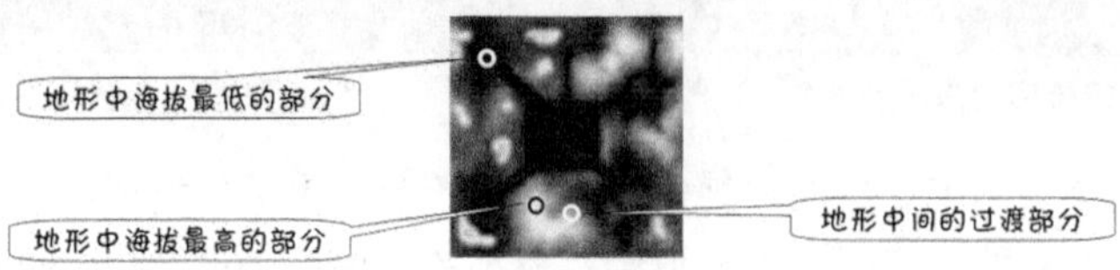

▲图 9-9 本节案例中采用的一幅地形灰度图

9.2.2 普通灰度图地形

上一小节介绍了灰度图地形技术的基本原理，本小节将给出一个通过灰度图技术实现山地地形的案例 Sample9_2，其运行效果如图 9-10 所示。

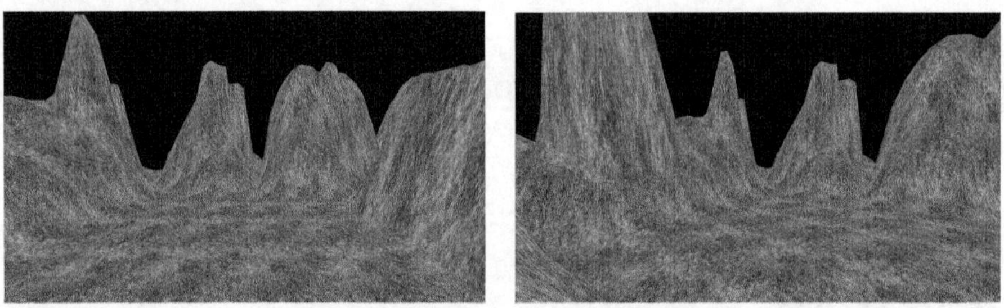

▲图 9-10 案例 Sample9_2 的运行效果

> **提示** 用手指按住屏幕左下角或右下角，摄像机会绕场景旋转；用手指按住屏幕左上角或右上角，摄像机会前进或后退，以从不同的位置、角度观察场景。

由于本案例中使用的一些文件与前面章节很多案例中的基本一致，所以在本小节中不再对这些相似的文件进行重复地介绍，仅给出本小节案例中具有代表性的几个文件，其具体内容如下。

（1）本案例的重点在于灰度图，下面将要介绍的是如何加载灰度图，并根据灰度图中各个像素的灰度值计算对应顶点海拔高度的方法，其具体代码如下。

代码位置：见随书中源代码/第 9 章/Sample9_2 目录下的 Sample9_2.html。

```
<canvas id="canvas1" width="600" height="600">
        您的浏览器不支持<canvas>标签
</canvas>
<script type="text/javascript">
      var LAND_HIGHEST=20;                                        //陆地最大高差
      var LAND_HIGH_ADJUST=-2;                                    //陆地的高度调整值
```

```
7           var result = new Array();                          //存储地形顶点高度的数组
8           var result1 = new Array();                         //存储地形顶点高度的数组
9           var j=0;
10          var k=0;
11          var canvas1 = document.getElementById('canvas1');      //获取当前画布
12          var ctx1 = canvas1.getContext('2d');                   //将画布设为 2D
13          image = new Image();                                   //创建图片对象
14          image.src = "pic/land.png"                             //指定纹理图的 URL
15          var colsPlusOne;                                       //声明网格的宽度
16          var rowsPlusOne;                                       //声明网格的高度
17          image.onload=function(){                           //图片加载完后执行的方法
18                colsPlusOne=image.width;                     //获取图片的宽度
19                rowsPlusOne=image.height;                    //获取图片的高度
20                ctx1.drawImage(image,0,0,colsPlusOne,rowsPlusOne);  //进行图片的绘制
21                getgray();                                   //调用获取灰度方法
22                for(var i=0;i<rowsPlusOne;i++){              //对二维数组进行赋值
23                      result[i] = new Array();
24                      for(var j=0;j<colsPlusOne;j++)
25                            {result[i][j]=result1[k++];}
26                }
27                start();                                     //开始 3D 画布的绘制
28                ctx1.clearRect(0,0,colsPlusOne,rowsPlusOne); //清除当前 2D 画布
29                return result;                               //返回二维数组
30          }
31          function getgray(){
32                var imageData = ctx1.getImageData(0,0,colsPlusOne,rowsPlusOne);
                  //获得图像数据
33                for(var i=0;i<imageData.data.length;i+=4){   //对获取的数据遍历
34                      var r=imageData.data[i];               //获取该像素红色通道的值
35                      var g=imageData.data[i+1];             //获取该像素绿色通道的值
36                      var b=imageData.data[i+2];             //获取该像素蓝色通道的值
37                      imageData.data[i+3]=255;
38                      var h=(r+g+b)/3;                       //对 3 个色彩通道求平均
39                      result1[j]=h*LAND_HIGHEST/255+LAND_HIGH_ADJUST;
                        //按公式计算顶点海拔
40                      j++;
41                }}
42    </script>
```

- 第 1～3 行为画布的设置，使用这个画布的主要目的是为了获取灰度图上面的像素值，目前获取图片像素值主要在画布上进行。
- 第 5～12 行声明了陆地最大高差及高度调整值，并且将需要的数组列了出来，最后将画布设置为 2D 的，用于绘制灰度图。
- 第 13～16 行为创建图片对象，并加载对应的图片。
- 第 17～30 行为当图片加载完成后进行的操作，首先获取图片的宽和高，然后将图片绘制到画布中，接着调用获取灰度的方法，将获取的数组进行二维数组变化，最后清除画布并返回数组。
- 第 31～41 行为获取灰度图中各个像素的灰度值并进行计算，得出对应顶点的海拔高度，最终将计算出的顶点海拔以数组的形式返回。

（2）介绍完灰度图的加载和灰度值的获取后，下面介绍的是用来绘制山地地形的 Momnet 文件，其具体代码如下。

代码位置：见随书中源代码/第 9 章/Sample9_2/js 目录下的 Momnet.js。

```
function Momnet(
      gl,                                                   //GL 上下文
      programIn      ){                                     //着色器程序 id
      var vertices=new Array();
      this.initVertexData=function(){
            var count=0;
            for(var j=0;j<rowsPlusOne-1;j++){               //遍历地形网格的行
                   for(var i=0;i<colsPlusOne-1;i++){        //遍历地形网格的列
                         var zsx=-1*colsPlusOne/2+i*1;      //计算当前小格子左上侧点的
                         x 坐标
```

```
10                     var zsz=-1*rowsPlusOne/2+j*1;  //计算当前小格子左上侧点
                       的 z 坐标
11         //将当前行列对应的小格子中顶点坐标按照卷绕成两个三角形的顺序存入顶点坐标数组
12                     vertices[count++]=zsx;
13                     vertices[count++]=result[j][i];
14                     vertices[count++]=zsz;
15                     …//此处省略了一些将顶点坐标存入数组的代码，与上面的类似
16                 }
17             }
18         };
19         this.initVertexData();
20         this.vcount=vertices.length/3;
21         …//此处省略了创建顶点和法向量数据缓冲区的代码，读者可以自行查阅随书中的源代码
22         this.result=new Array();
23         this.ColorsD=function(){
24             var sizew=16/rowsPlusOne;                          //网格列数
25             var sizeh=16/colsPlusOne;                          //网格行数
26             var c=0;
27             for(var i=0;i<colsPlusOne;i++){
28                 for(var j=0;j<rowsPlusOne;j++){
29                     var s=j*sizew; //每行列一个矩形，由两个三角形构成，共 6 个
                       点，12 个纹理坐标
30                     var t=i*sizeh;
31                     this.result[c++]=s;                  //左上角顶点纹理坐标
32                     this.result[c++]=t;
33                     this.result[c++]=s;                  //左下角顶点纹理坐标
34                     this.result[c++]=t+sizeh;
35                     this.result[c++]=s+sizew;            //右上角顶点纹理坐标
36                     this.result[c++]=t;
37                     this.result[c++]=s+sizew;            //右上角顶点纹理坐标
38                     this.result[c++]=t;
39                     this.result[c++]=s;                  //左下角顶点纹理坐标
40                     this.result[c++]=t+sizeh;
41                     this.result[c++]=s+sizew;            //右下角顶点纹理坐标
42                     this.result[c++]=t+sizeh;
43                 }
44             }
45         }
46         this.ColorsD();
47         this.colorsData=this.result;                           //初始化顶点颜色数据
48         this.colorBuffer=gl.createBuffer();
49         gl.bindBuffer(gl.ARRAY_BUFFER,this.colorBuffer);       //绑定颜色数据缓冲
50         gl.bufferData(gl.ARRAY_BUFFER,
51                 new Float32Array(this.colorsData),gl.STATIC_DRAW);
                   //将颜色数据送入缓冲
52         …//此处省略了初始化着色器的方法，读者可以自行查阅随书中的源代码
53         …//此处省略了绘制山地地形的 drawSelf 方法，读者可以自行查阅随书中的源代码
54     }
```

- 第 5～18 行为获得地形网格中各个顶点坐标，并根据卷绕成三角形的需要将顶点坐标存入顶点坐标数组的代码。顶点的 x、z 坐标值是根据顶点所处的行、列以及每个格子的长度值计算得出的，而顶点的 y 坐标是根据顶点所处的行、列从数组中获取的。
- 第 19～1 行为创建顶点坐标数据缓冲并将顶点坐标数据送入缓冲，创建法向量坐标数据缓冲并将法向量坐标数据送入缓冲。
- 第 23～45 行为根据地形网格行列数自动产生纹理坐标数组的方法，该方法根据地形网格的行、列以及最大纹理值计算出每个顶点对应的纹理坐标。
- 第 46～51 行为创建顶点颜色数据缓冲并将顶点颜色数据送入缓冲。

> **提示** 本案例中纹理坐标 S 轴与 T 轴的最大值都是 16，这意味着纹理将在整个山体中被重复 16 次。当然想达到重复 16 次的目的还需要在加载纹理时将纹理的拉伸方式设置为 GL_REPEAT。同时本案例中用到的着色器与前面案例中的着色器完全相同，这里不再赘述，需要了解的读者请参考随书中的源代码。

9.2.3 过程纹理地形

上一小节的案例中通过灰度图地形生成技术渲染呈现了一个山地地形的场景，从运行效果中可以看出，呈现的地形还是比较真实的。但有一个明显的不足，场景中的山体从上到下都是一种外观，不符合现实世界的情况。

现实世界中的山体一般有海拔不同、外观不同的规律，因此本小节将对上一小节的案例进行升级，对山体采用过程纹理技术进行渲染呈现。升级后的案例为 Sample9_3，其运行效果如图 9-11 所示。

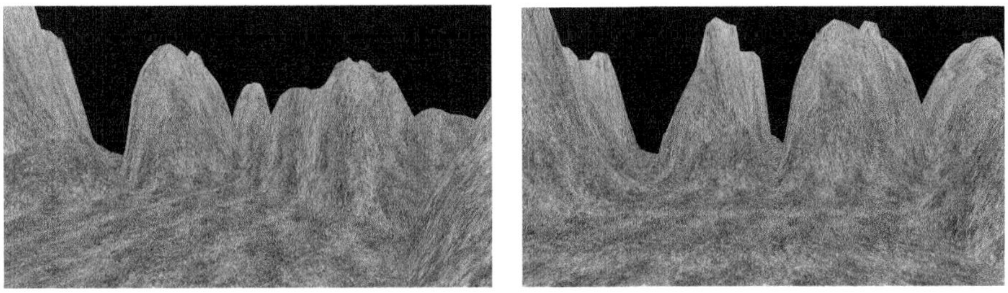

▲图 9-11　使用过程纹理的灰度图地形

> **提示**　由于本书中的插图采用灰度印刷，可能看不出过程纹理的效果，此时请读者参照本书最前面的彩页或自行运行程序观察。

了解了本案例的运行效果后，下面就可以进行代码的开发了。由于实际上本案例仅仅是将前面小节的案例 Sample9_2 复制了一份并进行了修改，因此这里仅给出主要的修改步骤，具体如下所列。

（1）首先需要修改的是山地地形 Momnet 文件，其具体代码如下。

代码位置：见随书中源代码/第 9 章/Sample9_3/js 目录下的 Momnet.js。

```
1    gl.activeTexture(gl.TEXTURE0);                            //设置使用的纹理编号—0
2    gl.bindTexture(gl.TEXTURE_2D, texture0);                  //绑定草皮纹理
3    gl.activeTexture(gl.TEXTURE1);                            //设置使用的纹理编号—1
4    gl.bindTexture(gl.TEXTURE_2D, texture1);                  //绑定岩石纹理
5    gl.uniform1f(gl.getUniformLocation(this.program, "landStartY"), 0);
     //传送过程纹理起始 y 坐标
6    gl.uniform1f(gl.getUniformLocation(this.program, "landYSpan"), 20);
     //传送过程纹理跨度
7    gl.uniform1i(gl.getUniformLocation(this.program, "sTextureGrass"), 0);
     //将草皮纹理送入渲染管线
8    gl.uniform1i(gl.getUniformLocation(this.program, "sTextureRock"), 1);
     //将岩石纹理送入渲染管线
```

- 第 1～8 行为过程纹理能够实现的根本，其中涉及到绑定岩石纹理和草皮纹理、为纹理分配编号、传送过程纹理起始 y 坐标进渲染管线、传送过程纹理跨度进渲染管线的相关代码。

> **提示**　还需要在 Sample9_3.html 文件中增加加载岩石纹理、绘制时传递岩石纹理 id 给 Mountion.js 文件中的 drawSelf 方法的相关代码。这些代码非常简单，有需要了解的读者请参考随书中的源代码。

（2）完成了上述代码的修改后，下面就需要修改着色器了。首先介绍的是着色器中的顶点着色器，其具体代码如下。

代码位置：见随书中源代码/第 9 章/Sample9_3/ shader 目录下的 shader.bns。

```
uniform mat4 uMVPMatrix;                                   //总变换矩阵
```

```
attribute vec3 aPosition;                                   //顶点位置
attribute vec2 aTexCoor;                                    //顶点纹理坐标
varying vec2 vTextureCoord;                                 //用于传递给片元着色器的纹理坐标
varying float currY;                                        //用于传递给片元着色器的 y 坐标
void main(){
      gl_Position = uMVPMatrix * vec4(aPosition,1);         //根据总变换矩阵计算此次绘制此顶点的位置
      vTextureCoord = aTexCoor;                             //将接收的纹理坐标传递给片元着色器
      currY=aPosition.y;                                    //将顶点的 y 坐标传递给片元着色器
}
```

说明　上述顶点着色器中主要是增加了将顶点 y 坐标通过易变变量传递给片元着色器的代码。

（3）接着需要修改的是着色器中的片元着色器，其同时使用两种纹理图对山体进行着色，两种纹理图按一定比例在山体上呈现，其代码如下。

代码位置：见随书中源代码/第 9 章/Sample9_3/ shader 目录下的 shader.bns。

```
precision mediump float;                                  //给出默认的浮点精度
varying vec2 vTextureCoord;                               //接收从顶点着色器传过来的纹理坐标
varying float currY;                                      //接收从顶点着色器传过来的 y 坐标
uniform sampler2D sTextureGrass;                          //纹理内容数据（草皮）
uniform sampler2D sTextureRock;                           //纹理内容数据（岩石）
uniform float landStartY;                                 //过程纹理起始 y 坐标
uniform float landYSpan;                                  //过程纹理跨度
void main(){
      vec4 gColor=texture2D(sTextureGrass, vTextureCoord);//从草皮纹理中采样出颜色
      vec4 rColor=texture2D(sTextureRock, vTextureCoord); //从岩石纹理中采样出颜色
      vec4 finalColor;                                    //最终颜色
      if(currY<landStartY){
            finalColor=gColor;    //当片元的 y 坐标小于过程纹理的起始 y 坐标时采用草皮纹理
      }else if(currY>landStartY+landYSpan){
            finalColor=rColor;        //当片元的 y 坐标大于过程纹理的起始 y 坐标加跨度时采用岩石纹理
      }else{
            float currYRatio=(currY-landStartY)/landYSpan;          //计算岩石纹理所占的百分比
            finalColor= currYRatio*rColor+(1.0- currYRatio)*gColor;
            //将岩石、草皮纹理颜色按比例混合
      }
      gl_FragColor = finalColor;                          //给此片元最终颜色值
}
```

- 上述片元着色器中不再是仅采用草皮纹理对山体进行着色，而是同时采用了两幅纹理。
- 当片元的 y 坐标小于过程纹理的起始 y 坐标时用草皮纹理着色，大于过程纹理的起始 y 坐标加跨度时采用岩石纹理着色。位于二者之间时将草皮纹理、岩石纹理按照计算的比例进行混合，混合的规则为片元的 y 坐标越大，岩石纹理所占百分比越大。

提示　本小节案例中对同一物体根据情况的不同应用不同的纹理进行着色，这种技术就是过程纹理技术。过程纹理技术更多的是一种解决问题的策略，不是一成不变的，实际开发中读者可以设计更多、更好的过程纹理计算模型。

9.2.4　mipmap 地形

经过上一小节的升级后，山地地形场景的真实感增加了不少，但还有一个明显的瑕疵，那就是远处的地形会比近处的更清楚，这显然不符合我们观察现实世界的经验。造成这种现象的原因是案例中采用的纹理图仅有一套，无论山体远近都采用同一套纹理图进行纹理映射。

- 远处同样面积的山体投影到屏幕上所占的面积小，近处的投影到屏幕上所占的面积大。近处的山体进行纹理采样时会采用 MAG 方式（纹理图会被拉大），远处的山体进行纹理采样时会

采用 MIN 方式（纹理图会被缩小）。

- 同样的纹理图拉大后就显得清晰度差一些，缩小后就显得很锐利。

想改善这种不真实感非常简单，只要采用前面介绍过的 mipmap 纹理技术就可以了。本小节将进一步对上一小节的案例进行升级，升级后的案例 Sample9_4 的运行效果如图 9-12 所示。

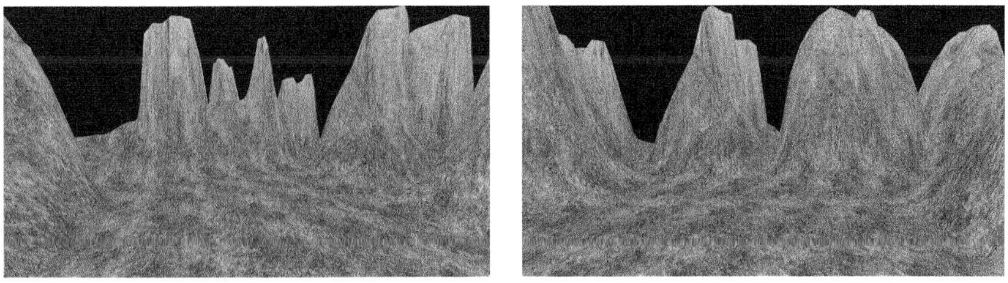

▲图 9-12 使用 mipmap 纹理的灰度图地形

从图 9-12 和图 9-11 的对比中可以看出，远处山体比近处山体更加清晰的问题得到了很大程度的改善。若由于印刷的问题对比效果不明显，读者可以参考本书前面的彩图或自行运行案例进行观察。

> **提示** 采用 mipmap 纹理不但可以改善地形中远处山体比近处山体更加清晰的问题，还可以提升执行性能，但需要的纹理空间接近普通纹理的两倍。

由于本案例仅仅是对前一小节案例的升级，因此有很多同样的代码，这里不再赘述，这里仅给出需要修改的部分，那就是 GLUtil.js 文件中加载纹理的 loadImageTexture 方法，其具体代码如下。

代码位置：见随书中源代码/第 9 章/Sample9_4/js 目录下的 GLUtil.js。

```
1    gl.texParameteri(gl.TEXTURE_2D, gl.TEXTURE_MIN_FILTER,
2              gl.LINEAR_MIPMAP_LINEAR);                        //使用 mipmap 线性纹理采样
3    gl.texParameteri(gl.TEXTURE_2D, gl.TEXTURE_MIN_FILTER,
4              gl.LINEAR_MIPMAP_NEAREST);                       //使用mipmap最近点纹理采样
5    gl.texParameteri(gl.TEXTURE_2D, gl.TEXTURE_WRAP_S, gl.REPEAT);      //S 轴拉伸
6    gl.texParameteri(gl.TEXTURE_2D, gl.TEXTURE_WRAP_T, gl.REPEAT);      //T 轴拉伸
7    gl.generateMipmap(gl.TEXTURE_2D);                          //自动生成 mipmap 系列纹理
```

- 第 1～4 行是纹理采样方式的设置，将原来的普通纹理采样方式修改成了 mipmap 纹理采样方式。要注意的是 mipmap 纹理采样本身也分线性采样与最近点采样，读者可以在实际开发中根据需要选用。
- 第 7 行是新增的自动生成 mipmap 系列纹理图的代码。

> **提示** 请读者特别注意，现阶段 WebGL 仅仅支持 MIN 方式，同时有些浏览器要求 mipmap 纹理图必须长宽相等，否则不能正确显示。因此，强烈建议读者采用长宽相等的纹理图用于 mipmap 纹理映射。

9.3 天空盒与天空穹

前面通过灰度图地形、过程纹理、mipmap 纹理等技术构建了非常真实的地形场景，但场景中的天空漆黑一片，成为一个明显的瑕疵。本节将向读者介绍两种用于实现天空效果的技术：天空盒与天空穹。采用这两种技术可以为场景添加真实的天空效果，大大增加场景的真实感。

9.3.1 天空盒

天空盒技术的思路非常简单，具体说就是将场景放置在一个很大的立方体中，立方体的每个

面是一个纹理正方形，如图 9-13 所示。

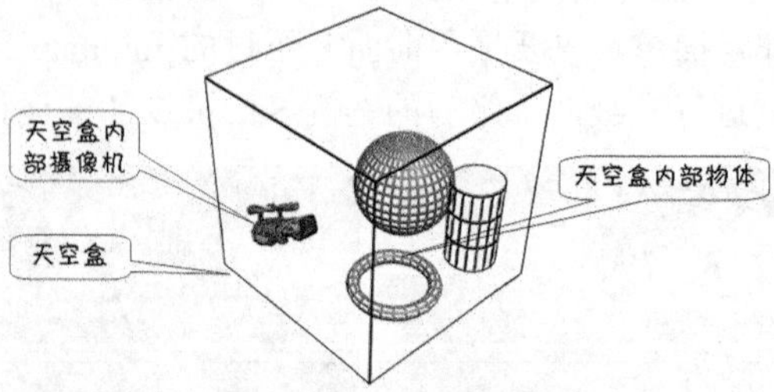

▲图 9-13　天空盒示意图

提示　使用天空盒时需要注意，用于观察场景的摄像机需要放置在天空盒立方体的内部，图 9-13 中就是如此。

为了在观察位于天空盒内部的场景时有真实天空背景的效果，组成天空盒的 6 个纹理正方形上需要各自映射一幅正方形的天空纹理图。这 6 幅纹理图是可以无缝拼接的，如图 9-14 所示。

了解了天空盒的原理后，就可以进行本小节案例 Sample9_5 的开发了。在介绍开发步骤之前，请读者首先了解一下本案例的运行效果，如图 9-15 所示。

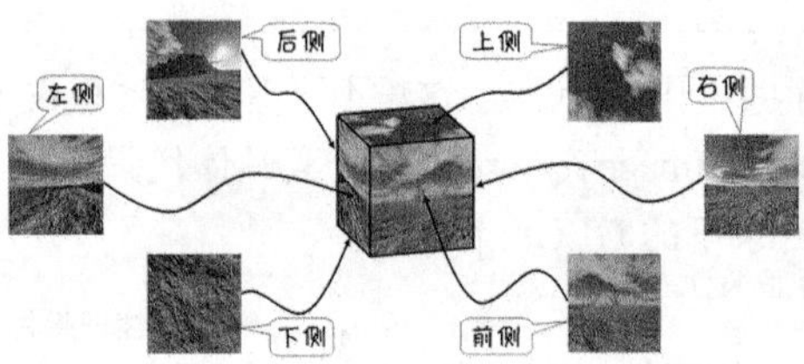

▲图 9-14　天空盒纹理贴图示意图

▲图 9-15　天空盒案例效果图

说明　图 9-15 中左右两幅分别为摄像机在天空盒中向不同的方向观察时看到的天空情况。运行本案例时在屏幕上左右滑动时摄像机绕场景转动，在屏幕上上下滑动时摄像机上升或下降。

通过前面的介绍读者已经知道，天空盒实际上是由 6 个纹理正方形（正方形为矩形的特殊情况）组成的。而在本书前面介绍纹理的相关知识时已经对纹理矩形的开发进行了详细的介绍，因此这里仅给出将 6 个纹理矩形组装成天空盒的相关代码。

代码位置：见随书中源代码/第 9 章/Sample9_5 目录下的 Sample9_5.html。

```
gl.clear(gl.COLOR_BUFFER_BIT | gl.DEPTH_BUFFER_BIT);          //清除着色缓冲与深度缓冲
ms.pushMatrix();                                              //保护现场
ms.translate(0, 0, -28+0.35);                                 //将物体平移
tr.drawSelf(ms,texMap['back']);                               //绘制物体
ms.popMatrix();                                               //恢复现场
ms.pushMatrix();                                              //绘制天空盒前面
ms.translate(0, 0, 28-0.35);                                  //将物体平移
ms.rotate(180, 0, 1, 0);                                      //将物体旋转
tr.drawSelf(ms,texMap['front']);                              //绘制物体
ms.popMatrix();                                               //恢复现场
ms.pushMatrix();                                              //绘制天空盒左面
ms.translate(-28+0.35, 0, 0);                                 //将物体平移
ms.rotate(90, 0, 1, 0);                                       //将物体旋转
tr.drawSelf(ms,texMap['left']);                               //绘制物体
ms.popMatrix();                                               //恢复现场
ms.pushMatrix();                                              //绘制天空盒右面
```

```
ms.translate(28-0.35, 0, 0);                    //将物体平移
ms.rotate(-90, 0, 1, 0);                        //将物体旋转
tr.drawSelf(ms,texMap['right']);                //绘制物体
ms.popMatrix();                                 //恢复现场
ms.pushMatrix();                                //绘制天空盒下面
ms.translate(0, -28+0.35, 0);                   //将物体平移
ms.rotate(-90, 1, 0, 0);                        //将物体旋转
tr.drawSelf(ms,texMap['down']);                 //绘制物体
ms.popMatrix();                                 //恢复现场
ms.pushMatrix();                                //绘制天空盒上面
ms.translate(0, 28-0.35, 0);                    //将物体平移
ms.rotate(90, 1, 0, 0);                         //将物体旋转
tr.drawSelf(ms,texMap['up']);                   //绘制物体
ms.popMatrix();                                 //恢复现场
```

说明 从上述代码中可以看出，通过 6 个纹理正方形组装天空盒是非常简单的，只要将一个纹理正方形对象通过平移、旋转等变换到指定的位置，再应用不同的纹理进行绘制即可。另外在实际的开发中，建议读者将天空盒的相关代码写到一个单独的文件中。

9.3.2 天空穹

细心的读者可能会发现，从大部分角度观察天空盒都是比较真实的，但当观察天空盒任何两个面的接缝处时真实感就差很多。这是因为构成接缝的两个面成 90°角，不是平滑的。这个问题是天空盒技术所固有的，很难彻底解决，因此很多游戏场景中会采用另一种天空效果实现技术——天空穹。

天空穹技术中不再是用立方体模拟天空，而是用一个半球面模拟天空，此半球面上需要贴上对应天空的纹理图，具体情况如图 9-16 所示。

提示 从图 9-16 中可以看出，用于模拟天空的半球面切分得越细，效果就会越好。但实际开发中出于对性能的考量，切分得不宜过细。

了解了天空穹的原理后，就可以进行本小节案例 Sample9_6 的开发了。在介绍开发步骤之前，请读者首先了解一下本案例的运行效果，如图 9-17 所示。

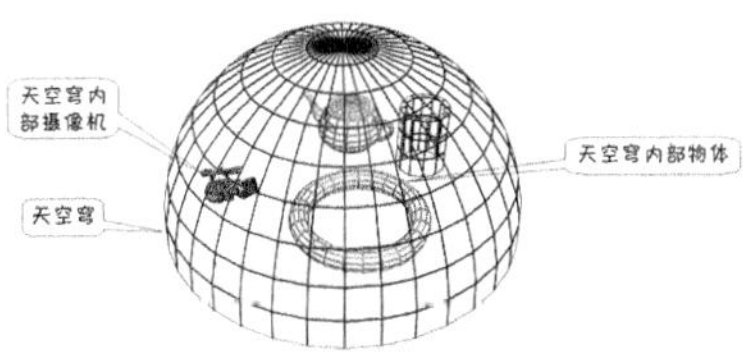

▲图 9-16 天空穹原理图

▲图 9-17 天空穹案例效果图

提示 从天空穹与天空盒案例效果图的对比中可以看出，天空穹的效果会更好一些。另外与 Sample9_4 相同，按住屏幕左下角或右下角，摄像机会绕场景旋转；按住屏幕左上角或右上角，摄像机会前进或后退，以从不同的位置、角度观察场景。

从图 9-17 中可以看出，本案例实际是对前面“mipmap 地形”小节案例 Sample9_4 的升级，因此这里对相同的代码不再赘述，仅给出升级的主要步骤，具体如下所列。

（1）首先需要在案例中增加用于绘制天空穹的 Sky.js 文件，此文件其实就是一个半球面，大部分代码与前面章节一些案例中纹理球面文件（如前面案例中的地球或月球）的基本相同，这里不再赘述，需要了解的读者可以参考随书中的源代码。

（2）由于本案例中应用于天空穹的纹理不是正方形（1024×256），同时升级前的纹理加载方法仅仅将纹理采样方式设置为 mipmap 系列的选项了。因此为了保证能够顺利地正常运行本案例，需要对加载纹理的方法进行修改，修改后的代码如下。

代码位置：见随书中源代码/第 9 章/Sample9_6/js 目录下的 GLUtil.js。

```
function loadImageTexture(gl,url,texName,isMipmap) {
      var texture = gl.createTexture();                          //创建纹理 id
      var image = new Image();                                   //创建图片对象
      image.onload = function() { doLoadImageTexture(gl, image, texture, isMipmap) }//加载纹理的函数
      image.src = url;                                           //指定纹理图的 URL
      texMap[texName]=texture;                                   //返回纹理 id
}
function doLoadImageTexture(gl, image, texture,isMipmap) {
      gl.bindTexture(gl.TEXTURE_2D, texture);                    //绑定纹理 id
      gl.texImage2D(gl.TEXTURE_2D, 0, gl.RGBA, gl.RGBA,
                  gl.UNSIGNED_BYTE, image);                      //加载纹理进显存
      if(isMipmap){
            gl.texParameteri(gl.TEXTURE_2D, gl.TEXTURE_MAG_FILTER,
                        gl.LINEAR_MIPMAP_LINEAR);       //使用 mipmap 线性纹理采样
            gl.texParameteri(gl.TEXTURE_2D,gl.TEXTURE_MIN_FILTER,
                        gl.LINEAR_MIPMAP_NEAREST);     //使用 mipmap 最近点纹理采样
      }else{
            gl.texParameteri(gl.TEXTURE_2D, gl.TEXTURE_MAG_FILTER, gl.LINEAR);
            //设置采样方式
            gl.texParameteri(gl.TEXTURE_2D, gl.TEXTURE_MIN_FILTER, gl.LINEAR);
            //设置采样方式
      }
      gl.texParameteri(gl.TEXTURE_2D, gl.TEXTURE_WRAP_S, gl.REPEAT);   //S 轴拉伸
      gl.texParameteri(gl.TEXTURE_2D, gl.TEXTURE_WRAP_T, gl.REPEAT);   //T 轴拉伸
      if(isMipmap){ gl.generateMipmap(gl.TEXTURE_2D); } //自动生成 mipmap 系列纹理
      gl.bindTexture(gl.TEXTURE_2D, null);              //纹理加载成功后释放纹理图
}
```

说明　从上述代码中可以看出，主要是增加了 isMipmap 参数，根据此参数的值将纹理采样方式设置为 mipmap 系列或普通系列。同时，还根据此参数的值决定是否自动生成 mipmap 系列纹理。

（3）在 Sample9_6.html 文件中增加了加载天空穹纹理和绘制天空穹的相关代码。这些代码与本书前面很多案例完全相同，这里不再赘述，需要了解的读者请参考随书中的源代码。

9.3.3　天空盒与天空穹的使用技巧

前面两个小节给出的两个案例，第一个仅包含天空盒本身，第二个用天空穹罩住了不太大的山地地形。但在很多实际应用中场景非常大，若使用尺寸足以包含整个场景的天空盒或天空穹，效果就不是很好。因此在实际开发时经常随着摄像机的移动，天空盒或天空穹也跟着一起移动，具体情况如图 9-18 所示。

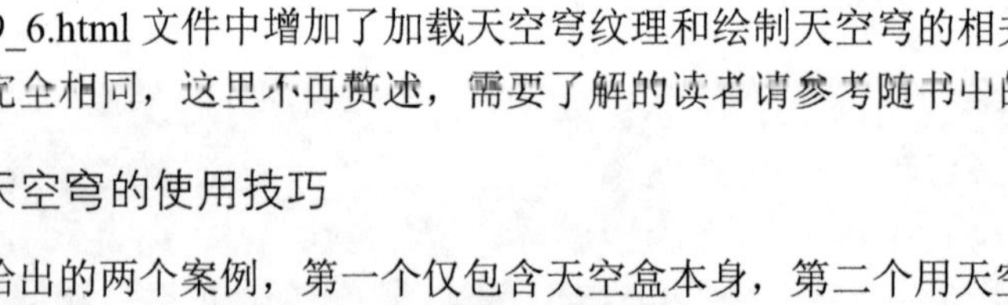

▲图 9-18　天空盒/穹伴随摄像机移动示意图

采用这种天空盒或天空穹使用技巧的游戏有很多，如大名鼎鼎的《极品飞车》《都市赛车》等，

读者可以在玩这些游戏进行娱乐的同时，细致观察一下就能感觉到。

9.4 本章小结

本章主要介绍了一些常用的 3D 场景开发技巧，主要包括标志板、灰度图地形、天空盒、天空穹等。掌握了这些技术以后，读者开发 3D 场景的能力应该大大增强，可以开发出更加酷炫的应用。

9.5 习题

1．制作一张灰度图，并生成对应的地形。
2．在上一步中开发出的案例中使用过程纹理。
3．在上一步中开发出的案例中使用 mipmap 纹理技术。
4．请读者调试案例 Sample9_4。
5．分别在一个 3D 场景中添加天空盒和天空穹，对比其运行效果。

第 10 章 渲染出更加酷炫的 3D 场景——几种剪裁与测试

玩过游戏的读者都知道，很多游戏运行时，屏幕上不仅显示主视角游戏场景，还可能会显示仪表板或次视角游戏场景。要想满足这样的需求，仅采用前面章节介绍的技术几乎是不可能实现的，因此，本章将向读者介绍一些能满足特殊需要的剪裁与测试方面的知识，主要包括：剪裁测试、模板测试、任意剪裁平面。

10.1 剪裁测试

剪裁测试主要用来在渲染场景时限制绘制区域，用其可以方便地实现同时在屏幕上绘制主视角与次视角场景。本节将首先介绍剪裁测试的基本原理，然后再给出一个具体的案例 Sample10_1。

10.1.1 基本原理与核心代码

前面已经提过，剪裁测试可以在渲染时用来限制绘制区域，通过此技术可以在屏幕（帧缓冲）上指定一个矩形区域。启用剪裁测试后，将不会像前面章节介绍过的案例一样在整个屏幕（帧缓冲）中进行绘制，而是仅在指定的矩形区域中进行。

不在此矩形区域内的片元将被丢弃，只有在此矩形区域内的片元才有机会最终进入帧缓冲。因此，实际达到的效果就是在屏幕上开辟一个小窗口，可以在其中进行特定内容的绘制。

> **提示** 很多读者可能玩过《魔兽争霸 3》这款游戏，玩游戏时如果选中一个士兵，则屏幕下方的一个小方框内就会出现该士兵的动态的立体头像。为了保证该头像无论如何都不会因越界而覆盖到外面的内容，此时就可以使用剪裁测试。

使用剪裁测试所需要的核心代码如下所列。

```
1    gl.enable(gl.SCISSOR_TEST);                    //启用剪裁测试
2    gl.scissor(0,0,100,200);                       //设置区域
3    gl.disable(gl.SCISSOR_TEST);                   //禁用剪裁测试
```

> **提示** 第 2 行 gl.scissor 方法中的前两个参数为剪裁区域左下角的 x、y 坐标，后两个参数为剪裁区域的宽度和高度，单位为像素。需要注意的是，剪裁区域左下角的 x、y 坐标所采用的坐标系是以视口矩形区域的左下角为原点，x 轴向右，y 轴向上的坐标系，这与前面介绍过的定位视口时所采用的坐标系类似。

10.1.2 一个主次视角的简单案例

上一小节介绍了剪裁测试的基本原理与核心代码，本小节将通过一个简单的案例来介绍剪裁测试在实际开发中的应用，其运行效果如图 10-1 所示，本例中通过加载了一个带纹理的茶壶，开

启剪裁测试来实现主次视角。

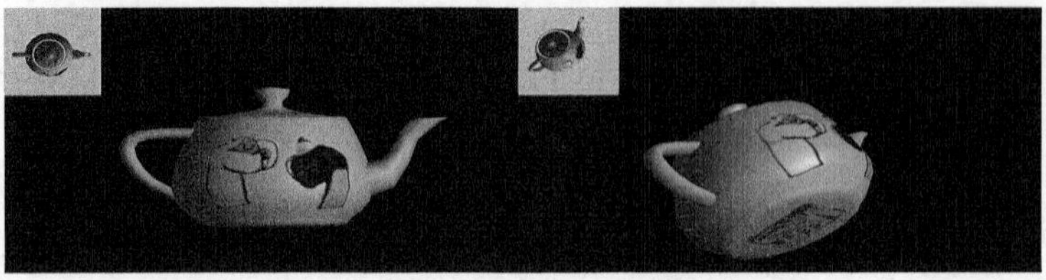

▲图 10-1 案例 Sample10_1 的运行效果图

了解了本小节案例的运行效果后，下面将详细介绍本案例的开发。由于本案例中的大部分代码与前面加载模型的代码相同，因此这里仅给出本案例中有代表性的通过剪裁测试在屏幕上同时绘制主次视角场景的代码，具体内容如下。

代码位置：见随书中源代码/第 10 章/Sample10_1 目录下的 Sample10_1.html。

```
1    …//前面省略了部分学过的代码，这里只列出本例最重要的部分
2    function drawFrame(){
3    …//此处省略了判断模型是否加载完毕部分的代码，读者可以查阅源代码进行学习
4            gl.clearColor(0.0,0.0,0.0,1.0);                          //设置屏幕背景色 RGBA
5            //清除着色缓冲与深度缓冲
6            gl.clear(gl.COLOR_BUFFER_BIT | gl.DEPTH_BUFFER_BIT);
7            ms.setProjectOrtho(-1.5,1.5,-1,1,1,300);                 //设置投影参数
8            ms.setCamera(0,0,0,0,0,-1,0,1,0);                        //设置摄像机
9            ms.pushMatrix();                                         //保护现场
10           ms.translate(0,-0.4,-25);                                //执行平移
11           ms.scale(0.025,0.025,0.025);                             //执行缩放
12           ms.rotate(currentYAngle,0,1,0);                          //执行绕 y 轴旋转
13           ms.rotate(currentXAngle,1,0,0);                          //执行绕 x 轴旋转
14           ooTri.drawSelf(ms,texMap["ghxp"]);                 //绘制物体
15           gl.enable(gl.SCISSOR_TEST);                        //启用剪裁测试，绘制副视角场景
16           gl.scissor(0,1080-300,350,300);                    //设置区域
17           gl.clearColor(0.7,0.7,0.7,1.0);                    //设置屏幕背景色 RGBA
18           //清除颜色缓存于深度缓存
19           gl.clear(gl.COLOR_BUFFER_BIT | gl.DEPTH_BUFFER_BIT);
20           //调用此方法计算产生投影参数
21           ms.setProjectOrtho(-0.17*1.5, 1.83*1.5, -1.7, 0.30, 2, 100);
22           //调用此方法产生摄像机的 9 个参数位置矩阵
23           ms.setCamera(0, 60, -25,0, -0.4, -25,0,0.0,-1.0);
24           ms.scale(0.25,0.25,0.25);                          //设置物体缩放比
25           ooTri.drawSelf(ms,texMap["ghxp"]);                 //绘制物体
26           gl.disable(gl.SCISSOR_TEST);                       //禁用剪裁测试
27           ms.popMatrix();                                    //恢复现场
28   }
```

- 第 2～14 行为案例中的主场景的绘制部分代码，本部分代码与之前案例绘制主场景的代码是一样的，首先清除缓冲，然后设置投影与摄像机参数，再执行茶壶的绘制。由于需要旋转本案例的茶壶来观察副视角，所以添加了单击茶壶旋转的代码。
- 第 15～26 行为使用剪裁测试来绘制副场景的代码，通过开启剪裁测试设置剪裁区域位置与大小，设置剪裁区域背景色，最后设置投影与摄像机参数来绘制俯视的茶壶，绘制完物体后需要关闭剪裁测试。

说明 从上述代码中可以看出，当希望同时在屏幕上绘制两个不同视角的场景时，可以先绘制主视角场景，再启用剪裁测试设置好剪裁窗口，然后绘制次视角场景即可，整体的实现非常简单。

10.2 模板测试

本节将介绍管线固定功能部分所提供的测试中最为灵活的一个——模板测试，主要包含两方面的内容：基本原理以及一个简单的案例。

10.2.1 基本原理

本章的第一节已经介绍了剪裁测试，通过运用它，应用程序可以很方便地将绘制限定在一个矩形的区域内。但如果需要把绘制限定在一个任意形状的区域内，剪裁测试就无能为力了，此时就需要使用模板测试了。模板测试也称为蒙板测试，其用途非常广泛。

例如，需要绘制一个不规则形状的池塘及其周围树木在池塘中倒影的场景，现实生活中看到的是倒影在不规则的池塘里边，为了保证倒影被正确绘制在池塘表面而不会越界，可以使用模板测试，具体情况如图 10-2 所示。

▲图 10-2　模板测试功能示意图

> 提示　图 10-2 中左侧为池塘倒影真实场景的照片，中间为不使用模板测试的情况下绘制场景的示意图，右侧为开启模板测试后绘制场景的示意图。从中间与右侧示意图的对比中可以看出，模板测试可以将绘制限制在特定的任意形状区域内，以得到正确的视觉效果。

模板测试就是通过模板缓冲中记录的模板信息来完成的。具体来说就是渲染管线在模板缓冲区中为每个位置的片元保存了一个“模板值”，当像素需要进行模板测试时，将设定的模板参考值与该片元对应位置的模板值进行比较，符合条件的片元通过测试，不符合条件的则被丢弃不进行渲染。

使用模板测试所需的核心代码如下所列。

```
gl.clear(gl.STENCIL_BUFFER_BIT);                    //清除模板缓冲
gl.enable(gl.STENCIL_TEST);                         //允许模板测试
gl.stencilFunc(gl.ALWAYS, 1, 1);                    //设置模板测试参数
gl.stencilOp(gl.KEEP, gl.KEEP, gl.REPLACE);         //设置模板测试后的操作
gl.disable(gl.STENCIL_TEST);                        //禁用模板测试
```

以上代码中，设置模板测试参数的方法 gl.stencilFunc 中的第一个参数为比较模式，第二个参数为参考值，第三个参数为掩码（mask）。比较模式包括 8 种，如表 10-1 所示。

表 10-1　模板测试的 8 种比较模式

比较模式	含义
gl.NEVER	从不通过模板测试
gl.ALWAYS	总是通过模板测试
gl.LESS	只有参考值<(模板缓冲区的值&mask) 时才通过
gl.LEQUAL	只有参考值<=(模板缓冲区的值&mask) 时才通过

续表

比较模式	含　义
gl.EQUAL	只有参考值=(模板缓冲区的值&mask) 时才通过
gl.GEQUAL	只有参考值>=(模板缓冲区的值&mask) 时才通过
gl.GREATER	只有参考值>(模板缓冲区的值&mask) 时才通过
gl.NOTEQUAL	只有参考值!=(模板缓冲区的值&mask) 时才通过

提示　表 10-1 中的"&"表示的是"位与"操作，其功能为将模板缓冲区的值与掩码值按位进行"与"操作。

设置模板测试后，操作的方法 gl.stencilOp 中 3 个参数的含义分别如下所列。

- 第一个参数表示模板测试未通过时此片元对应的模板值该如何变化。
- 第二个参数表示模板测试通过，但深度测试未通过时此片元对应的模板值该如何变化。
- 第三个参数表示模板测试和深度测试均通过时此片元对应的模板值该如何变化。

提示　如果没有启用深度测试，则认为深度测试总是通过。

3 个参数的可选值情况如表 10-2 所示。

表 10-2　3 个参数的可选值

参　数　值	模板值变化情况
gl.KEEP	不改变
gl.ZERO	回零
gl.REPLACE	使用测试条件中的设定值来代替当前模板值
gl.INCR	增加 1，但如果已经是最大值，则保持不变
gl.INCR_WRAP	增加 1，但如果已经是最大值，则重新从零开始
gl.DECR	减少 1，但如果已经是零，则保持不变
gl.DECR_WRAP	减少 1，但如果已经是零，则重新设置为最大值
gl.INVERT	按位取反

提示　假定模板缓冲区中每个像素采用了 n 个比特，则模板值的取值范围为 0～(2^n−1)。

实际开发中，要根据具体的需求灵活组合使用表 10-2 中列出的操作。例如前面提到的绘制池塘中倒影的情况，应该包括下列操作步骤。

（1）关闭模板测试，绘制出地面和树木。

（2）开启模板测试，使用 gl.clear 方法设置所有片元位置的模板值为 0。

（3）设置下列参数组合后绘制池塘水面。

```
gl.stencilFunc(gl.ALWAYS, 1, 1);                    //设置模板测试参数
gl.stencilOp(gl.KEEP, gl.KEEP,gl.REPLACE);          //设置模板测试后的操作
```

提示　完成了池塘水面的绘制后，模板缓冲中有池塘水面片元的位置对应的模板值为 1，否则为 0。

（4）设置下列参数组合后绘制倒影。

```
gl.stencilFunc(gl.EQUAL, 1, 1);                     //设置模板测试参数
gl.stencilOp(gl.KEEP, gl.KEEP, gl.KEEP);            //设置模板测试后的操作
```

提示 这样，只有对应位置模板值为 1 的片元才会被绘制，也就是只有“水面”中的片元才有可能被倒影的片元替换，而其他片元则保持不变。

10.2.2 一个简单的案例

上一小节介绍了模板测试的基本原理，本小节将给出一个使用了模板测试的案例——Sample10_2，其运行效果如图 10-3 所示。同时，为了对比没有启用模板测试的情况，图 10-4 给出了关闭了模板测试后案例 Sample10_2 运行的情况。

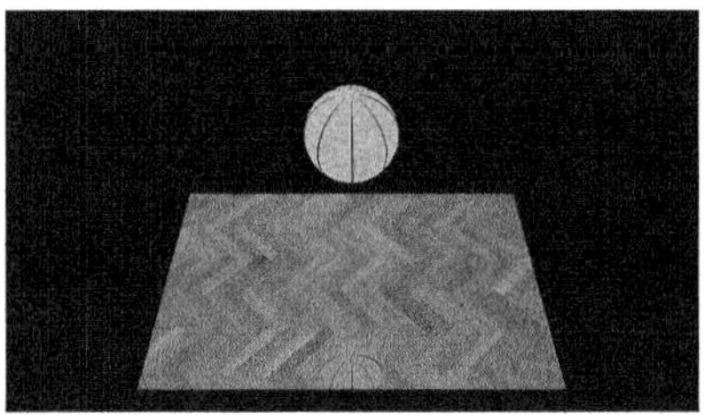

▲图 10-3 案例 Sample10_2 的运行效果

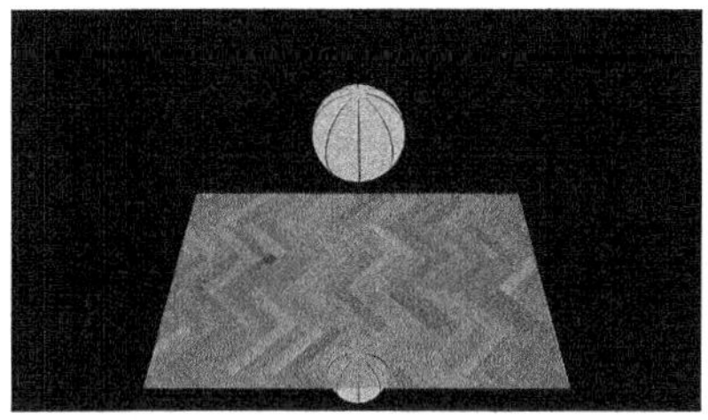

▲图 10-4 禁止模板测试后的运行效果

提示 从图 10-3 和图 10-4 的对比中可以看出，此案例中使用模板测试的作用是使篮球的镜像体不会绘制到地板以外的区域。

了解了案例的运行效果后，接下来将对本案例的具体开发过程进行介绍。由于本案例主要是对前面镜像绘制案例的升级，因此在这里仅给出本案例中特殊的、有代表性的部分，即使用模板测试绘制的部分，具体内容如下。

代码位置：见随书中源代码/第 10 章/Sample10_2 目录下的 Sample10_2.html。

```
…//前面省略了部分学过的代码，这里只列出本例最重要的部分
function drawFrame()
…//此处省略了判断模型是否加载完毕部分的代码，读者可以查阅源代码进行学习
      //清除着色缓冲与深度缓冲
      gl.clear(gl.COLOR_BUFFER_BIT | gl.DEPTH_BUFFER_BIT);
      gl.clear(gl.STENCIL_BUFFER_BIT);                    //清除模板缓存
      gl.disable(gl.DEPTH_TEST);                          //关闭深度检测
      gl.enable(gl.STENCIL_TEST);                         //允许模板测试
      gl.stencilFunc(gl.ALWAYS, 1, 1);                    //设置模板测试参数
      //设置模板测试后的操作
      gl.stencilOp(gl.KEEP, gl.KEEP, gl.REPLACE);
      ms.pushMatrix();                                    //保护现场
      ms.scale(0.3,0.3,0.3);                              //执行缩放
      rectdb.drawSelf(ms,texMap["db"]);                   //绘制反射面地板
      ms.popMatrix();                                     //恢复现场
      gl.stencilFunc(gl.EQUAL,1, 1);                      //设置模板测试参数
      //设置模板测试后的操作
      gl.stencilOp(gl.KEEP, gl.KEEP, gl.KEEP);
      drawmirror();                                       //绘制镜像体
      gl.disable(gl.STENCIL_TEST);                        //禁用模板测试
      gl.enable(gl.BLEND);                                //开启混合
      //设置混合因子
      gl.blendFunc(gl.SRC_ALPHA, gl.ONE_MINUS_SRC_ALPHA);
       ms.pushMatrix();                                  //保护现场
      ms.scale(0.3,0.3,0.3);                             //执行缩放
      rectdb.drawSelf(ms,texMap["tm"]);                  //绘制半透明反射面地板
       ms.popMatrix();                                   //恢复现场
       gl.enable(gl.DEPTH_TEST);                         //开启深度检测
      gl.disable(gl.BLEND);                              //关闭混合
      drawball();                                        //绘制实际物体
}
```

- 第 2～20 行为本例关键，通过模板测试将镜像体的绘制仅限制于特定的区域内。设置模板测试时除了需要注意各绘制物体的顺序问题外，还需要注意模板测试参数需要设置两次，只有这样镜像体才可以被正确绘制到相应位置。
- 模板测试一般需要绘制两次，第一次用来产生存储了特殊区域信息模板值的模板缓冲，第二次利用模板缓冲中的值进行测试，使得绘制仅被限制在特定的区域内。

> **注意**　在完成上述代码开发后，在网页中会看出来模板测试并没有实现，其原因是只设置 gl.enable（gl.STENCIL_TEST）是不够的，在获取 WebGL 的 context 时还需要额外设置参数才能开启模板缓冲功能：context = canvas.getContext(names[ii],{stencil: true})；。

10.3 任意剪裁平面

实际开发中偶尔会有这样的需求，仅绘制某一特定平面所确定半空间中的物体部分，其他部分进行绘制，就像物体被切掉了一部分一样。此时就可以使用任意剪裁平面技术。本小节将对其进行详细的介绍，首先会给出任意剪裁平面的基本原理，接下来会给出一个使用任意剪裁平面的案例。

10.3.1 基本原理

除了视景体的 6 个剪裁平面（左、右、底、顶、近和远）之外，用户还可以再指定其他任意平面进行剪裁。剪裁平面可以用于删除场景中无关的物体部分，例如用于显示物体的剖面视图。WebGL 使用剪裁平面时，只要给出所用剪裁平面的参数即可。

下面给出了在 WebGL 中实现任意剪裁平面所需的工作，其需要开发人员在片元着色器中通过编程实现，具体步骤如下所示。

（1）给出用于定义剪裁平面的 4 个参数 A、B、C、D，这 4 个参数分别是平面解析方程（Ax+By+Cz+D=0）中的 4 个系数。

（2）将剪裁平面的 4 个参数传入渲染管线，以备着色器使用。

（3）在顶点着色器中判断顶点是否在平面的某一侧，具体的方法为：将顶点位置（x0,y0,z0）代入平面方程 Ax+By+Cz+D=0，完成计算后将得到的值传入片元着色器。

（4）片元着色器中根据接收到的 Ax0+By0+Cz0+D 表达式的值与 0 之间的关系就可以得出顶点与剪裁平面之间的位置关系，以决定是否丢弃片元。

> **提示**　若 Ax0+By0+Cz0+D>0，则顶点在平面的一侧，反之在平面的另一侧。

10.3.2 茶壶被任意平面剪裁的案例

上一小节介绍了剪裁平面的基本原理，本小节通过一个案例（Sample10_3）来介绍任意剪裁平面的使用，其运行效果如图 10-5 所示。

> **说明**　图 10-5 从左至右给出了一个茶壶被 3 个不同参数的剪裁平面剪裁的情况。

了解了案例的运行效果后，接下来将对本案例的具体开发过程进行介绍。由于本案例主要是对前面章节加载模型案例的升级，因此在这里仅给出本案例中特殊的、有代表性的部分，具体内容如下。

（1）首先介绍主绘制场景的方法，其中讲述的内容与第一节的主绘制方法类似，就加上了动态更新截面位置，所以本节代码也是十分简单的，现在来看一下具体的代码。

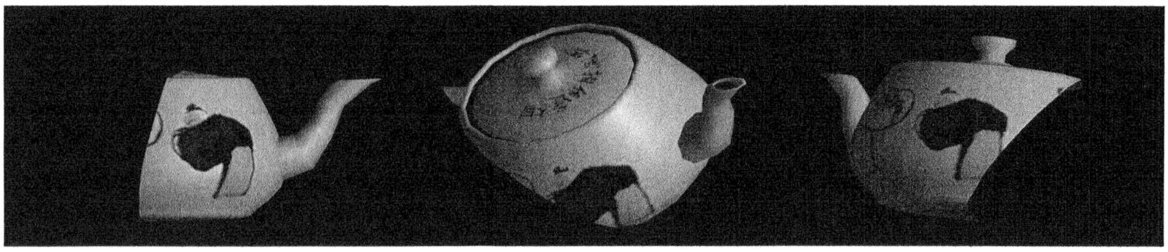

▲图 10-5 案例 Sample10_3 的运行效果图

代码位置：见随书中源代码/第 10 章/Sample10_3 目录下的 Sample10_3.html。

```
1   function drawFrame()
2   …//此处省略了判断物体是否加载完毕的代码，读者可以查阅源代码
3       if (countE >= 2) {spanE = -0.01;                    //跨度设为负值
4       } else if (countE <= 0) {spanE = 0.01;}              //剪裁面参数跨度
5       countE = countE + spanE;                             //修改剪裁面参数
6       var e=[1.0, countE - 1.0, -countE + 1.0, 0.0];       //定义剪裁平面
7       gl.clearColor(0.0,0.0,0.0,1.0);                      //设置屏幕背景色 RGBA
8       //清除着色缓冲与深度缓冲
9       gl.clear(gl.COLOR_BUFFER_BIT | gl.DEPTH_BUFFER_BIT);
10      ms.setProjectOrtho(-1.5,1.5,-1,1,1,300);             //设置投影参数
11      ms.setCamera(0,0,0,0,0,-1,0,1,0);                    //设置摄像机
12      ms.pushMatrix();                                     //保护现场
13      ms.translate(0,-0.4,-25);                            //执行平移
14      ms.scale(0.025,0.025,0.025);                         //执行缩放
15      ms.rotate(currentYAngle,0,1,0);                      //执行绕 y 轴旋转
16      ms.rotate(currentXAngle,1,0,0);                      //执行绕 x 轴旋转
17      ooTri.drawSelf(ms,texMap["ghxp"],e);                 //绘制物体
18      ms.popMatrix();                                      //恢复现场
19  }
```

- 本段代码中主要的就是 3～6 行，用于动态更新剪裁平面的参数，通过每帧刷新时比较参考值的大小来修改参数的增量来改变剪裁面的参数。每帧都会有一个剪裁平面，将这个剪裁面传到着色器中进行剪裁。
- 第 7～19 行为设置背景颜色，清除颜色与深度缓冲，设置投影参数、摄像机参数，最后绘制物体，这一系列流程与前面案例类似。需要注意的就是，在绘制物体的每帧时需要将剪裁平面传到着色器中。

说明 上述代码中主要是增加了在绘制每一帧画面前对平面解析方程中的参数进行微调，并将平面解析方程参数数组传递给绘制方法 drawSelf 的代码，其他的部分基本没有变化。

（2）接着有变化的就是在物体类 ObjObject 中增加了将平面解析方程参数数组传递进渲染管线的方法，此部分代码与将矩阵管理对象传递进渲染管线的代码完全相同，这里不再赘述，需要了解的读者请自行查阅随书中的源代码。

（3）完成了 Java 代码的介绍后，下面介绍实现了任意剪裁平面的着色器，首先来看一下顶点着色器，其代码如下。

代码位置：见随书中源代码/第 10 章/Sample10_3/shader 目录下的 shader.bns。

```
uniform mat4 uMVPMatrix;                 //总变换矩阵
uniform mat4 uMMatrix;                   //变换矩阵
uniform vec3 uLightLocation;             //光源位置
uniform vec3 uCamera;                    //摄像机位置
attribute vec3 aPosition;                //顶点位置
attribute vec3 aNormal;                  //顶点法向量
attribute vec2 aTexCoor;                 //顶点纹理坐标
uniform vec4 u_clipPlane;                //剪裁平面
varying vec4 ambient;                    //用于传递给片元着色器的环境光最终强度
varying vec4 diffuse;                    //用于传递给片元着色器的散射光最终强度
varying vec4 specular;                   //用于传递给片元着色器的镜面光最终强度
```

```
varying vec2 vTextureCoord;                    //用于传递给片元着色器的纹理坐标
varying float u_clipDist;                      //用于传递给片元着色器的剪裁信息
…//此处省略了计算光照的 pointLight 方法，读者可自行查看随书的源代码
void main(){
   gl_Position = uMVPMatrix * vec4(aPosition,1); //根据总变换矩阵计算此次绘制的顶点的位置
   pointLight(normalize(aNormal),ambient,diffuse,specular,
   uLightLocation,vec4(0.1,0.1,0.1,1.0),vec4(0.7,0.7,0.7,1.0),vec4(0.3,0.3,
   0.3,1.0));
   //将顶点位置（x0,y0,z0）代入平面方程 Ax+By+Cz+D=0,并将计算结果传递给片元着色器
   //若 Ax0+By0+Cz0+D>0，则顶点在平面的上侧，反之在平面的下侧
   u_clipDist = dot(aPosition.xyz, u_clipPlane.xyz) +u_clipPlane.w;
}
```

> **提示**　上述顶点着色器的代码中主要是增加了将顶点位置代入平面解析方程，并将计算结果通过易变变量传递给片元着色器的代码。

（4）介绍完顶点着色器后，接下来介绍片元着色器，其代码如下。

代码位置：见随书中源代码/第 10 章/Sample10_3/shader 目录下的 shader.bns。

```
1    precision mediump float;                     //给出默认的浮点精度
2    uniform sampler2D sTexture;                  //纹理内容数据
3    varying vec4 ambient;                        //从顶点着色器传递过来的环境光最终强度
4    varying vec4 diffuse;                        //从顶点着色器传递过来的散射光最终强度
5    varying vec4 specular;                       //从顶点着色器传递过来的镜面光最终强度
6    varying vec2 vTextureCoord;                  //从顶点着色器传递过来的纹理坐标信息
7    varying float u_clipDist;                    //从顶点着色器传递过来的剪裁信息
8    void main(){
9    if(u_clipDist < 0.0) discard;                //根据剪裁信息来决定是否丢弃片元
10   vec4 finalColor=texture2D(sTexture, vTextureCoord);         //获得纹理内容
11   gl_FragColor = finalColor*ambient+finalColor*specular+finalColor*diffuse;
                                                                 //给此片元颜色值
12   }
```

> **提示**　从上述片元着色器的代码中可以看出，最主要的就是第 9 行，增加的根据接收的剪裁信息值是否小于 0 来决定是否丢弃片元的代码，其他的部分基本没有变化。

10.4 本章小结

本章主要介绍了几种常用的测试，包括剪裁测试、模板测试及任意剪裁平面。这些技巧的使用频率并不是很高，但是巧妙使用可以使整个应用或者游戏更加吸引人。

3D 场景中可以看到各方位的视角，所以在同一界面通过不同剪裁效果实现这些视角后，不仅使 3D 场景更加真实，还可以增强使用者的体验感。通过本章的学习，读者可以利用这些知识在实际开发中渲染出更加酷炫的 3D 场景。

10.5 习题

1．请通过剪裁测试在屏幕上同时绘制一个 3D 人物模型的正面和侧面。

2．模板测试的原理是什么？请对其进行概述。

3．写出模板测试的 8 种比较模式，并分别介绍其含义。

4．对案例 Sample10_2 进行调试，对比模板测试在开启和关闭情况下的渲染结果。

5．概述任意剪裁平面的基本原理。

6．请写出 WebGL 中实现任意剪裁平面所需的工作。

第 11 章　Three.js 引擎

本书前面的章节中已经对 WebGL 开发中需要掌握的知识和技巧进行了详细介绍，相信读者已经对 WebGL 的开发步骤和技巧有了深入的了解。本章将向读者详细介绍 Three.js 引擎。此库提供了基于 WebGL 的 API，大大降低了开发难度。

11.1 Three.js 概述

Three.js 是使用 JavaScript 语言编写的一款运行在浏览器中的 3D 引擎。与 WebGL 不同，开发人员在使用 Three.js 进行开发时，无需掌握高深的图形学知识，只需使用少量 JavaScript 代码即可创建出一个 3D 场景。可以说，Three.js 的出现对 3D 开发领域产生了巨大的推动作用。

11.1.1 Three.js 简介

从前面章节的介绍中，读者可以了解到 WebGL 的封装度很低，开发人员需要使用 JavaScript 调用 WebGL 各种底层的 API，过程十分烦琐，出错率极高。为了解决这一问题，Three.js 3D 引擎被开发出来，其功能如下所示。

- 根据开发人员的需求方便快捷地创建出 3D 图形。
- 为物体的渲染提供多种类型的纹理和材质。
- 自带阴影计算功能，可实现逼真的阴影效果。
- 支持多种格式 3D 物体和骨骼动画，使 3D 场景更加丰富。
- 引擎中带有多种着色器，可实现多种逼真的效果。

Three.js 是 Github 上的一个开源项目，自从其诞生开始就受到无数开发人员的追捧，任何有能力的人都可以对其进行完善，所以发展极其迅速。到目前为止，Three.js 已经成为一个较为完善的 3D 引擎，被国内外开发人员广泛使用。

正式学习 Three.js 的代码开发之前，读者有必要先了解开发前的准备步骤。

登录 github 网站可以下载整个 Three.js 项目。build 目录存储着 three.js 和 three.min.js 两个文件。three.js 没有进行代码压缩，适合调试使用。three.min.js 进行了压缩，但是调试比较烦琐，适合用于最终发布，本书开发时使用 three.js 文件。

下载完成后，在 HTML 中将 three.js 文件作为外部文件引入，即可通过全局变量 THREE 对库中所有变量和方法进行操作，引入的代码如下。

```
<script type="text/javascript" src="three.js"></script>
```

> **提示**　进行 Three.js 开发时，选择一款合适的浏览器也是非常重要的。当前市面上 Google Chrome 的兼容性是最好的，完全可以满足开发和测试需要。Firefox、Opera、Safri 等主流浏览器基本上都支持 Three.js。IE 浏览器的兼容性较差，不推荐使用。

11.1.2　Three.js 效果展示

上一小节中已经对 Three.js 的基本情况进行了介绍，相信读者已经对其有了一定的了解。为了使读者能够更加直观地感受到 Three.js 的强大之处，本节将对现在市面上使用此引擎开发的优秀作品进行介绍。

下面的几幅图（见图 11-1～图 11-4）就是笔者看到的一些使用 Three.js 3D 引擎制作的精美网页截图。

▲图 11-1　F1 方程式

▲图 11-2　睡衣音乐俱乐部

▲图 11-3　星际飞车

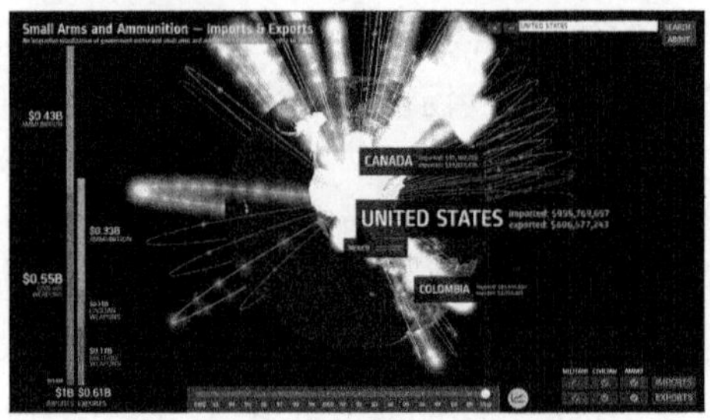

▲图 11-4　武器地球仪

通过上面的截图可以看出，使用 Three.js 可以开发出炫酷、逼真的 3D 场景，给用户带来强烈的视觉冲击。另外，Three.js 又具有封装度高、开发难度低等优势。相信在不久的将来，Three.js 会迸发出更大的能量。

> **提示**　可能仅仅通过上面的插图难以体验到画面的精美，有兴趣的读者可以登录 Three.js 的官方网站对各类优秀的作品进行体验。

11.2　初识 Three.js 应用

上节中已经简单介绍了 Three.js 的基本情况，相信读者已经对其有了一定的认识。本节将给出一个简单的案例，详细介绍使用 Three.js 进行开发的基本步骤，进一步提高读者对程序开发的理解。运行效果如图 11-5 所示。

前面介绍了本案例的运行效果图，有兴趣的读者可在自己的设备上运行本案例。下面将通过本案例的详细代码讲解具体开发步骤。

（1）进行 Three.js 的代码开发之前，首先需要将下载的 three.js 复制到项目目录中，本案例将 three.js 复制到名称为 util 的文件夹中以备开发使用。

（2）复制完成后，就可以开始进行代码的编写工作了。主要的思路为新建一个 HTML 文件，将 three.js 文件作为外部文件引入，之后通过编写 JavaScript 代码对整个项目进行操作。具体的代码如下。

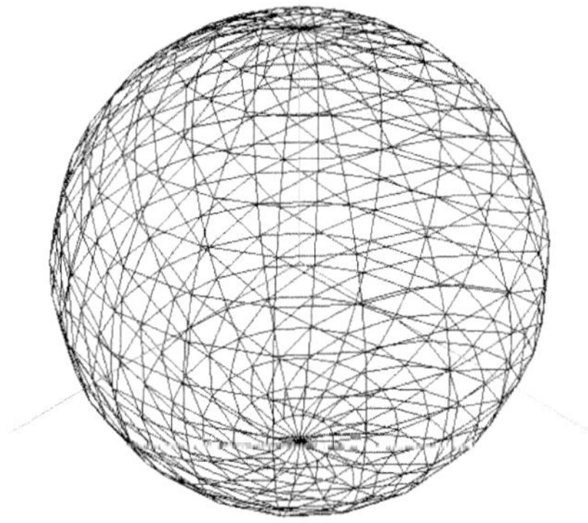

▲图 11-5 案例运行效果图

代码位置：见随书中源代码/第 11 章/Sample11_1 目录下的 example.html 文件。

```
1  <!DOCTYPE html>
2  <html>
3  <head>
4      <title>Example 1</title>
5      <script type="text/javascript" src="util/three.js"></script>
6      <style>body{margin: 0;overflow: hidden;}</style>
7  </head>
8  <body>
9  <div id="WebGL-output"></div>
10 <script type="text/javascript">
11  //当网页加载完成后运行的 JavaScript 方法
12  function init() {
13    var scene = new THREE.Scene();                                  //新建场景
14    var camera = new THREE.PerspectiveCamera(45, window.innerWidth
15             /window.innerHeight, 0.1, 1000);                       //新建摄像机位置
16    var renderer = new THREE.WebGLRenderer();                       //新建渲染器
17    renderer.setClearColor(new THREE.Color(0xffffff));              //设置背景颜色
18    renderer.setSize(window.innerWidth, window.innerHeight); //设置渲染窗口大小
19    var axes = new THREE.AxisHelper(6);                   //新建坐标辅助工具
20    scene.add(axes);                                      //将坐标辅助工具添加到场景中
21    var sphereGeometry = new THREE.SphereGeometry(4, 20, 20);  //创建几何对象
22    var sphereMaterial = new THREE.MeshBasicMaterial(
23             {color: 0x7777ff, wireframe: true});                  //创建基本材质
24    var sphere = new THREE.Mesh(sphereGeometry, sphereMaterial); //新建网格对象
25    sphere.position.x = 0;                                          //设置球体的位置
26    sphere.position.y = 0;
27    sphere.position.z = 0;
28    scene.add(sphere);                                    //将球体添加到场景中
29    camera.position.x = 10;                               //设置摄像机位置
30    camera.position.y = 10;
31    camera.position.z = 10;
32    camera.lookAt(scene.position);                        //设置摄像机焦点
33    //将渲染结果添加到网页的元素中
34    document.getElementById("WebGL-output").appendChild(renderer.domElement);
35    renderScene();//绘制方法
36    function renderScene() {
37      sphere.rotation.y += 0.02;//更新球体的旋转角度
38      requestAnimationFrame(renderScene);                 //请求绘制下一帧
39      renderer.render(scene, camera);                     //绘制当前画面
40 }}
41  window.onload = init;                                   //加载完成后执行 init 方法
42  </script>
43  </body>
44  </html>
```

❑ 第 1～10 行为网页开发中经常使用的一些标签。其功能为设置标题和页面的全屏显示效果，并将 util 目录下的 three.js 作为外部文件引入案例中使用。

- 第 13～18 行为新建场景、摄像机、渲染器的相关代码，为后面的渲染工作做好准备。这些都是 Three.js 项目开发中必不可少的组件，后文将会进行详细介绍。
- 第 19～35 行为创建坐标辅助工具、球体和设置摄像机位置的代码。坐标辅助工具相当于 3D 空间中的坐标轴，这样开发人员可以方便地调整物体的位置。
- 第 36～40 行为不断被调用的绘制方法。绘制下一帧之前改变球体的旋转角度。
- 第 41 行为利用 onload 事件进行初始化的相关代码，此事件会在页面加载完成后立即发生。

11.3 Three.js 基本组件

上一节中通过一个案例详细介绍了使用 Three.js 进行开发的主要框架，可能一部分读者会对案例中的具体代码感到疑惑。为了使读者的理解更加深入，本节分别对场景、摄像机、渲染器等基本组件进行详细介绍。

11.3.1 场景

前面的案例中，摄像机、网格对象和坐标辅助对象等组件都被添加到 THREE.Scene（场景）中。从中可以看出，场景就像是其他组件的容器。必须将物体添加到场景中才有可能将其绘制出来。对场景进行操作的函数如表 11-1 所示。

表 11-1　对场景进行操作的函数

函 数 名 称	函数的作用
Scene.add()	将物体添加到场景中
Scene.remove()	将物体从场景中移除
Scene.children()	获取场景中所有子对象
Scene.getChildByName()	根据 name 属性获取场景中的特定物体

除了上述的操后外，开发人员还可以直接对场景对象的 fog 属性进行设置，从而为整个画面添加真实的雾化效果，操作十分简便。举一个例子，如果需要在场景中添加一种白色的雾化效果，只需要在场景绘制完毕后添加如下代码。

```
scene.fog = new Three.fog(0xffffff,1,100);
```

上面代码中 0xffffff 使用的是颜色的十六进制表示法，代表白色。1 代表的是 near（近处）属性的值，100 代表的是 far（远处）属性的值。这两个属性确定了雾化效果的起始位置以及浓度加深的程度。

前面介绍了与场景相关的基本知识，下面将给出一个完整的案例进行进一步的探讨和研究。运行此案例时，用户可通过右上角的操作界面进行添加和移除正方体的操作。Sample11_2 的具体运行效果如图 11-6 所示，关闭雾化效果后的效果图如图 11-7 所示。

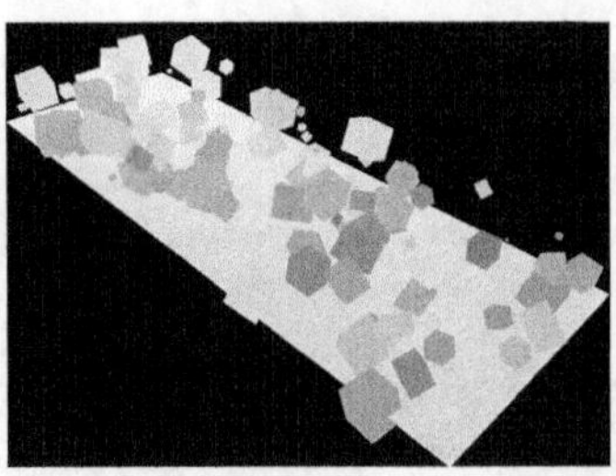

▲图 11-6　开启雾化效果后的运行效果图

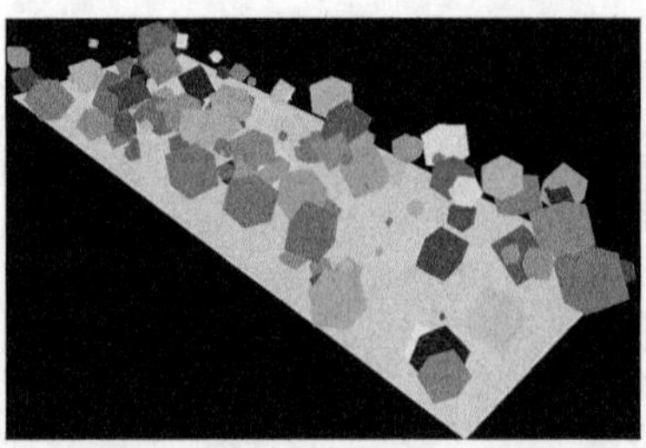

▲图 11-7　关闭雾化效果后的效果图

> **说明**　关闭雾化效果也十分简单，只需找到案例中的 scene.fog = new Three.fog (0xffffff,1,100)并将其去掉即可。由于篇幅有限，本书不再单独给出去掉雾化效果的案例，读者可按照上述方法自行修改。

由于本案例需要通过单击按钮实现对场景进行操作，直接使用网页上的按钮标签会影响整个网页的美观性，所以本案例选取 Google 公司开发的 dat.GUI 开源库进行开发（后文称其为可视化操作界面）。下面将对整个案例的开发步骤进行详细介绍。

（1）首先登录 Google 网站下载库文件 dat.gui.js。为了使整个项目的文件部署更加清晰，将此文件放置在 util 文件夹目录下，并在 HTML 文件中使用标签将其引入。官方的库文件不支持中文，为了解决这一问题，笔者对其代码进行了修改，读者直接使用即可。

（2）接下来就要进行代码部分的开发了。首先要进行的是初始化摄像机、新建渲染器、设置渲染窗口等基本工作，并将新建一个长方形平面，将其添加到场景中。下面将给出此部分的具体代码。

代码位置：见随书中源代码/第 11 章/Sample11_2 目录下的 example.html 文件。

```
1   function init(){//当网页加载完成后运行的 JavaScript 方法
2       var scene = new THREE.Scene();                              //新建场景
3       var camera = new THREE.PerspectiveCamera(45, window.innerWidth /
4           window.innerHeight, 0.1, 1000);                         //新建摄像机
5       var renderer = new THREE.WebGLRenderer();                   //新建渲染器
6       renderer.setClearColor(new THREE.Color(0x000000));          //设置背景颜色
7       renderer.setSize(window.innerWidth, window.innerHeight); //设置渲染窗口大小
8       var planeGeometry = new THREE.PlaneGeometry(60, 20);       //新建长方形平面
9       //新建平面使用的材质
10      var planeMaterial = new THREE.MeshBasicMaterial({color: 0xcccccc});
11      var plane = new THREE.Mesh(planeGeometry, planeMaterial);   //新建网格对象
12      plane.rotation.x = -0.5 * Math.PI;                  //设置平面的旋转角度
13      plane.position.x = -10;                             //设置长方形平面的位置
14      plane.position.y = 0;
15      plane.position.z = 0;
16      scene.add(plane);                                   //将长方形平面添加到场景中
17      scene.fog = new THREE.Fog(0xffffff,1,100);          //开启雾化效果
18      camera.position.x = 30;                             //设置摄像机位置
19      camera.position.y = 30;
20      camera.position.z = 30;
21      camera.lookAt(scene.position);                      //设置摄像机焦点
22      …//此处省略了使用 dat.GUI 库和渲染方法的详细代码，下文会详细介绍
23  }
```

- 第 2～7 行为新建场景、摄像机、渲染器等对象的相关代码，对渲染进行初始化。
- 第 8～16 行为创建长方形平面并设置位置和旋转角度的相关代码。平面网格对象的构造函数 THREE.PlaneGeometry 中，两个参数分别为平面的长和宽。创建完成后，长方形位于 x、y 轴所在平面上，所以要对其进行旋转。
- 第 17 行为开启雾化效果的代码。若要关闭雾化效果，直接删除此句代码即可。

（3）对渲染部分进行初始化后，就要开始使用 dat.GUI 库对可视化操作界面的外观和业务逻辑进行设置了。大体的思路是定义一个 JavaScript 对象，用来保存需要通过 dat.GUI 执行的方法和修改的变量。具体代码如下所示。

代码位置：见随书中源代码/第 11 章/Sample11_2 目录下的 example.html 文件。

```
function init() {
  …//此处省略了对渲染工作进行初始化的相关代码，前文已经对其进行了详细介绍
  var controls = new function (){                        //可视化操作界面的控制方法
    this.addCube = function (){                          //将正方体加入场景的方法
      var cubeSize = Math.random() * 3;
      var cubeGeometry = new THREE.BoxGeometry(cubeSize,
          cubeSize, cubeSize);                           //新建正方体的几何对象
      var cubeMaterial = new THREE.MeshBasicMaterial({
```

```
9            color: Math.random() * 0xffffff});                        //新建材质
10         var cube = new THREE.Mesh(cubeGeometry, cubeMaterial);     //新建网格对象
11         cube.position.x =  Math.random() * planeGeometry.parameters.width-
12             planeGeometry.parameters.width/2-10;                //随机确定正方体位置
13         cube.position.y = Math.round((Math.random() * 5));  //使其高度不超过 5
14         cube.position.z = Math.random() * planeGeometry.parameters.height-
15             planeGeometry.parameters.height/2;
16         scene.add(cube);                                       //将正方体添加到场景中
17      };
18      this.removeCube = function (){                           //将正方体从场景移除的方法
19        var childrenOfScene = scene.children;                  //得到场景中的所有子对象
20        var lastObject = childrenOfScene[childrenOfScene.length - 1];
        //最后添加的对象
21        //如果此对象是网格对象，且不是长方体平面
22        if (lastObject instanceof THREE.Mesh&& lastObject != plane) {
23           scene.remove(lastObject);                          //将此对象移除
24    }};};
25    var gui = new dat.GUI();                                  //新建可视化操作界面
26    gui.add(controls, 'addCube', "添加正方体");               //添加将正方体加入场景的方法
27    gui.add(controls, 'removeCube', "删除正方体");            //添加将正方体从场景中移除的方法
28    //将渲染结果添加到网页的元素中
29    document.getElementById("WebGL-output").appendChild(renderer.domElement);
30    renderScene();                                          //渲染画面
31    function renderScene() {
32        scene.traverse(function (e) {                       //如果对象为网格对象且不是长方形平面
33         if (e instanceof THREE.Mesh && e != plane){
34           e.rotation.x += 0.02;                            //不断改变正方体的旋转角度
35           e.rotation.y += 0.02;
36           e.rotation.z += 0.02;
37          }});
38       requestAnimationFrame(renderScene);                  //请求绘制下一帧
39       renderer.render(scene, camera);                      //渲染当前画面
40   }}
41   window.onload = init;                                    //当网页加载后执行 init 方法
```

- 第 4～16 行为向场景中添加正方体的相关代码。首先随机确定正方体的边长和材质信息，然后创建网格对象，确定其位置后使用 scene.add()函数将其添加到场景中。
- 第 19～23 行为从场景中移除正方体的相关代码。scene.children 代表此场景中的所有子对象组成的数组，所以找到数组末尾的对象并使用 scene.remove()移除即可。
- 第 25～27 行为使用 dat.GUI 库创建可视化操作界面的相关代码。首先新建 dat.GUI 类的 gui 对象。接着使用 gui.add()函数添加具体的按钮和功能。
- 第 31～37 行为实现正方体不断旋转的相关代码。此过程中将一个回调函数传入 scene.traverse 方法()，以此来实现对场景子对象的操作和管理。

11.3.2　几何对象

通过对前面章节的学习，读者应该认识到在 WebGL 创建球体、正方体等几何体时需要自行给出顶点位置或者从外部加载，过程比较烦琐。Three.js 作为一款功能强大的 3D 开发引擎，自带了多种类型的几何对象。开发人员只需要调用对应的 API 即可快速创建几何体。

为了使读者对几何对象有更加深入的认识和理解，下面将对 Three.js 中自带几何对象的构造函数及参数进行详细说明，具体情况如表 11-2 所示。

表 11-2　　几何对象的构造函数及参数说明

几何对象	构 造 函 数	参 数 说 明
长方体	THREE.CubeGeometry(width,height,depth,widthSegments,heightSegments,depthSegments)	前 3 个参数分别指长方体 x、y、z 轴上的长度。后 3 个参数指 x、y、z 方向的分段数，缺省值为 1
平面	THREE.PlaneGeometry(width,height,widthSegments,heightSegments)	前两个参数分别指 x、y 轴上的长度。后两个参数分别代表 x、y 方向上的分段数

续表

几何对象	构造函数	参数说明
球体	THREE.SphereGeometry(radius,segmentsWidth,segmentsHeight,phiStart,phiLength,thetaStart,thetaLength)	radius 代表球体半径，第二、三个参数分别代表经度和纬度上的切片数。最后 4 个参数代表经度开始的弧度、经度跨过的弧度、纬度开始的弧度、纬度跨过的弧度
圆形	THREE.CircleGeometry(radius,segments,thetaStart,thetaLength)	radius 代表半径，segments 代表分段数，后两个参数代表起始的弧度和跨过的弧度
圆柱体	THREE.CylinderGeometry(radiusTop,radiusBottom,height,radiusSegments,heightSegments,openEnded)	RadiusTop、radiusBottom 代表顶面和底面的半径，height 代表圆柱高度，radiusSegments 与 heightSegments 指分段数，openEnded 表示是否有顶面和底面
正四面体	THREE.TetrahedronGeometry(radius,detail)	radius 代表边长，detail 是细节层次的层数，一般可以对这个值缺省
正八面体	THREE.OctahedronGeometry(radius,detail)	参数说明与正四面体相同
二十面体	THREE.IcosahedronGeometry(radius,detail)	参数说明与正四面体相同
圆环	THREE.TorusGeometry(radius,tube,radialSegments,tubularSegments, arc)	radius 指圆环半径，tube 指管道半径，radialSegments 与 tubularSegments 指横向和纵向的分段数。arc 指圆环面弧度
圆环结	THREE.TorusKnotGeometry(radius,tube,radialSegments,tubularSegments,p,q, heightScale)	前 4 个参数说明同圆环面，p 和 q 是控制其样式的参数，一般可缺省。heightScale 是在 z 轴方向上的缩放值

提示 对于圆形、圆柱体、球体等几何图形来说，分段数越多，图形的表面和线条就显得更加平滑，更加有真实感，有兴趣的读者可自行试验。

仅通过上面的表格，读者很难做到熟练创建需要的几何对象。下面将通过一个简单的案例 Sample11_3 对各种几何对象的创建进行详细介绍。介绍代码部分之前，首先对本案例的运行效果进行展示，其具体运行效果如图 11-8 所示。

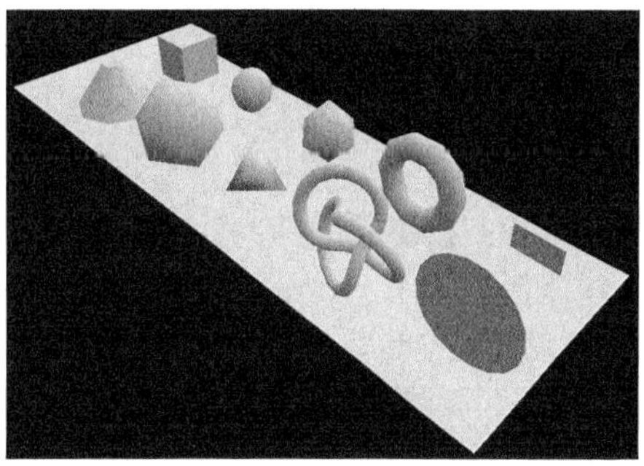

▲图 11-8　各种几何对象的外观

从图中可以看出，利用 Three.js 引擎可以创建出多种几何对象，而且灵活性非常高。本案例的开发思路是保留 Sample11_2 中初始化渲染工作的相关代码，并把以多种几何体为基础创建的网格对象添加到场景中，具体代码如下。

代码位置：见随书中源代码/第 11 章/Sample11_3 目录下的 example.html 文件。

```
function init(){//当网页加载完成后运行的 JavaScript 方法
  …//此处省略了对渲染进行初始化的代码，读者可自行查阅中的源代码
  function addGeometry(){        //添加几何对象的方法
    var geometryArray=[];              //存储几何对象的数组
    geometryArray.push(new THREE.BoxGeometry(4, 4, 4));          //新建正方体
    geometryArray.push(new THREE.CylinderGeometry(1, 4, 4));     //新建圆台
    geometryArray.push(new THREE.SphereGeometry(2));             //新建球体
    geometryArray.push(new THREE.IcosahedronGeometry(4));        //新建正二十面体
    geometryArray.push(new THREE.OctahedronGeometry(3));         //新建正八面体
    geometryArray.push(new THREE.TetrahedronGeometry(3));        //新建正四面体
    geometryArray.push(new THREE.TorusGeometry(3, 1, 10, 10));   //新建圆环
    geometryArray.push(new THREE.TorusKnotGeometry(3, 0.5, 50, 20));//圆环结
    geometryArray.push(new THREE.PlaneGeometry(4,2));            //新建长方形平面
    geometryArray.push(new THREE.CircleGeometry(4,18));          //新建圆面
```

```
15        var material=new THREE.MeshNormalMaterial();                  //创建法向量材质
16        for(var i=0;i<geometryArray.length;i++){                      //遍历几何对象
17            var mesh=new THREE.Mesh(geometryArray[i], material); //创建网格对象
18             mesh.position.x=-24+Math.floor(i/2)*10;                  //确定网格对象的位置
19             mesh.position.y=0;
20             mesh.position.z=(i%2==0)?-4:4;
21             scene.add(mesh);                                     //将网格对象添加到场景中
22      }}
23      addGeometry();                                              //添加几何对象
24      //将渲染结果添加到网页的元素中
25      document.getElementById("WebGL-output").appendChild(renderer.domElement);
26      renderScene();//渲染画面
27      function renderScene() {
28        requestAnimationFrame(renderScene);                       //请求绘制下一帧
29        renderer.render(scene, camera);                           //渲染当前画面
30    }}
31    window.onload = init;                                         //当网页加载后执行 init 方法
```

- 第 4～14 行为新建多种几何对象的相关代码，包括圆台、球体、正二十面体等。为了使添加材质和创建网格体更加简便，此处将创建好的几何体都放在数组 geometryArray 中进行管理。
- 第 15 行为创建法向量材质的代码。使用法向量材质创建的网格对象中，各个区域会根据法向量的不同显示出不同的颜色，渲染效果更佳。读者只需要对其有大概了解即可，下面的章节将对材质和网格对象进行详细介绍。
- 第 16～21 行为创建多种网格对象并将其添加到场景中的相关代码。首先对 geometryArray 数组进行遍历，分别以每一种几何对象为基础，创建网格对象。根据数组下标的不同，确定网格对象所在位置，并将其添加到场景中。

> **提示**　需要注意的是，几何对象不能直接被添加到场景中。开发人员必须以几何对象为基础创建网格对象，再将其添加到场景中才可以正常显示。

11.3.3 摄像机

通过对前文投影及变换章节的学习，读者已经了解到正交投影和透视投影两种投影方式的特点。Three.js 中将设置投影方式的相关代码封装在摄像机部分的相关代码中。开发人员可通过新建正交投影摄像机或透视投影摄像机，从而改变投影方式。下面将对两者进行介绍。

1. 正交投影摄像机

前面章节中已经对正交投影的特点进行了详细介绍，此处不再赘述，下面将重点介绍如何创建正交投影摄像机，并选取合适的参数。Three.js 中创建正交投影摄像机的方法如下。

```
var camera = new THREE.OrthographicCamera(left, right,top,bottom.near,far);
```

对于正交投影摄像机来说，长宽比和视角等值都是不必要的，开发者只需要定义一个长方体的渲染区域，并使用其数据进行创建工作即可。图 11-9 为正交投影摄像机的视景体。

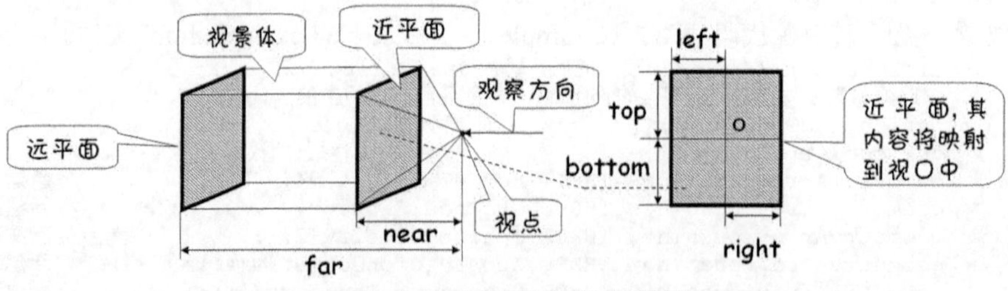

▲图 11-9　正交投影摄像机的视景体

> **说明**　此部分与前面投影及变换章节中介绍的内容非常相似，对此不太了解的读者可以自行查阅相关章节进行系统学习。

通过观察图 11-9，读者可以对正交投影摄像机的视景体建立起基本了解。可能部分读者对传入的参数及含义感到疑惑，下面将通过表 11-3 对此问题进行介绍。

表 11-3　　创建正交投影摄像机时的参数及描述

参　数	描　述
left	代表可渲染部分的左侧边界，此边界左边的物体将不会被绘制
right	代表可渲染部分的右侧边界，此边界右边的物体将不会被绘制
top	代表可渲染部分的顶部边界
bottom	代表可渲染部分的底部边界
near	根据摄像机所在位置和 near 值将确定近面位置，从此处开始渲染场景
far	根据摄像机所在位置和 far 值将确定远面位置，之后的物体不会被绘制

前面的章节中已经介绍过，使用正交投影摄像机渲染出的场景不会出现"近大远小"的效果，在渲染大型 3D 场景时非常不方便，画面缺乏层次感和立体感，整体效果不尽如人意。所以在项目开发时较少使用。

2. **透视投影摄像机**

相比于正交投影摄像机，使用透视投影摄像机渲染出的画面真实感更强，更为贴近人对现实生活的感知，但使用方式也稍微复杂一些。Three.js 中创建透视投影摄像机的方法如下。

```
var camera = new THREE.PerspectiveCamera(fov, aspect, near, far);
```

对于透视投影摄像机来说，其视景体为锥台形区域，所以构建更为复杂。为了使读者对 Three.js 中的透视投影摄像机有更为深入的了解，下面将通过图 11-10 对其视景体进行介绍。

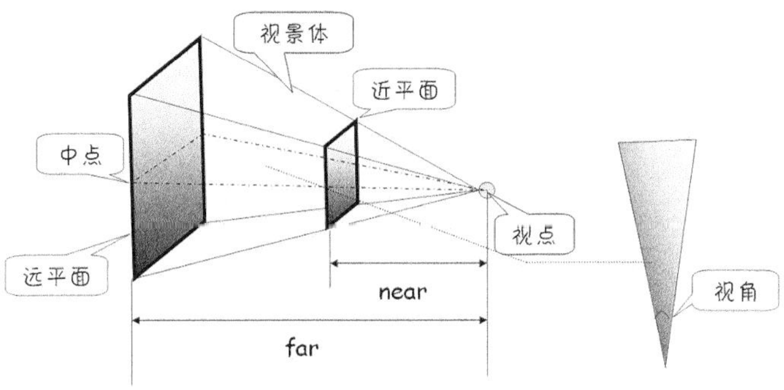

▲图 11-10　透视投影摄像机的视景体

从图 11-10 可以看出，使用透视投影摄像机时，视景体不能仅由简单的几个平面来确定，而是要由视角、长宽比、近面和远面确定。下面将给出表 11-4 对各个参数的具体含义进行说明，并对如何选取合适的值给出建议。

表 11-4　　创建透视投影摄像机时的参数及描述

参　数	描　述
fov（视角）	fov 指从摄像机位置观察物体的视角，此值越大，可以看到的范围越大。人类的视角大约有 180°，但是计算机显示器不能完全显示出所能看到的场景，所以一般会选择 45°到 90°的视角进行渲染
aspect（长宽比）	此值为渲染结果输出区的横向长度和纵向长度的比值。如果长宽比设置不合适，会出现图像拉伸变形的现象
near（近平面）	near 属性指从距离摄像机多远的距离开始绘制场景。为了使距离较近的物体都可以显示出来，near 值通常都被设置得很小

续表

参　　数	描　　述
far（远平面）	far 属性指摄像机可以观察到的最远距离。如果此值太小，远处的场景将不会被渲染。如果此值太大，将影响渲染效率

上面已经对两种摄像机的使用方式和各个参数的含义进行了详细的介绍。实际的项目开发中，为了使渲染的范围更加准确，无论使用哪种摄像机都要对其位置以及聚焦点进行设置，具体代码如下所示。

```
camera.position.x = 0;                              //设置摄像机的 x 轴坐标
camera.position.y = 0;                              //设置摄像机的 y 轴坐标
camera.position.z = 0;                              //设置摄像机的 z 轴坐标
camera.lookAt(new THREE.Vector3(x,y,z));            //设置摄像机的聚焦点位置
```

关于摄像机设置的基本知识已经介绍完毕，下面将通过一个案例 Sample11_4 对两种摄像机的创建和切换方法进行深入介绍。介绍具体的开发步骤之前，先来观察本案例的运行效果图。图 11-11 和图 11-12 分别为使用透视投影摄像机、正交投影摄像机所渲染出的画面。

▲图 11-11　使用透视投影摄像机的画面

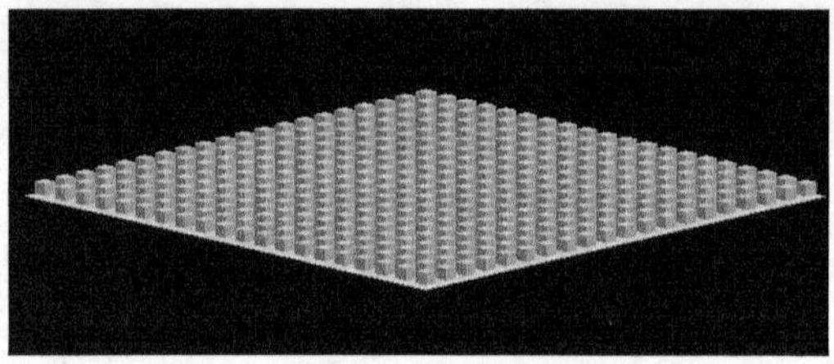

▲图 11-12　使用正交投影摄像机的画面

通过上面两张效果图，相信读者可以直观地认识到两种摄像机的区别。实际的开发中，开发人员应该根据实际需要选取合适的摄像机进行开发。了解了本案例的运行效果后，就可以对代码部分进行详细介绍了，具体步骤如下。

（1）正式开发时要新建一个透视投影摄像机，对位置和焦点进行设置。为了使整个案例更有层次感，又增加了一个长方形的平面，将其添加到场景中。另外要在可视化操作界面添加切换摄像机的方法。具体代码如下。

代码位置：见随书中源代码/第 11 章/Sample11_4 目录下的 example.html 文件。

```
function init(){
   …//此处省略了对渲染进行初始化的代码，读者可自行查阅书中的源代码
   var planeGeometry = new THREE.PlaneGeometry(60, 60);           //新建正方形
   var planeMaterial = new THREE.MeshBasicMaterial({color: 0xcccccc});
   //基本材质
   var plane = new THREE.Mesh(planeGeometry, planeMaterial);       //网格对象
   plane.rotation.x = -0.5 * Math.PI;                 //设置正方形平面的旋转角度
   plane.position.x = -10;                            //设置正方形平面的 x 轴坐标
   plane.position.y = -5;                             //设置正方形平面的 y 轴坐标
   plane.position.z = -2;                             //设置正方形平面的 z 轴坐标
   scene.add(plane);                                  //将正方形平面添加到场景中
   var camera = new THREE.PerspectiveCamera(45, window.innerWidth
       /window.innerHeight, 0.1, 1000);               //新建透视投影摄像机
   camera.position.x = 50;                            //设置摄像机 x 轴坐标
   camera.position.y = 20;                            //设置摄像机 y 轴坐标
   camera.position.z = 50;                            //设置摄像机 z 轴坐标
   camera.lookAt(scene.position);                     //设置摄像机焦点
   function addBox(length,translateX,translateY,translateZ){
   …//此处省略了向场景中添加若干正方体的相关代码，后文将进行详细介绍
   }
   var controls = new function () {
   …//此处省略了切换摄像机的相关代码，后文将进行详细介绍
   };
   var gui = new dat.GUI();                           //新建可视化操作界面
```

```
24        gui.add(controls, 'changeCamera',"切换摄像机");            //切换摄像机的方法
25        gui.add(controls, 'currentCamera',"当前摄像机类型").listen();
          //获取当前摄像机类型
26        addBox(60,plane.position.x,plane.position.y,plane.position.z);    //添加正方体
27        //将渲染结果添加到网页的元素中
28        document.getElementById("WebGL-output").appendChild(renderer.domElement);
29        renderScene();                                            //渲染画面
30    }
```

❑ 第 3～10 行为新建正方形平面的相关代码。创建完成后调整其位置和姿态，使其能够水平位于屏幕中间，最后将其添加到场景中。

❑ 第 11～16 行为新建并设置透视投影摄像机的相关代码。首先创建摄像机时传入视角、长宽比等相关参数，创建完成后设置其位置和焦点。实际的项目开发中，一般把焦点放在场景的中心。

❑ 第 23～26 行为将若干正方体添加到场景中的正方形平面上，并创建可视化操作界面用来改变摄像机类型的相关方法。下文中将对其进行详细介绍。

（2）接下来要对将若干正方体添加在正方形平面上方的 addBox()方法进行介绍。主要的思路是将正方形的边长传入此方法中，计算出每行每列可以放置的正方体个数，最后使用 for 循环将其依次添加到场景中。具体代码如下所示。

代码位置：见随书中源代码/第 11 章/Sample11_4 目录下的 example.html 文件。

```
1     function addBox(length,translateX,translateY,translateZ){      //添加几何对象的方法
2       var boxlength=1.5;                                          //正方体边长
3       //新建正方体几何对象
4       var boxGeometry = new THREE.BoxGeometry(boxlength, boxlength, boxlength);
5       var material=new THREE.MeshNormalMaterial();            //创建法向量材质
6       var rolTotal=Math.floor(length/2/boxlength);            //计算出总共可以放置的行数
7       for(var i=0;i<rolTotal;i++){                            //遍历所有可能的行数
8           for(var j=0;j< rolTotal;j++){                       //遍历所有可能的列数
9             var mesh=new THREE.Mesh(boxGeometry, material);       //创建网格对象
10            //确定正方体网格对象的位置
11            mesh.position.x=-length/2+boxlength/2+2*i*boxlength+translateX;
12            mesh.position.y=boxlength/2+translateY;
13            mesh.position.z=-length/2+boxlength/2+2*j*boxlength+translateZ;
14            scene.add(mesh);                                  //将正方体添加到场景
15    }}}
```

❑ 第 2～5 行为创建正方体几何对象和材质的代码，为创建正方体网格对象做准备。

❑ 第 6～14 行为在场景中添加若干正方体网格对象的相关代码。首先计算出每行可以放置的正方体个数，接着使用双层 for 循环依次计算出每个正方体的位置，最后将正方体添加到场景中。

（3）最后要进行可视化操作界面的开发。通过此界面可以对正交投影摄像机和透视投影摄像机进行切换，并且显示当前摄像机的类型。具体代码如下所示。

代码位置：见随书中源代码/第 11 章/Sample11_4 目录下的 example.html 文件。

```
var controls = new function () {
  this.currentCamera = "透视投影摄像机";                  //当前摄像机类型
  this.changeCamera = function () {                     //切换摄像机类型的方法
  if (camera instanceof THREE.PerspectiveCamera) {//如果使用透视投影摄像机
    //新建正交投影摄像机
    camera = new THREE.OrthographicCamera(window.innerWidth / -16, window.
            innerWidth/16, window.innerHeight/16,window.innerHeight/-16,-200,500);
    camera.position.x = 50;                             //设置摄像机位置的 x 坐标
    camera.position.y = 20;                             //设置摄像机位置的 y 坐标
    camera.position.z = 50;                             //设置摄像机位置的 z 坐标
    camera.lookAt(scene.position);                      //将场景中心设置为摄像机焦点
    this.currentCamera = "正交投影摄像机";              //将显示的类型改为正交投影摄像机
   }else{
    camera = new THREE.PerspectiveCamera(45, window.innerWidth /
              window.innerHeight, 0.1, 1000);           //新建透视投影摄像机
    camera.position.x = 50;                             //设置摄像机位置的 x 坐标
    camera.position.y = 20;                             //设置摄像机位置的 y 坐标
    camera.position.z = 50;                             //设置摄像机位置的 z 坐标
```

```
19          camera.lookAt(scene.position);                    //将场景中心设置为摄像机焦点
20          this.currentCamera = "透视投影摄像机";              //将显示的类型改为透视投影摄像机
21      }};};
```

- 第 2 行中 currentCamera 代表当前摄像机类型，其内容随着摄像机的改变而改变。
- 第 3～21 行中的 changeCamera()为切换摄像机类型的方法。首先通过判断当前摄像机是否属于 THREE.PerspectiveCamera 类型，来识别当前摄像机的种类。然后新建另一种类型的摄像机并设置位置和焦点即可。

11.3.4 光源

通过前面的介绍，相信大部分读者已经基本掌握了创建几何对象和设置摄像机的相关方法，但是仅仅会这些基础操作是不够的。实际的项目开发过程中，光照是提升画面整体品质的一个重要因素。本节将详细介绍 Three.js 中多种光源的使用方法。

前面章节中已经介绍过在 WebGL 中加入光照效果需要在着色器中加入一系列的计算过程，十分复杂。幸运的是，Three.js 引擎中自带多种光源类型。开发人员可根据实际需要，选择出合适光源类型添加到场景中即可。表 11-5 中为光源的类型和描述。

表 11-5　　Three.js 提供的光源类型及描述

光 源 名 称	描　　述
PointLight（点光源）	此光源被放置在空间中的某一点，其会向所有方向发射光线
AmbientLight（环境光）	此光源作为一种基础光源，其颜色值会被添加到整个场景的当前颜色上
SpotLight（聚光灯光源）	此光源类似于手电筒和台灯等，会产生聚光效果
DirectionalLight（平行光）	此光源发出的光线可以近似认为是平行的
HemisphereLight（半球光）	此光源比较特殊，通常用来创建更加自然的室外光线，模拟反光面和光线微弱的天空
AreaLight（面光源）	使用时可以指定散发光线的平面，同样比较特殊

说明　表格中前四种光源是比较基础的，只需进行很少的设置就可以模拟出不错的光照效果。半球光、面光源具有很大局限性，只有在特定的情况下才会使用到。本书由于篇幅有限，只对前四种光源进行介绍。

1. 点光源

Three.js 引擎中的 PointLight（点光源）可以被看作一个向所有方向发射光线的点。使用时只需要对点光源的位置和光线的颜色等进行设置即可，操作十分简便，并且渲染效果较为真实，因此在项目开发中的使用频率很高。

使用 Three.js 引擎中的点光源进行项目开发时，不仅可以对光线颜色和光源位置等基本属性进行设置，还可以根据具体需要对光照的强度和照射的距离等进行调整。表 11-6 中给出了点光源的相关属性及其对应的描述。

表 11-6　　点光源的相关属性及描述

属　　性	描　　述
color（颜色）	点光源照射出的光线颜色
intensity（强度）	光照的强度，默认值为 1
distance（距离）	光源能够照射到的最大距离
position（位置）	光源所在的位置
visible（是否可见）	如果此值为 true，该光源就会开启，否则该光源就会关闭

点光源的基本知识已经介绍完毕，但是如何为这些属性选取合适的值，以此搭配出满意的效果仍是一个比较困难的问题。下面将通过一个简单的案例 Sample11_5 对点光源的使用及属性的设置进行进一步说明，其运行效果如图 11-13 所示。

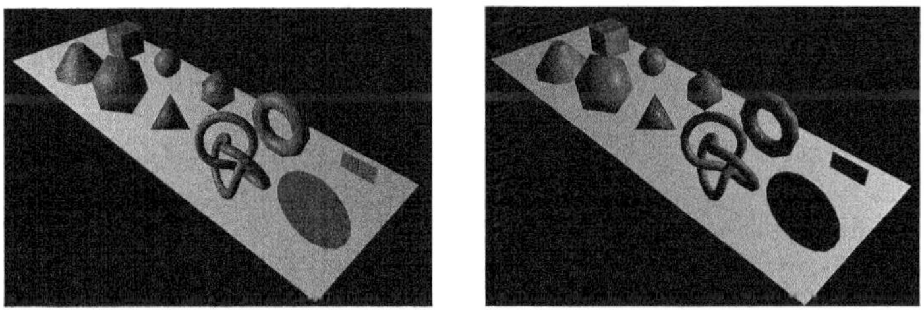

▲图 11-13 使用点光源的渲染效果

（1）为了简化开发步骤，所以在案例 Sample11_3 基础上进行升级。开发时首先要增加一个设置光源属性并将光源添加到场景中的方法。为了使取值更加方便，还要对可视化操作界面进行设置。通过其可以完成对多种属性的修改，具体代码如下。

代码位置：见随书中源代码/第 11 章/Sample11_5 目录下的 example.html 文件。

```
1     function addLightAndGUI(){
2       var pointColor = "#ccffcc";                           //点光源的颜色值
3       pointLight = new THREE.PointLight(pointColor);        //创建点光源
4       pointLight.position.x =0;                             //设置点光源的 x 坐标
5       pointLight.position.y =30;                            //设置点光源的 y 坐标
6       pointLight.position.z =0;                             //设置点光源的 z 坐标
7       scene.add(pointLight);                                //将点光源添加到场景中
8       var controls = new function () {
9         this.pointColor = pointColor;                       //点光源的颜色
10        this.intensity = 1;                                 //点光源的照射强度
11        this.distance = 100;                                //点光源照射的最大距离
12        this.invisible = false;                             //是否关闭点光源
13      };
14      var gui = new dat.GUI();                              //新建可视化操作界面
15      //通过界面对颜色进行改变时调用的方法
16      gui.addColor(controls, 'pointColor',"点光源颜色").onChange(function (e) {
17        pointLight.color = new THREE.Color(e); });          //将当前颜色作为光源的颜色
19      gui.add(controls, 'intensity', 0, 3,"光照强度").onChange(function (e) {
20        pointLight.intensity = e;});                        //改变光源的照射强度
22      gui.add(controls, 'distance', 0, 200,"照射的最大距离").onChange(function (e) {
23        pointLight.distance = e;});                         //改变光源能够照射的最大距离
25      gui.add(controls, 'invisible',"是否关闭光源").onChange(function (e) {
26        pointLight.visible = !e;                            //控制点光源是否关闭
27    });}
```

❑ 第 2～7 行为设置点光源颜色和位置，并添加到场景中的相关代码。从中可以看出，创建点光源时只需要向相关方法中传入颜色值即可，操作十分简便。设置位置和添加到场景的代码与其他组件相同，不再赘述。

❑ 第 8～26 行为开发可视化操作界面的相关代码，主要的目的是让用户可通过界面对光源的各种属性进行设置。需要说明的是，gui.addColor()函数的作用是创建一个图形化的颜色选择框，有很高的实用性。

（2）案例 Sample11_3 中使用法向量材质时并未考虑光照的影响，所以要对使用的材质进行更改。可以选择的材质有 MeshLambertMaterial 和 MeshPhongMaterial 两种，本案例使用前者作为平面和几何体的材质。更改材质后创建平面网格对象的代码如下。

代码位置：见随书中源代码/第 11 章/Sample11_5 目录下的 example.html 文件。

```
var planeGeometry = new THREE.PlaneGeometry(60, 20);           //新建长方形平面
  //新建平面使用的 MeshPhongMaterial 材质
var planeMaterial = new THREE.MeshPhongMaterial({color: 0xffffff});
var plane = new THREE.Mesh(planeGeometry, planeMaterial);      //新建网格对象
```

提示　可能读者对上面提到的两种材质感到非常陌生，不知道如何在项目中选择合适的材质。其实不必担心，后面的章节中将对 Three.js 引擎中带有的材质进行详细介绍。

（3）如果光源固定在一个位置，读者很难观察到光照位置对场景渲染效果的影响。所以，本案例将场景的中心作为光源所在圆形轨道的圆心，并设置其半径，使其在绘制过程中不断移动，具体的代码如下所示。

代码位置：见随书中源代码/第 11 章/Sample11_5 目录下的 example.html 文件。

```
function renderScene() {                                          //绘制画面调用的方法
  pointLightAngle+=1;                                             //更改当前光源的旋转角度
  pointLight.position.x =radius*Math.sin(pointLightAngle/180*Math.PI);
  //光源的 x 坐标
  pointLight.position.z =radius*Math.cos(pointLightAngle/180*Math.PI);
  //光源的 z 坐标
 requestAnimationFrame(renderScene);                             //请求绘制下一帧
 renderer.render(scene, camera);                                 //渲染当前画面
}
```

说明　radius 指光源所在圆形轨道的半径，pointLightAngle 指当前光源已经旋转的角度。此处在绘制时以一定步长更新角度值，使光源不断移动，并通过三角函数得到光源的坐标。

2. 环境光

Three.js 引擎中的 AmbientLight（环境光）的颜色会影响整个场景，其光线没有特定的来源，并且不会影响阴影的生成（后面的章节中会进行介绍）。需要注意的是，不要将环境光作为场景中唯一的光源，通常要和其他光源配合使用，否则场景的渲染效果会比较差。

向场景中添加环境光的方法与点光源非常类似，但是使用环境光一般不会对位置和其他属性进行设置，只将十六进制的颜色值传入构造函数中即可。添加环境光的具体代码如下。

```
var ambiColor = "#0c0c0c";                                        //新建一个十六进制的颜色值
    var ambientLight = new THREE.AmbientLight(ambiColor);   //创建环境光
    scene.add(ambientLight);                                      //将环境光添加到场景中
```

为了使读者能够更加直观地体验到环境光的作用，下面将通过案例 Sample11_6 详细介绍环境光对场景整体的影响。此案例是在案例 Sample11_5 的基础上进行开发的，具体的运行效果如图 11-14 所示。

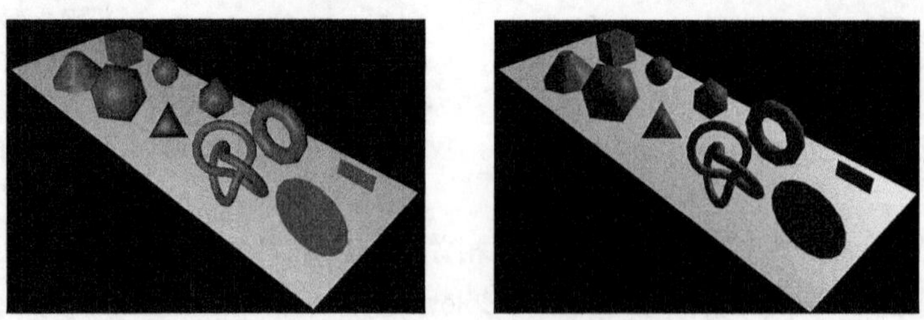

▲图 11-14　点光源与环境光搭配的渲染效果

提示　可能仅仅通过上面的运行效果图，难以观察到环境光对场景整体效果的影响。有兴趣的读者可以将本案例在真机上运行，对比环境光开启和关闭下的画面，感觉会更加直观。

通过上面的运行效果图，读者可以发现在加入环境光后，原本场景中颜色比较暗淡的部分会变得稍微明亮一些，整个场景的画面质量有一定提升。介绍完本案例的运行效果后，下面将对修

改方法进行详细介绍。

本案例只对案例 Sample11_5 中添加光源和设置可视化操作界面的方法 addLightAndGUI()方法进行修改，主要的改动是增加创建环境光以及控制环境光颜色的相关代码，具体代码如下所示。

代码位置：见随书中源代码/第 11 章/Sample11_6 目录下的 example.html 文件。

```
1    function addLightAndGUI(){                    //添加光源和设置可视化操作界面的方法
2      var ambiColor = "#88b3ca";                  //新建环境光的颜色
3      var ambientLight = new THREE.AmbientLight(ambiColor);      //创建环境光
4      scene.add(ambientLight);                                   //将环境光添加到场景
5      …//此处省略了设置点光源的代码，有兴趣的读者可自行查阅随书中的源代码
6      var controls = new function () {
7              …//此处省略了点光源用到的属性，有兴趣的读者可自行查阅随书中的源代码
8          this.ambiColor = ambiColor;                        //环境光的颜色
9          this.closeAmbientLight= false;                     //是否关闭环境光
10     };
11     var gui = new dat.GUI();                               //新建可视化操作界面
12     …//此处省略了修改点光源属性的代码，有兴趣的读者可自行查阅随书中的源代码
13     gui.addColor(controls, 'ambiColor',"环境光颜色").onChange(function (e) {
14         ambientLight.color = new THREE.Color(e);           //改变环境光的颜色值
15     });
16     gui.add(controls, 'closeAmbientLight',"是否关闭环境光").onChange(function(e) {
17        ambientLight.visible=!e;                            //切换环境光的状态
18   });}
```

- ❑ 第 2～4 行为新建环境光并将其添加到场景中的相关代码。需要注意的是环境光的颜色不要太明亮，否则整个画面的颜色会显得非常饱和，失去真实性。
- ❑ 第 6～18 行为在可视化操作界面中增加控制环境光颜色和是否可见的相关代码。与点光源相同，开发人员可以将其 visible 属性设为 false，从而使环境光关闭。

3. 聚光灯光源及阴影

Three.js 引擎中的 SpotLight（聚光灯光源）是一种较为高级的光源，其可以发出锥形形状的光线，并且可通过一些设置形成阴影，效果类似于生活中的手电筒和吊灯等。项目开发时，通过使用聚光灯光源和阴影将极大地提高整个画面的立体感和真实性。

创建聚光灯光源非常简单，开发人员只需要指定聚光灯光线的颜色、设置光源位置和目标点位置，最后添加到场景中即可。创建聚光灯光源的具体代码如下所示。

```
var spotLightColor = "#ffffff"                          //设置聚光灯光源的颜色
var spotLight = new THREE.SpotLight(spotLightColor);    //创建聚光灯光源
spotLight.position.set(30,30,30);                       //设置光源位置
scene.add(spotLight);                                   //将光源添加到场景中
```

> **提示** 从上面给出的代码中可以看出，创建聚光灯光源与其他光源的方式十分相似。但是实际使用时为了有很好的渲染效果，通常会对聚光灯光源的其他属性进行设置，后面将进行详细介绍。

读者需要了解的是，阴影效果是 3D 场景的开发中必不可少的部分，而聚光灯光源可以支持阴影的投射，所以使用的频率很高。如果开发人员需要在使用聚光灯光源时增加阴影效果，需要对渲染器、投射和接受阴影的物体、光源等进行设置。需要增加的代码如下。

```
renderer.shadowMap.enabled = true;         //开启渲染器的投影效果
cube.castShadow = true;                    //设置投射投影的物体
plane.receiveShadow = true;                //设置接受阴影的物体
spotLight.castShadow = true;               //使聚光灯可以投射阴影
```

通过上面的介绍，读者已经可以完成聚光灯光源及阴影部分的基本设置了。但是在实际的项目开发中，仅仅进行上面的设置很难做出满意的渲染效果，所以下面将对聚光灯光源额外的属性进行介绍，具体情况如表 11-7 所示。

表 11-7　　聚光灯光源的相关属性及描述

属　性	描　述
castShadow（投影）	如果其值为 true，此光源会产生阴影效果
shadow.camera.near（投影近点）	从距离光源多远的位置开始可以生成阴影
shadow.camera.far（投影远点）	从距离光源多远的位置之后不再生成阴影
shadow.camera.fov（投影视场）	用于生成阴影的视场大小
target（目标）	决定光照的方向
shadowBias（阴影偏移）	用来使阴影的位置发生偏移
angle（角度）	光源射出的光柱宽度，默认值是 Math.PI/3
exponent（光强衰减指数）	此值决定了光线随距离增加而衰减的速度
shadow.mapSize.width（阴影映射宽度）	此值决定了阴影贴图横向的像素个数。如果阴影边缘不平滑，可以通过增加此值来解决
shadow.mapSize.height（阴影映射高度）	此值决定了阴影贴图纵向的像素个数。如果阴影边缘不平滑，可以通过增加此值来解决

关于聚光灯光源的基础知识已经介绍完毕。下面将通过一个使用聚光灯光源并产生阴影的案例 Sample11_7，详细介绍使用聚光灯光源的具体实现过程。介绍具体代码部分之前，先对本案例的运行效果进行展示，如图 11-15 所示。

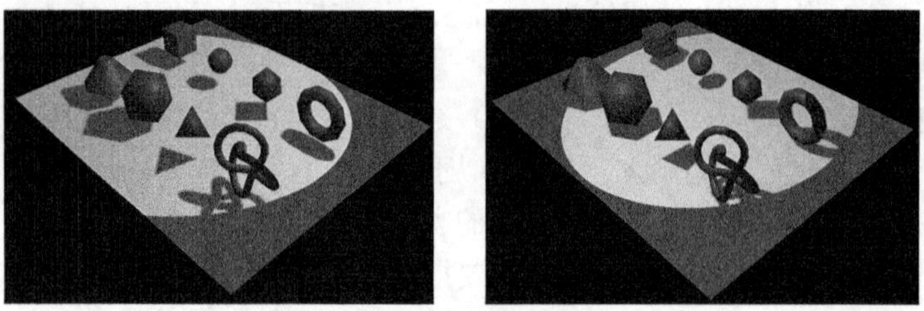

▲图 11-15　加入聚光灯光源后的渲染效果

从上面的运行效果图中可以看出，3D 场景中加入聚光灯光源和阴影效果后，画面质量和真实感有较大的提升。并且在一定情况下，将聚光灯光源和其他光源配合使用会有更好的效果。下面将对本案例的开发步骤进行详细介绍。

（1）本案例主要对添加光源和设置可视化操作界面的 addLightAndGUI()进行了修改。此方法完成的工作主要包括创建并添加点光源，设置聚光灯光源的属性，并对可视化操作界面的功能进行升级，详细的代码如下所示。

代码位置：见随书中源代码/第 11 章/Sample11_7 目录下的 example.html 文件。

```
function addLightAndGUI(){
      var ambiColor = "#383845";                           //环境光颜色
      var ambientLight = new THREE.AmbientLight(ambiColor); //创建环境光光源
      scene.add(ambientLight);                         //将环境光光源添加到场景中
      var spotLightColor = "#8ba98b";                  //聚光灯的颜色值
      spotLight = new THREE.SpotLight(spotLightColor);     //创建聚光灯光源
      spotLight.position.set(0,40,0);                  //设置光源位置
      spotLight.target = plane;                        //设置聚光灯的目标对象
      spotLight.castShadow = true;                     //开启阴影效果
      spotLight.shadow.mapSize.width=2048;             //将阴影贴图宽度设置为 2048 像素
      spotLight.shadow.mapSize.height=2048;            //将阴影贴图高度设置为 2048 像素
      spotLight.shadow.camera.near=0.1;                //设置投影近点
      spotLight.shadow.camera.far=100;                 //设置投影远点
      spotLight.shadow.camera.fov=60;                  //设置投影视场
      spotLight.angle = 0.4;                           //设置光柱的宽度
      scene.add(spotLight);                            //将光源添加到场景中
```

```
17          //观察聚光灯投影方式的辅助工具
18          var cameraHelper=new THREE.CameraHelper(spotLight.shadow.camera);
19          scene.add(cameraHelper);                         //将其添加到场景中
20          …//此处省略了设置可视化操作界面的部分代码，下面将详细介绍
21      }
```

- 第5～16行为设置聚光灯光源并将其添加到场景中的相关代码。需要了解的是，Three.js 引擎中投射阴影的范围为锥台形，与透视投影摄像机的视景体十分类似，所以开发人员要注意为其选取合适的参数。
- 第17～19行为创建辅助工具的相关代码。通过此工具，开发人员可以直观地观察到光源的位置以及阴影的投射范围，极大地缩短了调试参数的时间。

（2）设置聚光灯光源部分的相关代码开发完毕后，就可以开发可视化操作界面部分了。为了使读者可以方便地观察到各个参数的作用，本案例在此界面中增加了许多功能，包括调整聚光灯的颜色和光柱宽度，显示投影及范围的开关等，具体代码如下。

代码位置：见随书中源代码/第11章/Sample11_7目录下的example.html文件。

```
1     function addLightAndGUI(){                    //添加灯光以及设置可视化操作界面的方法
2       …//此处省略了设置聚光灯的部分代码，上面已经对其进行了详细介绍
3       var controls = new function () {            //可视化操作界面使用的对象
4           this.ambiColor = ambiColor;                        //环境光颜色
5           this.spotLightColor = spotLightColor;              //聚光灯颜色
6           this.castShadow = true;                            //开启阴影效果
7           this.cameraHelperVisible = false;                  //使辅助工具不可见
8           this.angle=spotLight.angle;                        //光柱的宽度
9       };
10      var gui = new dat.GUI();                               //新建可视化操作界面
11      gui.addColor(controls, 'ambiColor',"环境光颜色").onChange(function (e) {
12          ambientLight.color = new THREE.Color(e);           //改变环境光颜色
13      });
14      gui.addColor(controls, 'spotLightColor',"聚光灯颜色").onChange(function (e) {
15            spotLight.color = new THREE.Color(e);            //改变聚光灯颜色
16      });
17      gui.add(controls, 'castShadow',"是否关闭阴影").onChange(function (e) {
18          spotLight.castShadow = e;                          //切换阴影效果是否开启的开关
19      });
20      gui.add(controls, 'cameraHelperVisible',"投影范围可见").onChange(function (e){
21          cameraHelper.visible = e;                          //切换投影范围是否可见的开关
22      });
23      gui.add(controls, 'angle',0,1,"光柱宽度").onChange(function (e) {
24          spotLight.angle = e;                               //改变聚光灯的光柱宽度
25    });}
```

- 第3～9行中的controls为可视化操作界面中使用到的对象。其中包括多个变量，分别代表聚光灯颜色、光柱的宽度、阴影效果是否开启等。需要提及的是，如果读者想关闭辅助工具的显示，只需要将cameraHelper.visible置为false即可。
- 第11～25行为向可视化界面中增加监听的相关代码。当用户改变了其中的某个属性值时，系统会自动调用写在onChange()内部的方法。

（3）阴影部分的计算和显示是一件十分耗费资源的事情，所以Three.js引擎中的渲染器和3D物体在默认情况下不进行阴影的计算。完成上述步骤后，要增加对渲染器和3D物体进行设置的代码。前文已经介绍了具体代码，故此处不再赘述。

4. 平行光

Three.js 引擎中的DirectionalLight（平行光）可模拟距离很远的光源，其发出的光线都是相互平行的，并且也支持阴影的生成，效果类似于生活中的阳光。平行光与聚光灯最大的区别在于平行光照射的所有位置光照强度都相同。

平行光中只能根据direction（方向）、color（颜色）和intensity（强度）计算颜色和阴影。除此之外，方向光与聚光灯有很多的相同的属性，比如position、target、distance、castShadow等，上文已经进行了详细介绍，此处不再赘述。

> **提示**　平行光的投影范围为长方体，所以如果读者需要对其投影范围进行修改时，需要自行改变 directionalLight.shadow.camera 下面的 near、far、left、right、top、bottom 属性，与规定正交投影摄像机视景体的过程十分相似。

平行光的设置过程较为复杂，所以下面将通过一个使用了平行光和环境光的案例 Sample11_8 对其进行详细介绍。介绍具体的开发步骤之前，首先对本案例的运行效果进行展示，具体效果如图 11-16 所示。

▲图 11-16　加入平行光后的渲染效果

通过上面的运行效果图中可以发现，所有物体接收的光照强度几乎没有差别，整个画面显得更加自然。案例的运行效果展示完毕后，下面就可以对本案例的开发步骤进行详细介绍了。具体步骤如下所示。

（1）与聚光灯类似，如果想使用平行光产生阴影效果，首先要开启渲染器的阴影显示功能，并指定投射、接收投影的物体。此部分内容在上一小节中已经进行了详细介绍，不明白的读者可自行查阅，此处不再赘述。

（2）接下来就要对添加平行光和设置可视化操作界面的 addLightAndGUI()方法进行开发了。此方法中完成的工作包括创建平行光、设置平行光光源位置、规定投射阴影的范围等，具体代码如下所示。

代码位置：见随书中源代码/第 11 章/Sample11_8 目录下的 example.html 文件。

```
1      function addLightAndGUI(){
2        var ambiColor = "#383845";                              //环境光颜色
3        var ambientLight = new THREE.AmbientLight(ambiColor);   //创建环境光
4        scene.add(ambientLight);                                //将环境光添加到场景中
5        var directionalLightColor = "#ffffff";                  //方向光颜色
6        directionalLight = new THREE.DirectionalLight(directionalLightColor);
         //创建平行光
7        directionalLight.castShadow = true;                 //开启阴影
8        directionalLight.shadow.camera.near = 2;            //设置投影范围的近面
9        directionalLight.shadow.camera.far = 200;           //设置投影范围的远面
10       directionalLight.shadow.camera.left = -50;          //设置投影范围的左侧
11       directionalLight.shadow.camera.right = 50;          //设置投影范围的右侧
12       directionalLight.shadow.camera.top = 50;            //设置投影范围的顶部
13       directionalLight.shadow.camera.bottom = -50;        //设置投影范围的底部
14       directionalLight.target=plane;                      //设置投影的目标点
15       directionalLight.intensity = 0.6;                   //设置平行光的强度
16       directionalLight.shadow.mapSize.height = 1024;      //将阴影贴图高度设置为1024像素
17       directionalLight.shadow.mapSize.width = 1024;       //将阴影贴图宽度设置为1024像素
18       scene.add(directionalLight);                        //将平行光添加到场景中
19       …//此处省略了设置操作界面的方法，有兴趣的读者可查阅随书中的源代码
20     }
```

- 第 5～13 行为创建平行光并设置阴影投射范围的相关代码。通过设置 near、far、left、right、top、bottom 的值确定一个长方体形状的阴影投射范围，只有在此范围内的物体才可以产生阴影。
- 第 15～18 行为设置平行光的目标点、光照强度的相关代码。通过观察投影方式的辅助工具可以发现，此目标点始终处在阴影投射范围横截面的正中心。

11.3.5 材质

通过前面的案例读者可以发现，几何对象必须和材质结合才可以构成网格对象在场景中进行显示。几何对象决定了此物体的形状和大小，而材质决定了此物体的颜色、透明度等外观信息。本节将对多种材质的属性和使用方法进行详细介绍。

为了进一步简化开发步骤，Three.js 引擎中自带了多种类型的材质，开发人员只需要根据需要选择合适的材质并调用对应的方法即可。下面将对 Three.js 中自带的材质进行简要介绍，具体情况如表 11-8 所示。

表 11-8　　Three.js 自带的材质名称及描述

材质名称	描述
MeshBasicMaterial（网格基础材质）	基础材质，可以赋予几何对象一种简单的颜色或者显示几何对象的线框
MeshDepthMaterial（网格深度材质）	根据网格对象到相机的距离决定其颜色值
MeshNormalMaterial（网格法向量材质）	根据网格对象表面的法向量决定其颜色值
MeshFaceMaterial（网格面材质）	可以为网格对象的各个表面指定不同的颜色值
MeshLambertMaterial（网格朗伯材质）	此材质考虑光照影响，适合创建颜色暗淡的物体
MeshPhongMaterial（网格 Phong 材质）	此材质考虑光照影响，适合创建颜色明亮的物体
ShaderMaterial（着色器材质）	此材质允许使用自定义的着色程序，直接控制顶点的放置方式及像素的着色方式

> **提示**　相信读者看完上面的表格，仍然对部分材质感到疑惑和陌生。其实不应担心，后面将通过具体的案例对材质的共同属性以及各种材质的特点进行介绍，此处读者只需要建立起基本的认识即可。

1. 网格基础材质

Three.js 引擎中自带的 MeshBasicMaterial（网格基础材质）是一种非常简单的材质。使用此材质创建的网格对象不会考虑光照的影响，并且看起来像是一些颜色块。但是由于操作简单，常常被初学者使用。其具有的属性如表 11-9 所示。

表 11-9　　网格基础材质的部分属性

名称	描述
color（颜色）	可通过此属性设置材质的颜色
wireframe（线框）	若此值为 true，网格对象将被渲染成线框
wireframeLinewidth（线框宽度）	若 wireframe 值为 true，此属性可改变线框中线的宽度
shading（着色）	此属性决定如何着色，可选的值有 THREE.SmoothShading 和 THREE.FlatShading
vertexColors（顶点颜色）	可通过此属性为每一个顶点定义不同的颜色
fog（雾化）	此属性决定该材质是否会受到雾化效果的影响

下面将通过一个使用网格基础材质的案例 Sample11_9，具体介绍各种属性的设置方法。详细介绍代码部分之前，先对本案例的运行效果进行展示。具体的情况如图 11-17 所示。

图中左侧为 wireframe 的值为 false 时，球体的渲染效果。从中可以发现，画面中的球体没有丝毫立体感，像是一个平面的圆形色块。当 wireframe 的值为 true 时，渲染画面如右侧所示，其中的线条十分平滑，效果较好。了解了运行效果后，下面将介绍本案例的开发步骤。

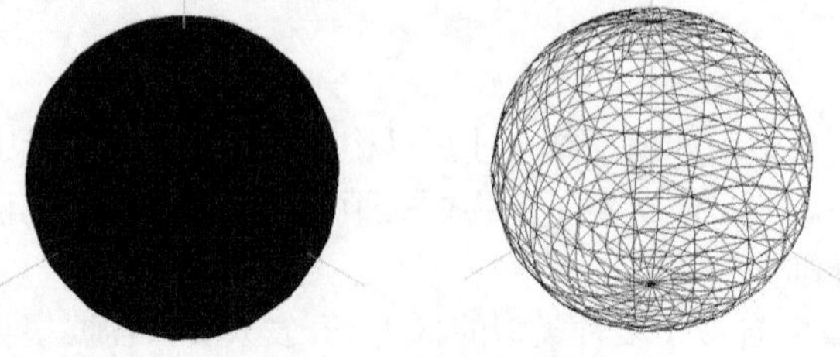

▲图 11-17　使用网格基础材质的球体

（1）整体的思路是在 Sample11_1 的基础上进行改进，增加设置材质各种属性及可视化操作界面的 addMaterialAndGUI()方法。下面将对此方法中创建球体、设置材质属性的相关代码进行详细介绍，具体代码如下。

代码位置：见随书中源代码/第 11 章/Sample11_9 目录下的 example.html 文件。

```
1    function addMaterialAndGUI(){                          //添加材质和可视化界面的方法
2      var sphereGeometry = new THREE.SphereGeometry(10, 20, 20);//创建球体
3      var sphereMaterial = new THREE.MeshBasicMaterial({color: 0x000000,
4           wireframe: true});                              //创建网格基础材质
5         sphere = new THREE.Mesh(sphereGeometry, sphereMaterial);
          //创建球体的网格对象
6      sphere.transparent = false;                          //设置球体是否透明
7      sphere.opacity = 1;                                  //设置球体的不透明度
8      sphere.wireframeLinewidth=2;                         //设置球体的线宽
9      sphere.shading = THREE.FlatShading;                  //设置着色方式
10     scene.add(sphere);                                   //将球体添加到场景中
11     …//此处省略了设置操作界面的方法，下面将会进行详细介绍
12   }
```

❑　第 2～5 行为新建球体网格对象的代码。前面章节已经进行了介绍，此处不再赘述。

❑　第 6～9 行为设置材质透明度和线宽的相关代码。需要注意的是，只有 transparent 的值为 ture 时，设置的 opacity 值才会对渲染产生影响。

（2）接下来要对可视化操作界面部分进行开发。前面的章节中仅仅介绍了使用可视化操作界面修改颜色和数值型属性的方法，而本案例中要对透明度、线宽、着色方式进行修改，所以要创建一个单选框风格的控件。此部分的具体代码如下。

代码位置：见随书中源代码/第 11 章/Sample11_9 目录下的 example.html 文件。

```
1    function addMaterialAndGUI(){                  //添加材质和可视化界面的方法
2      …//此处省略了创建球体的相关代码，上文已经对其进行了详细介绍
3      var controls = new function () {             //此类中包含需要修改的属性
4        this.color=sphereMaterial.color.getStyle();              //材质的颜色
5        this.wireframe = sphereMaterial.wireframe;               //是否绘制线框
6        this.wireframeLinewidth=sphereMaterial.wireframeLinewidth;      //设置线宽
7        this.shading=THREE.SmoothShading;                        //设置着色方式
8        this.transparent=false;                                  //设置是否透明
9        this.opacity=1;                                          //设置不透明度
10       this.side = THREE.FrontSide;                             //设置应用材质的面
11     };
12     …//此处省略了部分设置可操作界面的代码，有兴趣的读者可查阅随书中的源代码
13     gui.add(controls, 'side', ["front", "back", "double"],"材质应用的面").onChange(
14           function (e) {                           //当用户选择单选框之后触发的方法
15         switch (e) {                               //对单击的对象进行选择
16           case "front":                            //如果用户选择材质应用于物体前面
17              sphereMaterial.side = THREE.FrontSide;        //使物体前面应用材质
18           break;
19           case "back":                             //如果用户选择材质应用于物体后面
20              sphereMaterial.side = THREE.BackSide;         //使物体后面应用材质
21           break;
22           case "double":                           //如果用户选择物体两面都应用材质
23              sphereMaterial.side = THREE.DoubleSide;       //使物体两面都应用材质
24           break;
25         }
26         sphereMaterial.needsUpdate = true;                 //更新材质信息
27     });}
```

❑　第 4～10 行为可以修改的材质属性，其中应该包含可视化操作界面中的所有属性。其中如果 shading 属性为 THREE.SmoothShading，代表渲染时使用顶点法向量；如果为 THREE. FlatShading，则代表平面法向量，整个面上的法向量都相等。

- 第 13 行为创建单选框风格界面的相关代码。其中不同的地方在于，gui.add()函数中第三个参数要使用“[]”包含所有的选项。
- 第 16～24 行为改变材质应用方式的代码。需要注意的是，如果对此属性进行了修改，要将 needsUpdate 属性置为 true，程序将更新相关缓存。

2. 深度着色材质

Three.js 引擎中自带的 MeshDepthMaterial（深度着色材质）是一种比较特殊的材质，其外观不是由光照或者某个材质属性决定，而是由物体到摄像机的距离决定的。使用这种材质很容易创建出逐渐消失的效果。

该材质中只有 wireframe、wireframeLinewidth 两个属性，实际的开发过程中很少用到。如果开发人员想要控制物体的外观，可以对摄像机的 near 值和 far 属性进行设置，从而控制物体消失的速度。下面将通过案例 Sample11_10 对此进行介绍，其运行效果如图 11-18 所示。

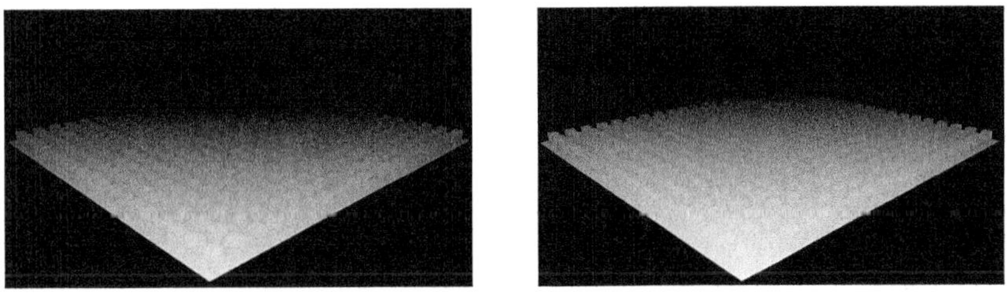

▲图 11-18　不同 near 值下的渲染画面

> **说明**　图 11-18 分别为摄像机的 near 值为 100 和 120 时，场景的渲染结果。从中可以看出相机的 near 值和 far 值之差越大，物体变暗的速度越慢，如果差值非常小，则效果将非常明显，有兴趣的读者可自行试验。

介绍了本案例的运行效果后，就可以介绍代码部分的开发方法了。本案例是在 Sample11_4 的基础上，将场景中所有的物体都应用了深度着色材质。需要添加的代码如下。

```
scene.overrideMaterial = new THREE.MeshDepthMaterial();     //全部使用深度着色材质
```

> **提示**　读者也可以在创建小正方体的网格对象时，将其材质设置为深度着色材质，只是上面的方法较为简便。以后的开发过程中可根据实际需要，对此两种设置材质信息的方法进行选择和使用。

3. 法向量材质

Three.js 引擎中自带的 MeshNormalMaterial（法向量材质）是一种比较简单的材质。程序在渲染时会根据此处的法向量选择对应的颜色，所以使用了此种材质的物体中，法向量不同的地方，颜色也会有较大的区别，特别适合调试时使用。

对于法向量材质来讲，只有 wireframe、wireframeLinewidth、shading 三种属性可以进行设置。在前面的章节中已经对这些属性代表的意义及作用进行了详细介绍，此处不再赘述。下面将通过案例 Sample11_11 对法向量材质的效果进行展示，具体情况如图 11-19 所示。

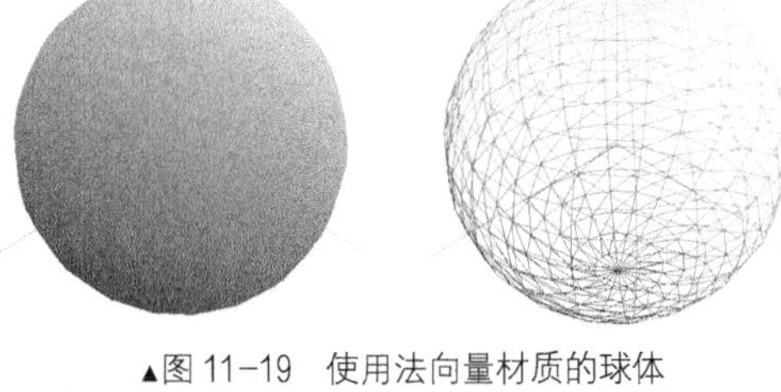

▲图 11-19　使用法向量材质的球体

本案例中球体一直在绕着 y 轴不停旋转，但是通过图 11-19 可以看出，颜色并不会发生变化。之所以会产生上面的效果，是因为使用法向量的物体中，每个面的颜色都是根据此面的法向量计算出来的。而球体在旋转过程中，各个位置的法向量不发生改变，所以颜色也不变。

提示 读者可将案例中的球体替换为其他形状的几何对象，之后便可以发现物体的颜色会在旋转的过程中不断改变。创建各种几何对象的方法在前面章节中已经进行了详细介绍，此处不再赘述。

介绍完本案例的运行效果后，就可以开始介绍代码部分的开发步骤了。本案例是在 Sample11_9 的基础上进行修改而成的。只需要将球体的材质设置为法向量材质即可，具体代码如下所示。

```
var sphereGeometry = new THREE.SphereGeometry(4, 20, 20);      //创建球体几何对象
    var sphereMaterial = new THREE.MeshNormalMaterial();       //创建法向量材质
    sphere = new THREE.Mesh(sphereGeometry, sphereMaterial); //创建网格对象
    scene.add(sphere);                                         //将球体添加到场景中
```

说明 上面只是创建球体的几何对象和法向量的相关代码，读者应该对其比较熟悉。需要提及的是，创建法向量材质时可将对应的属性作为参数传入。例如上面新建材质的语句可写成：var sphereMaterial = new THREE.MeshNormalMaterial({wireframe: true});。

4. 面材质

顾名思义，面材质（MeshFaceMaterial）是一种以面为单位进行渲染的“材质”。之所以不能将其称为完整意义上的材质，是因为面材质并不能直接使用，必须使用其他材质进行“填充”，所以大家更愿意将其视为一种容器。

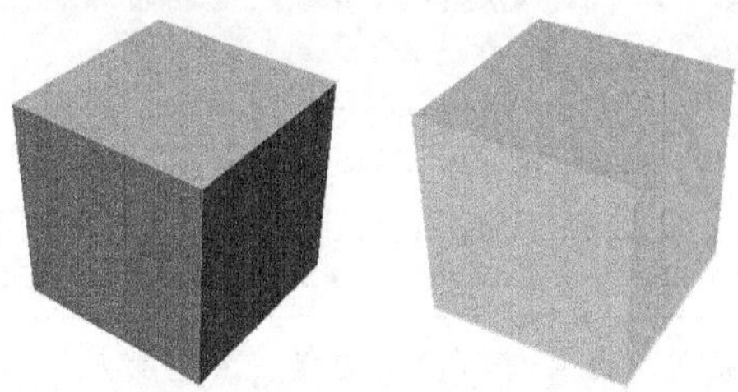

▲图 11-20　使用面材质的正方体

面材质的使用方法稍微有些复杂。首先开发人员需要新建一个数组，并将每个面应用的材质放进数组中，接下来将此数组作为参数创建面材质，最后将几何对象和材质相结合创建网格对象即可。下面将通过案例 Sample11_12 对其进行详细介绍，运行效果如图 11-20 所示。

为了使其特点更加明显，本案例使用 6 种颜色随机的网格基础材质创建面材质。通过图 11-20 可以看出，使用面材质进行渲染的正方体各个面颜色都有差别。如果开发人员需要在一个物体的各个面上应用不同类型的材质，使用面材质是较为方便的方法。

了解了本案例的开发步骤之后，就可以介绍代码部分的开发了。本案例的开发十分简单，首先使用一个 for 循环，随机创建出 6 个网格基础材质添加到数组中，构造出面材质之后与正方体几何对象结合，创建网格对象进行渲染。具体代码如下所示。

```
var boxGeometry = new THREE.BoxGeometry(4, 4, 4);          //创建正方体的几何体
var array=[];                                               //用来存储各个面材质的数组
for(var i=0;i<6;i++){                                       //指定创建材质的数量
     //使用 Math.random()函数随机生成各个面的材质颜色值
     array.push(new THREE.MeshBasicMaterial({color:0xffffff*Math.random()}));
}
 var sphereMaterial = new THREE.MeshFaceMaterial(array);  //创建面材质
sphere = new THREE.Mesh(boxGeometry, sphereMaterial);   //创建正方体网格对象
 scene.add(sphere);                                      //将正方体添加到场景中
```

说明 从上面的代码中可以看出，使用面材质的特点在于需要在数组中确定各个面的材质信息，其他方面与其他材质十分相似。需要注意的是，如果数组中的材质数小于几何对象的面数，程序将发生错误，所以面材质通常不在面数非常多的几何对象上使用。

5. 朗伯材质

前面介绍的几种材质都不会考虑光照的影响，所以渲染出的画面效果还是不尽如人意。Three.js 引擎中自带的材质中只有朗伯材质（MeshLambertMaterial）和 Phong 材质（MeshPhongMaterial）会受到光源的影响，本节将对朗伯材质进行详细介绍。

实际的开发过程中，应用朗伯材质的物体受到光照的影响较小，表面显得不是非常光亮，所以朗伯材质经常被用来创建颜色暗淡的物体。此材质可设置的属性较多，其中大部分已经在前面章节中进行了介绍，下面将对两种重要的属性进行介绍，详情如表 11-10 所示。

表 11-10　朗伯材质的部分属性

名　称	描　述
ambient（环境色）	如果和 AmbientLight 光源一起使用，此颜色值会和 AmbientLight 光源的颜色值相乘，默认值为白色
emissive（发射）	此属性代表材质发射的颜色。此颜色不受光照的影响，默认为黑色

可能部分读者对表 11-10 中的描述感觉到疑惑和陌生，下面将通过一个朗伯材质正方体的案例 Sample11_13，展示其渲染效果并介绍朗伯材质的创建方法。运行效果如图 11-21 所示。

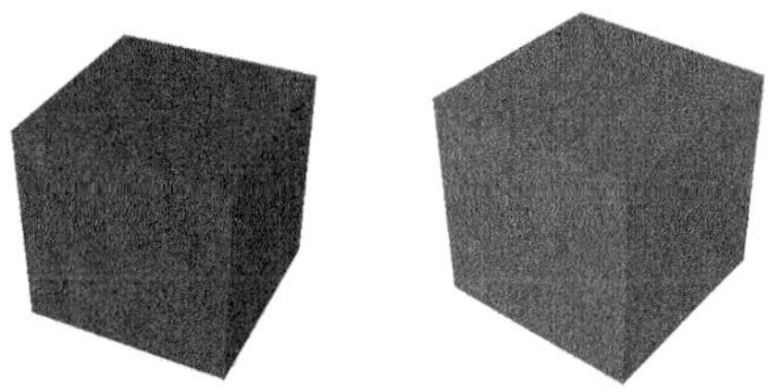

▲图 11-21　使用朗伯材质的正方体

> **提示**　通过图 11-21 可以看出，使用了朗伯材质的正方体中，只有正对光源的面反射出较为明亮的光，整体画面显得十分昏暗。所以表面粗糙的物体应用此材质会显得非常真实，比如树木、岩石、山体等。

介绍完本案例的运行效果后，就可以开始介绍代码部分的开发步骤了。本案例是在 Sample11_12 的基础上进行修改而成的。只需要将正方体的材质设置为朗伯向量材质即可，创建朗伯材质的方法与创建前面几种材质的方法十分相似，代码如下。

```
var boxMaterial = new THREE.MeshLambertMaterial({color: 0x182793});
//创建朗伯材质
```

6. Phong 材质

上一小节已经介绍了适合创建颜色暗淡物体的朗伯材质，但是如果创建颜色明亮、表面光滑的物体时，很难出现高光效果，所以真实感很差。为了解决这一问题，Three.js 引擎中还自带了 Phong 材质（MeshPhongMaterial），可以较为真实地表现出物体的光泽。

Phong 材质属于一种较为高级的材质，其中不仅包括 color、opacity、shading、wireframe、wireframeLinewidth 等基础属性，还包括 ambient、emissive、specular、shininess 等较为复杂的属性，具体情况如表 11-11 所示。

表 11-11　朗伯材质的部分属性

名　称	描　述
specular	该属性指定材质的光亮程度以及高光部分的颜色
shininess	该属性指定高光部分的亮度及范围，默认值是 30

> **提示**　specular 是一种非常有用的属性，开发人员可以通过改变此属性的值改变材质的质感。例如，如果将其设置为 color 属性的值，绘制出的物体将具有很强的金属质感。如果将其设置为灰色，物体看起来更像是塑料。

介绍创建详细代码之前，先通过一个 Phong 材质球体的案例 Sample11_14，对此材质的渲染效果进行展示，具体的运行画面如图 11-22 所示。

通过上图可以发现，使用了 Phong 材质的球体表面有明显的强光区域，可较为真实地模拟现实生活中表面光滑的物体。了解了 Phong 材质的渲染效果之后，就可以介绍创建部分的代码了。此部分也非常简单，代码如下所示。

```
var sphereMaterial = new THREE.MeshPhongMaterial();        //创建 Phong 材质
```

7. 着色器材质

为了进一步提升程序开发的灵活度，Three.js 引擎中自带着色器材质（ShaderMaterial），允许开发人员使用自定义的着色器进行渲染。通过该材质可以开发出很多炫酷的特效，对画面的提升产生巨大作用。

着色器材质中可以进行修改的属性也比较多，除了 wireframe、shading、fog 等基础属性之外，还有 vertexShader、fragmentShader、lights 等比较复杂的高级属性。下面将对其进行详细介绍，具体情况如表 11-12 所示。

表 11-12　　着色器材质的部分属性

名　称	描　述
vertexShader	此属性代表顶点着色器，可对顶点位置进行修改
fragmentShader	此属性代表片元着色器，主要功能为完成片元颜色的计算
uniform	通过此属性，开发人员可将 JavaScript 中的变量传入着色器程序中
defines	该属性可转换成 vertexShader 和 fragmentShader 中的#define 代码
attribute	通常用来传递位置和法向量数据
lights	该属性定义光照数据是否要传递给着色器

下面将通过案例 Sample11_15 详细介绍着色器材质的使用方法。介绍详细的开发步骤之前，先来对本案例的运行效果进行展示，具体情况如图 11-23 所示。

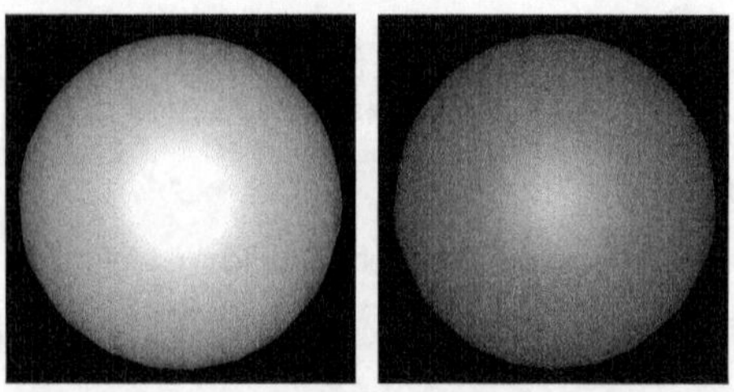

▲图 11-22　使用 Phong 材质的球体

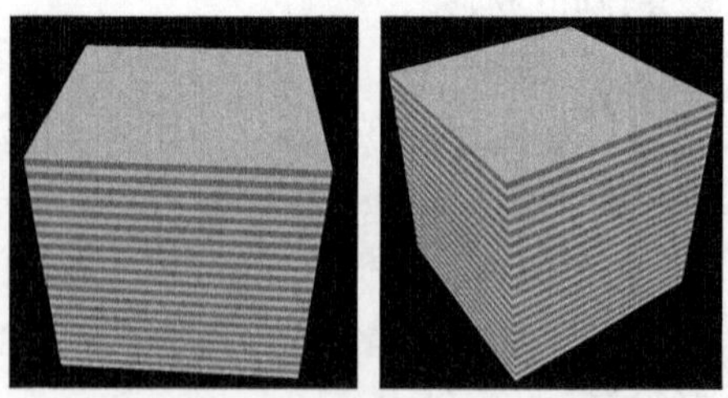

▲图 11-23　使用着色器材质的正方体

通过图 11-23 可以看出，使用了着色器材质的正方体侧面出现了条纹效果，画面更加生动活泼。由此可见，着色器材质的功能是十分强大的。了解了案例的运行效果后，就可以详细介绍代码部分的开发步骤了，具体情况如下。

（1）首先在 HTML 文件中增加顶点着色器和片元着色器的代码部分。需要注意的是，在 Three.js 引擎中编写着色器的方法与直接使用 WebGL 开发基本相同，对此部分比较陌生的读者可自行查阅前面章节。本案例中着色器部分的代码如下所示。

代码位置：见随书中源代码/第 11 章/Sample11_15 目录下的 example.html 文件。

```
1  <script id="vertex-shader" type="x-shader/x-vertex">        <!--定义顶点着色器-->
2    varying vec3 vPosition;                          //用于传递给片元着色器的顶点位置
3        void main(){
4      //根据投影矩阵和变换矩阵计算顶点位置
5        gl_Position = projectionMatrix * modelViewMatrix * vec4(position,1.0);
6      vPosition=position.xyz;                        //将顶点的原始位置传递给片元着色器
7    }
8  </script>
9  <script id="fragment-shader" type="x-shader/x-fragment">    <!--定义片元着色器-->
10   precision mediump float;                        //设置默认浮点精度
11   varying vec3 vPosition;                         //接收从顶点着色器传过来的顶点位置
12   void main(){
13     vec4 bColor=vec4(0.678,0.231,0.129,1.0);      //确定条纹的颜色
14     vec4 mColor=vec4(0.763,0.657,0.614,1.0);      //确定间隔的颜色
15     float y=vPosition.y;                          //顶点的 y 坐标值
16     y=mod((y+100.0)*4.0,4.0);                     //计算区间值
17     if(y>1.8){                                    //当区间值大于指定值时
18       gl_FragColor = bColor;                      //给此片元颜色值
19     }else{                                        //当区间值不大于指定值时
20       gl_FragColor = mColor;                      //给此片元颜色值
21   }}
22  </script>
```

- 第 1～8 行为定义顶点着色器的相关代码。此部分的逻辑非常简单，主要思路是得到物体顶点的坐标，与投影矩阵和变换矩阵相乘，得到顶点的最终位置。
- 第 9～22 行为定义片元着色器的相关代码。此着色器可产生条纹效果，主要的思路是接收从顶点着色器传来的 varying 类型变量 vPosition。然后对其取余计算，根据结果选择颜色值进行渲染。

（2）编写完着色器部分的代码后，就可以创建着色器材质了。为了使用起来更加简便，本案例开发了创建着色器材质的 createMaterial()方法。主要的思路是根据顶点着色器和片元着色器的 id 读取对应代码，并将其他相关属性传入 new THREE.ShaderMaterial()中。

代码位置：见随书中源代码/第 11 章/Sample11_15 目录下的 example.html 文件。

```
function createMaterial(vertexShader, fragmentShader) {//创建着色器材质的方法
  var meshMaterial = new THREE.ShaderMaterial({
    uniforms: {},              //如果着色器中有 uniforms 类型的变量，可在此处传入
    attributes: {},            //如果着色器中有 attributes 类型的变量，可在此处传入
    //读取自定义顶点着色器部分的代码
    vertexShader:document.getElementById(vertexShader).innerHTML,
    //读取自定义片元着色器部分的代码
    fragmentShader:document.getElementById(fragmentShader).innerHTML,
    transparent: true          //开启透明
  });
  return meshMaterial;         //返回创建好的材质
}
```

> **说明** 本案例中着色器并没有使用 uniforms 和 attributes 类型的变量，如果开发人员有需要，在对应位置进行赋值即可。另外，创建着色器材质时还可以直接对 transparent、shading 等基础属性进行设置，十分方便。

11.4 模型加载

前面小节介绍的通过 Three.js 中自带 API 创建一些形状的方法，相信大家已经学会了，但是在现实开发中仅仅会这些是远远不够的。读者若是玩过一些 3D 游戏就会发现游戏中的模型大多数为顶点不规则的复杂模型，这时便需要从外部资源中加载模型了。

本节便来学习如何加载这些复杂的模型与如何使加载的模型动起来，即骨骼动画的加载。从外部加载进来的模型文件一般都为市面使用比较广泛的三维文件格式，其中会包括顶点、法向量、

纹理信息等。

11.4.1　Three.js 中支持的模型文件格式

一般的三维文件格式文件中所含内容都大同小异，有的文件只包含顶点信息，有的除了顶点之外还会包含材质信息，现在就看一下表 11-13 中所列的 Three.js 可以读取的几种三维文件的描述。

表 11-13　　Three.js 支持的几种三维文件及其描述

格　式	描　述
JSON	Three.js 有自己的 JSON 文件格式，可以用它以声明的方式定义几何体和场景。但它并不是一种正式的格式。它容易使用，当你想要使用复杂的几何体或场景时，它非常有用
OBJ 和 MTL	OBJ 是一种简单的三维文件格式，由 Wavefront 科技公司创立。它是使用最广泛的三维文件格式，用来定义对象的几何体。MTL 文件常同 OBJ 一起使用，在一个 MTL 文件中，对象的材质定义在 OBJ 文件中
Collada	Collada 是一种用来定义 XML 类文件中数字内容的格式。这也是一种被广泛使用的格式，差不多所有的三维软件和渲染引擎都支持这种格式
STL	STL 是“STereo Lithography”（立体成型术）的缩写，广泛用于快速成型。例如三维打印机的模型文件通常都是 STL 文件
CTM	CTM 是由 openCTM 创建的文件格式，可以用来压缩存储表示三维网格的三角形面片
VTK	VTK 是由 Visualization Toolkit 定义的文件格式，用来制动顶点和面。VTK 有两种格式，Three.js 支持旧的，即 ASCII 格式
PDB	这是一种非常特别的格式，由 Protein Databank（蛋白质数据银行）创建，用来定义蛋白质的形状。Three.js 可以加载并显示用这种格式描述的蛋白质
PLY	该格式全称是多边形（polygon）文件格式，通常用来保存三维扫描仪的数据

下面会介绍上面这些格式，其中某些格式与另一种 MD2 格式会在下面讲解动画时介绍。现在，我们将从本列表中的第一种格式，Three.js 独有的格式——JSON，开始学习。

1. 以 JSON 文件格式保存和加载几何体

一般可以在两种情形下使用 Three.js 的 JSON 文件格式。可以用它来保存和加载某个几何体，也可以用它来保存和加载整个场景。图 11-24 所示为用 JSON 文件加载几何体和加载场景的案例运行图。

▲图 11-24　加载 JSON 文件案例运行图

（1）上面两幅图中分别加载了几何体与保存场景，先来看一下如何加载几何体的。运行案例会发现右上角的控制器中有“save”与“load”选项，用于保存与加载几何体，首先单击“save”保存当前状态下的几何体，再单击“load”便会在左侧加载出保存状态的几何体。现在来看一下代码。

代码位置：见随书中源代码/第 11 章/Sample11_16 目录下的 saveloadjsonobject.html。

```
//本段代码列出重要的部分，所以省略了一些内容，读者可以自行查阅书中的源代码
```

```
2     //创建环形扭结
3     var knot = createMesh(new THREE.TorusKnotGeometry(10, 1, 64, 8, 2, 3, 1));
4     scene.add(knot);                                    //将创建的扭结添加进场景中
5     this.save = function () {                           //控制器保存的监听方法
6             var result = knot.toJSON();                 //获得几何体对象的解析结果
7             localStorage.setItem("json", JSON.stringify(result));        //将解析结果
              转换成字符串
8     };
9     this.load = function () {                           //加载的监听方法
10            scene.remove(loadedMesh);                   //将临时加载的几何体移出场景
11            var json = localStorage.getItem("json");    //获取几何体
12            if (json) {
13                    var loadedGeometry = JSON.parse(json);  //将字符串转换成原来的对象
14                    var loader = new THREE.ObjectLoader();  //创建加载对象
15                    loadedMesh = loader.parse(loadedGeometry);//获得临时加载的几何体
16                    loadedMesh.position.x -= 50;            //设置几何体 x 坐标
17                    scene.add(loadedMesh);                  //向场景中添加几何体
18    }}};
```

❑ 第 3～8 行为创建环形扭结，之后创建了控制器中保存的监听方法，案例中单击保存后再单击加载时会加载出保存时刻的几何体，所以其监听首先获得当前状态下几何体对象的 json 解析结果，然后将结果转换成字符串。

❑ 第 9～18 行为加载的监听方法，在保存后会得到几何体在一个状态下的 json 解析结果的字符串，加载之前将上一个状态加载的模型移除，然后获得几何体，经过转换将保存的结果加载到场景中。

> **提示** Three.js 保存的是原始几何体，要保存这些信息调用的 localStorage.getItem 函数有两个参数，第一个为键值 json，之后通过本函数将第二个参数的信息取出。根据保存时指定的名字从本例存储中获取几何体，调用 localStorage.getItem 函数将前面该函数存储的内容取出。之后将字符串转换成原来的 JavaScript 对象，之后将对象转换成一个几何体。

（2）前面讲述了保存与加载几何体，如果是加载场景，也可以使用上面的方法。本例中控制器有三个选项，为导出场景、清除场景、导入场景。要测试导入功能，首先得导出场景才可以。在 Three.js 的导出包中有本例所用到的导出器，现在来看一下具体代码。

代码位置：见随书中源代码/第 11 章/Sample11_16 目录下的 saveloadjsonscene.html。

```
1     …//本例省略一些代码，之讲述了比较重要的部分，读者需要查阅源代码学习
2     <script type="text/javascript" src="libs/SceneLoader.js"></script>
3     <script type="text/javascript" src="libs/SceneExporter.js"></script>
4     <!--这两个导出器在 Three.js 发布包中的 example/js/exports 目录下可以找到-->
5     var controls = new function () {                              //控制器监听方法
6           this.exportScene = function () {                        //导出场景方法
7                 var exporter = new THREE.SceneExporter();         //创建场景导出对象
8                 //将导出对象解析结果转成字符串
9                 var sceneJson = JSON.stringify(exporter.parse(scene));
10                localStorage.setItem('scene', sceneJson);         //将场景信息保存到本地
11          };
12         this.clearScene = function () {                          //清空场景的方法
13               scene = new THREE.Scene();                         //创建一个新的场景对象
14         };
15         this.importScene = function () {                         //导入场景方法
16               var json = (localStorage.getItem('scene'));        //获得保存的场景信息
17               var sceneLoader = new THREE.SceneLoader();         //创建场景加载对象
18               sceneLoader.parse(JSON.parse(json), function (e) {
19               scene = e.scene;                                   //获得加载好的场景
20    }, '.');}};
```

❑ 第 1～11 行中导入两个导出器，创建了控制器的监听方法，其中第 6～11 行为导出场景的方法，与上一个例子类似，创建导出对象，通过 JSON.stringify 方法将对象转换成字符串，之后将场景信息保存。

❑ 第 12～20 行为清空与导入场景的方法，导入场景时通过 localStorage.getItem 函数获得保存好的场景信息，通过创建的场景加载对象导入场景。

> **提示**　无论是本例还是上一个例子都省略了许多代码，省略的代码都为之前讲述过的，所以没有给出。与上一个案例不同的是，场景相对于几何体来说，本导出器创建的 JSON 文件明确描述了物体、光源、材质以及场景中的其他数据，而不是对象的原始信息。加载时只是按照其导出时的定义重新创建而已。

相信读者已经掌握了 3ds Max 的基础用法，但是它体量比较大，用起来比较麻烦。现在有一个流行的开源软件 Blender，其作用与 3ds Max、Maya 相似，且为轻量级应用。在下一节中会介绍 Blender 的用法，及使用它导出 Three.js 的 JSON 格式文件。

2. Blender 的基本用法

Blender 的下载安装过程，这里不再介绍了，本节主要介绍如何安装 Three.js 导出器与用 Blender 加载和导出模型。在讲述这些之前先来看一下图 11-25 所示为 Sample11_17 案例运行效果图。即使用 Three.js 导出器导出 blender 模型并在 Three.js 中加载。

▲图 11-25　加载 blender 模型案例运行图

图示案例在下面会进行介绍，这里读者可以体会一下达到的效果。现在来看一下在 Blender 中安装 Three.js 导出器的过程。在安装导出器前需要我们在自己电脑中安装好 Blender 与 Three.js 发布包，学习到现在，相信读者已经下载好后者，前者读者自行安装即可。

（1）由于笔者电脑安装的是 Windows 系统，所以下面所讲为在 Windows 下如何安装 Three.js 导出器，而在其他系统下的安装过程都会大同小异，只要找到插件所需要放置的目录就可以安装，即首先找到 Blender 安装目录下的 addons 文件夹。图 11-26 所示为笔者电脑下的目录。

F:\blender\blender-2.76b-windows64\2.76\scripts\addons

▲图 11-26　Blender 安装目录下的 addons 文件所在位置

（2）找到 addons 文件夹后，接下来要做的是找到 Three.js 安装包中的 io_mesh_threejs 文件夹。这个文件所在目录为 utils\exporters\blender\addons，不同版本的发布包位置有所出入，读者不必非要按这个目录寻找，但是按照这个大致的位置是可以找到的。

（3）找到 io_mesh_threejs 文件夹后，将这个文件夹放到之前找到 Blender 目录下的 addons 下。这些操作完成后打开 Blender，激活导出器。图 11-27 所示为打开 Blender User Preferences（File/User Preferences，即用户设置）。之后找到 Addons（即插件）标签页，然后搜索 three。

（4）到现在为止便找到了 Three.js 插件，但是它并没有激活。用鼠标选择右面的复选框即可。单击保存设置，即完成了安装 Three.js 导出器的工作，试验一下是否正确安装，单击文件中的“导出”（File/Export），如图 11-28 所示，发现 Three.js 出现在菜单中，即安装成功。

安装完插件后便可以来加载我们的第一个 blender 模型了，图 11-29 所示为使用 Blender 加载的模型。加载完毕后使用 Three.js 导出器导出成 JSON 文件，以便在下面步骤中加载此模型。该模型在书中所带源码中的 Sampleblender/assets/models 目录下 misc_chair01.blend。

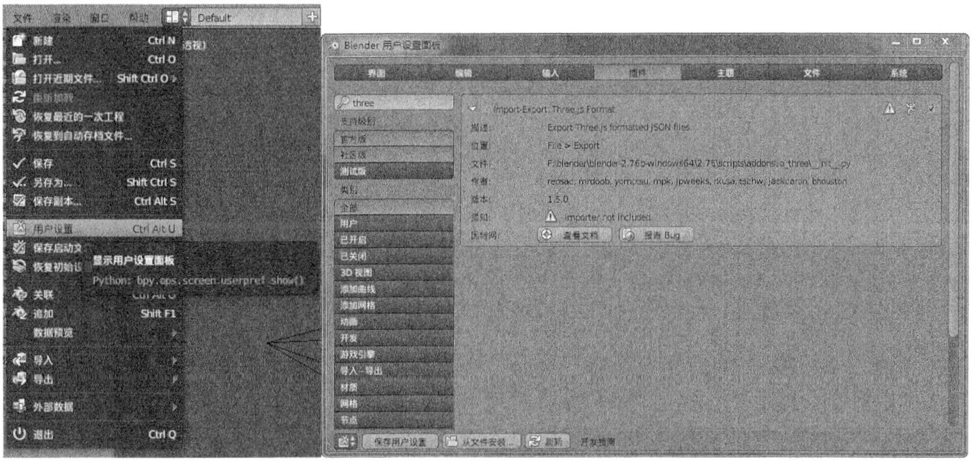

▲图 11-27 Blender User Preferences 界面

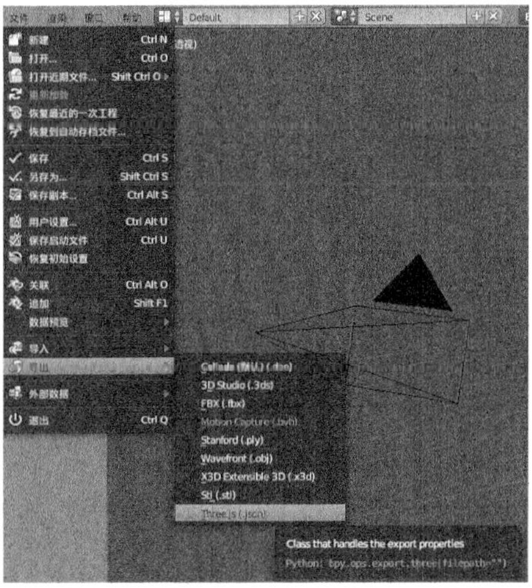

▲图 11-28 Blender User Preferences 界面

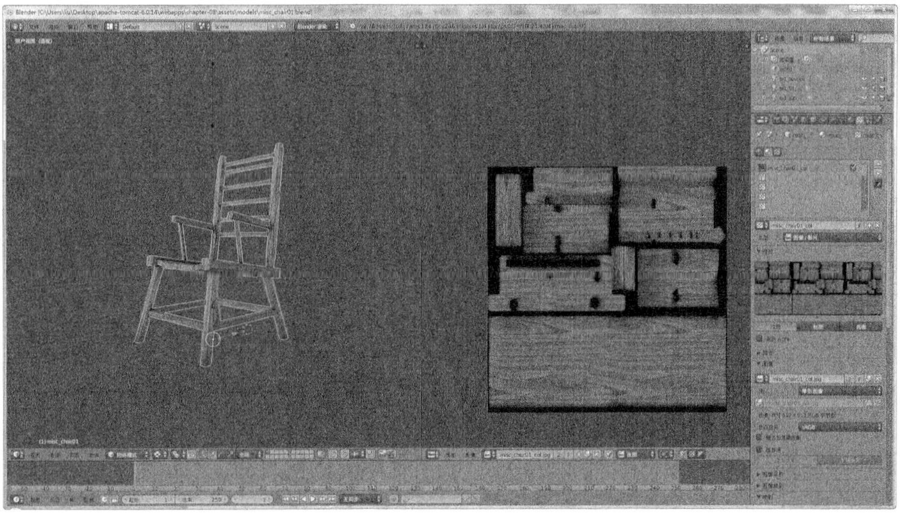

▲图 11-29 使用 Blender 加载 blender 模型

将模型加载进 Blender 以后，将这个模型用 Three.js 导出器导出，导出的文件 misc_chair01 与模型在同一目录下。现在来看一下导出的这个 Three.js 能够理解的 JSON 文件，文件的代码如下所示：

```
{
	"metadata" :
	{
		"formatVersion" : 3.1,
		"generatedBy"   : "Blender 2.65 Exporter",
		"vertices"      : 208,
		"faces"         : 124,
		"normals"       : 115,
		"colors"        : 0,
		"uvs"           : [270,151],
		"materials"     : 1,
		"morphTargets"  : 0,
		"bones"         : 0
	},
	"scale" : 1.000000,
	"materials" : [	{
		"DbgColor" : 15658734,
		"DbgIndex" : 0,
		"DbgName" : "misc_chair01",
		"blending" : "NormalBlending",
		"colorAmbient" : [0.5313261151313782, 0.2507416307926178,……],
		"colorDiffuse" : [0.5313261151313782, 0.2507416307926178, ……],
		"colorSpecular" : [0.0, 0.0, 0.0],
		"depthTest" : true,
		"depthWrite" : true,
		"mapDiffuse" : "misc_chair01_col.jpg",
		"mapDiffuseWrap" : ["repeat", "repeat"],
		"shading" : "Lambert",
		"specularCoef" : 50,
		"transparency" : 1.0,
		"transparent" : false,
		"vertexColors" : false
	}],
	"vertices" : [0.386016,0.797883,0.533366……],
	"morphTargets" : [],
	"normals" : [0.577349,0.494613,……],
	"colors" : [],
	"faces" : [43,6,2,……],
	"bones" : [],
	"skinIndices" : [],
	"skinWeights" : [],
	"animation" : {}
}
```

> **提示**　这里展示了一个模型的 JSON 格式，其中包含了其几何信息与材质信息。需要注意的是在材质中图片的位置为相对位置，本例中材质所需的木纹图片与模型 JSON 文件在一个文件夹下。这里提供的文件大多省略了顶点与面的数据，读者需要自行查阅一下这个文件。

有了模型 JSON 文件之后便可以将其加载进 Three.js 中了，案例 Sample11_17 的运行效果在本节开始便已给出，本例便是通过 JSONLoader 类加载 JSON 文件来实现的。现在来看一下其具体的加载过程。

代码位置：见随书中源代码/第 11 章/ Sample11_17 目录下的 loadblenderjson.html。

```
var loader = new THREE.JSONLoader();                              //创建 JSON 加载类
//加载 JSON 模型
loader.load('assets/models/misc_chair01.js', function (geometry, mat) {
      mesh = new THREE.Mesh(geometry, mat[0]);                    //创建 mesh 对象
      mesh.scale.x = 15;                                          //设置 meshx 坐标
     mesh.scale.y = 15;                                           //设置 meshy 坐标
     mesh.scale.z = 15;                                           //设置 meshz 坐标
     scene.add(mesh);                                             //向场景中添加 mesh
```

```
    }, 'assets/models/');                                    //声明模型所用图片路径
```

❑ 本段代码中通过 JSONLoader 类中提供的 load 方法加载 JSON 文件，其中第一个参数指定想要加载的 URL（指向导出的 JSON 文件），第二个参数指定加载后的回调函数，最后一个参数为纹理所在路径。

❑ 这个回调函数接收两个参数：geometry 和 mat。geometry 参数包含模型对象，而 mat 参数为一组材质对象。在创建 THREE.Mesh 实例时，直接引用该材质。

使用 Three.js 的导出器导出 JSON 文件并加载进 Three.js，这并不是唯一的方法，Three.js 可以理解好几种三维文件格式，使用 Blender 或者 3ds Max 等这些三维建模软件也可以将这些文件导出，在加载时也十分方便，下一节中便来介绍一下这些格式的文件的加载。

11.4.2 导入三维格式文件

本章开头给出了 Three.js 可以支持的三维格式文件，本节便来看一下如何在 Three.js 中加载这些文件。需要注意的是，这些格式都需要引入一个额外的 JavaScript 文件。读者可以在自己的 Three.js 的发布包的 examples/js/loaders 目录下找到这些文件。

1. 加载 OBJ 格式

先来看一下最经典的 OBJ 模型。OBJ 经常会与 MTL 配合使用，其中 OBJ 文件定义了几何体的格式，而 MTL 文件定义了所用的材质。OBJ 和 MTL 都是文本格式的，读者可以自己打开这些文件看一下它们的内容。

Blender 中可以导入 OBJ 来查看模型，也可以在 Blender 中将模型导出成 OBJ 的样式。作为 JSON 格式文件的替代方案，在 Three.js 中加载 OBJ 与 MTL 时也有两套加载器。现在先来看一下单纯加载 OBJ 模型，图 11-30 所示为加载 OBJ 模型。

▲图 11-30　在 Three.js 中加载 OBJ 模型

本例只有 OBJ 模型，没有材质，所以只用到了 OBJLoader.js。一般情况下只需要加载模型而没有材质时就使用本例介绍的方法即可。与上面案例一样，本例模型也在 assets/models 目录下，现在来看一下如何加载 OBJ 模型。

代码位置：见随书中源代码/第 11 章/Sample11_18 目录下的 loadobj.html。

```
1    <!--导入 OBJLoader 导出器-->
2    <script type="text/javascript" src="libs/OBJLoader.js"></script>
3    var loader = new THREE.OBJLoader();                         //创建 obj 加载对象
4    loader.load('assets/models/pinecone.obj', function (loadedMesh) {
5              //创建 OBJ 模型的材质
6              var material = new THREE.MeshLambertMaterial({color: 0x5C3A21});
7               //循环遍历每一个 mesh 为其设置材质
8              loadedMesh.children.forEach(function (child) {
9                  child.material = material;                      //获得模型材质
10                   child.geometry.computeFaceNormals();          //计算面法向量
11                   child.geometry.computeVertexNormals();        //计算点法向量
12              });
13              mesh = loadedMesh;                                 //获得 mesh 对象
14             loadedMesh.scale.set(100, 100, 100);                //模型每个轴放大 100 倍
15              loadedMesh.rotation.x = -0.3;                      //模型绕 x 轴旋转
16              scene.add(loadedMesh);                             //向场景中添加模型
17     });
```

❑ 本段代码中首先加载了 OBJLoader 导出器，之后 3 行为加载模型的过程。其中省略了一些初始化场景的过程，这里只列出了比较重点的加载模型部分。

❑ 第 3～17 行为加载模型的代码，其中 load 方法与前面讲的类似，第一个参数为需要加载的 OBJ 模型的位置，后面的为加载回调函数。因为本例没有加载 MTL，所以案例中创建了模型

的材质信息。最后设置了模型的一些信息，将模型添加进场景中。

2. 加载 OBJ 与 MTL 模型

▲图 11-31 在 Three.js 中加载 OBJ 和 MTL 的模型

只加载OBJ模型不加载MTL的效果看起来还是不尽如人意，现在将 OBJ 与 MTL 一起加载进 Three.js 中来看一下效果。如图 11-31 所示为加载了 OBJ 与 MTL 的模型，与上一个案例比较不难发现，加载了 MTL 的模型更加形象。

在建模软件中将模型的材质做好，然后将材质导出为 MTL 文件，比在程序中设置材质信息来达到图示效果要简便得多。设想一下，如果真是由程序给出材质信息从而达到图示效果，想必大家肯定会望而生畏的，现在来看一下本例的代码，加载 OBJ 与 MTL 的代码仅有几行。

代码位置：见随书中源代码/第 11 章/ Sample11_18 目录下的 loadobjmtl.html。

```
1    <!--加载 OBJ 与 MTL 导出器-->
2     <script type="text/javascript" src="libs/OBJMTLLoader.js"></script>
3    var loader = new THREE.OBJMTLLoader();                          //创建模型加载对象
4    loader.load('assets/models/butterfly.obj','                     //加载 OBJ 与 MTL
5    assets/models/butterfly.mtl',function (object) {
6              //设置翅膀的信息，获取翅膀的模型
7              var wing2 = object.children[5].children[0];
8              var wing1 = object.children[4].children[0];
9             //设置翅膀 1 模型的材质
10             wing1.material.opacity = 0.6;                          //设置透明度
11            wing1.material.transparent = true;                      //设置材质为透明色
12          wing1.material.depthTest = false;                         //关闭深度检测
13             wing1.material.side = THREE.DoubleSide;                //双面绘制
14             wing2.material.opacity = 0.6;                          //设置翅膀 2 的透明度
15             wing2.material.depthTest = false;                      //设置材质为透明色
16             wing2.material.transparent = true;                     //翅膀 2 关闭深度检测
17             wing2.material.side = THREE.DoubleSide;                //双面绘制
18             object.scale.set(140, 140, 140);                       //模型放大
19        mesh = object;                                              //获得模型
20             scene.add(mesh);                                       //向场景中添加模型
21    });
```

- 与上一个案例类似，在代码开头先加载了 OBJMTLLoader 导出器，之后创建了模型加载对象。使用加载器中的 load 方法，前面两个参数为 OBJ 与 MTL 文件的地址，后面的参数为回调函数。
- 由于本例中的蝴蝶模型的翅膀加载不出来，所以在回调函数中还得改一下两个翅膀的材质属性，因为在原文件中蝴蝶翅膀的透明度设置得不对，所以看不到翅膀，这就是 6～17 行的内容。

> **提示** 在 MTL 中引用纹理文件时必须注意其路径，在 MTL 中应用相对路径引用纹理文件，而不是绝对路径。并且在使用复杂的模型时不得不去检查材质的定义，并修改一些属性，这就是本例中所遇到的问题。

3. 加载 Collada 模型

Collada 模型（文件拓展名是“.dae”）是另外一种非常通用的、定义场景和模型（以及动画，在下一章会讲述）的文件格式。Collada 模型中不仅定义了几何体，也定义了材质，甚至还可以定义光源。现在来看一下图 11-32，为本例加载的 Collada 模型。

与加载 OBJ 和 MTL 一样，加载 Collada 模型首先需要 ColladaLoader 加载器，然后加载方法也为 load，主要区别为 result 对象会传递给回调函数，下面给出加载 Collada 模型的代码与 result 对象的结构。

▲图 11-32 在 Three.js 中加载 Collada 模型

代码位置：见随书中源代码/第 11 章/ Sample11_19 目录下的 loadcollada.html。

```
<!--导入 Collada 加载器-->
<script type="text/javascript" src="libs/ColladaLoader.js"></script>
var loader = new THREE.ColladaLoader();                    //创建模型加载对象
var mesh;                                                  //创建模型对象
//加载模型的方法
loader.load("assets/models/dae/Truck_dae.dae", function (result) {
      mesh = result.scene.children[0].children[0].clone();      //获得模型对象
      mesh.scale.set(4, 4, 4);                             //模型放大
      scene.add(mesh);                                     //将模型添加进场景中
});
//result 对象的结构，该部分内容在模型加载器文件中
var result = {                                             //结果对象
      scene: scene,                                        //场景信息
      morphs: morphs,
      skins: skins,                                        //蒙皮信息
      animations: animData,                                //动作信息
      kinematics: kinematics,
      dae: {                                               //模型信息
            …
}};
```

- 与前面案例一样，首先导入模型加载器，之后使用加载器中的加载方法加载模型。加载方法中的第一个参数为模型的地址，第二个参数为回调函数，其中 result 为加载模型的结果对象。
- 在加载对象的结构中有一个参数为 scene，在初期测试时将这个参数打印到控制台，以锁定感兴趣的网格位置。之后需要做的就是将其缩放到合适尺寸，最后将其添加到场景中。

> **提示** 需要注意的是，第一次加载这个模型时材质不能正确渲染，因为材质上的纹理是 TGA 格式的，而 WebGL 并不支持该格式。为了纠正这个问题，不得不将其换为 PNG 文件，并修改“.dae”模型文件中的 XML 元素，指向转换后的 PNG 文件。

加载复杂模型时多多少少总会遇到一些问题的，这时我们就需要在加载方法的回调函数中打印模型信息，自己进行查看了，这两节都遇到了一些问题，但是读者遇到的问题不会只有这些，所以掌握方法之后遇到问题解决就可以了。

4. 加载 VTK、STL、CTM 模型

看过了前面几种加载模型方法后不难发现其中有一定的规律：一般加载模型都有类似的方法，由于篇幅有限，剩下模型的加载便不再详解了。现在先来看一下它们遵从的同样原则：

- 在网页中都包含相应模型的加载文件（[NameOfFormat]Loader.js 文件）。
- 使用加载函数（[NameOfFormat]Loader.load()）从 URL 中加载。
- 检查一下传递给回调函数的返回结果，并对它进行渲染。

VTK、STL、CTM 这几种类型的模型加载都有案例，表 11-14 中列出了这 3 种模型的加载案

例。它们的加载过程并没有给出，读者一定要按照表中所给出的位置，打开相应的代码进行学习。

表 11-14　　加载 VTK、STL、CTM 模型的示例

格　式	示 例 位 置	屏幕截图	格　式	示 例 位 置	屏幕截图
STL	Sample11_20/loadstl.html		VTK	Sample11_22/loadvtk.html	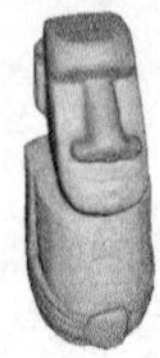
CTM	Sample11_21/Loadctm.html				

到现在为止大部分模型的加载已经讲完了。但只有静态模型，没有动画，不会四处移动，也不会变形。下一节我们将会学到如何使自己的模型动起来，赋予它们生命，即通过骨骼动画的加载来达到自己的目的。

11.4.3　骨骼动画的加载

前面的章节中，已经见过了 Three.js 可以支持几种外部的文件格式。本章会对此进一步地探讨，看看如何从外部文件中加载动画。通常会有两种主要的定义动画的方式：变形动画和骨骼动画。

- ❑ 变形动画。

通过变形目标，可以定义网格经过变形之后的版本，或者说关键位置。对于这个变形目标，其所有顶点位置都会被存储下来。要让图形动起来，需要做的只是将顶点移动到另一个位置，并重复该过程。

- ❑ 骨骼动画。

通过骨骼动画可以定义骨骼，即网格的骨头，并把顶点绑定到特定的骨头上。当移动一块骨头时，任何相连的骨头都会进行相应的移动，骨头上绑定的顶点也会随之移动。

这两种模式 Three.js 都支持，不过一般来讲使用变形目标可以得到更好的效果。骨骼动画的主要问题是如何从 Blender 等三维程序中比较好地导出数据，从而在 Three.js 中制作动画。现在来看一下用骨骼和蒙皮来制作动画。

> **提示**　由于变形动画非常简单明了，Three.js 知道所有目标顶点的位置，它所需要做的只是将每个顶点从一个位置迁移到下一个位置。并且在 Three.js 发布包中包含了使用变形动画制作动画的例子，所以这里便不再介绍了。

1. 用骨骼和蒙皮来制作动画

使用骨骼和蒙皮制作动画要比变形动画复杂一些。当使用骨骼做动画时，移动一下骨骼，而 Three.js 必须决定如何相应地迁移附着在骨骼上的皮肤。为了展示这个概念，如图 11-33 所示，本例使用了一个从 Blender 导出的成为 Three.js 格式的模型。

本例中加载了一个手的模型，上面带有几块骨头。通过移动这几块骨头，就可以让整个模型动起来。加载骨骼动画与前面所讲述的加载模型并没有什么区别，只要指定一个带有骨骼的模型文件然后加载即可，现在来看一下具体代码。

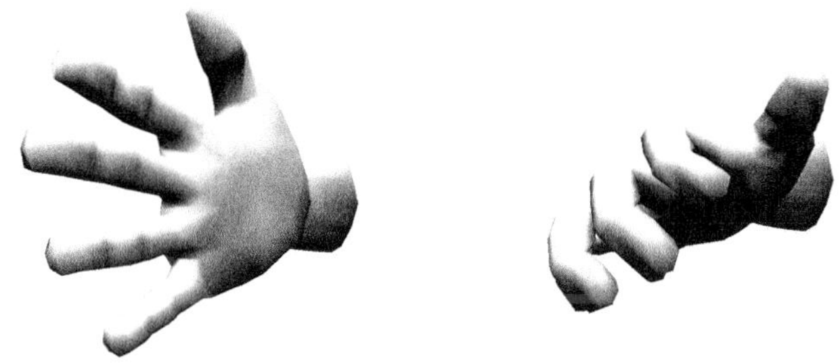

▲图 11-33 在 Three.js 中加载 Three.js 格式的骨骼动画模型

代码位置：见随书中源代码/第 11 章/ Sample11_23 目录下的 bonesmanually.html。

```
1     var loader = new THREE.JSONLoader();                              //创建加载对象
2     //通过加载对象的加载方法来加载模型
3     loader.load('assets/models/hand-1.js', function (geometry, mat) {
4              //创建模型朗伯材质
5               var mat = new THREE.MeshLambertMaterial({color: 0xF0C8C9, skinning:
              true});
6               mesh = new THREE.SkinnedMesh(geometry, mat);    //获得模型对象
7           mesh.rotation.x = 0.5 * Math.PI;                           //模型旋转 x 分量
8               mesh.rotation.z = 0.7 * Math.PI;                       //模型旋转 z 分量
9           scene.add(mesh);                                           //向场景中添加模型
10              tween.start();                                         //以固定时间调用更新方法
11        }, 'assets/models');                                         //模型所在位置
12    var onUpdate = function () {                                     //更新骨头方法
13          var pos = this.pos;                                        //获得旋转角度
14          console.log(mesh.skeleton);                                //打印骨骼信息
15         mesh.skeleton.bones[5].rotation.set(0, 0, pos);             //设置骨头旋转信息
16              …//省略了一些骨头的旋转信息，读者需要查阅源代码进行学习
17    };
```

- 第 1～11 行为通过创建加载对象，用加载对象中提供的加载方法加载模型进 Three.js 中。加载完毕模型后，设置了材质模型的几何信息，最后将模型添加到场景中。加载方法的最后一个参数为指定模型所在位置。
- 第 12～17 行为每帧需要更新的方法，在初期时需要调试，所以将骨骼信息打印到控制台去分析。得到骨骼的信息后通过设置旋转分量来进行每帧中骨骼的旋转，从而达到使整体模型动起来的效果。

> **注意** Three.js 也提供了一个带有蒙皮的网格对象：THREE.SkinnedMesh。需要保证的是，将模型所用材质的 skinning 属性设为 true。最后将所有骨头的 useQuaternion 属性设为 false。如果不这么做就需要用四元数来表示旋转，设置为 false 便可以用一般表示方法来表示旋转。

使用骨骼动画其实可以做很多事情，本例中通过旋转骨骼来实现动画效果，还可以通过改变其位置或缩放比例来实现，但是这些终归是需要我们自己动手计算实现的。所以下一节来学习一下加载外部骨骼动画模型，这次的动画是在模型中预定义好的动画，不需要手工移动了。

2. 用 Blender 导出骨骼动画

本节来看一下如何通过 Blender 加载骨骼动画之后，使用 Three.js 导出器将模型导出并加载。使用 Blender 可以制作一个骨骼动画模型，也可以加载外部的动画。前面已经提到过 Blender 支持多种格式类型，那些格式的动画都可以导入到 Blender 中。

由于篇幅限制，这里就不再赘述使用 Blender 来创建骨骼动画的细节了。这里只来看一下如何将从外部下载好或者做好的动画模型导入到 Blender 中，之后通过 Three.js 导出器导出模型。如果读者想要学习创建动画，那么需要自己搜罗资料学习，需要注意的以下几点。

- ❑ 模型中的顶点至少要在一个顶点组中。
- ❑ Blender 中顶点组的名字必须跟控制这个顶点组的骨头的名字相对应。只有这样，当骨头被移动时，Three.js 才能找到需要修改的顶点。
- ❑ 只有第一个 action（动作）可以导出，所以要保证想要导出的动画是第一个 action。
- ❑ 创建 keyframes（关键帧）时，最好选择所有骨骼，即便它们没有变化。
- ❑ 导出模型时需要保证模型处于静止状态，如果不是这样，那么看到的动画模型将会相当混乱。

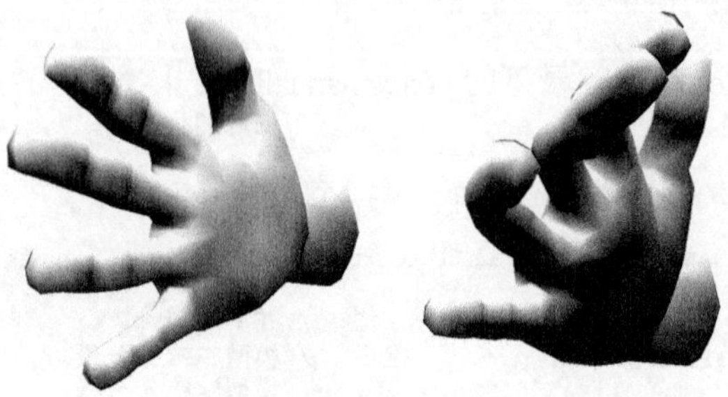

▲图 11-34　通过 Blender 导出骨骼动画的案例运行图

本例中通过将一个制作好的手的模型在 Blender 中使用 Three.js 导出器导出成 Three.js 格式的动画模型，再加载到 Three.js 中，来向大家讲述如何使用 Blender 导出骨骼动画模型。图 11-34 所示为通过 Blender 导出骨骼动画的案例运行图。

需要注意的是导出骨骼动画时与导出静态模型不同，需要在导出器中勾选骨骼动画相应的属性，例如 bones、skinning 等。在设置完导出选项后，一定要记着单击保存自己的设置，否则导出的模型为设置之前的属性。现在来看一下代码。

代码位置：见随书中源代码/第 11 章/ Sample11_24 目录下的 animationfromblender.html。

```
1      var loader = new THREE.JSONLoader();                              //创建 JSON 加载对象
2      //通过加载对象加载模型
3      loader.load('assets/models/hand-2.js', function (model, mat) {
4            //创建模型材质
5            var mat = new THREE.MeshLambertMaterial({color: 0xF0C8C9, skinning: true});
6            mesh = new THREE.SkinnedMesh(model, mat);               //获得模型
7            //创建动画对象
8            var animation = new THREE.Animation(mesh, model.animation);
9            mesh.rotation.x = 0.5 * Math.PI;                           //设置模型绕 x 轴旋转
10           mesh.rotation.z = 0.7 * Math.PI;                           //设置模型绕 y 轴旋转
11           scene.add(mesh);                                           //向场景中添加模型
12           helper = new THREE.SkeletonHelper(mesh);                   //创建可视骨骼对象
13           helper.material.linewidth = 2;                             //设置线宽
14           helper.visible = false;                                    //默认不可见骨骼
15           scene.add(helper);                                         //向场景中添加骨骼
16           animation.play();                                          //开始播放动画
17     }, 'assets/models');                                             //模型所在位置
18     function render() {
19          stats.update();                                             //stats 定时更新
20          var delta = clock.getDelta();                               //得到定时位置数据
21          if (mesh) {                                                 //如果模型存在
22                helper.update();                                      //更新骨骼数据
23             THREE.AnimationHandler.update(delta);                    //更新动画
24     }}
```

- ❑ 第 1～11 行为通过创建加载对象，用加载对象中提供的加载方法加载模型进 Three.js 中。加载完毕模型后设置了材质模型的几何信息，最后将模型添加到场景中。加载方法的最后一个参数为指定模型所在位置。
- ❑ 第 12～24 行中首先创建了骨骼对象，这个就是案例控制器中 showHelper 勾选后出来的骨骼，其默认是不可视的。更新动画调用的是 THREE.AnimationHandler.update()。其余的部分与之前讲过的模型加载没有什么区别。

本例中本质上还是加载的 Three.js 格式的模型，除了这种格式之外，其实还可以加载其他格式的模型，下面首先会看到加载 Collada 动画模型。

3. 从 Collada 模型中加载动画

前面加载 Collada 静态模型时便介绍过，一个 Collada 文件不仅可以包含模型，还可以保存整个场景，包括相机、光源、动画等。使用该模型最好的方式是将加载函数的调用结果输出到控制台，然后再决定使用哪些组件。现在来看一下图 11-35 所示的本例运行效果。

本例中加载了一个带有骨骼的 Collada 模型。通过 ColladaLoader 导入了模型，与之前讲的加载静态模型无异，这里只是多出了骨骼属性。案例中在渲染循环中更新骨骼数据使模型动起来，现在来看一下加载 Collada 骨骼动画的代码吧。

▲图 11-35 加载 Collada 动画模型案例运行图

代码位置：见随书中源代码/第 11 章/ Sample11_25 目录下的 animationfromcollada.html。

```
<!--导入模型加载器-->
<script type="text/javascript" src="libs/ColladaLoader.js"></script>
var loader = new THREE.ColladaLoader();                              //创建加载模型对象
//通过加载对象的加载方法加载模型
loader.load('assets/models/monster.dae', function (collada) {
      var child = collada.skins[0];                                  //获得模型
      scene.add(child);                                              //向场景中添加模型
      //创建动画对象
      var animation = new THREE.Animation(child, child.geometry.animation);
      animation.play();                                             //播放动画
      child.scale.set(0.15, 0.15, 0.15);                            //设置模型大小
      child.rotation.x = -0.5 * Math.PI;                            //设置模型绕 x 轴旋转分量
      child.position.x = -100;                                      //设置模型位置的 x 坐标
      child.position.y = -60;                                       //设置模型位置的 y 坐标
});
function render() {
      stats.update();                                   //更新帧数
          THREE.AnimationHandler.update(delta);         //更新骨骼动画数据
          requestAnimationFrame(render);                //渲染每帧动画
          webGLRenderer.render(scene, camera);          //将场景和摄像机添加到渲染器中
}
```

- 加载方法中的参数的含义与之前讲述的没有什么区别，只不过在得到模型后还需要创建动画对象，其是由模型与模型的几何信息的动画属性来创建的。设置好这些后，再通过控制台打印出的信息来设置模型的尺寸与位置。
- 在渲染循环方法中通过 THREE.AnimationHandler.update()来更新每帧的动画。另外需要注意的是，在本节开头提到将模型输出到控制台是为了调试程序中加载模型的位置一类信息，在回调方法中所设置的内容便是通过输出信息来设置的。

4. 从 FBX 模型中加载动画

有过 3D 程序开发经验的读者肯定会对 FBX 模型十分熟悉，这个模型在市面上应用得十分广泛。正因为如此，在各大模型网站中，FBX 格式的模型也是最多与最好找的。开发 WebGL 时，Three.js 同样也不会丢掉这么大的“蛋糕”，所以 Three.js 支持 FBX 模型的加载。

本例是通过 FBXLoader 加载器将模型加载进 Three.js 中，相信大家在经过学习前面各种模型加载器后都已经学会如何使用其中的加载方法，本例中提供的加载器与前面学到的十分类似。现在先来看一下图 11-36 所示的加载 FBX 的案例运行效果。

本例演示了如何加载 FBX 骨骼动画。前面也说到通过将加载对象打印到控制台来调试程序设置对象的一些属性，读者最后看到的代码中的属性是调试好的，读者在自行加载动画时需要自行打印调试，现在来看一下代码。

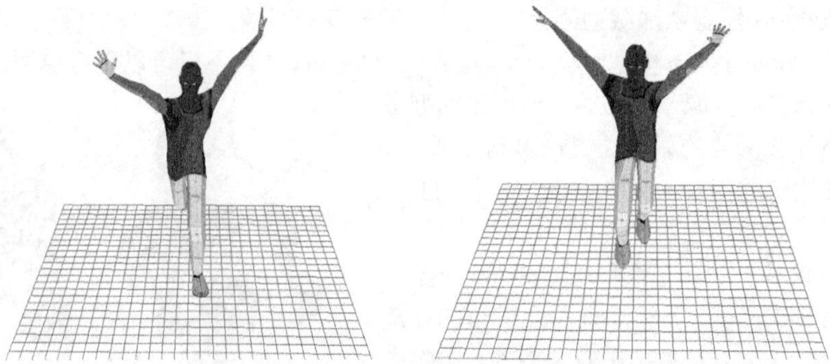

▲图 11-36 加载 FBX 动画模型的案例运行图

代码位置：见随书中源代码/第 11 章/ Sample11_26 目录下的 webgl_loader_fbx.html。

```
<!--添加模型加载器-->
<script src="js/FBXLoader.js"></script>
var loader = new THREE.FBXLoader( manager );                    //创建模型加载对象
loader.load( 'models/fbx/xsi_man_skinning.fbx', function( object ) { //加载方法
  object.traverse( function( child ) {                          //回调函数方法
      if ( child instanceof THREE.Mesh ) {}
      if ( child instanceof THREE.SkinnedMesh ) {               //判断child是否为网格类型
        if ( child.geometry.animations !== undefined ||  //判断 child 是否有动画
        child.geometry.morphAnimations !== undefined ) {
            child.mixer = new THREE.AnimationMixer( child );    //创建动画混合对象
            mixers.push( child.mixer );                         //将动画添加到动画数组
            var action = child.mixer.clipAction( child.geometry.animations
            [ 0 ] );//获得动画
            action.play();                                      //开始播放动画
      }}});
      scene.add( object );}, onProgress, onError );             //向场景中添加模型
function animate() {
      requestAnimationFrame( animate );                         //通过调用方法来更新动画
      if ( mixers.length > 0 ) {
            for ( var i = 0; i < mixers.length; i ++ ) {        //遍历动画混合数组
                  mixers[ i ].update( clock.getDelta() );       //更新动画数组
            }}
      stats.update();                                           //更新帧速率
      render();                                                 //开始渲染场景
}
```

- 加载 FBX 模型与加载其他模型类似，需要一个加载器，第一个参数为模型所在位置。将模型加载进来后，通过回调方法来设置模型的一些属性。
- 本例中最主要的便是加载模型的骨骼动画，通过将 object 打印到控制台可以看见，模型的动画信息在 children[0]中的 mixer 属性中，所以获得动画信息便是得到 mixer 的内容。得到动画后，播放动画的方法与之前所讲的没有什么区别，所以这里不再赘述。

> **注意** 在加载 FBX 时，如果模型加载不出来，需要看一下控制台的信息。FBXLoader 现在只支持 ASCII 格式的 FBX 文件，并且版本最低为 7100。笔者 3ds Max 版本为 2014，导出时可选选项比较多，这些都是在导出 FBX 文件时需要注意的问题。

本节中讲到了使用 Blender 导出不同格式的静态模型与骨骼动画，再将其加载到 Three.js 中。这部分内容十分重要，因为在日后的开发中不会只是简单的几何体，所以加载模型与动画肯定是程序编写中十分重要的一环，希望读者在本节中一定要结合源代码细致学习。

11.5 贴图的使用

前面的章节中已经对 Three.js 引擎中自带的几何对象和材质进行了详细介绍，但是在项目开

发中往往对物体的外观有较高的要求，所以开发人员一般需要加载贴图，增加对物体细节部分的展示。本节将详细介绍使用贴图的方法及技巧。

11.5.1 使用纹理贴图

通过前面章节的学习读者应该认识到，材质决定了物体的颜色及质感，而纹理贴图的实质是一系列颜色值。所以如果需要在 Three.js 中使用纹理贴图，只将读取后的信息嵌入到材质中，再将此材质应用到几何对象即可。

提示 大部分图片都可以作为纹理贴图使用，但是为了保证渲染效果，一般都使用正方形的图片。并且图片的长和宽应该是 2 的整数次方，否则可能会出现难以预料的情况。

纹理在进行渲染时都需要被放大或者缩小，所以要选择合适的纹理采样方式。Three.js 引擎中，开发人员可直接通过 magFilter 和 minFiler 属性对采样方式进行设置，可选择的值如表 11-15 所示。

表 11-15 magFilter 和 minFiler 可选的属性

名　称	描　述
THREE.LinearFilter	线性采样方式。为了提高执行效率，minFiler 属性一般设置为此值
THREE.NearestFilter	最近点采样方式，如果不希望边缘模糊，magFilter 属性可设置为此值
THREE.NearMipMapNearestFilter	程序选择合适大小的 mipmap，并使用最近点采样方式
THREE.NearMipMapLinearFilter	程序选择最相近的两个 mipmap，使用最近点采样方式获取两个中间值，最后使用线性采样方式得到结果
THREE.LinearMipMapLinearFilter	程序选择合适大小的 mipmap，并使用线性采样方式
THREE.LinearMipMapNearestFilter	程序选择最相近的两个 mipmap，使用现行采样方式获取两个中间值，最后使用线性采样方式得到结果

提示 前面章节中已经对上面几种采样方式的渲染效果和区别进行了详细介绍，由于此处篇幅有限，不再赘述，有兴趣的读者可自行试验，细致观察其区别。

下面将通过案例 Sample11_27 详细介绍纹理贴图的使用方法。本案例首先新建了一个正方体，然后使用一张 256×256 的图片作为纹理贴图，渲染出一个十分真实的木质箱子，具体情况如图 11-37 所示。

▲图 11-37 使用纹理贴图的正方体

通过图 11-37 可以看出，使用了纹理贴图的正方体表现出了木质质感，细节展示更为细致。由此可见，使用纹理贴图可很大程度上提高画面质量。了解了案例的运行效果后，就可以详细介绍本案例的开发步骤了，具体步骤如下。

（1）为了使文件部署更加清晰，本案例新建了名称为“textures”的文件夹用来存放纹理贴图。然后将名称为“box.jpg”的正方形纹理贴图存放在此目录下，以供后面的步骤使用。

（2）文件部署完毕后，接下来进行代码部分的开发了。本案例中主要增加了加载纹理贴图的 withTextureMesh()方法。向此方法中传入几何对象和纹理贴图的名称，即可得到带有纹理贴图的网格对象。具体代码如下所示。

代码位置：见随书中源代码/第 11 章/Sample11_27 目录下的 example.html 文件。

```
function withTextureMesh(geometry, imageName){          //创建带有纹理的网格对象
  //读取纹理贴图的数据
      var texture = THREE.ImageUtils.loadTexture("textures/" + imageName);
     var mat = new THREE.MeshPhongMaterial();            //新建 Phong 材质
      mat.map = texture;                                 //将数据赋值给材质的 map 属性
      var mesh = new THREE.Mesh(geometry, mat);          //将材质应用到几何对象
   return mesh;                                          //返回网格对象
}
```

提示　THREE.ImageUtils.loadTexture()为 Three.js 中加载纹理贴图的方法。只需要向其中传入纹理贴图的路径即可。本案例将纹理图放在 textures 目录下，所以要在参数部分增加“"textures"/”字段。读者在开发和学习时，要注意保证读取纹理贴图的路径是正确的。

（3）完成上面的开发后，只需要新建合适大小的正方体几何对象并调用 withTextureMesh()方法即可得到带有纹理贴图的网格对象，最后将其添加到场景中即可，此处不再赘述，有兴趣的读者可自行查阅随书中的源代码。

11.5.2　使用法向贴图

法向贴图中包含的不再是颜色值，而是法向量数据。实际开发中，如果模型的精度不够理想，可以制作法向贴图应用到物体上，这样可以渲染出很多细节。通过与光源的合理搭配，可以极大提升画面的真实感，令人惊叹不已。

提示　运用纹理贴图时，一般对图片的精度有较高的要求，非专业人员很难制作出高质量的图片。不过不用担心，现在市面上有很多 3D 模型共享的网站提供法向贴图的下载服务。有兴趣的读者可以自行下载试验。

下面将通过案例 Sample11_28 详细介绍法向贴图的使用方法。本案例加载了一个 obj 格式的 3D 模型，并应用了纹理贴图和法向贴图，配合光源渲染出一个逼真的恐龙。图 11-38 中左侧和右侧分别为使用法向贴图前后的运行效果图。

▲图 11-38　使用法向贴图的 3D 模型

通过图 11-38 可以看出，使用了法向贴图的模型表现出了动物皮肤的质感，凹凸处对光的反射尤为细腻。可能仅通过上面的图片，不能细致地表现出渲染效果，有兴趣的读者可使用真机运行。了解了案例的运行效果后，就可以详细介绍本案例的开发步骤了，具体步骤如下。

（1）首先要完成外部资源的准备，此部分包括将恐龙的 obj 模型放置在 model 目录下，将名为“konglong.jpg”的纹理贴图和名为“konglongn.jpg”的法向贴图放在 textures 目录下。图 11-39 中展示了本案例中的纹理贴图和法向贴图。

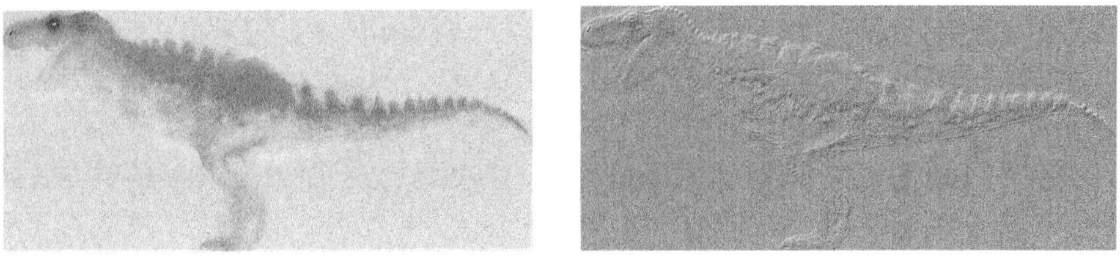

▲图 11-39 纹理贴图和法向贴图

（2）接下来就可以进行代码部分的开发了。本案例中主要增加了加载纹理贴图和法向贴图的 getNormalTextureMaterial()方法。只需要向此方法中传入纹理贴图和法向贴图的名称即可得到对应的材质，具体代码如下。

代码位置：见随书中源代码/第 11 章/Sample11_28 目录下的 example.html 文件。

```
//创建带有纹理贴图和法向贴图材质的方法
function getNormalTextureMaterial(imageName,normalName){
  //读取纹理贴图的数据
    var texture = THREE.ImageUtils.loadTexture("textures/" + imageName);
  //读取法向贴图的数据
  var normal = THREE.ImageUtils.loadTexture("textures/" + normalName);
  var mat = new THREE.MeshPhongMaterial();//新建 Phong 材质
      mat.map = texture;                  //将读取的纹理数据赋值给 map 属性
  mat.normalMap = normal;                 //将读取的法向数据赋值给材质的 normalMap 属性
    return mat;                           //返回材质
 }
```

> **提示** 通过上面的代码可以发现，法向贴图的使用方法与纹理贴图十分相似，只需要读取法向贴图中的相关数据，并赋值给材质对象的 normalMap 属性即可，操作十分简便。

（3）最后需要开发模型加载部分的代码。进行代码开发之前，需要打开 Three.js 项目包 three.js-master，找到“\examples\js\loaders”目录下的 OBJLoader.js 文件并引入。完成之后新建 obj 格式的加载器，使用其 load()方法读取模型数据。具体代码如下。

代码位置：见随书中源代码/第 11 章/Sample11_28 目录下的 example.html 文件。

```
1   var model;                                   //用来控制模型的变量
2   var loader = new THREE.OBJLoader();          //新建 obj 的加载器
3       loader.load('konglong.obj', function (loadedMesh) {      //加载 obj 模型
4     var material = getNormalTextureMaterial("konglong.jpg","konglongn.jpg");
      //新建材质
5     loadedMesh.children.forEach(function (child) {   //遍历模型的所有子对象
6       child.material = material;                     //将材质应用到模型中
7     });
8     model = loadedMesh;                              //将读取的模型赋值给 model 变量
9     loadedMesh.scale.set(1.2, 1.2, 1.2);             //设置放大系数
10    scene.add(loadedMesh);                           //将模型添加到场景中
11  });
```

- 第 2～3 行为新建加载器并读取 obj 模型的相关代码。其中 load()方法中第一个参数为 obj 模型的参数，第二个参数为模型读取完成后执行的操作。
- 第 8 行为将读取的模型赋值给 model 变量的代码。因为 load()方法结束后，将不能对模型进行操作，所以需要新建一个变量，存储模型的读取信息。

11.5.3 使用凹凸贴图

项目开发的过程中，如果需要渲染的物体表面比较粗糙，设计其 3D 模型时其顶点数量会非常多，而且制作的难度很大。幸运的是，使用凹凸贴图可以在网格对象表面创建出真实的粗糙效果，并且操作十分简便，下面将对其进行详细介绍。

凹凸贴图一般为灰度图，其中像素越密集的地方代表凸出的地方越明显。与法向贴图不同的是，凹凸贴图中只有相对高度信息，而不包括坡面的方向，所以其表现效果较为有限。下面将通过案例 Sample11_29 展示使用凹凸贴图后的画面效果，具体情况如图 11-40 所示。

图 11-40 中左侧为只使用了纹理贴图的墙体，右侧为加入了凹凸贴图后的渲染效果。通过图 11-40 可以发现，右侧墙体表面的凹凸感和细节渲染得非常到位，画面的真实感有质的提升。了解了本案例的运行效果后，下面对开发步骤进行介绍。

（1）首先将名为“qiang .jpg”的纹理贴图和名为“qiangat .jpg”的凹凸贴图放在 textures 目录下，其中凹凸贴图是将纹理贴图去掉色彩值并调整对比度后得到的，有兴趣的读者可自行试验。图 11-41 中展示了本案例中的纹理贴图和凹凸贴图。

▲图 11-40 使用凹凸贴图的墙面

▲图 11-41 纹理贴图和凹凸贴图

（2）接下来将对本案例的代码部分进行介绍。本案例中主要增加了加载纹理贴图和凹凸贴图的 getBumpTextureMaterial ()方法。开发人员只需要传入纹理贴图和凹凸贴图的名称即可得到对应的材质，具体代码如下。

代码位置：见随书中源代码/第 11 章/Sample11_29 目录下的 example.html 文件。

```
1     function getBumpTextureMaterial(imageName,bumpName){   //创建带有凹凸贴图的材质
2       //读取纹理贴图的数据
3       var texture = THREE.ImageUtils.loadTexture("textures/" + imageName);
4       //读取凹凸贴图的数据
5       var bump = THREE.ImageUtils.loadTexture("textures/" + bumpName);
6          var mat = new THREE.MeshPhongMaterial();  //新建 Phong 材质
7           mat.map = texture;                        //将纹理数据赋值给材质的 map 属性
8       mat.bumpMap = bump;                           //将凹凸数据赋值给材质的 bumpMap 属性
9       mat.bumpScale = 0.15;                         //设置凹凸的高度
10          return mat;                               //返回网格对象
11    }
```

- 第 5～8 行为读取凹凸贴图并赋值给材质的 bumpMap 属性，与前面方法十分相似。
- 第 9 行为通过 bumpScale 属性设置凹凸高度的相关代码。需要注意的是，如果此值为负数，则代表的是凹陷深度值。

（3）上面的步骤完成后，就可以新建正方体的几何对象，并与上一步骤得到的材质相结合，创建出网格对象添加到场景中。为了体现出墙面的凹凸感，最后要添加光源。前面的章节中已经对此部分进行了详细介绍，此处不再赘述，读者可自行查阅随书中的源代码。

11.5.4 使用光照贴图制作静态阴影

物体的阴影计算是一项计算量非常大的工作，如果不能对其进行高度优化，很可能使画面产生严重卡顿。幸运的是，Three.js 引擎中可使用光照贴图创建出解析度很高的静态阴影，同时很大程度上减小了硬件的工作量。

光照贴图使用平展开的一套 UV，如同普通贴图所需的。光照贴图的尺寸大小可以灵活设置，比如 64×64，这种方式提供了每像素的光照数据。本案例中采用的是 512×512。一般来说，贴图尺寸越大，光照效果越细致。

> **提示** 光照贴图的制作也非常简单，有兴趣的读者可下载安装 3ds Max 后“烘焙”出需要的光照贴图。若对渲染效果不满意，还可以根据需要在 Photoshop 软件中对贴图进行优化。

接下来首先了解一下本节案例 Sample11_30 的运行效果，这有利于读者对光照贴图有一个基本认识，具体如图 11-42 所示。

▲图 11-42 使用光照贴图制作出的静态阴影

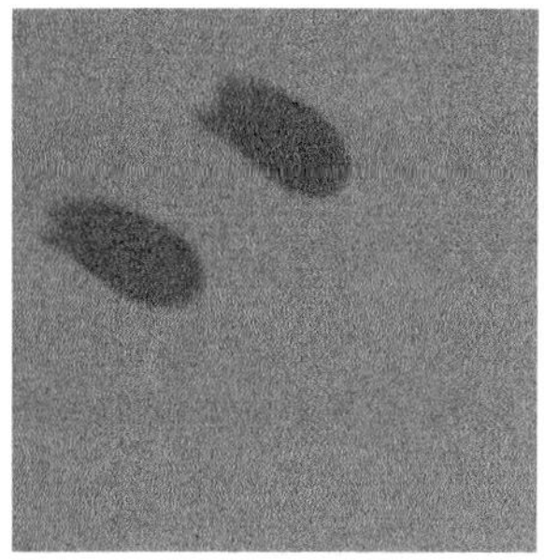

▲图 11-43 光照贴图

通过图 11-42 可以看出，茶壶物体与使用光照贴图生成的静态阴影十分吻合，真实感极强。并且在程序运行过程中也只是将光照贴图映射在地板上，省去了阴影的实时计算。了解了本案例的运行效果后，接下来将详细介绍开发步骤，具体情况如下。

（1）首先在 3ds Max 中 “烘焙”出光照贴图，然后将其和纹理贴图放在 textures 目录下，以供后面的步骤使用。图 11-43 中展示了本案例中的光照贴图。

（2）接下来将介绍本案例中创建地面的 createGround()方法。此方法中主要增加了读取光照贴图并设置为材质中 lightMap 属性的相关代码，最后指定光照贴图使用到的 UV 数据，具体代码如下所示。

代码位置：见随书中源代码/第 11 章/Sample11_30 目录下的 example.html 文件。

```
1      function createGround(){                                        //创建带有光照贴图的地面
2        var groundGeom = new THREE.PlaneGeometry(40, 40, 1, 1); //创建平面集合对象
3            var lm = THREE.ImageUtils.loadTexture('textures/pm.png');  //读取光照贴图
4        //读取地板的纹理贴图
5            var wood = THREE.ImageUtils.loadTexture('textures/floor-wood.jpg');
6            var groundMaterial = new THREE.MeshBasicMaterial({ //创建带有光照贴图的材质
7                color: 0xffffff,                              //设置地板颜色
8          lightMap: lm,                                       //设置光照贴图
9          map: wood                                           //设置纹理贴图
10       });
11           groundGeom.faceVertexUvs[1] = groundGeom.faceVertexUvs[0];  //设置 UV 数据
12           var groundMesh = new THREE.Mesh(groundGeom, groundMaterial);//创建网格对象
13       groundMesh.rotation.x = -Math.PI / 2;                 //网格对象的旋转角度
14           groundMesh.position.y = 0;                        //设置网格对象的 Y 坐标
15           scene.add(groundMesh);                            //将网格对象添加到场景中
16     }
```

- 第 3～10 行为读取光照贴图和纹理贴图，并创建相应材质的相关代码。
- 第 11 行为指定光照贴图使用到的 UV 数据的相关代码。本案例中纹理贴图和光照贴图使用都是由 Three.js 自动生成的 UV 数据，开发人员也可直接指定 faceVertexUvs 数组中的值，对数据进行修改。

（3）地面创建完成后，就可以进行茶壶的摆放工作了。首先加载茶壶的 obj 模型和纹理，创建网格对象完成后对其进行平移、旋转，最后放置到阴影对应的位置即可。

11.5.5 使用高光贴图

现实生活中有很多物体在光的照射下会表现出特别明显的高亮区，而有些部分却几乎不会反光。如果开发人员要在程序中呈现这种物体，可以使用一种特别简单、有效的方法——增加高光贴图，下面将对其进行详细介绍。

一般来说，高光贴图中像素的颜色值越大（黑色最小，白色最大），物体表面对光线的反射能力就越强。项目开发时，高光贴图通常与法线贴图一起使用，渲染出的物体将十分真实。另外，还可以对材质的 specular 属性进行设置，指定高光区的颜色。

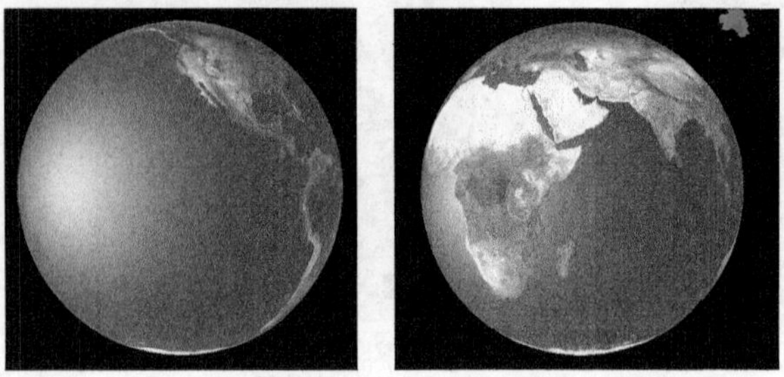

▲图 11-44 使用高光贴图制作出的地球模型

接下来首先了解一下本节案例 Sample11_31 的运行效果，这有利于读者对光照贴图有一个基本认识，具体如图 11-44 所示。

通过图 11-44 可以看出，地球模型中海洋部分的色彩比较明亮，对光线的反射能力很强，有明显的高光区。而陆地部分的颜色较为暗淡，几乎不反光，非常贴近现实。了解了本案例的运行效果后，接下来将详细介绍开发步骤，具体情况如下。

（1）首先将地球模型的纹理贴图、法向贴图和高光贴图放置在 textures 目录下，以供后面的步骤使用。图 11-45 展示了本案例中的纹理贴图和高光贴图。

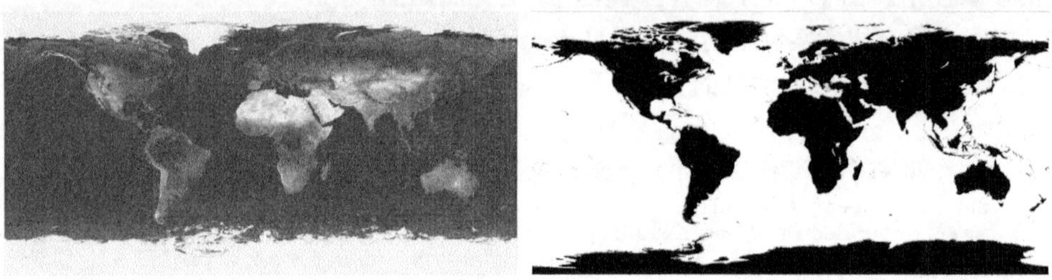

▲图 11-45 地球模型中的纹理贴图和高光贴图

（2）接下来将介绍本案例中创建地球模型的 createEarth ()方法。此方法中主要增加了读取高光贴图并设置为材质中 specularMap 属性的相关代码，最后指定材质的 specular 和 shininess 的属性值，具体代码如下所示。

代码位置：见随书中源代码/第 11 章/Sample11_31 目录下的 example.html 文件。

```
function createEarth(){//创建地球模型的方法
  var Sphere = new THREE.SphereGeometry(10, 40, 40);  //新建球体的几何对象
  //读取地球模型的纹理贴图
  var planetTexture = THREE.ImageUtils.loadTexture("textures/Earth.png");
  //读取地球模型的高光贴图
    var specularTexture = THREE.ImageUtils.loadTexture("textures/EarthSpec.png");
  //读取地球模型的法向贴图
    var normalTexture = THREE.ImageUtils.loadTexture("textures/EarthNormal.png");
  var planetMaterial = new THREE.MeshPhongMaterial();  //新建 Phong 材质
     planetMaterial.specularMap = specularTexture;        //设置高光贴图
  planetMaterial.normalMap = normalTexture;              //设置法向贴图
  planetMaterial.map = planetTexture;                    //设置纹理贴图
      planetMaterial.specular = new THREE.Color(0xffffff);    //设置高光部分的颜色
      planetMaterial.shininess = 4;                            //高光区的亮度及范围
  var sphere = new THREE.Mesh(Sphere,planetMaterial);  //新建网格对象
  scene.add(sphere);                                     //将网格对象添加到场景中
```

```
17      earth=sphere;
18  }
```

- 第 2～12 行为读取模型的高光贴图、法向贴图和纹理贴图并创建材质的相关代码。
- 第 13～14 行为设置材质 specular 和 shininess 属性的相关代码。其中 shininess 的值越大，高光区的范围越小，亮度越高。

11.6 粒子系统

粒子系统是 3D 开发中不可或缺的一部分，通常在程序中用来模拟一些特定的模糊现象，而这些现象用传统的渲染不能很好地表现出其物理场景。经常使用粒子系统模拟的现象有火焰、爆炸、烟尘、一些发光物体的尾部轨迹等。

在游戏中粒子系统的应用更是普遍，图 11-46 所示为游戏《最后壹炮》中烟尘与爆炸的效果，从图中看出来有了粒子系统的游戏效果会更加真实。本小节中便来介绍一下在 Three.js 中如何开发粒子系统。

▲图 11-46 游戏中的烟尘与爆炸效果的粒子系统

粒子系统就是通过创建一堆粒子，每帧在绘制时通过程序控制将粒子的位置渐变到不同位置进而达到期望的效果。要想通过程序控制粒子位置，需要程序员有高超的编程技巧，想要大众能够掌握这样的方法，有一些不现实，幸运的是 Three.js 还支持一种相对省力的方法。

本例中便是采用比较省力的方法来开发出火焰的，并且通过图 11-47 可以看出本例开发的火焰燃烧效果相当逼真。图中火焰就是通过创建一个纹理集，将火焰从无到燃烧的每帧画面做成一幅序列图，加载序列图进纹理集中再设置一系列参数便可以出现此效果。

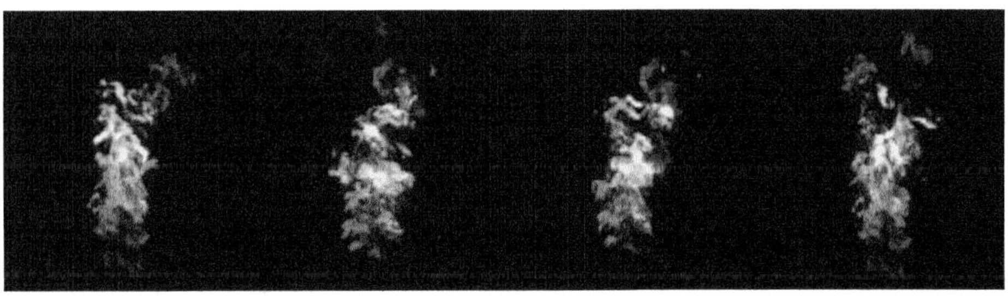

▲图 11-47 粒子系统案例效果图

看完逼真的火焰燃烧效果之后，下面来看一下其开发过程。火焰的粒子系统原理在前面已经介绍过，本例中就是通过一张有 64 种火焰形态的火焰序列图来逐帧绘制燃烧的火焰的。其详细的开发过程如下。

（1）本例中主体文件为 index.html，案例中的场景与逻辑都在其中，所以按照以往惯例先来看一下场景的初始化过程与声明一些全局变量，其代码如下。

代码位置：见随书中源代码/第 11 章/Sample11_32 目录下的 index.html。

```
…//此处省略了 HTML 文件的一些标签，读者可以自行查阅书中的源代码
```

```
2      <script>                                                  //JavaScript 代码部分
3          var ParticleSystemIDs = Object.freeze({               //声明各粒子系统的 id
4                  Smoke1: 1,                                    //基本类型烟雾 id
5                  Smoke2: 2,                                    //动画类型烟雾 id
6                  Flame: 3,                                     //火焰 id
7                  FlameEmbers: 4} );                            //火星 id
8          var ParticleEnvironmentIDs = Object.freeze({          //声明粒子环境 id
9              Campfire: 1} );
10         var rendererContainer;                             //声明渲染器
11         var screenWidth, screenHeight;                     //声明屏幕的宽度和高度变量
12         var pointLight, ambientLight;                      //声明点光源与环境光对象
13         var particleSystems, loadingManager;               //声明粒子系统对象，加载管理对象
14         var scene, camera, renderer, controls, stats, clock;
                                                              //声明场景、摄像机、控制器等对象
15         var currentEnvironmentID;                          //声明当前环境 id
16         var smokeActive, smokeType;                        //声明烟雾存活状态和类型
17         var particleSystemsParent;                         //声明粒子系统父类对象
18         //添加监听，网页加载完毕后调用初始化场景方法
19         window.addEventListener( "load", function load( event ) {
20             window.removeEventListener( "load", load, false );
21             init();}, false );                             //初始化场景
22         function init() {                                  //初始化场景方法
23             getScreenDimensions();                         //获得场景规模方法
24             initScene();                                   //初始化场景方法
25             initGUI();                                     //初始化 gui 方法
26             initListeners();                               //初始化监听器方法
27             initLights();                                  //初始化灯光方法
28             PHOTONS.Util.initializeLoadingManager();           //初始化加载管理器
29             initSceneGeometry( function() {                    //初始化场景的几何信息
30                 initParticleSystems();                         //初始化粒子系统
31                 //粒子系统开启方法
32                 startParticleSystemEnvironment ( ParticleEnvironmentIDs.Camp
                   fire );
33                 initRenderer();                                //初始化渲染器
34                 initControls();                                //初始化控制器
35                 initStats();                                   //初始化 stats
36                 animate();                                     //更新动画方法
37         } );}
38     …//此处省略了初始化粒子系统、GUI、渲染器、灯光，更新粒子系统，初始化场景，
39     更新烟雾类型，控制粒子系统开关与开启粒子系统的方法，在下文中会详细介绍
40     …//此处省略了初始化烟雾粒子系统等一些方法，读者可以自行查阅中的源代码
41     </script>
```

❑ 第 3～17 行声明了一些全局变量，其中包括各类型粒子系统的 id，方便控制它们的开关；渲染器、场景、摄像机、光源、加载管理等对象，以便创建场景；当前环境 id、烟雾存活状态等信息，以便刷帧时更新环境信息。

❑ 第 18～37 行为初始化场景的方法。其中 18～21 行中添加的监听，是在网页加载完毕后调用初始化方法 init()进行一系列初始化场景的方法。本小节中只是介绍了初始化场景的方法，具体代码将会在下面的小节中进行介绍。

❑ 第 38～41 行为本例文件中实现具体功能的代码，有一些比较重要的将在后面给出，其余一些重复的或者读者可以自行理解的方法，这里便不再介绍。

（2）看完案例的基本调用方法的代码，接下来来看一下其具体实现功能的代码。首先学习初始化粒子系统的方法，其中封装了初始化烟雾与火焰的方法。先看一下火焰是如何开发出来的，具体代码如下。

代码位置：见随书中源代码/第 11 章/ Sample11_32 目录下的 index.html。

```
function initParticleSystems() {                          //初始化粒子系统的方法
    particleSystems = {};                                 //粒子系统对象
    initializeFlameSystem();                              //初始化火焰的粒子系统方法
    initializeSmokeSystem();}                             //初始化烟雾粒子系统方法
function initializeFlameSystem() {                        //初始化火焰粒子系统
    var _TPSV = PHOTONS.SingularVector;                   //单个顶点
    var textureLoader = new THREE.TextureLoader();        //创建纹理加载对象
```

```
8        var flameMaterial = PHOTONS.ParticleSystem.createMaterial();//创建火焰材质
9        flameMaterial.blending = THREE.AdditiveBlending;//设置材质的混合为blending
10       var particleSystemParams = {                    //设置粒子系统的属性
11           material: flameMaterial,                    //将火焰材质赋给粒子系统材质
12       particleAtlas : PHOTONS.Atlas.createGridAtlas(textureLoader  //创建网格集
13       .load('textures/campfire/fireloop3.jpg' ), 0.0, 1.0, 1.0, 0.0, 8.0, 8.0,
         false, true ), particleReleaseRate : 3,         //设置粒子重复率
14       particleLifeSpan : 3,                           //设置粒子存活时间
15       lifespan : 0.0};                                //存活时间
16       var particleSystem = new PHOTONS.ParticleSystem();    //创建粒子系统对象
17       particleSystem.initialize( camera, scene, particleSystemParams );
         //初始化粒子系统
18       particleSystem.bindModifier(                    //绑定粒子系统纹理集修改器
19       "atlas", new PHOTONS.EvenIntervalIndexModifier ( 64 ) );
20       //绑定粒子系统尺寸修改器
21       particleSystem.bindModifier( "size", new PHOTONS.FrameSetModifier(
22           new PHOTONS.FrameSet(                       //设置帧数范围内粒子的尺寸
23           [ 0, 3 ],[ new THREE.Vector3( 20, 25 ),
24           new THREE.Vector3( 20, 25 ) ],false )) );
25       //在一系列关键帧中创建不透明度调节器
26       particleSystem.bindModifier( "alpha", new PHOTONS.FrameSetModifier(
27           new PHOTONS.FrameSet([ 0, 0.2, 1.2, 2.0, 3 ],[ new _TPSV( 0 ),
28       new _TPSV( .3 ), new _TPSV( 1 ), new _TPSV( 1 ), new _TPSV( 0 ) ],
29       true )) );
30       //在一系列关键帧中创建颜色调节器
31       particleSystem.bindModifier( "color", new PHOTONS.FrameSetModifier(
32           new PHOTONS.FrameSet([ 0, 3 ],
33           [ new THREE.Vector3( 1.4, 1.4, 1.4 ),
34           new THREE.Vector3( 1.4, 1.4, 1.4 ) ],false )) );
35       //在一系列关键帧中创建粒子位置调节器
36       particleSystem.bindInitializer( 'position', new PHOTONS.RandomModifier({
37           offset: new THREE.Vector3( 0, 0, 0 ),
38           range: new THREE.Vector3( 0, 0, 0 ),
39       rangeEdgeClamp: false,rangeType: PHOTONS.RangeType.Sphere} ) );
40       //在一系列关键帧中创建粒子速度调节器
41       particleSystem.bindInitializer( 'velocity', new PHOTONS.RandomModifier({
42           offset: new THREE.Vector3( 0, 25, 0 ),
43           range: new THREE.Vector3( 10, 2, 10 ),//10.2.10
44       rangeEdgeClamp: false,rangeType: PHOTONS.RangeType.Sphere} ) );
45       //将设置好的属性赋给火焰
46       particleSystems[ ParticleSystemIDs.Flame ] = particleSystem;
47       //向粒子系统父类对象中添加火焰粒子系统
48       particleSystemsParent.add ( particleSystems[ ParticleSystemIDs.Flame ] );
49       …//此处省略了烟雾粒子初始化过程，读者可以自行查阅书中的源代码
50   }
```

- 第 1～4 行为初始化粒子系统封装的方法，其中调用了初始化火焰粒子系统和烟雾粒子系统的方法，通过这两个方法为粒子系统对象增加属性。
- 第 5～18 行为初始化火焰粒子系统，创建了粒子系统的加载管理对象，创建了火焰材质，声明了源像素与目标像素的混合，通过加载火焰序列图创建了纹理集，最后创建了粒子系统对象，并初始化了粒子系统。
- 第 19～51 行中创建了粒子尺寸、透明度、颜色、位置、速度的调节器，通过这些可以改变粒子的自身属性，设置完这些属性后将这些属性赋给 id 为火焰的粒子系统对象。最后将火焰粒子系统添加进粒子系统的父类对象。

> **注意** 本节中还有一个烟雾的粒子系统初始化方法没有介绍，这是因为本例中的烟雾效果有两种：一种为基础效果，另一种为动画类型。其中动画类型与火焰的粒子系统原理相同，基础效果部分比较简单，所以这里便省略了烟雾粒子系统的开发。

（3）看了粒子系统的初始化后，再来看一下案例中右上角显示的控制器的部分逻辑。读者若是运行过本例的话，会发现单击控制器相应开关会有不同的粒子系统的组合，这些逻辑是如何实

现的？其具体代码如下。

代码位置：见随书中源代码/第 11 章/ Sample11_32 目录下的 index.html。

```
1   function updateSmokeType() {                                          //更新烟雾类型
2       particleSystems[ ParticleSystemIDs.Smoke1 ].deactivate();    //关闭烟雾 1
3       particleSystems[ ParticleSystemIDs.Smoke2 ].deactivate();    //关闭烟雾 2
4       if ( smokeActive ) {                                          //如果烟雾标志位为 true
5           particleSystems[ smokeType ].activate();}}                //开启相应类型的烟雾
6   function toggleParticleSystem( id ) {                             //粒子系统开关方法
7       if ( particleSystems[ id ]){                                  //如果粒子系统对象不为空
8           if ( particleSystems[ id ].isActive){             //粒子系统播放标志位为 false
9               particleSystems[ id ].deactivate();} else {      //关闭该粒子系统
10                  particleSystems[ id ].activate();             //播放粒子系统
11              }}}
12  function startParticleSystemEnvironment( id ) {           //粒子系统开启方法
13          resetCamera();                                        //重置摄像机
14          Object.keys( particleSystems ).forEach( function( key){
            //遍历粒子系统对象
15              var system = particleSystems[ key ];              //将粒子系统对象赋给
            一个临时变量
16              system.deactivate();                              //相应粒子系统关闭
17          });
18          currentEnvironmentID = id;                            //获得当前环境 id
19          if ( id == ParticleEnvironmentIDs.Campfire) {             //如果当前环境 id 为
            粒子系统环境 id
20          smokeActive = true;                                   //烟雾标志位置 true
21          particleSystems[ParticleSystemIDs.Flame ].activate();
            //火焰粒子系统开启
22          particleSystems[ParticleSystemIDs.FlameEmbers].activate();
            //火星粒子系统开启
23          updateSmokeType();                                    //更新烟雾类型
24          pointLight.distance = 300;                            //点光源距离
25          pointLight.intensity = 6;                             //点光源强度
26          pointLight.color.setRGB( 1, .8, .4 );                 //点光源颜色
27          pointLight.decay = 2;                                 //点光源衰减程度
28          pointLight.position.set( 0, 40, 0 );                  //点光源位置
29          ambientLight.color.setRGB( .08, .08, .08 );               //环境光颜色
30  } else {return;}}
```

- 第 1～5 行为更新烟雾类型的方法，在案例运行时，右上角的控制器中有一个烟雾类型的选项，该方法就是通过两种烟雾类型粒子系统的标志位的值来判断哪种类型的烟雾开启或者关闭。
- 第 6～11 行为例子系统的开关方法，与烟雾粒子系统开启方法类似，通过传入的 id 参数来判断该 id 的粒子系统是否开启或关闭。
- 第 12～30 行中先重置摄像机，之后遍历粒子系统对象并声明一个临时变量存放粒子系统对象，然后将其关闭。之后将火焰火星的粒子系统开启，最后更新烟雾类型，设置点光源与环境光属性。

> **注意**　本小节中介绍的代码不是控制器的全部逻辑，只是介绍了其通过每个粒子系统自己的标志位的值来控制粒子系统是否开启，而其标志位的改变部分的代码比较简单，所以这里没有介绍，读者可以自己查阅源代码学习。

（4）经过前面几步的学习，开发粒子系统的主体代码已经介绍完毕，还有一些具体的初始化的方法没有介绍，这里便来介绍一下这些方法，具体代码如下。

代码位置：见随书中源代码/第 11 章/ Sample11_32 目录下的 index.html。

```
function initRenderer() {                                         //初始化渲染器
    renderer = new THREE.WebGLRenderer();                         //创建 WebGL 渲染器
    renderer.setSize( screenWidth, screenHeight );                //设置渲染器尺寸
    renderer.setClearColor( 0x000000 );                           //设置背景颜色
    renderer.shadowMap.enabled = true;                            //渲染器开启阴影图
    //设置 shadowMap 样式为基础类型
    renderer.shadowMap.type = THREE.BasicShadowMap;
```

```
8        //获得渲染器 id
9        rendererContainer = document.getElementById( 'renderingContainer' );
10       rendererContainer.appendChild( renderer.domElement );}     //添加子节点
11   function initLights() {                                        //初始化灯光
12       ambientLight = new THREE.AmbientLight( 0x101010 );         //创建环境光
13       scene.add( ambientLight );                                 //向场景中添加环境光
14       pointLight = new THREE.PointLight( 0xffffff, 2, 1000, 1 );   //创建点光源
15       pointLight.position.set( 0, 40, 0 );                       //设置点光源位置
16       ointLight.castShadow = true;                               //启用光线投影
17       pointLight.shadow.camera.near = 1;                         //摄像机投影近平面距离
18       pointLight.shadow.camera.far = 1000;                       //远平面距离
19       pointLight.shadow.mapSize.width = 4096;
20       pointLight.shadow.mapSize.height = 2048;
21       pointLight.shadow.bias = 0.01;                             //设置阴影贴图的偏移量
22       scene.add( pointLight );}                                  //向场景添加点光源
23   function resetCamera() {                                       //重置摄像机方法
24       getScreenDimensions();                                     //获得屏幕尺寸
25       camera.aspect = screenWidth / screenHeight;                //设置长宽比
26       camera.updateProjectionMatrix();                           //更新摄像机投影矩阵
27       camera.position.set( 0, 200, 400 );                        //设置摄像机位置
28       camera.lookAt( scene.position );}                          //设置摄像机目标点位置
29   function update(){                                             //更新数据方法
30       controls.update();                                         //控制器更新
31       stats.update();                                            //stats 更新
32       updateParticleSystems();                                   //更新粒子系统
33   }
```

- 第 1～10 行为初始化渲染器的方法，其中创建了 WebGL 渲染器，并设置了渲染器的尺寸和背景颜色。之后开启阴影图并设置了 shadowMap 样式，其有 3 个值，为 0～2，最后获得了渲染器 id 并为渲染器添加子节点。
- 第 11～22 行为初始化灯光的方法，其中创建了环境光与点光源，然后设置了点光源的位置，并启用光源投影，之后又设置了投影的一系列参数。最后设置偏移量，并将两种光添加到场景中。
- 第 23～33 行为重置摄像机方法与更新数据方法，其中获得了屏幕的尺寸大小，设置了摄像机长宽比、位置与目标点位置，更新了摄像机的投影矩阵，更新数据方法中为更新控制器与粒子系统的方法。

经过前面的学习后相信读者可以开发出一个效果逼真的粒子系统了，除了火焰之外，也可以实现本节开头所说的爆炸等一些效果。用本例中介绍的方法来开发粒子系统，能节省不少时间，读者若是认真学习了，便可以随心所欲地开发自己想要的粒子系统了。

11.7 二次绘制

Three.js 引擎中还自带了效果组合器和多种后期处理通道，开发人员利用二次绘制技术可以很方便地在渲染出的画面中添加各种特效。本节将对效果组合器和典型的后期处理通道进行详细介绍。

11.7.1　认识效果组合器

效果组合器（Effect Composer）是一个非常重要的组件。如果需要进行某种效果的二次绘制，只需要创建对应的通道，并将其添加到效果组合器对象中即可。创建效果组合器，需要添加 Three.js 发布包中的如下文件。

- EffectComposer.js：其可以提供效果组合器对象，可以很方便地添加后期处理通道。
- CopyShader.js、MaskPass.js、ShaderPass.js：效果组合器内部使用的文件。
- RenderPass.js：此文件可以用来在效果组合器对象上添加渲染通道。

> **提示** CopyShader.js 文件可以在 Three.js 发布包的“example/js/shaders”目录下找到，而其他文件则都存储在“example/js/postprocessing”目录下。读者找到后将其复制，并粘贴到项目目录中再引入即可。

引入上面的文件之后，接下来创建并配置效果组合器并添加通道，代码如下所示。

```
var composer = new THREE.EffectComposer(webGLRenderer);      //新建效果混合器
var renderPass = new THREE.RenderPass(scene,camera);         //新建处理通道
composer.addPass(renderPass);                                //添加处理通道
```

> **说明** 每个处理通道都会按照被添加到效果组合器的顺序先后执行。RenderPass 处理通道的作用为得到原始画面的数据。其不能直接将渲染结果输出到屏幕上，所以必须与其他处理通道配合使用。

之前的案例中一直在 render()方法中直接使用渲染器进行画面的渲染。进行画面的二次绘制时，应该使用效果组合器提供的渲染方法。具体的代码如下所示。

```
var clock = new THREE.Clock();                  //新建时钟对象
function render() {                             //使用二次绘制的渲染方法
  var delta = clock.getDelta();                 //得到两次调用之间的时间间隔
    composer.render(delta);                     //效果组合器的渲染方法
  requestAnimationFrame(render);                //请求绘制下一帧
}
```

> **说明** 效果组合器提供的渲染方法比较特殊的地方在于，需要向其中传入两次调用之间的时间间隔。而 Three.js 中提供了时钟对象，只需调用其 getDelta()方法即可，非常方便。

11.7.2 FilmPass 通道

FilmPass 是二次绘制中使用频率很高的一种通道，其可以为画面添加颗粒效果和扫描线等，从而模拟出老式电影的视觉体验。可以说，使用此通道渲染出的画面将具有浓厚的艺术气息和年代感。

如果想要得到满意的画面效果，开发人员必须根据具体需要对此通道的多个属性赋予合适的值。FilmPass 通道中的属性及其代表的含义如表 11-16 所示。

表 11-16　FilmPass 通道中的属性和描述

属　性	描　述
noiseIntensity	通过该属性可以控制屏幕的颗粒程度
scanlinesIntensity	FilmPass 会在屏幕上添加若干条扫描线，通过该属性可以指定扫描线的显著程度
scanlinesCount	该属性可以控制显示的扫描线数量
grayscale	如果设为 true，输出结果将会转换为灰度图

了解了 FilmPass 通道的基础知识后，接下来首先了解一下本节案例 Sample11_33 的运行效果，这有利于读者对此通道的渲染效果建立起基本的了解，具体如图 11-48 所示。

通过图 11-48 可以看出，使用 FilmPass 通道渲染出的地球模型整体效果就像是在老式电视上显示出来一样。但是由于此通道会对画面进行颗粒化处理，对物体的细节表现会有一定影响，所以不适用于需要进行精细绘制的情况。本案例的具体开发步骤如下所示。

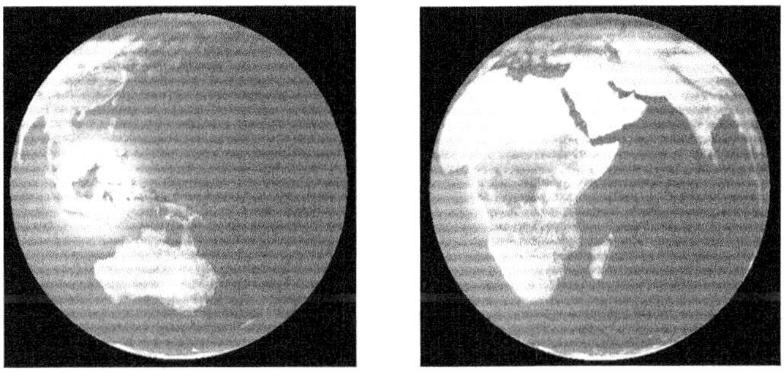

▲图 11-48 使用 FilmPass 通道渲染出的地球模型

（1）首先找到 Three.js 发布包中“example/js/postprocessing”目录下的 FilePass.js 和“example/js/shaders”目录下的 FilmShader.js 文件，将其复制、粘贴到项目的 util 目录下，并在 HTML 文件中将其引入。

（2）引入上述文件后，就可以开发新建 FilmPass 通道并添加到效果组合器中的 addFilmPass() 方法了。需要注意的是，要想使渲染结果呈现到屏幕上，必须将此通道的 randerToScreen 属性置为 true，具体代码如下。

代码位置：见随书中源代码/第 11 章/Sample11_33 目录下的 example.html 文件。

```
function addFilmPass(){                                        //新建、添加 FilmPass 通道的方法
  var renderPass = new THREE.RenderPass(scene, camera);   //新建 RenderPass 通道
  var effectFilm = new THREE.FilmPass(0.8, 0.325, 256, false);  //新建 FilmPass
  通道
  effectFilm.renderToScreen = true;                        //渲染到屏幕上
  composer = new THREE.EffectComposer(webGLRenderer);      //新建效果组合器
  composer.addPass(renderPass);                            //添加 RenderPass 通道
  composer.addPass(effectFilm);                            //添加 FilmPass 通道
}
```

提示 上面的代码中只是增加了创建 FilmPass 通道和将其添加到效果组合对象的相关代码，可见通道的使用方法非常简便。

11.7.3 BloomPass 通道

如果在项目开发中需要渲染出较为明亮的场景，除了调整光源的光照强度之外，开发人员还可以使用 Three.js 中自带的 BloomPass 通道对画面进行处理。处理后的画面中明亮区域将会变得更加明显，而较暗区域的亮度也会有很大提升。

同样，创建 BloomPass 通道时也需要向其中传入合适的值才能渲染出满意的画面。BloomPass 通道中可以进行设置的属性有 Strength、kernelSize、sigma、Resolution 等，对各个属性的描述如表 11-17 所示。

表 11-17 BloomPass 通道中的属性和描述

属　性	描　述
Strength	该属性定义的是泛光效果的强度。其值越高，明亮的区域越明显，较暗区域的亮度也会越高
kernelSize	该属性控制的是泛光效果的偏移量
sigma	通过该属性可以控制泛光效果的锐利程度。其值越高，泛光越模糊
Resolution	该属性定义的是泛光效果的解析图。如果该值太低，方块化将会很严重

了解了 BloomPass 通道的基础知识后，接下来首先了解一下本节案例 Sample11_34 的运行效果，这将对读者了解此通道的渲染效果有一定帮助，具体如图 11-49 所示。

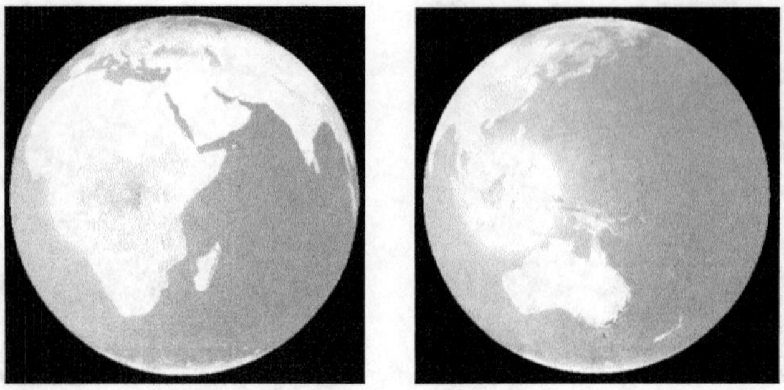

▲图 11-49　使用 BloomPass 通道渲染出的地球模型

> **说明**　通过图 11-49 可以看出，使用了 BloomPass 通道渲染出的画面较之前更加欢快、明亮，并且画面会经过一定程度模糊处理，让人有一种朦胧感。由于印刷问题，可能看起来不是很清楚，此时请读者自行采用真机运行观察。

了解了本案例的运行效果之后，接下来将对本案例的开发步骤进行详细介绍，具体情况如下所示。

（1）首先找到 Three.js 发布包中“example/js/postprocessing”目录下的 BloomPass.js 和“example/js/shaders”目录下的 ConvolutionShader.js 文件，将其复制、粘贴到项目的 util 目录下，并在 HTML 文件中将其引入。

（2）引入上述文件之后，就可以对 BloomPass 通道进行创建和设置的 addBloomPass()方法进行详细介绍了。此方法与前文介绍的有些细微差别，具体代码如下所示。

代码位置：见随书中源代码/第 11 章/Sample11_34 目录下的 example.html 文件。

```
function addBloomPass(){
  var renderPass = new THREE.RenderPass(scene, camera);  //新建 RenderPass 通道
  var bloomPass = new THREE.BloomPass(2.5, 25, 0.1,1024);//新建 BloomPass 通道
  //新建 effectCopy 通道
  var effectCopy = new THREE.ShaderPass(THREE.CopyShader);
  effectCopy.renderToScreen = true;                        //渲染到屏幕
  composer = new THREE.EffectComposer(webGLRenderer);      //新建效果组合器
  composer.addPass(renderPass);                            //添加 RenderPass 通道
  composer.addPass(bloomPass);                             //添加 BloomPass 通道
  composer.addPass(effectCopy);                            //添加 effectCopy 通道
}
```

> **说明**　需要注意的是，BloomPass 通道中不能直接将渲染结果呈现到屏幕上，而 effectCopy 通道没有任何特殊效果，只是可以将处理结果进行输出。所以此方法中增加了新建、添加 effectCopy 通道的相关代码。

11.7.4　DotScreenPass 通道

Three.js 引擎中的 DotScreenPass 通道在项目开发中也经常被使用，其可以将若干不同大小的斑点按照一定的对齐方式绘制到画面中，并且经过处理过的画面将变成黑白的，趣味感和复古感将大大提升。

在 DotScreenPass 通道中，可以对 center、angle、scale 等属性进行修改，以此满足开发人员的渲染需求。具体的属性和描述如表 11-18 所示。

表 11-18　　DotScreenPass 通道中的属性和描述

属　性	描　述
center	通过此属性可以调整点的偏移量
angle	通过此属性可以调整点的对齐方式
scale	通过该属性可以控制点的大小。scale 越小，则点越大

了解了 DotScreenPass 通道的基础知识后，可能读者还是不能直观地了解此通道的渲染效果。所以接下来对本节案例 Sample11_35 的运行效果进行展示，具体情况如图 11-50 所示。

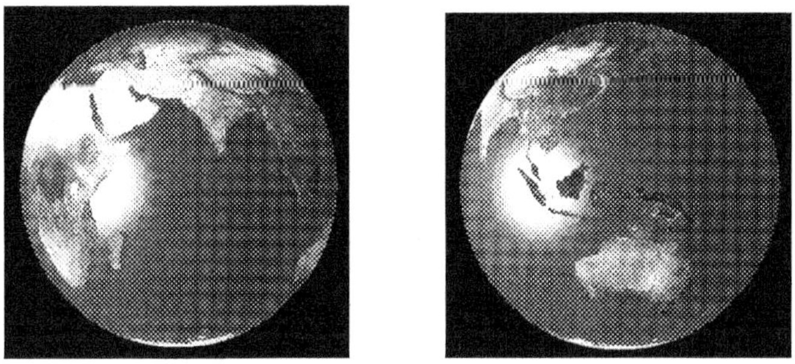

▲图 11-50　使用 DotScreenPass 通道渲染出的地球模型

说明　本案例中每个点所占的面积较小，所以 DotScreenPass 通道渲染的效果不是非常明显，有兴趣的读者可自行采用真机运行观察。

本案例创建、添加 DotScreenPass 通道的代码与前文非常相似，此处不再赘述。需要注意的是，DotScreenPass 通道依赖的文件为 Three.js 发布包中“example/js/postprocessing”目录下的 DotScreenPass.js 和“example/js/shaders”目录下的 DotScreenShader.js 文件，读者将其引入即可。

11.7.5　ShaderPass 通道

前面介绍的每种通道都对应着唯一一种着色器，以此完成特定功能。而 Three.js 中还带有一种较为特殊的 ShaderPass 通道，该通道并没有渲染画面的功能，所以需要在新建通道时选择合适的着色器并传入。

Three.js 引擎中带有实现各种效果的着色器。开发人员可以很方便地对其进行了解和应用。其中部分着色器的名称及效果如表 11-19 所示。

表 11-19　　Three.js 引擎中自带的着色器及效果

名　称	效　果
MirrorShader	为屏幕的某个部分创建镜面效果
HueStaturationShader	可改变颜色的色调与饱和度
VignetteShader	该着色器可以在图片中央的周围显示黑色边框
ColorCorrectionShader	可调整颜色的分布
BrightnessContrasShader	可以改变图片的亮度和对比度
ColorifyShader	可以在整个画面中添加某种颜色

说明　由于篇幅有限，表 11-19 中仅仅对典型的几种着色器进行了介绍，有兴趣的读者可登录 Three.js 引擎的官方网站查看相关的文档和源代码。

如果自带的着色器不能满足实际的开发需要，开发人员还可自行开发出对应的着色器完成特定效果的渲染。下面将通过案例 Sample11_36 对此通道进行详细介绍，二次绘制前后的运行效果图如图 11-51 所示。

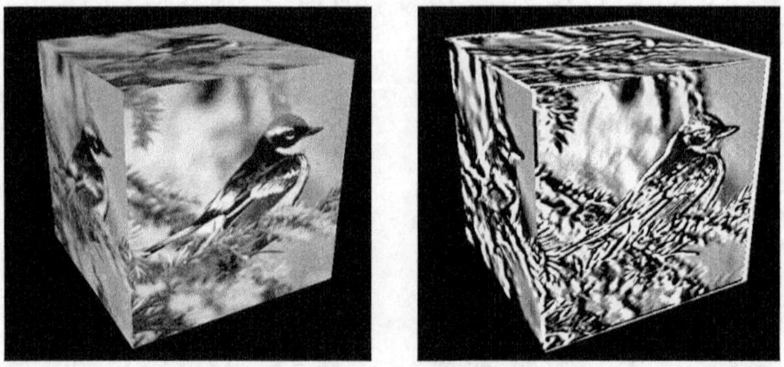

▲图 11-51　二次绘制前后的运行效果图

通过图 11-51 可以看出，使用了自定义着色器进行二次绘制后，整个画面失去了原本的颜色并且具有了浮雕效果，具有很强的艺术气息。了解了本案例的运行效果后，接下来将对开发步骤进行详细介绍。具体情况如下所示。

（1）首先应该进行自定义着色器部分的开发。其大体思路是将二次绘制之前的画面作为一张图片，然后使用实现浮雕效果的卷积进行数字图像处理操作，最终进行灰度化处理。其具体代码如下所示。

代码位置：见随书源代码/第 11 章/Sample11_36/util 目录下的 custom-shader.js 文件。

```
THREE.CustomShader = {                         //规定着色器的名称
 uniforms: {                                   //定义着色器中用到的 uniforms 变量
   "tDiffuse": {type: "t", value: null},       //将二次绘制之前的图片作为一张图片
 },
 vertexShader: [                               //定义顶点着色器
   "varying vec2 vUv;",                        //UV 坐标数据
   "void main() {",                            //顶点着色器的 main 方法
   "vUv = uv;",                                //将 UV 坐标数据传入片元着色器
   "gl_Position = projectionMatrix * modelViewMatrix * vec4( position, 1.0 );",//顶点位置
   "}"
].join("\n"),
fragmentShader: [                              //定义顶点着色器
      "precision mediump float;                //给出默认的浮点精度
      "varying vec2 vUv;                       //从顶点着色器传递过来的 UV 坐标
      "uniform sampler2D tDiffuse;             //纹理内容数据
      "void main(){",                          //片元着色器的 main 方法
      //给出卷积内核中各个元素对应像素相对于待处理像素的纹理坐标偏移量
      "vec2 offset0=vec2(-1.0,-1.0);vec2 offset1=vec2(0.0,-1.0);",
      "vec2 offset2=vec2(1.0,-1.0);vec2 offset3=vec2(-1.0,0.0);",
      "vec2 offset4=vec2(0.0,0.0); vec2 offset5=vec2(1.0,0.0);",
      "vec2 offset6=vec2(-1.0,1.0);vec2 offset7=vec2(0.0,1.0);",
      "vec2 offset8=vec2(1.0,1.0);",
      "const float scaleFactor = 1.0;          //给出最终求和时的加权因子(为调整亮度)
      //卷积内核中各个位置的值
      "float kernelValue0 = 2.0; float kernelValue1 = 0.0; float kernelValue2 = 2.0;",
      "float kernelValue3 = 0.0; float kernelValue4 = 0.0; float kernelValue5 = 0.0;",
      "float kernelValue6 = 3.0; float kernelValue7 = 0.0; float kernelValue8 = -6.0;",
```

```
28          "vec4 sum;                              //最终的颜色和
29          //获取卷积内核中各个元素对应像素的颜色值
30          "vec4 cTemp0,cTemp1,cTemp2,cTemp3,cTemp4,cTemp5,cTemp6,cTemp7,cTemp8;",
31          "cTemp0=texture2D(tDiffuse, vUv.st + offset0.xy/512.0);",
32          "cTemp1=texture2D(tDiffuse, vUv.st + offset1.xy/512.0);",
33          "cTemp2=texture2D(tDiffuse, vUv.st + offset2.xy/512.0);",
34          "cTemp3=texture2D(tDiffuse, vUv.st + offset3.xy/512.0);",
35          "cTemp4=texture2D(tDiffuse, vUv.st + offset4.xy/512.0);",
36          "cTemp5=texture2D(tDiffuse, vUv.st + offset5.xy/512.0);",
37          "cTemp6=texture2D(tDiffuse, vUv.st + offset6.xy/512.0);",
38          "cTemp7=texture2D(tDiffuse, vUv.st + offset7.xy/512.0);",
39          "cTemp8=texture2D(tDiffuse, vUv.st + offset8.xy/512.0);",
40          //颜色求和
41          "sum =kernelValue0*cTemp0+kernelValue1*cTemp1+kernelValue2*cTemp2+",
42          "       kernelValue3*cTemp3+kernelValue4*cTemp4+kernelValue5*cTemp5+",
43          "       kernelValue6*cTemp6+kernelValue7*cTemp7+kernelValue8*cTemp8;" ,
44          //进行灰度化处理
45          "float hd=(sum.r+sum.g+sum.b)/3.0;",
46          "gl_FragColor = vec4(hd) * scaleFactor; //进行亮度加权后将最终颜色传递给管线
47          "}"
48      ].join("\n")
49      };
```

- 第 5～10 行为顶点着色器部分的相关代码，从中可以看出，并没有特殊的功能，只是计算出顶点位置后将 UV 坐标数据传入片元着色器中。
- 第 18～39 行为卷积计算的相关代码。其中 25～27 行为实现浮雕效果的卷积内核。开发人员还可以对卷积内核进行更改，开发出平滑过滤、边缘检测、锐化处理等高级特效。
- 第 41～43 行为对 9 个采样点进行卷积计算的相关代码。从中可以看出，其特殊的地方在于确定某一片元的颜色是由周围多个片元共同决定的。
- 第 44～47 行为进行灰度化处理的相关代码。其大体思路是对片元的 RGB 值求平均，并将计算结果赋值给此片元的各个颜色通道。

（2）开发完着色器部分后，就可以对 HTML 文件进行修改了。首先需要将 custom-shader.js 文件引入，然后创建 ShaderPass 通道时传入上面的着色器，最后向效果组合器中添加此通道即可，具体代码如下所示。

代码位置：见随书源代码/第 11 章/Sample11_36 目录下的 example.html 文件。

```
1       function addShaderPass(){//添加使用自定义着色器的 ShaderPass 通道
2         //新建 RenderPass 通道
3         var renderPass=new THREE.RenderPass(scene, camera);
4         //新建绑定自定义着色器的 ShaderPass 通道
5         var shaderPass=new THREE.ShaderPass(THREE. CustomShader );
6         //新建 effectCopy 通道
7         var effectCopy=new THREE.ShaderPass(THREE.CopyShader);
8         effectCopy.renderToScreen = true;                    //将结果呈现到屏幕上
9         composer = new THREE.EffectComposer(webGLRenderer);  //新建效果组合器
10        composer.addPass(renderPass);                        //添加 RenderPass 通道
11        composer.addPass(shaderPass);                        //添加 ShaderPass 通道
12            composer.addPass(effectCopy);                    //添加 effectCopy 通道
13      }
```

说明

通过上面的代码可以看出，使用自定义着色器进行二次绘制时，只需要将其名称传入 ShaderPass 通道即可，与前面的方法十分类似。如果开发人员需要使用 Three.js 引擎自带的着色器，可直接用其名称替换掉第 5 行代码中的“THREE. CopyShader”，十分简便。

11.8 本章小结

本章主要向读者介绍了 Three.js 引擎的基本知识，包括认识基本组件、使用各种贴图、加载模型及骨骼动画、使用粒子系统等。另外，本章还介绍了二次绘制的相关知识，使读者可以方便地绘制出满意的效果，迅速提升 3D 开发能力。

11.9 习题

1．自行调试案例 Sample11_4，观察两种摄像机下画面的区别。
2．请读者使用 Three.js 引擎渲染一个茶壶，并添加合适的光影效果。
3．在 3ds Max 中制作一个 Collada 格式的 3D 模型，并使用加载器进行加载和渲染。
4．自行制作一套人物行走的骨骼动画，并在程序中进行加载。
5．学习书中没有介绍到的二次绘制通道，并在程序中使用，观察其渲染效果。

第 12 章　Egret 3D 游戏引擎应用开发

前面的章节介绍了 Three.js 这个在 Web 开发中用途十分广泛的引擎，本章将继续介绍开发 WebGL 时可以应用的开源游戏引擎——Egret Engine。2014 年 5 月 15 日，正式发布了这个引擎的第一个测试版本，至今两年有余，期间也推出了 Egret 3D 引擎。

因为运用 Egret 3D 引擎可以开发 WebGL，并且 3D 开发中的基础内容与一些高级特效也都实现了，所以本章将会着重介绍 Egret 3D 引擎，而只是简要介绍 Egret Engine。与 Three.js 相比，Egret 3D 相当于一个新生儿，所以其还有一些瑕疵。在这里用一章来简要介绍一下，以供有此方面开发意向的读者学习。

12.1 Egret 入门

Egret 引擎是一个开源的游戏框架，在其创立之初用于构建二维游戏、演示程序和其他图形界面交互应用等，现在也推出了 Egret 3D 游戏引擎。在发布之初，引擎还附带了提供了一系列相关的开发工具，用来帮助开发者在开发过程中更加方便地使用 Egret 引擎。

Egret 推出 Egret Engine 3D 引擎，用于基于 HTML5 技术的 WebGL 开发。这就回到了大家的“本职工作”——WebGL 的开发。前面章节已经为大家在 WebGL 路上铺平了 3D 开发中的基础道路，所以这部分学起来就比较容易了，现在先看一下 Egret Engine 的简介。

12.1.1　Egret 简介

Egret Engine 引擎是一款免费、开源的游戏引擎，其不只是一款引擎，它提供的很多辅助游戏开发的工具为开发者省去了许多时间，可以说 Egret 为一套完整的游戏开发解决方案。它遵循 BSD 伯克利软件发行开源协议，所以使用引擎时开发者享有很大的自由性。

前面在开发 WebGL 时使用的脚本语言是 JavaScript，但是在开发 Egret 时使用的脚本语言为 TypeScript，它为 JavaScript 的超集。但是不用害怕，有 JavaScript 开发经验的读者在开发时并不会觉得困难。经过前面几段的介绍，相信大家已经对 Egret 有了初步的印象，接下来介绍一下其有什么特点。

- 开源免费：基于 BSD 开源协议的 Egret 引擎，可以让用户自由地使用 Egret 来创作自己的游戏。
- 优秀的设计思想：Egret 的设计思想大量借鉴了优秀的 2D 动画软件 Flash 的一些设计思想。在引擎的设计中，Egret 底层使用了弹性跑道模型、显示列表、脏矩阵、事件模型等技术。在这些技术基础之上，封装了对用户极为友好的 API。开发者在开发游戏时，只关心游戏逻辑即可。
- 高效的渲染模块：Egret 完全使用 HTML 5 标准中的 canvas 技术，很大程度上保证了使用 Egret 引擎开发的游戏在各个浏览器上的兼容性。同时，Egret 不仅仅提供了 CPU 渲染，还提供了性能更为强大的硬件加速渲染模式。该模式无需开发者自动开启，引擎会根据当前用户硬件类型智能判断启用。

- 完善的配套工具：Egret 引擎的设计宗旨始终围绕在简化游戏开发上，用户在使用 Egret 的时候，能够体会到所有的引擎设计全部围绕游戏开发。同时 Egret 提供的配套工具也极大简化了游戏开发流程。从游戏的代码编写，UI 制作，地图拼接，关卡制作到最终游戏上线，研发过程中都有大量工具支撑。
- 灵活的工作流：Egret 不限制开发工具的使用，并且也为一些优秀的第三方工具提供了相关插件，让用户在不改变开发习惯的情况下无缝迁移到 Egret。

Egret 在功能上继承了 Flash 的优点，同时更加注重游戏开发需要，主要包括了清晰和稳健的显示列表、精灵、事件机制、纹理集合、矢量绘图，并封装了常用的网络通信协议的网络加载、位图字体、性能监控、XML 处理、骨骼动画、资源加载，也提供大量组件，可快速开发游戏中 UI 组件的 EUI 等功能。

到此为止，读者通过前面对 Egret 特点与功能的简介应该会对其有大概的认识，只了解这些是不够的，剩下的部分需要在开发时来体会。在开发之前还需要注意的就是 Egret Engine 的安装与部署，所以接下来便来看一下其安装与部署。

12.1.2　Egret Engine 的安装、部署与使用插件

其实 Egret Engine 的安装并不困难，但是为了让读者可以更加容易地进入 Egret 世界，所以便来介绍一下 Egret 引擎的安装与使用其插件。图 12-1 所示为笔者计算机上装好的 Egret Engine，可以看出上面安装了两个版本的引擎，这是因为案例使用不同版本的引擎，所以安装了两个引擎。

▲图 12-1　安装好的 Egret Engine

如图 12-1 所示，在开发过程中经常会用到 Egret Engine 界面左边的“引擎”“工具”“资源”三部分。工具部分将在下面进行介绍，而资源部分则链接到 Egret 官方网站、示例项目、文档中心等，在我们需要这些资源时点进去使用即可。对 Egret Engine 的大致介绍到此为止，现在来介绍一下其安装部署。

（1）首先在 Egret 官网上的产品中心下载 Egret Engine 安装包，上面有很多版本的引擎安装包下载，单击下载最新的即可。除了版本众多之外，还有就是针对不同的系统也提供了不同的安装包，读者对照自己的电脑系统来下载。

（2）下载完安装包后，找到安装包所在位置。双击打开安装包进行安装，然后便能看到图 12-2 所示的界面。如果计算机已经安装好了引擎，便会出现图中的情况，如果没有安装则会显示“立

即安装”按钮。

▲图 12-2　安装 Egret Engine 时的界面

（3）读者可以单击“自定义”菜单来选择安装的语言、选择将引擎安装到自定义路径等。在设置完自定义选项后，单击“立即安装”便进入等待安装界面。安装结束后，单击“立即运行”即能看见图 12-1 所示的界面。到此为止 Egret Engine 的安装便完成了。

本部分只是显示了 Windows 版本的下载，Mac 版本的安装没有介绍，读者可以根据提示自行安装。现在来看一下引擎打开后的三个界面中的“工具”界面。图 12-3 所示为“工具”界面，打开这个界面后可以看到 Egret 提供的一系列工具。

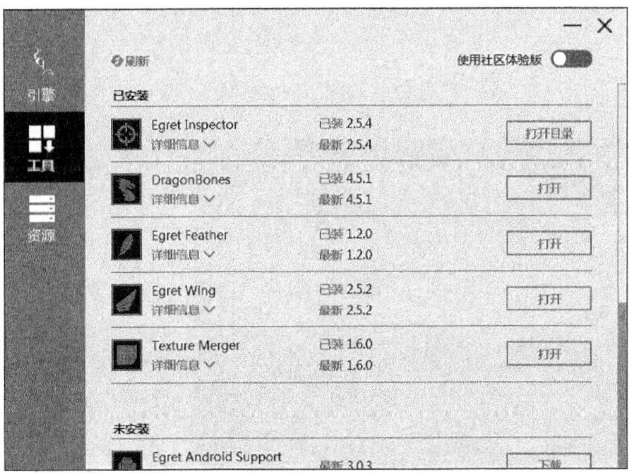

▲图 12-3　Egret 引擎的“工具”界面

> **提示**　笔者所用的引擎中已经安装了一些比较有利于开发的工具。对于每一个工具，如果想下载，单击“下载”按钮即可，下载完毕后相应的工具对应位置会变成“安装”，单击安装即可。Egret 提供了一系列的工具，这里便不再一一介绍了，有兴趣的读者可以自己单击每个工具下的详细信息进行了解。

12.1.3　使用 Egret Wing 插件调试与开发程序

前面讲述了 Egret Engine 的安装，现在来看一下如何使用 Egret Wing。与之前章节的开发不同的是，现在用的是 Egret 引擎，前面已经说过它提供了许多便捷开发的工具，这其中也包括可视化创建、编辑和管理项目，并提供 TypeScript 代码编写与调试的 Egret Wing，图 12-4 为其运行图。

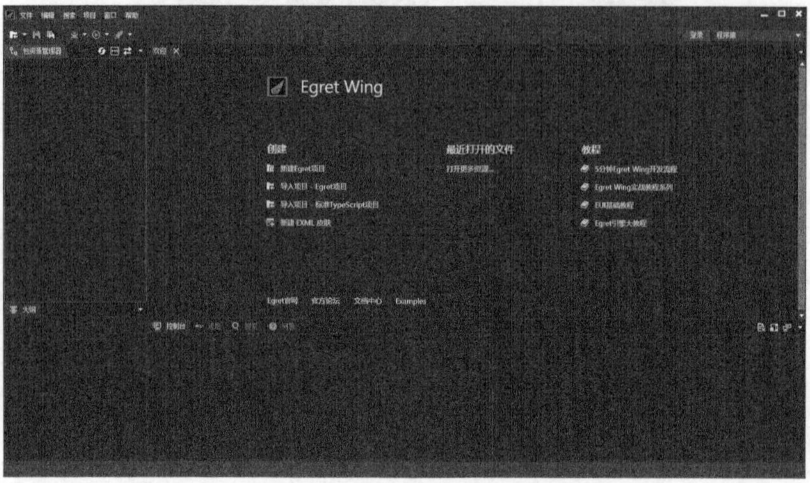

▲图 12-4　Egret Wing 运行界面

在本章节中介绍的案例都是在这里进行创建与调试的，同时对于从官网上下载的案例，也可以在这里学习其代码与调试程序。现在以官网上提供的 3D 案例中的《F1 战车》为例进行介绍，使读者对 Egret Wing 有大致的了解，之后进行系统的讲解。图 12-5 所示为导入项目过程。

在欢迎界面中单击导入项目，之后弹出导入项目的对话框。根据案例所在的位置，单击“浏览”按钮导入案例下的 source 文件夹。导入完毕后，单击“下一步”直至完成。完成之后项目文件夹 source 便在 Egret Wing 里边了，图 12-6 所示为导入项目完毕后的 Egret Wing。

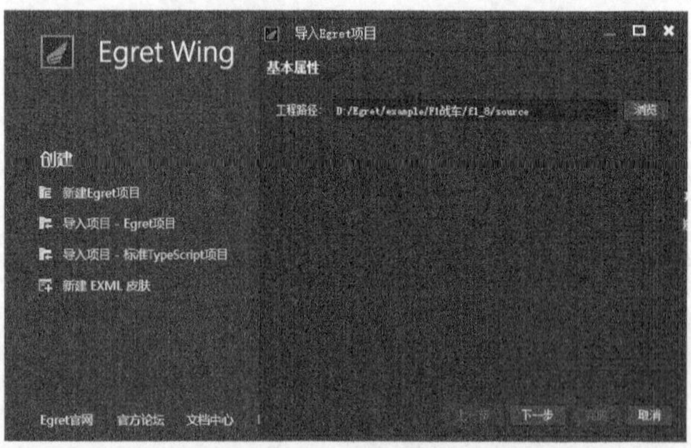

▲图 12-5　Egret Wing 导入项目

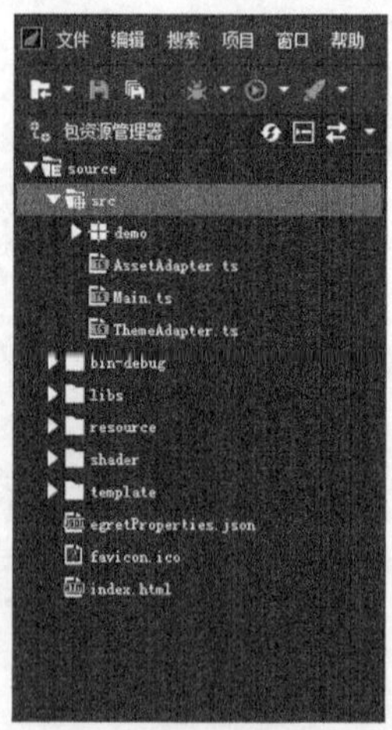

▲图 12-6　Egret Wing 导入项目后的界面

提示　对于本节介绍的《F1 战车》案例，读者不需要详细深究代码部分，此例在此只是为了介绍如何导入项目并运行项目和一个 Egret 项目中包含的内容。读者在看了本节内容之后，在下面的开发中便可以完全看懂每部分，从而将重点放到代码上。另外不论是官方案例还是后面开发的案例，在本书所带程序目录下的第 12 章都会提供，读者不需要下载，将案例导入直接运行即可。

导入文件完毕后便可以进行程序的调试了，想要知道哪部分是如何实现的，单击相应的脚本进行查看即可。细心的读者在导入项目时会发现，除了 source 文件以外，还有一个 release 文件，这个文件是发布之后的文件，在下面会有介绍，这里不多介绍了。

现在来看一下 source 文件目录。src 为代码脚本所在部分；在执行 egret build 之后，Egret 会编译 TypeScript 代码到 bin-debug 目录下；libs 目录下所放置的文件为项目中需要导入的库；resource 文件为项目的资源库，所需资源全在此文件中；shader 为着色器所在文件。

- 对于根目录下所显示的 index.html 文件，读者应该并不陌生，它是项目的入口文件。在前面的开发中，每个案例中也都会有一个入口 HTML 文件。想要学习这个案例，需要在这里开始！
- EgretProperties.json 文件为配置文档说明，native 为相关配置，只对 native 有用，即在发布 Web 项目时，不会使用此字段相关参数。Publish 为发布项目所需要的一些配置文件。egret_version 为项目当前的 egret 的版本，此版本号不可以回退，如果想回退，请手动修改。
- src 为脚本所在文件，案例中所用脚本均来自此文件中。在进入 index.html 后，读者接下来就会进入 src 目录了。想要学习案例中某些内容时，打开脚本进行学习即可。有时在学习时会需要了解某些 API，这时进入 Egret 官网中的开发者中心单击 API 进行查看即可。

上面所讲述的内容为 Egret 项目中的基本内容，学习完之后，来看如何运行一个 Egret 项目，如图 12-7 所示，单击“运行”后弹出计算机默认浏览器，加载并运行需要运行的项目。“运行”按钮在 Egret Wing 上边的工具栏上，也可以按 F12 键来构建并运行项目。

▲图 12-7 Egret 项目运行图

到此为止，如何导入并运行案例的 Egret Wing 的全过程便介绍完毕，上手并使用这个工具其实很简单，这里通过一个案例的导入运行来简单介绍了一下如何使用 Egret Wing。通过这一套流程不难发现，其与之前开发 WebGL 类似，只不过有插件的帮助，Egret 开发起来更加简便。

12.1.4 Egret Engine 3D 简介

Egret Engine 3.0 包含了白鹭时代研发的遵循 HTML5 标准的 2D 引擎及全新打造的 3D 引擎，它解决了 HTML5 性能问题及碎片化问题，灵活地满足开发者开发 2D 或 3D 游戏的需求，并有着极强的跨平台运行能力。其包含了许多新特性：

- 模型系统：Egret 3D 封装了自己的引擎静态模型及动画模型，并提供了 3ds Max 导出插件，也就是说支持任意 3D 模型格式。

- 材质系统与灯光系统：它可以根据自己的渲染风格，灵活地通过调整参数或增加材质特效的方式对材质进行编辑。灯光系统支持 TBN 直接光照系统，未来还会支持间接光照，提高光影效果。
- 动画系统：支持了 3ds Max 中高级骨骼动画及相机动画，满足绝大部分游戏开发需要。
- 阴影系统和 shader 系统：其中阴影系统提高了渲染效果，增强了渲染视觉真实感。Egret Engine 3D 基于 OpenGL ES 2.0 标准的原生 WebGL shader，并与引擎功能紧密结合及拓展。为未来的 shader 编辑器做好了铺垫。

本章节的主要内容就为使用 Egret Engine 3D 进行 WebGL 开发，这里简要介绍了 3D 引擎的新特性，它的使用与上一小节所讲述的内容一样，不同之处在后面的开发章节中都会介绍。到现在为止 Egret Engine 的基础内容便介绍完毕，接下来便来使用该引擎开发一些应用。

12.2 Egret 3D 入门

经过前面一节的介绍，读者想必对 Egret Engine 已经有了大致了解，现在便来看一下真正地使用 Egret 引擎开发的案例。本章节为 Egret 3D 的入门章节，所以讲述的内容并不难，读者经过前面很多章节的学习，再回头来学习 Egret 是十分容易的。

12.2.1 创建 3D 场景

本节将创建 3D 场景，通过创建一个立方体来作为 Egret 3D 入门案例。案例中内容简单易懂，代码也很简短，在开发代码的过程中读者会慢慢学到如何使用 Egret 引擎，并且通过 egret3d.js 库中所提供的方法可以实现很多功能，这一点在开发中会逐渐体会到。首先来看一下案例运行效果图。

图 12-8 所示为案例 Sample12-1 运行效果图，图中创建的立方体为棋盘式纹理，背景天空盒由 6 个面的贴图通过计算得到，观察完效果图后，现在便来看一下案例的开发过程：

▲图 12-8 Sample12_1 案例运行图

（1）与前面章节一样，开发 WebGL 程序时，首先来开发的便为入口页面——index.html，这部分代码中只是加载了开发中所需要的几个库，并设置了项目的一些属性，最后运行 egret 项目。

代码位置：见随书中源代码/第 12 章/Sample12_1/source 目录下的 index.html。

```
<!DOCTYPE HTML>
<html><head><meta charset="utf-8">
    <title>Egret</title><!--设置项目标题-->
    <meta name="viewport" content="width=device-width,initial-scale=1, minimum
    -scale=1,
      maximum-scale=1, user-scalable=no"/><!--定义了本界面的元信息，meta 中的名称/值
      对中-->
```

```
6          <meta name="apple-mobile-web-app-capable" content="yes"/><!--name 为名，
           content 为值-->
7          <meta name="full-screen" content="true"/><!--此部分中将 name 与 content 绑定在
           一起-->
8          <meta name="screen-orientation" content="portrait"/><!--前面章节讲述过此标签
           含义-->
9          <meta name="x5-fullscreen" content="true"/><!--在设置属性时应以理解为主-->
10         <meta name="360-fullscreen" content="true"/>
11         <style><!--设置 body 样式-->
12             html, body {
13                 -ms-touch-action: none;<!--不允许默认的 touch 行为-->
14                 background: #888888;<!--设置背景颜色-->
15                 padding: 0;<!--设置元素边框与元素内容之间的空间-->
16                 border: 0;<!--设置边框粗细-->
17                 margin: 0;<!--设置页边距-->
18                 height: 100%;}</style><!--设置了高度-->
19         <!--这个标签为通过 egret 提供的第三方库的方式生成的文件。删除 modules_files 标签后，
20           库文件加载列表将不会变化，请谨慎操作！ -->
21           <script egret="lib" src="libs/modules/egret/egret.js"
22                 src-release="libs/modules/egret/egret.min.js"></script>
23           <script egret="lib" src="libs/modules/egret/egret.web.js"
24                 src-release="libs/modules/egret/egret.web.min.js"></script>
25         <!--这个标签为不通过 egret 提供的第三方库的方式使用的文件，请将这些文件放在 libs 下，
26           但不要放在 modules 下面。-->
27               <script egret="lib" src="libs/egret3d.js" src-release="libs/egret3d.
               js"></script>
28         <!--这个标签会被替换为项目中所有的 javascript 文件。删除 game_files 标签后，
29           项目文件加载列表将不会变化，请谨慎操作！ -->
30           <script egret="game" src="bin-debug/Main.js"></script>
31           <script egret="game" src="bin-debug/Sample_MaterialBlend.js"></script>
32     </head><body><!--通过下面 div 标签设置了其一系列属性-->
33         <div style="margin: auto;width: 0%;height: 0%;" class="egret-player"
34          data-entry-class="Main"data-orientation="auto"data-scale-mode="noScale"
35          data-frame-rate="30"data-content-width="640"data-content-height="960"
36          data-show-paint-rect="false"data-multi-fingered="2"data-show-fps="false"
         data-show-log="false"
37          data-log-filter="" data-show-fps-style="x:0,y:0,size:30,textColor:0x00c20
         0,bgAlpha:0.9">
38         </div><script>
39           setTimeout( function () {                            //定时调用 runEgret 方法
40                 egret.runEgret();},300);                        //egret 工程的入口函数
41         </script></body></html>
```

- 第 1～10 行设置了页面的标题，并声明了该页面的元信息，其中包括移动终端浏览器默认设置、视口的宽度和初始规模、与一些浏览器的强制竖屏，其中 initial-scale 为初始的缩放比，minimum-scale 为允许用户缩放到的最小比，user-scalable 为是否允许用户手动缩放。
- 第 11～32 行为设置页面的样式表并加载库文件，其中 modules_files 为 Egret 提供的第三方库生成的 JavaScript 文件，game_files 相当于我们自己开发的脚本文件。
- 第 33～41 行为设置 div 标签的样式，最后通过调用 egret.runEgret()方法开始启动 egret 工程。setTimeout()方法的作用在之前已经讲述过，这里不再赘述。

> **提示**
>
> 通过本段代码中只是创建好了页面并开始运行 egret 项目，但是具体代码并未在此段汇总给出，读者在读完前面章节代码后，相信对这种方式已经熟悉，网页文件中只是设置好一些样式，而某些效果都在自行开发的脚本中实现，接下来便来看一下具体脚本的开发。

（2）读者若是注意了书中的案例文件，便不难发现有一个非常熟悉的文件夹——src 文件，这个文件夹就是用来存放开发的脚本文件的，本案例以及后面的案例中 src 文件也是这个作用，以后便不再多说。由于案例中 Main.ts 的代码简单，这里便不再介绍，只介绍 Sample_MaterialBlend.ts。

代码位置：见随书中源代码/第 12 章/Sample12_1/source/src 目录下的 Sample_MaterialBlend.ts。

```
1  class Sample_MaterialBlend {
2      protected _time: number = 0;                              //设置当前时间
3      protected _delay: number = 0;                             //声明时间差
4      protected _timeDate: Date = null;                         //声明当前日期
5      protected _view3D: egret3d.View3D = null;                 //声明 3D 引擎的渲染视口对象
6      protected _viewPort: egret3d.Rectangle = null;            //声明一个矩形对象
7      protected _cameraCtl: egret3d.LookAtController = null;    //设置摄像机控制器
8      public constructor(width: number = window.innerWidth,height: number =
       window.innerHeight) {
9      this._viewPort = new egret3d.Rectangle(0,0,width,height);     //设置视口大小
10         egret3d.Egret3DDrive.requstContext3D(DeviceUtil.getGPUMode,
11             this._viewPort,() => this.onInit3D());}
12     protected onInit3D(): void {                              //初始化 3D 界面
13         this._view3D = new egret3d.View3D(this._viewPort);        //创建 View3D 对象
14         this._cameraCtl = new egret3d.LookAtController(this._view3D.camera3D,
15             new egret3d.Object3D());                          //创建摄像机控制器
16         this._cameraCtl.setEyesLength(400);                   //设置摄像机视野距离;
17         this.onView3DInitComplete();                          //View3D 初始化完成;
18         egret3d.AssetsManager.getInstance().setRootURL("resource/");
           //设置加载资源路径
19         egret3d.AssetsManager.getInstance().
20       addLoadTexture("SkyBox/skybox_clear_f.jpg");            //加载天空盒前面纹理
21         …//此处省略了加载天空盒剩下几个面的纹理的代码，读者可以自行查看书中的源代码
22         egret3d.AssetsManager.getInstance().addEventListener(
23           egret3d.Event3D.EVENT_LOAD_COMPLETE,(e: egret3d.Event3D) => this.
           init Scene(e));
24         egret3d.AssetsManager.getInstance().startLoad();}        //开始加载资源
25     private initScene(e: egret3d.Event3D) {                       //初始化场景
26      …//此处省略得到天空盒每个面的纹理的代码，读者可以自行查阅书中的源代码
27         var skyTexture: egret3d.SkyTexture =                      //得到天空盒纹理
28                         new egret3d.SkyTexture(sky_b,sky_f,sky_l,sky_r,sky_u,
                           sky_d);
29         var sky: egret3d.Sky = new egret3d.Sky(skyTexture);      //创建天空盒对象
30         this._view3D.sky = sky;                                   //获得天空盒对象
31         var plane: egret3d.Mesh = new egret3d.Mesh(               //创建实体渲染对象
32       new egret3d.PlaneGeometry(),new egret3d.TextureMaterial());
33         plane.x=0;                                            //设置场景中地面 x 坐标
34         plane.y=-40;                                          //设置 y 坐标
35         var box1: egret3d.Mesh = new egret3d.Mesh(            //创建立方体对象
36          new egret3d.CubeGeometry(40,40,40),new egret3d.TextureMaterial());
37         box1.x = 0;                                           //设置立方体 x 坐标
38         box1.y = -20;                                         //设置立方体 y 坐标
39         box1.material.blendMode = egret3d.BlendMode.ALPHA;  //设置立方体默认纹理
40         this._view3D.addChild3D(box1);                          //向 3D 场景中添加立方体
41         this._view3D.addChild3D(plane);                         //向 3D 场景中添加对象
42         this._time = new Date().getTime();                      //获得当前时间
43         requestAnimationFrame(() => this.onUpdate());}          //定时刷帧
44         …//省略了更新控制器的方法，读者可以查阅源代码进行学习
45  }
```

- 第 1～11 行为声明案例中所需的一些变量与对象，其中包括当前时间、绘制一帧所需时间、3D 引擎的渲染视口对象、需要绘制的矩形的对象、摄像机控制器，最后设置视口的大小。
- 第 12～24 行为初始化界面的方法，此方法中创建了 View3D 对象、摄像机控制器，设置了摄像机视野距离，完成 View3D 的初始化，给出资源所在路径，设置资源加载路径，然后将所需资源加载进来，设置完毕后最后开始加载资源。
- 第 25～45 行为初始化场景的方法，方法中首先获得到天空盒纹理，然后通过纹理创建了天空盒。之后创建两个案例所需的地面与立方体并给出其位置，最后向场景中添加所创建的物体。这样，场景创建完毕后调用 update 方法定时刷帧。

注意　本案例与下面一个案例的开发中都涉及到了天空盒的开发，这里先不进行介绍，在后面章节中会专门介绍，读者先忽略这部分内容，它并不会影响对 Egret 的基础开发的学习。

（3）到这里为止对本案例主体内容的介绍已经结束，剩下的一部分内容为项目模块化配置。读者如果仔细观察会发现，在 source 目录下有一个 EgretProperties.json 文件还未被介绍，这个 json 文件便是用来配置文档的，现在来看一下这部分内容。

在前面小节中已经介绍过这个 json 文件的基本内容，它包括 modules、publish、native 和 egert_version 四个部分。在详细介绍这四个部分之前，先来看一下本案例中的 EgretProperties.json 的内容。

代码位置：见随书中源代码/第 12 章/Sample12_1/source 目录下的 EgretProperties.json。

```
{"native": {
            "path_ignore": []
        },
        "publish": {
            "web": 0,
            "native": 1,
            "path": "bin-release"
        },
        "egret_version": "3.0.1",
        "modules": [
            {
                "name": "egret"
}]}
```

- native：相关配置，只对 native 有用，即在发布 Web 项目时，不会使用此字段相关参数。path_ignore：拷贝项目素材到发布目录时所需要忽略的列表，这里面的字符串会当作一个正则表达式，如果 “anim.*ons”。
- publish：发布项目所需要的一些配置文件。path：发布文件所在的目录，默认创建的为“bin-release”。web：发布 Web 项目资源文件的方式，0 表示按照原素材路径名称发布；1 表示会将资源以 crc32 命名方式重新命名。默认为 0。
- egret_version 为项目当前的 egret 的版本。此版本号不可以回退，如果想回退，请手动修改。
- modules 为项目所使用的第三方库，根据 EgretProperties.json 生成的库文件就放在“libs/modules”下。

讲完这些内容后，单击 Egret Wing 中的“运行”或者按 F12 便能够看到案例运行的效果。其实到这里为止 Egret 项目开发的学习便完成了。开发完项目还可以进行发布，读者可以在 Egret Wing 中看到“发布”按钮，单击该按钮便能进行发布。

在前面小节讲述通过一个 Egret 案例学习 Egret Wing 时讲到过在导入项目时导入 resource 文件即可，细心的读者不难发现除了 resource 文件之外，项目中还有一个 release 文件，这个文件便是发布之后的文件。由于篇幅关系，这里便不再讲述发布的内容，有兴趣的读者可以到官网中进行学习。

12.2.2 使用鼠标事件

看完上面创建的 3D 的基本场景后，现在再来学习一个关于鼠标事件的案例，本例中通过对鼠标添加监听实现立方体的旋转。案例中的场景创建与上一个案例类似，所以本例中的重点放到如何实现通过鼠标单击使立方体旋转上。图 12-9 所示为本案例的运行效果图。

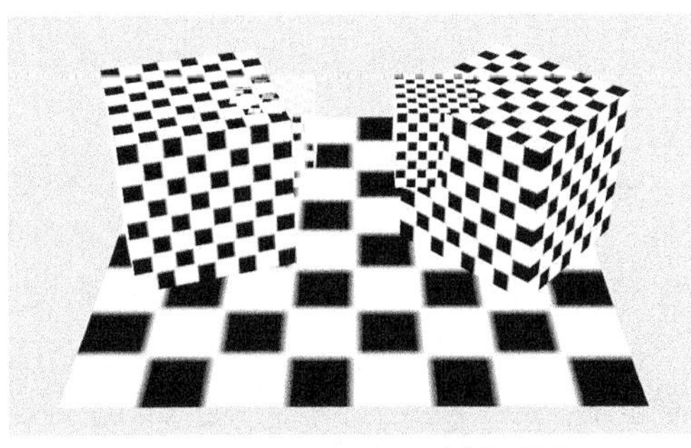

▲图 12-9 Sample12_2 案例运行图

看完案例的运行图之后便发现，较上一个案例，本案例中只是多了两个小立方体，其余的平面和立方体都与上一案例中一样，只是在给立方体的纹理赋值时有些差别。本案例的重点是如何实现立方体的旋转，本书前面章节已经讲过类似旋转，读者可以结合那部分知识来学习本案例。

代码位置：见随书中源代码/第 12 章/Sample12_2/source/src 目录下的 Sample_MousePick.ts。

```
1   class Sample_MousePick {                                        //鼠标案例脚本
2       …//省略了一些初始化参数，读者可以查阅书中的源代码
3       protected onInit3D(): void {                                //初始化 3D 界面
4           this._view3D = new egret3d.View3D(this._viewPort); //创建 View3D 对象
5           this._cameraCtl = new egret3d.LookAtController(     //创建摄像机控制器
6         this._view3D.camera3D,new egret3d.Object3D());
7           this._cameraCtl.setEyesLength(400);                 //设置摄像机视野距离
8           egret3d.AssetsManager.getInstance().setRootURL("resource/");
            //设置资源加载路径
9          …//此处省略了加载天空盒纹理的代码，读者可以查阅书中的源代码
10          egret3d.AssetsManager.getInstance().addEventListener(   //添加事件监听
11             egret3d.Event3D.EVENT_LOAD_COMPLETE,(e: egret3d.Event3D) => this.
               init Scene(e));
12          egret3d.AssetsManager.getInstance().startLoad();}   //开始加载资源
13      private initScene(e: egret3d.Event3D) {                 //初始化场景
14        …//此处省略得到天空盒纹理与创建天空盒的代码，读者可以自行查阅书中的源代码
15          var box1: egret3d.Mesh = new egret3d.Mesh(          //创建立方体
16        new egret3d.CubeGeometry(40,40,40),new egret3d.TextureMaterial());
17    …//此处省略了创建立方体和向场景中添加立方体的代码，读者可以查阅书中的源代码
18          var lightGroup: egret3d.LightGroup = new egret3d.LightGroup();
            //创建灯光组对象
19          var directLight: egret3d.DirectLight =              //设置光源方向
20        new egret3d.DirectLight(new egret3d.Vector3D(100,100,100));
21          …//此处省略设置光源的一些代码，读者可以自行查阅书中的源代码
22       this._boxs[0] = new egret3d.Mesh(new egret3d.CubeGeometry(),new egret3d.
         TextureMaterial());
23       this._boxs[0].x = -80;                                  //设置立方体的 x 坐标
24       this._boxs[0].mouseEnable = true;                       //鼠标可以单击
25       this._boxs[0].addEventListener(egret3d.Event3D.MOUSE_CLICK,
         //为鼠标添加单击监听
26        (e: egret3d.Event3D) => this.onMouseClick(e));
27          this._boxs[0].material.lightGroup = lightGroup;     //为立方体添加灯光
28          this._view3D.addChild3D(this._boxs[0]);}            //将立方体添加进场景中
29          …//此处省略的是 boxs[1]的创建与设置，与 boxs[0]类似，这里便不再赘述
30      protected onMouseClick(e: egret3d.Event3D): void {
31          this._currentSelected = e.currentTarget;}       //鼠标单击立方体后设置立方
            体被选中
32      protected onUpdate(): void {
33        …//此处省略一些代码，读者可以自行查阅源代码
34          if(this._currentSelected != null) {                 //判断是否有立方体被单击
35              this._currentSelected.rotationY += this._delay / 4.0;}
                //绕 y 轴旋转立方体
36          this._cameraCtl.update();                           //更新摄像机
37      }}
```

- 第 2～12 行中主要为创建 3D 界面的方法，案例代码之前有一些对象的声明，这里没有介绍，因为其与上一个案例中代码类似。创建界面时主要设置了摄像机参数，并给出了资源加载的路径，通过资源路径将所需资源加载。
- 第 13～31 行为本例中的主要方法，为初始化场景的方法。方法中创建了立方体与平面，并将其添加进 3D 场景中。然后创建了天空盒，并设置了灯光，后又创建了两个立方体用于鼠标单击，并为其添加了鼠标单击的监听。
- 第 32～37 行为更新方法，每个案例的更新方法差别不大，这里主要添加了立方体旋转的代码。通过前面创建立方体时添加的鼠标单击监听，若且用鼠标单击立方体，那么被单击的立方体会被标记在本方法中通过绕 y 轴进行旋转。

注意　Sample_MousePick.ts 的代码比较长，这里介绍时省略了不少代码，读者应注意与源代码结合起来学习。书中介绍的只是本例中的重点内容，但是缺少一些代码案

例是运行不了的。另外需要注意的是本例中出现了设置光照的方法，这部分内容在下面小节会详细介绍，这里便不再讲述了。

由于本例中的 index.html 和 Main.ts 与上一个案例相似，且代码简单，所以这里便省略掉这部分的开发。读者在学习时需要将中的 source 文件下的所有代码都看一遍，书中只是讲述了重点部分。到这里为止相信读者已经掌握 Egret 引擎的基本使用方法，下面章节便来介绍开发的一些常用技巧。

12.3 天空盒与模型加载

前面章节介绍了用 Egret 引擎创建 3D 场景，现在来看一下在日常开发中会经常用到的加载模型与使用天空盒的方法。本节所讲述的内容在各种开发中基本上都会用到，并且这些内容并不难，现在就来学习如何创建一个天空盒。

12.3.1　Egret 3D 中添加天空盒

前面小节的案例中已经涉及到了天空的内容。在讲述如何开发天空盒前，先来学一下天空盒的基本知识。天空盒由六个面构成，它们分别为立方体的前、后、左、右、上、下六个面，通过六张纹理图经过计算得到最终天空盒效果。图 12-10 所示为天空盒纹理贴图示意图。

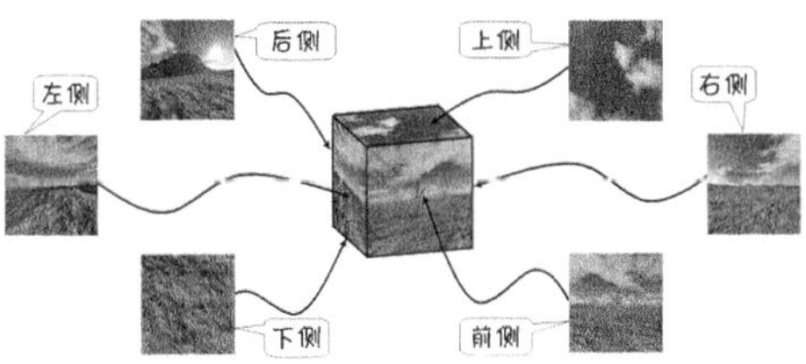

▲图 12-10　天空盒纹理贴图示意图

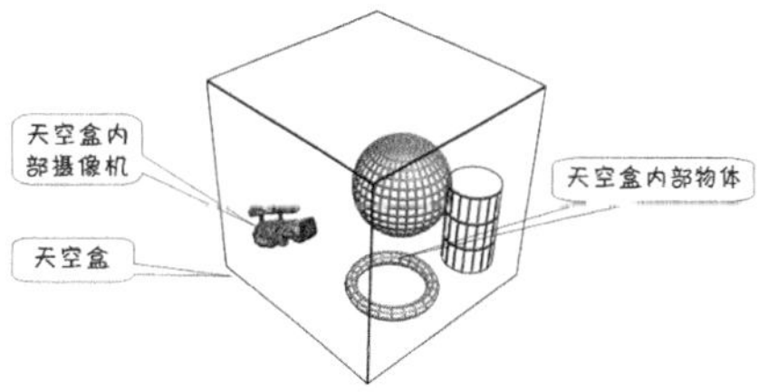

▲图 12-11　天空盒纹理贴图示意图

天空盒技术的思路非常简单，具体说就是将场景放置在一个很大的立方体中，立方体的每个面是一个纹理正方形。使用天空盒时需要注意，用于观察场景的摄像机需要放置在天空盒立方体的内部，图 12-11 中就是如此。

看完天空盒的基本知识后，现在来看一下本案例中天空盒的效果图，图 12-12 所示即为天空盒示意图。读者在运行案例时可以通过鼠标单击滑动来观察一下天空盒整体，经过计算后将摄像机置于其中观察，应该与现实生活中观察天空无异。

▲图 12-12　天空盒案例示意图

本例中的示意图只有一幅图，是远不能表现出天空盒来的，读者需要自行运行案例来体验一下天空盒的效果。观察完示意图后，来看一下天空盒是如何开发的。经过前面案例的学习，读者若是读了加载天空盒的代码，便不会觉着开发起来有难度。

代码位置：见随书中源代码/第 12 章/Sample12_3/source/src 目录下的 Sample_CreateSky.ts。

```
1    class Sample_CreateSky {                                    //创建天空盒脚本
2        protected _time: number = 0;                            //设置当前时间
3        protected _delay: number = 0;                           //声明时间差
4        protected _timeDate: Date = null;                       //声明当前日期
5        protected _view3D: egret3d.View3D = null;               //声明 3D 引擎的渲染视口对象
6        protected _viewPort: egret3d.Rectangle = null;          //声明一个矩形对象
7        protected _cameraCtl: egret3d.LookAtController = null;  //设置摄像机控制器
8        public constructor(width: number = window.innerWidth,height: number =
         window.innerHeight) {
9        this._viewPort = new egret3d.Rectangle(0,0,width,height);    //设置视口大小
10           egret3d.Egret3DDrive.requstContext3D(DeviceUtil.getGPUMode,
11               this._viewPort,() => this.onInit3D());}
12       protected onInit3D(): void {                            //初始化资源
13           this._view3D = new egret3d.View3D(this._viewPort);       //创建 View3D 对象
14           this._cameraCtl = new egret3d.LookAtController(          //创建摄像机控制器
15            this._view3D.camera3D,new egret3d.Object3D());
16           this._cameraCtl.setEyesLength(0.1);                 //设置摄像机视野距离
17           this.onView3DInitComplete();                        //View3D 初始化完成
18           this._view3D.camera3D.fieldOfView=140;              //设置视角
19           egret3d.AssetsManager.getInstance().setRootURL("resource/");
             //设置加载资源路径
20           //加载天空盒前面纹理
21           egret3d.AssetsManager.getInstance().addLoadTexture("SkyBox/front.jpg");
22           //加载天空盒后面纹理
23           egret3d.AssetsManager.getInstance().addLoadTexture("SkyBox/back.jpg");
24           …//此处省略加载天空盒其余几个面的纹理的代码
25           egret3d.AssetsManager.getInstance().addEventListener(        //添加监听
26               egret3d.Event3D.EVENT_LOAD_COMPLETE,(e: egret3d.Event3D) => this.
                 init  Scene(e));
27           egret3d.AssetsManager.getInstance().startLoad();}    //开始加载资源
28       private initScene(e: egret3d.Event3D) {                  //初始化场景
29           //获得天空盒前面纹理
30           var sky_f: egret3d.TextureBase =
31          egret3d.AssetsManager.getInstance().findTexture("SkyBox/front.jpg");
32           …//此处省略获得天空盒其余几个面的纹理的代码
33           //获得天空盒纹理
34           var skyTexture: egret3d.SkyTexture =
35          new egret3d.SkyTexture(sky_b,sky_f,sky_l,sky_r,sky_u,sky_d);
36           var sky: egret3d.Sky = new egret3d.Sky(skyTexture);   //创建天空盒
37           this._view3D.sky = sky;                              //获得天空盒
38           this._time = new Date().getTime();                   //获得当前时间
39           requestAnimationFrame(() => this.onUpdate());}       //调用更新方法
40           …//此处省略了更新方法，读者可以自行查阅书中的源代码
41   }
```

- 第 1～11 行为声明案例中所需的一些变量与对象，其中包括当前时间、绘制一帧所需时间、3D 引擎的渲染视口对象、需要绘制的矩形的对象、摄像机控制器，最后设置视口的大小。
- 第 12～27 行为初始化资源方法，此方法中创建了 View3D 对象、摄像机控制器，设置了摄像机视野距离，完成 View3D 的初始化，给出资源所在路径，设置资源加载路径，然后将所需资源加载进来，设置完毕后最后开始加载资源。
- 第 28～41 行为初始化场景与定时更新方法。初始化场景时就是得到天空盒六个面纹理，通过天空盒纹理创建天空盒对象。更新函数的作用是在每次绘制完场景后调用它，获得一些时间参数后更新摄像机，最后继续绘制场景。

12.3.2　Egret 3D 中加载模型

与前面的章节中开发 WebGL 类似，引擎中若是没有加载模型的功能，单靠用户自己来开发一些顶点复杂的场景，那是相当困难的，好在 Egret 引擎中提供了模型的加载功能。为了加载 3D

模型，Egret 提供了一套自己的方案。现在先来看一下如何使用其提供的方案。

1. Egret 导出模型插件的使用

熟悉 3D 开发的读者肯定也会对 OBJ 文件、FBX 文件等等这些文件熟悉，Egret 也可以通过 3ds Max 导出的 EM 文件来存放模型数据，并通过这种文件来加载数据。这个 EM 文件是通过 Egret 提供的插件用 3ds Max 导出的，图 12-13 所示为该插件所在位置图。

▲图 12-13　Egret 提供的 3ds Max 的导出工具插件

笔者将这些插件与源代码一并放到了中的第 12 章下，读者只需要将其拿来应用即可。此插件所在目录为“第 12 章/3Dmax Export tool/3ds Max 2012”下，其中有 64 位与 32 位两个版本，读者根据自身情况将相应的插件放到 3ds Max 所在目录下的 stdplugs 中即可。

将插件放到相应位置后重启 3ds Max，导入需要的模型，单击“导出”，再选择需要保存的类型，如图 12-14 所示，选择“Egret3d export plug-in”类型，输入名字后单击“导出”便会出现图 12-15 所示的内容，为选择需要导出的模型界面。

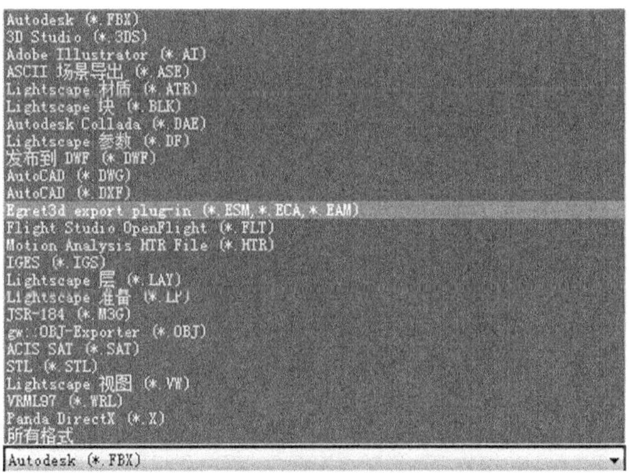

▲图 12-14　3ds Max 下的导出界面

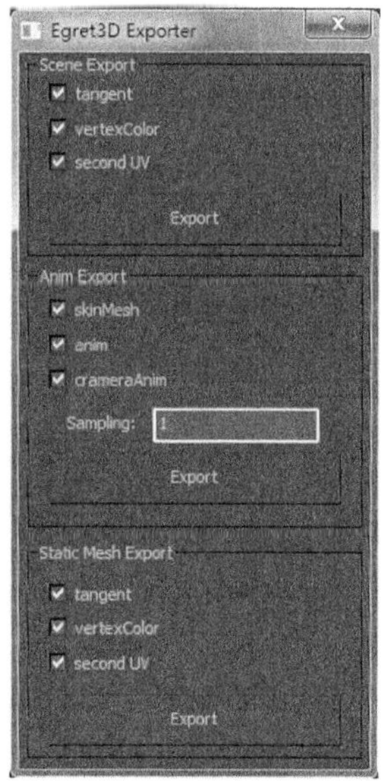

▲图 12-15　选择需要导出的模型

导出模型时需要选择导出哪种模型，这里只介绍 Static Mesh Export——静态模型导出，在后面讲述骨骼动画时再讲述其余的导出方式。单击静态模型的导出，即为静态模型文件，这样导出 EM 文件以后便可以在引擎中加载模型了。

> **注意**　需要注意的是导出模型时使用的 3ds Max 是 2012 版本的，插件的两个版本为 32 位与 64 位，读者必须是根据自己的 3ds Max 版本来使用插件，否则会报错。另外，如果版本选择正确却还是无法打开，并且提示缺少一些文件时，需要安装 VS2013 运行库。这些注意事项在 3Dmax Export tool 文件下的插件使用说明中都有。这里所用的插件是笔者在编写本书时候的最新版本，读者不必非要用此版本，可以根据官网的更新应用最新版本。

2. 加载静态模型

有了模型文件以后便可以来加载模型了。现在来看一下图 12-16 所示的运行示意图，本例中只是随意加载了一个房子模型，仅为了向读者演示如何加载静态模型，读者在学完本小节后也可以自行更换模型学习。

▲图 12-16　加载静态模型示意图

看完效果运行图后可以发现案例中由加载天空盒、加载模型两部分构成，所以这个案例也不是很难。创建天空盒的方法在之前案例中已经介绍过，所以读者重点学习的就是如何加载模型，案例中的重点也就只有这一个，现在来看一下代码的开发过程。

代码位置：见随书中源代码/第 12 章/Sample12_4/source/src 目录下的 Sample_LoadScene.ts。

```
class Sample_LoadScene {                                          //加载模型
    protected _time: number = 0;                                  //设置当前时间
    protected _delay: number = 0;                                 //声明时间差
    protected _timeDate: Date = null;                             //声明当前日期
    protected _view3D: egret3d.View3D = null;                     //声明 3D 引擎的渲染视口对象
    protected _viewPort: egret3d.Rectangle = null;                //声明一个矩形对象
    protected _cameraCtl: egret3d.LookAtController = null;        //设置摄像机控制器
    public constructor(width: number = window.innerWidth,height: number =
    window.innerHeight) {
    this._viewPort = new egret3d.Rectangle(0,0,width,height);     //设置视口大小
        egret3d.Egret3DDrive.requstContext3D(DeviceUtil.getGPUMode,
            this._viewPort,() => this.onInit3D());}
   protected onInit3D(): void {                                   //初始化资源方法
        this._view3D = new egret3d.View3D(this._viewPort);        //创建 View3D 对象
        this._cameraCtl = new egret3d.LookAtController(           //创建摄像机控制器
                        this._view3D.camera3D,new egret3d.Object3D());
        this._cameraCtl.setEyesLength(1000);                      //设置摄像机视野距离
        egret3d.AssetsManager.getInstance().setRootURL("resource/");
        //设置资源路径
       …//此处省略了加载资源的代码，读者可以自行查阅源代码
        egret3d.AssetsManager.getInstance().addEventListener(     //添加监听
         egret3d.Event3D.EVENT_LOAD_COMPLETE,(e: egret3d.Event3D) => this.init
         Scene(e));
        egret3d.AssetsManager.getInstance().startLoad();}         //开始加载资源
    private initScene(e: egret3d.Event3D) {                       //初始化场景方法
       …//此处省略了获得纹理的代码，读者查阅源代码即可
        //获得天空盒资源
        var skyTexture: egret3d.SkyTexture = new egret3d.SkyTexture(
      sky_b,sky_f,sky_l,sky_r,sky_u,sky_d);
        var sky: egret3d.Sky = new egret3d.Sky(skyTexture);       //创建天空盒对象
        this._view3D.sky = sky;                                   //获得天空盒
        var directLight: egret3d.DirectLight =                    //设置灯光方向
              new egret3d.DirectLight(new egret3d.Vector3D(-0.3,1.0,-0.2));
       …//此处省略了设置光线的代码，读者可以查阅源代码
        //创建实体渲染对象列表
```

```
33            var meshList: egret3d.Mesh[] = egret3d.AssetsManager.getInstance().
              findScene("scene");
34            var container: egret3d.Object3D = new egret3d.Object3D(); //创建实体对象
35            for(var i: number = 0;i < meshList.length;i++) {
36                container.addChild(meshList[i]);                  //向实体对象中添加模型
37                meshList[i].material.ambientPower = 0.1;          //设置材质信息
38                meshList[i].material.lightGroup = lightGroup;     //设置灯光信息
39                meshList[i].material.diffuseTexture = scene_r;}      //设置材质
40            this._view3D.addChild3D(container);                   //向场景中添加模型
41            this._time = new Date().getTime();                    //获得当前时间
42            requestAnimationFrame(() => this.onUpdate());}        //调用更新方法
43    }
```

- 第 1～11 行中主要为声明一些成员变量，其中包括当前日期与时间、3D 引擎渲染视口对象、一个矩形对象，设置了摄像机控制器与视口大小。
- 第 12～21 行为本例中的加载资源的方法，其中先创建了 View3D 对象与摄像机控制器，设置了摄像机视野距离与资源的路径，最后加载案例中所需的资源。
- 第 22～43 行为本例中主要的方法——初始化场景方法，首先获得天空盒纹理，通过纹理创建了天空盒。之后通过加载模型文件创建实体对象，通过设置其一系列参数然后向场景中添加模型。最后调用更新方法进行定时绘制场景。

到这里为止天空盒的加载与静态模型的加载便介绍完毕，这两部分内容是日后的开发中必不可少的部分，但其开发起来也是比较容易的。除了这两部分，在 3D 开发中为了增加真实感，我们还会使用纹理与灯光，所以下一小节便介绍 Egret 3D 中的纹理与灯光的开发。

12.4 Egret 3D 中的纹理与灯光

做 3D 应用的目的就是为了模拟出真实的场景，而现实生活中之所以看起来明暗有层次是因为光线，3D 应用开发中也和灯光与纹理有关，所以，本节讲解灯光与纹理的开发，通过灯光与纹理的应用，读者可以开发出更加逼真的 3D 场景。

12.4.1 Egret 3D 中的纹理应用

前面章节中已经讲过了纹理的基础知识，这里不再介绍了。本案例中是通过为一个立方体的六个面贴纹理来讲述纹理的应用。这听起来与天空盒的原理类似，没错，其实天空盒也是纹理应用的一种，这样在学完开发天空盒后再来学习纹理会比较轻松。图 12-17 所示为本节案例示意图。

▲图 12-17　纹理应用案例示意图

通过观察示意图不难发现立方体的六个面用到的是一张纹理图，读者可以在阅读完本节后将 6 个面换成不同的纹理，以验证自己的学习成果，现在来看一下本例的开发过程。

代码位置：见随书中源代码/第 12 章/Sample12_4/source/src 目录下的 Sample_ModelTexture.ts。

```
class Sample_ModelTexture {                                    //模型纹理脚本
    protected _time: number = 0;                               //设置当前时间
    protected _delay: number = 0;                              //声明时间差
    protected _timeDate: Date = null;                          //声明当前日期
    protected _view3D: egret3d.View3D = null;                  //声明 3D 引擎的渲染视口对象
    protected _viewPort: egret3d.Rectangle = null;             //声明一个矩形对象
    protected _cameraCtl: egret3d.LookAtController = null;        //设置摄像机控制器
    public constructor(width: number = window.innerWidth,height: number =
    window.innerHeight) {
```

```
9       this._viewPort = new egret3d.Rectangle(0,0,width,height);     //设置视口大小
10          egret3d.Egret3DDrive.requstContext3D(DeviceUtil.getGPUMode,
11            this._viewPort,() => this.onInit3D());}
12      private init3D() {                                          //初始化资源
13          this._view3D = new egret3d.View3D( this.viewPort );          //创建 3D 引擎
            的渲染视口对象
14          //创建摄像机控制器
15          this._cameraCtl = new egret3d.HoverController(this._view3D.camera3D,
            null,  90,0,300);
16          this._cameraCtl.lookAtPosition = new egret3d.Vector3D(0,0,0);
            //设置目标点
17          //加载场景模型
18          var loadModel: egret3d.ModeLoader = new egret3d.ModeLoader("resource/",
            "box.esm" );
19          loadModel.addEventListener(                             //添加监听
20      egret3d.Event3D.EVENT_LOAD_COMPLETE,(e: egret3d.Event3D) => this.model
        Complete(e));
21          loadModel.load();                                       //加载模型
22          requestAnimationFrame( ()=>this.update() );}            //调用更新方法
23      private modelComplete(e:egret3d.Event3D) {                  //模型加载完毕方法
24          var loader: egret3d.ModeLoader = <egret3d.ModeLoader>e.data;
            //声明加载模型数据对象
25          this.sampleMesh = loader.mesh ;                         //获得渲染对象
26          //加载纹理图片
27        var textureLoad: egret3d.TextureLoader = new egret3d.TextureLoader
         ("resource/  sky/front.jpg");
28        textureLoad.addEventListener(                             //添加监听
29        egret3d.Event3D.EVENT_LOAD_COMPLETE,(e: egret3d.Event3D) => this.texture
          Complete(e));
30        textureLoad.load();}                                      //纹理资源开始加载
31      private textureComplete(e: egret3d.Event3D) {               //纹理资源加载完毕方法
32          var loader: egret3d.TextureLoader = <egret3d.TextureLoader>e.data;
            //纹理资源加载对象数据
33          this.sampleMesh.material.diffuseTexture = loader.texture; //获得材质信息
34          this.sampleMesh.material.ambientPower = 0.5;     //设置环境光强度
35          this._view3D.addChild3D(this.sampleMesh);}        //向场景中添加渲染对象
36      protected onUpdate(): void {                                //更新方法
37              this._timeDate = new Date();                        //创建日期时间
38                this._delay = this._timeDate.getTime() - this._time;
                  //获得时间差值
39                this._time = this._timeDate.getTime();      //得到当前时间
40                this._cameraCtl.update();                    //更新摄像机
41                this._view3D.renden(this._time,this._delay);
42                requestAnimationFrame(() => this.onUpdate());      //定时刷帧
43    }}
```

- 第 2～22 行声明了一些对象，包括渲染视口对象。之后创建了摄像机控制器，并设置了摄像机参数与视口大小。加载了场景模型资源，之后又加载了模型资源，调用更新方法来逐帧绘制场景。
- 第 23～35 行为模型资源与纹理资源加载完毕后的方法，模型资源加载完毕后获得渲染对象，加载纹理图片，开始加载纹理资源。纹理资源加载完毕后获得其材质信息，并设置散射光与环境光强度，最后将渲染对象加载到场景中。
- 第 36～43 行为更新方法，通过获得时间与每帧之间的时间差来更新摄像机，然后通过定时刷帧绘制场景。

12.4.2　Egret 3D 中的灯光应用

有了灯光模型，便有了明暗效果。在素描中就是通过明暗效果来体现物体的真实感，由此可见灯光在 3D 开发中是有着很重要的地位的。通过前面章节的学习，了解到光源有点光源与平行光的区分，它们的效果是完全不同的，图 12-18 所示为平行光示例图。

平行光与点光源在代码部分只有几句不同，所以本例中只给了平行光的例子。对于点光源，读者可以根据 API 自行修改。本例中通过前面所学知识加载一个茶壶的模型，通过设置光线方向

来绘制出一个真实感极强的茶壶，现在来看一下平行光开发的过程：

▲图 12-18　平行光案例示意图

代码位置：见随书中源代码/第 12 章/Sample12_5/source/src 目录下的 SampleDirLight.ts。

```
1    class SampleDirLight {                                          //平行光脚本
2        protected _egret3DCanvas: egret3d.Egret3DCanvas;            //声明 Canvas 操作对象
3        protected _view3D: egret3d.View3D;                          //声明 View3D 对象
4        protected mat: egret3d.TextureMaterial;                     //声明材质纹理
5        private cameraCtl: egret3d.LookAtController;                //声明摄像机控制器
6        private model: egret3d.Mesh;                                //声明 Mesh 对象
7        private lights: egret3d.LightGroup = new egret3d.LightGroup();
         //声明灯光组对象
8        public constructor() {                                      //初始化场景的方法
9            this._egret3DCanvas = new egret3d.Egret3DCanvas();      //创建 Canvas 对象
10           this._egret3DCanvas.x = 0;                              //Canvas 的起始 x 坐标
11           this._egret3DCanvas.y = 0;                              //Canvas 的起始 y 坐标
12           //设置 Canvas 页面尺寸
13           this._egret3DCanvas.width = window.innerWidth;
14           this._egret3DCanvas.height = window.innerHeight;
15           //创建 View3D 对象，页面左上角为起始坐标（0,0）
16           this._view3D = new egret3d.View3D(0,0,window.innerWidth,window.inner
             Height);
17           this._view3D.camera3D.lookAt(                           //当前对象的对视位置
18         new egret3d.Vector3D(0,0,-1000),new egret3d.Vector3D(0,0,0));
19           this._view3D.backColor = 0xff000000;                    //View3D 的背景色设置
20           this._egret3DCanvas.addView3D(this._view3D);            //将 View3D 添加进 Canvas 中
21           var mat: egret3d.ColorMaterial = new egret3d.ColorMaterial(0xff0000);
             //创建颜色材质
22           var load: egret3d.URLLoader = new egret3d.URLLoader();  //创建加载类
23           load.addEventListener(                                  //设置加载完成回调
24         egret3d.LoaderEvent3D.LOADER_COMPLETE,this.onLoad,this);
25           load.load("resource/laohu/chahu.esm");                  //开始加载
26           this.InitCameraCtl();                                   //初始化摄像机控制器
27           var dirLight: egret3d.DirectLight =                     //创建平行光，设置光的方向
28         new egret3d.DirectLight(new egret3d.Vector3D(-0.5,0.6,0.2));
29           dirLight.diffuse = 0xffffff;                            //设置灯光漫反射颜色
30           this.lights.addLight(dirLight);                         //向灯光组中添加平行光
31           this._egret3DCanvas.start();                            //启动 Canvas
32           this._egret3DCanvas.addEventListener(                   //添加监听回调
33         egret3d.Event3D.ENTER_FRAME,this.update,this);}
34           …//此处省略部分方法，读者可以自行查阅源代码
35       public update(e: egret3d.Event3D) {                         //更新摄像机方法
36           this.cameraCtl.update();                                //摄像机控制器的更新
37   }}
```

❑ 第 1～7 行中声明了 Canvas 操作对象、View3D 操作对象、材质纹理对象、Mesh 对象、灯光组对象与摄像机控制器。

❑ 第 8～24 行为初始化场景方法的一部分，首先创建了 Canvas 对象并设置了其起始坐标与尺寸，其四个参数分别代表起点 x、y 坐标与显示的宽和高。并设置了 View3D 背景色，并将其添加进 Canvas。最后创建了颜色材质与加载类。

❑ 第 25～37 行为剩余的一些初始化场景方法的代码和更新摄像机控制器方法的代码。首先加载了模型，初始化了摄像机控制器，创建平行光并设置了其漫反射颜色。最后向灯光组中添加

平行光，启动 Canvas。更新摄像机方法中为摄像机控制器的更新。

到此为止用 Egret 引擎开发基础 3D 应用的内容便介绍完毕了。在日后的开发中，读者真正掌握了上面讲述的内容之后，便可以随心所欲地开发出想要的场景。但是这些仅仅是静态物体，现实生活是变化的，仅有静态物体是不够的，所以下一小节来学习 Egret 引擎中的骨骼动画的开发。

12.5 Egret 3D 中的骨骼动画

生活中所看到场景如果都是静态的，那么世界将会毫无生机。对于 3D 应用也是一样，若是开发出来的应用只有静态模型，那么相信也不会受到欢迎，所以只有让这些模型“动”起来才可以更加受欢迎。本节就来学习一下如何加载骨骼动画模型。

12.5.1 导出 Egret 引擎的骨骼动画

骨骼动画有很多格式，Egret 中需要的骨骼动画格式是 EAM 的，它也是由前面所给出那个导出静态模型的插件导出的。前面在将导出静态模型时给出的图 12-15 中有一个为 Anim Export，这部分便为模型和蒙皮动画导出（包括相机动画）的导出。

与静态模型不同，导出骨骼动画需要有骨骼动画的模型。笔者在写这部分时，Egret 引擎只能支持 MAX 文件类型的骨骼动画，还不支持其他格式的，所以读者在导入时应注意自己的文件格式。等 Egret 再次更新时或许会支持其他类型的文件，读者多留心注意其官网的消息。

12.5.2 使用 Egret 引擎加载骨骼动画

经过上面的学习，相信读者应该可以导出自己的骨骼动画了。在学完本节内容后，读者可以自行替换资源来印证一下自己导出的是否可以用。本例中是使用了一套老虎的骨骼动画模型进行加载，现在先来看一下本例的示意图，如图 12-19 所示。

▲图 12-19　骨骼动画案例示意图

看完示例图后，接下来便来看一下代码是如何实现的。本节与前面小节中的开发没什么区别，只是在脚本文件的开发中有所不同，所以这里也只是讲一下如何开发骨骼动画的脚本，代码开发如下：

代码位置：见随书中源代码/第 12 章/Sample12_6/source/src 目录下的 SampleAnimation.ts。

```
lass SampleAnimation {                                          //骨骼动画脚本
    protected _egret3DCanvas: egret3d.Egret3DCanvas;    //Canvas 操作对象
    protected _view3D: egret3d.View3D;                  //View3D 操作对象
    private cameraCtl: egret3d.LookAtController;        //摄像机控制器
    private lights: egret3d.LightGroup = new egret3d.LightGroup();    //灯光组
    private model: egret3d.Mesh;                        //模型对象
    private idle: egret3d.SkeletonAnimationClip;        //待机动画
    private run: egret3d.SkeletonAnimationClip;         //跑步动画
    private attack: egret3d.SkeletonAnimationClip;      //攻击动画
```

```
10        public currentAnim: string;                        //当前动画
11        public constructor() {
12            this._egret3DCanvas = new egret3d.Egret3DCanvas();    //创建 Canvas 对象
13            //Canvas 的起始坐标，页面左上角为起始坐标（0,0）
14            this._egret3DCanvas.x = 0;
15            this._egret3DCanvas.y = 0;
16            //设置 Canvas 页面尺寸
17            this._egret3DCanvas.width = window.innerWidth;
18            this._egret3DCanvas.height = window.innerHeight;
19            //创建 View3D 对象
20            this._view3D = new egret3d.View3D(0,0,window.innerWidth,window.inner
              Height);
21            this._view3D.camera3D.lookAt(                      //当前对象的对视位置
22          new egret3d.Vector3D(0,0,1000),new egret3d.Vector3D(10,20,30));
23            this._view3D.backColor = 0xff000000;               //View3D 的背景色设置
24            this._egret3DCanvas.addView3D(this._view3D);       //将 View3D 添加进 Canvas 中
25            var dirLight: egret3d.DirectLight =                //创建平行光
26          new egret3d.DirectLight(new egret3d.Vector3D(-0.5,0.6,0.2));
27            dirLight.diffuse = 0xffffff;                       //设置散射光强度
28            this.lights.addLight(dirLight);                    //将方向光添加进灯光组
29            var load: egret3d.URLLoader = new egret3d.URLLoader();     //创建加载类
30            load.addEventListener(                             //设置加载完成回调
31          egret3d.LoaderEvent3D.LOADER_COMPLETE,this.onLoad,this);
32            load.load("resource/LingTong/baihu.esm");          //开始加载
33            this.InitCameraCtl();                              //初始化摄像机控制器
34            this._egret3DCanvas.start();//启动 Canvas
35            this._egret3DCanvas.addEventListener(
36          egret3d.Event3D.ENTER_FRAME,this.update,this);}
37            …//此处省略了一些方法，在下面会介绍
38    }
```

❑ 第 1～11 行声明了 Canvass 操作对象，View3D 操作对象，摄像机控制器，灯光组，模型对象，待机、跑步、攻击和当前动画。

❑ 第 12～38 行中创建了 Canvas 对象，并设置了 Canvas 的起始坐标与页面尺寸。创建了 View3D 对象，并设置了其背景颜色，将其添加进 Canvas，设置了平行光，将方向光添加进了灯光组，创建了加载类，最后开始加载资源并初始化了摄像机控制器。

前面代码中还省略了初始化摄像机控制器、响应事件和动画加载等方法，在这些方法中创建了模型材质与模型基类，并设置了骨骼动画、播放动画等等动作，现在便来看一下这部分内容。

代码位置：见随书中源代码/第 12 章/Sample12_7/source/src 目录下的 SampleAnimation.ts。

```
    protected onLoad(e: egret3d.LoaderEvent3D) {                 //模型加载回调方法
            var mat = new egret3d.TextureMaterial();             //创建纹理材质
            var ge: egret3d.Geometry = e.loader.data;            //创建模型基类
            this.model = new egret3d.Mesh(ge,mat);               //生成 mesh
            if(ge.vertexFormat & egret3d.VertexFormat.VF_SKIN) {
                //设置骨骼动画
                this.model.animation = new egret3d.SkeletonAnimation(ge.skeleton);}
            this.model.material.lightGroup = this.lights;        //设置灯光
            this._view3D.addChild3D(this.model);                 //插入 model
          …//省略了一些读取动画的代码，读者可以自行查阅源代码
            this.model.enablePick = true;                        //开启拣选
            this.model.addEventListener(                         //拣选事件注册
                    egret3d.PickEvent3D.PICK_DOWN,this.onPickDown,this);}
        private onPickDown(event3D: egret3d.PickEvent3D): void {
                                                                 //按下响应事件,负责切换动画
            if(this.currentAnim == "idle") {
                this.PlayAni(this.run);                          //播放待机动画
                return;}
            if(this.currentAnim == "run") {
                this.PlayAni(this.attack);                       //播放跑步动画
                return;}
            if(this.currentAnim == "attack") {
                this.PlayAni(this.idle);                         //播放攻击动画
                return;}}
        protected onAnimationRun(e: egret3d.LoaderEvent3D) { //动画加载回调
            this.run = e.loader.data;                            //骨骼动画
```

```
26          this.run.animationName = "run";                          //动画名称
27          //添加 clip
28          this.model.animation.skeletonAnimationController.addSkeletonAnimation
            Clip(this.run);
29          this.model.removeEventListener(                          //注销回调
30              egret3d.LoaderEvent3D.LOADER_COMPLETE,this.onAnimationRun,this);}
31      …//此处省略了待机与攻击动画的加载回调方法，读者可以查阅源代码学习
31      public update(e: egret3d.Event3D) {                          //更新方法
32          this.cameraCtl.update();                                 //摄像机控制器更新
33      }
```

- 第 1～13 行为模型加载回调方法，其中创建了纹理材质与模型基类，通过模型基类生成了 mesh，然后设置骨骼动画与灯光，最后将模型添加进场景中。程序中还省略了读取动画的一些代码，最后为模型添加事件注册。
- 第 14～23 行为响应事件方法，通过判断当前动画为何种动画来调用播放动画的方法播放相应的骨骼动画。
- 第 24～33 行为跑步动画加载回调方法，方法中将所加载的信息传给跑步动画对象，之后为跑步动画对象确定名称，然后添加 clip 之后，注销回调。最后的更新方法为更新摄像机控制器。

> **提示** 这里只是列举了本章案例代码的一部分，还有一部分代码省略掉了，读者若想真正学习如何加载骨骼动画，必须阅读中本例的全部代码。书中只是介绍了重要部分，剩下一些重复性代码没有介绍，并不是因为它们不重要，读者需要注意一下。

到此为止 Egret 3D 引擎下加载骨骼动画的内容便讲解完毕，这部分有些烦琐，读者应按部就班来，不要心急图快，忽略掉一些重要内容，这样就得不偿失了。导出骨骼动画文件时遇到问题，可以看本例附带教程或者上网搜索相关资料加以解决。

12.6 本章小结

本章主要介绍了 Egret 3D 引擎的内容，其问世没有多久，所以它的功能较 Three.js 还是有所缺陷的。本章只是简要介绍了一下在开发中使用频率十分高的功能，Egret 3D 能实现的功能远不止本章所讲述的这些，读者若想深入学习，也可以通过 API 自行研究。

12.7 习题

1．使用 Egret 3D 引擎创建一个自定义场景，并使用鼠标事件。
2．对 Sample12_3 中的天空盒图片进行替换，熟悉天空盒的实现过程。
3．使用 Egret 3D 引擎中的插件对 3ds Max 中的模型进行导出，并加载到程序中进行渲染。
4．使用 Egret 3D 引擎，创建一个半径为 3 个单位长度的球，并在其表面贴上纹理。
5．制作 EAM 格式的骨骼动画，并使用 Egret 3D 引擎进行渲染。

第 13 章　Ammo 物理引擎

前面的章节中已经对 WebGL 的多个方面进行了详细介绍，相信读者学习到此处应该对 3D 场景的开发有了十分深刻的理解，但是在很多种情景下会对物理仿真效果有很高的要求。如果仅有绚丽的画面，而缺乏物理模拟的真实性，用户体验将大打折扣。

对算法有一定了解的读者可能会想，物理仿真效果是否都可以由程序开发人员根据物理模型来实现？答案是否定的。物理方面的知识过于复杂，如果程序开发人员直接实现物理仿真的过程，整个开发难度将大大增加。因此，本章将对 Ammo 物理引擎进行深度剖析。

13.1 Ammo 物理引擎概述

对物理引擎比较熟悉的读者可能知道，目前市面上有 Havok、Physx、Bullet 等多个功能强大的物理引擎，其凭借出色的真实性和高效性占据了绝大部分的市场份额，在工业过程模拟和大型游戏开发部分都有广泛应用。

> 说明　Bullet 是一款开源的 3D 物理引擎，是 AMD 开放物理计划的成员之一。同时其也是一个跨平台的物理引擎，支持 Windows、Linux、Mac、Playstation 3、Xbox 360 以及 Nintendo Wii 等主流平台。

不得不说的是，Ammo 物理引擎作为 Bullet 的一个分支，同样具有其模拟的准确性和真实性，因此一诞生就受到众多开发者的追捧和亲睐，在市场中占据着自己的一席之地。其具有的优点如下所示。

- 模拟效果真实：由于 Bullet 物理引擎已经过多年的实验，各个方面的算法都已经非常成熟，所以在程序开发中，模拟效果非常真实。同样，Ammo 也具有此优点，因此市面上常常出现模拟效果让人叹服的作品。
- 使用方便：开发人员在开发过程中如果要使用 Ammo 完成物理仿真，只需要将对应的 ammo.js 文件放入项目目录中并引入即可，使用过程十分简单。
- 支持多类型模拟：作为一个较为完整的物理引擎，Ammo 不仅可以帮助实现碰撞检测、力学模拟，而且还会提供很多关节的实现，如铰链关节、滑动关节、六自由度关节等。
- 性能较好：Bullet 使用 C++语言开发，运行效率非常高。而 Ammo 则是由 Bullet 转化为 JavaScript 语言的产品，在保证了功能足够强大的同时，可以保持较高的运行效率。

13.2 Ammo 中常用类概述

俗话说得好，“基础不牢，地动山摇。”学习新的技术时，首先要弄清楚一些常用的 API，这样深入学习起来才更有效率。本节主要介绍一些学习 Ammo 过程中必知必会的类及其对应的概念。其中主要包括了三维向量类、变换类、刚体类、物理世界类以及各种碰撞形状类。

13.2.1　btVector3 类——三维向量类

btVector3 类的使用频率非常高，其对象可以表示速度、点、力等向量（矢量）。其是由 3 个浮点数类型数据的 *x*、*y*、*z* 变量组成的。其构造函数和常用的相关方法如表 13-1 所示。

表 13-1　　btVector3 的构造函数和常用方法简介

方 法 名	含 义	属 性
btVector3()	btVector3 类的构造函数	构造函数
btVector3(x, y, z)	btVector3 类的构造函数，参数 x 表示向量的 X 坐标，参数 y 表示向量的 Y 坐标，参数 z 表示向量的 Z 坐标	构造函数
set X(x)	设置向量的 X 坐标值，参数为要设置的 X 坐标	方法
set Y(y)	设置向量的 Y 坐标值，参数为要设置的 Y 坐标	方法
set Z(z)	设置向量的 Z 坐标值，参数为要设置的 Z 坐标	方法
setValue(x, y , z)	设置向量的坐标，参数 x 为设置向量的 X 坐标，参数 y 为设置向量的 Y 坐标，参数 z 为设置向量的 Z 坐标	方法
normalize()	获取原向量单位化之后的向量	方法
dot(btVector3 v)	获取原向量与提供的向量之间的点积，参数 v 为提供的向量，返回值为计算得到的点积	方法
op_mul(btVector3 v)	获取原向量与提供的浮点数的乘积	方法
op_add(btVector3 v)	获取原向量与提供的向量之间的和	方法
op_sub(btVector3 v)	获取原向量与提供的向量之间的差	方法

13.2.2　btTransform 类——变换类

btTransform 类为变换类，表示刚体的变换，如平移、旋转等。其是由位置和方向组合而成。位置坐标和方向向量可以进行坐标系的变换，如位置坐标进行平移或者方向向量进行旋转等。其构造函数和常用的相关方法如表 13-2 所示。

表 13-2　　btTransform 的构造函数和常用方法简介

方 法 名	含 义	属 性
btTransform()	变换的构造函数	构造函数
btTransform(btQuaternion q, btVector3 v)	变换的构造函数，参数 q 表示变换旋转信息的四元数，参数 v 表示变换平移信息的向量	构造函数
setIdentity()	将当前变换对象设置为初始状态，即将旋转变换矩阵单位化，平移向量 3 个维度的分量归零	方法
setOrigin(btVector3 origin)	设置平移变换的向量，参数 origin 表示旋转变换的 3×3 矩阵	方法
setRotation(btQuaternion rotation)	设置当前变换对象的旋转变换数据，参数 rotation 表示存储旋转数据的四元数对象	方法
getOrigin()	获取变换的原点，返回值为获取的原点	方法
getRotation()	获取表示变换旋转信息的四元数，返回值为获取的四元数	方法
getBasis()	获取表示变换旋转信息的 3×3 矩阵，返回值为获取的矩阵	方法
setFromOpenGLMatrix(m)	设置变换的矩阵，参数 m 为由旋转缩放矩阵和平移向量所合成的 4×4 变换矩阵的首地址	方法

> **说明**　表中提到了 btQuaternion 类，该类表示的是四元数。所谓四元数是用于表示旋转的一个高效的数学模型。通过四元数可以对三维向量进行旋转变换，使用起来十分方便和快捷。后面的案例中将经常使用到四元数，读者可以加以留意。

13.2.3　btRigidBody 类——刚体类

btRigidBody 类为刚体类，其对象用于存储刚体的一些属性信息，包括线速度、角速度、摩擦系数等。该类中封装了多种函数，其中包括设置和获取线速度、角速度、摩擦系数等一系列方法。其常用的相关方法如表 13-3 所示。

表 13-3　　btRigidBody 的构造函数和常用方法简介

方 法 名	含　义	属　性
btRigidBody(btRigidBodyConstructionInfo constructionInfo)	btRigidBody 类的构造函数，参数 constructionInfo 为刚体信息对象	构造函数
getCenterOfMassTransform()	获取重心的变换，返回值为获取的四元数	方法
setCenterOfMassTransform (btTransform xform)	设置刚体变换，参数 xform 表示需要变换的对象	方法
setDamping(lin_damping, ang_damping)	设置现行阻尼系数和角阻尼系数,参数 lin_damping 表示线性阻尼系数，参数 ang_damping 表示角度阻尼系数	方法
getLinearVelocity()	获取线速度，返回值为获取的线速度向量	方法
getAngularVelocity()	获取角速度，返回值为获取的角速度向量	方法
setAngularFactor(btVector3 angularFactor)	获取角度因子，参数 angularFactor 表示要设置的角度因子	方法
getMotionState()	获取刚体的形状，返回值为获取的形状指针	方法
applyCentralForce(btVector3 force)	应用中心力，参数 force 表示提供的力向量	方法
applyTorque(btVector3 torque)	应用扭矩，参数 torque 表示要应用的刚体扭矩	方法
applyForce(btVector3 force, btVector3 rel_pos)	应用力，参数 force 表示要应用的力,参数 rel_pos 表示施加力的位置	方法
applyCentralImpulse(btVector3 impulse)	应用中心冲量，参数 impulse 表示要应用的冲量	方法
applyTorqueImpulse(btVector3 torque)	应用扭矩冲量，参数 torque 表示要应用的冲量	方法
applyImpulse(btVector3 impulse, btVector3 rel_pos)	应用冲量，参数 impulse 表示要应用的冲量，参数 rel_pos 表示要施加冲量的位置坐标	方法

13.2.4　btDynamicsWorld 类——物理世界类

btDynamicsWorld 类为物理世界类，其有两个重要的子类：一个是 btDiscreteDynamicsWorld 类，表示离散物理世界，另一个是 btSimpleDynamicsWorld 类，该类一般用于测试，不经常使用。btDynamicsWorld 类中常用的方法如表 13-4 所示。

表 13-4　　btDynamicsWorld 的构造函数和常用方法简介

方 法 名	含　义	属　性
btDynamicsWorld(btDispatcher dispatcher,btBroadphaseInterface broadphase, btCollisionConfiguration)	物理世界类的构造函数，参数 dispatcher 表示碰撞检测算法分配器引用，参数 CollisionConfiguration 表示碰撞检测配置信息	构造函数
stepSimulation(timeStep)	进行世界物理模拟，参数 timeStep 表示时间步进	方法

续表

方　法　名	含　　义	属　　性
addConstraint(btTypedConstraint constraint)	在物理世界中添加约束，参数 constraint 表示约束的引用	方法
removeConstraint(btTypedConstraint constraint)	在物理世界中删除约束，参数 constraint 表示指定约束的引用	方法
setGravity(gravity)	设置物理世界中的重力，参数 gravity 表示重力向量	方法
addRidgidBody(btRigidBody body)	在物理世界中添加刚体，参数 body 表示要添加的刚体	方法
removeRidgidBody(btRigidBody body)	删除物理世界中的刚体，参数 body 为要删除的刚体	方法
getNumConstraints()	获取物理世界中的约束总数，返回值为获取的总数	方法
getConstraint(index)	获取物理世界中的指定约束，参数 index 表示约束索引，返回值为指向对应约束的引用	方法
getNumCollosionObjects()	获取物理世界中碰撞物体的数量，返回值为获取的数量	方法
getCollisionObjectArray()	获取物理世界中碰撞物体的数组	方法
contactTest(btCollosionObject colObj, ContacrResultCallback resultCallback)	进行接触检测，参数 colObj 表示指向碰撞物体类的引用，参数 resultCallback 表示接触回调类的对象	方法

13.2.5　btDiscreteDynamicsWorld 类——离散物理世界类

btDiscreteDynamicsWorld 类表示离散物理世界类。实际开发时通常使用该类来创建物理世界对象。创建该离散物理世界对象要通过特有的构造函数，需要给出碰撞检测算法分配器、碰撞检测粗测算法接口和碰撞检测配置信息。其构造函数和常用的方法如表 13-5 所示。

表 13-5　　btDiscreteDynamicsWorld 的构造函数和常用方法简介

方　法　名	含　　义	属　　性
btDiscreteDynamicsWorld(btDispatcher dispatcher,btBroadphaseInterface pairCache,btConstraintSolver constraintSolver, btCollisionConfiguration collisionConfiguration	离散物理世界的构造函数，参数 dispatcher 表示碰撞检测算法分配器的引用，参数 constraintSolver 表示约束解决器指针，参数 collisionConfiguration 表示碰撞检测配置信息	构造函数
btCollisionWorld getCollisionWorld()	获取当前物理世界的引用，返回值为指向获取的物理世界引用	方法

13.2.6　btSoftRigidDynamicsWorld 类——支持模拟软体的物理世界类

btSoftRigidDynamicsWorld 类可支持模拟软体，其继承了 btDiscreteDynamicsWorld 类。所谓软体，即不具有固定形状，可像软布一样改变其本身形状的物体。实际开发时可通过向该物理世界类对象添加软体，从而模拟出现实物理世界，具体情况如表 13-6 所示。

表 13-6　　btSoftRigidDynamicsWorld 的构造函数和常用方法简介

方　法　名	含　　义	属　　性
btSoftRigidDynamicsWorld(btDispatcher dispatcher, btBroadphaseInterface pairCache, btConstraintSolver constraintSolver, btCollisionConfiguration collisionConfiguration, btSoftBodySolver softBodySolver)	btSoftRigidDynamicsWorld 的构造函数，参数 dispatcher 表示碰撞检测算法分配器引用，参数 pairCache 表示碰撞检测粗测算法接口，参数 constraintSolver 表示约束解决器引用，参数 collisionConfiguration 表示碰撞检测配置信息	构造函数
addSoftBody(btSoftBody body)	向物理世界添加软体，参数 body 表示指向软体的引用	方法
removeSoftBody(btSoftBody body	从物理世界中删除指定软体，参数 body 表示指向指定软体的引用	方法

13.2.7 btCollisionShape 类——碰撞形状类

btCollisionShape 类表示碰撞形状类，所有的碰撞形状都直接或间接继承自此类。该类封装了一些判断碰撞形状类型的方法，如判断碰撞形状是否为凹多面体，判断碰撞形状是否为复合体等方法。其构造函数和常用的方法如表 13-7 所示。

表 13-7　　btCollisionShape 的构造函数和常用方法简介

方 法 名	含 义	属 性
btCollisionShape()	碰撞形状的构造函数	构造函数
setLocalScaling(btVector3 scaling)	设置缩放比，返回值为获取的缩放比例	方法
calculateLocalInertia(mass, btVector3 inertia)	计算惯性，参数 mass 表示质量，参数 inertia 表示惯性	方法
setMargin(margin)	设置碰撞形状边缘数	方法
getMargin()	获取碰撞形状的边缘数	方法

13.2.8 btStaticPlaneShape 类——静态平面形状

btStaticPlaneShape 类表示静态平面形状类，该类的对象表示静态的平面，如地面、屋顶等。需要注意的是，在创建静态平面形状对象时，需要给出该平面的法向量。其构造函数和常用的方法如表 13-8 所示。

表 13-8　　btStaticPlaneShape 的构造函数和常用方法简介

方 法 名	含 义	属 性
btStaticPlaneShape(btVector3 planeNormal, planeConstant)	静态平面形状的构造函数，参数 planeNormal 表示平面的法向量，参数 planeConstant 表示平面形状的常量	构造函数
getPlaneNormal()	获取平面形状的法向量，返回值为获取的法向量	方法

13.2.9 btSphereShape 类——球体形状类

btSphereShape 类表示球体形状类，其对象表示一个球体。球形的物体可以选择该类对象作为碰撞形状，如篮球、足球等，其构造函数及常用的方法如表 13-9 所示。

表 13-9　　btSphereShape 的构造函数和常用方法简介

方 法 名	含 义	属 性
btSphereShape (radius)	btSphereShape 类的构造函数，参数 radius 表示球体形状的半径	构造函数
setMargin(margin)	设置碰撞形状边缘数	方法
getMargin()	获取碰撞形状边缘数	方法

13.2.10 btBoxShape 类——长方体盒碰撞形状类

btBoxShape 类表示长方体盒碰撞形状类。该形状可用于盒子、箱子等规则的物体，对于一些不规则的物体，也可以采用盒子来模拟。其构造函数和常用的方法如表 13-10 所示。

表 13-10　　btBoxShape 的构造函数和常用方法简介

方 法 名	含 义	属 性
btBoxShape(btVector3 boxHalfExtents)	btBoxShape 类的构造函数，参数 boxHalfExtents 表示立方体盒子的半区域	构造函数

续表

方 法 名	含 义	属 性
setMargin(margin)	设置碰撞形状边缘数	方法
getMargin()	获取碰撞形状边缘数	方法

13.2.11　btCylinderShape 类——圆柱形状类

btCylinderShape 类表示圆柱形状类，其对象表示一个圆柱形状，很多圆柱形状的物体，如很长的杆、石柱、金币等，都可以采用该类对象作为碰撞形状。其构造函数和常用的方法如表 13-11 所示。

表 13-11　　btBoxShape 的构造函数和常用方法简介

方 法 名	含 义	属 性
btCylinderShape(btVector3 halfExtents)	btCylinderShape 类的构造函数，参数 halfExtents 表示圆柱的半区域	构造函数
getRadius()	获取圆柱的半径，返回值为获取的半径	方法

13.2.12　btCapsuleShape 类——胶囊形状类

btCapsuleShape 类表示胶囊形状类，其对象表示一个胶囊形状。比较细长的圆柱形物体一般不直接采用圆柱形状，而是采用胶囊形状，如旗杆、铅笔等。其构造函数和常用的方法如表 13-12 所示。

表 13-12　　btCapsuleShape 的构造函数和常用方法简介

方 法 名	含 义	属 性
btCapsuleShape(float radius, float height)	btCylinderShape 类的构造函数，参数 radius 表示胶囊的半径，参数 height 表示胶囊的高度	构造函数
getRadius()	获取圆柱的半径，返回值为获取的半径	方法

13.2.13　btConeShape 类——圆锥形状类

btConeShape 类表示圆锥形状类，其对象表示一个圆锥物体。比如工地上的线坠，就可以通过创建该碰撞形状对象来模拟。其构造函数和常用的方法如表 13-13 所示。

表 13-13　　btConeShape 的构造函数和常用方法简介

方 法 名	含 义	属 性
btConeShape(radius, height)	btConeShape 类的构造函数，参数 radius 表示圆锥的半径，参数 height 表示圆锥的高度	构造函数
getRadius()	获取圆锥的半径，返回值为获取的半径	方法

13.2.14　btCompoundShape 类——复合碰撞形状类

btCompoundShape 类表示复合碰撞形状类，其对象表示一个复合碰撞形状。开发人员可以通过创建多个单一形状对象，组合成一个复合碰撞形状对象。其构造函数和常用的方法如表 13-14 所示。

表 13-14　　　　　btCompoundShape 的构造函数和常用方法简介

方法名	含义	属性
btCompoundShape()	btCompoundShape 类的构造函数	构造函数
addChildShape(btTransform localTransform, btCollisionShape shape)	给组合体添加子形状，参数 localTransform 表示形状的变换	方法
removeChildShapeByIndex(childShapeindex)	从组合体中删除指定形状，参数 childShapeindex 表示此形状的索引值	方法
getNumChildShapes()	获取组合体中子形状的数量，返回值为获取的数量	方法
getChildShape(index)	获取组合体中的子形状，参数 index 表示子形状的索引值，返回值为指向子形状的引用	方法

本节对 Ammo 物理引擎中常用类的 API 进行了简单的介绍，但并不够全面。幸运的是，Ammo 物理引擎是开源的项目，需要更详细信息的读者可以在网络上搜集相关资料，并对其源代码进行深入的学习和研究。

13.3 简单的物理场景

上一节主要介绍了 Ammo 的一些基本概念及 API，但是与学会使用 Ammo 物理引擎还相差甚远。下面从本节开始，笔者将通过一系列的小案例来向读者介绍 Ammo 引擎的具体使用，方便读者对该物理引擎的学习。本节将介绍的是在一个物理世界中有 27 个立方体木块掉落的案例。

13.3.1 案例运行效果

本小节给出的是一个简单的物理场景案例。案例演示的是，在一个空旷的地面上，有 27 个立方体木块掉落。读者可以通过在屏幕上滑动来调整摄像机，从而以不同的角度观察运行效果，如图 13-1 所示。

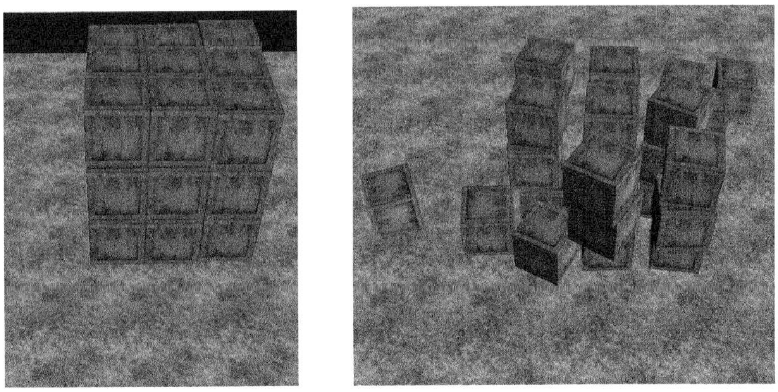

▲图 13-1　木箱掉落前后效果图

> **说明**　图 13-1 左侧为案例运行开始时的效果图，27 个木块从不同位置的上空掉落。图 13-1 右侧为木块下落之后，静止在地面时的效果图，木块已经以不同的姿态静止了。

13.3.2 案例的基本结构

介绍本案例之前，首先需要介绍本案例的框架结构，理解本案例的框架结构有助于读者对本案例的学习。下面的这些方法对于学习本案例十分重要。

- ❑ initGraphics 方法。

此方法为本案例的初始化各种信息的方法，其主要功能是创建摄像机、场景、渲染器以及初始化它们的参数。

- ❑ initPhysics 方法。

此方法为本案例的创建及初始化物理世界的方法，其主要功能包括创建物理世界，设置碰撞检测，设置边界信息，设置重力加速度。

- ❑ createObjects 方法。

此方法为本案例的创建物体的方法，其主要功能包括创建箱子和地面的材质、纹理、碰撞形状，以及创建它们的刚体。

- ❑ createRigidBody 方法。

此方法为本案例的创建物体刚体的方法，其主要功能包括创建刚体，设置惯性、运动状态对象、刚体信息、反弹系数、摩擦系数，最后将刚体添加进物理世界。

- ❑ updatePhysics 方法。

此方法为本案例的更新物理世界的方法，其主要功能是根据时间更新加入物理世界中的物体的位置。

13.3.3　主要方法的介绍

了解了本案例的基本结构后，接下来将介绍本节案例的具体开发。这里将对以后案例中频繁出现的方法进行介绍，具体方法如下。

（1）在介绍代码之前，我们需要先在案例中导入 Ammo 物理引擎的 JavaScript 文件。首先需要在 github 上下载 Ammo 物理引擎的项目包。

（2）下载完成之后，解压缩文件，将“ammo.js-master\builds”下的 ammo.js 复制到案例的 util 文件夹里并在 example.html 文件中写入“"<script type="text/javascript" src="util/ammo.js"></script>"”，以便引入 Ammo，这样便完成了 Ammo 文件的导入。

（3）3D 场景初始化方法——initGraphics 方法。该方法为初始化绘制部分的相关代码，其中包括创建摄像机、场景、渲染器以及初始化的相关参数，具体的代码情况如下所示。

代码位置：见随书中源代码/第 13 章/Sample13_1 目录下的 example.html 文件。

```
function initGraphics() {
  container = document.getElementById( 'container' );          //得到 div 对象
  scene = new THREE.Scene();                                    //新建场景
  camera = new THREE.PerspectiveCamera(45, window.innerWidth/
                   window.innerHeight, 0.1, 1000);              //新建摄像机位置
  renderer = new THREE.WebGLRenderer();                         //新建渲染器
  renderer.setClearColor(new THREE.Color(0x000000));            //设置背景颜色
  renderer.setSize(window.innerWidth, window.innerHeight); //设置渲染窗口大小
  camera.position.x = 0;                                        //设置摄像机位置
  camera.position.y = 20;
  camera.position.z = 20;
  camera.lookAt(scene.position);                            //设置摄像机焦点
  var axes = new THREE.AxisHelper(4);                       //新建坐标辅助工具
  scene.add(axes);                                          //将坐标辅助工具添加到场景中
  var pointLight = new THREE.PointLight("#ffffff");         //创建聚光灯光源
  pointLight.position.set(50,50,50);                        //设置聚光灯光源位置
  scene.add(pointLight);                                    //将聚光灯光源添加到场景中
  container.appendChild( renderer.domElement );             //向 div 中加入子节点
 }
```

> **说明** 渲染器 renderer 的 domElement 元素表示渲染器中的画布，所有的渲染都是画在 domElement 上的，所以这里的 appendChild 表示将这个 domElement 挂接在 body 下面，这样渲染的结果就能够在页面中显示了。

（4）介绍完初始化 3D 场景的方法之后，接下来将介绍初始化物理世界的相关代码。其中包括创建碰撞信息检测对象、碰撞检测粗测阶段的加速算法对象以及物理世界等部分。具体的代码部分如下所示。

代码位置：见随书中源代码/第 13 章/Sample13_1 目录下的 example.html 文件。

```
1     function initPhysics() {
2       //创建碰撞检测配置信息对象
3          collisionConfiguration = new Ammo.btDefaultCollisionConfiguration();
4       //创建碰撞检测算法分配者对象
5       dispatcher = new Ammo.btCollisionDispatcher( collisionConfiguration );
6       var worldAabbMin = new Ammo.btVector3(-10000, -10000, -10000);
7       var worldAabbMax = new Ammo.btVector3(10000, 10000, 10000);
8       var maxProxies = 1024;                    //设置整个物理世界的边界信息
9       var overlappingPairCache=new Ammo.btAxisSweep3(worldAabbMin, worldAabbMax,
10              maxProxies);                      //创建碰撞检测粗测阶段的加速算法对象
11      var solver = new Ammo.btSequentialImpulseConstraintSolver();
        //推动约束解决者对象
12      dynamicsWorld = new Ammo.btDiscreteDynamicsWorld(dispatcher, overlappingPair
        Cache, solver,collisionConfiguration);                  //创建物理世界对象
13      dynamicsWorld.setGravity(new Ammo.btVector3(0, -9.8, 0));   //设置重力加速度
14  }
```

- 第 2～5 行为创建碰撞检测算法分配者对象的代码，其功能为扫描所有的碰撞检测对，并确定适用的检测策略对应的算法。
- 第 5～13 行为创建物理世界对象的相关代码。在此过程中，需要给出整个物理世界的边界信息，并创建碰撞检测粗测阶段的加速算法对象和推动约束解决对象。
- 第 14 行为物理世界设置重力加速度的代码。为了真实模拟现实世界，通常将 btVector3 中第 2 个参数（表示竖直方向下的重力加速度）设置为−9.8。

（5）初始化绘制部分和物理世界后，接下来就可以介绍创建刚体的 createRigidBody 方法了。此方法接收网格体、碰撞形状、刚体质量、位置信息、旋转信息等，并将刚体与网格体进行绑定。具体的代码部分如下所示。

代码位置：见随书中源代码/第 13 章/Sample13_1 目录下的 example.html 文件。

```
function createRigidBody(threeObject,physicsShape,mass,pos,quat){
      var isDynamic = (mass != 0);                          //物体是否可以运动
      var localInertia = new Ammo.btVector3(0, 0, 0);       //惯性向量
      if(isDynamic){                                        //如果物体可以运动
            physicsShape.calculateLocalInertia(mass, localInertia);//计算惯性
      }
      var startTransform = new Ammo.btTransform();          //创建刚体的初始变换对象
      startTransform.setIdentity();                         //变换初始化
      threeObject.position.set(pos.x, pos.y, pos.z);        //设置网格体的位置
      startTransform.setOrigin(new Ammo.btVector3(pos.x,pos.y pos.z ) );
      //设置初始位置
      //创建刚体的运动状态对象
      var myMotionState = new Ammo.btDefaultMotionState(startTransform);
      var rbInfo = new Ammo.btRigidBodyConstructionInfo(mass, myMotionState,
            physicsShape, localInertia);                    //创建刚体信息对象
      var body = new Ammo.btRigidBody(rbInfo);              //创建刚体
      body.setRestitution(0.6);                             //设置反弹系数
      body.setFriction(0.8);                                //设置摩擦系数
      threeObject.userData.physicsBody=body;                //将刚体和网格体绑定
      scene.add(threeObject);                               //将网格体添加到场景中
      dynamicsWorld.addRigidBody(body);                     //将刚体添加进物理世界
}
```

❑ 第 1～6 行为计算物体惯性的相关代码。其中如果程序开发人员需要创建一个静态的刚体，可以直接在调用 createRigidBody 方法时，将其 mass 参数设置为 0。

❑ 第 7～15 行为根据传入的位置设置变换对象，并创建刚体的相关代码。需要注意的是，在 Ammo 物理引擎中对刚体执行变换操作，使用变换对象，其中可包括位置信息和旋转信息，用起来十分方便。

（6）整个场景的网格对象和刚体都创建完毕后，接下来就可以开发更新数据的 updatePhysics 方法了。此方法首先将遍历所有质量不为 0 的刚体，获取其世界坐标系下的变换对象，最后更新网格体的位置和旋转信息。具体代码如下。

代码位置：见随书中源代码/第 13 章/Sample13_1 目录下的 example.html 文件。

```
function updatePhysics(deltaTime){                          //更新网格体的位置和姿态的方法
  dynamicsWorld.stepSimulation(deltaTime,10);               //更新物理世界中的信息
  for (var i = 0; i <rigidBodies.length; i++){              //遍历所有网格对象
        var objThree = rigidBodies[i];                      //找到对应的网格体
     var objPhys = objThree.userData.physicsBody;           //获得网格体的刚体
     var ms = objPhys.getMotionState();                     //获得刚体的运动状态
     if (ms){                                             //如果获取信息成功
       ms.getWorldTransform(transform);                   //获取刚体在世界坐标下的变换对象
       var p = transform.getOrigin();                     //获取变换对象的位置
       var q = transform.getRotation();                   //获取变换对象的旋转信息
       objThree.position.set(p.x(),p.y(),p.z());          //设置网格对象的位置
       objThree.quaternion.set(q.x(),q.y(),q.z(),q.w());        //设置网格对象的
       旋转信息
}}}
```

说明　从上面的代码部分可以看出，在此方法中首先更新物理世界中的信息，然后遍历所有网格体，根据刚体的位置和旋转信息更新网格体。需要注意的是，在 Ammo 物理引擎中旋转信息是用四元数来表示的，有兴趣的读者可以自行查阅相关资料。

13.4 多种形状刚体的碰撞

上一节主要介绍了创建简单的物理场景，相信读者对该物理引擎有了一定的了解，但这还是远远不够的。接下来介绍的同样是物体下落的场景，与上一节不同的是，这里封装了多种形状刚体，如圆锥、球、圆柱等物体，其在下落时相互碰撞，供读者学习和使用。

13.4.1 案例运行效果

本小节给出的是一个各式各样的物体下落场景的案例。案例演示的是，在一个空旷的地面上，有圆锥、球体、圆柱以及立方体形状的物体下落。单击屏幕则有一个立方体木块以一定的速度掉落。其运行效果如图 13-2 所示。

▲图 13-2　物体掉落前后的效果图

> **说明**　图 13-2 中左侧为案例刚开始的运行效果图，图 13-2 中右侧展示的是物体掉落到地面后将会有不同程度的反弹效果。可能仅仅通过图片，很难了解到运行效果的细节部分，有兴趣的读者可在真机上运行本案例。

13.4.2　案例开发过程

了解了本案例的运行效果后，接下来就可以对开发步骤进行详细介绍了。本案例的大部分代码和前面介绍的案例都十分相似，由于本书的篇幅有限，因此下面将仅仅给出具有代表性的代码部分。具体开发步骤如下所示。

（1）需要创建地面和各种物体的网格对象和刚体。下面将对本案例中的 createObjects 方法进行介绍，此方法的功能就是读取相关的纹理的贴图，创建物体的材质、网格对象和刚体等。具体代码如下所示。

代码位置：见随书中源代码/第 13 章/Sample13_2 目录下的 example.html 文件。

```
1     function createObjects(){
2       //创建地板的网格对象和刚体的相关代码
3       loader.load('textures/floor.jpg',function ( texture ){     //读取地面的纹理图
4             texture.wrapS = THREE.RepeatWrapping;            //将 S 轴上的纹理设置为重复
5             texture.wrapT = THREE.RepeatWrapping;            //将 T 轴上的纹理设置为重复
6             texture.repeat.set(2,2);                         //设置纹理的重复次数
7             var planePos = new THREE.Vector3(-4,0,0);        //设置地面的位置
8             var planeQuat = new THREE.Quaternion(0,0,0,1); //设置地面的旋转信息
9             var planeMaterial=new THREE.MeshBasicMaterial({map: texture});
              //创建基本材质
10            //创建地面的网格对象
11            plane=new THREE.Mesh(new THREE.PlaneGeometry(80, 80,4,4),planeMaterial);
12            plane.rotation.x = -0.5 * Math.PI;               //设置地面的旋转信息
13            //创建地面的碰撞形状
14            var planeShape=new Ammo.btStaticPlaneShape(new Ammo.btVector3(0,1,0),0);
15            createRigidBody( plane, planeShape, 0 , planePos,planeQuat);
              //创建地面的刚体
16      });
17      //创建圆柱体的网格对象和刚体的相关代码
18      loader.load('textures/muwen.jpg',function ( texture ){  //读取木质纹理贴图
19          var Pos = new THREE.Vector3(4,5,0);                  //设置圆柱的位置
20          var Quat = new THREE.Quaternion(0,0,0,1);            //设置圆柱的旋转信息
21          var mass=10;                                         //设置圆柱的质量
22          var cylinderMaterial=new THREE.MeshBasicMaterial({map: texture});
            //创建基本材质
23          var cylinder=new THREE.Mesh( new THREE.CylinderGeometry(1, 1, 2,20,20),
24                cylinderMaterial );                            //创建圆柱的网格对象
25          //创建圆柱的碰撞形状
26          var cylinderShape=new Ammo.btCylinderShape(new Ammo.btVector3(1, 1, 1));
27          createRigidBody( cylinder, cylinderShape, mass, Pos, Quat );
            //创建圆柱的刚体
28          var conePos = new THREE.Vector3(4,5,4);              //设置圆锥的位置
29          var cone = new THREE.Mesh( new THREE.CylinderGeometry(0, 2, 2,20,20),
30                cylinderMaterial );                            //创建圆锥的网格对象
31          var coneShape=new Ammo.btConeShape(2,2,2);           //创建圆锥的碰撞形状
32          createRigidBody(cone,coneShape,mass,conePos,Quat);   //创建圆锥的刚体
33    });}
```

- 第 3～16 行为创建地面的网格对象和刚体的相关方法。由于地面的面积较大，而纹理图分辨率较小，所以需要将纹理设置为重复。关于纹理截取和重复的相关知识，此处不再赘述，不懂的读者可查阅相关图形学的资料。
- 第 17～32 行为读取木质纹理贴图并创建圆柱和圆锥的网格对象和刚体的相关代码。从代码中可以看出，创建刚体时需要网格对象、碰撞形状、质量、位置信息、旋转信息等。如果质量为 0，则表示刚体是静止的。

（2）创建完场景中各种形状的物体后，为了使展示效果更加全面，本案例中使用了鼠标单击

事件。运行本案例时，用户单击鼠标左键，场景中就会增加一个带有初速度的箱体，下面将对此部分的代码进行详细介绍。

代码位置：见随书中源代码/第 13 章/Sample13_2 目录下的 example.html 文件。

```
document.onmousedown=function(event){                          //鼠标单击事件
        var sx=2,sy=2,sz=2;                                     //规定正方体箱子的边长
        mass=10;                                                //设置正方体箱子的质量
      var pos = new THREE.Vector3(0,10,20);                     //正方体箱子的初始位置
      var quat = new THREE.Quaternion(0,0,0,1);                 //设置箱子的旋转信息
      //新建正方体箱子的网格对象
      var box=new THREE.Mesh( new THREE.BoxGeometry(sx,sy,sz,1,1,1), material );
      createRigidBody(box,shape,mass,pos,quat);                 //设置正方体箱子的刚体
      //箱子直线运动的速度—Vx、Vy、Vz 三个分量
      box.userData.physicsBody.setLinearVelocity(new Ammo.btVector3(0,2,-12));
};
```

说明　document.onmousedown 是浏览器中自带的鼠标单击事件，每当用户使用鼠标单击时，程序会自动触发此事件。所以本案例将此方法重写，即可实现需要的效果。除此之外，还有很多自带事件，可以极大提高开发效率，有兴趣的读者可自行查阅相关资料。

13.5 旋转的陀螺

上一节主要介绍了各式各样的物体下落，笔者进行了一定的封装。值得注意的是，上面提及到的各种物体都是单一形状，这在实际开发中是远远不够的。因此本节将通过《旋转的陀螺》案例来介绍复合碰撞形状的使用方法。

13.5.1 案例运行效果

本小节给出的是一个旋转的陀螺案例。案例演示的是，在一个空旷的地面上，有一个复合而成的陀螺，开始时陀螺以一定速度旋转，单击屏幕有小球弹出，可以用小球射向陀螺使其停止旋转，它在转动一会儿后会自行停止旋转。运行效果如图 13-3 所示。

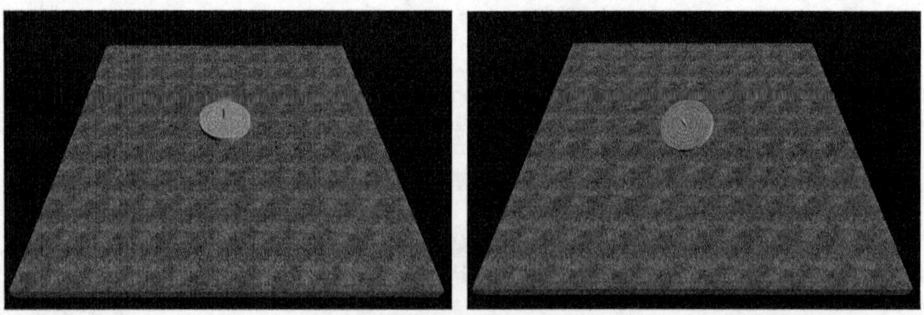

▲图 13-3　陀螺旋转案例运行效果图

说明　图 13-3 中左图所示的为案例运行开始时陀螺正常旋转的情景，右图所示为案例运行一段时间后陀螺由于阻力慢慢停止旋转。两幅图只是将陀螺开始旋转和停止的状态显示出来，读者需要自行运行案例查看它旋转的过程。

13.5.2 案例开发过程

顾名思义，复合碰撞形状提供的就是多个简单碰撞形状组合成一个整体的形状。本节给出的案例是将圆柱和胶囊组合，形成复合碰撞形状陀螺。下面便来看一陀螺物体的开发过程，由于前

面已经介绍过创建物理世界的内容，所以这里只介绍创建陀螺的过程。

代码位置：见随书中源代码/第 13 章/Sample13_3 目录下的 index.html 文件。

```
1   var geometry =new THREE.Geometry();                                   //创建几何对象
2   var cylinder = new THREE.CylinderGeometry(0.15,0.15,3,20,1);  //创建圆柱几何对象
3   var cylinder1 = new THREE.CylinderGeometry(2.5,2.5,0.5,20,1); //创建陀螺转盘圆柱
4   var cylindermesh = new THREE.Mesh(cylinder,mat);               //创建陀螺支柱网格对象
5   var cylinder1mesh = new THREE.Mesh(cylinder1,mat);             //创建陀螺转盘网格对象
6   cylindermesh.position.set(0,0,0);                              //设置陀螺支柱位置
7   cylinder1mesh.position.set(0,0,0);                             //设置陀螺转盘位置
8   cylindermesh.updateMatrix();                                   //更新陀螺支柱的矩阵
9   cylinder1mesh.updateMatrix();                                  //更新陀螺转盘的矩阵
10  geometry.merge(cylinder,cylindermesh.matrix);                  //向组合体添加陀螺支柱
11  geometry.merge(cylinder1,cylinder1mesh.matrix);                //向组合体添加陀螺转盘
12  threeObject = new THREE.Mesh(geometry,mat);                    //创建陀螺组合体网格
13  threeObject.position.set(0,0,0);                               //设置陀螺位置
14  var pos = threeObject.position;                                //获得陀螺位置
15  var capshape = new Ammo.btCapsuleShape(0.15,2.7);              //创建胶囊体碰撞形状
16  //创建圆柱碰撞形状
17  var cyshape = new Ammo.btCylinderShape(new Ammo.btVector3(2.5,0.25,2.5));
18  var transform1 = new Ammo.btTransform();                       //创建变换对象
19  transform1.setIdentity();                                      //初始化变换对象矩阵
20  transform1.setOrigin( new Ammo.btVector3( 0, 0, 0 ) );         //设置变换对象矩阵
21  shape = new Ammo.btCompoundShape();                            //创建组合碰撞形状
22  shape.addChildShape(transform1,capshape);               //向组合碰撞形状添加胶囊碰撞形状
23  shape.addChildShape(transform1,cyshape);                //向组合碰撞形状添加圆柱碰撞形状
24  var mass = 10;                                          //创建质量变量
25  var localInertia = new Ammo.btVector3( 0, 0, 0 );              //创建惯性向量
26  shape.calculateLocalInertia( mass, localInertia );             //计算惯性
27  var transform = new Ammo.btTransform();                        //创建变换对象
28  transform.setIdentity();                                       //初始化变换对象
29  transform.setOrigin( new Ammo.btVector3( pos.x, pos.y, pos.z ) );
    //设置变换对象矩阵
30  var motionState = new Ammo.btDefaultMotionState( transform );
    //刚体运动状态对象
31  var rbInfo =                                                   //创建刚体信息
32  new Ammo.btRigidBodyConstructionInfo( mass, motionState, shape, localInertia );
33  rbInfo.set_m_restitution(0.7);                                 //设置恢复系数
34  rbInfo.set_m_friction(0.8);                                    //设置摩擦系数
35  var body = new Ammo.btRigidBody( rbInfo );                     //创建刚体
36  body.setCenterOfMassTransform(transform);                      //设置中心点
37  body.setAngularVelocity(new Ammo.btVector3(0,10,0));           //设置角速度
38  body.setLinearVelocity(new Ammo.btVector3(0,0,0.2));           //设置线速度
39  body.setDamping(0.05,0.2);                                     //设置阻尼
40  threeObject.userData.physicsBody = body;                       //获得刚体对象
41  scene.add( threeObject );                                      //向场景中添加陀螺
42  dynamicObjects.push( threeObject );                            //向物理对象中添加陀螺
43  physicsWorld.addRigidBody( body );                             //向物理世界中添加刚体
```

- 第 1～14 行为创建陀螺网格对象的过程，首先创建一个组合体几何对象，在创建两个圆柱网格对象后，将这两个网格对象组合到几何对象中，这两个网格对象就是陀螺的转盘与支柱两部分。
- 第 15～35 行为创建陀螺刚体对象的过程，通过前面创建好的网格对象，再创建陀螺的组合碰撞形状，通过它们来创建刚体。创建组合形状是创建一个圆柱碰撞形状与一个胶囊碰撞形状，将它们组合到 compoundshape 中。
- 第 36～43 行为为创建好的陀螺刚体设置中心点、角速度、线速度、阻尼。最后将刚体添加到物理世界中，将陀螺添加到场景中。

13.6 触发器——消失的箱子

上一节介绍了旋转的陀螺案例，接下来介绍的是有关触发器的案例，开发人员可以通过实现自定义的触发器，对特定物体的碰撞接触进行操控。下面将通过介绍本小节案例——《消失的箱

子》对触发器部分问题进行探讨。

13.6.1　案例运行效果

本小节给出的是一个《消失的箱子》案例。案例演示的是，一个立方体箱子静止在地面上，一个篮球从空中掉落。当篮球与箱子发生碰撞接触时，箱子会自动消失。具体的运行效果如图 13-4 所示。

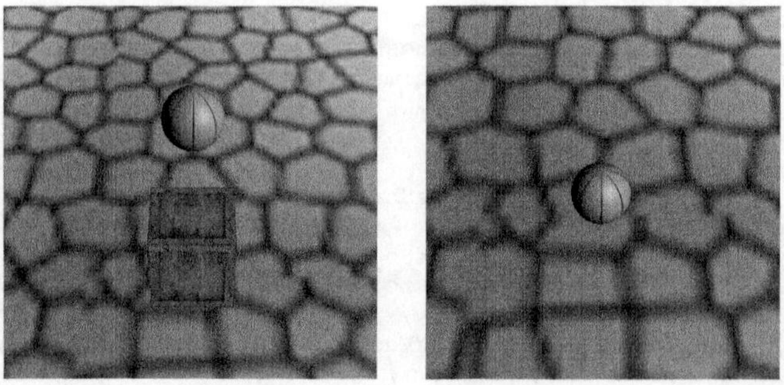

▲图 13-4　碰撞前后的效果图

> **说明**　图 13-4 中左侧为案例刚开始运行时的运行效果图，立方体箱子静止在地面上，球体从空中开始掉落。图 13-4 中右侧为小球刚接触箱子时的效果，箱子马上消失，小球最终掉落在地面上。

13.6.2　案例开发过程

了解了本案例的运行效果后，就可以对开发步骤进行详细介绍了。案例中大部分代码与前面的十分相似，所以下面仅仅对具有代表性的代码进行详细介绍，有兴趣的读者可以自行查阅中的源代码。

（1）首先需要介绍的是初始化物理世界的相关代码。此部分代码中重写碰撞回调方法，在其中加入了删除立方体木箱的网格对象和刚体的代码部分。具体的情况如下所示。

代码位置：见随书中源代码/第 13 章/Sample13_4 目录下的 example.html 文件。

```
1     function initPhysics() {
2       //创建碰撞检测配置信息对象
3       collisionConfiguration = new Ammo.btDefaultCollisionConfiguration();
4       //创建碰撞检测算法分配者
5       dispatcher = new Ammo.btCollisionDispatcher( collisionConfiguration );
6       var broadphase = new Ammo.btDbvtBroadphase();
7       var sol = new Ammo.btSequentialImpulseConstraintSolver();//推动约束解决器对象
8       dynamicsWorld = new Ammo.btDiscreteDynamicsWorld(dispatcher, broadphase,
9             sol,collisionConfiguration);                   //创建物理世界对象
10      dynamicsWorld.setGravity(new Ammo.btVector3(0,-10,0));    //设置重力加速度
11      resultCallback=new Ammo.ConcreteContactResultCallback(); //新建碰撞回调对象
12      resultCallback.addSingleResult=function(manifoldPoint,collisionObjectA,id0,
        index0, collisionObjectB,id1,index1){              //重写碰撞回调的方法
13          //创建碰撞的包装体
14          var manifold = Ammo.wrapPointer(manifoldPoint.ptr,Ammo.btManifoldPoint);
15          dynamicsWorld.removeRigidBody(box.userData.physicsBody);//移除箱子的刚体
16          scene.remove(box);                          //将箱子的网格对象从场景中移除
17    }}
```

❑ 第 2～10 行为初始化物理世界的相关代码。其中包括创建碰撞检测配置信息对象、碰撞检测算法分配者、碰撞分配器等。碰撞检测算法分配者对象的功能为扫描所有的碰撞检测对，并确定适用的检测策略对应的算法。

❑ 第 11～18 行为新建碰撞回调对象，并重写其中的碰撞回调方法的相关代码。当物体发生碰撞时，程序会自动调用碰撞回调对象中的 addSingleResult 方法。

（2）重写完碰撞回调方法之后，接下来需要修改更新物理信息的 updatePhysics 方法。此方法中大部分代码与前面案例中基本相同，只是增加在球体的刚体上绑定碰撞检测对象的代码。具体情况如下所示。

代码位置：见随书中源代码/第 13 章/Sample13_4 目录下的 example.html 文件。

```
1     function updatePhysics(deltaTime){                        //更新物理信息的方法
2           dynamicsWorld.contactTest(sphereBody,resultCallback); //绑定碰撞检测对象
3           dynamicsWorld.stepSimulation(deltaTime,10);         //更新物理世界
4               for ( var i = 0; i <rigidBodies.length; i++ ){  //遍历每个绘制对象
5                 var objThree = rigidBodies[i];                //得到当前绘制对象
6                 var objPhys = objThree.userData.physicsBody;  //得到绘制对象的刚体
7                 var ms = objPhys.getMotionState();            //得到刚体的运动状态
8                 If (ms) {                                     //如果获取成功
9                       ms.getWorldTransform(transform);    //得到刚体在世界坐标系下的变换
10                      var p = transform.getOrigin();      //得到刚体的位置
11                      var q = transform.getRotation();    //得到刚体的旋转信息
12                      objThree.position.set(p.x(), p.y(), p.z());      //更新绘制对象的位置
13                      objThree.quaternion.set(q.x(),q.y(),q.z(),q.w());
                        //更新绘制对象的旋转信息
14          }}}
```

❑ 第 2 行为绑定碰撞检测对象的代码。上面的步骤中新建了碰撞检测对象，并重写了其中的方法。要想使其生效，需要将其绑定在某个物体的刚体上。此刚体每次发生碰撞才会调用相关方法。

❑ 第 4～14 行为更新绘制对象位置的相关代码。首先遍历每一个绘制对象，得到其刚体，然后根据刚体在世界坐标系下的变换更新绘制对象的位置和旋转信息。

13.7 碰撞过滤——物体碰撞下落

上一节介绍了《消失的箱子》案例，主要向读者介绍的是碰撞触发器的使用，接下来介绍的是另一个关于碰撞过滤的案例。碰撞过滤是指实际开发中有时候需要满足某两个特定的物体之间不发生碰撞的要求。下面将详细介绍本小节案例——《物体碰撞下落》案例。

13.7.1 案例运行效果

本小节给出的是一个《物体碰撞下落》的案例。案例演示的是，在一个空旷的地面上，小球、圆锥、木块从不同的高度掉落，但是它们之间互不发生碰撞，它们只与地面发生碰撞。具体的运行效果如图 13-5 所示。

▲图 13-5 物体与地面碰撞前后的效果图

> **说明** 图 13-5 左侧为案例运行开始时的效果图，各个物体从不同的高度掉落，当掉落的物体相互碰撞接触时，彼此之间并不发生碰撞。图 13-5 右侧为物体全部静止在地面时的效果图，从效果图可以明显观察出圆锥与圆球发生了重叠。

13.7.2 案例开发过程

（1）首先需要介绍的是本案例中完成初始化工作的 init 方法，在此方法中需要增加计算碰撞掩码的相关代码，通过碰撞掩码可以表示出物体刚体的各种碰撞状态。详细的代码部分如下所示。

代码位置：见随书中源代码/第 13 章/Sample13_5 目录下的 example.html 文件。

```
function init(){
…//此处省略了多个全局变量，有兴趣的读者可自行查阅随书中的源代码
      var COL_NOTHING = 0;                                 //表示什么都不碰撞
      var COL_GROUND = BIT(1);                             //表示与地面碰撞
      var COL_CUBOID = BIT(2);                             //表示与木块碰撞
      var COL_CONE = BIT(4);                               //表示与圆锥体碰撞
      var COL_BALL = BIT(8);                               //表示与球碰撞
      //表示地面与立方体、圆锥、球碰撞
      var groundCollidesWith = COL_CUBOID | COL_CONE | COL_BALL;
      var cuboidCollidesWith = COL_GROUND;                 //表示木块与地面碰撞
      var coneCollidesWith = COL_GROUND;                   //表示圆锥与地面碰撞
      var ballCollidesWith = COL_GROUND;                   //表示球与地面碰撞
      function BIT(x){                                     //进行左移操作的方法
            return 1<<x;                                   //将参数进行左移运算
}}
```

> **说明** Ammo 物理引擎中是通过掩码来决定两个物体是否能发生碰撞的，每个刚体中有两种掩码——myGroup 掩码和 collideMask 掩码。只有当两个刚体的 myGroup 与另一个物体的 collideMask 掩码进行“与”操作后都不为 0，才可以发生碰撞。

（2）相关的碰撞掩码计算完成后，接下来就可以创建场景中各种物体了。本案例中大部分代码与前文介绍的十分相似，只是添加到物理世界时有些不同。具体的代码如下所示。

代码位置：见随书中源代码/第 13 章/Sample13_5 目录下的 example.html 文件。

```
function createObjects() {
  //创建立方体箱子的网格对象和刚体的相关代码
  loader.load('textures/box.jpg',function(texture){            //读取箱子的纹理贴图
      material = new THREE.MeshPhongMaterial({map:texture}); //创建材质
      var sx=2,sy=2,sz=2;mass=10;                              //设置边长和质量
      var pos = new THREE.Vector3(0,5,0);                      //箱子的位置
      var quat = new THREE.Quaternion(0,0,0,1);                //箱子的旋转信息
      shape = new Ammo.btBoxShape(new Ammo.btVector3(sx*0.5,sy*0.5,sz*0.5));
      //新建箱子的碰撞形状
      box=new THREE.Mesh(new THREE.BoxGeometry(sx,sy,sz,1,1,1),material);
      createRigidBody(box,shape,mass,pos,quat);                //创建箱子的刚体
      dynamicsWorld.removeRigidBody(box.userData.physicsBody);        //移除刚体
      dynamicsWorld.addRigidBody(box.userData.physicsBody,COL_CUBOID,
            cuboidCollidesWith);                               //设置刚体的碰撞掩码
  });
  //创建球体的网格对象和刚体的相关代码
  loader.load('textures/basketball.png',function(texture){     //读取篮球的纹理贴图
      var SphereMaterial = new THREE.MeshPhongMaterial({map:texture});
      //创建材质
      var radius=1;mass=10;                                    //设置半径和质量
      var pos = new THREE.Vector3(0,2,0);                      //设置篮球的位置
      var quat = new THREE.Quaternion(0,0,0,1);                //设置篮球的旋转信息
      var sphereShape = new Ammo.btSphereShape(radius);        //设置篮球的碰撞形状
      Sphere=new THREE.Mesh(new THREE.SphereGeometry(radius,20,20),
            SphereMaterial );                                  //新建篮球的网格对象
      createRigidBody(Sphere,sphereShape,mass,pos,quat);       //创建篮球的刚体
      dynamicsWorld.removeRigidBody(Sphere.userData.physicsBody);     //移除刚体
      dynamicsWorld.addRigidBody(Sphere.userData.physicsBody,COL_BALL,
```

```
28                ballCollidesWith);                              //设置刚体的碰撞掩码
29    });}
```

- 第 2～15 行为创建正方形箱子的相关代码。其中包括读取箱子纹理，创建正方体碰撞形状，前文已经对其进行了详细介绍，本书由于篇幅有限，不再赘述。
- 第 17～28 行为创建球体网格对象和刚体的相关代码。其中第 25～28 行为给刚体设置碰撞掩码并添加到物理世界的代码。需要注意的是，首先应该将刚体在物理世界中移除，在添加时将数据传进对应的方法中。

13.8 关节的介绍

本章节将讲解 Ammo 物理引擎中的一个重要的概念：关节。简单来说，关节是两个物体之间的约束，其可以将两个物体以一定的方式约束在一起。合理地使用关节可以创造出有趣的运动，比如转动的齿轮、悬挂的物体以及蜘蛛等。

13.8.1 关节的父类——btTypedConstraint 类

首先需要介绍的是所有关节的父类——btTypedConstraint 类，了解该类有助于对关节有初步的认识。其他关节类都继承自该类，其封装了具体关节共用的方法。该类的构造函数和常用方法如表 13-15 所示。

表 13-15　　btTypedConstraint 的构造函数和常用方法简介

方 法 名	含 义	属 性
btTypedConstraint()	btTypedConstraint 类的构造函数	构造函数
getBreakingImpulseThreshold()	获取毁坏关节的最大冲量，返回值为获取的冲量值	方法
SetBreakingImpulseThreshold (threshold)	设置毁坏关节的最大冲量，参数 threshold 表示要设置的冲量值	方法

13.8.2 铰链关节——btHingeConstraint 类

介绍完关节的父类 btTypedConstraint 类之后，接下来将介绍第一个具体的关节——铰链关节，其是仅有一个旋转自由度的关节，通过铰链约束限制相关刚体仅能绕铰链轴旋转，其构造函数和常用方法如表 13-16 所示。

表 13-16　　btHingeConstraint 的构造函数和常用方法简介

方 法 名	含 义	属 性
btHingeConstraint (btRigidBody rbA, btRigidBody rbB,btVector3 pivotInA, btVector3 pivotInB,btVector3 axisInA, btVector3 axisInB, boolean useReferenceFrameA)	铰链关节的构造函数，参数 rbA 表示关节约束的第一个刚体；参数 rbB 表示关节约束的第二个刚体；参数 pivotInA 表示第一个刚体对应的中心点；参数 pivotInB 表示第二个刚体对于的中心点；参数 axisInA 表示第一个刚体的轴向量；参数 axisInB 表示第一个刚体的轴向量；参数 useReferenceFrameA 表示两个刚体与两个约束之间的对应关系，若其为 true，则 rbA 与 pivotInA 和 axisInA 对应，rbB 与 pivotInB 和 axisInB 对应，否则 rbA 与 pivotInB 和 axisInB 对应，rbB 与 pivotInA 和 axisInA 对应，其默认值为 false	构造函数
btHingeConstraint (btRigidBody rbA, btVector3 pivotInA,btVector3 axisInA,boolean useReferenceFrameA)	铰链关节的构造函数，参数 rbA 表示关节约束的刚体；参数 pivotInA 表示刚体对应的中心点；参数 axisInA 表示刚体的轴向量；参数 useReferenceFrameA 表示是否 rbA 与 pivotInA 和 axisInA 对应，若为 true 表示对应，否则表示不对应，其默认值为 false	构造函数

续表

方法名	含义	属性
btHingeConstraint (btRigidBody rbA, btRigidBody rbB, btTransform rbAFrame, btTransform rbBFrame, boolean useReferenceFrameA)	铰链关节的构造函数，参数 rbA 表示关节约束的第一个刚体；参数 rbB 表示关节约束的第二个刚体；参数 rbAFrame 表示第一个刚体的变换对象；参数 rbBFrame 表示第二个刚体的变换对象；参数 useReferenceFrameA 表示两个刚体与两个约束之间的对应关系，若其为 true，则 rbA 与 rbAFrame 对应，rbB 与 rbBFrame 对应，否则 rbA 与 rbBFrame 对应，rbB 与 rbAFrame 对应，其默认值为 false	构造函数
btHingeConstraint (btRigidBody rbA, btTransform rbAFrame, boolean use ReferenceFrameA)	铰链关节的构造函数，参数 rbA 表示关节约束的刚体；参数 rbAFrame 表示刚体的变换对象；参数 useReferenceFrameA 表示是否 rbA 与 rbAFrame 对应，若为 true 表示对应，否则表示不对应，其默认值为 false	构造函数
enableAngularMotor(boolean enable Motor, targetVelocity, maxMotorImpulse)	启动马达，参数 enableMotor 为是否允许关节使用马达的标志，为 true 表示开启，否则表示不开启；参数 targetVelocity 表示关节旋转的角速度；参数 maxMotorImpulse 表示关节马达的驱动力值	方法
setAngularOnly(bool angularOnly)	设置是否只开启角转动，参数 angularOnly 为 true 时表示开启，否则表示不开启	方法
enableMotor(boolean enableMotor)	设置是否开启马达，参数 enableMotor 表示是否开启，为 true 表示开启，否则表示不开启	方法
setMaxMotorImpulse(maxMotorImpulse)	设置马达的最大冲量，参数 maxMotorImpulse 表示要设置的最大冲量值	方法

13.8.3 铰链关节的案例——球落门开

了解了铰链关节的概念和相关 API 之后，这里将给出使用铰链关节开发的案例——《球落门开》，以便于读者能够正确使用铰链关节，同时也利于加深读者对铰链关节的理解。

1. 案例运行效果

该案例主要演示的是，在一个三维物理世界中，有诸多小球从上空掉落，掉落位置没有屋顶的小屋。当球掉落下去后，门会在球的作用下自己打开。运行效果如图 13-6 所示。

▲图 13-6　小球掉落前后效果图

2. 案例开发过程

通过前面小节中的运行效果图，读者可以对铰链关节建立起基本的认识。图片的展示效果可能较差，有兴趣的读者可使用真机运行，细致观察运行效果。介绍完本案例的效果后，接下来就可以对代码部分进行详细介绍了，具体情况如下所示。

（1）创建铰链关节之前，首先需要创建小屋的木板和地面等组件。下面将对此案例中的 createObjects 方法进行详细介绍，其作用是创建各个组件的网格对象以及刚体对象，具体代码部分如下所示。

代码位置：见随书中源代码/第 13 章/Sample13_6 目录下的 example.html 文件。

```
1    function createObjects(){
2      //创建地板的网格对象和刚体的相关代码
3        loader.load('textures/floor.jpg',function ( texture ){     //读取地面的纹理
4            texture.wrapS = THREE.RepeatWrapping;       //将纹理的 S 轴设为重复
5            texture.wrapT = THREE.RepeatWrapping;       //将纹理的 T 轴设为重复
6            texture.repeat.set(4,4);                    //设置纹理贴图的 S、T 轴的重复次数
7            var planePos = new THREE.Vector3(0,0,0);            //设置地面的位置
8            var planeQuat = new THREE.Quaternion(0,0,0,1);      //设置地面的四元数
9            var planeMaterial=new THREE.MeshBasicMaterial({map: texture});
             //创建基本材质
10           plane=new THREE.Mesh(new THREE.PlaneGeometry(80,80,4,4),planeMaterial );
11           plane.rotation.x = -0.5 * Math.PI;                  //设置旋转信息
12           var planeShape=new Ammo.btStaticPlaneShape(new Ammo.btVector3(0, 1, 0),
             0);
13           createRigidBody( plane, planeShape, 0 , planePos,planeQuat );
             //创建地面刚体
14     });
15     //创建球体的网格对象和刚体的相关代码
16     loader.load('textures/basketball.png',function(texture){    //读取球体纹理
17           var SphereMaterial=new THREE.MeshPhongMaterial({map:texture});//创建材质
18           var radius=1;                                        //设置球体的半径
19         var mass=10;                                           //设置球体的质量
20         //此处省略了设置球体位置的代码，有兴趣的读者可自行查阅相关代码
21         var quat = new THREE.Quaternion(0,0,0,1);              //设置球体的旋转信息
22         var sphereShape = new Ammo.btSphereShape(radius);      //创建球体的碰撞形状
23         for(i=0;i<pos.length;i++){                          //遍历数组中的每一个位置
24           Sphere=new THREE.Mesh(new THREE.SphereGeometry(radius,20,20),
25                SphereMaterial );                            //创建网格对象
26           createRigidBody( Sphere, sphereShape, mass, pos[i], quat );
             //创建球体的刚体
27           }
28    …//此处省略了创建小屋和添加铰链的代码，下面将对其进行详细介绍
29   });}
```

- 第 3～13 行为读取地面纹理，创建地面刚体并添加到场景中的相关代码。需要注意的是，本案例中的地面面积比较多，而纹理图的分辨率又比较低，所以需要设置纹理的重复次数，否则地面会显得十分模糊。
- 第 16～26 行为创建多个球体的相关代码。由于创建的球体数量较多，所以可将各个球体的位置存入 pos 数组中，最后使用 for 循环语句创建出多个球体。

（2）完成球体和地面的创建工作后，接下来就可以创建小屋周围的木板，并在前面的两块木板上添加铰链关节了。由于很多代码在前文中已经详细介绍过，所以此处仅给出一些具有代表性的代码，具体情况如下所示。

代码位置：见随书中源代码/第 13 章/Sample13_6 目录下的 example.html 文件。

```
function createObjects(){
  …//此处省略了创建地板和球体的代码，上面已经对其进行了详细介绍
  loader.load('textures/wood_bin.jpg',function ( texture ){ //读取小屋的纹理
  var cubePos = new THREE.Vector3(0,2,-4);                 //小屋后面木板的位置
  var cubeQuat = new THREE.Quaternion(0,0,0,1);            //设置木板的四元数
  var planeMaterial=new THREE.MeshBasicMaterial({map: texture}); //创建基本材质
  var cube_behind=new THREE.Mesh(new THREE.CubeGeometry(8, 4, 0.25,1,1,1),
          planeMaterial);                                  //创建网格对象
  cubeShape=new Ammo.btBoxShape(new Ammo.btVector3(4,2,0.125) );
      createRigidBody( cube_behind, cubeShape, 0 , cubePos,cubeQuat );
      //创建木板刚体
  …//此处省略了创建小屋其余 3 个面的代码，其方法与上面的十分相似，所以不再赘述
    //添加铰链的相关代码
  var vAxis1 = new THREE.Vector3(1, 0, 0);                //设置旋转轴
  //计算出绕 z 轴旋转 90 度的四元数
  var q=new THREE.Quaternion().setFromAxisAngle(vAxis1, -Math.PI/2);
  var Q = new Ammo.btQuaternion(q.x,q.y,q.z,q.w);          //创建 Ammo 中的四元数对象
  var transformA = new Ammo.btTransform();       //创建变换对象(从约束到不动门的质心)
  transformA.setIdentity();                      //初始化变换对象
  transformA.setOrigin(new Ammo.btVector3(2,0,0));         //设置变换对象的平移信息
```

```
20        transformA.setRotation(Q);                          //设置变换对象的旋转信息
21        var transformB = new Ammo.btTransform();            //创建变换对象(从约束到运动门的质心)
22        transformB.setIdentity();                           //初始化变换对象
23        transformB.setOrigin( new Ammo.btVector3( -2, 0, 0) ); //设置变换对象的平移信息
24        transformB.setRotation(Q);                                //设置变换对象的旋转信息
25        var hinge1=newAmmo.btHingeConstraint(cube_roll.userData.physicsBody,
26                cube_front.userData.physicsBody,transformB,transformA,true);
                  //创建约束
27        dynamicsWorld.addConstraint(hinge1,false);          //将铰链关节添加到物理世界中
28    });
```

- 第 2～11 行为创建小屋后面木板的相关代码。创建其他木板的方法与此基本相同，而由于本书的篇幅有限，不再赘述，有兴趣的读者可自行查阅源代码。
- 第 12～27 行为给小屋前面两块木板添加铰链的相关代码。其中左边的木板是固定的，而右面的木板是可以旋转的。需要注意的是，在创建约束时需要分别给出约束到两个门质心的变换对象，如果给出的数据不准确，可能出现异常现象。

13.8.4　齿轮关节——btGearConstraint 类

介绍完铰链关节 btHingeConstraint 的知识点和案例之后，接下来将介绍的是齿轮关节，齿轮关节是为了模拟现实物理世界中齿轮与齿轮之间转动的效果。其构造函数和常用方法如表 13-17 所示。

表 13-17　　btGearConstraint 的构造函数和常用方法简介

方法名	含义	属性
btGearConstraint(btRigidBody rbA,btRigidBody rbB, btVector3 axisInA,btVector3 axisInB, ratio)	齿轮关节的构造函数，参数 rbA 表示关节关联的第一个刚体，参数 rbB 表示关节关联的第二个刚体，参数 axisInA 表示第一个刚体的轴向量，参数 axisInB 表示第二个刚体的轴向量，参数 ratio 表示转动比例	构造函数
setAxisA(btVector3 axisA)	设置关节关联的第一个刚体的轴向量，参数 axisA 表示要设置的轴向量	方法
setAxisB(btVector3 axisB)	设置关节关联的第二个刚体的轴向量，参数 axisB 表示要设置的轴向量	方法
setRatio(ratio)	设置齿轮关节的转动比例，参数 ratio 表示要设置的比例	方法
getAxisA()	获取关节关联的第一个刚体的轴向量，返回值为获取的轴向量	方法
getAxisB()	获取关节关联的第二个刚体的轴向量，返回值为获取的轴向量	方法
getRatio()	获取齿轮关节的转动比例，返回值为获取的比例值	方法

13.8.5　齿轮关节的案例——转动的齿轮

了解了齿轮关节的概念和相关 API 之后，这里将给出使用齿轮关节开发的案例——《转动的齿轮》，以便于读者能够正确使用齿轮关节，同时也利于加深读者对齿轮关节的理解。

1. 案例运行效果

该案例主要演示的是，在一个三维物理世界中，有两个水平放置的圆盘和两个垂直放置的圆盘，两个垂直的圆盘设置相同的角速度，其中一个垂直的圆盘在齿轮关节的约束下角速度变慢，对应的水平圆盘也发生转动。其运行效果如图 13-7 和图 13-8 所示。

说明　图 13-7 为案例开始运行时的效果图，位于图中较右侧的两个圆盘是添加了齿轮关节的，由于齿轮关节的约束，该水平圆盘会按照一定的角速度规律地转动，而另一个水平圆盘由于没有添加齿轮关节则不会规律地转动。图 13-8 为切换角度后观察圆盘的效果图。由于通过图片不方便观察，读者可以使用浏览器观察其转动效果。

▲图 13-7 案例开始运行

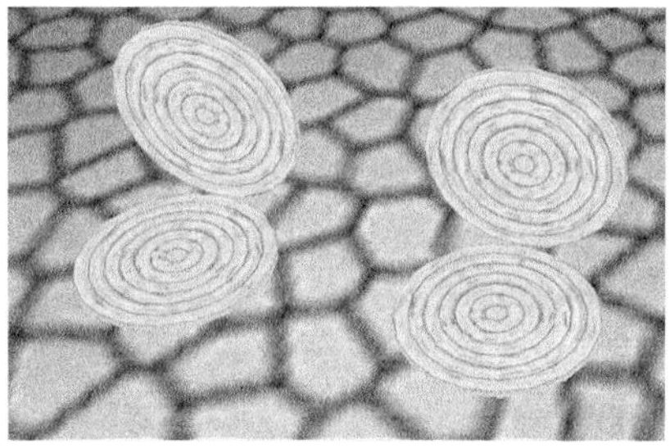

▲图 13-8 切换角度观察圆盘

2. 案例开发过程

通过前面小节中的运行效果图，读者可以对齿轮关节建立起基本的认识。介绍完本案例的效果后，接下来就可以对代码部分进行详细介绍了，具体情况如下所示。

（1）创建齿轮关节之前，首先创建 4 个不同位置的齿轮和地面等组件。下面将对此案例中的 createObjects 方法进行详细介绍，其作用是创建各个组件的网格对象以及刚体对象，具体代码部分如下所示。

代码位置：见随书中源代码/第 13 章/Sample13_7 目录下的 example.html 文件。

```
1     function createObjects(){
2       //得到一个沿 x 轴旋转 90°的四元数
3       var qup=new THREE.Quaternion().setFromAxisAngle(
4           new THREE.Vector3(1,0,0).normalize(),Math.PI/2); //创建 x 轴旋转 90°的四元数
5       var Quatup = new Ammo.btQuaternion(qup.x,qup.y,qup.z,qup.w);
6       //创建地板的网格对象和刚体的相关代码
7       loader.load('textures/floor.jpg',function ( texture ){
8         var planePos=new THREE.Vector3(-4,0,0);              //设置地面位置
9         var planeQuat=new Ammo.btQuaternion(0,0,0,1);        //设置旋转四元数
10        var planeMaterial=new THREE.MeshBasicMaterial({map: texture});//创建基本材质
11        plane=new THREE.Mesh( new THREE.PlaneGeometry(40,40,4,4),planeMaterial);
12        plane.rotation.x = -0.5 * Math.PI;                   //地面沿 x 轴旋转-1/2π
13        var planeShape=new Ammo.btStaticPlaneShape(new Ammo.btVector3(0,1,0), 0);
14        createRigidBody( plane, planeShape, 0 , planePos,planeQuat ); //创建地面刚体
15      });
16      //创建圆柱体圆盘的网格对象和刚体的相关代码
17      loader.load('textures/muwen.jpg',function ( texture ){    //读取圆盘纹理
18        //创建右侧底面圆盘的网格对象和刚体
19        var cylinder_rdown_pos=new THREE.Vector3(0,0,0);        //设置右下侧圆盘的位置
20        var cylinder_rdown_qua=new Ammo.btQuaternion(0,0,0,1); //设置旋转四元数
21        var mass = 6;                                          //设置球体质量
22        var cylinderMaterial=new THREE.MeshBasicMaterial({map: texture});
          //创建基本材质
23        var cylinder_rdown=new THREE.Mesh(
24            new THREE.CylinderGeometry(3,3,0.2,20,20),cylinderMaterial );
              //创建网格对象
25        //创建底面圆盘的碰撞形状
26        var cylinderdown_Shape=new Ammo.btCylinderShape(new Ammo.btVector3(3,0.1,3));
27        createRigidBody(cylinder_rdown,cylinderdown_Shape,mass,
28                             cylinder_rdown_pos,cylinder_rdown_qua);
                               //创建圆盘的刚体
29        //创建右侧上面圆盘的网格对象和刚体
30        var cylinder_rup = cylinder_rdown.clone();             //复制右下侧圆盘
31        var cylinder_rup_pos = new THREE.Vector3(0,3,-3.3);    //设置右上侧圆盘位置
32        //创建圆盘的刚体
33        createRigidBody(cylinder_rup,cylinderdown_Shape,mass,cylinder_rup_pos,Quatup);
34        …//此处省略了创建铰链关节、齿轮关节的代码，将在下一部分进行讲解
35    });}
```

- 第 2～6 行为通过转换得到一个以 x 轴为旋转轴，旋转 90°的四元数，由于 Ammo 本身不提供将欧拉角转换成四元数的方法，所以使用 threejs 的方法将欧拉角转换成四元数提供给下面的圆盘位置变换使用。
- 第 7～30 行为创建地面和右下侧圆盘的网格模型、材质、碰撞形状、刚体，最后将其添

加到物理世界中。

- 第 30～33 行是将右下侧圆盘复制，设置位置，创建刚体时使用前面的四元数将其网格模型及其碰撞形状沿 x 轴旋转 90°，创建出右上侧的圆盘，最后将其加到物理世界中。

（2）在创建完成圆盘对象和地面对象后，接下来需要将右侧的上下两个圆盘绑定铰链关节，最后给右侧的圆盘绑定齿轮关节。具体代码如下所示。

代码位置：见随书中源代码/第 13 章/Sample13_7 目录下的 example.html 文件。

```
function createObjects(){
  //此处省略了部分代码，已在上面进行过讲解，不再赘述
  //右侧下齿轮加上铰链
  cylinder_rdown.userData.physicsBody.setAngularVelocity(
          new Ammo.btVector3(0,3,0));                //设置圆盘转动速度
  var hinge1=Ammo.btHingeConstraint(cylinder_rdown.userData.physicsBody,
          new Ammo.btVector3(0,1,0),new Ammo.btVector3(0,0,0));
  dynamicsWorld.addConstraint(hinge1,false);          //将铰链关节对象添加到物理世界中
  //右侧上齿轮加上铰链
  var hinge2=Ammo.btHingeConstraint(cylinder_rup.userData.physicsBody,
          new Ammo.btVector3(0,0,1),new Ammo.btVector3(0,0,0));
  dynamicsWorld.addConstraint(hinge2,false);          //将铰链关节对象添加到物理世界中
  cylinder_rup.userData.physicsBody.setAngularVelocity(
          new Ammo.btVector3(0,0,3));                 //设置圆盘转动速度
  var gear = new Ammo.btGearConstraint(cylinder_rdown.userData.physicsBody,
        cylinder_rup.userData.physicsBody,new Ammo.btVector3(0,1,0),
         new Ammo.btVector3(0,1,0));                  //将右侧上、下齿轮绑定为齿轮关节
  dynamicsWorld.addConstraint(gear,false);            //将齿轮关节对象添加到物理世界中
}
```

说明　此处将右侧的上、下两个圆盘分别绑定铰链关节，相当于确定了旋转轴。接下来给圆盘设定了旋转速度，然后将绑定了铰链的两个圆盘加入齿轮关节，再将铰链关节和齿轮关节加入物理世界之中。

13.8.6　点对点关节——btPoint2PointConstraint 类

介绍完铰链关节 btHingeConstraint 和齿轮关节 btGearConstraint 的相关知识点和案例之后，接下来就可以对点对点关节进行详细介绍了。此关节是为了模拟两个物体上某两个点呈现连接效果。其构造函数和常用方法如表 13-18 所示。

表 13-18　　btPoint2PointConstraint 的构造函数和常用方法简介

方 法 名	含　义	属　性
btPoint2PointConstraint(btRigidBody rbA, btRigidBody rbB, btVector3 pivotInA,btVector3 pivotInB)	创建点对点关节约束，参数 rbA 表示第一个刚体，参数 rbB 表示第二个刚体，参数 pivotInA 表示点对点关节在第一个刚体坐标系中的位置，参数 pivotInB 表示点对点关节在第二个刚体坐标系中的位置	构造函数
btPoint2PointConstraint(btRigidBody rbA, btVector3 pivotInA)	创建点对点关节约束，参数 rbA 表示刚体，参数 pivotInA 表示点对点关节在刚体坐标系中的位置	构造函数
setPivotA(btVector3 pivotA)	设置关节在第一个刚体坐标系中的位置，参数 pivotA 表示要设置的位置	方法
setPivotB(btVector3 pivotB)	设置关节在第二个刚体坐标系中的位置，参数 pivotB 表示要设置的位置	方法
getPivotInA()	获取关节在第一个刚体坐标系中的位置，返回值为获取的位置坐标	方法
getPivotInB()	获取关节在第两个刚体坐标系中的位置，返回值为获取的位置坐标	方法

13.8.7　点对点关节的案例——悬挂的物体

了解了点对点关节的概念和相关 API 之后，这里将给出使用点对点关节开发的案例——《悬挂的物体》，以便于读者能够正确使用点对点关节，同时也利于加深读者的理解，以便在实际的项

目开发中做到游刃有余。

1. 案例运行效果

该案例主要演示的是，在一个三维物理世界中，圆锥上有一个横放着的圆柱，圆柱是固定在圆锥上的，在圆柱的两侧有两个木块在不停摆动。其运行效果如图 13-9 所示。

▲图 13-9 《悬挂的物体》上下摆动的效果图

> **说明** 图 13-9 左侧为案例开始运行时的效果图，圆柱固定在下面圆锥的上面，圆柱两侧固定了两个木块，左、右两侧的木块在不停摆动。图 13-9 右侧为摆动幅度达到最大值时的效果图，读者可通过真机细致观察案例中的细节。

2. 案例开发过程

（1）添加点对点关节之前，首先需要创建出场景中的各种物体的刚体对象。下面将给出本案例中 createObjects 方法的部分代码，详细介绍创建左、右两侧正方体的相关步骤，具体代码部分如下所示。

代码位置：见随书中源代码/第 13 章/Sample13_8 目录下的 example.html 文件。

```
function createObjects() {                                          //创建场景中 3D 物体的方法
  //创建正方体的网格对象和刚体的相关代码
  loader.load('textures/box.jpg',function ( texture ){      //读取正方体的纹理贴图
        material = new THREE.MeshPhongMaterial({map:texture});     //创建基本材质
        var sx=2,sy=2,sz=2;                                      //规定正方体的边长
        var mass=4;                                              //正方体的质量
        var pos_left = new THREE.Vector3(-10,5,1.5);             //左边箱子的位置
        var quat = new THREE.Quaternion(0,0,0,1);                //正方体的旋转信息
      //创建正方体的碰撞形状
        shape=new Ammo.btBoxShape(new Ammo.btVector3(sx*0.5,sy*0.5,sz*0.5));
      //创建出左边箱子的网格对象
        box_left=new THREE.Mesh(new THREE.BoxGeometry(sx,sy,sz,1,1,1),material);
        createRigidBody(box_left,shape,mass,pos_left,quat);   //创建左边箱子的刚体
        var pos_right = new THREE.Vector3(10,5,1.5);            //规定右边箱子的位置
        box_right = box_left.clone();                            //复制左边箱子的网格对象
        createRigidBody(box_right,shape,mass,pos_right,quat);
        //创建右边箱子的刚体
      });
  …//此处省略了创建圆柱体和点对点关节的相关代码，下文将对其进行详细介绍
}
```

> **说明** 通过上面的代码部分可以看出，创建两边箱子的网格对象和刚体的方法与前面介绍的十分相似，所以此处不再进行赘述。需要注意的是，如果想创建两个相同的网格对象，可创建出一个后调用其 clone 方法，即可得到一个相同的对象，非常方便。

（2）两侧的正方体箱子创建完毕后，接下来就可以创建横向的圆柱和下面的圆锥了。最后分别在圆柱的中心和圆锥顶部、圆柱的两侧和箱子之间创建点对点关节。其具体代码部分如下所示。

代码位置：见随书中源代码/第 13 章/Sample13_8 目录下的 example.html 文件。

```
1    function createObjects() {                                          //创建场景中 3D 物体的方法
2      loader.load('textures/muwen.jpg',function ( texture ){ //读取木质纹理贴图
3        var Pos = new THREE.Vector3(0,6.5,0);                           //圆柱的位置
4          var quat = new THREE.Quaternion(0,0,0,1);                     //新建四元数
5        var Quat =new THREE.Quaternion().setFromAxisAngle(new THREE.Vector3(0,0, 1).
6                normalize(), Math.PI/2);                                 //绕 z 轴旋转 90 度的四元数
7        var mass=2;                                                      //设置圆柱的质量
8        var cylinderMaterial=new THREE.MeshBasicMaterial({map: texture});
         //创建基本材质
9        cylinder=new THREE.Mesh( new THREE.CylinderGeometry(0.5, 0.5, 20,20,20),
10               cylinderMaterial );                                      //创建圆柱的网格对象
11       //创建圆柱的碰撞形状
12       var cylinderShape=new Ammo.btCylinderShape(new Ammo.btVector3(0.5, 10, 0.5));
13       createRigidBody( cylinder, cylinderShape,mass , Pos, Quat );
         //创建圆柱的刚体
14       var conePos = new THREE.Vector3(0,3,0);                         //设置圆锥
15       //新建圆锥的网格对象
16       cone=new THREE.Mesh(new THREE.CylinderGeometry(0,2,6),cylinderMaterial);
17       var coneShape=new Ammo.btConeShape(2,6);                        //新建圆锥的碰撞形状
18       createRigidBody( cone, coneShape, 0, conePos, quat); //创建圆锥的刚体
19       //创建点对点关节对象
20       var btc_left = new Ammo.btPoint2PointConstraint(box_left.userData.physicsBody,
21               cylinder.userData.physicsBody,new Ammo.btVector3(0,1,0),
22               new Ammo.btVector3(-1.5,-9,0));          //在左侧箱子和圆柱之间创建点对点关节
23       dynamicsWorld.addConstraint(btc_left);           //将此关节添加到物理世界中
24       var btc = new Ammo.btPoint2PointConstraint(cylinder.userData.physicsBody,
25               cone.userData.physicsBody,new Ammo.btVector3(0,-0.5,0),
26               new Ammo.btVector3(0,3.5,0));            //在圆柱和圆锥之间创建点对点关节
27       dynamicsWorld.addConstraint(btc);                //将此关节添加到物理世界中
28       //创建点对点关节对象
29       var btc_right = new Ammo.btPoint2PointConstraint(box_right.userData.
         physicsBody, cylinder.userData.physicsBody,new Ammo.btVector3(0,1,0),
30               new Ammo.btVector3(-1.5,9,0));           //在右侧箱子和圆柱之间创建点对点关节
31       dynamicsWorld.addConstraint(btc_right);          //将此关节添加到物理世界中
32   });}
```

- 第 2～13 行为设置圆柱的位置坐标和旋转信息，并创建其网格对象以及刚体的相关代码。需要注意的是，此圆柱的质量不要设置得太大或者太小，否则有可能会出现难以预测的现象。
- 第 14～18 行为设置圆锥的位置坐标和旋转信息，并创建其网格对象以及刚体的相关代码。由于本案例中需要将其固定，作为支撑点，所以将其质量设置为 0。
- 第 20～32 行分别为在圆柱的中心和圆锥顶部、圆柱的两侧和箱子之间创建点对点关节的相关代码。创建完成后，还需要将这些关节添加到物理世界中。

13.8.8　滑动关节——btSliderConstraint 类

介绍完点对点关节 btPoint2PointConstraint 的知识点和案例之后，接下来将介绍的是滑动关节。运用滑动关节是为了模拟两个物体之间呈出相对滑动的效果，该类封装了多种构造函数，可以通过不同的参数创建滑动关节。其构造函数和常用方法如表 13-19 所示。

表 13-19　　btSliderConstraint 类的常用方法

方 法 名	含　义	属　性
btSliderConstraint(btRigidBody rbA, btRigidBody rbB,btTransform frameInA, btTransform frameInB, boolean use Linear ReferenceFrameA)	滑动关节的构造函数，参数 rbA 表示第一个要添加约束的刚体；参数 rbB 表示第二个要添加约束的刚体；参数 frameInA 表示从约束位置到第一个刚体质心位置的变换对象；参数 frameInB 表示从约束位置到第二个刚体质心位置的变换对象；参数 useLinearReferenceFrameA 表示两个刚体与两个约束之间的对应关系，若其为 true，则 rbA 与 frameInA 对应，rbB 与 frameInB 对应，否则 rbA 与 frameInB 对应，rbB 与 frameInA 对应	构造函数

续表

方 法 名	含 义	属 性
btSliderConstraint(btRigidBody rbB,btTransform frameInB, boolean useLinearReferenceFrameA)	滑动关节的构造函数；参数 rbB 表示要约束的刚体；参数 frameInB 表示从约束位置到刚体质心位置的变换对象；参数 useLinearReferenceFrameA 表示 rbB 与 frameInB 是否对应，若为 true 表示对应	构造函数
setLowerLinLimit(lowerLimit)	设置滑动距离的下限值，参数 lowerLimit 表示要设置的值	方法
setUpperLinLimit(upperLimit)	设置滑动距离的上限值，参数 upperLimit 表示要设置的值	方法
setLowerAngLimit(lowerAngLimit)	设置滑动关节转动角度的下限值，参数 lowerLimit 为要设置的下限值	方法
setUpperAngLimit(upperAngLimit)	设置滑动关节转动角度的上限值，参数 upperLimit 为要设置的上限值	方法

13.8.9 滑动关节的案例——6 个方向的物体滑动

了解了滑动关节的概念和相关 API 之后，这里将给出使用滑动关节开发的案例——《6 个方向的物体滑动》，以便于读者能够正确使用滑动关节，同时也利于加深读者对滑动关节的理解，从而使学习的过程更加有趣。

1. 案例运行效果

该案例主要演示的是，在一个三维物理世界中，有 3 个方向的木桩，在木桩的 6 个方向上分别有一个木块。当单击屏幕左侧时，木块会向中心移动；当单击屏幕右侧时，木块会反向移动。其运行效果如图 13-10～图 13-13 所示。

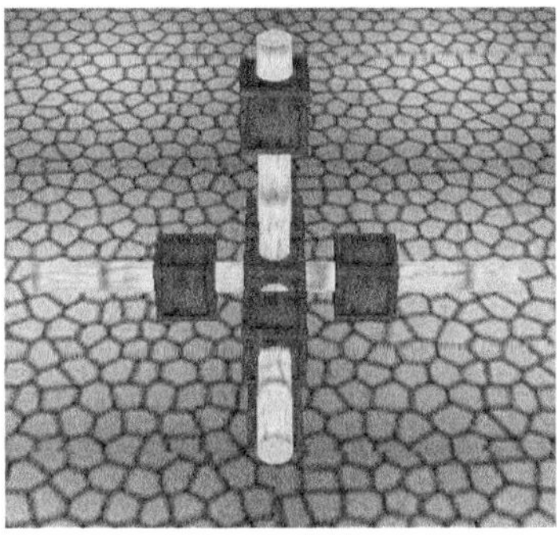

▲图 13-10 从正面观察效果

▲图 13-11 开始时的运行效果

▲图 13-12 单击屏幕左侧

▲图 13-13 单击屏幕右侧

说明　图 13-10 为正面观察木桩时的效果图。图 13-11 为案例运行开始时的效果图。图 13-12 为单击屏幕左侧时的效果图，所有木块向远离中心方向移动。图 13-13 为单击屏幕右侧时的效果图，所有木块向远离中心方向移动。

2. 案例开发过程

该案例的实现与创建简单物理场景的案例相比，只是发生了少量的变化，其余部分并没有太大区别，这里就不再重复讲解相同的代码。下面将对典型的代码部分和开发步骤进行详细介绍，具体情况如下所示。

（1）了解了本案例的运行效果后，接下来就可以详细介绍本案例的开发步骤了。下面将对本案例的 createObjects 方法进行展开介绍。此方法的作用是创建各个箱子的刚体并创建滑动关节，具体代码如下所示。

代码位置：见随书中源代码/第 13 章/Sample13_9 目录下的 example.html 文件。

```
1    function createObjects(){
2      //创建立方体的网格对象和刚体的相关代码
3      loader.load('textures/box.jpg',function ( texture ){          //读取箱子的纹理
4         material = new THREE.MeshPhongMaterial({map:texture});  //创建基本材质
5         var sx=2,sy=2,sz=2;                                      //规定箱子的边长
6         var mass=4.5;                                            //规定箱子的质量
7         var pos_center = new THREE.Vector3(0,8,0);               //规定中间箱子的位置
8         var quat = new THREE.Quaternion(0,0,0,1);                //中间箱子的旋转信息
9         //根据箱子的边长，创建出箱子的碰撞形状
10        shape=new Ammo.btBoxShape(new Ammo.btVector3(sx*0.5,sy*0.5,sz*0.5));
11        box_center=new THREE.Mesh(new THREE.BoxGeometry(sx,sy,sz,1,1,1),
12                 material );                                    //创建中间箱子的网格对象
13        createRigidBody(box_center,shape,0,pos_center,quat );  //创建中心箱子的刚体
14        var pos_top = new THREE.Vector3(0,14,0);               //上方箱子的位置
15        box_top = box_center.clone();                          //复制网格对象
16        createRigidBody(box_top,shape,mass,pos_top,quat);     //创建上方箱子的刚体
17        var transformA = new Ammo.btTransform();               //新建变换 transformA
18        transformA.setIdentity();                              //初始化变换 transformA
19        transformA.setOrigin( new Ammo.btVector3(0, 4, 0));//设置节点位置
20        var transformB = new Ammo.btTransform();               //新建变换 transformB
21        transformB.setIdentity();                              //初始化变换 transformB
22        var q= new THREE.Quaternion().setFromAxisAngle(new THREE.Vector3(0, 0, 1)
23                 .normalize(), Math.PI/2);                     //绕 z 轴旋转 90 度的四元数
24        transformA.setRotation(new Ammo.btQuaternion(q.x,q.y,q.z,q.w));
          //设置旋转信息
25        transformB.setRotation(new Ammo.btQuaternion(q.x,q.y,q.z,q.w));
26        //在上方的箱子和中间的箱子之间创建一个滑动关节
27        m_bsc_top = new Ammo.btSliderConstraint(box_center.userData.physicsBody,
28                 box_top.userData.physicsBody, transformA, transformB, true);
29        dynamicsWorld.addConstraint(m_bsc_top);          //将关节添加到物理世界中
30        m_bsc_top.setLowerLinLimit(-3);                  //设置关节移动的最小距离
31        m_bsc_top.setUpperLinLimit(3);                   //设置关节移动的最大距离
32        …//此处省略了创建其他箱子和滑动关节的相关代码，读者可自行查阅相关代码
33   });}
```

- 第 2～13 行为创建中心箱子的网格对象和刚体的相关代码。由于本案例需要周围几个箱子可以做靠近中间箱子的运动。这要求中间箱体是不动的，所以可将其质量设置为 0。
- 第 14～32 行为创建上方箱子的网格对象和刚体，并在两个箱子之间创建滑动关节的相关代码。创建滑动关节时最重要的是计算滑动关节到两个箱子的变换对象。创建完成后，需要设置关节移动的范围，并将其添加到物理世界中。

（2）各个箱子的网格对象和刚体部分全都创建完毕后，接下来就可以创建木桩的网格对象了。本案例中的木桩其实是由一个圆柱经过旋转而得到的，这种方法的操作过程非常简单，并且内存占用非常少。具体代码如下所示。

代码位置：见随书中源代码/第 13 章/Sample13_9 目录下的 example.html 文件。

```
function createObjects(){
  …//此处省略了创建箱子和滑动关节的代码，上文已经对其进行了详细介绍
  loader.load('textures/muwen.jpg',function ( texture ){     //读取木质纹理图
      var Pos = new THREE.Vector3(0,8,0);                    //设置圆柱的位置
      var quat = new THREE.Quaternion(0,0,0,1);              //设置圆柱的旋转信息
      var cylinderMaterial=new THREE.MeshBasicMaterial({map: texture});
      //创建基本材质
      cylinder=new THREE.Mesh( new THREE.CylinderGeometry(0.5, 0.5, 16,20,20),
            cylinderMaterial );                        //创建圆柱的网格对象
      cylinder.position.set(0,8,0);                    //设置圆柱的位置
      scene.add(cylinder);                             //将圆柱添加到场景中
      cylinder1=cylinder.clone();                      //复制圆柱的网格对象
      cylinder1.rotation.x = Math.PI/2;                //将圆柱的网格对象绕 x 轴旋转 90°
      scene.add(cylinder1);                            //将圆柱添加到场景中
      cylinder2=cylinder1.clone();                     //复制圆柱的网格对象
      cylinder2.rotation.z = Math.PI/2;                //将圆柱的网格对象绕 z 轴旋转 90°
      scene.add(cylinder2);                            //将圆柱添加到场景中
});}
```

说明 从上面的代码中可以看出，本案例中的木桩是由一个圆柱体经过绕 x 轴旋转 90°、绕 z 轴旋转 90°而得到的。如果对其外观要求较高，读者还可以在 3ds Max 建模软件中建立其模型，然后加载到程序中即可。

13.8.10 六自由度关节——btGeneric6DofConstraint 类

介绍完滑动关节 btSliderConstraint 的知识点和案例之后，接下来将介绍的是六自由度关节。六自由度关节有 6 个不同的自由度，包括 3 个平移（滑动）自由度以及 3 个旋转自由度，通常用来模拟骨骼关节以及机械结构。其构造函数和常用方法如表 13-20 所示。

表 13-20 btGeneric6DofConstraint 类的常用方法

方 法 名	含 义	属 性
btGeneric6DofConstraint(btRigidBody rbA, btRigidBody rbB, btTransform frameInA, btTransform frameInB, boolean useLinearFrameReferenceFrameA)	六自由度关节的构造函数，参数 rbA 表示第一个要添加约束的刚体；参数 rbB 表示第二个要添加约束的刚体；参数 frameInA 表示从约束位置到第一个刚体质心位置的变换对象；参数 frameInB 表示从约束位置到第二个刚体质心位置的变换对象；参数 useLinearReferenceFrameA 表示两个刚体与两个约束之间的对应关系，若其为 true，则 rbA 与 frameInA 对应，rbB 与 frameInB 对应，否则 rbA 与 frameInB 对应，rbB 与 frameInA 对应	构造函数
btGeneric6DofConstraint(btRigidBody rbB, btTransform frameInB, boolean useLinearFrameReferenceFrameB)	六自由度关节的构造函数，参数 rbB 表示要添加约束的刚体，参数 frameInB 表示从约束位置到刚体质心位置的变换对象；参数 useLinearReferenceFrameB 表示 rbB 与 frameInB 是否对应，若为 true 表示对应	构造函数
setLinearLowerLimit(btVector3 linearLower)	设置六自由度关节的 3 个自由度（3 个轴）滑动距离的下限	方法
setLinearUpperLimit(btVector3 linearUpper)	设置六自由度关节的 3 个自由度（3 个轴）滑动距离的上限	方法
setAngularLowerLimit(btVector3 angularLower)	设置六自由度关节的 3 个自由度（3 个轴）转动角的下限	方法
setAngularUpperLimit(btVector3 angularUpper)	设置六自由度关节的 3 个自由度（3 个轴）转动角的上限	方法

13.8.11 六自由度关节的案例——掉落的蜘蛛

了解了六自由度关节的概念和相关 API 之后，这里将给出使用六自由度关节开发的案例——《掉落的蜘蛛》，以便于读者能够正确使用六自由度关节，同时也利于加深读者对六自由度关节的理解。

1. 案例运行效果

该案例主要演示的是，在一个三维物理世界中，有一个蜘蛛从上掉落而下，构成蜘蛛的是一些圆柱物体对象，圆柱物体之间都是由六自由度关节进行连接的。本案例的运行效果如图 13-14 所示。

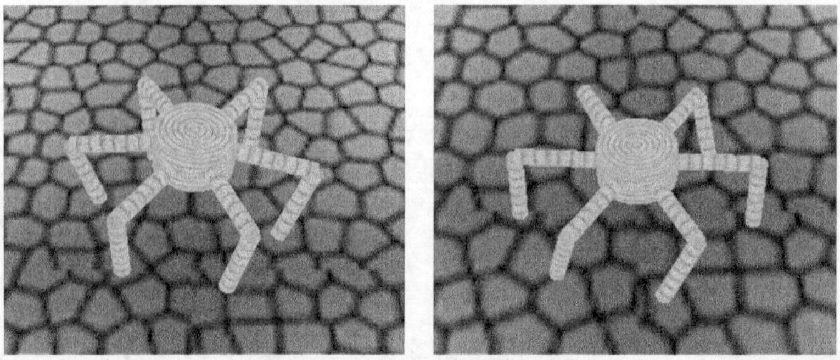

▲图 13-14 蜘蛛掉落时的效果图

> **说明** 图 13-14 中左侧为案例运行时的效果图，蜘蛛正在空中掉落。图 13-14 右侧为蜘蛛掉落过程结束，几条腿支撑地面时的效果图。读者可以在真机上细致观察蜘蛛在这一过程中的腿部活动状态。

2. 案例开发过程

本案例中的蜘蛛是由 13 个圆柱刚体通过给各个刚体之间添加六自由度关节构建而成。其中半径较大而高度较小的圆柱用来模拟蜘蛛的身体部分，每条腿用两根半径较小，长度较大的圆柱来模拟，下面将对其开发步骤进行详细介绍。

（1）创建六自由度关节之前，首先需要创建蜘蛛头部和腿部的刚体。下面将对创建蜘蛛头部的代码进行详细介绍，其方法与前面介绍的十分相似，详细的代码部分如下所示。

代码位置：见随书中源代码/第 13 章/Sample13_10 目录下的 example.html 文件。

```
function createObjects(){
  var quat = new Ammo.btQuaternion(0,0,0,1);          //中间刚体的旋转信息
  var positionOffset = new Ammo.btVector3(0,4,0);     //中间刚体的位置
  var fBodySize=1;                                    //中间刚体的半径
  var fLegLength=2;                                   //腿的长度
  var fForeLegLength=2;                               //前腿的长度
  var NUM_LEGS=6;                                     //蜘蛛腿的数量
  var fHeight=4;                                      //中间刚体的高度
  var offset=new Ammo.btTransform();                  //新建变换对象
  offset.setIdentity();                               //初始化变换对象
  offset.setOrigin(positionOffset);                   //设置变换对象的原点
  var vRoot =new Ammo.btVector3(0,fHeight+positionOffset.y(),0);//中间刚体的位置
  var transform = new Ammo.btTransform();             //新建中间刚体的变换对象
  transform.setIdentity();                            //变换对象初始化
  transform.setOrigin(vRoot);                         //给变换对象设置节点
  var cylinderMaterial=new THREE.MeshBasicMaterial({map: texture});
  //创建基本材质
  var cylinder = new THREE.Mesh( new THREE.CylinderGeometry(fBodySize,
          fBodySize, 1,20,20), cylinderMaterial );    //创建圆柱的网格对象
  var cylinderShape = new Ammo.btCylinderShape(new Ammo.btVector3(
          fBodySize, 0.5, fBodySize));                //创建圆柱的碰撞形状
  rigid_zhong=createRigidBody(cylinder,cylinderShape,10,vRoot,quat );//创建刚体
  …//此处省略了创建腿部刚体的代码，下文将对其进行详细介绍
}
```

> **说明** 通过上面的代码可以看出，程序中提供了中间刚体的初始位置和旋转信息以及腿部刚体的几何信息等数据，为之后创建各部分刚体做好了准备。而创建蜘蛛头部的方法与前面介绍的十分相似，所以不再赘述。

（2）蜘蛛头部的刚体创建完成后，接下来就可以创建腿部的刚体了。下面将对创建蜘蛛腿部刚体的代码进行详细介绍，其重点在于准确计算腿部的位置和旋转信息。具体的代码部分如下所示。

代码位置：见随书中源代码/第 13 章/Sample13_10 目录下的 example.html 文件。

```
1   function createObjects(){
2     for(var i=0;i<NUM_LEGS;i++){                                  //对每条腿进行操作
3         var fAngle = 2 * Math.PI * i / NUM_LEGS;                   //计算出每条腿的角度值
4       var fSin = Math.sin(fAngle);                                 //计算其 sin 值
5       var fCos = Math.cos(fAngle);                                 //计算其 cos 值
6       transform.setIdentity();                                     //初始化变换对象
7       var vBoneOrigin =new Ammo.btVector3(fCos*(fBodySize+0.5*fLegLength),
8           fHeight+positionOffset.y(), fSin*(fBodySize+0.5*fLegLength));
            //腿的位置
9       transform.setOrigin(vBoneOrigin);                            //更新变换对象
10      var xcha=vBoneOrigin.x()-vRoot.x();                          //计算腿和头部的 X 坐标差
11      var ycha=vBoneOrigin.y()-vRoot.y();                          //计算腿和头部的 Y 坐标差
12      var zcha=vBoneOrigin.z()-vRoot.z();                          //计算腿和头部的 Z 坐标差
13      var cha = new Ammo.btVector3(xcha,ycha,zcha);
14      var vToBone = normalize(cha);                                //对向量进行规格化
15      var vAxis = cross(vToBone,new Ammo.btVector3(0,1,0));              //求叉积
16      var vAxis1=new THREE.Vector3(vAxis.x(),vAxis.y(),vAxis.z());  //新建向量
17      //绕 z 轴旋转 90 度的四元数
18      var q= new THREE.Quaternion().setFromAxisAngle(vAxis1, Math.PI/2);
19      var Q = new Ammo.btQuaternion(q.x,q.y,q.z,q.w);    //创建 Ammo 中的四元数
20      transform.setRotation(Q);                                    //设置变换对象中的旋转信息
21      var leg_pos = new THREE.Vector3(fCos*(fBodySize+0.5*fLegLength),
22          fHeight+positionOffset.y(),fSin*(fBodySize+0.5*fLegLength));
            //计算腿的位置
23      var height_leg=new THREE.Mesh( new THREE.CylinderGeometry(0.2, 0.2,
24          fLegLength,20,20), cylinderMaterial );           //创建腿的网格对象
25      var cylinderShape=new Ammo.btCylinderShape(new Ammo.btVector3(0.2,
26          fLegLength/2, 0.2));                                     //创建腿的碰撞形状
27      rigid_heng.push(createRigidBody(height_leg,cylinderShape,10,
28          transform.getOrigin(),transform.getRotation()));       //创建腿部的刚
            体并放入数组
29      transform.setIdentity();                                     //初始化变换对象
30      transform.setOrigin(new Ammo.btVector3(fCos*(fBodySize+fLegLength),
        fHeight-0.5*
31          fForeLegLength+positionOffset.y(), fSin*(fBodySize+fLegLength)));
32      var leg_bottom =new THREE.Mesh( new THREE.CylinderGeometry(0.2, 0.2,
33          fForeLegLength,20,20), cylinderMaterial);       //创建竖直方向上腿的网
            格对象
34      var cylinderShape=new Ammo.btCylinderShape(new Ammo.btVector3(0.2,
35          fForeLegLength/2, 0.2));                           //创建竖直方向上腿的碰撞形状
36      rigid_shu.push(createRigidBody(leg_bottom,cylinderShape,1,transform.
        getOrigin(), transform.getRotation()));              //创建竖直方向上腿的刚体
37    }
38    …//此处省略了创建六自由度关节的代码，下文将对其进行详细介绍
39  }
```

- 第 2～13 行为计算每根横向腿的位置并计算出腿到头部的规格化向量。其中首先需要计算出每条腿对应的 sin 值和 cos 值。然后根据腿的数量和腿的长度分别计算出腿的世界坐标。
- 第 14～20 行为计算腿部旋转信息的相关代码。首先计算出各个腿到头部的向量，并将此向量与竖直的向量进行叉积运算，求出的结果是腿部刚体的旋转轴，最后将旋转信息设置到变换对象中。
- 第 21～39 行为创建横向和竖直方向上腿部的相关代码。前面的步骤中已经对位置和旋转

数据了进行计算，此部分将根据结果创建对应的刚体部分并放入数组。

（3）将各个腿放置在正确的位置后，接下来就可以进行六自由度关节的创建了。创建此关节时，关键在于准确计算出关节到两个刚体的变换对象。下面将对此部分进行详细介绍，具体代码如下所示。

代码位置：见随书中源代码/第 13 章/Sample13_10 目录下的 example.html 文件。

```
1    function createObjects(){
2      …//此处省略了创建腿部刚体的代码，上文中已经对其进行了详细介绍
3      var useLinearReferenceFrameA = true;                        //对应关系标志
4      for (var i=0; i<NUM_LEGS; i++){                             //遍历所有的腿刚体
5          var  vAxis1 = new THREE.Vector3(0, 1, 0);               //设置旋转轴
6          var  fAngle = 2 * Math.PI * i / NUM_LEGS;               //计算角度
7          //绕 y 轴旋转 fAngle 度的四元数
8          var q= new THREE.Quaternion().setFromAxisAngle(vAxis1,-fAngle);
9          var Q = new Ammo.btQuaternion(q.x,q.y,q.z,q.w);       //新建 Ammo 中的四元数
10         var fSin = Math.sin(fAngle);                          //角度的正弦值
11         var fCos = Math.cos(fAngle);                          //角度的余弦值
12         var localA= new Ammo.btTransform();                   //新建变换对象 localA
13         var localB= new Ammo.btTransform();                   //新建变换对象 localB
14         var localC= new Ammo.btTransform();                   //新建变换对象 localC
15         localA.setIdentity();                                 //初始化变换对象 localA
16         localB.setIdentity();                                 //初始化变换对象 localB
17         localA.setRotation(Q);                                //设置旋转信息
18         localA.setOrigin(new Ammo.btVector3(fCos*fBodySize,0,fSin*fBodySize));
           //设置原点
19         var rigid_heng_tf = rigid_heng[i].getWorldTransform(); //得到腿部的变换对象
20         var rigid_zhong_tf = rigid_zhong.getWorldTransform();  //得到头部的变换对象
21         var result=multiply(inverse(rigid_heng_tf),rigid_zhong_tf);
22         localB = multiply(result,localA);                    //计算关节到腿的变换对象
23         var joint6DOF=new Ammo.btGeneric6DofConstraint(rigid_zhong,rigid_heng[i],
24                localA,localB,useLinearReferenceFrameA);     //创建六自由度关节对象
25         joint6DOF.setAngularLowerLimit(new Ammo.btVector3(0,
26                -1.1920928955078125e-7,0));           //设置六自由度关节的转动角下限
27         joint6DOF.setAngularUpperLimit(new Ammo.btVector3(Math.PI*0.05,
28                1.1920928955078125e-7,Math.PI*0.05));  //设置六自由度关节的转动角上限
29         dynamicsWorld.addConstraint(joint6DOF,true); //将关节对象添加到物理世界中
30   }}
```

- 第 1～22 行为计算六自由度关节到头部和腿部变换对象的相关代码。对于关节到头部的变换对象，可直接给出对应的数据，非常简单。而关节到腿部的变换对象可由腿部的逆变换和头部的变换对象的乘积，再与头部的位置相乘得到。
- 第 23～30 行为根据上面计算的数据创建六自由度关节对象，并设置其转动角上限和下限的相关代码。设置完成后，还需要将此关节添加到物理世界中。

13.9　交通工具类的介绍

前面几节介绍的都是比较基本的碰撞体以及机械结构，现实世界中还有一些更加复杂的组合体，如各式各样的汽车就是如此。通过前面组合刚体的学习，相信读者可以自己构造出一个汽车刚体来，那么现在介绍交通工具类有何用呢？

一个完整的交通工具除了有刚体外，它还有悬挂系统、转向系统等，只有有了这些，交通工具才可以动起来，但是单单靠我们自己来实现这些功能是相当困难的，幸运的是物理引擎中为大家封装好了一个完整的交通工具类，本节就将具体介绍交通工具类的概念及案例开发。

13.9.1　交通工具类——btRaycastVehicle 类

顾名思义，交通工具类就是模拟现实物理世界中的交通工具，有着自己的车身刚体，有着四个车轮，支持前轮驱动或后轮驱动，支持车轮转向等。该类提供了添加车轮的方法、更新车轮的

方法、设置车轮刹车等诸多重要的方法。其常用方法如表 13-21 所示。

表 13-21 btRaycastVehicle 类的常用方法

方法名	含义	属性
void updateAction (btCollisionWorld collision Word,btScalar step)	更新交通工具，参数 collisionWorld 表示指向物理世界的指针，参数 step 表示步长	方法
btTransform getChassisWorldTransform()	获取交通工具的变换对象，返回值为获取的交通工具变换对象	方法
Void updateVehicle(btScalar step)	更新交通工具，参数 step 表示更新的步长	方法
Void resetSuspension()	重置悬挂系统的参数	方法
btScalar getSteeringValue(wheelindex)	获取操纵车轮的系数，参数 wheelindex 表示车轮索引值	方法
void setSteeringValue(steering,wheelindex)	设置操纵车轮系数的值，参数 steering 表示要设置的值，参数 wheelindex 表示要操纵的车轮	方法
voidapplyEngineForce(btScalar force, int wheelindex)	向车轮上应用力，参数 force 表示力的大小，参数 wheelindex 表示要应用的车轮	方法
Void updateWheelTransform(wheelindex)	更新车轮的变换对象，参数 wheelindex 表示车轮索引值	方法
btWheelInfo addWheel (btVector3 connection PointCS0,btVector3 wheelDirectionCS0, btVector3 wheelAxleCS,btScalar suspension RestLength, btScalar wheelRadius, btVehicle Tuning tuning,bool isFrontWheel)	给交通工具添加车轮，参数 connectionPointCS0 表示车轮的连接点；参数 wheelDirectionCS0 表示车轮方向；参数 wheelAxleCS 表示车轮的轴向量；参数 suspensionRestLength 表示车轮悬挂系统在松弛态下的长度；参数 wheelRadius 表示车轮半径；参数 tuning 表示协调器；参数 isFrontWheel 表示是否添加驱动力，为 true 表示添加，否则表示不添加	方法
getNumWheels()	获取交通工具上的车轮总数，返回值为获取的总数	方法
btWheelInfo getWheelInfo(index)	获取交通工具上的车轮，参数 index 表示车轮索引，返回值为获取的对象	方法
void setBrake(btScalar brake,Index)	设置刹车系数，参数 brake 表示要设置的刹车系数，参数 Index 表示车轮索引	方法
updateSuspension(btScalar deltaTime)	更新悬挂系统，参数 deltaTime 表示更新步长	方法
updateFriction(btScalar timeStep)	更新摩擦，参数 timeStep 表示更新步长	方法
btRigidBody getRigidBody()	获取交通工具刚体，返回值为指向获取的刚体指针	方法
btVector3 getFowardVector()	获取交通工具的前进向量，返回值为获取的向量	方法
btScalar getCurrentSpeedKmHour()	获取交通工具的当前速度，返回值为获取的速度值	方法
void setCoordinateSystem(rightIndex, upIndex, forwardIndex)	设置坐标系统，参数 rightIndex 表示左方向上的索引，参数 upIndex 表示上方向上的索引，参数 forwardIndex 表示前进方向上的索引	方法
getUserConstrainType()	获取关节类型，返回值为获取的关节类型	方法
voidsetUserConstraintType(userConstraint Type)	设置关节类型，参数 userConstraintType 表示要设置的关节类型	方法
void setUserConstraintId(uid)	设置关节 id，参数 uid 表示要设置的关节 id	方法
getUserConstraintId()	获取关节 id，返回值为获取的关节 id	方法

13.9.2 交通工具的案例——移动的小车

了解了交通工具类的概念和相关 API 之后，这里将给出使用交通工具类开发的案例——《移动的小车》，以便于读者能够正确使用交通工具类，同时也利于加深读者对交通工具类的理解与增长使用交通工具开发的经验。

1. 案例运行效果

该案例主要演示的是，在一个三维物理世界中，有一辆小车停放在起伏不平的山地上，通过方向键前、后、左、右来控制小车的前进、后退、左转、右转。按下前左、前右、后左、后右实现小车前进中左转、右转、后退中左转、右转。其运行效果如图 13-15 所示。

▲图 13-15　小车案例运行效果图

> **说明**　图 13-15 第一行左侧为案例开始运行时的效果图，右侧为小车直行经过一个小坡飞起后将木箱装倒的效果图。第二行左侧为小车左拐弯的效果图，图中前轮相应地向左偏转，右侧为小车右拐的效果图。

2. 案例开发过程

小车类封装了创建车身刚体、添加两个前轮和后轮、小车前进、小车倒车、小车前进左右转弯和小车左右倒车等多个操控小车的方法，以及获取小车当前中心位置、更新小车的等方法，具体开发步骤如下。

（1）在实现 VehicleDemo 类之前，读者需要了解一些关于交通工具参数的基本含义。下面给出了两幅图，分别为交通工具的俯视图及侧视图，以便读者更加直观地理解交通工具的一些参数。首先给出的是俯视图，如图 13-16 所示。

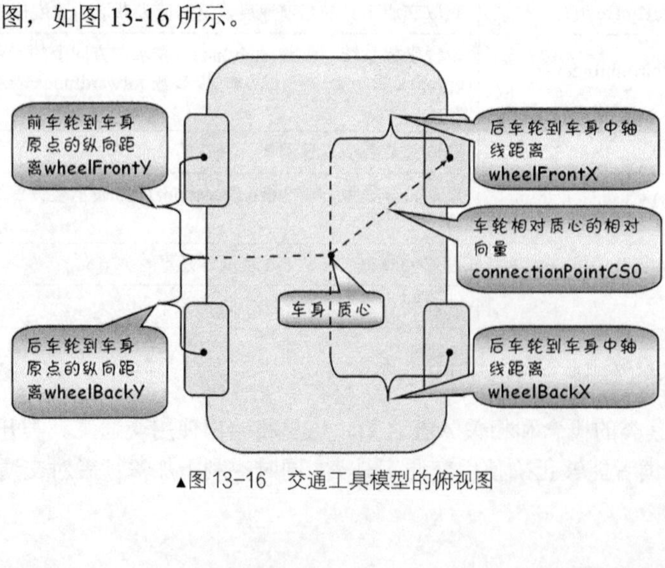

▲图 13-16　交通工具模型的俯视图

接下来给出的是小车的侧视图，从侧视图中可以直观地观察出小车车身的中轴线、车轮的几何中心、车轮半径以及车轮垂直方向的偏移量，其中车轮垂直方向偏移量是指车轮几何中心到车身中轴线的垂直距离。侧视图如图 13-17 所示。

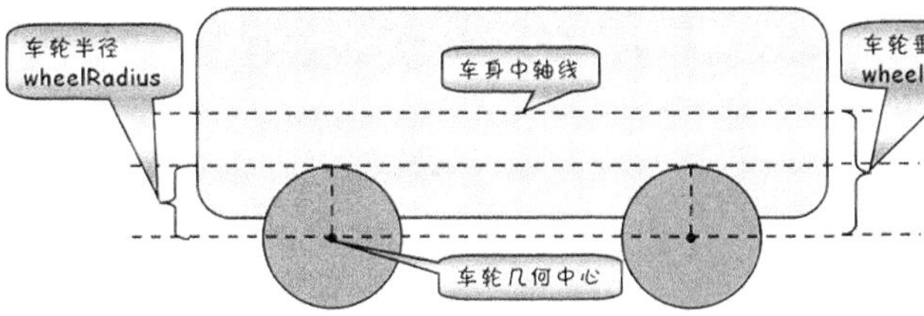

▲图 13-17 交通工具模型的侧视图

（2）在了解了交通工具参数的基本含义之后，现在来看一下创建小车所需的各个参数，如缩放大小、车身半宽、车轮半径、阻尼系数、车轮摩擦系数等，创建车身刚体对象等。具体代码如下。

代码位置：见随书中源代码/第 13 章/Sample13_11 目录下的 VehicleDemo.js 文件。

```
1    var rightIndex = 0;                                      //右轴索引值
2    var upIndex = 1;                                         //上轴索引值
3    var forwardIndex = 2;                                    //前轴索引值
4    var wheelDirectionCS0 = new Ammo.btVector3(0,-1,0);      //车轮垂直方向偏移量
5    var wheelAxleCS = new Ammo.btVector3(-1,0,0);            //车轮轴向量
6    var CUBE_HALF_EXTENTS = 1;                               //车身半宽
7    gEngineForce = 0.0;                                      //设置驱动力
8    gBreakingForce = 0.0;                                    //设置制动力
9    var maxEngineForce = 100.0;                              //最大驱动力
10   var maxBreakingForce = 100.0;                            //最大制动力
11   gVehicleSteering = 0.0;                                  //车轮转动系数
12   var steeringIncrement = 0.04;                            //系数增量
13   var wheelRadius = 0.5;                                   //车轮半径
14   var wheelWidth = 0.3;                                    //车轮宽
15   var wheelFriction = 1000;                                //车轮摩擦系数
16   var suspensionStiffness = 20.0;                          //坚硬系数
17   var suspensionDamping = 2.3;                             //阻尼系数
18   var suspensionCompression = 4.4;                         //压缩系数
19   var suspensionRestLength = 0.6;                          //悬浮高度
20   var rollInfluence = 0.1;                                 //压力系数
21   var m_collisionShapes = [];                              //碰撞形状
22   var localTrans = new Ammo.btTransform();                 //变换对象
23   localTrans.setIdentity();                                //初始化变换
24   //创建车身形状
25   var chassisShape = new Ammo.btBoxShape(new Ammo.btVector3(1,0.5,2));
26   m_collisionShapes.push(chassisShape);                  //将车身形状放到碰撞形状中
27   var compound = new Ammo.btCompoundShape();             //创建复合碰撞形状
28   m_collisionShapes.push(compound);                      //将复合形状放到碰撞形状中
29   var localTrans = new Ammo.btTransform();               //创建变换对象
30   localTrans.setIdentity();                              //初始化变换对象
31   var tr = new Ammo.btTransform();
32   tr.setIdentity();
33   localTrans.setOrigin(new Ammo.btVector3(0,1,0));       //设置变换对象位置
34   compound.addChildShape(localTrans,chassisShape);       //向复合形状中添加车身刚体
35   tr.setOrigin(new Ammo.btVector3(0,0,-10));             //设置变换对象位置
36   var m_carChassis = this.localCreateRigidBody(50,tr,compound);  //创建车身刚体
37   var m_wheelShape = new Ammo.btCylinderShapeX(                  //创建车轮形状
38       new Ammo.btVector3(wheelWidth,wheelRadius,wheelRadius));
39   var m_tuning = new Ammo.btVehicleTuning();           //创建交通工具协调器
40   var m_vehicleRayCaster =                             //创建默认的交通工具回调类对象
41        new Ammo.btDefaultVehicleRaycaster(this.getDynamicsWorld());
42   m_vehicle =                                          //创建交通工具
43       new Ammo.btRaycastVehicle(m_tuning, m_carChassis, m_vehicleRayCaster);
44   m_carChassis.setActivationState(this.DISABLE_DEACTIVATION);   //车身刚体为动态
45   var connectionHeight = 1.2;                          //连接高度
```

- 第 1～15 行为声明一部分参数，包括右、上、前轴的索引值，车轮垂直方向的偏移量，

车轮轴向量，车身半宽，驱动力与制动力，车轮的转动系数，车轮半宽，车轮宽度与摩擦系数等。

- 第 16～23 行为创建另一部分参数，包括坚硬系数、阻尼系数、压缩系数、悬浮高度、压力系数、碰撞形状与变换对象等。通过声明这些参数，为下面创建车身刚体与碰撞形状打下基础。
- 第 24～45 行为创建交通工具类对象的代码，通过创建复合形状将车身碰撞形状放到复合形状中来创建车身刚体，通过创建交通工具协调器与交通工具的回调类对象来创建交通工具，之后将车身刚体设置为动态的。

（3）创建好交通工具类之后必须要设置一下它的一些属性，接下便来看一下设置其属性的代码。

代码位置：见随书中源代码/第 13 章/Sample13_11 目录下的 VehicleDemo.js 文件。

```
1    var isFrontWheel = true;                                    //表示是否为前轮
2    m_vehicle.setCoordinateSystem(rightIndex,upIndex,forwardIndex);
     //设置小车坐标系统
3    var connectionPointCS0 = new Ammo.btVector3(                //右前轮的位置向量
4        CUBE_HALF_EXTENTS-(0.3*wheelWidth),connectionHeight,
5        2*CUBE_HALF_EXTENTS-wheelRadius);
6    m_vehicle.addWheel(connectionPointCS0,wheelDirectionCS0,    //为小车添加右前轮
7        wheelAxleCS,suspensionRestLength, wheelRadius,
8        m_tuning,isFrontWheel);
9    connectionPointCS0 = new Ammo.btVector3(                    //左前轮的位置向量
10       -CUBE_HALF_EXTENTS+(0.3*wheelWidth),connectionHeight,
11       2*CUBE_HALF_EXTENTS-wheelRadius);
12   m_vehicle.addWheel(connectionPointCS0, wheelDirectionCS0,   //为小车添加左前轮
13       wheelAxleCS, suspensionRestLength,wheelRadius,
14       m_tuning,isFrontWheel);
15   connectionPointCS0 = new Ammo.btVector3(                    //右后轮的位置向量
16       -CUBE_HALF_EXTENTS+(0.3*wheelWidth),connectionHeight,
17       -2*CUBE_HALF_EXTENTS+wheelRadius);
18   isFrontWheel = false;                                       //是否为前轮标志位
19   m_vehicle.addWheel(connectionPointCS0,wheelDirectionCS0,    //为小车添加右后轮
20       wheelAxleCS,suspensionRestLength, wheelRadius,
21       m_tuning, isFrontWheel);
22   connectionPointCS0 = new Ammo.btVector3(                    //左后轮的位置向量
23       CUBE_HALF_EXTENTS-(0.3*wheelWidth),connectionHeight,
24        -2*CUBE_HALF_EXTENTS+wheelRadius);
25   m_vehicle.addWheel(connectionPointCS0,wheelDirectionCS0,    //向小车添加左后轮
26       wheelAxleCS,suspensionRestLength,wheelRadius,
27       m_tuning, isFrontWheel);
28   for (var i=0; i<m_vehicle.getNumWheels(); i++){             //遍历所有车轮
29     var wheel = m_vehicle.getWheelInfo(i);                    //获得车轮信息
30     wheel.set_m_suspensionStiffness(suspensionStiffness);     //设置车轮的坚硬系数
31     wheel.set_m_wheelsDampingRelaxation(suspensionDamping); //设置车轮的阻尼系数
32     wheel.set_m_wheelsDampingCompression(suspensionCompression);//压缩系数
33     wheel.set_m_frictionSlip(wheelFriction);                  //车轮的摩擦系数
34     wheel.set_m_rollInfluence(rollInfluence);}                //车轮的压力系数
35   this.addVehicle(m_vehicle,m_wheelShape);                    //添加交通工具类
```

- 第 1～27 行的主要功能为给小车对象添加两个前轮和两个后轮。其中系数 CUBE_HALF_EXTENTS 为车身半宽、wheelWidth 为车轮宽度、connectionHeight 为连接高度、wheelRadius 为车轮半径。
- 第 28～35 行的主要功能为设置车轮的属性信息，本段代码中通过遍历每个车轮，获得车轮信息来设置车轮的坚硬系数、阻尼系数、压缩系数、摩擦系数、压力系数。最后设置好交通工具后便添加交通工具。

（4）前面已经讲述了如何创建交通工具与设置交通工具参数以及添加交通工具，此时交通工具类的主要代码基本已经完成了，剩下了前进、后退、拐弯等方法还没有介绍，这里便来介绍一下，具体代码如下。

代码位置：见随书中源代码/第 13 章/Sample13_11 目录下的 VehicleDemo.js 文件。

```
this.keyboardCallback({                                  //按键被按下回调
    left:function(event,demoapplication){                //按下左键事件
    gVehicleSteering = 0.2;},                            //设置车轮转向
```

```
4          right:function(event,demoapplication){                    //右键被按下回调
5          gVehicleSteering = -0.2;},                                //设置车轮转向
6          up:function(event,demoapplication){                       //方向键上键被按下
7          gEngineForce = maxEngineForce;                            //设置最大驱动力
8          gBreakingForce = 0.0;},                                   //设置制动力
9          down:function(event,demoapplication){                     //下键被按下回调
10         gEngineForce = -maxEngineForce;}});                       //设置驱动力
11      this.keyboardUpCallback({                                    //按键被抬起回调
12         left:function(){ gVehicleSteering = 0.0; },               //车轮转向回正
13         right:function(){ gVehicleSteering = 0.0; },
14         up:function(){                                            //上键抬起
15         gEngineForce = 0.0;                                       //引擎驱动力归零
16         gBreakingForce = 0.0;},                                   //制动力归零
17         down:function(){                                          //下键抬起事件
18         gBreakingForce = 0.0;                                     //制动力归零
19         gEngineForce = 0.0;}});                                   //驱动力归零
20    …//此处省略一些代码，读者自行查阅中的源代码进行学习
21    };
22    MyDemoApplication.prototype.clientMoveAndDisplay = function(){
23      m_vehicle.applyEngineForce(gEngineForce,2);                  //对 2 号轮设置驱动力
24      m_vehicle.setBrake(gBreakingForce,2);                        //对 2 号轮设置制动力
25      m_vehicle.applyEngineForce(gEngineForce,3);                  //对 3 号轮设置驱动力
26      m_vehicle.setBrake(gBreakingForce,3);                        //对 3 号轮设置制动力
27      m_vehicle.setSteeringValue(gVehicleSteering,0);              //对 0 号轮设置转向
28      m_vehicle.setSteeringValue(gVehicleSteering,1);              //对 1 号轮设置转向
29      for(i=0;i<m_vehicle.getNumWheels();i++){                     //遍历车轮
30        m_vehicle.updateWheelTransform(i,true);}                   //更新车轮变换
31      var ms = this.getDeltaTimeMicroseconds();
32      var minFPS = 1000000.0/60.0;                                 //最小帧速率
33      if(ms > minFPS)
34        ms = minFPS;
35      if(this.m_dynamicsWorld)
36        this.m_dynamicsWorld.stepSimulation(ms / 1000000.0);           //物理计算速率
37    };
```

- 第 1～21 行为按键的按下、抬起回调事件，按下不同按键会有设置车轮转向或者驱动力、制动力等方法，抬起时会将按下按键时改变的量归零。读者在学习此部分时可以更改一下数值来看一下具体效果。
- 第 22～37 行为更新车轮移动的方法，通过对交通工具的不同车轮应用驱动力与转向，然后遍历车轮更新车轮的变换矩阵来实现更新。之后计算物理帧每帧所需时间，然后限制物理帧速率不能超过 60 帧/秒。

到此为止交通工具类的开发便基本完成了，本节中只讲述了 VechicleDemo.js 的部分代码，还有一些代码没有讲到，读者需要自行学习代码。另外，本例代码与前面小节开发的架构有所不同，但是交通工具类的实现实质这里已经给出，对于其余代码，这里便不再赘述了。

13.10 软体

Ammo 物理引擎中还支持软体的创建。所谓软体是不同于固定形状的刚体，其形状并非是固定不变的，例如现实物理世界中的绳索，绳索在不同状态下可以实现拉伸、弯曲等不同姿态；例如现实世界中的软布，可以呈现上下波动等。

13.10.1 软体帮助类——btSoftBodyHelps 类

该类为软体帮助类，是创建软体时必须使用的类。该类提供了很多种创建软体的方法，而且软体的种类还互不相同。如果开发人员需要进行软体的开发，首先需要查阅软体帮助类中对应部分的文档，其常用方法如表 13-22 所示。

表 13-22　btSoftBodyHelps 类的常用方法

方 法 名	含 义	属 性
CreateRope(btSoftBodyWorldInfo worldInfo, btVector3 from, btVector3 to, res, fixeds)	创建绳索软体的方法，参数 worldInfo 表示软体物体世界信息，参数 from 表示绳索起点位置，参数 to 表示绳索终点位置，参数 res 表示绳索的恢复系数，参数 fixeds 表示坚硬系数	方法
CreatePatch(btSoftBodyWorldInfo worldInfo,btVector3 corner00, btVector3 corner10, btVector3 corner01, btVector3 corner11, resx, resy, fixeds, boolean gendiags)	创建软布的方法，参数 worldInfo 表示软体物体世界信息；参数 corner00、corner10、corner01 和 corner11 表示软布四个角的四个坐标；参数 resx 表示顶点列数；参数 resy 表示顶点行数；参数 gendiags 表示软布四角是否固定，为 true 表示固定，否则表示不固定，一般取值为 true	方法
CreateEllipsoid(btSoftBodyWorldInfo worldInfo, btVector3 center, btVector3 radius, res)	创建球软体的方法，参数 worldInfo 表示软体物体世界信息，参数 center 表示中心点坐标，参数 radus 表示半径，参数 res 表示恢复系数	方法
CreateFromTriMesh(btSoftBodyWorldInfo worldInfo, vertices, triangles, ntriangles, boolean randomizeConstraints)	创建三角形网格软体的方法，参数 worldInfo 表示软体物体世界信息，参数 vertices 表示顶点数组坐标，参数 triangles 表示顶点索引数组，参数 ntriangles 表示三角形总数	方法

提示　表 13-22 只是将帮助类中常用的方法罗列出来，可能很多读者仅仅通过上面的介绍，很难对软体有形象具体的了解。不过不必担心，本书后面的章节中将通过具体的案例对软体方面的知识进行细致全面的介绍。

13.10.2　软布案例

了解了软体帮助类的相关 API，这里将给出一个软布的案例，以便于读者能够正确创建出软布，同时也利于加深读者对软体的理解。

1. 案例运行效果

该案例主要演示的是，在一个三维物理世界中，有一个木块从上掉落在一块晃动的软布上。当单击屏幕后，立方体木块会掉落至软布上。其运行效果如图 13-18 所示。

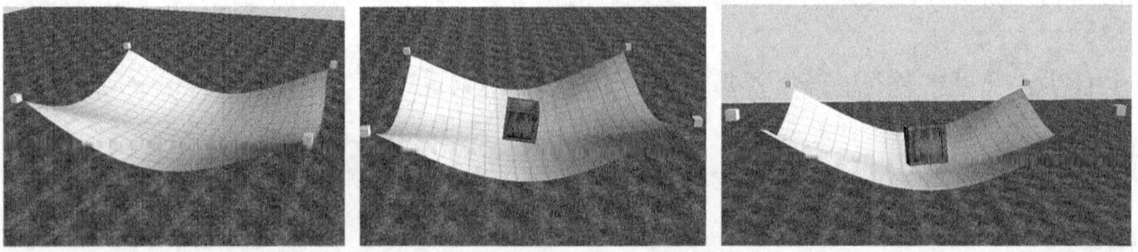

▲图 13-18　木块掉落到软布的效果图

说明　图 13-18 的左侧为案例运行开始时的效果图，软布在中间缓慢晃动，用户单击鼠标左边时木块从一定的高度向下掉落。图 13-18 的中间为木块掉落至软布上的效果图。图 13-18 的右侧为从侧面观察的效果图。

2. 案例开发过程

前面小节中已经对本案例的运行效果进行了详细介绍，相信读者已经对软布的外观和特点有了一定的认识。下面将对本案例的开发步骤进行详细介绍，具体步骤如下所示。

（1）本案例中初始化物理世界的设置操作与前面案例十分相似，所以此处不再赘述。开发的重点应该放在设置软布的属性信息，软布的绘制和软布顶点的更新方法上面。其具体代码部分如下所示。

代码位置：见随书中源代码/第 13 章/Sample13_12 目录下的 example.html 文件。

```
1     createObjects() {
2       …//此处省略了对渲染进行初始化的代码，读者可自行查阅中的源代码
3       var clothWidth = 4;                        //软布的宽度
4       var clothHeight = 3;                       //软布的高度
5       var clothNumSegmentsZ = clothWidth * 5;                //z 轴上的分割数
6       var clothNumSegmentsY = clothHeight * 5;               //y 轴上的分割数
7       var clothSegmentLengthZ=clothWidth/clothNumSegmentsZ;  //分割后 z 轴的段长
8       var clothSegmentLengthY = clothHeight / clothNumSegmentsY;  //分割后 y 轴的段长
9       var clothPos = new THREE.Vector3( -3, 3, 2 );          //软布的位置
10      var softBodyHelpers = new Ammo.btSoftBodyHelpers();    //软布的构造器
11      var clothCorner00=newAmmo.btVector3(clothPos.x+clothHeight,
12              clothPos.y, clothPos.z );                      //确定软布右上角的坐标
13      var clothCorner01 = new Ammo.btVector3(clothPos.x+clothHeight,
14              clothPos.y , clothPos.z - clothWidth );        //确定软布左上角的坐标
15      //确定软布右下角的坐标
16      var clothCorner10 = new Ammo.btVector3( clothPos.x, clothPos.y, clothPos.z );
17      var clothCorner11 = new Ammo.btVector3( clothPos.x, clothPos.y,
18              clothPos.z - clothWidth );                     //确定软布左下角的坐标
19        var clothSoftBody=softBodyHelpers.CreatePatch(physicsWorld.getWorldInfo(),
20      clothCorner00, clothCorner01, clothCorner10, clothCorner11, clothNumSegmentsZ
        + 1,  clothNumSegmentsY + 1, 0, true );        //创建软布
21      var sbConfig = clothSoftBody.get_m_cfg();              //获得软布的设置信息
22      sbConfig.set_viterations( 10 );                        //设置迭代次数
23      sbConfig.set_piterations( 10);                         //设置迭代次数
24      clothSoftBody.setTotalMass( 0.9, false );              //设置软布的总重量
25      Ammo.castObject(clothSoftBody,Ammo.btCollisionObject ).
26              getCollisionShape().setMargin( margin * 3 ); //设置软布的边缘值
27      physicsWorld.addSoftBody( clothSoftBody, 1, -1 ); //将软布添加到物理世界中
28      cloth.userData.physicsBody = clothSoftBody;        //将创建出的软体与绘制对象绑定
29      clothSoftBody.setActivationState( 4 );             //将软布标注为运动的
30      var influence = 0.5;
31      clothSoftBody.appendAnchor(0,dingDian_zuoshang.userData.physicsBody,false,
32              influence );                               //在软布左上角设置锚点
33      clothSoftBody.appendAnchor(clothNumSegmentsZ,dingDian_youshang.userData.
34              physicsBody, false, influence );           //在软布右上角设置锚点
35      clothSoftBody.appendAnchor(335,dingDian_zuoxia.userData.physicsBody,
36               false, influence );                       //在软布左下角设置锚点
37      clothSoftBody.appendAnchor(315,dingDian_youxia.userData.physicsBody,false,
38              influence );                               //在软布右下角设置锚点
39        }
```

❑ 第 3～8 行为确定软布的长和宽的相关代码。一块软布实质上是由若干个点组成的，所以本案例把每个长度单位都用点平均分成 5 段，最后计算分割后的段长。如果程序开发时出现箱子从软布中间掉落的情况，可通过增加分割段数来解决。

❑ 第 10～28 行为根据上面的数据来计算长方形软布 4 个顶点坐标，并创建软布的相关代码。软布创建完成后，还需要对其迭代次数、重量、边缘值等进行设置，最后将其添加到物理世界中。

❑ 第 31～39 行是给长方形软布中的 4 个顶点设置锚点的相关代码。锚点可将软布的某个点固定在确定的位置，本案例就是通过设置锚点来使软布飘浮在空中的。

（2）软布的位置更新方式与普通刚体有很大的不同，所以仅仅完成软布的创建过程是远远不够的，最主要的是要得到软布中各个节点的位置，并将每个位置的顶点坐标进行更新。具体代码如下所示。

代码位置：见随书中源代码/第 13 章/Sample13_12 目录下的 example.html 文件。

```
function updatePhysics( deltaTime ) {
      physicsWorld.stepSimulation( deltaTime, 10 );     //更新物理世界
      var softBody = cloth.userData.physicsBody;        //获得软布的软体
      var clothPositions = cloth.geometry.attributes.position.array;
      //获取软布顶点位置
      var numVerts = clothPositions.length / 3;         //得到软布顶点数量
      var nodes = softBody.get_m_nodes();               //获得软布的节点
      var indexFloat = 0;                               //初始化索引
      for ( var i = 0; i < numVerts; i ++ ) {           //对顶点进行遍历
```

```
9             var node = nodes.at( i );                           //找到第 i 个节点
10            var nodePos = node.get_m_x();                       //找到此节点的位置
11            clothPositions[ indexFloat++ ] = nodePos.x();       //更新此节点的 X 坐标
12            clothPositions[ indexFloat++ ] = nodePos.y();       //更新此节点的 Y 坐标
13            clothPositions[ indexFloat++ ] = nodePos.z();       //更新此节点的 Z 坐标
14        }
15        cloth.geometry.computeVertexNormals();                  //重新计算法向量
16        cloth.geometry.attributes.position.needsUpdate = true;  //设置顶点位置更新
17        cloth.geometry.attributes.normal.needsUpdate = true;    //设置法向量数据更新
18        …//此处省略了更新刚体位置的代码，读者可自行查阅中的源代码
19    }
```

- 第 2～14 行为获得软布的软体信息，并对所有的顶点进行遍历，并且根据软体的顶点位置来更新绘制体形状的相关代码。
- 第 15～17 行为重新计算法向量，并更新程序顶点位置和法向量数据，如果没有此步骤，程序还将使用之前的数据，所以这个过程是十分必要的。

13.10.3　三角形网格软体案例

了解了软布案例之后，这里将给出一个三角形网格软体的案例，以便于读者能够正确创建出三角形网格软体，同时也利于加深读者对软体的理解。

1. 案例运行效果

该案例主要演示的是，在一个三维物理世界中，圆环软体和软管软体从上方掉落至地面，两个软体分别与地面都发生了相互碰撞。其运行效果如图 13-19 所示。

▲图 13-19　软体掉落在地面的效果图

> **说明**　图 13-19 中展示了从案例开始运行到软体倒在地面上的整个过程。从上面的效果图中可以看出，软体与刚体有很大的不同，其具有非常强的弹性，在碰撞时会出现很明显的缓冲效果，非常贴近现实世界。

2. 案例开发过程

前面小节中已经对本案例的运行效果进行了详细介绍，相信读者已经对三角形网格软体的外观和特点有了一定的认识。下面将对本案例的开发步骤进行详细介绍，具体步骤如下所示。

（1）本案例中的圆环软体和软管软体都是从 obj 文件中读取出来的，所以首先要将两个模型的 obj 文件放在项目目录的 model 文件夹下，并在程序中读取相关数据后进行软体的创建工作。具体代码部分如下所示。

代码位置：见随书中源代码/第 13 章/Sample13_13 目录下的 example.html 文件。

```
function createObjects() {                                    //在场景中创建物体的方法
  var manager = new THREE.LoadingManager();                   //新建读取管理器
  var objLoader = new THREE.OBJLoader();                      //新建 obj 文件的加载器
  objLoader.load('model/yuanhuan.obj',function ( object ) {//读取圆环的 obj 文件
  object.position.set(0,3,0);                                 //设置圆环在场景中的位置
  ruanguanGeometry = object.children[0].geometry;             //得到圆环的几何对象
  object.children[0].material.needsUpdate = true;             //更新圆环的材质
  ruanguanGeometry.translate( 5, 5, 0 );                      //移动圆环的位置
```

```
    createSoftVolume( ruanguanGeometry,15,600);          //创建圆环的软体
    …//此处省略了创建软管的代码，读者可自行查阅中的源代码
  });}
```

> **提示** 上面的代码部分主要完成了使用 obj 加载器加载模型文件的相关操作，前面章节中已经对此进行了详细介绍，对此不太熟悉的读者可自行查阅前面章节中的内容。

（2）可能很多读者对上面步骤中的 createSoftVolume 方法感到非常陌生，下面将对其进行详细介绍。此方法的作用是根据几何对象、重量、压力等创建软体部分，具体代码如下。

代码位置：见随书中源代码/第 13 章/Sample13_13 目录下的 example.html 文件。

```
1   function createSoftVolume( bufferGeom, mass, pressure ){//创建软体的方法
2     processGeometry(bufferGeom);                       //对几何对象的数据进行重新组织
3     var volume=new THREE.Mesh(bufferGeom,new THREE.MeshPhongMaterial({
4                 color: 0xFFFFFF } ) );                 //创建网格对象
5     volume.frustumCulled = false;                      //关闭视锥体剪裁
6     scene.add( volume );                               //将网格对象添加到场景中
7     textureLoader.load( "texture/colors.png", function( texture ) {
                                                         //读取纹理贴图
8             volume.material.map = texture;             //设置网格对象的纹理
9             volume.material.needsUpdate = true;        //更新网格对象的材质
10    });
11   var volumeSoftBody = softBodyHelpers.CreateFromTriMesh(physicsWorld.
12              getWorldInfo(),bufferGeom.ammoVertices,bufferGeom.ammoIndices,
13              bufferGeom.ammoIndices.length /3,true );      //创建软体
14    var sbConfig = volumeSoftBody.get_m_cfg();         //得到软体的控制器
15    sbConfig.set_viterations( 40 );                    //设置迭代次数
16    sbConfig.set_piterations( 40 );                    //设置迭代次数
17    sbConfig.set_collisions( 0x11 );                   //设置碰撞状态
18    sbConfig.set_kDF( 0.1 );                           //设置软体的摩擦力
19    sbConfig.set_kDP( 0.01 );                          //设置软体的阻尼
20    sbConfig.set_kPR( pressure );                      //设置软体的压力
21    volumeSoftBody.get_m_materials().at( 0 ).set_m_kLST( 0.9 );
      //设置软体的硬度
22    volumeSoftBody.get_m_materials().at( 0 ).set_m_kAST( 0.9 );
23    volumeSoftBody.setTotalMass( mass, false )         //设置软体的质量
24    Ammo.castObject(volumeSoftBody,Ammo.btCollisionObject ).getCollisionShape().
25              setMargin( margin );                     //设置软体的边缘值
26    physicsWorld.addSoftBody( volumeSoftBody, 1, -1 );      //添加到物理世界
27    volume.userData.physicsBody=volumeSoftBody;        //将软体与网格对象绑定
28    volumeSoftBody.setActivationState( 4 );            //禁止将软体冻结
29    softBodies.push(volume);                           //将此软体放入数组中，方便管理
30  }
```

- 第 2 行为处理 BufferGeometry 对象的方法，在其中提取出创建软体所需要的顶点坐标数据和索引数据，在下面的步骤中将对其进行详细介绍，此处不再赘述。
- 第 3～6 行为创建网格对象，并将其添加到场景中进行绘制的相关代码。
- 第 11～13 行为创建软体的相关代码。从中可以看出，创建软体时需要传入物理世界的信息、组织好的顶点坐标数据、顶点索引数据、顶点数量等。
- 第 14～23 行为得到软体的控制器，并对软体的碰撞状态、摩擦力、阻尼、压力、质量等各种属性进行设置的相关代码。

（3）将创建软体的基本步骤介绍完毕后，接下来将介绍对几何对象的数据进行重新组织，并存储创建软体所需要的顶点坐标数组和顶点数组的 processGeometry 方法。具体的代码部分如下所示。

代码位置：见随书中源代码/第 13 章/Sample13_13 目录下的 example.html 文件。

```
function processGeometry( bufGeometry ) {   //在几何对象中提取相关数据的方法
  //将 BufferGeometry 对象转换成 Geometry 类型
    var geometry = new THREE.Geometry().fromBufferGeometry( bufGeometry );
    //将 Geometry 中的相同的顶点合并
  var vertsDiff = geometry.mergeVertices();
  //创建出带有索引数据的 BufferGeometry 对象
    var indexedBufferGeom = createIndexedBufferGeometryFromGeometry( geometry );
```

```
8        mapIndices( bufGeometry,indexedBufferGeom);       //计算 bufGeometry 的索引数据
9    }
10     function createIndexedBufferGeometryFromGeometry( geometry ) {
11       var numVertices = geometry.vertices.length;       //获得 Geometry 中的顶点数量
12       var numFaces = geometry.faces.length;             //获得 Geometry 中的索引数量
13       var bufferGeom = new THREE.BufferGeometry();      //新建一个 BufferGeometry 对象
14       var vertices = new Float32Array(numVertices* 3);  //创建存储顶点坐标的数组
15       //创建存储索引信息的数组
16       var indices=new(numFaces*3>65535?Uint32Array:Uint16Array)(numFaces*3);
17       for( var i = 0; i < numVertices; i++ ) {     //遍历每个顶点
18             var p = geometry.vertices[ i ];        //找到此顶点的坐标
19             var i3 = i * 3;
20             vertices[ i3 ] = p.x;                  //将此顶点的 x 坐标放入下标为 i3 的位置
21             vertices[ i3 + 1 ] = p.y;              //将此顶点的 y 坐标放入下标为 i3+1 的位置
22             vertices[ i3 + 2 ] = p.z;              //将此顶点的 z 坐标放入下标为 i3+2 的位置
23      }
24      for ( var i = 0; i < numFaces; i++ ) {        //遍历每个面的信息
25            var f = geometry.faces[ i ];            //找到此面的索引值
26            var i3 = i * 3;
27            indices[ i3 ] = f.a;            //将三角形第一个顶点的索引放在下标为 i3 的位置
28            indices[ i3 + 1 ] = f.b;        //将三角形第二个顶点的索引放在下标为 i3+1 的位置
29            indices[ i3 + 2 ] = f.c;        //将三角形第三个顶点的索引放在下标为 i3+2 的位置
30      }
31        bufferGeom.setIndex(new THREE.BufferAttribute(indices,1));  //设置索引数据
32        bufferGeom.addAttribute( 'position', new THREE.BufferAttribute( vertices, 3 ) );
33        return bufferGeom;                        //返回处理好的 BufferGeometry 对象
34    }
35     function mapIndices( bufGeometry, indexedBufferGeom ) { //组织索引值的方法
36        var vertices=bufGeometry.attributes.position.array;        //bufGeometry 的
          顶点坐标
37        var idxVertices = indexedBufferGeom.attributes.position.array;
          //获得索引数据
38        var indices = indexedBufferGeom.index.array;     //获得 indexedBufferGeom 的
          索引数据
39        var numIdxVertices = idxVertices.length / 3;     //得到 indexedBufferGeom
          顶点数量
40        var numVertices = vertices.length / 3;           //得到 bufGeometry 的顶点数量
41        bufGeometry.ammoVertices = idxVertices;          //放入顶点坐标
42        bufGeometry.ammoIndices = indices;               //放入索引信息
43        bufGeometry.ammoIndexAssociation = [];
44        for ( var i = 0; i < numIdxVertices; i++ ) {     //遍历每个顶点
45          var association = [];                          //存储结果的数组
46          bufGeometry.ammoIndexAssociation.push(association);
47          var i3 = i * 3;
48          for ( var j = 0; j < numVertices; j++ ) {      //遍历每个顶点
49             var j3 = j * 3;
50             if (isEqual( idxVertices[ i3 ],idxVertices[i3+1], idxVertices[i3+2],
51                     vertices[j3],vertices[j3+1], vertices[j3+2])){         //如果找到了
                       此顶点坐标
52                  association.push( j3 );                //将索引放入数组中
53    }}}}
```

❑ 第 1～9 行为在几何对象中提取相关数据的方法。首先将 BufferGeometry 对象转换成 Geometry 类型，并创建出带有索引数据的 BufferGeometry 对象，根据此对象提取顶点坐标数据和索引数据。

❑ 第 10～34 行为根据 Geometry 对象创建带有索引数据的 BufferGeometry 对象的相关代码。Geometry 和 BufferGeometry 是 Three.js 3D 引擎中表示几何对象的两种方式，有兴趣的读者可以自行查阅官方文档，此处不再赘述。

❑ 第 35～53 行为根据 BufferGeometry 对象组织 Geometry 对象的索引值的相关方法。组织完成后，将顶点坐标、索引数据等放入数组中，在创建软体部分的代码中作为参数传入构造函数。

13.10.4 绳索软体案例

了解了三角形网格软体案例之后，这里将给出一个绳索软体的案例，以便于读者能够正确创建出绳索软体，同时也利于加深读者对软体的理解。

1. 案例运行效果

该案例主要演示的是，在一个三维物理世界中，固定的木块捆绑着一段绳子，绳子的另一端捆绑着一个球体。球体在重力和绳子的影响下做摇摆动作。其运行效果如图 13-20 所示。

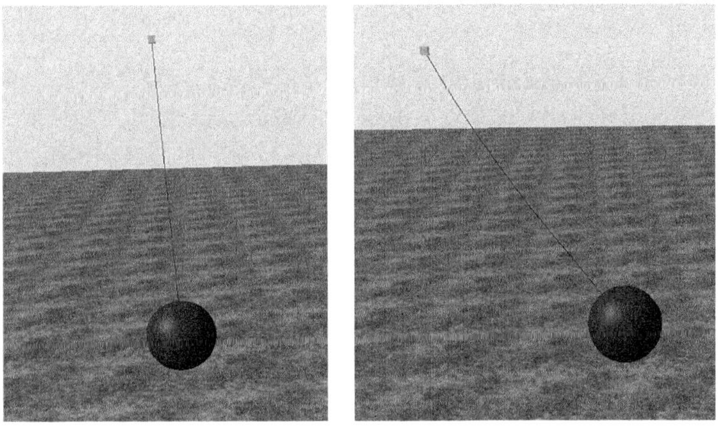

▲图 13-20 小球在绳索作用下晃动的效果图

> **说明** 图 13-20 左侧为案例开始运行时的效果图，固定的木块和球体之间连接着一段绳子。图 13-20 右侧为木块摇摆至右侧时的效果图。读者从效果图中观察绳子时，绳子可能显示得不太明显，建议读者从真机中观察绳子摆动的效果。

2. 案例开发过程

前面小节中已经对本案例的运行效果进行了详细介绍，相信读者已经对绳索软体的外观和特点有了一定的认识。下面将对本案例的开发步骤进行详细介绍，具体步骤如下所示。

（1）创建绳索之前，首先需要创建绳索上面固定的小正方体和下方的球体。下面将对小正方体和球体的创建进行详细介绍，具体代码如下所示。

代码位置：见随书中源代码/第 13 章/Sample13_14 目录下的 example.html 文件。

```
function createObjects() {                                //在场景中创建物体的方法
  pos.set( -3, 6.6, 0 );                                  //正方体的位置
  var start_point=createParalellepiped(0.1,0.1,0.1,0,pos,quat,new THREE.
        MeshPhongMaterial({color: 0xFFFFFF}));            //创建绳索上方的正方体
  scene.add(start_point);                                 //将正方体添加到场景中
  var ballMass = 1.2;                                     //球体的质量
  var ballRadius = 0.6;                                   //设置球体的半径
  ball=new THREE.Mesh(new THREE.SphereGeometry(ballRadius,20,20),new THREE.
        MeshPhongMaterial({color:0x202020}));             //创建球体的网格对象
  var ballShape=new Ammo.btSphereShape(ballRadius); //新建球体的碰撞形状
  ballShape.setMargin( margin );                          //设置球体的边缘值
  pos.set( -3, 2, 0 );                                    //设置球体位置
  quat.set(0,0,0,1);                                      //设置球体的旋转
  createRigidBody(ball,ballShape,ballMass,pos,quat);//创建球体的刚体
  ball.userData.physicsBody.setFriction( 0.5 );          //设置球体的摩擦力
  …//此处省略了创建绳索的代码，下面将对其进行详细介绍
}
function createParalellepiped(sx,sy,sz,mass,pos,quat,material) {//创建六面体的方法
  var threeObject=new THREE.Mesh(new THREE.BoxGeometry( sx, sy, sz, 1, 1, 1 ),
        material );                                       //创建六面体的网格对象
```

```
21      var shape=new Ammo.btBoxShape(new Ammo.btVector3(sx*0.5,sy*0.5,sz*0.5));
22      shape.setMargin( margin );                                  //设置碰撞形状的边缘值
23      createRigidBody( threeObject, shape, mass, pos, quat );//创建六面体的刚体
24      return threeObject;                                         //返回网格对象
25  }
```

- 第 2～5 行为创建绳索上方小正方体的网格对象及刚体的相关代码。
- 第 6～15 行为创建绳索下方的球体并设置摩擦力的相关代码，其方法与前面章节中介绍的十分相似，所以此处不再赘述。
- 第 18～24 行为创建六面体的方法，使用时需要向此方法中传入六面体的长度、宽度、高度、质量、位置、旋转四元数和材质信息。程序将创建出对应的网格对象和与之匹配的刚体，并将此网格对象返回。

（2）完成上面的准备工作后，接下来就可以进行绳索的创建工作了。本案例中绳索是在 BufferGeometry 中存入切分后绳索的顶点坐标和索引数据后进行绘制。其详细代码如下。

代码位置：见随书中源代码/第 13 章/Sample13_14 目录下的 example.html 文件。

```
function createObjects() {                                   //在场景中创建物体的方法
  …//此处省略了创建小正方体和球体的代码，上文已经对其进行了详细介绍
  var ropeNumSegments = 10;                                  //绳索的分段数
  var ropeLength = 4;                                        //绳索的长度
  var ropeMass = 3;                                          //绳索的质量
  var ropePos = ball.position.clone();                       //绳索的位置
  ropePos.y += ballRadius;
  var segmentLength = ropeLength / ropeNumSegments;               //每段的长度
  var ropeGeometry = new THREE.BufferGeometry();                  //新建几何对象
  var ropeMaterial = new THREE.LineBasicMaterial( { color: 0x000000 } );
  //线的材质
  var ropePositions = [];                                    //存放绳索中顶点坐标的数组
  var ropeIndices = [];                                      //存放绳索中索引的数组
  for ( var i = 0; i < ropeNumSegments + 1; i++ ) {               //遍历每个顶点
     //将顶点坐标放入数组中
     ropePositions.push( ropePos.x, ropePos.y + i * segmentLength, ropePos.z );
  }
 for ( var i = 0; i < ropeNumSegments; i++ ) {   //遍历每个线段
     ropeIndices.push( i, i + 1 );                           //将对应的索引放入数组中
 }
     ropeGeometry.setIndex(new THREE.BufferAttribute(new Uint16Array(
          ropeIndices),1));                                  //设置 BufferGeometry 的索引值
 ropeGeometry.addAttribute('position',new THREE.BufferAttribute(new Float32Array(
          ropePositions),3));                                //设置 BufferGeometry 的顶点坐标
 ropeGeometry.computeBoundingSphere();                       //计算绳索的包围球
 rope = new THREE.LineSegments(ropeGeometry,ropeMaterial);//新建线段的绘制对象
 scene.add( rope );                                          //将线段添加到场景中
 var softBodyHelpers = new Ammo.btSoftBodyHelpers();              //新建软体的构造器
 var ropeStart=new Ammo.btVector3(ropePos.x,ropePos.y,ropePos.z);//绳索起始点
 var ropeEnd = new Ammo.btVector3(ropePos.x, ropePos.y + ropeLength,
 ropePos.z );                                                //绳索结束点的位置
 var ropeSoftBody = softBodyHelpers.CreateRope( physicsWorld.getWorldInfo(),
 ropeStart, ropeEnd, ropeNumSegments - 1, 0 ); //创建绳索的物理部分
 var sbConfig = ropeSoftBody.get_m_cfg();                    //得到绳索的控制器
 sbConfig.set_viterations(10);                               //设置迭代次数
 sbConfig.set_piterations(10);
 ropeSoftBody.setTotalMass( ropeMass, false ); //设置绳索的总质量
 Ammo.castObject(ropeSoftBody,Ammo.btCollisionObject ).getCollisionShape().
          setMargin( margin * 3 );                           //设置绳索的边缘值
 physicsWorld.addSoftBody( ropeSoftBody, 1, -1 );    //将绳索添加到物理世界中
 rope.userData.physicsBody = ropeSoftBody;
                                                     //将绳索的软体部分和绘制对象绑定
 ropeSoftBody.setActivationState( 4 );                       //防止冻结绳索软体
 var influence = 1;
 ropeSoftBody.appendAnchor( 0, ball.userData.physicsBody, true,
             influence );                                   //将绳索和小球相连
 ropeSoftBody.appendAnchor( ropeNumSegments, start_point.userData.
          physicsBody, true, influence );                  //将绳索和正方体相连
  }
```

- 第 3～8 行设定了绳索的长度、质量和切分段数等信息。实际上，切分的段数越多，用来真实模拟的顶点数就越多，绳索就显得更加真实，但是效率会受到一定的影响，有兴趣的读者可自行试验。
- 第 9～26 行为创建绳索网格对象的相关代码。首先新建一个 BufferGeometry 对象，然后使用 for 循环语句分别计算出顶点坐标和索引值数据并存储在数组中，最后创建网格对象并添加到场景中进行绘制。
- 第 27～41 行为创建绳索软体的相关代码。首先创建软体的构造器，并向构造器中传入物理世界的信息、绳索起始点和结束点的位置等信息。创建完成后，设置其质量和边缘值并添加到物理世界中。

13.11 本章小结

本章向读者介绍了 Ammo 物理引擎的大部分基础知识，并给出了简单易懂的案例，这些为读者认识 3D 物理引擎的大世界打下了良好的基础。虽然本章对 Ammo 物理引擎的大部分基础知识点进行了讲解，但是 Ammo 物理引擎博大精深，对于细节知识的把握还需要读者进一步细心研究和学习。

13.12 习题

1．使用 Ammo 中的触发器，使两个球体碰撞时在场景中增加一个正方体箱子。

2．使用 Ammo 中的碰撞过滤，使物体 A 物体 B 只与物体 C 发生碰撞，物体 A 和物体 B 之间不发生碰撞。

3．使用关节和铰链实现机械手臂的模拟。

4．使用三角形网格软体实现类似气垫床的弹性效果。

5．对案例 Sample13_9 进行调试，重新设置其滑动的最大距离。

第14章　休闲类游戏——极地大作战

随着浏览器计算能力和兼容性的日渐强大，PC端的3D模拟技术日趋成熟。人们直接通过浏览器就可以体验到比以往更加真实的视觉冲击和立体效果，同时伴随着人们对休闲类游戏的青睐，此类游戏得到了迅速的发展。

本章介绍的游戏《极地大作战》是使用WebGL开发的一款基于PC平台的休闲类游戏，下面将对本游戏进行详细的介绍。相信读者学习完本章之后，将对使用WebGL开发PC平台下的3D游戏的流程有更深的了解，开发能力将会有很大提升。

14.1 背景以及功能概述

本节将对本游戏的开发背景进行详细的介绍，并对其功能进行简要概述。读者通过对本节的学习，将会对本游戏的整体有简单的认知，明确本游戏的开发思路和直观了解本游戏所实现的功能与所要达到的各种效果。

14.1.1 游戏背景概述

现在快节奏的生活让人们无时无刻不存在着紧张感，无论是生活还是工作，上班还是下班，学习还是工作，烦恼紧张无处不在，这样快节奏的生活让人长期承受着压力。这也催生了很多休闲类游戏，使人可以在不多的空闲时间内放松身心。

也正因为如此，市场上3D休闲类游戏像雨后春笋般涌现出来。这些游戏通常画面较为简洁精美，对玩家操作的要求不高，但是其趣味性很强，可通过简单的规则调动起玩家的兴趣和热情。像《3D打砖块》、《3D桌球》都是此类游戏中很不错的典型，运行效果如图14-1和图14-2所示。

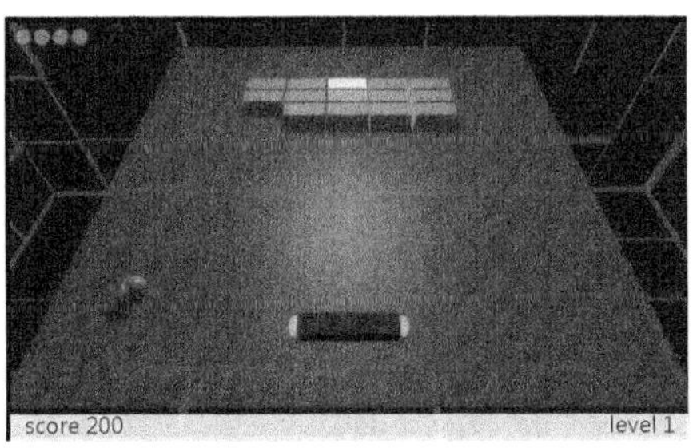

▲图14-1　3D打砖块

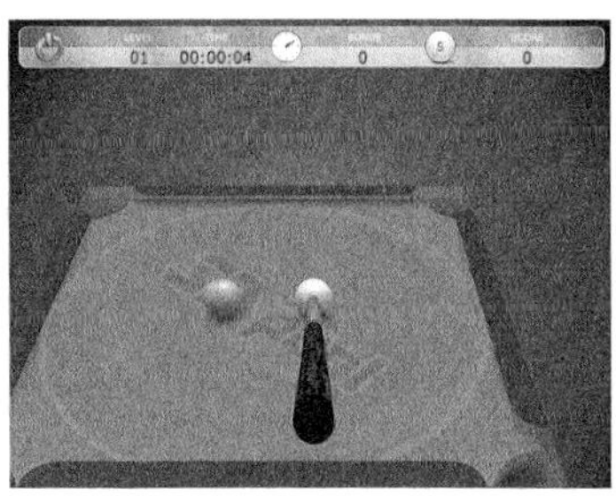

▲图14-2　3D桌球

本着放松身心、娱乐的目的，本款游戏以生活着众多动物的雪山为场景，两个玩家可通过操作键盘上的按键控制己方的长方形挡板，以此改变场景中间正方体的运动轨迹，规则十分简单易懂。同时通过双人对战模式，进一步提升了本游戏的趣味性。

《极地大作战》是使用WebGL开发的，运行在PC端的3D休闲类游戏。用户在玩游戏时需要高度集中精力，不断移动挡板，力图使正方体避开对方的挡板。此过程中，既缓解了玩家的日常压力，同时也锻炼了玩家的反应能力和操控能力，最重要的是还可以拉近两个玩家的距离。

14.1.2　游戏功能简介

前一个小节简单地介绍了本游戏的开发背景，本小节将对该游戏的主要功能进行简单的介绍，包括游戏 UI 界面的展示，按钮功能的详细介绍以及游戏场景的展示。

（1）运行游戏，首先进入的是加载界面，如图 14-3 所示。此界面中间的动态图里显示的是两个玩家进行游戏时的缩略图，小的像素点被左、右两边的竖线弹来弹去，趣味性很强，让读者即使在等待时也能保持对游戏的兴趣和热情。

（2）资源加载完毕后进入本游戏的主菜单界面，初始状态如图 14-4 所示。之后摄像机将会围绕场地不停旋转，从侧面观察场景的效果，如图 14-5 所示。而场景中的鸟类也会不停飞来飞去，如图 14-6 所示。用户可以通过单击本界面中的“开始游戏”按钮进入到游戏界面。

▲图 14-3　加载界面

▲图 14-4　主菜单界面初始状态

▲图 14-5　侧面观察场景的效果

▲图 14-6　鸟类飞过的画面

（3）用户单击“开始游戏”按钮进入游戏界面后，会进入双人对战模式。此时，屏幕将被分成两个视口，两个玩家可通过不同的视口进行游戏。游戏开始后，玩家可分别使用“A”“D”键和左、右方向键控制长方形挡板的位置，从而影响黄色正方体的运动轨迹，如图 14-7 和图 14-8 所示。

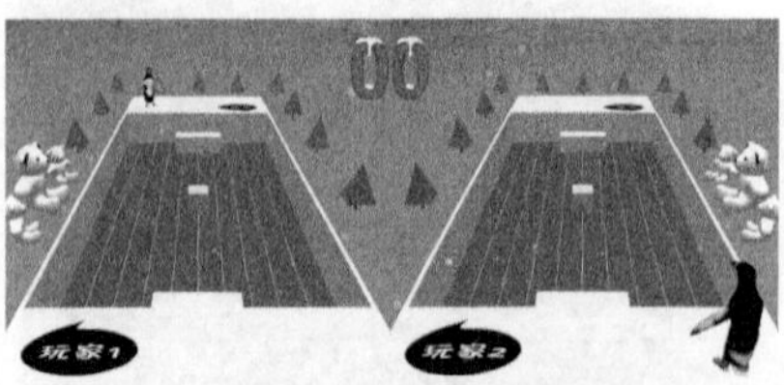

▲图 14-7　游戏开始的初始状态

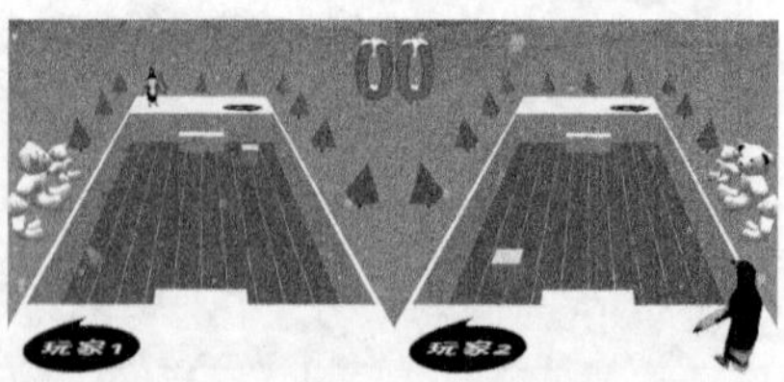

▲图 14-8　黄色方块不断移动时的画面

（4）场景周围的小熊在游戏开始后会一直保持面朝正方体的状态，进一步增加了游戏的趣味性。在游戏中，如果某玩家没能使正方体发生反弹，则对面的玩家会得分。此时画面上会出现得分的提示框，玩家可选择“继续游戏”或者“重新开始”，如图 14-9 和图 14-10 所示。

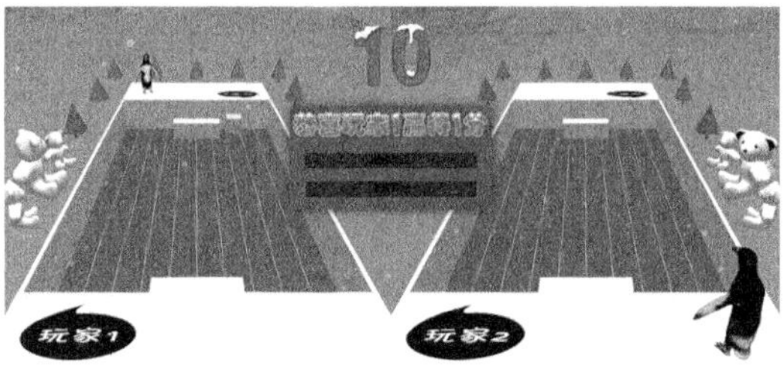

▲图 14-9 玩家 1 得分

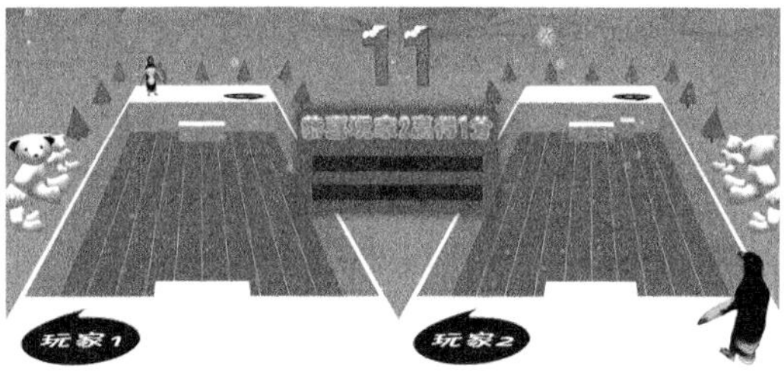

▲图 14-10 玩家 2 得分

14.2 游戏的策划及准备工作

上一节介绍了本游戏的开发背景和部分功能，本节主要对游戏的策划和开发前的一些准备工作进行介绍。在游戏开发之前做一个细致的准备工作可以起到事半功倍的效果。准备工作大体上包括游戏主体策划、相关美工及音效准备等。

14.2.1 游戏的策划

本节将对本游戏的具体策划工作进行简单的介绍。在项目的实际开发过程中，要想使自己将要开发的项目更加具体、细致和全面，做好游戏的策划工作可以使开发事半功倍，读者在以后的实际开发工程中将有所体会。本游戏的策划工作如下所示。

- 游戏类型：

本游戏是一款在浏览器中运行的 3D 游戏，属于休闲类游戏。

- 目标受众：

本游戏是以浏览器作为平台开发的，玩家可以直接输入对应网址进入游戏，省去了下载及安装客户端的相关步骤。同时使用的 3D 开发技术使本游戏场景更加真实逼真，给玩家带来较强的视觉冲击。适合儿童、青年人和老年人休闲娱乐。

- 操作方式：

本游戏采用键盘进行操作，两个玩家只需要通过按下对应的键位即可操控己方的长方形挡板，以此改变正方体的运动轨迹。游戏设计较为简单，但具有很高的可玩性。对战分出胜负后，玩家可选择继续游戏或者重新开始，游戏自由度较高。

- 呈现技术：

本游戏采用 WebGL 作为呈现技术，并使用了笔者自己编写的碰撞系统，游戏场景有很强的立体感和逼真的光照效果、真实的物理碰撞，玩家将在游戏中获得真实视觉体验。为了使画面更加精美，本游戏中还加入了粒子系统，雪花不断掉落，进一步提升了游戏的趣味性。

14.2.2 游戏的准备工作

上一节对本游戏的策划工作进行了简单介绍。本节将对本游戏开发之前的准备工作，包括相关的图片、声音、模型等资源的选择与用途进行简单介绍，包括资源的资源名、大小、像素（格式）以及用途和各资源的存储位置，并将其整理列表。具体情况如下。

（1）首先介绍的是本游戏中所用到的图片资源，将大部分图片资源放在项目文件夹的 texture 文件夹下。其中包括场景中多个 3D 模型的纹理贴图、数字素材以及组成天空盒的多张图片，具体的图片名称及用途等情况如表 14-1 所示。

表 14-1　　游戏需要的图片资源

图片名	大　小（KB）	像　素（W×H）	用　　途
0.png～9.png	72.1	590×927	表示玩家得分的数字图片
floor.jpg	45.0	1024×256	游戏界面中地板的纹理贴图
jdfw.gif	76.1	135×229	加载界面中的动态图
logo.png	25.6	1230×193	主菜单界面下的游戏名称图标
penguin.jpg	13.4	128×512	游戏界面中企鹅的纹理贴图
player1.png	13.0	128×128	玩家一的气泡
player2.png	13.1	128×128	玩家二的气泡
snow1.png～snow5.png	1.28	32×32	多种雪花效果的图片
startButton.png	1.62	347×58	主菜单界面中的开始按钮
pos1.jpg～pos6.jpg	141	1024×1024	天空盒的多张图片

（2）本游戏中有各种声音效果，这些音效使游戏更加真实。下面将对游戏中所用到的各种音效进行详细介绍，包括文件名、文件大小（KB）、文件格式以及用途。将声音资源全部放在项目目录中的 music 文件夹下，具体如表 14-2 所示。

表 14-2　　声音资源列表

文件名	大　小（KB）	格　　式	用　　途
backgroundMusic.ogg	418	ogg	进行游戏时的背景音乐
crash.ogg	17.3	ogg	游戏结束后播放的音乐

（3）本游戏中所用到的 3D 模型是用 3d Max 生成的 OBJ 文件导入的。下面将对其进行详细介绍，包括文件名、文件大小（KB）、文件格式以及用途。OBJ 文件全部放在项目目录中的 model 文件夹下。其详细情况如表 14-3 所示。

表 14-3　　模型文件清单

文件名	大　小（KB）	格　　式	用　　途
map.obj	53.3	OBJ	整体地形的模型
qie.obj	1.68	OBJ	企鹅的模型
tuzi.obj	42.4	OBJ	兔子的模型
xiong.obj	362	OBJ	小熊的整体模型
xiongshen.obj	115	OBJ	大熊身体部分的模型
xiongtou.obj	227	OBJ	大熊头部的模型

14.3 游戏的架构

上节对游戏开发前的策划工作和准备工作进行了简单的介绍。本节将介绍本游戏的整体架构以及对游戏中的各个场景进行简单的介绍，读者通过本节的学习可以对本游戏的整体开发思路有一定的了解，并对本游戏的开发过程更加熟悉。

14.3.1　各个脚本简介

为了使读者更好地理解各个脚本的作用，下面将该游戏中的所有脚本分成 6 个部分进行介绍，而对于各个脚本的详细代码将会在后面的章节中相继给出。

1. 初始化资源脚本

本部分初始化资源是指初始化场景、摄像机与背景音乐。为了使主界面代码更加简洁，便将这些初始化资源单独写成了一个脚本。有过本游戏体验的读者会了解游戏中有两个视口，其实是添加了两个摄像机，在下面讲述具体的脚本时会对这些代码进行详解。

2. 键盘事件监听脚本

游戏中的交互是通过玩家操纵键盘上的一些按键来实现的，所以本部分脚本便是开发玩家按下按键时会有什么效果的键盘事件监听脚本。

3. 添加模型脚本

本部分由几个脚本构成，包括向场景中添加静态的一些动植物模型和动态的模型。这几个脚本都是调用工具类中提供的一些资源加载的脚本来完成资源的加载的，在后边会给出具体的代码详解。下面来看一下具体的脚本功能。

- 添加动物脚本 addAnimal.js：

该脚本负责向场景中添加熊、兔子、企鹅这些静态的动物，通过加载已经做好的 obj 模型来向场景中添加模型。

- 添加树木脚本 addTree.js：

该脚本与添加动物脚本不同，该脚本不是通过加载模型，而是通过自行给出顶点与树木的位置来向场景中添加静态的树木。

- 添加飞鸟与天空盒脚本 addBirdAndSky.js：

该类为向场景中添加天空盒与飞鸟动画的脚本，添加动画是通过 json 文件来添加的。

- 添加雪花脚本 addSnow.js：

该脚本的功能为向场景中添加雪花，使玩家的游戏体验更加真实，其通过创建粒子系统来实现的。

4. 碰撞检测脚本

本类脚本为实现游戏中的木块在碰到边板或者玩家控制的木板时的碰撞效果，由于本案例开发时间较短，所以碰撞检测就难免有一些瑕疵。读者在学习完本章节的开发后，也可以自行完善或者开发一套碰撞检测技术来实现本游戏所需的功能。

5. 工具类脚本

本部分脚本为 Three.js 自带的一些封装好的方便开发者使用的工具类脚本，还有一些网上比较优秀的方便开发的脚本，通过这些工具类的使用，开发者可以更加方便地开发出更好的游戏。

6. HTML 文件

除了上述所列的脚本文件之外，本游戏中还有最重要的一部分游戏的入口文件 example.html 与网页的样式表 css.css，此网页文件是网页游戏开发中不可或缺的一部分，正是通过在该文件中调用各脚本与开发部分代码才完成了本游戏。

14.3.2 游戏架构简介

在上一节中，已经简单介绍了游戏的各部分脚本的功能。为加深读者理解，在这一节中将介绍一下游戏的整体架构，使读者对本游戏有更深的理解。接下来将按照程序运行的顺序介绍各个类的作用以及游戏的整体框架，具体情况如图 14-11 所示。

（1）启动游戏，便进入到游戏主界面，在主界面中可以看到游戏的场景，单击“开始游戏”便可以进入游戏界面，开始游戏的体验。

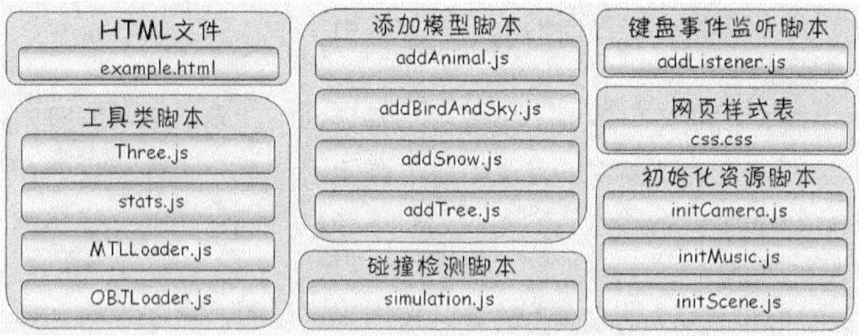

▲图 14-11　游戏的整体架构图

（2）在进入游戏界面后，玩家就可以通过玩家视角进行游戏，而不是在上帝视角中进行整体场景的观察了。游戏界面中有两个玩家视口，分别代表着玩家 1、2。玩游戏时需要观察的各自的窗口，并通过各自的窗口控制木块尽量使自己得分。

（3）本小节前面所介绍的脚本文件，除了加载模型类的脚本玩家可以肉眼看到之外，其余部分脚本都是看不到的，只有通过游戏过程中来体验这些游戏内部逻辑脚本为游戏的体验所带来的效果。

（4）具体游戏操作十分简单，玩家通过键盘的“A”、“D”键。左、右方向键来控制各自的木块的移动，一方没有接到木块后，对方会得一分。此时玩家可以通过弹出来的对话框选择继续游戏或者重新开始游戏，玩家可以根据需求自行选择。

14.4　网页文件 example.html

从本节开始将正式进入游戏的开发过程，首先介绍的是本游戏的网页文件 example.html。此文件中带有本游戏渲染需要的多个着色器，并且存储着整个游戏中用到的全局变量，以便在其他脚本中进行使用。本文件开发的详细步骤如下。

（1）首先需要开发的是 HTML 文件的整体框架。example.html 是本游戏的入口，该文件的主要作用是在初始化 3D 渲染的多种组件，并且其中存储着若干图片标签，控制着 2D 界面的隐藏、显示以及样式等。具体的代码部分如下所示。

代码位置：见随书中源代码/第 14 章目录下的 CubeSlam 目录下的 example.html 文件。

```
<!DOCTYPE html>
  <head>
        <title>Cube Slam</title>                          //设置网页标题
    <meta charset="utf-8">                                  //设置编码格式
    <script type="text/javascript" src="util/three.js"></script>  //导入相关的脚本文件
    …//此处省略了导入部分脚本文件的语句，读者可自行查阅随书中的源代码
   <link href="css.css" rel="stylesheet" type="text/css" />//导入相关的 CSS 样式表
  </head>
  <body style="width:90%;height:100%;background-color:#f0f0d0">  //设置显示内容的宽和高
    <img id="load" src="texture/jdfw.gif" alt="loading picture"/>      //表示加载界面的 GIF 图
    <div id="WebGL-output"type="display:none;"></div>     //3D 渲染结果所在的 div
    <div id="WelCome" >                                    //主菜单界面所在的 div
       <div id="gaoliang" style="background-color:#ffffff;opacity:1;">
       //设置对应 div 的颜色和透明度
       <img id="load2" src="texture/startButton.png" onclick='isInGame = true;
       // “开始游戏”按钮
           document.getElementById("WelCome").style.display = "none";
           //隐藏“开始游戏”按钮
           document.getElementById("defen").style.display = "block";
           //显示玩家的得分图片
           scene.remove(bird);'/></div>                        //将鸟类移出场景
```

```
18              <img id="logo" src="texture/logo.png" /></div>  //本游戏的 logo
19        <div class='windoz' id='win1'>                         //玩家 1 获胜后显示的 div
20                <a id='a1' href='#' onclick="GAME.restart(0)">继续游戏</a>
                  //设置“继续游戏”按钮
21              <a id='a2' href='#' onclick="GAME.restart(1)">重新开始</a></div>
                //设置“重新开始”按钮
22        <div class='windozz' id='win2'>                        //玩家 2 获胜后显示的 div
23              <a id='a1' href='#' onclick="GAME.restart(0)">继续游戏</a>
                //设置“继续游戏”按钮
24              <a id='a2' href='#' onclick="GAME.restart(1)">重新开始</a></div>
                //设置“重新开始”按钮
25        <div id="defen" type="width:100%" background-color:"gray">    //表示玩家得分
          的图片
26            <img id="p1" class="fen" src="texture/0.png" />         //玩家 1 的得分
27            <img id="p2" class="fen" src="texture/0.png" /></div>   //玩家 2 的得分
28            …//此处省略了着色器部分的相关代码，后文将会对其进行详细介绍
29        <script type="text/javascript">                          //用到的 JavaScript 脚本
30        …//此处省略了 JavaScript 的代码部分，后文将会对其进行详细介绍
31        </script>
32      </body>
33    </html>
```

- 第 4 行为设置网页编码格式的相关代码，可用的编码格式有很多种，如果此项设置得不合适，网页将会出现乱码问题。对此不太熟悉的读者可自行查阅相关资料。
- 第 7 行为外部 CSS 样式表的相关代码。本游戏的 2D 界面中的组件数量比较多，所以需要很多设置网页样式的代码来保证其正常显示。为了方便代码的管理，CSS 语句被单独存储起来。
- 第 10～27 行为设置游戏中 2D 界面的相关代码标签，其中包括加载时的动态图、开始游戏按钮、玩家得分等信息。为了方便操作，可使用多个 div 标签对其进行管理。
- 第 29～31 行省略了声明一系列全局变量的代码部分以及对 3D 渲染进行初始化的 init 方法，在后文中将会对此部分代码进行详细介绍。

（2）接下来介绍的是 example.html 文件中声明的全局变量，包括游戏场景中的模型以及与 3D 渲染工作相关的组件，声明之后可以直接在脚本文件中进行初始化和其他操作，各个变量管理起来更加方便，整个游戏的条理也显得更加清晰，其详细代码如下。

代码位置：见随书中源代码/第 14 章目录下的 CubeSlam 目录下的 example.html 文件。

```
var player1_mukuai,player2_mukuai;                       //玩家 1 和玩家 2 控制的木块
var zhongjian_mukuai;                                    //中间可以滑动的正方体方块
var moveLeft_p1 = false;                                 //玩家 1 是否要左移的标志位
var moveRight_p1 = false;                                //玩家 1 是否要右移的标志位
var moveLeft_p2 = false;                                 //玩家 2 是否要左移的标志位
var moveRight_p2 = false;                                //玩家 2 是否要右移的标志位
var score_Play1 = 0;                                     //用来记录玩家 1 的得分
var score_Play2 = 0;                                     //用来记录玩家 2 的得分
var isWin = false;                                       //本场游戏是否有人已经胜出的标志位
var views;                                               //用来存放多个摄像机信息的数组
var player1_current_positionX,player2_current_positionX;  //两个挡板当前的 x 坐标
var velocity = new THREE.Vector3(1,0,1);                 //中间滑动箱子的初始速度
var windowWidth;                                         //游戏页面的宽度（以像素为单位）
var windowHeight;                                        //游戏页面的高度（以像素为单位）
var scene = new THREE.Scene();                           //新建 ThreeJS 中的场景组件
var singleTree;                                          //单棵树的网格对象
var tree_geo;                                            //单棵树的几何对象
var xiongtou;                                            //熊头部的网格对象
var xiongshen;                                           //熊身体的网格对象
var cameraRadius = 200;                                  //表示单个摄像机的移动轨迹半径
var cameraAngle = 0;                                     //表示单个摄像机的旋转角度
var isInGame = false;                                    //表示是否进入了游戏界面的标志位
var music,crashSound;                                    //背景音乐和碰撞音效
var renderer;                                            //整个游戏的渲染器组件
var particles = [];                                      //存放粒子系统信息的数组
var mixer;                                               //主菜单界面中鸟类飞行的骨骼动画
var bird;                                                //主菜单界面中鸟的网格对象
var objLoader = new THREE.OBJLoader();                   //新建 obj 格式 3D 模型的加载器
```

```
29    var mtlLoader = new THREE.MTLLoader();                 //新建 mtl 格式材质的加载器
30    var jsonLoader = new THREE.JSONLoader();               //新建 json 格式骨骼动画的加载器
31    var textureLoader = new THREE.TextureLoader();         //纹理图的加载器
32    var singleCamera;                                      //代表单个摄像机的全局变量
33    var GAME=(function(){                                  //赢得游戏后显示的图片
34          hide = function(id) {document.getElementById(id).style.display="none";},
          //隐藏某图片的函数
35          show = function(id) {document.getElementById(id).style.display="block";}
          ;//显示某图片的函数
36          return {
37                running: false,
38          win1: function() {                               //显示玩家 1 赢得游戏
39                show("win1");                              //显示玩家 1 赢得游戏的对话框
40                this.running=false;
41          },win2: function() {                             //显示玩家 2 赢得游戏
42                show("win2");                              //显示玩家 2 赢游戏的对话框
43                this.running=false;
44          },restart: function(index) {                     //重新开始游戏
45                hide("win1");                              //隐藏玩家 1 的对话框
46                hide("win2");                              //隐藏玩家 2 的对话框
47                reset(index);                              //调用重新开始游戏方法
48                this.running=true;
49          }
50    }})();
```

- 第 1～9 行为在游戏界面用到的一些标志位和数据信息，用来记录两个玩家控制的长方形木块的移动方向以及各自得分等重要信息。
- 第 10 行中的 views 数组中存储着将屏幕平均分成左、右两个视口的相关信息。由于游戏为双人对战模式，所以在渲染之前需要根据此数组中的信息对渲染工作进行初始化，以此保证两个视口的正常显示，后文中将对其进行详细介绍。
- 第 16～27 行为存储游戏场景中的多个 3D 模型以及骨骼动画等的标量，包括北极熊、企鹅、兔子等。这些全局变量将会在单独的脚本中进行初始化。加入这些模型后，整个游戏的趣味性和可玩性都有了一定程度上的提高。
- 第 28～31 行为创建多种格式资源的加载器的相关代码。官方的发布包中都包含着相关的脚本文件，在使用之前开发人员只需要将对应的脚本导入即可。对此不熟悉的读者可自行查阅相关文档和资料等，此处不再赘述。

（3）接下来介绍的是上文中省略的 init 方法，整个网页加载完成之后会自动调用此方法，主要作用是对渲染环境进行初始化，并且控制整个加载和渲染流程，从中可以很清晰地看出本游戏的架构，此方法中详细的代码部分如下所示。

代码位置：见随书中源代码/第 14 章目录下的 CubeSlam 目录下的 example.html 文件。

```
function init() {//当网页加载完成后运行的 JavaScript 方法
      singleCamera = new THREE.PerspectiveCamera(45, window.innerWidth
                /window.innerHeight, 0.1, 20000);      //新建摄像机的代码
      singleCamera.position.x = 0;                     //设置单个摄像机的 x 坐标
      singleCamera.position.y = 100;                   //设置单个摄像机的 y 坐标
      singleCamera.position.z = 200;                   //设置单个摄像机的 z 坐标
      singleCamera.lookAt(scene.position);             //设置摄像机焦点
      renderer = new THREE.WebGLRenderer({antialias:true});
      //创建渲染器对象的代码
      renderer.setSize(window.innerWidth, window.innerHeight);
      //设置渲染窗口大小
      initskybox();                                  //初始化天空盒
      initMusic();                                   //添加背景音乐和音效
      initCamera();                                  //初始化摄像机的方法
      addTreeGroup();                                //将树的网格对象添加到场景中的方法
      createFloor(textureLoader,scene);              //初始化地面的方法
      addLight(scene);                               //向整个场景中添加灯光的方法
      addAnimal();                                   //加载、添加动物 3D 模型
      loadScene(objLoader,scene);                    //添加场景中山体的模型
      addListener();                                 //在游戏中增加监听器的方法
```

```
19          setTimeout(toWelComeView,5000);                    //跳转到游戏界面
20          renderScene();                                     //游戏的整体渲染方法
21          addSnow();                                         //添加雪花效果粒子系统的方法
22          addBird();                                         //添加鸟类飞行骨骼动画的方法
23     }
```

❑ 第 2～9 行为创建单个摄像机和设置渲染器对象的相关代码。本游戏的主菜单界面中使用的是单个摄像机，在游戏界面中使用两个不同位置的摄像机。

❑ 第 10～22 行为整个游戏的整体初始化流程，包括初始化天空盒、音乐音效。添加多种网格对象和骨骼动画、监听器以及雪花效果粒子系统的方法。下文中会将这些方法作为重点进行讲解，对其中涉及技术和编程技巧进行详细介绍和分析。

（4）介绍完初始化工作的基本流程之后，接下来本文将对本游戏中更新组件位置和旋转信息的 renderScene 方法进行详细介绍。此方法在渲染环境初始化完毕之后不断被调用，功能为保证粒子系统和鸟类一直可以被摄像机捕捉到，其具体的代码部分如下所示。

代码位置：见随书中源代码/第 14 章目录下的 CubeSlam 目录下的 example.html 文件。

```
1      function renderScene(){                                   //游戏中的总渲染方法
2        if(particles!==undefined){                              //如果粒子系统的图片已经加载完毕
3            for(var i =0 ;i<particles.length;i++){              //遍历存储粒子系统的数组
4              particles[i].position.y = particles[i].position.y-1;
               //不断减小各种粒子的高度值
5              if(particles[i].position.y <-1000){               //如果粒子的高度值小于一定阈值
6                particles[i].position.y =particles[i].position.y + 1000;//对其进行更新
7        }}}
8        if(!isInGame){                                    //如果当前处于主菜单界面
9            if(mixer!==undefined){                        //如果鸟类飞行的骨骼动画已经加载完毕
10             if(bird.station == 1){                      //如果当前鸟类是从左下角向右上角飞
11                 bird.position.x = bird.position.x + 0.5;      //不断增加鸟的 x 坐标值
12                 bird.position.z = bird.position.z - 0.75;     //不断减小鸟的 y 坐标值
13                 if(bird.position.x>240){                      //当鸟的 x 坐标值大于一定的阈值
14                   bird.position.set(-240,50,-360);            //重新设置鸟的位置
15                   bird.rotation.y = Math.PI/8;                //重新设置鸟的旋转角度
16                   bird.station =2;                            //改变鸟的飞行状态
17            }}
18            if(bird.station == 2){                             //如果当前鸟类是从左上角向右下角飞
19                 bird.position.x = bird.position.x + 0.5;        //不断增加鸟的 x 坐标值
20                 bird.position.z = bird.position.z + 0.75;       //不断增加鸟的 y 坐标值
21                 if(bird.position.x>240){                      //当鸟的 x 坐标值大于一定的阈值
22                     bird.position.set(-240,50,360);             //重新设置鸟的位置
23                     bird.station =1;                            //改变鸟的飞行状态
24                     bird.rotation.y = Math.PI/8*7;              //设置鸟的旋转角度
25               }}
26               var delta = clock.getDelta();                     //获得当前的时间信息
27               mixer.update( delta );                            //更新鸟的骨骼动画
28          }}
29          if(isInGame){                                  //如果进入游戏界面
30            simulate();                                  //模拟碰撞的方法开启
31          }
32          rotateHead();                                  //不断更新场景中小熊头部朝向的方法
33          updateSize();                                  //实时更新页面大小的方法
34          render();                                      //渲染方法
35       requestAnimationFrame(renderScene);               //请求调用 renderScene 方法
36        }}
```

❑ 第 2～7 行为更新粒子系统位置的相关代码。绘制游戏场景中，会一直减小雪花粒子系统的 Y 坐标值，但是减小到一定的程度后，屏幕上的特效会消失，所以需要设置一定的阈值，如果 Y 坐标小于此阈值，需要将其提升一定的高度。

❑ 第 8～27 行为在鸟类飞行时更新其位置的相关代码。由于本游戏中的场景较小，又要保证游戏的趣味性，所以需要为鸟设置两条飞行路径。程序可通过 station 变量判断出当前鸟类的运动轨迹，从而为其设置合适的步长值。

❑ 第 29～35 行为模拟游戏场景中物理碰撞并更新北极熊头部旋转角度的相关代码。通过这

些方法可保证场景中间的正方体在接触到障碍物时会出现真实的碰撞效果，并且北极熊的头部会一直面向正在滑动的木块。

14.5 游戏相关脚本

前面已经对网页文件的开发进行了介绍，从本节开始将进入游戏开发最主要的环节，即游戏相关脚本的开发。本节将会对整个游戏涉及到的 JavaScript 脚本进行详细介绍，此过程中将会穿插讲解一些脚本的编写技巧以及开发的具体思路，并指出需要注意的地方。

14.5.1 初始化资源脚本

游戏开发的过程中，3D 模型对于可玩性和画面质量的提升有很大的影响。本游戏中加入了北极熊、企鹅、鸟类以及雪花效果粒子系统等元素，使规则简单的游戏也可以具有较高的趣味性。下面将对这些资源的初始化和添加脚本进行详细介绍，具体情况如下。

1. initScene.js 脚本

initScene.js 脚本的作用主要在于创建游戏场景中地板和两边挡板的网格对象，有需要的话，可为其设置好纹理贴图，并完成其他基础场景组件的初始化工作。接下来将对此文件各个部分的开发步骤进行详细介绍，具体步骤如下所示。

（1）首先开发的是 initScene.js 脚本文件，可以说此文件中 createFloor 方法最为重要。其作用是使用 Three.js 自带的多种几何对象方便快速地创建出游戏场景中的基础部分。下面将对此文件的开发步骤和具体代码部分进行介绍，详细的代码如下所示。

代码位置：见随书中源代码/第 14 章目录下的 CubeSlam/js 目录下的 initScene.js。

```
function createFloor(textureLoader,scene){  //创建游戏场景中地板和其他基础组件的方法
  var floor_width = 100;                    //设置游戏场景中地板的宽度
  var floor_length = 200;                   //设置游戏场景中地板的长度
  var bian_height = 20;                     //设置两边挡板的高度
  textureLoader.load( 'texture/floor.jpg', function ( texture ) {
  //读取地板的纹理图
        texture.wrapS = THREE.RepeatWrapping;    //设置纹理 S 轴为重复
        texture.wrapT = THREE.RepeatWrapping;    //设置纹理 T 轴为重复
        texture.repeat.set(1,10);                //设置纹理两个方向上的重复次数
        floorTexture = texture;                  //读取地面的纹理贴图赋值给全局变量
        var floorGeo = new THREE.PlaneGeometry(floor_length,floor_width,1,1);
        //新建地板的几何对象
        var material = new THREE.MeshBasicMaterial({map:floorTexture});
        //新建地面的基本材质
        var floor = new THREE.Mesh(floorGeo, material );    //新建地面的网格对象
        floor.rotation.z = -0.5 * Math.PI;                  //设置 z 轴的旋转角度
        floor.rotation.x = -0.5 * Math.PI;                  //设置 x 轴的旋转角度
        scene.add(floor);                                   //向场景中添加网格对象
  });
  var bian_Geometry=new THREE.CubeGeometry(1.5,bian_height,200);
                                                             //新建两边挡板的碰撞形状
  material = new THREE.MeshPhongMaterial({color:0xfdfce4}); //新建两边挡板的材质
  var bian_Mesh = new THREE.Mesh(bian_Geometry,material); //新建两边挡板的网格对象
  var bian_left = bian_Mesh.clone();                      //创建左边挡板的网格对象
  bian_left.position.set(-floor_width/2,bian_height/2,0); //设置左边挡板的位置
  scene.add(bian_left);                                   //将左边挡板添加到场景中
  var bian_right = bian_Mesh.clone();                     //创建右边挡板的网格对象
  bian_right.position.set(floor_width/2,bian_height/2,0); //设置右边挡板的位置
  scene.add(bian_right);                                //将右边的挡板添加到场景中
  var cube_z=50;                                        //玩家后面长方体的宽
  //创建玩家后面长方体的几何对象
  var behind_Geometry = new THREE.CubeGeometry(floor_width+1.5,bian_height,
  cube_z);
  var behind_Cube=new THREE.Mesh(behind_Geometry,material);//创建长方体的网格对象
  behind_Cube.position.set(0,bian_height/2,floor_length/2+cube_z/2);
```

```
                                                              //设置长方体的位置
32      scene.add(behind_Cube);                               //将此长方体添加到场景中
33      var player2_behind_Cube = behind_Cube.clone();        //创建玩家 2 后面的长方体
34      player2_behind_Cube.position.set(0,bian_height/2,-floor_length/2-cube_z/2);
        //设置长方体的位置
35      scene.add(player2_behind_Cube);                       //将此长方体添加到场景中
36      …//此处省略了添加玩家气泡信息和操控的长方体部分的代码，下文中将进行详细介绍
37    }
```

- 第 2～16 行为创建游戏场景中长方体平面的相关代码。细心的读者可以发现，场景中的地板主要以红色为主，同时伴有黄色条纹。为了方便，开发时可以在一张纯红色纹理图的两边给出一定宽度的黄色条纹，再将纹理设置为重复即可。
- 第 18～26 行为创建游戏场景中两边挡板的相关代码。其中需要注意的地方在于，长方形网格对象在创建之后其中心与坐标系原点重合，所以初始状态时下半部分是不可见的，开发人员需要将其向 y 轴正方向移动高的一半。
- 第 28～36 行为创建玩家后面长方体的相关代码。此部分虽然比较简单，却是场景中不可或缺的一部分，在之后的操作中，将会在此长方体中添加气泡，方便玩家区分和辨认。

（2）地面和挡板部分创建完毕后，接下来就要创建两个玩家的气泡部分了。气泡创建完成后，需要将其进行适当的旋转和平移操作，使其恰好与玩家后面的长方体表面相重合。具体的代码部分如下所示。

代码位置：见随书中源代码/第 14 章目录下的 CubeSlam/js 目录下的 initScene.js。

```
1     function createFloor(textureLoader,scene){
2       …//此处省略了创建场景中地面的相关代码，上面已经对其进行了介绍，此处不再赘述
3         var label_Material1 = new THREE.MeshBasicMaterial();     //新建气泡的材质
4       textureLoader.load( 'texture/player1.png', function (texture) {
                                                            //读取玩家 1 气泡的图片
5           var player1_label = new THREE.PlaneGeometry(20,30,1,1);
                                                            //新建长方形几何对象
6           label_Material1.transparent = true;             //设置材质的透明属性
7           label_Material1.map = texture;                  //设置材质的纹理贴图
8           label_Material1.needsUpdate = true;             //更新材质信息
9           var label1 = new THREE.Mesh(player1_label,label_Material1);
                                                            //创建玩家 1 气泡的网格对象
10          label1.rotation.z = -0.5 * Math.PI;             //设置绕 z 轴的旋转角度
11          label1.rotation.x = -0.5 * Math.PI;             //设置绕 x 轴的旋转角度
12          label1.position.x = -30;                        //设置玩家 1 气泡的 x 坐标
13          label1.position.y = bian_height+0.10;           //设置玩家 1 气泡的 y 坐标
14          label1.position.z = 115;                        //设置玩家 1 气泡的 z 坐标
15          scene.add(label1);                              //将玩家 1 气泡添加到场景中
16      });
17      var label_Material2 = new THREE.MeshBasicMaterial();  //创建玩家 2 气泡的材质
18      textureLoader.load( 'texture/player2.png', function (texture2) {
                                                    //读取玩家 2 气泡的贴图
19        var player2_label = new THREE.PlaneGeometry(20,30,1,1);
                                                    //创建玩家 2 气泡的几何对象
20        label_Material2.map = texture2;                   //设置材质的纹理贴图
21        label_Material2.transparent = true;               //设置材质为透明
22        label_Material2.needsUpdate = true;               //更新材质信息
23        var label2 = new THREE.Mesh(player2_label,label_Material2);
                                                    //创建玩家 2 气泡的网格对象
24        label2.rotation.x = -0.5 * Math.PI;       //设置玩家 2 气泡在 x 轴上的旋转角度
25        label2.rotation.z = 0.5 * Math.PI;        //设置玩家 2 气泡在 z 轴上的旋转角度
26        label2.position.x = 30;                   //设置玩家 2 气泡的 x 坐标
27        label2.position.y = bian_height+0.10;     //设置玩家 2 气泡的 y 坐标
28        label2.position.z = -115;                 //设置玩家 2 气泡的 z 坐标
29        scene.add(label2);                        //将玩家 2 的气泡添加到场景中
30        …//此处省略了创建玩家操控长方体和中间正方体的代码，下文将会对其进行详细介绍
31    });}
```

- 第 2～16 行为创建玩家 1 气泡的相关代码。理论上讲，3D 世界中的物体最好使用带有光照效果的材质，但是气泡不太一样。在光的影响下，气泡上的部分文字信息可能会变暗而模糊不清。所以气泡的材质选用了没有光照效果的 MeshBasicMaterial。

❑ 第 17～30 行为创建玩家 2 气泡的相关代码。此部分与上面的代码几乎完全一样，所以不再赘述。其实开发人员还可以使用 clone 方法复制玩家 1 的气泡，再改变纹理贴图即可。

（3）本游戏中两个玩家控制的长方体挡板和中间正方体都需要不停滑动，在游戏中占有很重要的位置。接下来将对创建这些网格对象的代码部分进行详细介绍，此部分中的大多数代码与前面十分相似，所以只对特殊的代码进行讲解，具体情况如下所示。

代码位置：见随书中源代码/第 14 章目录下的 CubeSlam/js 目录下的 initScene.js。

```
function createFloor(textureLoader,scene){
  …//此处省略了创建玩家气泡的相关代码，上面已经对其进行了介绍，此处不再赘述
  var distant_player = 15;                          //设置玩家操作的木块与后面的距离
  var cube_geo = new THREE.CubeGeometry(30,10,10);        //创建长方体的几何对象
  cube = new THREE.Mesh(cube_geo,material);               //创建长方体的网格对象
  cube.position.set(0,5,floor_length/2-distant_player); //设置长方体网格对象的位置
  scene.add(cube);                                  //将长方体添加到场景中
  player1_mukuai = cube;                            //将玩家 1 操控的长方体赋值给全局变量
  cube2 = cube.clone();                             //创建玩家 2 操作的长方体
      cube2.position.set(0,5,-floor_length/2+distant_player);
                                                    //设置玩家 2 控制长方体的位置
  scene.add(cube2);                                 //将玩家 2 控制的长方体添加到场景中
  player2_mukuai= cube2;                            //将玩家 2 操控的长方体赋值给全局变量
  box_length = 10;                                  //设置滑动正方体的边长
  var box_geo = new THREE.CubeGeometry(10,10,10);          //创建正方体的几何对象
  var box_material = new THREE.MeshPhongMaterial({color:0xffff00});
                                                          //创建正方体的材质
  var box = new THREE.Mesh(box_geo,box_material);         //创建正方体的网格对象
  box.position.set(0,box_length/2,0);                     //设置正方体的初始位置
  scene.add(box);                                         //将此正方体添加到场景中
  zhongjian_mukuai = box;                                 //将正方体赋值给全局变量
}
```

> **提示**　创建这几个网格对象时，程序中使用了适合较暗颜色的 MeshPhongMaterial 材质，这种材质对光照的反射不是很明显。如果使用 MeshBasicMaterial 材质，整个网格对象将会成为一些颜色块，十分影响游戏画面的质量，有兴趣的读者可自行试验。

（4）接下来需要介绍的是 initScene.js 脚本文件中其余两个方法——addLight 和 loadScene 方法，其作用分别为向场景中添加光照效果和读取山脉模型。这两个方法也十分简单，所以不会对其进行过多介绍。具体的代码部分如下所示。

代码位置：见随书中源代码/第 14 章目录下的 CubeSlam 目录下的 initScene.js。

```
1   function addLight(scene) {                               //在场景中添加光源的方法
2     var ambientLight = new THREE.AmbientLight(0xffffff);   //创建环境光
3     ambientLight.intensity = 0.4;                          //设置环境光的强度
4     scene.add(ambientLight);                               //将环境光添加到场景中
5     var pointLight = new THREE.PointLight(0xffffff);       //创建点光源
6     pointLight.position.set(0,1000,0);                     //设置点光源的位置
7     scene.add(pointLight);                                 //源添加到场景中
8   }
9   function loadScene(objLoader,scene){                     //读取地形的方法
10    objLoader.setPath( 'model/' );                         //设置地形 obj 所在的路径
11    objLoader.load( 'map.obj',function(object){            //读取地面的 obj 文件
12    object.scale.set(10,10,10);                            //设置地形的缩放倍数
13    object.children[0].material = new THREE.MeshPhongMaterial({color:0x1573dc});
      //更改地面的材质
14    object.position.x = 520;                        //设置地面 x 坐标
15    object.position.y = -65;                        //设置地面的 y 坐标
16    object.position.z = -700;                       //设置地面的 z 坐标
17    scene.add(object);                              //将地面的网格对象添加到场景中
18  });}
```

❑ 第 1～8 行为在场景中添加光源的方法。需要注意的是在实际开发过程中，环境光不宜设置得过弱，否则会使场景中显得昏暗，甚至使很多网格对象呈现黑色，所以应通过 intensity 属性对环境光的强度进行调整。

- 第 9～18 行为使用 objLoader 读取山脉 3D 模型的相关代码。进行读取之前，要使用 setPath 方法设置资源所在的路径，否则程序会运行异常并报错。

2. initCamera.js 脚本

主菜单界面中使用的是不断旋转的单个摄像机，而游戏界面中左、右两部分分别使用不同的摄像机，方便两个玩家进行游戏。而 initCamera.js 脚本的作用在于，在游戏界面完成分屏，并更新渲染器的尺寸。其具体的开发步骤如下所示。

（1）首先需要介绍的是初始化游戏界面中两个摄像机的 initCamera 方法和根据页面大小调整渲染器尺寸的 updateSize 方法。其中 initCamera 方法将渲染页面平均分成左右两部分，使游戏更有趣味性。具体的代码部分如下所示。

代码位置：见随书中源代码/第 14 章目录下的 CubeSlam/js 目录下的 initCamera.js。

```
1     function initCamera(){                                     //初始化摄像机的方法
2       views = [{                                               //此数组中存储视口相关信息
3           left: 0,                                             //左侧视口左侧的位置
4           bottom: 0,                                           //左侧视口底部的位置
5           width: 0.5,                                          //左侧视口的宽度
6           height: 1.0,                                         //左侧视口的高度
7           background: new THREE.Color().setRGB( 1, 1, 1),          //设置背景颜色
8           eye: [ 0, 100, 200 ],                                //左侧视口中摄像机的位置
9           fov: 45,                                             //设置左侧视口中摄像机的视角
10      },{
11          left: 0.5,                                           //右侧视口左侧的位置
12          bottom: 0,                                           //右侧视口底部的位置
13          width: 0.5,                                          //右侧视口的宽度
14          height: 1.0,                                         //右侧视口的高度
15          background: new THREE.Color().setRGB( 1, 1, 1),          //设置背景颜色
16          eye: [ 0, 100,-200],                                 //右侧视口中摄像机的位置
17          fov: 45,                                             //设置右侧视口中摄像机的视角
18      }];
19      for (var ii =  0; ii < views.length; ++ii ){             //对数组进行遍历
20        view = views[ii];                                      //取出数组中的一个元素
21        camera = new THREE.PerspectiveCamera( view.fov, window.innerWidth /
22                window.innerHeight/2, 0.1, 20000 );            //新建摄像机
23        camera.position.x = view.eye[ 0 ];                     //设置摄像机的 x 坐标
24        camera.position.y = view.eye[ 1 ];                     //设置摄像机的 y 坐标
25        camera.position.z = view.eye[ 2 ];                     //设置摄像机的 z 坐标
26        camera.lookAt(scene.position);                         //设置摄像机的焦点
27        view.camera = camera;                                  //将摄像机进行绑定
28    }}
29    function updateSize(){                                     //实时更新渲染器尺寸的方法
30      //如果当前渲染器的长度或者宽度与页面的大小不符
31      if ( windowWidth != window.innerWidth || windowHeight != window.innerHeight) {
32        windowWidth = window.innerWidth;                       //更新渲染器的宽度
33        windowHeight = window.innerHeight;                     //更新渲染器的高度
34        renderer.setSize (windowWidth,windowHeight);           //重新设置渲染器的尺寸
35    }}
```

- 第 1～28 行为将屏幕平均分成左、右两个视口的相关代码。其中 views 数组中存储着两个视口的宽度、高度、以及位置和摄像机视角等信息。然后使用 for 循环对数组中的元素进行遍历，创建并设置对应的摄像机对象。
- 第 29～35 行为实时更新渲染器尺寸的方法。因为玩家在进行游戏时可能会调整整个页面的大小信息，与此同时，程序也应该更新渲染器的尺寸，否则游戏画面会出现被裁剪或者页面出现空白部分等问题，所以开发此方法是十分必要的。

（2）接下来需要介绍的是本游戏中绘制每一帧画面的 render 方法。由于本游戏中的主菜单界面中使用一个旋转的摄像机，而游戏界面中使用的是两个位置固定的摄像机，所以需要由 render 方法根据具体情况设置摄像机。具体的代码部分如下所示。

代码位置：见随书中源代码/第 14 章目录下的 CubeSlam/js 目录下的 initCamera.js。

```
1     function render(){                                              //绘制每一帧的方法
2          if(!isInGame){                                             //如果当前没有处于游戏界面中
3           renderer.render( scene, singleCamera);                    //绘制当前帧
4           cameraAngle = cameraAngle+0.01;                           //更新摄像机旋转的角度
5           singleCamera.position.x = cameraRadius*Math.sin(cameraAngle);
            //计算单个摄像机的x坐标
6           singleCamera.position.z = cameraRadius*Math.cos(cameraAngle);
            //计算单个摄像机的z坐标
7           singleCamera.lookAt(scene.position);                      //设置摄像机焦点
8       }else{                                                        //如果当前处于游戏界面中
9           for ( var ii = 0; ii < views.length; ++ii ){              //对数组进行遍历
10            view = views[ii];                                       //从数组中取出一个元素
11            camera = view.camera;                                   //拿到其中的摄像机
12            var left= Math.floor( windowWidth  * view.left );    //计算视口的左侧位置
13            var bottom= Math.floor( windowHeight * view.bottom ); //计算视口的底部位置
14            var width= Math.floor( windowWidth * view.width );   //计算视口的宽度
15            var height= Math.floor( windowHeight * view.height );//计算视口的高度
16            renderer.setViewport( left, bottom, width, height ); //设置视口大小
17            renderer.setScissor( left, bottom, width, height ); //设置剪裁区域
18            renderer.setScissorTest( true );                        //开启剪裁测试
19            camera.aspect = width / height;                         //计算摄像机的宽高比
20            renderer.render( scene, camera );                       //绘制当前帧
21    }}}
```

- 第 2～7 行为绘制主菜单界面中每一帧的方法。游戏进行时，使用 cameraAngle 表示摄像机旋转的角度，然后使用三角函数计算出摄像机的 x 坐标和 z 坐标。每绘制一帧时就更新旋转角度，以达到摄像机旋转的目的。
- 第 8～21 行为将游戏界面整体页面平分成左、右两个视口的相关代码。此方法中首先对 views 数组中的元素进行遍历，计算出每个视口的位置和大小信息，然后设置视口的大小以及剪裁区域等。最后分别渲染出左、右两个视口中的画面。

3. initMusic.js 脚本

游戏开发中，背景音乐和音效占有非常重要的地位。合适的音乐可以大大提高游戏的真实性和趣味性，增加对玩家的吸引力。下面将会对本游戏中初始化各种音乐和音效的 initMusic.js 脚本进行详细介绍，具体的代码部分如下所示。

代码位置：见随书中源代码/第 14 章目录下的 CubeSlam/js 目录下的 initMusic.js。

```
function initMusic(){                                        //初始化背景音乐和音效的方法
     music=document.createElement("audio");                  //创建 audio 标签
      var sourceMusic=document.createElement("source"); //创建音乐资源
     sourceMusic.src="music/backgroundMusic.ogg";              //指定背景音乐的路径和文件
      music.loop=true;                                         //设置背景音乐的循环播放
      music.preload=true;                                      //设置背景音乐为同步加载
    music.autoplay=false;                                      //设置背景音乐不自动播放
      music.appendChild(sourceMusic);                          //添加背景音乐
      crashSound=document.createElement("audio");              //初始化碰撞音效
      var sourceMusicCrash=document.createElement("source");     //创建音乐资源
      sourceMusicCrash.src="music/crash.ogg";                  //指定碰撞音效的路径和文件
      crashSound.loop=false;                                   //设置碰撞音效为单次播放
      crashSound.preload=true;                                 //设置碰撞音效为同步加载
      crashSound.autoplay=false;                               //设置碰撞音效不自动播放
      crashSound.appendChild(sourceMusicCrash);                //添加碰撞音效
      crashSound.onended=crashSound.pause;                //碰撞音效播放完成后停止播放音效
}
```

14.5.2 键盘事件监听脚本

本游戏以两个玩家对战为主，玩家可通过键盘上各自的键位对己方的长方体进行操控，所以需要通过 addListener.js 脚本对键盘按下的事件进行监听，根据监听到的不同键位，执行对应的逻辑。下面将对此脚本的开发步骤进行详细介绍。

（1）首先需要介绍的是 addListener.js 脚本中的 addListener 方法，此方法的主要功能是开发了键盘某键被按下后调用的 onKeyDown 和被抬起后调用的 onKeyUp 方法，并根据各个键的键值编

写不同的逻辑代码。具体代码部分如下所示。

代码位置：见随书中源代码/第 14 章目录下的 CubeSlam/js 目录下的 addListener.js。

```
1   function addListener(){
2     var onKeyDown = function(event){                    //键盘按下时调用的方法
3       switch ( event.keyCode ){                         //根据按下键的键值选择对应的逻辑
4           case 87:                                      // "W" 键的键值
5                 reset();break;                          //重置各种标志位，游戏重新开始
6           case 65:                                      // "A" 键上的键值
7                 moveLeft_p1 = true;break;               //玩家 1 向左平移
8            case 68:                                     // "D" 键上的键值
9                 moveRight_p1 = true;break;              //玩家 1 控制的长方体向右平移
10            case 37:                                    //向左键上的键值 37
11                moveLeft_p2 = true;break;               //玩家 2 控制的长方体向左平移
12          case 39:                                      //向右键上的键值 39
13                moveRight_p2 = true;break;              //玩家 2 控制的长方体向右平移
14    }};
15    var onKeyUp = function (event){                     //键盘抬起后调用的方法
16      switch( event.keyCode ) {                         //根据抬起键的键值选择对应的逻辑
17         case 65:                                       // "A" 键上的键值
18                moveLeft_p1 = false;break;              //玩家 1 停止向左平移
19          case 68:                                      // "D" 键上的键值
20                moveRight_p1 = false;break;             //玩家 1 停止向右平移
21          case 37:                                      //向左键上的键值
22                moveLeft_p2 = false;break;              //玩家 2 停止向左平移
23          case 39:                                      //向右键上的键值
24                moveRight_p2 = false;break;             //玩家 2 停止向右平移
25    }};
26    document.addEventListener( 'keydown', onKeyDown, false );
                                                          //添加键盘按下触发的事件监听
27    document.addEventListener( 'keyup', onKeyUp, false );
                                                          //添加键盘抬起触发的事件监听
28  }
```

- 第 2～25 行为编写键盘上某键被按下和抬起时执行的逻辑部分。两个玩家分别通过“A”“D”和左、右方向键控制己方的长方体。当玩家按下某键后，程序将会改变其中的对应标志位，使对应的网格对象发生移动。
- 第 26～28 行为为键盘按下和抬起时间添加监听的方法。其使用方法为 document.addEventListener("事件名称",函数,false)。当对应事件被触发时，程序将自动调用对应的函数，使用起来十分方便。

（2）接下来将对游戏结束后重置各种相应标志位的 reset 方法进行介绍，由于两个玩家在游戏中要不断移动己方的长方体网格对象，所以在重新进入游戏时需要将对应的网格对象还原到初始位置，并对部分变量进行重置，具体的代码部分如下所示。

代码位置：见随书中源代码/第 14 章目录下的 CubeSlam/js 目录下的 addListener.js。

```
function reset(index) {                               //游戏重新开始的方法
  if(isWin&&index==0) {                               //如果有人胜出，单击“继续游戏”
      music.currentTime=0;                            //重置音乐的播放进度
      music.play();                                   //播放音乐
      player1_mukuai.position.set(0,5,85);            //初始化玩家 1 的长方体位置
      player2_mukuai.position.set(0,5,-85);           //初始化玩家 2 的长方体位置
      zhongjian_mukuai.position.set(0,5,0);           //初始化中间滑动的正方体木块位置
      isWin = false;                                  //重置表示是否胜出的标志位
  }
  if(isWin&&index==1) {                               //如果有人胜出，单击“重新开始”
      score_Play2 = 0;                                //玩家 2 的得分归零
      score_Play1 = 0;                                //玩家 1 的得分归零
      music.currentTime=0;                            //重置音乐的播放进度
      music.play();                                   //播放音乐
      player1_mukuai.position.set(0,5,85);            //初始化玩家 1 的长方体位置
      player2_mukuai.position.set(0,5,-85);           //初始化玩家 2 的长方体位置
      zhongjian_mukuai.position.set(0,5,0);           //初始化中间滑动的正方体木块位置
      isWin = false;                                  //重置表示是否胜出的标志位
}}
```

提示　从上面的代码中可以看出，无论玩家单击“重新开始”还是“继续游戏”，都需要将音乐的 currentTime 属性设置为 0，使播放进度进行重置，然后调用 play 方法，使其继续进行播放。这样可以使游戏进行的层次感更强。

14.5.3　添加模型脚本

上节介绍了初始化资源的脚本，最重要的是已经创建好了场景 scene，有了 scene 之后，我们便可以向场景中添加所需要的东西了。所以本小节来看一下开发向场景中添加静态与动态的各种模型。

（1）首先来看一下如何向场景中添加静态的 obj 模型，本小节会详细地介绍如何加载模型并添加到场景中去。其实这段代码在之前学习 Three.js 的基础开发中已经讲过，就是加载 obj 模型。游戏中加载了几种不同的 obj 模型，也给有的模型加上了旋转。现在来看一下 addAnimal 方法中的代码。

代码位置：见随书中源代码/第 14 章目录下的 CubeSlam/js 目录下的 addAnimal.js。

```
objLoader.setPath( 'model/' );                                    //设置企鹅 obj 所在的路径
objLoader.load( 'qie.obj',function(object){                       //读取企鹅的 obj 文件
      object.scale.set(20,20,20);                                 //设置企鹅的缩放倍数
      var shaderMaterial = new THREE.ShaderMaterial( {            //创建着色器材质
            uniforms: {
            uLightLocation:{value : new THREE.Vector3( 0, 100,200 )},//光源位置
            cameraPosition:{value: new THREE.Vector3( -1000,1000,-500)},
            //设置相机位置
            sTexture:{ value: textureLoader.load( "texture/penguin.jpg" ) }
            //加载纹理
            },
            vertexShader: document.getElementById( 'vertexShader2' ).
            textContent,                                          //获得顶点着色器内容
            fragmentShader: document.getElementById( 'fragmentShader2').
            textContent                                           //获得着色器内容
      });
      //设置模型信息
      object.children[0].material = shaderMaterial;     //将模型材质设置为着色器材质
      object.children[0].material.needsUpdate = true; //材质更新设置为 true
      object.position.x = -35;                              //设置企鹅的 x 坐标
      object.position.y =  20;                              //设置企鹅的 y 坐标
      object.position.z = -120;                             //设置企鹅的 z 坐标
      object.rotation.y = Math.PI/9;                        //设置企鹅的旋转信息
      scene.add(object);                                    //将企鹅的网格对象添加到场景中
});
mtlLoader.setPath( 'model/');                               //设置 obj 文件的路径
mtlLoader.load('xiong.mtl',function(material){              //读取熊的材质信息
      material.preload();                         //材质信息读取完毕后再执行下面的代码
      objLoader.load( 'xiongtou.obj',function(object){        //读取熊头部的 obj 文件
      objLoader.setMaterials( material);                      //设置材质信息
      object.children[0].material.color.set(0.211,0.25,0.289); //设置左眼的颜色
      object.children[1].material.color.set(0.211,0.25,0.289); //设置右眼的颜色
      object.children[3].material.color.set(0.33,0.33,0.33);   //设置脸部的颜色
      object.children[4].material.color.set(0.1,0.1,0.1);      //设置耳朵的颜色
      object.scale.set(0.08,0.08,0.08);                        //设置熊的缩放倍数
      object.position.x = -80;                                 //设置熊的 x 坐标
      object.position.y = -1;                                  //设置熊的 y 坐标
      xiongtou = object;                                       //获得小熊头部对象
      scene.add(object);                                 //将熊的网格对象添加到场景中
});
…//此处省略了部分代码，读者可以自行查阅中的源代码
objLoader.load( 'xiong.obj',function(object){               //读取整个熊的 obj 文件
      objLoader.setMaterials( material);                    //设置整个熊的材质
      object.scale.set(0.05,0.05,0.05);                     //设置熊的缩放倍数
      object.position.x = -75;                              //设置左边小熊的 x 坐标
      object.position.z = 30;                               //设置左边小熊的 z 坐标
```

```
43          object.rotation.y = Math.PI/7;                    //设置左边小熊的旋转角度
44          scene.add(object);                                //将企鹅的网格对象添加到场景中
45          var xiong_right = object.clone();                 //将小熊的网格对象进行克隆
46          xiong_right.position.z = -30;                     //设置右边小熊的 z 坐标
47          xiong_right.rotation.y = -Math.PI/7;              //设置左边小熊的旋转角度
48          scene.add(xiong_right);                           //将右边的小熊添加到场景中
49          });});
50      …//此处省略了加载兔子模型的方法，在下面会介绍
51      }
```

❑ 第 1～21 行为加载企鹅模型的方法，其中通过 objLoader 找到模型所在位置进行加载，在获得了几何信息之后又创建了着色器材质，通过设置好的着色器材质与获得的模型信息来获得企鹅模型，最后设置好企鹅的位置与缩放比后将企鹅添加到场景中。

❑ 第 22～36 行为加载小熊头部模型的代码，首先设置好小熊材质的路径与 obj 模型路径，通过加载模型来获得模型的几何对象与材质信息。之后再设置熊的左右眼、耳朵、脸部的颜色，最后设置网格对象的坐标与缩放比例，并将其添加到整个场景中去。

❑ 第 37～51 行为加载整个熊的 obj 模型的代码，与前面类似，首先通过设置路径找到 obj 文件，然后读出 obj 文件，再获得小熊的材质信息，通过几何对象与材质对象获得小熊的网格对象，再设置缩放倍数，最后将其加到场景中，然后克隆一个小熊将其放到其他位置，再设置好旋转角度。

（2）上一小节的介绍中省略了加载兔子模型的方法与使小熊头部旋转的方法。玩过本游戏的玩家可能会发现，赛场边上的小熊是会随着木块的移动跟着旋转自己的头，这里的 rotatehead 方法便是实现的这个功能，现在来看一下具体的开发过程吧。

代码位置：见随书中源代码/第 14 章目录下的 CubeSlam/js 目录下的 addAnimal.js。

```
function addTuzi(){                                          //在场景中添加野兔的方法
      objLoader.setPath( 'model/' );                         //设置野兔 obj 模型所在的路径
      objLoader.load( 'tuzi.obj',function(object){           //读取野兔的 obj 文件
      object.scale.set(0.3,0.3,0.3);                         //设置企鹅的缩放倍数
      var shaderMaterial = new THREE.ShaderMaterial( {             //创建着色器材质
            uniforms: {
                  sTexture:{ value: textureLoader.load( "texture/tuzi.png" ) }
                  //设置纹理路径
            },
            vertexShader: document.getElementById( 'vertexShader' ).textContent,
            //获得顶点着色器
            fragmentShader: document.getElementById( 'fragmentShader').
            textContent       //获得着色器
      });
       //更改模型信息
      object.children[0].material = shaderMaterial;         //将模型材质改为着色器材质
      object.children[0].material.needsUpdate = true;       //更新材质设置为 true
      object.position.x = 130;                              //设置野兔的 x 坐标
      object.position.y =  0;                               //设置野兔的 y 坐标
      object.position.z = -28;                              //设置野兔的 z 坐标
      object.rotation.y = Math.PI/9;                        //设置野兔的旋转信息
      scene.add(object);                                  //将野兔的网格对象添加到场景中
      object2 = object.clone();                           //克隆一个野兔对象
      object2.position.x = 120;                           //设置第二只野兔的 x 坐标
      object.rotation.y = -Math.PI/9;                     //设置第二只野兔的旋转信息
      object2.position.z = -20;                           //设置第二只野兔的 z 坐标
      scene.add(object2);                                 //将第二只野兔添加到场景中
      });}
function rotateHead(){                           //根据木块的位置更新熊头部旋转角度的方法
      if(xiongtou!==undefined){                  //如果熊的头部读取完毕
            var headPosition = xiongtou.position;                 //得到熊头部的位置
            var mukuaiPosition = zhongjian_mukuai.position;   //得到木块的位置
            var chaX = headPosition.x-zhongjian_mukuai.position.x;//得到 x 坐标差
            var chaZ = headPosition.z-zhongjian_mukuai.position.z;//得到 z 坐标差
            var tanAngle = chaZ / chaX;                           //得到夹角的正切值
            var angle = Math.atan(tanAngle);          //使用反三角函数得到夹角的弧度值
            xiongtou.rotation.y = -angle;             //设置熊头部的旋转角度
```

```
35    }}
```

❑ 第 1～13 行为加载兔子模型的部分代码，其中创建了着色器材质，通过设置纹理路径来加载兔子所需的材质，之后再通过 getElementById()方法来获得顶点着色器与片元着色器的内容，最后将兔子网格模型的材质设置为着色器材质。

❑ 第 14～25 行代码为设置野兔的材质、位置坐标、旋转信息，最后将网格对象添加到场景中。玩过游戏的读者会发现场景中有两只兔子，这是由第一只兔子的网格对象克隆过来的，克隆完毕后设置其坐标与旋转信息，再将这只兔子也添加到场景中。

❑ 第 26～35 行为旋转小熊头部的方法，因为前面单独加载了小熊头部，所以本部分使用木块的位置算出 x、z 坐标差之后，得到需要旋转角度的正切值，最后通过计算得到需要旋转的角度，然后旋转小熊头部模型即可。

（3）开发完静态模型的加载后，现在来看一下动态模型的加载。本游戏中的动态模型是一只飞鸟，在初始化游戏界面时可以看到它在场景中来回飞翔。该飞鸟模型是一个 json 文件，通过 jsonLoader 的解析得到数据并进行动画的加载，现在来看一下具体的代码吧。

代码位置：见随书中源代码/第 14 章目录下的 CubeSlam/js 目录下的 addBirdAndSky.js。

```
1     function addBird(){                                          //加载飞鸟的方法
2         jsonLoader.load( "model/flamingo.js", function( geometry ) {
          //加载解析飞鸟模型
3         geometry.computeVertexNormals();                         //计算点法向量
4         geometry.computeMorphNormals();                          //计算变形法向量
5         var material = new THREE.MeshPhongMaterial( {            //创建飞鸟模型的材质
6              color: 0xffffff,                                    //设置颜色
7              morphTargets: true,                                 //开启骨骼动画
8              morphNormals: true,                                 //变换时使用法线
9              vertexColors: THREE.FaceColors,                     //使用面着色方式
10             shading: THREE.SmoothShading                        //使用面法向量
11        } );
12        var mesh = new THREE.Mesh( geometry, material );         //创建飞鸟模型网格对象
13        mesh.position.x = -240;                                  //设置网格对象的 x 坐标
14        mesh.position.y = 50;                                    //设置网格对象的 y 坐标
15        mesh.position.z = 360;                                   //设置网格对象的 z 坐标
16        mesh.rotation.y = Math.PI/8*7;                       //设置网格对象绕 y 轴旋转角度
17        mesh.scale.set( 0.15, 0.15, 0.15 );                  //设置模型的缩放系数
18        bird = mesh;                                         //将网格对象传到 bird 对象
19        bird.station = 1;                                    //设置当前状态
20        scene.add( mesh );                                   //向场景中添加模型
21        mixer = new THREE.AnimationMixer( mesh );            //创建动画混合对象
22        mixer.clipAction( geometry.animations[ 0 ] ).setDuration( 1 ).play();
          //播放动画
23    } );}
24    function initskybox(){                                   //创建天空盒
25        var textureCube = new THREE.CubeTextureLoader().load(["texture/pos1.jpg",
          //设置纹理路径
26        "texture/neg1.jpg", "texture/pos2.jpg", "texture/neg2.jpg", "texture/
           pos3.  jpg",
27        "texture/neg3.jpg"]);
28        textureCube.mapping = THREE.CubeRefractionMapping;          //设置天空盒纹理
29        scene.background = textureCube;              //将场景背景设置为设置好的天空盒纹理
30    }
```

❑ 第 1～23 行为加载飞鸟模型的方法，本例中的动画模型即飞鸟模型是一个 json 文件，通过 jsonLoader 将 json 文件解析并加载到场景中，之后的工作与加载模型并设置其一些属性的方式类似。因为这是一个动画模型，所以最后还需要创建一个动画混合对象，用以播放动画。

❑ 第 24～30 行为初始化天空盒的方法，首先通过立方体纹理加载 6 幅天空盒纹理，加载完毕后将场景背景设置为天空盒纹理。

（4）看完加载动态模型的开发后，接下来来看一下下雪效果的实现。有过游戏体验的读者会发现，游戏进行的时候界面中会有雪花出现，并且雪花的大小也各不相同，这个雪花是通过粒子系统来实现的，现在来看一下具体代码部分。

代码位置：见随书中源代码/第 14 章目录下的 CubeSlam/js 目录下的 addSnow.js。

```
1    function addSnow(){                                      //添加雪花样式粒子系统的方法
2          geometry = new THREE.Geometry();                   //创建几何对象
3          materials = [];                                    //创建材质信息
4          sprite1 = textureLoader.load( "texture/snow1.png" );
                                                              //通过加载雪花纹理 1 创建精灵 1
5          sprite2 = textureLoader.load( "texture/snow2.png" );
                                                              //通过加载雪花纹理 2 创建精灵 2
6          sprite3 = textureLoader.load( "texture/snow3.png" );
                                                              //通过加载雪花纹理 3 创建精灵 3
7          sprite4 = textureLoader.load( "texture/snow4.png" );
                                                              //通过加载雪花纹理 4 创建精灵 4
8          sprite5 = textureLoader.load( "texture/snow5.png" );
                                                              //通过加载雪花纹理 5 创建精灵 5
9          for ( i = 0; i < 1000; i ++ ) {                              //随机创建粒子位置
10               var vertex = new THREE.Vector3();                      //创建顶点
11               vertex.x = Math.random() * 2000 - 1000;                //随机设置顶点 x 坐标
12               vertex.y = Math.random() * 2000 - 1000;                //随机设置顶点 y 坐标
13               vertex.z = Math.random() * 2000 - 1000;                //随机设置顶点 z 坐标
14               geometry.vertices.push( vertex );                //向几何对象中添加顶点信息
15         }
16         parameters = [                                         //声明粒子信息
17                [ [1.0, 0.2, 0.5], sprite2, 20 ],               //声明了精灵 2 的颜色、尺寸
18                [ [0.95, 0.1, 0.5], sprite3, 15 ],              //声明了精灵 3 的颜色、尺寸
19                [ [0.90, 0.05, 0.5], sprite1, 10 ],             //声明了精灵 1 的颜色、尺寸
20                [ [0.85, 0, 0.5], sprite5, 8 ],                 //声明了精灵 5 的颜色、尺寸
21                [ [0.80, 0, 0.5], sprite4, 5 ]                  //声明了精灵 4 的颜色、尺寸
22         ];
23         for ( i = 0; i < parameters.length; i ++ ) {
24               color  = parameters[i][0];                       //获得粒子的颜色信息
25               sprite = parameters[i][1];                       //获得精灵
26               size   = parameters[i][2];                       //获得粒子尺寸大小
27               materials[i] = new THREE.PointsMaterial( { size: size, map: sprite,
                 //创建材质信息
28               blending: THREE.AdditiveBlending, depthTest: false, transparent :
                 true } );       //设置混合
29               materials[i].color.setHSL( color[0], color[1], color[2] );
30               particles[i] = new THREE.Points( geometry, materials[i] );
                 //根据几何对象与材质创建粒子系统
31               particles[i].rotation.x = Math.random() * 6;
                                                              //随机设置粒子的 x 轴的旋转角度
32               particles[i].rotation.y = Math.random() * 6;
                                                              //随机设置粒子的 y 轴的旋转角度
33               particles[i].rotation.z = Math.random() * 6;
                                                              //随机设置粒子的 z 轴的旋转角度
34               scene.add( particles[i] );                     //向场景中添加粒子系统
35   }}
```

- 第 1～15 行为添加雪花粒子系统方法的一部分，首先创建好几何对象与材质信息，再通过纹理路径创建 5 个精灵供后面创建粒子系统使用，之后通过循环创建粒子系统中各粒子的随机坐标，最后将顶点信息添加到几何对象中。
- 第 16～35 行为添加粒子系统方法的另一部分，其中通过声明 parameters 来创建粒子系统。首先获得粒子材质需要的一些属性，之后设置好混合，再通过前面所创建好的几何对象与材质信息来创建粒子系统。最后设置粒子的旋转角度，再将粒子系统添加到场景中。

（5）在开发完雪花效果后，接下来在添加模型的代码中就剩下添加树木的部分了。玩过游戏的读者知道在场景中不只有一棵树，所以在开发树木时的思路就变成了首先开发出一棵树木来，之后再由单棵树来添加一组树木，现在来看一下具体开发代码。

代码位置：见随书中源代码/第 14 章目录下的 CubeSlam/js 目录下的 addTree.js。

```
function addTreeGroup(){                                         //在场景中添加树木的方法
      initSingleTree();                                          //初始化单棵树的方法
      var treeGroup_geo = new THREE.Geometry();                  //新建一个网格对象
      var matrix = new THREE.Matrix4();                          //新建一个矩阵对象
      var tree_position = [                          //里面存储着场景中所有树的位置信息
```

```
6           new THREE.Vector3(80,0,0),
7           …//此处省略了添加树木位置的代码，读者可以自行查阅中的源代码
8           ];                                                        //存储树位置的数组
9           for(var i = 0 ; i<tree_position.length;i++){              //遍历数组中每一个树的位置
10                matrix.setPosition(tree_position[i]);               //将位置信息转换成矩阵
11                treeGroup_geo.merge(tree_geo,matrix);               //将树的几何对象进行合并
12          }
13          //新建树的材质信息
14          var threeMat = new THREE.MeshLambertMaterial({color:0x366a9a});
15          var treeGroup = new THREE.Mesh(treeGroup_geo,threeMat);   //创建树的网格对象
16          scene.add(treeGroup);                                     //将树的网格对象添加到场景中
17    }
18    function initSingleTree(){                                      //初始化单棵树的方法
19          var geometry = new THREE.Geometry();                      //新建树的几何对象
20          var height = 20;                                          //规定树的高度
21          geometry.vertices.push(                                   //向几何对象中添加顶点信息
22                new THREE.Vector3(    0, 20, 0 ),                   //树顶端的位置
23                new THREE.Vector3( -height/3, 1, height/3 ),        //树左上角的点
24                new THREE.Vector3(  height/3, 1, height/3 ),        //树右上角的点
25                new THREE.Vector3(  height/3, 1, -height/3 ),       //树左上角的点
26                new THREE.Vector3( -height/3, 1, -height/3 )        //树左下角的点
27          );
28          geometry.faces.push(new THREE.Face3(0,1,2));   //增加树前面的面片
29          geometry.faces.push(new THREE.Face3(0,2,3));   //增加树左侧的面片
30          geometry.faces.push(new THREE.Face3(0,3,4));   //增加树后面的面片
31          geometry.faces.push(new THREE.Face3(0,4,1));   //增加树右侧的面片
32          geometry.computeFaceNormals();                 //计算法向量
33          geometry.translate(0,4,0);                     //向 y 轴进行平移
34          //新建树的材质信息
35          var threeMat = new THREE.MeshLambertMaterial({color:0x366a9a});
36          var tree_root = new THREE.CylinderGeometry(1, 1, 20);     //新建圆柱
37          tree_root.translate( 0, 10, 0 );                          //向 y 轴进行平移
38          var root_mesh = new THREE.Mesh(tree_root,threeMat);       //新建树的网格对象
39          root_mesh.updateMatrix();                                 //更新模型的变换矩阵
40             geometry.merge(root_mesh.geometry, root_mesh.matrix); //将树的两部分进行
               合并
41          tree_geo = geometry;                                      //获得几何对象
42          singleTree = new THREE.Mesh(geometry,threeMat);           //新建单个树的网格对象
43    }
```

- 第 1～17 行为向场景中添加树木的方法，首先初始化一棵树，之后创建一个网格对象、矩阵对象，再将游戏中所有树木的位置信息全部放到 tree_position 数组中，之后遍历位置数组将位置信息转换成矩阵，再创建树的材质信息，然后创建树的网格对象，向场景中添加。
- 第 18～33 行为创建单棵树木树叶部分的代码，首先先新建树的几何对象，规定树的高度，再向几何对象中添加树的顶点信息和面片信息，之后计算面法向量，向 y 轴进行平移。
- 第 34～43 行为创建单个树木的其余代码部分，首先创建了材质信息，设置了颜色，再新建一个圆柱几何对象，根据几何对象与材质信息创建网格信息，再更新模型的变换矩阵，之后将树的两部分进行合并，最后再新建单个树木的网格对象。

14.5.4　碰撞检测脚本

在开发完添加模型的各脚本后，一个场景的雏形便形成了，但是这时候的游戏还不能进行体验，因为木块在运动过程中会穿越挡板继续穿行，所以接下来我们就来开发一下游戏的碰撞检测部分，有了碰撞检测，游戏才算是有了自己的灵魂。

（1）游戏中木块碰到场景两边的木板和挡板都会反弹回去，这就是本游戏的核心部分——碰撞检测的实现，木块正是通过碰撞检测来完成碰撞后的不同动作。接下来便来详细看一下碰撞检测部分是如何开发的，下面为具体代码部分。

代码位置：见随书中源代码/第 14 章目录下的 CubeSlam/js 目录下的 simulation.js。

```
function simulate(){                                              //进行模拟的方法
      if(!isWin){                                                 //如果当前在游戏进行中
```

```
3              player1_current_positionX = player1_mukuai.position.x;
                                                  //得到玩家 1 控制木块的位置
4              if(moveLeft_p1&&-35<player1_current_positionX){
                                               //如果按着“A”键并且木块没有到最左端
5              player1_mukuai.translateX(-0.625);          //玩家 1 控制的木块向左平移
6         }
7         if(moveRight_p1 && player1_current_positionX<35){
                                               //如果按着“D”键并且木块没有到最右端
8              player1_mukuai.translateX(+0.625);          //玩家 1 控制的木块向右平移
9         }
10        player2_current_positionX = player2_mukuai.position.x;
                                                  //得到玩家 1 控制木块的位置
11        if(moveLeft_p2 && player2_current_positionX<35){
                                          //如果按着向左的方向键并且木块没有到最左端
12             player2_mukuai.translateX(+0.625);          //玩家 2 控制的木块向左平移
13        }
14        if(moveRight_p2 &&  35<player2_current_positionX){
                                          //如果按着向右的方向键并且木块没有到最右端
15             player2_mukuai.translateX(-0.625);          //玩家 2 控制的木块向右平移
16        }
17        zhongjian_mukuai.translateX(velocity.x);         //更新中间木块的 x 坐标
18        zhongjian_mukuai.translateZ(velocity.z);         //更新中间木块的 z 坐标
19        //当中间的木块接触到两边的挡板
20        if(zhongjian_mukuai.position.x==45||zhongjian_mukuai.position.x==-45){
21             velocity.x = -velocity.x;                   //木块在 x 轴上的速度置反
22        }
23        //当木块马上要接触玩家 1 的挡板时
24        if(zhongjian_mukuai.position.z>=75&&zhongjian_mukuai.position.z<=80){
25             //如果木块到玩家 1 木块的距离值小于阈值
26             p1_cha = zhongjian_mukuai.position.x-player1_mukuai.position.x;
27             if(((p1_cha>-20)&&(p1_cha<20))){
28                  velocity.z = -velocity.z;              //木块在 z 轴上的速度置反
29        }}
30        //当木块马上要接触玩家 1 的挡板时
31        if(zhongjian_mukuai.position.z>=80&&zhongjian_mukuai.position.z<=85){
32             //如果木块到玩家 1 木块的距离值小于阈值
33             p1_cha = zhongjian_mukuai.position.x-player1_mukuai.position.x;
34             if(((p1_cha>-20)&&(p1_cha<20))){
35                  velocity.x = -velocity.x;              //木块在 z 轴上的速度置反
36             }}
37             //当木块马上要接触玩家 2 的挡板时
38             if(zhongjian_mukuai.position.z<=-75&&zhongjian_mukuai.position.z>
               =-80){
39                  //如果木块到玩家 2 木块的距离值小于阈值
40                  if((zhongjian_mukuai.position.x-player2_mukuai.position.x>-20)
41                  &&(zhongjian_mukuai.position.x-player2_mukuai.position.x<20)){
42                       velocity.z = -velocity.z;         //木块在 z 轴上的速度置反
43             }}
44             //当木块马上要接触玩家 2 的挡板时
45             if(zhongjian_mukuai.position.z<=-80&&zhongjian_mukuai.position.z>
               =-85){
46                  //如果木块到玩家 2 木块的距离值小于阈值
47                  if((zhongjian_mukuai.position.x-player2_mukuai.position.x>-20)
48                  &&(zhongjian_mukuai.position.x-player2_mukuai.position.x<20)){
49                       velocity.x = -velocity.x;       //木块在 z 轴上的速度置反
50                  …//本部分省略了一些代码，在下面会有详细的介绍
51   }}}}
```

- 第 1～16 行为两个玩家控制的木块在游戏进行中进行平移的方法。游戏中，因为场景的左、右两边有挡板，所以玩家控制的木块在移动的同时还不能够移到挡板的外面，这部分便限制了其运动范围，并且在按键被按下时在游戏场地之中按玩家控制逻辑移动。
- 第 17～36 行为设置木块碰撞玩家 1 控制的木板后的动作。首先每轮检测都会更新木块当前的位置，再根据获得木块的位置检测是否到玩家 1 控制的木板所在的区域前边，当小于一个阈值后便改变木块的速度，即将速度在 Z 方向上的分量置反。
- 第 37～51 行为设置木块碰撞玩家 2 控制的木块后的动作。与碰撞玩家 1 控制的木板一样，当木块运动到木板前的一个阈值时便执行碰撞后木块速度改变的代码。

❑ 在前面代码中还有一部分没有讲解，即木块碰到场景两边挡板后木块的速度改变的代码，其实木块碰撞检测都是类似的，当木块运动到一个障碍物前面极小的阈值距离时，我们就默认已经发生碰撞，之后按逻辑改变木块相应的运动状态。

> **说明** 本例中的碰撞检测是笔者临时开发的一个简易的碰撞检测，其中还有很多不完善的地方，读者若是有兴趣的话，可以在学习完本章案例后自行完善。开发不同的游戏会有不同的情形，所以碰撞检测不是一成不变的，需要编程人员自行设计实现，本例只是提供了一个简单思路。

（2）上一小节中介绍了碰撞检测脚本的部分内容，这里将继续上一小节的讲述，来看一下剩下一部分——在游戏得分后的开发。游戏中，在某一方得分后会弹出对话框来让玩家自行选择继续游戏或是重新开始，并且在页面上方会显示出得分情况，下面来看一下具体的代码部分。

代码位置：见随书中源代码/第 14 章目录下的 CubeSlam/js 目录下的 simulation.js。

```
1     if(zhongjian_mukuai.position.z == 95){                    //玩家 1 没有接到木块
2           score_Play2 = score_Play2+1;                        //更新玩家 2 的得分信息
3           console.log("player_2 win");                        //打印输赢
4           crashSound.play();                                  //播放音效
5           music.pause();                                      //播放背景音乐
6           GAME.win2();                                        //显示输赢
7           isWin = true;                                       //表明已经有玩家胜出
8           var p1Img = document.getElementById("p2");          //获得玩家 2 的得分图片
9           p1Img.setAttribute('src','texture/'+score_Play2%10+'.png');
10          if(score_Play2===10){
11                bigImg = document.createElement("img");       //创建一个 img 元素
12                bigImg.src='texture/0.png';                   //设置路径
13                bigImg.width=60;                              //设置图片宽度，不用加 px
14                bigImg.height = 100;                          //图片高度
15                bigImg.id = 'p2gewei';                        //设置图片 id
16                bigImg.style.position = "absolute";           //设置图片布局方式
17                bigImg.style.left = "850px";                  //设置图片的横向位置
18                bigImg.style.top = "50px";                    //设置图片的纵向位置
19                var myDiv = document.getElementById('defen');//获得 dom 对象
20                myDiv.appendChild(bigImg);                    //为 dom 添加子元素 img
21                var p1Img = document.getElementById("p2");    //获得玩家 2 的得分图片
22                p1Img.setAttribute('src','texture/1.png');    //更新玩家 2 的得分图片
23          }else if(score_Play2<10){
24                var p1Img = document.getElementById("p2");    //获得玩家 2 的得分图片
25                p1Img.setAttribute('src','texture/'+score_Play2+'.png');
26          }else if(score_Play2>10){                           //如果得分为两位数
27                var p1Img = document.getElementById("p2");    //获得玩家 2 的得分图片
28                p1Img.setAttribute('src','texture/'+Math.floor(score_Play2/10)+'.
                  png');//更新玩家 2 的得分图片
29                document.getElementById('p2gewei').src='texture/'+score_Play2%10+'.
                  png';
30    }}
```

❑ 第 1～9 行为玩家 2 赢得一分后的逻辑，首先更新玩家 2 的得分，之后播放音效与音乐，再显示得分对话框，最后将标志位置改为 true，游戏处于暂停状态。除此之外还有显示玩家得分的代码，首先先根据 id 得到分数图片，之后显示图片，这些内容在下文中会详解。

❑ 第 10～18 行为创建分数图片代码，首先创建一个 img 元素，之后设置好图片路径，再设置图片的宽度与高度、图片在网页中的显示位置。这些内容与 css 部分类似，只是这里用 JavaScript 写出来了。

❑ 第 19～30 行为显示图片的方法，首先获得 dom 对象，为 dom 对象添加 img 子元素，之后获得得分图片，再设置好图片路径以便显示图片。

14.6 游戏中相关工具类脚本概述

游戏中所用到的这些工具类脚本都是网上比较优秀的方便开发者开发游戏的工具，这里来介绍一下使用到的这几个脚本。这些脚本有的功能强大，可以实现很多功能，有的简洁方便，虽功能单一，但是在游戏开发中却是不可或缺的，现在来看一下这几个脚本。

- Three.js 脚本：

这个脚本不用介绍，想必大家也很了解了，在本书前面的章节中有相当大的篇幅介绍了它的功能。它是使用 JavaScript 语言编写的一款运行在浏览器中的 3D 引擎，用这个引擎省去了开发者很多时间，这样开发者可以在较短的时间内完成一个场景的搭建。

- OBJLoader.js 脚本：

这个脚本相当于一个文本解析器，obj 文件中存储了模型的几何信息，任何添加模型的方法都得获得模型的几何信息，这个脚本便为大家提供了解析模型的方法。大家只需加载这个脚本并调用相应的方法便可以得到模型的几何信息，有了模型的几何信息，在界面中显示该模型就很简单了。

- MTLLoader.js 脚本：

这个脚本是与 OBJLoader 脚本一起使用的材质文本的解析器，其作用为将 MTL 文件中存储的模型材质信息解析出来，有了模型的几何信息与材质信息，模型便很快可以加载出来了。

- Stats.js 脚本：

这个脚本是辅助开发人员知道开发出的游戏帧速率是多少，游戏开发中一个非常重要的指标便为帧速率，试想一下如果一个游戏的帧速率很低，那么玩家的体验效果会有多差？有了这个脚本的辅助，开发人员可以很容易地得到游戏的帧速率，从而对游戏进行相应的优化。

还有许多方便开发人员的工具类脚本，因为本游戏中没有用到，这里也就不再介绍了，有兴趣的读者可以自己上网寻找资料学习，相信认真学习过本章开发的读者会对这些工具有很深的理解。善用已有的这些工具类脚本来辅助我们的开发也是开发中很重要的一部分。

14.7 游戏中着色器的开发

前面几节中介绍了游戏的功能部分的代码，即在本节之前游戏的功能已经开发完毕。如果想最终显示，则还需要最后一步——着色器的开发，游戏中用到的着色器有带有光照的着色器、不带有光照的简单着色器和官方自带的着色器。下面将对前两种着色器进行详细介绍。

14.7.1 带有光照的着色器

带有光照效果的着色器比较复杂，程序运行时顶点着色器会通过光源位置以及环境光、散射光、镜面光的初始强度计算出最终强度，并将对应的数值传入片元着色器。然后片元着色器会通过纹理坐标在纹理图中进行颜色采样，最后计算出片元的最终颜色。

（1）着色器有顶点着色器与片元着色器之分，首先需要介绍的是顶点着色器部分的相关代码。带有光照的着色器是在顶点着色器中进行光照计算，将计算好的环境光、散射光、镜面光的最终光强度结果一起送到片元着色器中，具体代码如下所示。

代码位置：见随书中源代码/第 14 章目录下的 CubeSlam 目录下的 example.html 文件。

```
precision mediump float;                        //确定浮点数的精度
uniform vec3 uLightLocation;                    //光源位置
varying vec4 vAmbient;                          //用于传递给片元着色器的环境光最终强度
```

```
4      varying vec4 vDiffuse;                              //用于传递给片元着色器的散射光最终强度
5      varying vec4 vSpecular;                             //用于传递给片元着色器的镜面光最终强度
6      varying vec2 vTextureCoord;                         //用于传递给片元着色器的变量
7      void pointLight(                                    //定位光光照计算的方法
8        in vec3 normal,                                   //法向量
9        inout vec4 ambient,                               //环境光最终强度
10       inout vec4 diffuse,                               //散射光最终强度
11       inout vec4 specular,                              //镜面光最终强度
12       in vec3 lightLocation,                            //光源位置
13       in vec4 lightAmbient,                             //环境光强度
14       in vec4 lightDiffuse,                             //散射光强度
15       in vec4 lightSpecular){                           //镜面光强度
16       ambient=lightAmbient;                             //直接得出环境光的最终强度
17       vec3 normalTarget=position+normal;                //计算变换后的法向量
18       vec3 newNormal=(modelViewMatrix*vec4(normalTarget,1)).xyz-
19            (modelViewMatrix*vec4(position,1)).xyz;           //计算出新的法向量
20       newNormal=normalize(newNormal);                        //对法向量规格化
21           //计算从表面点到摄像机的向量
22       vec3 eye= normalize(cameraPosition-(modelViewMatrix*vec4(position,1)).xyz);
23           //计算从表面点到光源位置的向量 vp
24       vec3 vp= normalize(lightLocation-(modelViewMatrix*vec4(position,1)).xyz);
25       vp=normalize(vp);                                 //对 vp 向量进行格式化
26       vec3 halfVector=normalize(vp+eye);                //求视线与光线的半向量
27       float shininess=50.0;                             //粗糙度，越小越光滑
28       float nDotViewPosition=max(0.0,dot(newNormal,vp));
                                                           //求法向量和 vp 的点积与 0 的最大值
29       diffuse=lightDiffuse*nDotViewPosition;            //计算散射光的最终强度
30       float nDotViewHalfVector=dot(newNormal,halfVector);     //法线与半向量的点积
31       float powerFactor=max(0.0,pow(abs(nDotViewHalfVector),shininess));
             //镜面反射光强度因子
32       specular=lightSpecular*powerFactor;        //计算镜面光的最终强度
33     }
34     void main(){
35       vec4 mvPosition = modelViewMatrix * vec4(position,1.0 );
         //求模型在世界坐标下的位置
36       gl_Position = projectionMatrix * mvPosition;           //计算顶点在屏幕上的坐标
37       vTextureCoord = uv;                                    //将顶点的纹理坐标传入片元着色器
38       vec4 ambientTemp,diffuseTemp,specularTemp;             //用来接收 3 个通道最终强度的变量
39       pointLight(normalize(normal),ambientTemp,diffuseTemp,specularTemp, uLight
             Location,
40       vec4(0.15,0.15,0.15,1.0),vec4(0.8,0.8,0.8,1.0),vec4(0.7,0.7,0.7,1.0));
41       vAmbient=ambientTemp;                                 //将环境光最终强度传给片元着色器
42       vDiffuse=diffuseTemp;                                 //将散射光最终强度传给片元着色器
43       vSpecular=specularTemp;                               //将镜面光最终强度传给片元着色器
44     }
```

- 第 2～6 行声明了着色器中使用到的多个变量，这些变量由 JavaScript 代码传送过来或者用来传递到片元着色器，具体传递的过程，读者可以自行查阅中的源代码或者其他相关资料，开发难度较小。本书由于篇幅有限，所以不再赘述。
- 第 7～33 行为计算定位光光照计算的方法，首先计算变换后的法向量，然后对其进行格式化，最后根据视线和光线的半向量和粗糙度等因素分别计算出环境光、散射光、镜面光三种光的最终强度，其中粗糙度越小，物体的表面越光滑。
- 第 34～44 行为着色器中的主方法，首先根据总变换矩阵计算出点的位置，然后使用计算光照方法计算出 3 种光的最终强度，最后将 3 种光的最终强度传入片元着色器。

（2）完成顶点着色器的开发后，下面开发的是片元着色器。片元着色器中首先要根据纹理坐标和纹理图信息对颜色进行取样，然后要接收顶点着色器传过来的环境光、反射光、镜面光的最终强度，最后计算出片元的最终颜色，其详细代码如下所示。

代码位置：见随书中源代码/第 14 章目录下的 CubeSlam 目录下的 example.html 文件。

```
precision mediump float;                            //设置浮点数精度
varying vec4 vAmbient;                              //接收从顶点着色器过来的环境光分量
varying vec4 vDiffuse;                              //接收从顶点着色器过来的散射光分量
varying vec4 vSpecular;                             //接收从顶点着色器过来的镜面反射光分量
```

```
5    varying vec2 vTextureCoord;                         //接受从顶点着色器过来的纹理坐标
6    uniform sampler2D sTexture;                         //纹理内容数据
7    void main(){
8       vec4 finalColor = texture2D(sTexture, vTextureCoord);
                                                          //纹理取样，找到对应位置的颜色
9       vec4 lightColor = finalColor*vAmbient + finalColor*vDiffuse + finalColor*
           vSpecular;
10      gl_FragColor=vec4(lightColor.xyz,1.0);           //确定此片元的最终颜色
11   }
```

- 第 2～4 行声明了从顶点着色器中接收的变量，分别代表环境光、散射光、镜面反射光的最终光照强度，用于片元最终颜色的计算。
- 第 7～10 行为片元着色器中的主方法部分。此部分代码中首先对纹理进行取样，找到对应纹理坐标下的颜色，然后将其分别和 3 种光照强度进行加权相乘，最终相加得到此片元的最终颜色。

14.7.2　不带有光照的简单着色器

上一小节介绍了带有光照效果的着色器，可能有读者感觉代码逻辑较为复杂，难以快速接受。不过不必担心，接下来将介绍不带有光照的简单着色器的开发。这部分内容难度较小，只是将纹理图的对应颜色赋值给片元。具体的开发步骤如下所示。

（1）首先开发的是顶点着色器，此着色器为简单着色器，其逻辑为根据总变换矩阵计算顶点位置之后，将顶点位置与纹理坐标传给片元着色器，具体代码部分如下所示。

代码位置：见随书中源代码/第 14 章目录下的 CubeSlam 目录下的 example.html 文件。

```
1    precision mediump float;                            //设置浮点数的精度
2    varying vec2 vTextureCoord;                         //用于传递给片元着色器的变量
3    void main(){                                        //顶点着色器的主方法
4          vec4 mvPosition = modelViewMatrix * vec4( position, 1.0 );
            //求出各个顶点的世界坐标
5          gl_Position = projectionMatrix * mvPosition;  //计算顶点的位置
6          vTextureCoord = uv;                           //将纹理坐标传入片元着色器
7    }
```

- 第 3～7 行为顶点着色器的主方法，主要功能是根据原始顶点坐标以及各种矩阵计算出每个顶点的最终位置，并赋值给 gl_Position。然后将纹理坐标传递给片元着色器。需要注意的是，Three.js 中的 position、modelViewMatrix、projectionMatrix 等变量无需声明，可直接使用。
- 该顶点着色器的作用主要为根据顶点位置和总变换矩阵计算 gl_Position，每顶点执行一次。

（2）完成该顶点着色器的开发后，下面开发的是加载界面的片元着色器，其中将接收到的纹理坐标经过 texture 函数计算出片元最终颜色，其详细代码如下。

代码位置：见随书中源代码/第 14 章目录下的 CubeSlam 目录下的 example.html 文件。

```
1    precision mediump float;                            //设置着色器中浮点数的精度
2    varying vec2 vTextureCoord;                         //接收从顶点着色器过来的参数
3    uniform sampler2D sTexture;                         //纹理内容数据
4    void main(){                                        //片元着色器的主方法
5          gl_FragColor = texture2D(sTexture, vTextureCoord);//在纹理图中对颜色进行取样
6    }
```

- 第 1～3 行指定了片元着色器中浮点数的精度，从顶点着色器传递过来的纹理坐标数据与纹理图。
- 该片元着色器的作用主要为根据从顶点着色器传递过来的参数 vTextureCoord 和程序传递过来的 sTexture 计算片元的最终颜色值，每片元执行一次。

14.8　游戏的优化与改进

至此，本案例的开发部分已经介绍完毕。本游戏基于 Three.js 引擎开发，虽然本游戏的基本

框架已经开发完毕，但是还有许多地方需要优化和改进。

- 游戏界面的改进。

本游戏的场景搭建使用的图片已经很漂亮了，但是还有一定的改进空间，在美工上面还可以做得更好，例如，地面的优化、游戏场景的优化、模型的优化等。读者可以根据个人的爱好和需求进行进一步的改进，可以加载一些更加精细的图片，使其更加完美。

- 游戏性能的进一步优化。

虽然在游戏的开发中，已经对游戏的性能进行了一定优化，但是，本游戏的开发中仍会存在某些未知错误。并且现在这个版本在移动端的开发上还不够完善，控制部分只有单一的键盘控制，有兴趣的读者还可以自行设计开发出在移动端也可以玩的游戏。

- 优化游戏模型。

本游戏所用的地图中的各部分模型均由开发者使用 3ds Max 进行制作。由于是开发者自己制作，模型存在一些不完善之处，比如模型贴图没有合成一张图，模型中面的共用顶点没有进行融合等。木块的物理特性的设置与整体存在一些差异，参数的设置也并不是完全符合现实。

- 优化细节处理。

虽然笔者已经对此游戏进行了很多细节上的处理与优化，但还是有些地方的细节需要优化。在木块与挡板和木板的碰撞细节上还有待完善，一些特殊位置的处理还不够好，将这些不足补足，模拟现实世界的效果将更加逼真。

参考文献

[1] 吴亚峰. OpenGL ES 3.x 游戏开发(上卷) [M]. 北京：人民邮电出版社，2014.

[2] 徐文鹏. 计算机图形学基础[M]. 北京：清华大学出版社，2014.

[3] 杨柏林，陈根浪. OpenGL 编程精粹[M]. 北京：机械工业出版社，2010.

[4] 弗伊诺. OpenGL ES 2.0 游戏与图形编程-适用于 iOS 和 Android[M]. 北京：清华大学出版社，2014.

[5] 德克森. Three.js 开发指南[M]. 北京：机械工业出版社，2015.

[6] Richard S. Wright 等. OpenGL 超级宝典（第 5 版）[M]. 北京：人民邮电出版社，2012.

[7] 安杰尔，斯赖纳. 交互式计算机图形学：基于 OpenGL 着色器的自顶向下方法[M]. 北京：电子工业出版社，2012.